建筑统一技术措施与节点构造选编

主编　钱　方　刘　艺

编委　晏　睿　刘欣怡　陈　燕

西南交通大学出版社

·成都·

图书在版编目（ＣＩＰ）数据

建筑统一技术措施与节点构造选编 / 钱方，刘艺主
编. —成都：西南交通大学出版社，2020.8（2021.5 重印）
ISBN 978-7-5643-7576-8

Ⅰ.①建… Ⅱ.①钱… ②刘… Ⅲ.①建筑设计
Ⅳ.①TU2

中国版本图书馆 CIP 数据核字（2020）第 158446 号

Jianzhu Tongyi Jishu Cuoshi yu Jiedian Gouzao Xuanbian

建筑统一技术措施与节点构造选编

钱 方 刘 艺 主编

责 任 编 辑	杨 勇
封 面 设 计	曹天擎
出 版 发 行	西南交通大学出版社
	（四川省成都市金牛区二环路北一段 111 号
	西南交通大学创新大厦 21 楼）
发行部电话	028-87600564　028-87600533
邮 政 编 码	610031
网 　 　 址	http://www.xnjdcbs.com
印 　 　 刷	四川煤田地质制图印刷厂
成 品 尺 寸	185 mm×260 mm
印 　 　 张	29.5
字 　 　 数	752 千
版 　 　 次	2020 年 8 月第 1 版
印 　 　 次	2021 年 5 月第 2 次
书 　 　 号	ISBN 978-7-5643-7576-8
定 　 　 价	148.00 元

前　言

　　中国建筑西南设计研究院有限公司，作为中西部最大的建筑设计院和国家基本建设领域的重要国有骨干企业，以"精心设计、服务社会"为己任，秉持繁荣建筑创作，不断创新的理念，力创建筑设计精品。70 年的设计耕耘，我院在建筑设计领域具有独特的设计优势，而严格、规范的 ISO9001 质量体系认证管理更使我院的设计质量为业界广泛认同。

　　在建筑行业快速发展，日渐激烈的市场竞争、设计量的日益上升、设计时间周期越来越压缩对设计效率的需求、对设计质量的要求更为严格。研究从技术措施及构造节点的概念出发，首先通过收集整理 CSWADI 近年设计的各类建筑项目相关图纸资料，以及国内现行相关法规规范、标准图集，通过分类归纳，分析整理的研究方式，对技术措施及构造节点的合理性、美观性以及可推广性进行分析梳理。在此基础上，与天正软件公司配合，建立基于中建专版的天正软件平台的标准图库，便于规范设计，提高设计效率。

　　本研究在这个背景下提出，对于中国建筑西南设计研究院有限公司专业化设计质量具有前瞻性的指导意义，其成果对业内也会有相当的参考价值。

目　录

第一部分　统一技术措施

第二部分　节点构造选编

第一部分
统一技术措施

使用说明

　　本册建筑统一技术措施需配合中建专版天正措施表系统使用，在院公共盘安装"CSWADI 建筑技术措施表客户端"软件后，措施表软件在中建专版天正软件菜单显示如下：

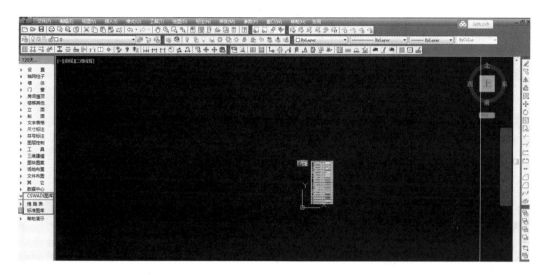

　　在"CSWADI 建筑技术措施表客户端"软件中，通过插措施表命令，根据对话框关键词选择所需措施表条目，软件操作界面如下图所示：

选择方式以屋面-平屋面为例：

[屋面（A）]	屋面（A）——室外地面（H）均为一级菜单，用于设置统一技术措施表的类型。
[平屋面（A）]	平屋面（A）——金属屋面（C）属于一级菜单下面的二级菜单，用于设置某个技术措施表类型下面的子类型。
[功能属性]	用于设置保温防水等。
[保温]	设置保温，当保温设置为否或者内时，右侧保温材料一项灰显。
[防水]	设置防水等级或是否做防水，当设置为否时，右侧防水材料灰显。
[上人]	设置屋面是否为上人屋面。
[材料属性]	设置各种材料。
[面层材料]	设置面层材料，只支持单选。
[防水材料]	设置防水材料，支持多选。
[保温材料]	设置保温材料，支持多选。
[赋值框]	用于显示对话框中勾选项代表的编码。
[确定]	完成对话框设置。
[退出]	取消命令。

确定参数后，弹出预览对话框，预览对话框中可查阅每种做法的适用范围及使用要求、优缺点、参考造价等说明内容，选定措施表后插入图纸的措施表将仅保留名称、构造层次、具体做法、最小厚度、使用部位、备注、图例等必要信息。

一

屋面

一、平屋面

（一）说　明

普通平屋面的基本构造层次需满足《屋面工程技术规范》（GB50345—2012）以及《倒置式屋面工程技术规程》（JGJ230—2013）的基本规定，设计人员可根据建筑物的性质、使用功能、气候条件等因素进行组合。现将基本构造层次常用做法列举如下，为方便后文查阅，对每种做法进行缩写编号（例如：ZP1，ZP2）。

1. 找坡层

ZP1：

找坡层	最薄处 20 厚，1∶8 乳化沥青憎水性膨胀珍珠岩找坡
找平层	20 厚 1∶2.5 水泥砂浆找平

ZP2：

找坡层	最薄处 20 厚，1∶6 水泥炉渣找坡，提浆扫光
找平层	20 厚 1∶2.5 水泥砂浆找平

ZP3：

找坡层	最薄处 30 厚，1∶3 水泥炉渣找坡，提浆扫光

其中，使用 1∶3 水泥炉渣的做法找坡可省去找平层，且厚度减小 10，最为经济便捷。

近年项目有趋势喜好选择泡沫混凝土或陶粒混凝土找坡的方式，价格较为昂贵。

2. 保温层

BW1：

保温层	××厚模塑聚苯乙烯泡沫保温板（EPS）粘贴

BW2：

保温层	××厚挤塑聚苯乙烯泡沫板（XPS）四边搭接

XPS 抗压性能优于 EPS，通常在保温层设计在比较靠上的位置时（例如倒置式做法），应该选用 XPS。

BW3：

保温层	××厚酚醛板保温层，专用胶粘贴

酚醛板防火等级可达 A 级，适用于屋面需设置防火隔离带的位置。

BW4：

保温层	××厚整体式现喷硬质聚氨酯泡沫塑料

与聚氨酯类防水材料搭配使用时，体现材性相容的优势，可省略一层隔离保护层。

贴临找坡层布置时，由于发泡的特性，可省略一层找平层，但因其防火性能较其他找坡材料较弱，设计人员在选择时应根据现行规范规定进行选择。

当保温层上需做找平层时，找平层的选择应根据《屋面工程技术规范》（GB50345—2012）表 4.3 技术要求进行选择。

表 4.3　找平层厚度和技术要求

找平层分类	适用的基层	厚度/mm	技术要求
水泥砂浆	整体现浇混凝土板	15～20	1：2.5 水泥砂浆
	整体材料保温层	20～25	
细石混凝土	装配式混凝土板	30～35	C20 混凝土，宜加钢筋网片
	板状材料保温层		C20 混凝土

BW1\BW2\BW3 上的找平层应选用 30 厚 C20 混凝土。

3. 防水层

本次《建筑统一技术措施与节点构造选编》仅收录最常用的防水材料，部分由于价格昂贵（如 TPO，HDPE），或因工艺问题大部分厂家不再生产的产品（如三元乙丙）等在实际工程中使用较少的材料，不在本书中收录。

二级防水屋面防水材料选用表：

FS1	2 厚单组分聚氨酯防水涂膜
FS2	2 厚 JS 聚合物水泥基防水涂料
FS3	4 厚热熔型 SBS 改性沥青防水卷材一道
FS4	3 厚单面自粘（聚酯胎）高聚物改性沥青防水卷材

其中：

JS 价格便宜，但抗裂性较差，仅适合小面积防水使用（如雨棚、风井盖等）。

自粘类的防水卷材建议贴临结构层设置。

涂膜类材料由于施工方式限制，更适合面积相对较小的情况选用。

一级防水屋面防水材料选用表：

FS5	1.5 厚单组分聚氨酯防水涂膜
FS6	2 厚单面自粘（聚酯胎）改性沥青防水卷材
FS7	3 厚热熔型 SBS 改性沥青防水卷材
FS8	1.2 厚热塑性聚烯烃（TPO）防水卷材，热焊接法接缝

需根据相容性原则两层组合搭配使用。

4. 保护层和隔离层

① 保护层

常规项目中最常用的保护层为：

水泥砂浆保护层、细石混凝土保护层、卵石保护层。

其中：

水泥砂浆保护层适用于面积较小（<3 m²），且使用涂膜类的防水材料的屋面；

卵石保护层适用于干燥地区倒置式不上人屋面，开敞透气，能在最大程度上发挥倒置式屋面的优势；

其他通常情况一般使用细石混凝土保护层。

② 隔离层

根据《屋面工程技术规范》（GB50345—2012）4.7.8 规定，以及结合工程经验，隔离层与保护层的搭配宜参考下表：

隔离层	5 厚石灰砂浆（白灰砂浆），石灰膏：砂＝1：4
保护层	20 厚 1：2.5 水泥砂浆找平保护层，提浆压光

隔离层	10 厚石灰砂浆（白灰砂浆），石灰膏：砂＝1：4
保护层	40 厚 C20 细石混凝土（加 5%防水剂），内配 φ4 钢筋双向@200，提浆压光

隔离层	200 g/m² 聚酯无纺布（土工布）
保护层	50 厚直径 10～30 卵石保护层

③ 不同材料之间的隔离与保护

A. 防水层与保温层之间：

材性相容的防水层与保温层之间可不做保护层（例如聚氨酯防水层与聚氨酯保温层）。

材性不相容的材料之间需设置保护层，保护层做法：

20 厚 1：2.5 水泥砂浆找平保护层，提浆压光保温层。

5. 面层选择

不上人屋面常见面层做法

① 水泥砂浆保护层或细石混凝土保护层素面。

② 人工草皮：

人工草坪	15～33 厚人工草坪，专用胶粘剂粘铺

③ 卵石铺面：

卵石铺面	50 厚直径 10～30 卵石保护层

④ 屋面水池：

蓄水	1	60 厚 C25 钢筋混凝土蓄水池
	2	1.5 厚聚合物水泥（JS）防水涂料
	3	20 厚 1：2.5 干硬水泥砂浆粘合层，1～2 厚干水泥并洒清水适量
	4	粘贴 15 厚 600×600 花岗石板，缝宽 3

上人屋面常见面层做法

① 粘贴面砖类：

卵石粘贴	20 厚 1：2.5 水泥砂浆结合层
	粒径××卵石，1/2～2/3 嵌入粘贴砂浆

通体砖	20 厚 1：2.5 干硬水泥砂浆粘合层，1～2 厚干水泥并洒清水适量
	粘贴 10 厚防滑通体砖，缝宽 5，用 1：1 水泥砂浆勾凹缝

#最通用的面砖类型，通常选用规格 300、600。

缸砖	20 厚 1：2.5 水泥砂浆结合层
	粘贴 10 厚缸砖，块间留缝宽 5，用 1：1 水泥砂浆勾凹缝

#缸砖相对价格便宜，但容易出现泛碱。

花岗岩	20 厚 1：2.5 干硬水泥砂浆粘合层，1~2 厚干水泥并洒清水适量
	粘贴 15 厚 600×600 花岗石板，6 面需做油性渗透型保护剂（例如辛基硅烷）缝宽 3

#花岗岩尺寸可根据设计调整。

② 架空类：

架空花岗岩	240×240 砖支墩双向@600，60 厚压顶，高度×××~×××
	专用不锈钢卡件
	50 厚花岗石，6 面需做油性渗透型保护剂（例如辛基硅烷），缝宽 5

架空花岗岩	240×240 砖支墩双向@600，高度×××~×××
	50 厚花岗石［6 面需做油性渗透型保护剂（例如辛基硅烷）］，缝宽 5，1：2.5 水泥砂浆坐浆

#花岗岩 6 面需做油性渗透型保护剂（例如辛基硅烷）。

#可根据项目要求分别选用不锈钢卡件或坐浆方式固定连接。

架空竹地板	240×240 砖墩或 C10 混凝土支墩，双向@600，高度×××~×××
	60（高）×50（宽）樟子松防腐木龙骨角钢固定在砖墩上
	140（宽）×18（厚）成品碳化复合竹地板@150 缝 10
架空木地板	240×240 砖支墩双向@600，高度 60~250
	60（宽）×50（高）防腐木檩条上沉头不锈钢螺钉固定
	20 厚 90 宽防腐木板@100，板间缝 10 宽

#竹地板或木地板尺寸及间距可根据项目设计平面设计排版。

③ 运动场地类：

PVC 塑胶场地	10 厚 1：2.5 水泥砂浆人工找平（高差 2 mm 以内）
	专用粘胶剂粘贴 4 厚耐候型防滑 PVC 塑胶地面

#PVC 塑胶地面耐候性和防滑性能难兼得。

涂料场地	40 厚粗沥青混凝土（最大骨料粒径<15 mm）
	30 厚细沥青混凝土（最大骨料粒径>15 mm）
	2 厚丙烯酸涂料面层

④ 屋面停车类（注：停车楼类建议选用保温屋面）

停车	120 厚 C20 细石混凝土（加 5%防水剂），内配 Φ10 钢筋双向@200，提浆压光。按柱网分仓且不大于 3 000×3 000，仓缝 12 宽，用防水油膏嵌实
	有色非金属耐磨层
	表面施工混凝土密封固化剂

#保护层替换为120厚细石混凝土。

	40厚C20细石混凝土（加5%防水剂），内配Φ4双向钢筋@200，随打随抹平，提浆压光。按柱网分仓且不大于6 000×6 000，仓缝20宽，用防水油膏嵌实
种植停车	18厚塑料板排水层，凸点向上
	土工布过滤层
	100厚种草土，表面嵌入70厚塑料种草算子

（二）具体构造层次做法

1. 二级防水屋面

A. 二级防水不保温屋面

序号	基本构造层次
1	结构层
2	找坡层
3	防水层
4	隔离层
5	保护层

具体做法示例如下：

名称	序号	基本构造层次	构造做法	最小厚度	备注
非保温不上人屋面（二级防水）	1	结构层	钢筋混凝土屋面板，基层处理干净，刷纯水泥浆一道（水灰比0.4～0.5）	42	第5条：设双向分仓缝，不大于@1 000
	2	找坡层	最薄处15厚，1:3水泥砂浆找坡找平（最厚不大于50）		
	3	防水层	FS1/FS2		
	4	隔离层	5厚石灰砂浆（白灰砂浆），石灰膏：砂=1:4		
	5	保护层	20厚1:2.5水泥砂浆找平保护层，提浆压光		
非保温不上人屋面（二级防水）	1	结构层	钢筋混凝土屋面板，基层处理干净，刷纯水泥浆一道（水灰比0.4～0.5）	68～69	第5条：按柱网分仓且不大于6 000×6 000，仓缝20宽，用防水油膏嵌实
	2	找坡层	最薄处15厚，1:3水泥砂浆找坡找平（最厚不大于50）		
	3	防水层	FS3/FS4		
	4	隔离层	10厚石灰砂浆（白灰砂浆），石灰膏：砂=1:4		
	5	保护层	40厚C20细石混凝土（加5%防水剂），内配Φ4钢筋双向@200，提浆压光		
非保温不上人屋面（二级防水）	1	结构层	钢筋混凝土屋面板，基层处理干净，刷纯水泥浆一道（水灰比0.4～0.5）	62	第5条：设双向分仓缝，不大于@1 000
	2	找坡层	最薄处15厚，1:3水泥砂浆找坡找平（最厚不大于50）		
	3	防水层	FS1/FS2		
	4	隔离层	5厚石灰砂浆（白灰砂浆），石灰膏：砂=1:4		
	5	保护层	20厚1:2.5水泥砂浆找平保护层，提浆压光		
	6	面层	15～33厚人工草坪，专用胶粘剂粘铺		
非保温不上人屋面（二级防水）	1	结构层	钢筋混凝土屋面板，基层处理干净，刷纯水泥浆一道（水灰比0.4～0.5）	83～84	第5条：按柱网分仓且不大于6 000×6 000，仓缝20宽，用防水油膏嵌实
	2	找坡层	最薄处15厚，1:3水泥砂浆找坡找平（最厚不大于50）		
	3	防水层	FS3/FS4		
	4	隔离层	10厚石灰砂浆（白灰砂浆），石灰膏：砂=1:4		
	5	保护层	40厚C20细石混凝土（加5%防水剂），内配Φ4钢筋双向@200，提浆压光		
	6	面层	15～33厚人工草坪，专用胶粘剂粘铺		
非保温不上人屋面（二级防水）	1	结构层	钢筋混凝土屋面板，基层处理干净，刷纯水泥浆一道（水灰比0.4～0.5）	97	第5条：设双向分仓缝，不大于@1 000
	2	找坡层	最薄处15厚，1:3水泥砂浆找坡找平（最厚不大于50）		
	3	防水层	FS1/FS2		
	4	隔离层	5厚石灰砂浆（白灰砂浆），石灰膏：砂=1:4		
	5	保护层	20厚1:2.5水泥砂浆找平保护层，提浆压光		
	6	面层	50厚直径10～30卵石保护层		

左侧竖排标题：建筑统一技术措施与节点构造选编

名称	序号	基本构造层次	构造做法	最小厚度	备注
非保温不上人屋面（二级防水）	1	结构层	钢筋混凝土屋面板，基层处理干净，刷纯水泥浆一道（水灰比0.4~0.5）	118~119	第5条：按柱网分仓且不大于6 000×6 000，仓缝20宽，用防水油膏嵌实
	2	找坡层	最薄处15厚，1:3水泥砂浆找坡找平（最厚不大于50）		
	3	防水层	FS3/FS4		
	4	隔离层	10厚石灰砂浆（白灰砂浆），石灰膏:砂=1:4		
	5	保护层	40厚C20细石混凝土(加5%防水剂)，内配Φ4钢筋双向@200，提浆压光		
	6	面层	50厚直径10~30卵石保护层		

B. 二级防水保温屋面

二级保温屋面①

序号	基本构造层次
1	结构层
2	找平层
3	保温层
4	找坡层
5	找平层
6	防水层
7	隔离层
8	保护层

适用范围：

保温层下置，下无隔汽层，仅适合干燥地区（年平均降水量小于70%）。

优点：

找坡层靠上设置，抗压性较强。

具体做法示例如下：

类别	名称	序号	基本构造层次	构造做法	最小厚度	备注
无装饰素面	保温不上人（二级防水）	1	结构层	钢筋混凝土屋面板，基层处理干净，刷纯水泥浆一道（水灰比0.4~0.5）	154	第5条：设双向分仓缝，不大于@1 000 第8条：按柱网分仓且不大于6 000×6 000，仓缝20宽，用防水油膏嵌实
		2	找平层	20厚1:2.5水泥砂浆找平		
		3	保温层	BW1/BW2/BW3		
		4	找坡层	最薄处20厚，1:8乳化沥青憎水性膨胀珍珠岩找坡		
		5	找平层	20厚1:2.5水泥砂浆找平		
		6	防水层	4厚热熔型SBS改性沥青防水卷材一道		
		7	隔离层	5厚石灰砂浆（白灰砂浆），石灰膏:砂=1:4		
		8	保护层	40厚C20细石混凝土（加5%防水剂），内配Φ4钢筋双向@200，提浆压光		
	保温不上人（二级防水）	1	结构层	钢筋混凝土屋面板，基层处理干净，刷纯水泥浆一道（水灰比0.4~0.5）	144	第7条：按柱网分仓且不大于6 000×6 000，仓缝20宽，用防水油膏嵌实
		2	找平层	20厚1:2.5水泥砂浆找平		
		3	保温层	BW1/BW2/BW3		
		4	找坡层	最薄处30厚，1:3水泥炉渣找坡，提浆扫光		
		5	防水层	4厚热熔型SBS改性沥青防水卷材一道		
		6	隔离层	5厚石灰砂浆（白灰砂浆），石灰膏:砂=1:4		
		7	保护层	40厚C20细石混凝土（加5%防水剂），内配Φ4钢筋双向@200，提浆压光		

类别	名称	序号	基本构造层次	构造做法	最小厚度	备注
人工草坪	保温不上人（二级防水）	1	结构层	钢筋混凝土屋面板，基层处理干净，刷纯水泥浆一道（水灰比 0.4~0.5）	169	第5条：设双向分仓缝，不大于@1 000 第8条：按柱网分仓且不大于 6 000×6 000，仓缝20宽，用防水油膏嵌实
		2	找平层	20厚1:2.5水泥砂浆找平		
		3	保温层	BW1/BW2/BW3		
		4	找坡层	最薄处20厚，1:8乳化沥青憎水性膨胀珍珠岩找坡		
		5	找平层	20厚1:2.5水泥砂浆找平		
		6	防水层	4厚热熔型SBS改性沥青防水卷材一道		
		7	隔离层	5厚石灰砂浆（白灰砂浆），石灰膏:砂=1:4		
		8	保护层	40厚C20细石混凝土（加5%防水剂），内配φ4钢筋双向@200，提浆压光		
		9	人工草坪	15~33厚人工草坪，专用胶粘剂粘铺		
	保温不上人（二级防水）	1	结构层	钢筋混凝土屋面板，基层处理干净，刷纯水泥浆一道（水灰比 0.4~0.5）	159	第7条：按柱网分仓且不大于 6 000×6 000，仓缝20宽，用防水油膏嵌实
		2	找平层	20厚1:2.5水泥砂浆找平		
		3	保温层	BW1/BW2/BW3		
		4	找坡层	最薄处30厚，1:3水泥炉渣找坡，提浆扫光		
		5	防水层	4厚热熔型SBS改性沥青防水卷材一道		
		6	隔离层	5厚石灰砂浆（白灰砂浆），石灰膏:砂=1:4		
		7	保护层	40厚C20细石混凝土（加5%防水剂），内配φ4钢筋双向@200，提浆压光		
		8	人工草坪	15~33厚人工草坪，专用胶粘剂粘铺		
卵石铺面	保温不上人（二级防水）	1	结构层	钢筋混凝土屋面板，基层处理干净，刷纯水泥浆一道（水灰比 0.4~0.5）	204	第5条：设双向分仓缝，不大于@1 000 第8条：按柱网分仓且不大于 6 000×6 000，仓缝20宽，用防水油膏嵌实
		2	找平层	20厚1:2.5水泥砂浆找平		
		3	保温层	BW1/BW2/BW3		
		4	找坡层	最薄处20厚，1:8乳化沥青憎水性膨胀珍珠岩找坡		
		5	找平层	20厚1:2.5水泥砂浆找平		
		6	防水层	4厚热熔型SBS改性沥青防水卷材一道		
		7	隔离层	5厚石灰砂浆（白灰砂浆），石灰膏:砂=1:4		
		8	保护层	40厚C20细石混凝土（加5%防水剂），内配φ4钢筋双向@200，提浆压光		
		9	卵石铺面	50厚直径10~30卵石保护层		
	保温不上人（二级防水）	1	结构层	钢筋混凝土屋面板，基层处理干净，刷纯水泥浆一道（水灰比 0.4~0.5）	194	第7条：按柱网分仓且不大于 6 000×6 000，仓缝20宽，用防水油膏嵌实
		2	找平层	20厚1:2.5水泥砂浆找平		
		3	保温层	BW1/BW2/BW3		
		4	找坡层	最薄处30厚，1:3水泥炉渣找坡，提浆扫光		
		5	防水层	4厚热熔型SBS改性沥青防水卷材一道		
		6	隔离层	5厚石灰砂浆（白灰砂浆），石灰膏:砂=1:4		
		7	保护层	40厚C20细石混凝土（加5%防水剂），内配φ4钢筋双向@200，提浆压光		
		8	卵石铺面	50厚直径10~30卵石保护层		

建筑统一技术措施与节点构造选编

类别	名称	序号	基本构造层次	构造做法	最小厚度	备注
通体砖	保温上人（二级防水）	1	结构层	钢筋混凝土屋面板，基层处理干净，刷纯水泥浆一道（水灰比0.4~0.5）	184	第5条：设双向分仓缝，不大于@1000 第8条：按柱网分仓且不大于6000×6000，仓缝20宽，用防水油膏嵌实
		2	找平层	20厚1:2.5水泥砂浆找平		
		3	保温层	BW1/BW2/BW3		
		4	找坡层	最薄处20厚，1:8乳化沥青憎水性膨胀珍珠岩找坡		
		5	找平层	20厚1:2.5水泥砂浆找平		
		6	防水层	4厚热熔型SBS改性沥青防水卷材一道		
		7	隔离层	5厚石灰砂浆（白灰膏），石灰膏：砂=1:4		
		8	保护层	40厚C20细石混凝土（加5%防水剂），内配Φ4钢筋双向@200，提浆压光		
		9	结合层	20厚1:2.5干硬水泥砂浆粘合层，1~2厚干水泥并洒清水适量		
		10	面层	粘贴10厚防滑通体砖，缝宽5，用1:1水泥砂浆勾凹缝		
	保温上人（二级防水）	1	结构层	钢筋混凝土屋面板，基层处理干净，刷纯水泥浆一道（水灰比0.4~0.5）	174	第7条：按柱网分仓且不大于6000×6000，仓缝20宽，用防水油膏嵌实
		2	找平层	20厚1:2.5水泥砂浆找平		
		3	保温层	BW1/BW2/BW3		
		4	找坡层	最薄处30厚，1:3水泥炉渣找坡，提浆扫光		
		5	防水层	4厚热熔型SBS改性沥青防水卷材一道		
		6	隔离层	5厚石灰砂浆（白灰膏），石灰膏：砂=1:4		
		7	保护层	40厚C20细石混凝土（加5%防水剂），内配Φ4钢筋双向@200，提浆压光		
		8	结合层	20厚1:2.5干硬水泥砂浆粘合层，1~2厚干水泥并洒清水适量		
		9	面层	粘贴10厚防滑通体砖，缝宽5，用1:1水泥砂浆勾凹缝		
缸砖	保温上人（二级防水）	1	结构层	钢筋混凝土屋面板，基层处理干净，刷纯水泥浆一道（水灰比0.4~0.5）	184	第5条：设双向分仓缝，不大于@1000 第8条：按柱网分仓且不大于6000×6000，仓缝20宽，用防水油膏嵌实
		2	找平层	20厚1:2.5水泥砂浆找平		
		3	保温层	BW1/BW2/BW3		
		4	找坡层	最薄处20厚，1:8乳化沥青憎水性膨胀珍珠岩找坡		
		5	找平层	20厚1:2.5水泥砂浆找平		
		6	防水层	4厚热熔型SBS改性沥青防水卷材一道		
		7	隔离层	5厚石灰砂浆（白灰膏），石灰膏：砂=1:4		
		8	保护层	40厚C20细石混凝土（加5%防水剂），内配Φ4钢筋双向@200，提浆压光		
		9	结合层	20厚1:2.5水泥砂浆结合层		
		10	面层	粘贴10厚缸砖，块间留缝宽5，用1:1水泥砂浆勾凹缝		
	保温上人（二级防水）	1	结构层	钢筋混凝土屋面板，基层处理干净，刷纯水泥浆一道（水灰比0.4~0.5）	174	第7条：按柱网分仓且不大于6000×6000，仓缝20宽，用防水油膏嵌实
		2	找平层	20厚1:2.5水泥砂浆找平		
		3	保温层	BW1/BW2/BW3		
		4	找坡层	最薄处30厚，1:3水泥炉渣找坡，提浆扫光		
		5	防水层	4厚热熔型SBS改性沥青防水卷材一道		
		6	隔离层	5厚石灰砂浆（白灰膏），石灰膏：砂=1:4		
		7	保护层	40厚C20细石混凝土（加5%防水剂），内配Φ4钢筋双向@200，提浆压光		
		8	结合层	20厚1:2.5水泥砂浆结合层		
		9	面层	粘贴10厚缸砖，块间留缝宽5，用1:1水泥砂浆勾凹缝		

类别	名称	序号	基本构造层次	构造做法	最小厚度	备注
粘贴花岗岩	保温上人（二级防水）	1	结构层	钢筋混凝土屋面板，基层处理干净，刷纯水泥浆一道（水灰比 0.4～0.5）	189	第5条：设双向分仓缝，不大于@1000 第8条：按柱网分仓且不大于6000×6000，仓缝20宽，用防水油膏嵌实
		2	找平层	20厚1∶2.5水泥砂浆找平		
		3	保温层	BW1/BW2/BW3		
		4	找坡层	最薄处20厚，1∶8乳化沥青憎水性膨胀珍珠岩找坡		
		5	找平层	20厚1∶2.5水泥砂浆找平		
		6	防水层	4厚热熔型SBS改性沥青防水卷材一道		
		7	隔离层	5厚石灰砂浆（白灰砂浆），石灰膏∶砂＝1∶4		
		8	保护层	40厚C20细石混凝土（加5%防水剂），内配Φ4钢筋双向@200，提浆压光		
		9	结合层	20厚1∶2.5干硬水泥砂浆粘合层，1～2厚干水泥并洒清水适量		
		10	面层	粘贴15厚600×600花岗石板，6面需做油性渗透型保护剂（例如辛基硅烷）缝宽3		
	保温上人（二级防水）	1	结构层	钢筋混凝土屋面板，基层处理干净，刷纯水泥浆一道（水灰比 0.4～0.5）	179	第7条：按柱网分仓且不大于6000×6000，仓缝20宽，用防水油膏嵌实
		2	找平层	20厚1∶2.5水泥砂浆找平		
		3	保温层	BW1/BW2/BW3		
		4	找坡层	最薄处30厚，1∶3水泥炉渣找坡，提浆扫光		
		5	防水层	4厚热熔型SBS改性沥青防水卷材一道		
		6	隔离层	5厚石灰砂浆（白灰砂浆），石灰膏∶砂＝1∶4		
		7	保护层	40厚C20细石混凝土（加5%防水剂），内配Φ4钢筋双向@200，提浆压光		
		8	结合层	20厚1∶2.5干硬水泥砂浆粘合层，1～2厚干水泥并洒清水适量		
		9	面层	粘贴15厚600×600花岗石板，6面需做油性渗透型保护剂（例如辛基硅烷）缝宽3		

二级保温屋面②

序号	基本构造层次
1	结构层
2	找坡找平
3	保温层
4	找平层（隔离保护）
5	防水层
6	隔离层
7	保护层

适用范围：

　　找坡层在最下方，最为常见的做法。

具体做法示例如下：

类别	名称	序号	基本构造层次	构造做法	最小厚度	备注
无装饰素面	保温不上人（二级防水）	1	结构层	钢筋混凝土屋面板，基层处理干净，刷纯水泥浆一道（水灰比 0.4～0.5）	82	第6条：设双向分仓缝，不大于@1000
		2	找坡层	最薄处20厚，1∶8乳化沥青憎水性膨胀珍珠岩找坡		
		3	保温层	××厚整体式现喷硬质聚氨酯泡沫塑料		
		4	防水层	2厚单组分聚氨酯防水涂膜		
		5	隔离层	5厚石灰砂浆（白灰砂浆），石灰膏∶砂＝1∶4		
		5	保护层	20厚1∶2.5水泥砂浆找平保护层，提浆压光		

建筑统一技术措施与节点构造选编

类别	名称	序号	基本构造层次	构造做法	最小厚度	备注
无装饰素面	保温不上人（二级防水）	1	结构层	钢筋混凝土屋面板，基层处理干净，刷纯水泥浆一道（水灰比 0.4～0.5）	154	第5条：设双向分仓缝，不大于@1 000 第8条：按柱网分仓且不大于6 000×6 000，仓缝20宽，用防水油膏嵌实
		2	找坡层	最薄处20厚，1:8乳化沥青憎水性膨胀珍珠岩找坡		
		3	找平层	20厚1:2.5水泥砂浆找平		
		4	保温层	BW1/BW2/BW3		
		5	找平层	20厚1:2.5水泥砂浆找平		
		6	防水层	4厚热熔型SBS改性沥青防水卷材一道		
		7	隔离层	5厚石灰砂浆（白灰砂浆），石灰膏:砂＝1:4		
		8	保护层	40厚C20细石混凝土(加5%防水剂)，内配φ4钢筋双向@200		
	保温不上人（二级防水）	1	结构层	钢筋混凝土屋面板，基层处理干净，刷纯水泥浆一道（水灰比 0.4～0.5）	144	第4条：设双向分仓缝，不大于@1 000 第7条：按柱网分仓且不大于6 000×6 000，仓缝20宽，用防水油膏嵌实
		2	找坡层	最薄处30厚，1:3水泥炉渣找坡，提浆扫光		
		3	保温层	BW1/BW2/BW3		
		4	找平层	20厚1:2.5水泥砂浆找平		
		5	防水层	4厚热熔型SBS改性沥青防水卷材一道		
		6	隔离层	5厚石灰砂浆（白灰砂浆），石灰膏:砂＝1:4		
		7	保护层	40厚C20细石混凝土(加5%防水剂)，内配φ4钢筋双向@200，提浆压光		
人工草坪	保温不上人（二级防水）	1	结构层	钢筋混凝土屋面板，基层处理干净，刷纯水泥浆一道（水灰比 0.4～0.5）	97	第6条：设双向分仓缝，不大于@1 000
		2	找坡层	最薄处20厚，1:8乳化沥青憎水性膨胀珍珠岩找坡		
		3	保温层	××厚整体式现喷硬质聚氨酯泡沫塑料		
		4	防水层	2厚单组分聚氨酯防水涂膜		
		5	隔离层	5厚石灰砂浆（白灰砂浆），石灰膏:砂＝1:4		
		5	保护层	20厚1:2.5水泥砂浆找平保护层，提浆压光		
		6	人工草坪	15～33厚人工草坪，专用胶粘剂粘铺		
	保温不上人（二级防水）	1	结构层	钢筋混凝土屋面板，基层处理干净，刷纯水泥浆一道（水灰比 0.4～0.5）	169	第5条：设双向分仓缝，不大于@1 000 第8条：按柱网分仓且不大于6 000×6 000，仓缝20宽，用防水油膏嵌实
		2	找坡层	最薄处20厚，1:8乳化沥青憎水性膨胀珍珠岩找坡		
		3	找平层	20厚1:2.5水泥砂浆找平		
		4	保温层	BW1/BW2/BW3		
		5	找平层	20厚1:2.5水泥砂浆找平		
		6	防水层	4厚热熔型SBS改性沥青防水卷材一道		
		7	隔离层	5厚石灰砂浆（白灰砂浆），石灰膏:砂＝1:4		
		8	保护层	40厚C20细石混凝土(加5%防水剂)，内配φ4钢筋双向@200		
		9	人工草坪	15～33厚人工草坪，专用胶粘剂粘铺		
	保温不上人（二级防水）	1	结构层	钢筋混凝土屋面板，基层处理干净，刷纯水泥浆一道（水灰比 0.4～0.5）	159	第4条：设双向分仓缝，不大于@1 000 第7条：按柱网分仓且不大于6 000×6 000，仓缝20宽，用防水油膏嵌实
		2	找坡层	最薄处30厚，1:3水泥炉渣找坡，提浆扫光		
		3	保温层	BW1/BW2/BW3		
		4	找平层	20厚1:2.5水泥砂浆找平		
		5	防水层	4厚热熔型SBS改性沥青防水卷材一道		
		6	隔离层	5厚石灰砂浆（白灰砂浆），石灰膏:砂＝1:4		
		7	保护层	40厚C20细石混凝土(加5%防水剂)，内配φ4钢筋双向@200，提浆压光		
		8	人工草坪	15～33厚人工草坪，专用胶粘剂粘铺		

类别	名称	序号	基本构造层次	构造做法	最小厚度	备注
卵石铺面	保温不上人（二级防水）	1	结构层	钢筋混凝土屋面板，基层处理干净，刷纯水泥浆一道（水灰比 0.4～0.5）	132	第6条：设双向分仓缝，不大于@1000
		2	找坡层	最薄处20厚，1:8乳化沥青憎水性膨胀珍珠岩找坡		
		3	保温层	××厚整体式现喷硬质聚氨酯泡沫塑料		
		4	防水层	2厚单组分聚氨酯防水涂膜		
		5	隔离层	5厚石灰砂浆（白灰砂浆），石灰膏：砂=1:4		
		5	保护层	20厚1:2.5水泥砂浆找平保护层，提浆压光		
		6	卵石铺面	50厚直径10～30卵石保护层		
	保温不上人（二级防水）	1	结构层	钢筋混凝土屋面板，基层处理干净，刷纯水泥浆一道（水灰比 0.4～0.5）	204	第5条：设双向分仓缝，不大于@1000
		2	找坡层	最薄处20厚，1:8乳化沥青憎水性膨胀珍珠岩找坡		
		3	找平层	20厚1:2.5水泥砂浆找平		第8条：按柱网分仓且不大于6000×6000，仓缝20宽，用防水油膏嵌实
		4	保温层	BW1/BW2/BW3		
		5	找平层	20厚1:2.5水泥砂浆找平		
		6	防水层	4厚热熔型SBS改性沥青防水卷材一道		
		7	隔离层	5厚石灰砂浆（白灰砂浆），石灰膏：砂=1:4		
		8	保护层	40厚C20细石混凝土(加5%防水剂)，内配Φ4钢筋双向@200		
		9	卵石铺面	50厚直径10～30卵石保护层		
	保温不上人（二级防水）	1	结构层	钢筋混凝土屋面板，基层处理干净，刷纯水泥浆一道（水灰比 0.4～0.5）	194	第4条：设双向分仓缝，不大于@1000
		2	找坡层	最薄处30厚，1:3水泥炉渣找坡，提浆扫光		
		3	保温层	BW1/BW2/BW3		
		4	找平层	20厚1:2.5水泥砂浆找平		第7条：按柱网分仓且不大于6000×6000，仓缝20宽，用防水油膏嵌实
		5	防水层	4厚热熔型SBS改性沥青防水卷材一道		
		6	隔离层	5厚石灰砂浆（白灰砂浆），石灰膏：砂=1:4		
		7	保护层	40厚C20细石混凝土(加5%防水剂)，内配Φ4钢筋双向@200，提浆压光		
		8	卵石铺面	50厚直径10～30卵石保护层		
通体砖	保温上人（二级防水）	1	结构层	钢筋混凝土屋面板，基层处理干净，刷纯水泥浆一道（水灰比 0.4～0.5）	112	第6条：设双向分仓缝，不大于@1000
		2	找坡层	最薄处20厚，1:8乳化沥青憎水性膨胀珍珠岩找坡		
		3	保温层	××厚整体式现喷硬质聚氨酯泡沫塑料		
		4	防水层	2厚单组分聚氨酯防水涂膜		
		5	隔离层	5厚石灰砂浆（白灰砂浆），石灰膏：砂=1:4		
		5	保护层	20厚1:2.5水泥砂浆找平保护层，提浆压光		
		6	结合层	20厚1:2.5干硬水泥砂浆粘合层，1～2厚干水泥并洒清水适量		
		7	面层	粘贴10厚防滑通体砖，缝宽5，用1:1水泥砂浆勾凹缝		
	保温上人（二级防水）	1	结构层	钢筋混凝土屋面板，基层处理干净，刷纯水泥浆一道（水灰比 0.4～0.5）	184	第5条：设双向分仓缝，不大于@1000
		2	找坡层	最薄处20厚，1:8乳化沥青憎水性膨胀珍珠岩找坡		
		3	找平层	20厚1:2.5水泥砂浆找平		第8条：按柱网分仓且不大于6000×6000，仓缝20宽，用防水油膏嵌实
		4	保温层	BW1/BW2/BW3		
		5	找平层	20厚1:2.5水泥砂浆找平		

建筑统一技术措施与节点构造选编

类别	名称	序号	基本构造层次	构造做法	最小厚度	备注
通体砖	保温上人（二级防水）	6	防水层	4厚热熔型SBS改性沥青防水卷材一道		
		7	隔离层	5厚石灰砂浆（白灰砂浆），石灰膏：砂＝1:4		
		8	保护层	40厚C20细石混凝土(加5%防水剂)，内配φ4钢筋双向@200		
		9	结合层	20厚1:2.5干硬水泥砂浆粘合层，1～2厚干水泥并洒清水适量		
		10	面层	粘贴10厚防滑通体砖，缝宽5，用1:1水泥砂浆勾凹缝		
	保温上人（二级防水）	1	结构层	钢筋混凝土屋面板，基层处理干净，刷纯水泥浆一道（水灰比0.4～0.5）	174	第4条：设双向分仓缝，不大于@1000 第7条：按柱网分仓且不大于6000×6000，仓缝20宽，用防水油膏嵌实
		2	找坡层	最薄处30厚，1:3水泥炉渣找坡，提浆扫光		
		3	保温层	BW1/BW2/BW3		
		4	找平层	20厚1:2.5水泥砂浆找平		
		5	防水层	4厚热熔型SBS改性沥青防水卷材一道		
		6	隔离层	5厚石灰砂浆（白灰砂浆），石灰膏：砂＝1:4		
		7	保护层	40厚C20细石混凝土(加5%防水剂)，内配φ4钢筋双向@200，提浆压光		
		8	结合层	20厚1:2.5干硬水泥砂浆粘合层，1～2厚干水泥并洒清水适量		
		9	面层	粘贴10厚防滑通体砖，缝宽5，用1:1水泥砂浆勾凹缝		
缸砖	保温上人（二级防水）	1	结构层	钢筋混凝土屋面板，基层处理干净，刷纯水泥浆一道（水灰比0.4～0.5）	112	第6条：设双向分仓缝，不大于@1000
		2	找坡层	最薄处20厚，1:8乳化沥青憎水性膨胀珍珠岩找坡		
		3	保温层	××厚整体式现喷硬质聚氨酯泡沫塑料		
		4	防水层	2厚单组分聚氨酯防水涂膜		
		5	隔离层	5厚石灰砂浆（白灰砂浆），石灰膏：砂＝1:4		
		5	保护层	20厚1:2.5水泥砂浆找平保护层，提浆压光		
		6	结合层	20厚1:2.5水泥砂浆结合层		
		7	面层	粘贴10厚缸砖，块间留缝宽5，用1:1水泥砂浆勾凹缝		
	保温上人（二级防水）	1	结构层	钢筋混凝土屋面板，基层处理干净，刷纯水泥浆一道（水灰比0.4～0.5）	184	第5条：设双向分仓缝，不大于@1000 第8条：按柱网分仓且不大于6000×6000，仓缝20宽，用防水油膏嵌实
		2	找坡层	最薄处20厚，1:8乳化沥青憎水性膨胀珍珠岩找坡		
		3	找平层	20厚1:2.5水泥砂浆找平		
		4	保温层	BW1/BW2/BW3		
		5	找平层	20厚1:2.5水泥砂浆找平		
		6	防水层	4厚热熔型SBS改性沥青防水卷材一道		
		7	隔离层	5厚石灰砂浆（白灰砂浆），石灰膏：砂＝1:4		
		8	保护层	40厚C20细石混凝土(加5%防水剂)，内配φ4钢筋双向@200		
		9	结合层	20厚1:2.5水泥砂浆结合层		
		10	面层	粘贴10厚缸砖，块间留缝宽5，用1:1水泥砂浆勾凹缝		
	保温上人（二级防水）	1	结构层	钢筋混凝土屋面板，基层处理干净，刷纯水泥浆一道（水灰比0.4～0.5）	174	第4条：设双向分仓缝，不大于@1000 第7条：按柱网分仓且不大于6000×6000，仓缝20宽，用防水油膏嵌实
		2	找坡层	最薄处30厚，1:3水泥炉渣找坡，提浆扫光		
		3	保温层	BW1/BW2/BW3		
		4	找平层	20厚1:2.5水泥砂浆找平		
		5	防水层	4厚热熔型SBS改性沥青防水卷材一道		
		6	隔离层	5厚石灰砂浆（白灰砂浆），石灰膏：砂＝1:4		

类别	名称	序号	基本构造层次	构造做法	最小厚度	备注
缸砖	保温上人（二级防水）	7	保护层	40厚C20细石混凝土(加5%防水剂),内配φ4钢筋双向@200,提浆压光		
		8	结合层	20厚1:2.5水泥砂浆结合层		
		9	面层	粘贴10厚缸砖，块间留缝宽5，用1:1水泥砂浆勾凹缝		
粘贴花岗石	保温上人（二级防水）	1	结构层	钢筋混凝土屋面板，基层处理干净，刷纯水泥浆一道（水灰比0.4~0.5）	117	第6条：设双向分仓缝，不大于@1000
		2	找坡层	最薄处20厚，1:8乳化沥青憎水性膨胀珍珠岩找坡		
		3	保温层	××厚整体式现喷硬质聚氨酯泡沫塑料		
		4	防水层	2厚单组分聚氨酯防水涂膜		
		5	隔离层	5厚石灰砂浆（白灰砂浆），石灰膏：砂=1:4		
		5	保护层	20厚1:2.5水泥砂浆找平保护层，提浆压光		
		6	结合层	20厚1:2.5干硬水泥砂浆粘合层，1~2厚干水泥并洒清水适量		
		7	面层	粘贴15厚600×600花岗石板,6面需做油性渗透型保护剂(例如辛基硅烷）缝宽3		
	保温上人（二级防水）	1	结构层	钢筋混凝土屋面板，基层处理干净，刷纯水泥浆一道（水灰比0.4~0.5）	189	第5条：设双向分仓缝，不大于@1000 第8条：按柱网分仓且不大于6000×6000，仓缝20宽，用防水油膏嵌实
		2	找坡层	最薄处20厚，1:8乳化沥青憎水性膨胀珍珠岩找坡		
		3	找平层	20厚1:2.5水泥砂浆找平		
		4	保温层	BW1/BW2/BW3		
		5	找平层	20厚1:2.5水泥砂浆找平		
		6	防水层	4厚热熔型SBS改性沥青防水卷材一道		
		7	隔离层	5厚石灰砂浆（白灰砂浆），石灰膏：砂=1:4		
		8	保护层	40厚C20细石混凝土(加5%防水剂),内配φ4钢筋双向@200		
		9	结合层	20厚1:2.5干硬水泥砂浆粘合层，1~2厚干水泥并洒清水适量		
		10	面层	粘贴15厚600×600花岗石板,6面需做油性渗透型保护剂(例如辛基硅烷）缝宽3		
	保温上人（二级防水）	1	结构层	钢筋混凝土屋面板，基层处理干净，刷纯水泥浆一道（水灰比0.4~0.5）	179	第4条：设双向分仓缝，不大于@1000 第7条：按柱网分仓且不大于6000×6000，仓缝20宽，用防水油膏嵌实
		2	找坡层	最薄处30厚，1:3水泥炉渣找坡，提浆扫光		
		3	保温层	BW1/BW2/BW3		
		4	找平层	20厚1:2.5水泥砂浆找平		
		5	防水层	4厚热熔型SBS改性沥青防水卷材一道		
		6	隔离层	5厚石灰砂浆（白灰砂浆），石灰膏：砂=1:4		
		7	保护层	40厚C20细石混凝土(加5%防水剂),内配φ4钢筋双向@200,提浆压光		
		8	结合层	20厚1:2.5干硬水泥砂浆粘合层，1~2厚干水泥并洒清水适量		
		9	面层	粘贴15厚600×600花岗石板,6面需做油性渗透型保护剂(例如辛基硅烷）缝宽3		

二级保温屋面③

序号	基本构造层次
1	结构层
2	隔汽层
3	找坡找平
4	保温层
5	找平层
6	防水层
7	隔离层
8	保护层

适用范围：

　　适用于潮湿地区，或下方是湿度较大的房间的屋面。

具体做法示例如下：

类别	名称	序号	基本构造层次	构造做法	最小厚度	备注
无装饰素面	保温不上人（二级防水隔汽）	1	结构层	钢筋混凝土屋面板，基层处理干净，刷纯水泥浆一道（水灰比 0.4～0.5）	154	第6条：设双向分仓缝，不大于@1000 第9条：按柱网分仓且不大于6000×6000，仓缝20宽，用防水油膏嵌实
		2	隔汽层	刷冷底子油两道		
		3	找坡层	最薄处20厚，1:8乳化沥青憎水性膨胀珍珠岩找坡		
		4	找平层	20厚1:2.5水泥砂浆找平		
		5	保温层	BW1/BW2/BW3		
		6	找平层	20厚1:2.5水泥砂浆找平		
		7	防水层	4厚热熔型SBS改性沥青防水卷材一道		
		8	隔离层	5厚石灰砂浆（白灰砂浆），石灰膏：砂=1:4		
		9	保护层	40厚C20细石混凝土(加5%防水剂)，内配Φ4钢筋双向@200，提浆压光		
	保温不上人（二级防水隔汽）	1	结构层	钢筋混凝土屋面板，基层处理干净，刷纯水泥浆一道（水灰比 0.4～0.5）	144	第5条：设双向分仓缝，不大于@1000 第8条：按柱网分仓且不大于6000×6000，仓缝20宽，用防水油膏嵌实
		2	隔汽层	刷冷底子油两道		
		3	找坡层	最薄处30厚，1:3水泥炉渣找坡，提浆扫光		
		4	保温层	BW1/BW2/BW3		
		5	找平层	20厚1:2.5水泥砂浆找平		
		6	防水层	4厚热熔型SBS改性沥青防水卷材一道		
		7	隔离层	5厚石灰砂浆（白灰砂浆），石灰膏：砂=1:4		
		8	保护层	40厚C20细石混凝土(加5%防水剂)，内配Φ4钢筋双向@200，提浆压光		
人工草坪	保温不上人（二级防水隔汽）	1	结构层	钢筋混凝土屋面板，基层处理干净，刷纯水泥浆一道（水灰比 0.4～0.5）	169	第6条：设双向分仓缝，不大于@1000 第9条：按柱网分仓且不大于6000×6000，仓缝20宽，用防水油膏嵌实
		2	隔汽层	刷冷底子油两道		
		3	找坡层	最薄处20厚，1:8乳化沥青憎水性膨胀珍珠岩找坡		
		4	找平层	20厚1:2.5水泥砂浆找平		
		5	保温层	BW1/BW2/BW3		
		6	找平层	20厚1:2.5水泥砂浆找平		
		7	防水层	4厚热熔型SBS改性沥青防水卷材一道		
		8	隔离层	5厚石灰砂浆（白灰砂浆），石灰膏：砂=1:4		
		9	保护层	40厚C20细石混凝土(加5%防水剂)，内配Φ4钢筋双向@200，提浆压光		
		10	人工草坪	15～33厚人工草坪，专用胶粘剂粘铺		

类别	名称	序号	基本构造层次	构造做法	最小厚度	备注
人工草坪	保温不上人（二级防水隔汽）	1	结构层	钢筋混凝土屋面板，基层处理干净，刷纯水泥浆一道（水灰比 0.4～0.5）	159	第5条：设双向分仓缝，不大于@1000　　第8条：按柱网分仓且不大于6 000×6 000，仓缝20宽，用防水油膏嵌实
		2	隔汽层	刷冷底子油两道		
		3	找坡层	最薄处30厚，1：3水泥炉渣找坡，提浆扫光		
		4	保温层	××厚模塑聚苯乙烯泡沫保温板（EPS）粘贴		
		5	找平层	20厚1：2.5水泥砂浆找平		
		6	防水层	4厚热熔型SBS改性沥青防水卷材一道		
		7	隔离层	5厚石灰砂浆（白灰砂浆），石灰膏：砂=1：4		
		8	保护层	40厚C20细石混凝土(加5%防水剂)，内配φ4钢筋双向@200，提浆压光		
		9	人工草坪	15～33厚人工草坪，专用胶粘剂粘铺		
卵石铺面	保温不上人（二级防水隔汽）	1	结构层	钢筋混凝土屋面板，基层处理干净，刷纯水泥浆一道（水灰比 0.4～0.5）	204	第6条：设双向分仓缝，不大于@1000　　第9条：按柱网分仓且不大于6 000×6 000，仓缝20宽，用防水油膏嵌实
		2	隔汽层	刷冷底子油两道		
		3	找坡层	最薄处20厚，1：8乳化沥青憎水性膨胀珍珠岩找坡		
		4	找平层	20厚1：2.5水泥砂浆找平		
		5	保温层	BW1/BW2/BW3		
		6	找平层	20厚1：2.5水泥砂浆找平		
		7	防水层	4厚热熔型SBS改性沥青防水卷材一道		
		8	隔离层	5厚石灰砂浆（白灰砂浆），石灰膏：砂=1：4		
		9	保护层	40厚C20细石混凝土（加5%防水剂)，内配φ4钢筋双向@200，提浆压光		
		10	卵石铺面	50厚直径10～30卵石保护层		
	保温不上人（二级防水隔汽）	1	结构层	钢筋混凝土屋面板，基层处理干净，刷纯水泥浆一道（水灰比 0.4～0.5）	194	第5条：设双向分仓缝，不大于@1000　　第8条：按柱网分仓且不大于6 000×6 000，仓缝20宽，用防水油膏嵌实
		2	隔汽层	刷冷底子油两道		
		3	找坡层	最薄处30厚，1：3水泥炉渣找坡，提浆扫光		
		4	保温层	BW1/BW2/BW3		
		5	找平层	20厚1：2.5水泥砂浆找平		
		6	防水层	4厚热熔型SBS改性沥青防水卷材一道		
		7	隔离层	5厚石灰砂浆（白灰砂浆），石灰膏：砂=1：4		
		8	保护层	40厚C20细石混凝土（加5%防水剂)，内配φ4钢筋双向@200，提浆压光		
		9	卵石铺面	50厚直径10～30卵石保护层		
通体砖	保温上人（二级防水隔汽）	1	结构层	钢筋混凝土屋面板，基层处理干净，刷纯水泥浆一道（水灰比 0.4～0.5）	184	第6条：设双向分仓缝，不大于@1000　　第9条：按柱网分仓且不大于6 000×6 000，仓缝20宽，用防水油膏嵌实
		2	隔汽层	刷冷底子油两道		
		3	找坡层	最薄处20厚，1：8乳化沥青憎水性膨胀珍珠岩找坡		
		4	找平层	20厚1：2.5水泥砂浆找平		
		5	保温层	BW1/BW2/BW3		
		6	找平层	20厚1：2.5水泥砂浆找平		
		7	防水层	4厚热熔型SBS改性沥青防水卷材一道		
		8	隔离层	5厚石灰砂浆（白灰砂浆），石灰膏：砂=1：4		
		9	保护层	40厚C20细石混凝土(加5%防水剂)，内配φ4钢筋双向@200，提浆压光		
		10	结合层	20厚1：2.5干硬水泥砂浆粘层，1～2厚干水泥并洒清水适量		
		11	面层	粘贴10厚防滑通体砖，缝宽5，用1：1水泥砂浆勾凹缝		

建筑统一技术措施与节点构造选编

类别	名称	序号	基本构造层次	构造做法	最小厚度	备注
通体砖	保温上人（二级防水隔汽）	1	结构层	钢筋混凝土屋面板，基层处理干净，刷纯水泥浆一道（水灰比0.4~0.5）	174	第5条：设双向分仓缝，不大于@1000 第8条：按柱网分仓且不大于6000×6000，仓缝20宽，用防水油膏嵌实
		2	隔汽层	刷冷底子油两道		
		3	找坡层	最薄处30厚，1:3水泥炉渣找坡，提浆扫光		
		4	保温层	BW1/BW2/BW3		
		5	找平层	20厚1:2.5水泥砂浆找平		
		6	防水层	4厚热熔型SBS改性沥青防水卷材一道		
		7	隔离层	5厚石灰砂浆（白灰砂浆），石灰膏:砂=1:4		
		8	保护层	40厚C20细石混凝土(加5%防水剂)，内配Φ4钢筋双向@200，提浆压光		
		9	结合层	20厚1:2.5干硬水泥砂浆粘合层，1~2厚干水泥并洒清水适量		
		10	面层	粘贴10厚防滑通体砖，缝宽5，用1:1水泥砂浆勾凹缝		
缸砖	保温上人（二级防水隔汽）	1	结构层	钢筋混凝土屋面板，基层处理干净，刷纯水泥浆一道（水灰比0.4~0.5）	184	第6条：设双向分仓缝，不大于@1000 第9条：按柱网分仓且不大于6000×6000，仓缝20宽，用防水油膏嵌实
		2	隔汽层	刷冷底子油两道		
		3	找坡层	最薄处20厚，1:8乳化沥青憎水性膨胀珍珠岩找坡		
		4	找平层	20厚1:2.5水泥砂浆找平		
		5	保温层	BW1/BW2/BW3		
		6	找平层	20厚1:2.5水泥砂浆找平		
		7	防水层	4厚热熔型SBS改性沥青防水卷材一道		
		8	隔离层	5厚石灰砂浆（白灰砂浆），石灰膏:砂=1:4		
		9	保护层	40厚C20细石混凝土(加5%防水剂)，内配Φ4钢筋双向@200，提浆压光		
		10	结合层	20厚1:2.5水泥砂浆结合层		
		11	面层	粘贴10厚缸砖，块间留缝宽5，用1:1水泥砂浆勾凹缝		
	保温上人（二级防水隔汽）	1	结构层	钢筋混凝土屋面板，基层处理干净，刷纯水泥浆一道（水灰比0.4~0.5）	174	第5条：设双向分仓缝，不大于@1000 第8条：按柱网分仓且不大于6000×6000，仓缝20宽，用防水油膏嵌实
		2	隔汽层	刷冷底子油两道		
		3	找坡层	最薄处30厚，1:3水泥炉渣找坡，提浆扫光		
		4	保温层	BW1/BW2/BW3		
		5	找平层	20厚1:2.5水泥砂浆找平		
		6	防水层	4厚热熔型SBS改性沥青防水卷材一道		
		7	隔离层	5厚石灰砂浆（白灰砂浆），石灰膏:砂=1:4		
		8	保护层	40厚C20细石混凝土(加5%防水剂)，内配Φ4钢筋双向@200，提浆压光		
		9	结合层	20厚1:2.5水泥砂浆结合层		
		10	面层	粘贴10厚缸砖，块间留缝宽5，用1:1水泥砂浆勾凹缝		
粘贴花岗岩	保温上人（二级防水隔汽）	1	结构层	钢筋混凝土屋面板，基层处理干净，刷纯水泥浆一道（水灰比0.4~0.5）	184	第6条：设双向分仓缝，不大于@1000 第9条：按柱网分仓且不大于6000×6000，仓缝20宽，用防水油膏嵌实
		2	隔汽层	刷冷底子油两道		
		3	找坡层	最薄处20厚，1:8乳化沥青憎水性膨胀珍珠岩找坡		
		4	找平层	20厚1:2.5水泥砂浆找平		
		5	保温层	BW1/BW2/BW3		
		6	找平层	20厚1:2.5水泥砂浆找平		

类别	名称	序号	基本构造层次	构造做法	最小厚度	备注
粘贴花岗岩	保温上人 （二级防水隔汽）	7	防水层	4厚热熔型SBS改性沥青防水卷材一道		
		8	隔离层	5厚石灰砂浆（白灰砂浆），石灰膏：砂=1:4		
		9	保护层	40厚C20细石混凝土(加5%防水剂)，内配Φ4钢筋双向@200，提浆压光		
		10	结合层	20厚1:2.5干硬水泥砂浆粘合层，1~2厚干水泥并洒清水适量		
		11	面层	粘贴15厚600×600花岗石板,6面需做油性渗透型保护剂(例如辛基硅烷）缝宽3		
	保温上人 （二级防水隔汽）	1	结构层	钢筋混凝土屋面板，基层处理干净，刷纯水泥浆一道（水灰比0.4~0.5）	174	第5条：设双向分仓缝，不大于@1000 第8条：按柱网分仓且不大于6000×6000，仓缝20宽，用防水油膏嵌实
		2	隔汽层	刷冷底子油两道		
		3	找坡层	最薄处30厚，1:3水泥炉渣找坡，提浆扫光		
		4	保温层	BW1/BW2/BW3		
		5	找平层	20厚1:2.5水泥砂浆找平		
		6	防水层	4厚热熔型SBS改性沥青防水卷材一道		
		7	隔离层	5厚石灰砂浆（白灰砂浆），石灰膏：砂=1:4		
		8	保护层	40厚C20细石混凝土(加5%防水剂)，内配Φ4钢筋双向@200，提浆压光		
		9	结合层	20厚1:2.5干硬水泥砂浆粘合层，1~2厚干水泥并洒清水适量		
		10	面层	粘贴15厚600×600花岗石板,6面需做油性渗透型保护剂(例如辛基硅烷）缝宽3		

二级保温屋面④（倒置式）

序号	基本构造层次
1	结构层
2	找坡层
3	防水层
4	隔离层
5	保温层
6	隔离层
7	保护层

适用范围：

倒置式做法适用于年降水量≤300的干燥地区。

优点：

构造层次简化、保护防水层、检修方便。

具体做法示例如下：

名称	序号	基本构造层次	构造做法	最小厚度	备注
保温不上人 （二级防水、倒置式）	1	结构层	钢筋混凝土屋面板，基层处理干净，刷纯水泥浆一道（水灰比0.4~0.5）	134	
	2	找坡层	最薄处20厚，1:8乳化沥青憎水性膨胀珍珠岩找坡		
	3	找平层	20厚1:2.5水泥砂浆找平		
	4	防水层	4厚热熔型SBS改性沥青防水卷材一道		
	5	隔离层	20厚1:2.5水泥砂浆找平		
	6	保温层	××厚挤塑聚苯乙烯泡沫板（XPS）四边搭接		
	7	隔离层	200g/m²聚酯无纺布（土工布）		
	8	保护层	50厚直径10~30卵石保护层		

左侧竖排标题：建筑统一技术措施与节点构造选编

名称	序号	基本构造层次	构造做法	最小厚度	备注
保温不上人（二级防水、倒置式）	1	结构层	钢筋混凝土屋面板，基层处理干净，刷纯水泥浆一道（水灰比0.4~0.5）	133	
	2	防水层	3厚自粘（聚酯胎）高聚物改性沥青防水卷材		
	3	找坡层	最薄处20厚，1:8乳化沥青憎水性膨胀珍珠岩找坡		
	4	找平层	20厚1:2.5水泥砂浆找平		
	5	保温层	××厚挤塑聚苯乙烯泡沫板（XPS）四边搭接		
	6	隔离层	200 g/m² 聚酯无纺布（土工布）		
	7	保护层	50厚直径10~30卵石保护层		
保温不上人（二级防水、倒置式）	1	结构层	钢筋混凝土屋面板，基层处理干净，刷纯水泥浆一道（水灰比0.4~0.5）	132	
	2	找坡层	最薄处20厚，1:8乳化沥青憎水性膨胀珍珠岩找坡		
	3	找平层	20厚1:2.5水泥砂浆找平		
	4	防水层	2厚单组分聚氨酯防水涂膜		
	5	保温层	××厚整体式现喷硬质聚氨酯泡沫塑料		
	6	隔离层	200 g/m² 聚酯无纺布（土工布）		
	7	保护层	50厚直径10~30卵石保护层		
保温不上人（二级防水、倒置式）	1	结构层	钢筋混凝土屋面板，基层处理干净，刷纯水泥浆一道（水灰比0.4~0.5）	124	
	2	找坡层	最薄处30厚，1:3水泥炉渣找坡，提浆扫光		
	3	防水层	4厚热熔型SBS改性沥青防水卷材一道		
	4	隔离层	20厚1:2.5水泥砂浆找平		
	5	保温层	××厚挤塑聚苯乙烯泡沫板（XPS）四边搭接		
	6	隔离层	200 g/m² 聚酯无纺布（土工布）		
	7	保护层	50厚直径10~30卵石保护层		
保温不上人（二级防水、倒置式）	1	结构层	钢筋混凝土屋面板，基层处理干净，刷纯水泥浆一道（水灰比0.4~0.5）	123	
	2	防水层	3厚自粘（聚酯胎）高聚物改性沥青防水卷材		
	3	找坡层	最薄处30厚，1:3水泥炉渣找坡，提浆扫光		
	4	保温层	××厚挤塑聚苯乙烯泡沫板（XPS）四边搭接		
	5	隔离层	200 g/m² 聚酯无纺布（土工布）		
	6	保护层	50厚直径10~30卵石保护层		
保温不上人（二级防水、倒置式）	1	结构层	钢筋混凝土屋面板，基层处理干净，刷纯水泥浆一道（水灰比0.4~0.5）	122	
	2	找坡层	最薄处30厚，1:3水泥炉渣找坡，提浆扫光		
	3	防水层	2厚单组分聚氨酯防水涂膜		
	4	保温层	××厚整体式现喷硬质聚氨酯泡沫塑料		
	5	隔离层	200 g/m² 聚酯无纺布（土工布）		
	6	保护层	50厚直径10~30卵石保护层		

2. 一级防水屋面

A. 一级防水不保温屋面

一级防水不保温屋面①

序号	基本构造层次
1	结构层
2	找坡层
3	防水层
4	隔离层
5	保护层

适用范围：

　　适用于温和地区或其他地区下层房间无保温需求的情况。

具体做法示例如下：

类型	名称	序号	基本构造层次	构造做法	最小厚度	备注
无装饰素面	非保温不上人屋面（一级防水）	1	结构层	钢筋混凝土屋面板，基层处理干净，刷纯水泥浆一道（水灰比 0.4～0.5）	93.5～96	第6条：按柱网分仓且不大于6 000×6 000，仓缝20宽，用防水油膏嵌实
		2	找坡层	最薄处20厚，1∶8 乳化沥青憎水性膨胀珍珠岩找坡		
		3	找平层	20厚 1∶2.5 水泥砂浆找平		
		4	防水层	FS6/FS7 两道 或 FS5＋FS6		
		5	隔离层	10厚石灰砂浆（白灰砂浆），石灰膏∶砂＝1∶4		
		6	保护层	40厚 C20 细石混凝土（加5%防水剂），内配Φ4钢筋双向@200，提浆压光		
	非保温不上人屋面（一级防水）	1	结构层	钢筋混凝土屋面板，基层处理干净，刷纯水泥浆一道（水灰比 0.4～0.5）	83.5～86	第5条：按柱网分仓且不大于6 000×6 000，仓缝20宽，用防水油膏嵌实
		2	找坡层	最薄处30厚，1∶3 水泥炉渣找坡，提浆扫光		
		3	防水层	FS6/FS7 两道 或 FS5＋FS6		
		4	隔离层	10厚石灰砂浆（白灰砂浆），石灰膏∶砂＝1∶4		
		5	保护层	40厚 C20 细石混凝土（加5%防水剂），内配Φ4钢筋双向@200，提浆压光		
人工草坪	非保温不上人人工草皮屋面（一级防水）	1	结构层	钢筋混凝土屋面板，基层处理干净，刷纯水泥浆一道（水灰比 0.4～0.5）	108.5～111	第6条：按柱网分仓且不大于6 000×6 000，仓缝20宽，用防水油膏嵌实
		2	找坡层	最薄处20厚，1∶8 乳化沥青憎水性膨胀珍珠岩找坡		
		3	找平层	20厚 1∶2.5 水泥砂浆找平		
		4	防水层	FS6/FS7 两道 或 FS5＋FS6		
		5	隔离层	10厚石灰砂浆（白灰砂浆），石灰膏∶砂＝1∶4		
		6	保护层	40厚 C20 细石混凝土（加5%防水剂），内配Φ4钢筋双向@200，提浆压光		
		7	人工草皮	15～33厚人工草坪，专用胶粘剂粘铺		
	非保温不上人人工草皮屋面（一级防水）	1	结构层	钢筋混凝土屋面板，基层处理干净，刷纯水泥浆一道（水灰比 0.4～0.5）	98.5～101	第5条：按柱网分仓且不大于6 000×6 000，仓缝20宽，用防水油膏嵌实
		2	找坡层	最薄处30厚，1∶3 水泥炉渣找坡，提浆扫光		
		3	防水层	FS6/FS7 两道 或 FS5＋FS6		
		4	隔离层	10厚石灰砂浆（白灰砂浆），石灰膏∶砂＝1∶4		
		5	保护层	40厚 C20 细石混凝土（加5%防水剂），内配Φ4钢筋双向@200，提浆压光		
		6	人工草皮	15～33厚人工草坪，专用胶粘剂粘铺		

建筑统一技术措施与节点构造选编

类型	名称	序号	基本构造层次	构造做法	最小厚度	备注
卵石铺面	非保温不上人卵石铺面屋面（一级防水）	1	结构层	钢筋混凝土屋面板，基层处理干净，刷纯水泥浆一道（水灰比0.4～0.5）	143.5～146	第6条：按柱网分仓且不大于6 000×6 000，仓缝20宽，用防水油膏嵌实
		2	找坡层	最薄处20厚，1∶8乳化沥青憎水性膨胀珍珠岩找坡		
		3	找平层	20厚1∶2.5水泥砂浆找平		
		4	防水层	FS6/FS7两道 或 FS5＋FS6		
		5	隔离层	10厚石灰砂浆（白灰砂浆），石灰膏∶砂＝1∶4		
		6	保护层	40厚C20细石混凝土（加5%防水剂），内配φ4钢筋双向@200，提浆压光		
		7	卵石铺面	50厚直径10～30卵石保护层		
	非保温不上人卵石铺面屋面（一级防水）	1	结构层	钢筋混凝土屋面板，基层处理干净，刷纯水泥浆一道（水灰比0.4～0.5）	133.5～136	第5条：按柱网分仓且不大于6 000×6 000，仓缝20宽，用防水油膏嵌实
		2	找坡层	最薄处30厚，1∶3水泥炉渣找坡，提浆扫光		
		3	防水层	FS6/FS7两道 或 FS5＋FS6		
		4	隔离层	10厚石灰砂浆（白灰砂浆），石灰膏∶砂＝1∶4		
		5	保护层	40厚C20细石混凝土（加5%防水剂），内配φ4钢筋双向@200，提浆压光		
		6	卵石铺面	50厚直径10～30卵石保护层		
屋面蓄水池	非保温不上人蓄水屋面（一级防水）	1	结构层	钢筋混凝土屋面板，基层处理干净，刷纯水泥浆一道（水灰比0.4～0.5）	190～192.5	第6条：按柱网分仓且不大于6 000×6 000，仓缝20宽，用防水油膏嵌实
		2	找坡层	最薄处20厚，1∶8乳化沥青憎水性膨胀珍珠岩找坡		
		3	找平层	20厚1∶2.5水泥砂浆找平		
		4	防水层	FS6/FS7两道 或 FS5＋FS6		
		5	隔离层	10厚石灰砂浆（白灰砂浆），石灰膏∶砂＝1∶4		
		6	保护层	40厚C20细石混凝土（加5%防水剂），内配φ4钢筋双向@200，提浆压光		
		7	蓄水池	60厚C25钢筋混凝土蓄水池		
		8		1.5厚聚合物水泥（JS）防水涂料		
		9		20厚1∶2.5干硬水泥砂浆粘合层，1～2厚干水泥并洒清水适量		
		10		粘贴15厚600×600花岗石板，缝宽3		
	非保温不上人蓄水屋面（一级防水）	1	结构层	钢筋混凝土屋面板，基层处理干净，刷纯水泥浆一道（水灰比0.4～0.5）	180～182.5	第5条：按柱网分仓且不大于6 000×6 000，仓缝20宽，用防水油膏嵌实
		2	找坡层	最薄处30厚，1∶3水泥炉渣找坡，提浆扫光		
		3	防水层	FS6/FS7两道 或 FS5＋FS6		
		4	隔离层	10厚石灰砂浆（白灰砂浆），石灰膏∶砂＝1∶4		
		5	保护层	40厚C20细石混凝土（加5%防水剂），内配φ4钢筋双向@200，提浆压光		
		6	蓄水池	60厚C25钢筋混凝土蓄水池		
		7		1.5厚聚合物水泥（JS）防水涂料		
		8		20厚1∶2.5干硬水泥砂浆粘合层，1～2厚干水泥并洒清水适量		
		9		粘贴15厚600×600花岗石板，缝宽3		
缸砖贴面	非保温上人缸砖屋面（一级防水）	1	结构层	钢筋混凝土屋面板，基层处理干净，刷纯水泥浆一道（水灰比0.4～0.5）	123.5～126	第6条：按柱网分仓且不大于6 000×6 000，仓缝20宽，用防水油膏嵌实
		2	找坡层	最薄处20厚，1∶8乳化沥青憎水性膨胀珍珠岩找坡		
		3	找平层	20厚1∶2.5水泥砂浆找平		

类型	名称	序号	基本构造层次	构造做法	最小厚度	备注
缸砖贴面	非保温上人缸砖屋面（一级防水）	4	防水层	FS6/FS7 两道 或 FS5＋FS6		
		5	隔离层	10厚石灰砂浆（白灰砂浆），石灰膏：砂＝1:4		
		6	保护层	40厚C20细石混凝土（加5%防水剂），内配Φ4钢筋双向@200，提浆压光		
		7	结合层	20厚1:2.5水泥砂浆结合层		
		8	面层	粘贴10厚缸砖，块间留缝宽5，用1:1水泥砂浆勾凹缝		
	非保温上人缸砖屋面（一级防水）	1	结构层	钢筋混凝土屋面板，基层处理干净，刷纯水泥浆一道(水灰比0.4～0.5)	113.5～116	第5条：按柱网分仓且不大于6 000×6 000，仓缝20宽，用防水油膏嵌实
		2	找坡层	最薄处30厚，1:3水泥炉渣找坡，提浆扫光		
		3	防水层	FS6/FS7 两道 或 FS5＋FS6		
		4	隔离层	10厚石灰砂浆（白灰砂浆），石灰膏：砂＝1:4		
		5	保护层	40厚C20细石混凝土（加5%防水剂），内配Φ4钢筋双向@200，提浆压光		
		6	结合层	20厚1:2.5水泥砂浆结合层		
		7	面层	粘贴10厚缸砖，块间留缝宽5，用1:1水泥砂浆勾凹缝		
通体砖贴面①	非保温上人通体砖屋面（一级防水）	1	结构层	钢筋混凝土屋面板，基层处理干净，刷纯水泥浆一道(水灰比0.4～0.5)	123.5～126	第6条：按柱网分仓且不大于6 000×6 000，仓缝20宽，用防水油膏嵌实
		2	找坡层	最薄处20厚，1:8乳化沥青憎水性膨胀珍珠岩找坡		
		3	找平层	20厚1:2.5水泥砂浆找平		
		4	防水层	FS6/FS7 两道 或 FS5＋FS6		
		5	隔离层	10厚石灰砂浆（白灰砂浆），石灰膏：砂＝1:4		
		6	保护层	40厚C20细石混凝土（加5%防水剂），内配Φ4钢筋双向@200，提浆压光		
		7	结合层	20厚1:2.5干硬水泥砂浆粘合层，1～2厚干水泥并洒清水适量		
		8	面层	粘贴10厚300×300防滑通体砖，缝宽5，用1:1水泥砂浆勾凹缝		
	非保温上人通体砖屋面（一级防水）	1	结构层	钢筋混凝土屋面板，基层处理干净，刷纯水泥浆一道(水灰比0.4～0.5)	113.5～116	第5条：按柱网分仓且不大于6 000×6 000，仓缝20宽，用防水油膏嵌实
		2	找坡层	最薄处30厚，1:3水泥炉渣找坡，提浆扫光		
		3	防水层	FS6/FS7 两道 或 FS5＋FS6		
		4	隔离层	10厚石灰砂浆（白灰砂浆），石灰膏：砂＝1:4		
		5	保护层	40厚C20细石混凝土（加5%防水剂），内配Φ4钢筋双向@200，提浆压光		
		6	结合层	20厚1:2.5干硬水泥砂浆粘合层，1～2厚干水泥并洒清水适量		
		7	面层	粘贴10厚300×300防滑通体砖，缝宽5，用1:1水泥砂浆勾凹缝		
通体砖贴面②	非保温上人通体砖屋面（一级防水）	1	结构层	钢筋混凝土屋面板，基层处理干净，刷纯水泥浆一道(水灰比0.4～0.5)	123.5～126	第6条：按柱网分仓且不大于6 000×6 000，仓缝20宽，用防水油膏嵌实
		2	找坡层	最薄处20厚，1:8乳化沥青憎水性膨胀珍珠岩找坡		
		3	找平层	20厚1:2.5水泥砂浆找平		
		4	防水层	FS6/FS7 两道 或 FS5＋FS6		
		5	隔离层	10厚石灰砂浆（白灰砂浆），石灰膏：砂＝1:4		
		6	保护层	40厚C20细石混凝土（加5%防水剂），内配Φ4钢筋双向@200，提浆压光		
		7	结合层	20厚1:2.5干硬水泥砂浆粘合层，1～2厚干水泥并洒清水适量		
		8	面层	粘贴10厚600×600防滑通体砖，缝宽5，用1:1水泥砂浆勾凹缝		

类型	名称	序号	基本构造层次	构造做法	最小厚度	备注
通体砖贴面②	非保温上人通体砖屋面（一级防水）	1	结构层	钢筋混凝土屋面板,基层处理干净,刷纯水泥浆一道(水灰比 0.4~0.5)	113.5~116	第5条:按柱网分仓且不大于6 000×6 000,仓缝20宽,用防水油膏嵌实
		2	找坡层	最薄处30厚,1:3水泥炉渣找坡,提浆扫光		
		3	防水层	FS6/FS7两道 或 FS5+FS6		
		4	隔离层	10厚石灰砂浆(白灰砂浆),石灰膏:砂=1:4		
		5	保护层	40厚C20细石混凝土(加5%防水剂),内配Φ4钢筋双向@200,提浆压光		
		6	结合层	20厚1:2.5干硬水泥砂浆粘合层,1~2厚干水泥并洒清水适量		
		7	面层	粘贴10厚600×600防滑通体砖,缝宽5,用1:1水泥砂浆勾凹缝		
花岗岩贴面	非保温上人花岗岩贴面屋面（一级防水）	1	结构层	钢筋混凝土屋面板,基层处理干净,刷纯水泥浆一道(水灰比 0.4~0.5)	128.5~131	第6条:按柱网分仓且不大于6 000×6 000,仓缝20宽,用防水油膏嵌实
		2	找坡层	最薄处20厚,1:8乳化沥青憎水性膨胀珍珠岩找坡		
		3	找平层	20厚1:2.5水泥砂浆找平		
		4	防水层	FS6/FS7两道 或 FS5+FS6		
		5	隔离层	10厚石灰砂浆(白灰砂浆),石灰膏:砂=1:4		
		6	保护层	40厚C20细石混凝土(加5%防水剂),内配Φ4钢筋双向@200,提浆压光		
		7	结合层	20厚1:2.5干硬水泥砂浆粘合层,1~2厚干水泥并洒清水适量		
		8	面层	粘贴15厚600×600花岗石板,6面需做油性渗透型保护剂(例如辛基硅烷)缝宽3		
	非保温上人花岗岩贴面屋面（一级防水）	1	结构层	钢筋混凝土屋面板,基层处理干净,刷纯水泥浆一道(水灰比 0.4~0.5)	118.5~121	第5条:按柱网分仓且不大于6 000×6 000,仓缝20宽,用防水油膏嵌实
		2	找坡层	最薄处30厚,1:3水泥炉渣找坡,提浆扫光		
		3	防水层	FS6/FS7两道 或 FS5+FS6		
		4	隔离层	10厚石灰砂浆(白灰砂浆),石灰膏:砂=1:4		
		5	保护层	40厚C20细石混凝土(加5%防水剂),内配Φ4钢筋双向@200,提浆压光		
		6	结合层	20厚1:2.5干硬水泥砂浆粘合层,1~2厚干水泥并洒清水适量		
		7	面层	粘贴15厚600×600花岗石板,6面需做油性渗透型保护剂(例如辛基硅烷)缝宽3		
卵石贴面	非保温上人卵石粘贴屋面（一级防水）	1	结构层	钢筋混凝土屋面板,基层处理干净,刷纯水泥浆一道(水灰比 0.4~0.5)	123.5~126	第6条:按柱网分仓且不大于6 000×6 000,仓缝20宽,用防水油膏嵌实
		2	找坡层	最薄处20厚,1:8乳化沥青憎水性膨胀珍珠岩找坡		
		3	找平层	20厚1:2.5水泥砂浆找平		
		4	防水层	FS6/FS7两道 或 FS5+FS6		
		5	隔离层	10厚石灰砂浆(白灰砂浆),石灰膏:砂=1:4		
		6	保护层	40厚C20细石混凝土(加5%防水剂),内配Φ4钢筋双向@200,提浆压光		
		7	结合层	20厚1:2.5水泥砂浆结合层		
		8	面层	粒径××卵石,1/2~2/3嵌入粘贴砂浆		
	非保温上人卵石粘贴屋面（一级防水）	1	结构层	钢筋混凝土屋面板,基层处理干净,刷纯水泥浆一道(水灰比 0.4~0.5)	113.5~116	第5条:按柱网分仓且不大于6 000×6 000,仓缝20宽,用防水油膏嵌实
		2	找坡层	最薄处30厚,1:3水泥炉渣找坡,提浆扫光		
		3	防水层	FS6/FS7两道 或 FS5+FS6		
		4	隔离层	10厚石灰砂浆(白灰砂浆),石灰膏:砂=1:4		
		5	保护层	40厚C20细石混凝土(加5%防水剂),内配Φ4钢筋双向@200,提浆压光		
		6	结合层	20厚1:2.5水泥砂浆结合层		
		7	面层	粒径××卵石,1/2~2/3嵌入粘贴砂浆		

类型	名称	序号	基本构造层次	构造做法	最小厚度	备注
架空竹地板	非保温上人架空竹地板屋面（一级防水）	1	结构层	钢筋混凝土屋面板，基层处理干净，刷纯水泥浆一道（水灰比 0.4~0.5）	221.5~224	竹地板间距根据平面设计排版 第6条：按柱网分仓且不大于6 000×6 000，仓缝20宽，用防水油膏嵌实
		2	找坡层	最薄处20厚，1:8乳化沥青憎水性膨胀珍珠岩找坡		
		3	找平层	20厚1:2.5水泥砂浆找平		
		4	防水层	FS6/FS7两道 或 FS5+FS6		
		5	隔离层	10厚石灰砂浆（白灰砂浆），石灰膏：砂=1:4		
		6	保护层	40厚C20细石混凝土（加5%防水剂），内配Φ4钢筋双向@200，提浆压光		
		7	架空竹地板	240×240砖或C10混凝土支墩，双向@600，高度×××~×××		
		8		60（高）×50（宽）樟子松防腐木龙骨角钢固定在砖墩上		
		9		140（宽）×18（厚）成品炭化复合竹地板@150缝10		
	非保温上人架空竹地板屋面（一级防水）	1	结构层	钢筋混凝土屋面板，基层处理干净，刷纯水泥浆一道（水灰比0.4~0.5）	211.5~214	竹地板间距根据平面设计排版 第5条：按柱网分仓且不大于6 000×6 000，仓缝20宽，用防水油膏嵌实
		2	找坡层	最薄处30厚，1:3水泥炉渣找坡，提浆扫光		
		3	防水层	FS6/FS7两道 或 FS5+FS6		
		4	隔离层	10厚石灰砂浆（白灰砂浆），石灰膏：砂=1:4		
		5	保护层	40厚C20细石混凝土（加5%防水剂），内配Φ4钢筋双向@200，提浆压光		
		6	架空竹地板	240×240砖或C10混凝土支墩，双向@600，高度×××~×××		
		7		60（高）×50（宽）樟子松防腐木龙骨角钢固定在砖墩上		
		8		140（宽）×18（厚）成品炭化复合竹地板@150缝10		
架空木地板	非保温上人架空木地板屋面（一级防水）	1	结构层	钢筋混凝土屋面板，基层处理干净，刷纯水泥浆一道（水灰比0.4~0.5）	223.5~226	木地板间距根据平面设计排版 第6条：按柱网分仓且不大于6 000×6 000，仓缝20宽，用防水油膏嵌实
		2	找坡层	最薄处20厚，1:8乳化沥青憎水性膨胀珍珠岩找坡		
		3	找平层	20厚1:2.5水泥砂浆找平		
		4	防水层	FS6/FS7两道 或 FS5+FS6		
		5	隔离层	10厚石灰砂浆（白灰砂浆），石灰膏：砂=1:4		
		6	保护层	40厚C20细石混凝土（加5%防水剂），内配Φ4钢筋双向@200，提浆压光		
		7	架空木地板	240×240砖支墩双向@600，高度60~250		
		8		60（宽）×50（高）防腐木檩条上沉头不锈钢螺钉固定		
		9		20厚90宽防腐木板@100，板间缝10宽		
	非保温上人架空木地板屋面（一级防水）	1	结构层	钢筋混凝土屋面板，基层处理干净，刷纯水泥浆一道（水灰比0.4~0.5）	213.5~226	木地板间距根据平面设计排版 第5条：按柱网分仓且不大于6 000×6 000，仓缝20宽，用防水油膏嵌实
		2	找坡层	最薄处30厚，1:3水泥炉渣找坡，提浆扫光		
		3	防水层	FS6/FS7两道 或 FS5+FS6		
		4	隔离层	10厚石灰砂浆（白灰砂浆），石灰膏：砂=1:4		
		5	保护层	40厚C20细石混凝土（加5%防水剂），内配Φ4钢筋双向@200，提浆压光		
		6	架空木地板	240×240砖支墩双向@600，高度60~250		
		7		60（宽）×50（高）防腐木檩条上沉头不锈钢螺钉固定		
		8		20厚90宽防腐木板@100，板间缝10宽		

建筑统一技术措施与节点构造选编

类型	名称	序号	基本构造层次	构造做法	最小厚度	备注
架空花岗岩①	非保温上人架空花岗岩屋面（一级防水）	1	结构层	钢筋混凝土屋面板,基层处理干净,刷纯水泥浆一道(水灰比 0.4~0.5)	263.5~266	第6条:按柱网分仓且不大于 6 000×6 000,仓缝 20 宽,用防水油膏嵌实
		2	找坡层	最薄处 20 厚,1:8 乳化沥青憎水性膨胀珍珠岩找坡		
		3	找平层	20 厚 1:2.5 水泥砂浆找平		
		4	防水层	FS6/FS7 两道 或 FS5+FS6		
		5	隔离层	10 厚石灰砂浆（白灰砂浆）,石灰膏:砂=1:4		
		6	保护层	40 厚 C20 细石混凝土（加 5%防水剂）,内配 Φ4 钢筋双向@200,提浆压光		
		7	架空花岗岩	240×240 砖支墩双向@600,60 厚压顶,高度×××~×××		
		8		专用不锈钢卡件		
		9		50 厚花岗石,6 面需做油性渗透型保护剂（例如辛基硅烷）,缝宽 5		
	非保温上人架空花岗岩屋面（一级防水）	1	结构层	钢筋混凝土屋面板,基层处理干净,刷纯水泥浆一道(水灰比 0.4~0.5)	253.5~256	第5条:按柱网分仓且不大于 6 000×6 000,仓缝 20 宽,用防水油膏嵌实
		2	找坡层	最薄处 30 厚,1:3 水泥炉渣找坡,提浆扫光		
		3	防水层	FS6/FS7 两道 或 FS5+FS6		
		4	隔离层	10 厚石灰砂浆（白灰砂浆）,石灰膏:砂=1:4		
		5	保护层	40 厚 C20 细石混凝土（加 5%防水剂）,内配 Φ4 钢筋双向@200,提浆压光		
		6	架空花岗岩	240×240 砖支墩双向@600,60 厚压顶,高度×××~×××		
		7		专用不锈钢卡件		
		8		50 厚花岗石,6 面需做油性渗透型保护剂（例如辛基硅烷）,缝宽 5		
架空花岗岩②	非保温上人架空花岗岩屋面（一级防水）	1	结构层	钢筋混凝土屋面板,基层处理干净,刷纯水泥浆一道(水灰比 0.4~0.5)	263.5~266	第6条:按柱网分仓且不大于 6 000×6 000,仓缝 20 宽,用防水油膏嵌实
		2	找坡层	最薄处 20 厚,1:8 乳化沥青憎水性膨胀珍珠岩找坡		
		3	找平层	20 厚 1:2.5 水泥砂浆找平		
		4	防水层	FS6/FS7 两道 或 FS5+FS6		
		5	隔离层	10 厚石灰砂浆（白灰砂浆）,石灰膏:砂=1:4		
		6	保护层	40 厚 C20 细石混凝土（加 5%防水剂）,内配 Φ4 钢筋双向@200,提浆压光		
		7	架空花岗岩	240×240 砖支墩双向@600,高度×××~×××		
		8		50 厚花岗石,缝宽 5,1:2.5 水泥砂浆座浆		
	非保温上人架空花岗岩屋面（一级防水）	1	结构层	钢筋混凝土屋面板,基层处理干净,刷纯水泥浆一道(水灰比 0.4~0.5)	253.5~256	第5条:按柱网分仓且不大于 6 000×6 000,仓缝 20 宽,用防水油膏嵌实
		2	找坡层	最薄处 30 厚,1:3 水泥炉渣找坡,提浆扫光		
		3	防水层	FS6/FS7 两道 或 FS5+FS6		
		4	隔离层	10 厚石灰砂浆（白灰砂浆）,石灰膏:砂=1:4		
		5	保护层	40 厚 C20 细石混凝土（加 5%防水剂）,内配 Φ4 钢筋双向@200,提浆压光		
		6	架空花岗岩	240×240 砖支墩双向@600,高度×××~×××		
		7		50 厚花岗石,缝宽 5,1:2.5 水泥砂浆座浆		

类型	名称	序号	基本构造层次	构造做法	最小厚度	备注
屋面运动场①	非保温上人屋面（一级防水）	1	结构层	钢筋混凝土屋面板，基层处理干净，刷纯水泥浆一道（水灰比0.4~0.5）	107.5~110	第6条：按柱网分仓且不大于6 000×6 000，仓缝20宽，用防水油膏嵌实
		2	找坡层	最薄处20厚，1:8乳化沥青憎水性膨胀珍珠岩找坡		
		3	找平层	20厚1:2.5水泥砂浆找平		
		4	防水层	FS6/FS7两道 或 FS5+FS6		
		5	隔离层	10厚石灰砂浆（白灰砂浆），石灰膏：砂=1:4		
		6	保护层	40厚C20细石混凝土（加5%防水剂），内配φ4钢筋双向@200，提浆压光		
		7	找平层	10厚1:2.5水泥砂浆人工找平（高差2 mm以内）		
		8	面层	专用粘胶剂粘贴4厚耐候型防滑PVC塑胶地面		
	非保温上人屋面（一级防水）	1	结构层	钢筋混凝土屋面板，基层处理干净，刷纯水泥浆一道（水灰比0.4~0.5）	97.5~100	第5条：按柱网分仓且不大于6 000×6 000，仓缝20宽，用防水油膏嵌实
		2	找坡层	最薄处30厚，1:3水泥炉渣找坡，提浆扫光		
		3	防水层	FS6/FS7两道 或 FS5+FS6		
		4	隔离层	10厚石灰砂浆（白灰砂浆），石灰膏：砂=1:4		
		5	保护层	40厚C20细石混凝土（加5%防水剂），内配φ4钢筋双向@200，提浆压光		
		6	找平层	10厚1:2.5水泥砂浆人工找平（高差2 mm以内）		
		7	面层	专用粘胶剂粘贴4厚耐候型防滑PVC塑胶地面		
屋面运动场②	非保温上人屋面球场（一级防水）	1	结构层	钢筋混凝土屋面板，基层处理干净，刷纯水泥浆一道（水灰比0.4~0.5）	165.5~168	第6条：按柱网分仓且不大于6 000×6 000，仓缝20宽，用防水油膏嵌实
		2	找坡层	最薄处20厚，1:8乳化沥青憎水性膨胀珍珠岩找坡		
		3	找平层	20厚1:2.5水泥砂浆找平		
		4	防水层	FS6/FS7两道 或 FS5+FS6		
		5	隔离层	10厚石灰砂浆（白灰砂浆），石灰膏：砂=1:4		
		6	保护层	40厚C20细石混凝土（加5%防水剂），内配φ4钢筋双向@200，提浆压光		
		7	球场地面	40厚粗沥青混凝土（最大骨料粒径<15 mm）		
		8		30厚细沥青混凝土（最大骨料粒径>15 mm）		
		9		2厚丙烯酸涂料面层		
	非保温上人屋面球场（一级防水）	1	结构层	钢筋混凝土屋面板，基层处理干净，刷纯水泥浆一道（水灰比0.4~0.5）	155.5~158	第5条：按柱网分仓且不大于6 000×6 000，仓缝20宽，用防水油膏嵌实
		2	找坡层	最薄处30厚，1:3水泥炉渣找坡，提浆扫光		
		3	防水层	FS6/FS7两道 或 FS5+FS6		
		4	隔离层	10厚石灰砂浆（白灰砂浆），石灰膏：砂=1:4		
		5	保护层	40厚C20细石混凝土（加5%防水剂），内配φ4钢筋双向@200，提浆压光		
		6	球场地面	40厚粗沥青混凝土（最大骨料粒径<15 mm）		
		7		30厚细沥青混凝土（最大骨料粒径>15 mm）		
		8		2厚丙烯酸涂料面层		
屋面停车①	非保温上人停车屋面（一级防水）	1	结构层	钢筋混凝土屋面板，基层处理干净，刷纯水泥浆一道（水灰比0.4~0.5）	213.5~216	第6条：按柱网分仓且不大于3 000×3 000，仓缝12宽，用防水油膏嵌实
		2	找坡层	最薄处20厚，1:8乳化沥青憎水性膨胀珍珠岩找坡		
		3	找平层	20厚1:2.5水泥砂浆找平		
		4	防水层	FS6/FS7两道 或 FS5+FS6		
		5	隔离层	10厚石灰砂浆（白灰砂浆），石灰膏：砂=1:4		
		6	保护层	120厚C20细石混凝土（加5%防水剂），内配φ10钢筋双向@200，提浆压光		
		7	耐磨层	有色非金属耐磨层		
		8	固化剂	表面施工混凝土密封固化剂		

建筑统一技术措施与节点构造选编

类型	名称	序号	基本构造层次	构造做法	最小厚度	备注
屋面停车①	非保温上人停车屋面（一级防水）	1	结构层	钢筋混凝土屋面板,基层处理干净,刷纯水泥浆一道(水灰比 0.4～0.5)	203.5～206	第5条:按柱网分仓且不大于3 000×3 000,仓缝12宽,用防水油膏嵌实
		2	找坡层	最薄处30厚,1:3水泥炉渣找坡,提浆扫光		
		3	防水层	FS6/FS7两道 或 FS5+FS6		
		4	隔离层	10厚石灰砂浆（白灰砂浆）,石灰膏：砂=1:4		
		5	保护层	120厚C20细石混凝土(加5%防水剂),内配Φ10钢筋双向@200,提浆压光		
		6	耐磨层	有色非金属耐磨层		
		7	固化剂	表面施工混凝土密封固化剂		
种植停车	非保温上人种植停车屋面（一级防水）	1	结构层	钢筋混凝土屋面板,基层处理干净,刷纯水泥浆一道(水灰比 0.4～0.5)	211.5～214	第6条:按柱网分仓且不大于6 000×6 000,仓缝20宽,用防水油膏嵌实
		2	找坡层	最薄处20厚,1:8乳化沥青憎水性膨胀珍珠岩找坡		
		3	找平层	20厚1:2.5水泥砂浆找平		
		4	防水层	FS6/FS7两道 或 FS5+FS6		
		5	隔离层	10厚石灰砂浆（白灰砂浆）,石灰膏：砂=1:4		
		6	保护层	40厚C20细石混凝土(加5%防水剂),内配Φ4钢筋双向@200,提浆压光		
		7	蓄排水层	18厚塑料板排水层,凸点向上		
		8	过滤层	土工布过滤层		
		9	种植土	100厚种植土,表面嵌入70厚塑料种草箅子		
	非保温上人种植停车屋面（一级防水）	1	结构层	钢筋混凝土屋面板,基层处理干净,刷纯水泥浆一道(水灰比 0.4～0.5)	201.5～204	第5条:按柱网分仓且不大于6 000×6 000,仓缝20宽,用防水油膏嵌实
		2	找坡层	最薄处30厚,1:3水泥炉渣找坡,提浆扫光		
		3	防水层	FS6/FS7两道 或 FS5+FS6		
		4	隔离层	10厚石灰砂浆（白灰砂浆）,石灰膏：砂=1:4		
		5	保护层	40厚C20细石混凝土(加5%防水剂),内配Φ4钢筋双向@200,提浆压光		
		6	蓄排水层	18厚塑料板排水层,凸点向上		
		7	过滤层	土工布过滤层		
		8	种植土	100厚种植土,表面嵌入70厚塑料种草箅子		

一级防水不保温屋面②

序号	基本构造层次
1	结构层
2	找平层
3	防水层
4	找坡层
5	防水层
6	隔离层
7	保护层

适用范围:

适用于温和地区或其他地区下层房间无保温需求的情况。

优点:

两层防水分开放置对防水性能更有保障。

缺点:

施工工序较多。

具体做法示例如下：

类型	名称	序号	基本构造层次	构造做法	最小厚度	备注
人工草坪	非保温不上人屋面（一级防水）	1	结构层	钢筋混凝土屋面板,基层处理干净,刷纯水泥浆一道（水灰比0.4~0.5）	114~116	第2条：如混凝土屋面板板随打随抹平可保证平整度,可取消水泥砂浆找平层
		2	找平层	20厚1:2.5水泥砂浆找平		
		3	防水层	FS6/FS7		
		4	找坡层	最薄处20厚,1:8乳化沥青憎水性膨胀珍珠岩找坡		
		5	找平层	20厚1:2.5水泥砂浆找平		第8条：按柱网分仓且不大于6 000×6 000,仓缝20宽,用防水油膏嵌实
		6	防水层	3厚热熔型SBS改性沥青防水卷材一道		
		7	隔离层	10厚石灰砂浆（白灰膏）,石灰膏:砂=1:4		
		8	保护层	40厚C20细石混凝土（加5%防水剂）,内配Φ4钢筋双向@200,提浆压光		
	非保温不上人屋面（一级防水）	1	结构层	钢筋混凝土屋面板,基层处理干净,刷纯水泥浆一道（水灰比0.4~0.5）	104~106	第2条：如混凝土屋面板板随打随抹平可保证平整度,可取消水泥砂浆找平层
		2	找平层	20厚1:2.5水泥砂浆找平		
		3	防水层	FS6/FS7		
		4	找坡层	最薄处30厚,1:3水泥炉渣找坡,提浆扫光		第7条：按柱网分仓且不大于6 000×6 000,仓缝20宽,用防水油膏嵌实
		5	防水层	FS6/FS7		
		6	隔离层	10厚石灰砂浆（白灰砂浆）,石灰膏:砂=1:4		
		7	保护层	40厚C20细石混凝土（加5%防水剂）,内配Φ4钢筋双向@200,提浆压光		
	非保温不上人人工草皮屋面（一级防水）	1	结构层	钢筋混凝土屋面板,基层处理干净,刷纯水泥浆一道（水灰比0.4~0.5）	129~131	第2条：如混凝土屋面板板随打随抹平可保证平整度,可取消水泥砂浆找平层
		2	找平层	20厚1:2.5水泥砂浆找平		
		3	防水层	FS6/FS7		
		4	找坡层	最薄处20厚,1:8乳化沥青憎水性膨胀珍珠岩找坡		
		5	找平层	20厚1:2.5水泥砂浆找平		
		6	防水层	FS6/FS7		第8条：按柱网分仓且不大于6 000×6 000,仓缝20宽,用防水油膏嵌实
		7	隔离层	10厚石灰砂浆（白灰砂浆）,石灰膏:砂=1:4		
		8	保护层	40厚C20细石混凝土（加5%防水剂）,内配Φ4钢筋双向@200,提浆压光		
		9	人工草皮	15~33厚人工草坪,专用胶粘剂粘铺		
	非保温不上人人工草皮屋面（一级防水）	1	结构层	钢筋混凝土屋面板,基层处理干净,刷纯水泥浆一道（水灰比0.4~0.5）	119~121	第2条：如混凝土屋面板板随打随抹平可保证平整度,可取消水泥砂浆找平层
		2	找平层	20厚1:2.5水泥砂浆找平		
		3	防水层	FS6/FS7		
		4	找坡层	最薄处30厚,1:3水泥炉渣找坡,提浆扫光		第7条：按柱网分仓且不大于6 000×6 000,仓缝20宽,用防水油膏嵌实
		5	防水层	FS6/FS7		
		6	隔离层	10厚石灰砂浆（白灰砂浆）,石灰膏:砂=1:4		
		7	保护层	40厚C20细石混凝土（加5%防水剂）,内配Φ4钢筋双向@200,提浆压光		
		8	人工草皮	15~33厚人工草坪,专用胶粘剂粘铺		
卵石铺面	非保温不上人卵石铺面屋面（一级防水）	1	结构层	钢筋混凝土屋面板,基层处理干净,刷纯水泥浆一道（水灰比0.4~0.5）	164~166	第2条：如混凝土屋面板板随打随抹平可保证平整度,可取消水泥砂浆找平层
		2	找平层	20厚1:2.5水泥砂浆找平		
		3	防水层	FS6/FS7		
		4	找坡层	最薄处20厚,1:8乳化沥青憎水性膨胀珍珠岩找坡		
		5	找平层	20厚1:2.5水泥砂浆找平		
		6	防水层	FS6/FS7		第8条：按柱网分仓且不大于6 000×6 000,仓缝20宽,用防水油膏嵌实
		7	隔离层	10厚石灰砂浆（白灰砂浆）,石灰膏:砂=1:4		
		8	保护层	40厚C20细石混凝土（加5%防水剂）,内配Φ4钢筋双向@200,提浆压光		
		9	卵石铺面	50厚直径10~30卵石保护层		

左侧竖排文字：建筑统一技术措施与节点构造选编

类型	名称	序号	基本构造层次	构造做法	最小厚度	备注
卵石铺面	非保温不上人卵石铺面屋面（一级防水）	1	结构层	钢筋混凝土屋面板,基层处理干净,刷纯水泥浆一道(水灰比 0.4~0.5)	154~156	第2条:如混凝土屋面板板随打随抹平可保证平整度,可取消水泥砂浆找平层 第7条:按柱网分仓且不大于6 000×6 000,仓缝20宽,用防水油膏嵌实
		2	找平层	20厚1:2.5水泥砂浆找平		
		3	防水层	FS6/FS7		
		4	找坡层	最薄处30厚,1:3水泥炉渣找坡,提浆扫光		
		5	防水层	FS6/FS7		
		6	隔离层	10厚石灰砂浆（白灰砂浆）,石灰膏:砂=1:4		
		7	保护层	40厚C20细石混凝土(加5%防水剂),内配Φ4钢筋双向@200,提浆压光		
		8	卵石铺面	50厚直径10~30卵石保护层		
屋面水池	非保温不上人蓄水屋面（一级防水）	1	结构层	钢筋混凝土屋面板,基层处理干净,刷纯水泥浆一道(水灰比 0.4~0.5)	210.5~212.5	第2条:如混凝土屋面板板随打随抹平可保证平整度,可取消水泥砂浆找平层 第8条:按柱网分仓且不大于6 000×6 000,仓缝20宽,用防水油膏嵌实
		2	找平层	20厚1:2.5水泥砂浆找平		
		3	防水层	FS6/FS7		
		4	找坡层	最薄处20厚,1:8乳化沥青憎水性膨胀珍珠岩找坡		
		5	找平层	20厚1:2.5水泥砂浆找平		
		6	防水层	FS6/FS7		
		7	隔离层	10厚石灰砂浆（白灰砂浆）,石灰膏:砂=1:4		
		8	保护层	40厚C20细石混凝土(加5%防水剂),内配Φ4钢筋双向@200,提浆压光		
		9		60厚C25钢筋混凝土蓄水池		
		10		1.5厚聚合物水泥（JS）防水涂料		
		11	蓄水池	20厚1:2.5干硬水泥砂浆粘合层,1~2厚干水泥并洒清水适量		
		12		粘贴15厚600×600花岗石板,缝宽3		
	非保温不上人蓄水屋面（一级防水）	1	结构层	钢筋混凝土屋面板,基层处理干净,刷纯水泥浆一道(水灰比 0.4~0.5)	200.5~202.5	第2条:如混凝土屋面板板随打随抹平可保证平整度,可取消水泥砂浆找平层 第7条:按柱网分仓且不大于6 000×6 000,仓缝20宽,用防水油膏嵌实
		2	找平层	20厚1:2.5水泥砂浆找平		
		3	防水层	FS6/FS7		
		4	找坡层	最薄处30厚,1:3水泥炉渣找坡,提浆扫光		
		5	防水层	FS6/FS7		
		6	隔离层	10厚石灰砂浆（白灰砂浆）,石灰膏:砂=1:4		
		7	保护层	40厚C20细石混凝土(加5%防水剂),内配Φ4钢筋双向@200,提浆压光		
		8		60厚C25钢筋混凝土蓄水池		
		9		1.5厚聚合物水泥（JS）防水涂料		
		10	蓄水池	20厚1:2.5干硬水泥砂浆粘合层,1~2厚干水泥并洒清水适量		
		11		粘贴15厚600×600花岗石板,缝宽3		
缸砖贴面	非保温上人缸砖屋面（一级防水）	1	结构层	钢筋混凝土屋面板,基层处理干净,刷纯水泥浆一道(水灰比 0.4~0.5)	144~146	第2条:如混凝土屋面板板随打随抹平可保证平整度,可取消水泥砂浆找平层 第8条:按柱网分仓且不大于6 000×6 000,仓缝20宽,用防水油膏嵌实
		2	找平层	20厚1:2.5水泥砂浆找平		
		3	防水层	FS5/FS6/FS7		
		4	找坡层	最薄处20厚,1:8乳化沥青憎水性膨胀珍珠岩找坡		
		5	找平层	20厚1:2.5水泥砂浆找平		
		6	防水层	FS7		
		7	隔离层	10厚石灰砂浆（白灰砂浆）,石灰膏:砂=1:4		
		8	保护层	40厚C20细石混凝土(加5%防水剂),内配Φ4钢筋双向@200,提浆压光		
		9	结合层	20厚1:2.5水泥砂浆结合层		
		10	面层	粘贴10厚缸砖,块间留缝宽5,用1:1水泥砂浆勾凹缝		

类型	名称	序号	基本构造层次	构造做法	最小厚度	备注
缸砖贴面	非保温上人缸砖屋面（一级防水）	1	结构层	钢筋混凝土屋面板，基层处理干净，刷纯水泥浆一道（水灰比0.4~0.5）	134~136	第2条：如混凝土屋面板板随打随抹平可保证平整度，可取消水泥砂浆找平层 第7条：按柱网分仓且不大于6 000×6 000，仓缝20宽，用防水油膏嵌实
		2	找平层	20厚1:2.5水泥砂浆找平		
		3	防水层	FS5/FS6/FS7		
		4	找坡层	最薄处30厚，1:3水泥炉渣找坡，提浆扫光		
		5	防水层	FS7		
		6	隔离层	10厚石灰砂浆（白灰砂浆），石灰膏:砂=1:4		
		7	保护层	40厚C20细石混凝土（加5%防水剂），内配φ4钢筋双向@200，提浆压光		
		8	结合层	20厚1:2.5水泥砂浆结合层		
		9	面层	粘贴10厚缸砖，块间留缝宽5，用1:1水泥砂浆勾凹缝		
通体砖贴面①	非保温上人通体砖屋面（一级防水）	1	结构层	钢筋混凝土屋面板，基层处理干净，刷纯水泥浆一道（水灰比0.4~0.5）	144~146	第2条：如混凝土屋面板板随打随抹平可保证平整度，可取消水泥砂浆找平层 第8条：按柱网分仓且不大于6 000×6 000，仓缝20宽，用防水油膏嵌实
		2	找平层	20厚1:2.5水泥砂浆找平		
		3	防水层	FS5/FS6/FS7		
		4	找坡层	最薄处20厚，1:8乳化沥青憎水性膨胀珍珠岩找坡		
		5	找平层	20厚1:2.5水泥砂浆找平		
		6	防水层	FS7		
		7	隔离层	10厚石灰砂浆（白灰砂浆），石灰膏:砂=1:4		
		8	保护层	40厚C20细石混凝土（加5%防水剂），内配φ4钢筋双向@200，提浆压光		
		9	结合层	20厚1:2.5干硬水泥砂浆粘合层，1~2厚干水泥并洒清水适量		
		10	面层	粘贴10厚300×300防滑通体砖，缝宽5，用1:1水泥砂浆勾凹缝		
	非保温上人通体砖屋面（一级防水）	1	结构层	钢筋混凝土屋面板，基层处理干净，刷纯水泥浆一道（水灰比0.4~0.5）	134~136	第2条：如混凝土屋面板板随打随抹平可保证平整度，可取消水泥砂浆找平层 第7条：按柱网分仓且不大于6 000×6 000，仓缝20宽，用防水油膏嵌实
		2	找平层	20厚1:2.5水泥砂浆找平		
		3	防水层	FS5/FS6/FS7		
		4	找坡层	最薄处30厚，1:3水泥炉渣找坡，提浆扫光		
		5	防水层	FS7		
		6	隔离层	10厚石灰砂浆（白灰砂浆），石灰膏:砂=1:4		
		7	保护层	40厚C20细石混凝土（加5%防水剂），内配φ4钢筋双向@200，提浆压光		
		8	结合层	20厚1:2.5干硬水泥砂浆粘合层，1~2厚干水泥并洒清水适量		
		9	面层	粘贴10厚300×300防滑通体砖，缝宽5，用1:1水泥砂浆勾凹缝		
通体砖贴面②	非保温上人通体砖屋面（一级防水）	1	结构层	钢筋混凝土屋面板，基层处理干净，刷纯水泥浆一道（水灰比0.4~0.5）	144~146	第2条：如混凝土屋面板板随打随抹平可保证平整度，可取消水泥砂浆找平层 第8条：按柱网分仓且不大于6 000×6 000，仓缝20宽，用防水油膏嵌实
		2	找平层	20厚1:2.5水泥砂浆找平		
		3	防水层	FS5/FS6/FS7		
		4	找坡层	最薄处20厚，1:8乳化沥青憎水性膨胀珍珠岩找坡		
		5	找平层	20厚1:2.5水泥砂浆找平		
		6	防水层	FS7		
		7	隔离层	10厚石灰砂浆（白灰砂浆），石灰膏:砂=1:4		
		8	保护层	40厚C20细石混凝土（加5%防水剂），内配φ4钢筋双向@200，提浆压光		
		9	结合层	20厚1:2.5干硬水泥砂浆粘合层，1~2厚干水泥并洒清水适量		
		10	面层	粘贴10厚600×600防滑通体砖，缝宽5，用1:1水泥砂浆勾凹缝		

建筑统一技术措施与节点构造选编

类型	名称	序号	基本构造层次	构造做法	最小厚度	备注
通体砖贴面②	非保温上人通体砖屋面（一级防水）	1	结构层	钢筋混凝土屋面板，基层处理干净，刷纯水泥浆一道（水灰比0.4～0.5）	134～136	第2条：如混凝土屋面板板随打随抹平可保证平整度，可取消水泥砂浆找平层 第7条：按柱网分仓且不大于6 000×6 000，仓缝20宽，用防水油膏嵌实
		2	找平层	20厚1:2.5水泥砂浆找平		
		3	防水层	FS5/FS6/FS7		
		4	找坡层	最薄处30厚，1:3水泥炉渣找坡，提浆扫光		
		5	防水层	FS7		
		6	隔离层	10厚石灰砂浆（白灰砂浆），石灰膏:砂=1:4		
		7	保护层	40厚C20细石混凝土（加5%防水剂），内配φ4钢筋双向@200，提浆压光		
		8	结合层	20厚1:2.5干硬水泥砂浆粘合层，1～2厚干水泥并洒清水适量		
		9	面层	粘贴10厚600×600防滑通体砖，缝宽5，用1:1水泥砂浆勾凹缝		
卵石贴面	非保温上人卵石粘贴屋面（一级防水）	1	结构层	钢筋混凝土屋面板，基层处理干净，刷纯水泥浆一道（水灰比0.4～0.5）	134～136	第2条：如混凝土屋面板板随打随抹平可保证平整度，可取消水泥砂浆找平层 第8条：按柱网分仓且不大于6 000×6 000，仓缝20宽，用防水油膏嵌实
		2	找平层	20厚1:2.5水泥砂浆找平		
		3	防水层	FS5/FS6/FS7		
		4	找坡层	最薄处20厚，1:8乳化沥青憎水性膨胀珍珠岩找坡		
		5	找平层	20厚1:2.5水泥砂浆找平		
		6	防水层	FS7		
		7	隔离层	10厚石灰砂浆（白灰砂浆），石灰膏:砂=1:4		
		8	保护层	40厚C20细石混凝土（加5%防水剂），内配φ4钢筋双向@200，提浆压光		
		9	结合层	20厚1:2.5水泥砂浆结合层		
		10	面层	粒径××卵石，1/2～2/3嵌入粘贴砂浆		
	非保温上人卵石粘贴屋面（一级防水）	1	结构层	钢筋混凝土屋面板，基层处理干净，刷纯水泥浆一道（水灰比0.4～0.5）	124～126	第2条：如混凝土屋面板板随打随抹平可保证平整度，可取消水泥砂浆找平层 第7条：按柱网分仓且不大于6 000×6 000，仓缝20宽，用防水油膏嵌实
		2	找平层	20厚1:2.5水泥砂浆找平		
		3	防水层	FS5/FS6/FS7		
		4	找坡层	最薄处30厚，1:3水泥炉渣找坡，提浆扫光		
		5	防水层	FS7		
		6	隔离层	10厚石灰砂浆（白灰砂浆），石灰膏:砂=1:4		
		7	保护层	40厚C20细石混凝土（加5%防水剂），内配φ4钢筋双向@200，提浆压光		
		8	结合层	20厚1:2.5水泥砂浆结合层		
		9	面层	粒径××卵石，1/2～2/3嵌入粘贴砂浆		
花岗岩贴面	非保温上人花岗岩贴面屋面（一级防水）	1	结构层	钢筋混凝土屋面板，基层处理干净，刷纯水泥浆一道（水灰比0.4～0.5）	149～151	第2条：如混凝土屋面板板随打随抹平可保证平整度，可取消水泥砂浆找平层 第8条：按柱网分仓且不大于6 000×6 000，仓缝20宽，用防水油膏嵌实
		2	找平层	20厚1:2.5水泥砂浆找平		
		3	防水层	FS5/FS6/FS7		
		4	找坡层	最薄处20厚，1:8乳化沥青憎水性膨胀珍珠岩找坡		
		5	找平层	20厚1:2.5水泥砂浆找平		
		6	防水层	FS7		
		7	隔离层	10厚石灰砂浆（白灰砂浆），石灰膏:砂=1:4		
		8	保护层	40厚C20细石混凝土（加5%防水剂），内配φ4钢筋双向@200，提浆压光		
		9	结合层	20厚1:2.5干硬水泥砂浆粘合层，1～2厚干水泥并洒清水适量		
		10	面层	粘贴15厚600×600花岗石板，6面需做油性渗透型保护剂（例如辛基硅烷）缝宽3		

类型	名称	序号	基本构造层次	构造做法	最小厚度	备注
花岗岩贴面	非保温上人花岗岩贴面屋面（一级防水）	1	结构层	钢筋混凝土屋面板，基层处理干净，刷纯水泥浆一道(水灰比 0.4~0.5)	139~141	第2条：如混凝土屋面板随打随抹平可保证平整度，可取消水泥砂浆找平层 第7条：按柱网分仓且不大于6 000×6 000，仓缝20宽，用防水油膏嵌实
		2	找平层	20厚1:2.5水泥砂浆找平		
		3	防水层	FS5/FS6/FS7		
		4	找坡层	最薄处30厚，1:3水泥炉渣找坡，提浆扫光		
		5	防水层	FS7		
		6	隔离层	10厚石灰砂浆（白灰砂浆），石灰膏：砂＝1:4		
		7	保护层	40厚C20细石混凝土（加5%防水剂），内配φ4钢筋双向@200，提浆压光		
		8	结合层	20厚1:2.5干硬水泥砂浆粘合层，1~2厚干水泥并洒清水适量		
		9	面层	粘贴15厚600×600花岗石板，6面需做油性渗透型保护剂（例如辛基硅烷）缝宽3		
架空竹地板	非保温上人架空竹地板屋面（一级防水）	1	结构层	钢筋混凝土屋面板，基层处理干净，刷纯水泥浆一道(水灰比 0.4~0.5)	242~244	竹地板间距根据平面设计排版 第2条：如混凝土屋面板随打随抹平可保证平整度，可取消水泥砂浆找平层 第8条：按柱网分仓且不大于6 000×6 000，仓缝20宽，用防水油膏嵌实
		2	找平层	20厚1:2.5水泥砂浆找平		
		3	防水层	FS5/FS6/FS7		
		4	找坡层	最薄处20厚，1:8乳化沥青憎水性膨胀珍珠岩找坡		
		5	找平层	20厚1:2.5水泥砂浆找平		
		6	防水层	FS7		
		7	隔离层	10厚石灰砂浆（白灰砂浆），石灰膏：砂＝1:4		
		8	保护层	40厚C20细石混凝土（加5%防水剂），内配φ4钢筋双向@200，提浆压光		
		9	架空竹地板	240×240砖墩或C10混凝土支墩，双向@600，高度×××~×××		
		10		60（高）×50（宽）樟子松防腐木龙骨角钢固定在砖墩上		
		11		140（宽）×18（厚）成品炭化复合竹地板@150缝10		
	非保温上人架空竹地板屋面（一级防水）	1	结构层	钢筋混凝土屋面板，基层处理干净，刷纯水泥浆一道(水灰比 0.4~0.5)	232~234	竹地板间距根据平面设计排版 第2条：如混凝土屋面板随打随抹平可保证平整度，可取消水泥砂浆找平层 第7条：按柱网分仓且不大于6 000×6 000，仓缝20宽，用防水油膏嵌实
		2	找平层	20厚1:2.5水泥砂浆找平		
		3	防水层	FS5/FS6/FS7		
		4	找坡层	最薄处30厚，1:3水泥炉渣找坡，提浆扫光		
		5	防水层	FS7		
		6	隔离层	10厚石灰砂浆（白灰砂浆），石灰膏：砂＝1:4		
		7	保护层	40厚C20细石混凝土（加5%防水剂），内配φ4钢筋双向@200，提浆压光		
		8	架空竹地板	240×240砖墩或C10混凝土支墩，双向@600，高度×××~×××		
		9		60（高）×50（宽）樟子松防腐木龙骨角钢固定在砖墩上		
		10		140（宽）×18（厚）成品炭化复合竹地板@150缝10		
架空木地板	非保温上人架空木地板屋面（一级防水）	1	结构层	钢筋混凝土屋面板，基层处理干净，刷纯水泥浆一道(水灰比 0.4~0.5)	244~246	木地板间距根据平面设计排版 第2条：如混凝土屋面板随打随抹平可保证平整度，可取消水泥砂浆找平层 第8条：按柱网分仓且不大于6 000×6 000，仓缝20宽，用防水油膏嵌实
		2	找平层	20厚1:2.5水泥砂浆找平		
		3	防水层	FS5/FS6/FS7		
		4	找坡层	最薄处20厚，1:8乳化沥青憎水性膨胀珍珠岩找坡		
		5	找平层	20厚1:2.5水泥砂浆找平		
		6	防水层	FS7		
		7	隔离层	10厚石灰砂浆（白灰砂浆），石灰膏：砂＝1:4		
		8	保护层	40厚C20细石混凝土（加5%防水剂），内配φ4钢筋双向@200，提浆压光		
		9	架空木地板	240×240砖支墩双向@600，高度60~250		
		10		60（宽）×50（高）防腐木檩条上沉头不锈钢螺钉固定		
		11		20厚90宽防腐木板@100，板间缝10宽		

类型	名称	序号	基本构造层次	构造做法	最小厚度	备注
架空木地板	非保温上人架空木地板屋面（一级防水）	1	结构层	钢筋混凝土屋面板,基层处理干净,刷纯水泥浆一道(水灰比 0.4~0.5)	234~236	木地板间距根据平面设计排版 第2条：如混凝土屋面板板随打随抹平可保证平整度,可取消水泥砂浆找平层 第7条：按柱网分仓且不大于6 000×6 000,仓缝20宽,用防水油膏嵌实
		2	找平层	20厚1:2.5水泥砂浆找平		
		3	防水层	FS5/FS6/FS7		
		4	找坡层	最薄处30厚,1:3水泥炉渣找坡,提浆扫光		
		5	防水层	FS7		
		6	隔离层	10厚石灰砂浆（白灰砂浆）,石灰膏：砂=1:4		
		7	保护层	40厚C20细石混凝土（加5%防水剂）,内配Φ4钢筋双向@200,提浆压光		
		8		240×240砖支墩双向@600,高度60~250		
		9	架空木地板	60（宽）×50（高）防腐木檩条上沉头不锈钢螺钉固定		
		10		20厚90宽防腐木板@100,板间缝10宽		
架空花岗岩①	非保温上人架空花岗岩屋面（一级防水）	1	结构层	钢筋混凝土屋面板,基层处理干净,刷纯水泥浆一道(水灰比 0.4~0.5)	284~286	第2条：如混凝土屋面板板随打随抹平可保证平整度,可取消水泥砂浆找平层 第8条：按柱网分仓且不大于6 000×6 000,仓缝20宽,用防水油膏嵌实
		2	找平层	20厚1:2.5水泥砂浆找平		
		3	防水层	FS5/FS6/FS7		
		4	找坡层	最薄处20厚,1:8乳化沥青憎水性膨胀珍珠岩找坡		
		5	找平层	20厚1:2.5水泥砂浆找平		
		6	防水层	FS7		
		7	隔离层	10厚石灰砂浆（白灰砂浆）,石灰膏：砂=1:4		
		8	保护层	40厚C20细石混凝土（加5%防水剂）,内配Φ4钢筋双向@200,提浆压光		
		9		240×240砖支墩双向@600,60厚压顶,高度×××~×××		
		10	架空花岗岩	专用不锈钢卡件		
		11		50厚花岗石,6面需做油性渗透型保护剂（例如辛基硅烷）,缝宽5		
	非保温上人架空花岗岩屋面（一级防水）	1	结构层	钢筋混凝土屋面板,基层处理干净,刷纯水泥浆一道(水灰比 0.4~0.5)	274~476	第2条：如混凝土屋面板板随打随抹平可保证平整度,可取消水泥砂浆找平层 第7条：按柱网分仓且不大于6 000×6 000,仓缝20宽,用防水油膏嵌实
		2	找平层	20厚1:2.5水泥砂浆找平		
		3	防水层	FS5/FS6/FS7		
		4	找坡层	最薄处30厚,1:3水泥炉渣找坡,提浆扫光		
		5	防水层	FS7		
		6	隔离层	10厚石灰砂浆（白灰砂浆）,石灰膏：砂=1:4		
		7	保护层	40厚C20细石混凝土（加5%防水剂）,内配Φ4钢筋双向@200,提浆压光		
		8		240×240砖支墩双向@600,60厚压顶,高度×××~×××		
		9	架空花岗岩	专用不锈钢卡件		
		10		50厚花岗石,6面需做油性渗透型保护剂（例如辛基硅烷）,缝宽5		

建筑统一技术措施与节点构造选编

类型	名称	序号	基本构造层次	构造做法	最小厚度	备注
架空花岗岩②	非保温上人架空花岗岩屋面（一级防水）	1	结构层	钢筋混凝土屋面板,基层处理干净,刷纯水泥浆一道(水灰比 0.4～0.5)	284～286	第2条:如混凝土屋面板板随打随抹平可保证平整度,可取消水泥砂浆找平层
		2	找平层	20 厚 1：2.5 水泥砂浆找平		
		3	防水层	FS5/FS6/FS7		
		4	找坡层	最薄处 20 厚, 1：8 乳化沥青憎水性膨胀珍珠岩找坡		
		5	找平层	20 厚 1：2.5 水泥砂浆找平		
		6	防水层	FS7		第8条:按柱网分仓且不大于6 000×6 000,仓缝20宽,用防水油膏嵌实
		7	隔离层	10 厚石灰砂浆（白灰砂浆）,石灰膏：砂＝1：4		
		8	保护层	40 厚 C20 细石混凝土（加 5%防水剂）,内配 Φ4 钢筋双向@200, 提浆压光		
		9	架空花岗岩	240×240 砖支墩双向@600,高度×××～×××		
		10		50 厚花岗石,缝宽 5,1：2.5 水泥砂浆座浆		
	非保温上人架空花岗岩屋面（一级防水）	1	结构层	钢筋混凝土屋面板,基层处理干净,刷纯水泥浆一道(水灰比 0.4～0.5)	274～476	第2条:如混凝土屋面板板随打随抹平可保证平整度,可取消水泥砂浆找平层
		2	找平层	20 厚 1：2.5 水泥砂浆找平		
		3	防水层	FS5/FS6/FS7		
		4	找坡层	最薄处 30 厚, 1：3 水泥炉渣找坡,提浆扫光		
		5	防水层	FS7		第7条:按柱网分仓且不大于6 000×6 000,仓缝20宽,用防水油膏嵌实
		6	隔离层	10 厚石灰砂浆（白灰砂浆）,石灰膏：砂＝1：4		
		7	保护层	40 厚 C20 细石混凝土（加 5%防水剂）,内配 Φ4 钢筋双向@200, 提浆压光		
		8	架空花岗岩	240×240 砖支墩双向@600,高度×××～×××		
		9		50 厚花岗石,缝宽 5,1：2.5 水泥砂浆座浆		
屋面运动场地①	非保温上人屋面球场（一级防水）	1	结构层	钢筋混凝土屋面板,基层处理干净,刷纯水泥浆一道(水灰比 0.4～0.5)	186～188	第2条:如混凝土屋面板板随打随抹平可保证平整度,可取消水泥砂浆找平层
		2	找平层	20 厚 1：2.5 水泥砂浆找平		
		3	防水层	FS5/FS6/FS7		
		4	找坡层	最薄处 20 厚, 1：8 乳化沥青憎水性膨胀珍珠岩找坡		
		5	找平层	20 厚 1：2.5 水泥砂浆找平		
		6	防水层	FS7		第8条:按柱网分仓且不大于6 000×6 000,仓缝20宽,用防水油膏嵌实
		7	隔离层	10 厚石灰砂浆（白灰砂浆）,石灰膏：砂＝1：4		
		8	保护层	40 厚 C20 细石混凝土（加 5%防水剂）,内配 Φ4 钢筋双向@200, 提浆压光		
		9	球场地面	40 厚粗沥青混凝土（最大骨料粒径<15 mm）		
		10		30 厚细沥青混凝土（最大骨料粒径>15 mm）		
		11		2 厚丙烯酸涂料面层		
	非保温上人屋面球场（一级防水）	1	结构层	钢筋混凝土屋面板,基层处理干净,刷纯水泥浆一道(水灰比 0.4～0.5)	176～178	第2条:如混凝土屋面板板随打随抹平可保证平整度,可取消水泥砂浆找平层
		2	找平层	20 厚 1：2.5 水泥砂浆找平		
		3	防水层	FS5/FS6/FS7		
		4	找坡层	最薄处 30 厚, 1：3 水泥炉渣找坡,提浆扫光		
		5	防水层	FS7		第7条:按柱网分仓且不大于6 000×6 000,仓缝20宽,用防水油膏嵌实
		6	隔离层	10 厚石灰砂浆（白灰砂浆）,石灰膏：砂＝1：4		
		7	保护层	40 厚 C20 细石混凝土（加 5%防水剂）,内配 Φ4 钢筋双向@200, 提浆压光		
		8	球场地面	40 厚粗沥青混凝土（最大骨料粒径<15 mm）		
		9		30 厚细沥青混凝土（最大骨料粒径>15 mm）		
		10		2 厚丙烯酸涂料面层		

类型	名称	序号	基本构造层次	构造做法	最小厚度	备注
屋面运动场地②	非保温上人屋面（一级防水）	1	结构层	钢筋混凝土屋面板，基层处理干净，刷纯水泥浆一道（水灰比0.4~0.5）	128~130	第2条：如混凝土屋面板板随打随抹平可保证平整度，可取消水泥砂浆找平层 第8条：按柱网分仓且不大于6 000×6 000，仓缝20宽，用防水油膏嵌实
		2	找平层	20厚1:2.5水泥砂浆找平		
		3	防水层	FS5/FS6/FS7		
		4	找坡层	最薄处20厚，1:8乳化沥青憎水性膨胀珍珠岩找坡		
		5	找平层	20厚1:2.5水泥砂浆找平		
		6	防水层	FS7		
		7	隔离层	10厚石灰砂浆（白灰砂浆），石灰膏:砂=1:4		
		8	保护层	40厚C20细石混凝土（加5%防水剂），内配Φ4钢筋双向@200，提浆压光		
		9	找平层	10厚1:2.5水泥砂浆人工找平（高差2 mm以内）		
		10	面层	专用粘胶剂粘贴4厚耐候型防滑PVC塑胶地面		
	非保温上人PVC运动屋面（一级防水）	1	结构层	钢筋混凝土屋面板，基层处理干净，刷纯水泥浆一道（水灰比0.4~0.5）	118~120	第2条：如混凝土屋面板板随打随抹平可保证平整度，可取消水泥砂浆找平层 第7条：按柱网分仓且不大于6 000×6 000，仓缝20宽，用防水油膏嵌实
		2	找平层	20厚1:2.5水泥砂浆找平		
		3	防水层	FS5/FS6/FS7		
		4	找坡层	最薄处30厚，1:3水泥炉渣找坡，提浆扫光		
		5	防水层	FS7		
		6	隔离层	10厚石灰砂浆（白灰砂浆），石灰膏:砂=1:4		
		7	保护层	40厚C20细石混凝土（加5%防水剂），内配Φ4钢筋双向@200，提浆压光		
		8	找平层	10厚1:2.5水泥砂浆人工找平（高差2 mm以内）		
		9	面层	专用粘胶剂粘贴4厚耐候型防滑PVC塑胶地面		
屋面停车场	非保温上人停车屋面（一级防水）	1	结构层	钢筋混凝土屋面板，基层处理干净，刷纯水泥浆一道（水灰比0.4~0.5）	234~236	第2条：如混凝土屋面板板随打随抹平可保证平整度，可取消水泥砂浆找平层 第8条：按柱网分仓且不大于3 000×3 000，仓缝12宽，用防水油膏嵌实
		2	找平层	20厚1:2.5水泥砂浆找平		
		3	防水层	FS5/FS6/FS7		
		4	找坡层	最薄处20厚，1:8乳化沥青憎水性膨胀珍珠岩找坡		
		5	找平层	20厚1:2.5水泥砂浆找平		
		6	防水层	FS7		
		7	隔离层	10厚石灰砂浆（白灰砂浆），石灰膏:砂=1:4		
		8	保护层	120厚C20细石混凝土（加5%防水剂），内配Φ10钢筋双向@200，提浆压光		
		9	耐磨层	有色非金属耐磨层		
		10	固化剂	表面施工混凝土密封固化剂		
	非保温上人停车屋面（一级防水）	1	结构层	钢筋混凝土屋面板，基层处理干净，刷纯水泥浆一道（水灰比0.4~0.5）	224~226	第2条：如混凝土屋面板板随打随抹平可保证平整度，可取消水泥砂浆找平层 第7条：按柱网分仓且不大于3 000×3 000，仓缝12宽，用防水油膏嵌实
		2	找平层	20厚1:2.5水泥砂浆找平		
		3	防水层	3厚热熔型SBS改性沥青防水卷材一道		
		4	找坡层	最薄处30厚，1:3水泥炉渣找坡，提浆扫光		
		5	防水层	3厚热熔型SBS改性沥青防水卷材一道		
		6	隔离层	10厚石灰砂浆（白灰砂浆），石灰膏:砂=1:4		
		7	保护层	120厚C20细石混凝土（加5%防水剂），内配Φ10钢筋双向@200，提浆压光		
		8	耐磨层	有色非金属耐磨层		
		9	固化剂	表面施工混凝土密封固化剂		

类型	名称	序号	基本构造层次	构造做法	最小厚度	备注
种植停车	非保温上人种植停车屋面（一级防水）	1	结构层	钢筋混凝土屋面板,基层处理干净,刷纯水泥浆一道(水灰比 0.4~0.5)	232~234	第2条:如混凝土屋面板板随打随抹平可保证平整度,可取消水泥砂浆找平层 第8条:按柱网分仓且不大于6 000×6 000,仓缝20宽,用防水油膏嵌实
		2	找平层	20 厚 1:2.5 水泥砂浆找平		
		3	防水层	FS5/FS6/FS7		
		4	找坡层	最薄处 20 厚,1:8 乳化沥青憎水性膨胀珍珠岩找坡		
		5	找平层	20 厚 1:2.5 水泥砂浆找平		
		6	防水层	FS7		
		7	隔离层	10 厚石灰砂浆（白灰砂浆），石灰膏:砂=1:4		
		8	保护层	40 厚 C20 细石混凝土（加 5%防水剂），内配 Φ4 钢筋双向@200,提浆压光		
		9	蓄排水层	18 厚塑料板排水层,凸点向上		
		10	过滤层	土工布过滤层		
		11	种植土	100 厚种草土,表面嵌入 70 厚塑料种草算子		
	非保温上人种植停车屋面（一级防水）	1	结构层	钢筋混凝土屋面板,基层处理干净,刷纯水泥浆一道(水灰比 0.4~0.5)	222~224	第2条:如混凝土屋面板板随打随抹平可保证平整度,可取消水泥砂浆找平层 第7条:按柱网分仓且不大于6 000×6 000,仓缝20宽,用防水油膏嵌实
		2	找平层	20 厚 1:2.5 水泥砂浆找平		
		3	防水层	FS5/FS6/FS7		
		4	找坡层	最薄处 30 厚,1:3 水泥炉渣找坡,提浆扫光		
		5	防水层	FS7		
		6	隔离层	10 厚石灰砂浆（白灰砂浆），石灰膏:砂=1:4		
		7	保护层	40 厚 C20 细石混凝土（加 5%防水剂），内配 Φ4 钢筋双向@200,提浆压光		
		8	蓄排水层	18 厚塑料板排水层,凸点向上		
		9	过滤层	土工布过滤层		
		10	种植土	100 厚种草土,表面嵌入 70 厚塑料种草算子		

B. 一级防水保温屋面

一级防水保温屋面①

序号	基本构造层次
1	结构层
2	找坡层
3	防水层
4	保护层
5	保温层
6	保护层
7	防水层
8	隔离层
9	保护层

适用范围:

适用于潮湿地区或下方是湿度较大的房间的屋面。

优点:

A. 防水层兼做隔汽层。

B. 防水层上下分开,防水效果更有保障。

缺点:

施工工序较多。

具体做法示例如下：

<table>
<tr><th>类型</th><th>名称</th><th>序号</th><th>基本构造层次</th><th>构造做法</th><th>最小厚度</th><th>备注</th></tr>
<tr><td rowspan="37">无装饰素面</td><td rowspan="10">保温不上人屋面（一级防水）</td><td>1</td><td>结构层</td><td>钢筋混凝土屋面板，基层处理干净，刷纯水泥浆一道（水灰比 0.4～0.5）</td><td rowspan="10">174～176</td><td rowspan="10">第 7 条：设双向分仓缝，不大于@1 000

第 10 条：按柱网分仓且不大于6 000×6 000，仓缝 20 宽，用防水油膏嵌实</td></tr>
<tr><td>2</td><td>找坡层</td><td>最薄处 20 厚，1：8 乳化沥青憎水性膨胀珍珠岩找坡</td></tr>
<tr><td>3</td><td>找平层</td><td>20 厚 1：2.5 水泥砂浆找平</td></tr>
<tr><td>4</td><td>防水层</td><td>FS6/FS7</td></tr>
<tr><td>5</td><td>保护层</td><td>20 厚 1：2.5 水泥砂浆保护层找平</td></tr>
<tr><td>6</td><td>保温层</td><td>BW1/BW2/BW3</td></tr>
<tr><td>7</td><td>保护层</td><td>20 厚 1：2.5 水泥砂浆保护层找平</td></tr>
<tr><td>8</td><td>防水层</td><td>FS6/FS7</td></tr>
<tr><td>9</td><td>隔离层</td><td>10 厚石灰砂浆（白灰砂浆），石灰膏：砂 = 1：4</td></tr>
<tr><td>10</td><td>保护层</td><td>40 厚 C20 细石混凝土（加 5%防水剂），内配 Φ4 钢筋双向@200，提浆压光</td></tr>
<tr><td rowspan="9">保温不上人屋面（一级防水）</td><td>1</td><td>结构层</td><td>钢筋混凝土屋面板，基层处理干净，刷纯水泥浆一道（水灰比 0.4～0.5）</td><td rowspan="9">154.5～156.5</td><td rowspan="9">第 6 条：设双向分仓缝，不大于@1 000

第 9 条：按柱网分仓且不大于6 000×6 000，仓缝 20 宽，用防水油膏嵌实</td></tr>
<tr><td>2</td><td>找坡层</td><td>最薄处 20 厚，1：8 乳化沥青憎水性膨胀珍珠岩找坡</td></tr>
<tr><td>3</td><td>找平层</td><td>20 厚 1：2.5 水泥砂浆找平</td></tr>
<tr><td>4</td><td>防水层</td><td>FS5</td></tr>
<tr><td>5</td><td>保温层</td><td>××厚整体式现喷硬质聚氨酯泡沫塑料</td></tr>
<tr><td>6</td><td>保护层</td><td>20 厚 1：2.5 水泥砂浆保护层找平</td></tr>
<tr><td>7</td><td>防水层</td><td>FS6/FS7</td></tr>
<tr><td>8</td><td>隔离层</td><td>10 厚石灰砂浆（白灰砂浆），石灰膏：砂 = 1：4</td></tr>
<tr><td>9</td><td>保护层</td><td>40 厚 C20 细石混凝土（加 5%防水剂），内配 Φ4 钢筋双向@200，提浆压光</td></tr>
<tr><td rowspan="9">保温不上人屋面（一级防水）</td><td>1</td><td>结构层</td><td>钢筋混凝土屋面板，基层处理干净，刷纯水泥浆一道（水灰比 0.4～0.5）</td><td rowspan="9">164～166</td><td rowspan="9">第 6 条：设双向分仓缝，不大于@1 000

第 9 条：按柱网分仓且不大于6 000×6 000，仓缝 20 宽，用防水油膏嵌实</td></tr>
<tr><td>2</td><td>找坡层</td><td>最薄处 30 厚，1：3 水泥炉渣找坡，提浆扫光</td></tr>
<tr><td>3</td><td>防水层</td><td>FS6/FS7</td></tr>
<tr><td>4</td><td>保护层</td><td>20 厚 1：2.5 水泥砂浆保护层找平</td></tr>
<tr><td>5</td><td>保温层</td><td>BW1/BW2/BW3</td></tr>
<tr><td>6</td><td>保护层</td><td>20 厚 1：2.5 水泥砂浆保护层找平</td></tr>
<tr><td>7</td><td>防水层</td><td>FS6/FS7</td></tr>
<tr><td>8</td><td>隔离层</td><td>10 厚石灰砂浆（白灰砂浆），石灰膏：砂 = 1：4</td></tr>
<tr><td>9</td><td>保护层</td><td>40 厚 C20 细石混凝土（加 5%防水剂），内配 Φ4 钢筋双向@200，提浆压光</td></tr>
<tr><td rowspan="8">保温不上人屋面（一级防水）</td><td>1</td><td>结构层</td><td>钢筋混凝土屋面板，基层处理干净，刷纯水泥浆一道（水灰比 0.4～0.5）</td><td rowspan="8">144.5～146.5</td><td rowspan="8">第 5 条：设双向分仓缝，不大于@1 000

第 8 条：按柱网分仓且不大于6 000×6 000，仓缝 20 宽，用防水油膏嵌实</td></tr>
<tr><td>2</td><td>找坡层</td><td>最薄处 30 厚，1：3 水泥炉渣找坡，提浆扫光</td></tr>
<tr><td>3</td><td>防水层</td><td>FS5</td></tr>
<tr><td>4</td><td>保温层</td><td>××厚整体式现喷硬质聚氨酯泡沫塑料</td></tr>
<tr><td>5</td><td>保护层</td><td>20 厚 1：2.5 水泥砂浆保护层找平</td></tr>
<tr><td>6</td><td>防水层</td><td>FS6/FS7</td></tr>
<tr><td>7</td><td>隔离层</td><td>10 厚石灰砂浆（白灰砂浆），石灰膏：砂 = 1：4</td></tr>
<tr><td>8</td><td>保护层</td><td>40 厚 C20 细石混凝土（加 5%防水剂），内配 Φ4 钢筋双向@200，提浆压光</td></tr>
</table>

类型	名称	序号	基本构造层次	构造做法	最小厚度	备注
人工草皮	保温不上人人工草皮屋面（一级防水）	1	结构层	钢筋混凝土屋面板，基层处理干净，刷纯水泥浆一道（水灰比0.4~0.5）	189~191	第7条：设双向分仓缝，不大于@1 000 第10条：按柱网分仓且不大于6 000×6 000，仓缝20宽，用防水油膏嵌实
		2	找坡层	最薄处20厚，1:8乳化沥青憎水性膨胀珍珠岩找坡		
		3	找平层	20厚1:2.5水泥砂浆找平		
		4	防水层	FS6/FS7		
		5	保护层	20厚1:2.5水泥砂浆保护层找平		
		6	保温层	BW1/BW2/BW3		
		7	保护层	20厚1:2.5水泥砂浆保护层找平		
		8	防水层	FS6/FS7		
		9	隔离层	10厚石灰砂浆（白灰砂浆），石灰膏:砂=1:4		
		10	保护层	40厚C20细石混凝土（加5%防水剂），内配Φ4钢筋双向@200，提浆压光		
		11	人工草皮	15~33厚人工草坪，专用胶粘剂粘铺		
	保温不上人人工草皮屋面（一级防水）	1	结构层	钢筋混凝土屋面板，基层处理干净，刷纯水泥浆一道（水灰比0.4~0.5）	168.5	第6条：设双向分仓缝，不大于@1 000 第9条：按柱网分仓且不大于6 000×6 000，仓缝20宽，用防水油膏嵌实
		2	找坡层	最薄处20厚，1:8乳化沥青憎水性膨胀珍珠岩找坡		
		3	找平层	20厚1:2.5水泥砂浆找平		
		4	防水层	1.5厚单组分聚氨酯防水涂膜		
		5	保温层	××厚整体式现喷硬质聚氨酯泡沫塑料		
		6	保护层	20厚1:2.5水泥砂浆保护层找平		
		7	防水层	FS6/FS7		
		8	隔离层	10厚石灰砂浆（白灰砂浆），石灰膏:砂=1:4		
		9	保护层	40厚C20细石混凝土（加5%防水剂），内配Φ4钢筋双向@200，提浆压光		
		10	人工草皮	15~33厚人工草坪，专用胶粘剂粘铺		
	保温不上人人工草皮屋面（一级防水）	1	结构层	钢筋混凝土屋面板，基层处理干净，刷纯水泥浆一道（水灰比0.4~0.5）	179~181	第6条：设双向分仓缝，不大于@1 000 第9条：按柱网分仓且不大于6 000×6 000，仓缝20宽，用防水油膏嵌实
		2	找坡层	最薄处30厚，1:3水泥炉渣找坡，提浆扫光		
		3	防水层	3厚热熔型SBS改性沥青防水卷材一道		
		4	保护层	20厚1:2.5水泥砂浆保护层找平		
		5	保温层	××厚模塑聚苯乙烯泡沫保温板（EPS）粘贴		
		6	保护层	20厚1:2.5水泥砂浆保护层找平		
		7	防水层	3厚热熔型SBS改性沥青防水卷材一道		
		8	隔离层	10厚石灰砂浆（白灰砂浆），石灰膏:砂=1:4		
		9	保护层	40厚C20细石混凝土（加5%防水剂），内配Φ4钢筋双向@200，提浆压光		
		10	人工草皮	15~33厚人工草坪，专用胶粘剂粘铺		
	保温不上人人工草皮屋面（一级防水）	1	结构层	钢筋混凝土屋面板，基层处理干净，刷纯水泥浆一道（水灰比0.4~0.5）	158.5	第5条：设双向分仓缝，不大于@1 000 第8条：按柱网分仓且不大于6 000×6 000，仓缝20宽，用防水油膏嵌实
		2	找坡层	最薄处30厚，1:3水泥炉渣找坡，提浆扫光		
		3	防水层	1.5厚单组分聚氨酯防水涂膜		
		4	保温层	××厚整体式现喷硬质聚氨酯泡沫塑料		
		5	保护层	20厚1:2.5水泥砂浆保护层找平		
		6	防水层	2厚自粘（聚酯胎）改性沥青防水卷材一道		
		7	隔离层	10厚石灰砂浆（白灰砂浆），石灰膏:砂=1:4		
		8	保护层	40厚C20细石混凝土（加5%防水剂），内配Φ4钢筋双向@200，提浆压光		
		9	人工草皮	15~33厚人工草坪，专用胶粘剂粘铺		

类型	名称	序号	基本构造层次	构造做法	最小厚度	备注
卵石铺面	保温不上人卵石铺面屋面（一级防水）	1	结构层	钢筋混凝土屋面板，基层处理干净，刷纯水泥浆一道（水灰比 0.4～0.5）	224～226	第 7 条：设双向分仓缝，不大于@1 000
		2	找坡层	最薄处 20 厚，1∶8 乳化沥青憎水性膨胀珍珠岩找坡		
		3	找平层	20 厚 1∶2.5 水泥砂浆找平		
		4	防水层	3 厚热熔型 SBS 改性沥青防水卷材一道		
		5	保护层	20 厚 1∶2.5 水泥砂浆保护层找平		第 10 条：按柱网分仓且不大于 6 000×6 000，仓缝 20 宽，用防水油膏嵌实
		6	保温层	××厚模塑聚苯乙烯泡沫保温板（EPS）粘贴		
		7	保护层	20 厚 1∶2.5 水泥砂浆保护层找平		
		8	防水层	3 厚热熔型 SBS 改性沥青防水卷材一道		
		9	隔离层	10 厚石灰砂浆（白灰砂浆），石灰膏∶砂＝1∶4		
		10	保护层	40 厚 C20 细石混凝土（加 5%防水剂），内配 φ4 钢筋双向@200，提浆压光		
		11	卵石	50 厚直径 10～30 卵石保护层		
	保温不上人卵石铺面屋面（一级防水）	1	结构层	钢筋混凝土屋面板，基层处理干净，刷纯水泥浆一道（水灰比 0.4～0.5）	203.5	第 6 条：设双向分仓缝，不大于@1 000
		2	找坡层	最薄处 20 厚，1∶8 乳化沥青憎水性膨胀珍珠岩找坡		
		3	找平层	20 厚 1∶2.5 水泥砂浆找平		
		4	防水层	1.5 厚单组分聚氨酯防水涂膜		
		5	保温层	××厚整体式现喷硬质聚氨酯泡沫塑料		第 9 条：按柱网分仓且不大于 6 000×6 000，仓缝 20 宽，用防水油膏嵌实
		6	保护层	20 厚 1∶2.5 水泥砂浆保护层找平		
		7	防水层	2 厚自粘（聚酯胎）改性沥青卷材一道		
		8	隔离层	10 厚石灰砂浆（白灰砂浆），石灰膏∶砂＝1∶4		
		9	保护层	40 厚 C20 细石混凝土（加 5%防水剂），内配 φ4 钢筋双向@200，提浆压光		
		10	卵石	50 厚直径 10～30 卵石保护层		
	保温不上人卵石铺面屋面（一级防水）	1	结构层	钢筋混凝土屋面板，基层处理干净，刷纯水泥浆一道（水灰比 0.4～0.5）	214～216	第 6 条：设双向分仓缝，不大于@1 000
		2	找坡层	最薄处 30 厚，1∶3 水泥炉渣找坡，提浆扫光		
		3	防水层	3 厚热熔型 SBS 改性沥青防水卷材一道		
		4	保护层	20 厚 1∶2.5 水泥砂浆保护层找平		
		5	保温层	××厚模塑聚苯乙烯泡沫保温板（EPS）粘贴		第 9 条：按柱网分仓且不大于 6 000×6 000，仓缝 20 宽，用防水油膏嵌实
		6	保护层	20 厚 1∶2.5 水泥砂浆保护层找平		
		7	防水层	3 厚热熔型 SBS 改性沥青防水卷材一道		
		8	隔离层	10 厚石灰砂浆（白灰砂浆），石灰膏∶砂＝1∶4		
		9	保护层	40 厚 C20 细石混凝土（加 5%防水剂），内配 φ4 钢筋双向@200，提浆压光		
		10	卵石	50 厚直径 10～30 卵石保护层		
	保温不上人卵石铺面屋面（一级防水）	1	结构层	钢筋混凝土屋面板，基层处理干净，刷纯水泥浆一道（水灰比 0.4～0.5）	193.5	第 5 条：设双向分仓缝，不大于@1 000
		2	找坡层	最薄处 30 厚，1∶3 水泥炉渣找坡，提浆扫光		
		3	防水层	1.5 厚单组分聚氨酯防水涂膜		
		4	保温层	××厚整体式现喷硬质聚氨酯泡沫塑料		
		5	保护层	20 厚 1∶2.5 水泥砂浆保护层找平		第 8 条：按柱网分仓且不大于 6 000×6 000，仓缝 20 宽，用防水油膏嵌实
		6	防水层	2 厚自粘（聚酯胎）改性沥青卷材一道		
		7	隔离层	10 厚石灰砂浆（白灰砂浆），石灰膏∶砂＝1∶4		
		8	保护层	40 厚 C20 细石混凝土（加 5%防水剂），内配 φ4 钢筋双向@200，提浆压光		
		9	卵石	50 厚直径 10～30 卵石保护层		

类型	名称	序号	基本构造层次	构造做法	最小厚度	备注
蓄水屋面	保温不上人蓄水屋面（一级防水）	1	结构层	钢筋混凝土屋面板,基层处理干净,刷纯水泥浆一道(水灰比 0.4～0.5)	270.5～272.5	第 7 条：设双向分仓缝,不大于@1 000 第 10 条：按柱网分仓且不大于6 000×6 000,仓缝20宽,用防水油膏嵌实
		2	找坡层	最薄处20厚,1∶8乳化沥青憎水性膨胀珍珠岩找坡		
		3	找平层	20厚1∶2.5水泥砂浆找平		
		4	防水层	FS6/FS7		
		5	保护层	20厚1∶2.5水泥砂浆保护层找平		
		6	保温层	BW1/BW2/BW3		
		7	保护层	20厚1∶2.5水泥砂浆保护层找平		
		8	防水层	FS6/FS7		
		9	隔离层	10厚石灰砂浆（白灰砂浆）,石灰膏∶砂=1∶4		
		10	保护层	40厚C20细石混凝土（加5%防水剂）,内配Φ4钢筋双向@200,提浆压光		
		11	蓄水池	60厚C25钢筋混凝土蓄水池		
		12		1.5厚聚合物水泥（JS）防水涂料		
		13		20厚1∶2.5干硬水泥砂浆粘合层,1～2厚干水泥并洒清水适量		
		14		粘贴15厚600×600花岗石板,缝宽3		
	保温不上人蓄水屋面（一级防水）	1	结构层	钢筋混凝土屋面板,基层处理干净,刷纯水泥浆一道(水灰比 0.4～0.5)	250～252	第 6 条：设双向分仓缝,不大于@1 000 第 9 条：按柱网分仓且不大于6 000×6 000,仓缝20宽,用防水油膏嵌实
		2	找坡层	最薄处20厚,1∶8乳化沥青憎水性膨胀珍珠岩找坡		
		3	找平层	20厚1∶2.5水泥砂浆找平		
		4	防水层	1.5厚单组分聚氨酯防水涂膜		
		5	保温层	××厚整体式现喷硬质聚氨酯泡沫塑料		
		6	保护层	20厚1∶2.5水泥砂浆保护层找平		
		7	防水层	FS6/FS7		
		8	隔离层	10厚石灰砂浆（白灰砂浆）,石灰膏∶砂=1∶4		
		9	保护层	40厚C20细石混凝土（加5%防水剂）,内配Φ4钢筋双向@200,提浆压光		
		10	蓄水池	60厚C25钢筋混凝土蓄水池		
		11		1.5厚聚合物水泥（JS）防水涂料		
		12		20厚1∶2.5干硬水泥砂浆粘合层,1～2厚干水泥并洒清水适量		
		13		粘贴15厚600×600花岗石板,缝宽3		
	保温不上人蓄水屋面（一级防水）	1	结构层	钢筋混凝土屋面板,基层处理干净,刷纯水泥浆一道(水灰比 0.4～0.5)	260.5～262.5	第 6 条：设双向分仓缝,不大于@1 000 第 9 条：按柱网分仓且不大于6 000×6 000,仓缝20宽,用防水油膏嵌实
		2	找坡层	最薄处30厚,1∶3水泥炉渣找坡,提浆扫光		
		3	防水层	FS6/FS7		
		4	保护层	20厚1∶2.5水泥砂浆保护层找平		
		5	保温层	BW1/BW2/BW3		
		6	保护层	20厚1∶2.5水泥砂浆保护层找平		
		7	防水层	FS6/FS7		
		8	隔离层	10厚石灰砂浆（白灰砂浆）,石灰膏∶砂=1∶4		
		9	保护层	40厚C20细石混凝土（加5%防水剂）,内配Φ4钢筋双向@200,提浆压光		
		10	蓄水池	60厚C25钢筋混凝土蓄水池		
		11		1.5厚聚合物水泥（JS）防水涂料		
		12		20厚1∶2.5干硬水泥砂浆粘合层,1～2厚干水泥并洒清水适量		
		13		粘贴15厚600×600花岗石板,缝宽3		

建筑统一技术措施与节点构造选编

类型	名称	序号	基本构造层次	构造做法	最小厚度	备注
蓄水屋面	保温不上人蓄水屋面（一级防水）	1	结构层	钢筋混凝土屋面板，基层处理干净，刷纯水泥浆一道（水灰比0.4~0.5）	240	第5条：设双向分仓缝，不大于@1 000 第8条：按柱网分仓且不大于6 000×6 000，仓缝20宽，用防水油膏嵌实
		2	找坡层	最薄处30厚，1:3水泥炉渣找坡，提浆扫光		
		3	防水层	1.5厚单组分聚氨酯防水涂膜		
		4	保温层	××厚整体式现喷硬质聚氨酯泡沫塑料		
		5	保护层	20厚1:2.5水泥砂浆保护层找平		
		6	防水层	FS6/FS7		
		7	隔离层	10厚石灰砂浆（白灰砂浆），石灰膏：砂=1:4		
		8	保护层	40厚C20细石混凝土（加5%防水剂），内配Φ4钢筋双向@200，提浆压光		
		9	蓄水池	60厚C25钢筋混凝土蓄水池		
		10		1.5厚聚合物水泥（JS）防水涂料		
		11		20厚1:2.5干硬水泥砂浆粘合层，1~2厚干水泥并洒清水适量		
		12		粘贴15厚600×600花岗石板，缝宽3		
通体砖①	保温上人通体砖屋面（一级防水）	1	结构层	钢筋混凝土屋面板，基层处理干净，刷纯水泥浆一道（水灰比0.4~0.5）	204~206	第7条：设双向分仓缝，不大于@1 000 第10条：按柱网分仓且不大于6 000×6 000，仓缝20宽，用防水油膏嵌实
		2	找坡层	最薄处20厚，1:8乳化沥青憎水性膨胀珍珠岩找坡		
		3	找平层	20厚1:2.5水泥砂浆找平		
		4	防水层	FS6/FS7		
		5	保护层	20厚1:2.5水泥砂浆保护层找平		
		6	保温层	BW1/BW2/BW3		
		7	保护层	20厚1:2.5水泥砂浆保护层找平		
		8	防水层	FS6/FS7		
		9	隔离层	10厚石灰砂浆（白灰砂浆），石灰膏：砂=1:4		
		10	保护层	40厚C20细石混凝土（加5%防水剂），内配Φ4钢筋双向@200，提浆压光		
		11	结合层	20厚1:2.5干硬水泥砂浆粘合层，1~2厚干水泥并洒清水适量		
		12	面层	粘贴10厚300×300防滑通体砖，缝宽5，用1:1水泥砂浆勾凹缝		
	保温上人通体砖屋面（一级防水）	1	结构层	钢筋混凝土屋面板，基层处理干净，刷纯水泥浆一道（水灰比0.4~0.5）	183.5	第6条：设双向分仓缝，不大于@1 000 第9条：按柱网分仓且不大于6 000×6 000，仓缝20宽，用防水油膏嵌实
		2	找坡层	最薄处20厚，1:8乳化沥青憎水性膨胀珍珠岩找坡		
		3	找平层	20厚1:2.5水泥砂浆找平		
		4	防水层	1.5厚单组分聚氨酯防水涂膜		
		5	保温层	××厚整体式现喷硬质聚氨酯泡沫塑料		
		6	保护层	20厚1:2.5水泥砂浆保护层找平		
		7	防水层	FS6/FS7		
		8	隔离层	10厚石灰砂浆（白灰砂浆），石灰膏：砂=1:4		
		9	保护层	40厚C20细石混凝土（加5%防水剂），内配Φ4钢筋双向@200，提浆压光		
		10	结合层	20厚1:2.5干硬水泥砂浆粘合层，1~2厚干水泥并洒清水适量		
		11	面层	粘贴10厚300×300防滑通体砖，缝宽5，用1:1水泥砂浆勾凹缝		

类型	名称	序号	基本构造层次	构造做法	最小厚度	备注
通体砖①	保温上人通体砖屋面（一级防水）	1	结构层	钢筋混凝土屋面板,基层处理干净,刷纯水泥浆一道(水灰比 0.4～0.5)	194～196	第 6 条：设双向分仓缝,不大于@1 000 第 9 条：按柱网分仓且不大于6 000×6 000,仓缝 20 宽,用防水油膏嵌实
		2	找坡层	最薄处 30 厚,1：3 水泥炉渣找坡,提浆扫光		
		3	防水层	FS6/FS7		
		4	保护层	20 厚 1：2.5 水泥砂浆保护层找平		
		5	保温层	BW1/BW2/BW3		
		6	保护层	20 厚 1：2.5 水泥砂浆保护层找平		
		7	防水层	FS6/FS7		
		8	隔离层	10 厚石灰砂浆（白灰砂浆）,石灰膏：砂＝1：4		
		9	保护层	40 厚 C20 细石混凝土（加 5%防水剂）,内配 φ4 钢筋双向@200,提浆压光		
		10	结合层	20 厚 1：2.5 干硬水泥砂浆粘合层,1～2 厚干水泥并洒清水适量		
		11	面层	粘贴 10 厚 300×300 防滑通体砖,缝宽 5,用 1：1 水泥砂浆勾凹缝		
	保温上人通体砖屋面（一级防水）	1	结构层	钢筋混凝土屋面板,基层处理干净,刷纯水泥浆一道(水灰比 0.4～0.5)	173.5	第 5 条：设双向分仓缝,不大于@1 000 第 8 条：按柱网分仓且不大于6 000×6 000,仓缝 20 宽,用防水油膏嵌实
		2	找坡层	最薄处 30 厚,1：3 水泥炉渣找坡,提浆扫光		
		3	防水层	1.5 厚单组分聚氨酯防水涂膜		
		4	保温层	××厚整体式现喷硬质聚氨酯泡沫塑料		
		5	保护层	20 厚 1：2.5 水泥砂浆保护层找平		
		6	防水层	FS6/FS7		
		7	隔离层	10 厚石灰砂浆（白灰砂浆）,石灰膏：砂＝1：4		
		8	保护层	40 厚 C20 细石混凝土（加 5%防水剂）,内配 φ4 钢筋双向@200,提浆压光		
		9	结合层	20 厚 1：2.5 干硬水泥砂浆粘合层,1～2 厚干水泥并洒清水适量		
		10	面层	粘贴 10 厚 300×300 防滑通体砖,缝宽 5,用 1：1 水泥砂浆勾凹缝		
通体砖②	保温上人通体砖屋面（一级防水）	1	结构层	钢筋混凝土屋面板,基层处理干净,刷纯水泥浆一道(水灰比 0.4～0.5)	206	第 7 条：设双向分仓缝,不大于@1 000 第 10 条：按柱网分仓且不大于6 000×6 000,仓缝 20 宽,用防水油膏嵌实
		2	找坡层	最薄处 20 厚,1：8 乳化沥青憎水性膨胀珍珠岩找坡		
		3	找平层	20 厚 1：2.5 水泥砂浆找平		
		4	防水层	FS6/FS7		
		5	保护层	20 厚 1：2.5 水泥砂浆保护层找平		
		6	保温层	BW1/BW2/BW3		
		7	保护层	20 厚 1：2.5 水泥砂浆保护层找平		
		8	防水层	FS6/FS7		
		9	隔离层	10 厚石灰砂浆（白灰砂浆）,石灰膏：砂＝1：4		
		10	保护层	40 厚 C20 细石混凝土（加 5%防水剂）,内配 φ4 钢筋双向@200,提浆压光		
		11	结合层	20 厚 1：2.5 干硬水泥砂浆粘合层,1～2 厚干水泥并洒清水适量		
		12	面层	粘贴 10 厚 600×600 防滑通体砖,缝宽 5,用 1：1 水泥砂浆勾凹缝		

类型	名称	序号	基本构造层次	构造做法	最小厚度	备注
通体砖②	保温上人通体砖屋面（一级防水）	1	结构层	钢筋混凝土屋面板，基层处理干净，刷纯水泥浆一道（水灰比 0.4～0.5）	183.5	第6条：设双向分仓缝，不大于@1 000\n\n第9条：按柱网分仓且不大于6 000×6 000，仓缝20宽，用防水油膏嵌实
		2	找坡层	最薄处20厚，1：8乳化沥青憎水性膨胀珍珠岩找坡		
		3	找平层	20厚1：2.5水泥砂浆找平		
		4	防水层	1.5厚单组分聚氨酯防水涂膜		
		5	保温层	××厚整体式现喷硬质聚氨酯泡沫塑料		
		6	保护层	20厚1：2.5水泥砂浆保护层找平		
		7	防水层	FS6/FS7		
		8	隔离层	10厚石灰砂浆（白灰砂浆），石灰膏：砂=1：4		
		9	保护层	40厚C20细石混凝土（加5%防水剂），内配φ4钢筋双向@200，提浆压光		
		10	结合层	20厚1：2.5干硬水泥砂浆粘合层，1～2厚干水泥并洒清水适量		
		11	面层	粘贴10厚600×600防滑通体砖，缝宽5，用1：1水泥砂浆勾凹缝		
	保温上人通体砖屋面（一级防水）	1	结构层	钢筋混凝土屋面板，基层处理干净，刷纯水泥浆一道（水灰比 0.4～0.5）	196	第6条：设双向分仓缝，不大于@1 000\n\n第9条：按柱网分仓且不大于6 000×6 000，仓缝20宽，用防水油膏嵌实
		2	找坡层	最薄处30厚，1：3水泥炉渣找坡，提浆扫光		
		3	防水层	FS6/FS7		
		4	保护层	20厚1：2.5水泥砂浆保护层找平		
		5	保温层	BW1/BW2/BW3		
		6	保护层	20厚1：2.5水泥砂浆保护层找平		
		7	防水层	FS6/FS7		
		8	隔离层	10厚石灰砂浆（白灰砂浆），石灰膏：砂=1：4		
		9	保护层	40厚C20细石混凝土（加5%防水剂），内配φ4钢筋双向@200，提浆压光		
		10	结合层	20厚1：2.5干硬水泥砂浆粘合层，1～2厚干水泥并洒清水适量		
		11	面层	粘贴10厚600×600防滑通体砖，缝宽5，用1：1水泥砂浆勾凹缝		
	保温上人通体砖屋面（一级防水）	1	结构层	钢筋混凝土屋面板，基层处理干净，刷纯水泥浆一道（水灰比 0.4～0.5）	173.5	第5条：设双向分仓缝，不大于@1 000\n\n第8条：按柱网分仓且不大于6 000×6 000，仓缝20宽，用防水油膏嵌实
		2	找坡层	最薄处30厚，1：3水泥炉渣找坡，提浆扫光		
		3	防水层	1.5厚单组分聚氨酯防水涂膜		
		4	保温层	××厚整体式现喷硬质聚氨酯泡沫塑料		
		5	保护层	20厚1：2.5水泥砂浆保护层找平		
		6	防水层	FS6/FS7		
		7	隔离层	10厚石灰砂浆（白灰砂浆），石灰膏：砂=1：4		
		8	保护层	40厚C20细石混凝土（加5%防水剂），内配φ4钢筋双向@200，提浆压光		
		9	结合层	20厚1：2.5干硬水泥砂浆粘合层，1～2厚干水泥并洒清水适量		
		10	面层	粘贴10厚600×600防滑通体砖，缝宽5，用1：1水泥砂浆勾凹缝		

类型	名称	序号	基本构造层次	构造做法	最小厚度	备注
缸砖	保温上人缸砖屋面（一级防水）	1	结构层	钢筋混凝土屋面板，基层处理干净，刷纯水泥浆一道（水灰比 0.4~0.5）	204~206	第 7 条：设双向分仓缝，不大于@1 000 第 10 条：按柱网分仓且不大于6 000×6 000，仓缝 20 宽，用防水油膏嵌实
		2	找坡层	最薄处 20 厚，1:8 乳化沥青憎水性膨胀珍珠岩找坡		
		3	找平层	20 厚 1:2.5 水泥砂浆找平		
		4	防水层	FS6/FS7		
		5	保护层	20 厚 1:2.5 水泥砂浆保护层找平		
		6	保温层	BW1/BW2/BW3		
		7	保护层	20 厚 1:2.5 水泥砂浆保护层找平		
		8	防水层	FS6/FS7		
		9	隔离层	10 厚石灰砂浆（白灰砂浆），石灰膏:砂=1:4		
		10	保护层	40 厚 C20 细石混凝土（加 5%防水剂），内配 Φ4 钢筋双向@200，提浆压光		
		11	结合层	20 厚 1:2.5 水泥砂浆结合层		
		12	面层	粘贴 10 厚缸砖，块间留缝宽 5，用 1:1 水泥砂浆勾凹缝		
	保温上人缸砖屋面（一级防水）	1	结构层	钢筋混凝土屋面板，基层处理干净，刷纯水泥浆一道（水灰比 0.4~0.5）	183.5	第 6 条：设双向分仓缝，不大于@1 000 第 9 条：按柱网分仓且不大于6 000×6 000，仓缝 20 宽，用防水油膏嵌实
		2	找坡层	最薄处 20 厚，1:8 乳化沥青憎水性膨胀珍珠岩找坡		
		3	找平层	20 厚 1:2.5 水泥砂浆找平		
		4	防水层	1.5 厚单组分聚氨酯防水涂膜		
		5	保温层	××厚整体式现喷硬质聚氨酯泡沫塑料		
		6	保护层	20 厚 1:2.5 水泥砂浆保护层找平		
		7	防水层	2 厚自粘（聚酯胎）改性沥青防水卷材一道		
		8	隔离层	10 厚石灰砂浆（白灰砂浆），石灰膏:砂=1:4		
		9	保护层	40 厚 C20 细石混凝土（加 5%防水剂），内配 Φ4 钢筋双向@200，提浆压光		
		10	结合层	20 厚 1:2.5 水泥砂浆结合层		
		11	面层	粘贴 10 厚缸砖，块间留缝宽 5，用 1:1 水泥砂浆勾凹缝		
	保温上人缸砖屋面（一级防水）	1	结构层	钢筋混凝土屋面板，基层处理干净，刷纯水泥浆一道（水灰比 0.4~0.5）	194~196	第 6 条：设双向分仓缝，不大于@1 000 第 9 条：按柱网分仓且不大于6 000×6 000，仓缝 20 宽，用防水油膏嵌实
		2	找坡层	最薄处 30 厚，1:3 水泥炉渣找坡，提浆扫光		
		3	防水层	3 厚热熔型 SBS 改性沥青防水卷材一道		
		4	保护层	20 厚 1:2.5 水泥砂浆保护层找平		
		5	保温层	××厚模塑聚苯乙烯泡沫保温板（EPS）粘贴		
		6	保护层	20 厚 1:2.5 水泥砂浆保护层找平		
		7	防水层	3 厚热熔型 SBS 改性沥青防水卷材一道		
		8	隔离层	10 厚石灰砂浆（白灰砂浆），石灰膏:砂=1:4		
		9	保护层	40 厚 C20 细石混凝土（加 5%防水剂），内配 Φ4 钢筋双向@200，提浆压光		
		10	结合层	20 厚 1:2.5 水泥砂浆结合层		
		11	面层	粘贴 10 厚缸砖，块间留缝宽 5，用 1:1 水泥砂浆勾凹缝		
	保温上人缸砖屋面（一级防水）	1	结构层	钢筋混凝土屋面板，基层处理干净，刷纯水泥浆一道（水灰比 0.4~0.5）	173.5	第 5 条：设双向分仓缝，不大于@1 000 第 8 条：按柱网分仓且不大于6 000×6 000，仓缝 20 宽，用防水油膏嵌实
		2	找坡层	最薄处 30 厚，1:3 水泥炉渣找坡，提浆扫光		
		3	防水层	1.5 厚单组分聚氨酯防水涂膜		
		4	保温层	××厚整体式现喷硬质聚氨酯泡沫塑料		
		5	保护层	20 厚 1:2.5 水泥砂浆保护层找平		
		6	防水层	2 厚自粘（聚酯胎）改性沥青防水卷材一道		
		7	隔离层	10 厚石灰砂浆（白灰砂浆），石灰膏:砂=1:4		
		8	保护层	40 厚 C20 细石混凝土（加 5%防水剂），内配 Φ4 钢筋双向@200，提浆压光		
		9	结合层	20 厚 1:2.5 水泥砂浆结合层		
		10	面层	粘贴 10 厚缸砖，块间留缝宽 5，用 1:1 水泥砂浆勾凹缝		

左侧竖排文字：建筑统一技术措施与节点构造选编

类型	名称	序号	基本构造层次	构造做法	最小厚度	备注
花岗岩贴面	保温上人花岗岩屋面（一级防水）	1	结构层	钢筋混凝土屋面板，基层处理干净，刷纯水泥浆一道（水灰比0.4～0.5）	204～206	第7条：设双向分仓缝，不大于@1 000 第10条：按柱网分仓且不大于6 000×6 000，仓缝20宽，用防水油膏嵌实
		2	找坡层	最薄处20厚，1∶8乳化沥青憎水性膨胀珍珠岩找坡		
		3	找平层	20厚1∶2.5水泥砂浆找平		
		4	防水层	FS6/FS7		
		5	保护层	20厚1∶2.5水泥砂浆保护层找平		
		6	保温层	BW1/BW2/BW3		
		7	保护层	20厚1∶2.5水泥砂浆保护层找平		
		8	防水层	FS6/FS7		
		9	隔离层	10厚石灰砂浆（白灰砂浆），石灰膏∶砂=1∶4		
		10	保护层	40厚C20细石混凝土（加5%防水剂），内配Φ4钢筋双向@200，提浆压光		
		11	结合层	20厚1∶2.5干硬水泥砂浆粘合层，1～2厚干水泥并洒清水适量		
		12	面层	粘贴15厚600×600花岗石板，6面需做油性渗透型保护剂（例如辛基硅烷）缝宽3		
	保温上人花岗岩屋面（一级防水）	1	结构层	钢筋混凝土屋面板，基层处理干净，刷纯水泥浆一道（水灰比0.4～0.5）	183.5	第6条：设双向分仓缝，不大于@1 000 第9条：按柱网分仓且不大于6 000×6 000，仓缝20宽，用防水油膏嵌实
		2	找坡层	最薄处20厚，1∶8乳化沥青憎水性膨胀珍珠岩找坡		
		3	找平层	20厚1∶2.5水泥砂浆找平		
		4	防水层	1.5厚单组分聚氨酯防水涂膜		
		5	保温层	××厚整体式现喷硬质聚氨酯泡沫塑料		
		6	保护层	20厚1∶2.5水泥砂浆保护层找平		
		7	防水层	FS6/FS7		
		8	隔离层	10厚石灰砂浆（白灰砂浆），石灰膏∶砂=1∶4		
		9	保护层	40厚C20细石混凝土（加5%防水剂），内配Φ4钢筋双向@200，提浆压光		
		10	结合层	20厚1∶2.5干硬水泥砂浆粘合层，1～2厚干水泥并洒清水适量		
		11	面层	粘贴15厚600×600花岗石板，6面需做油性渗透型保护剂（例如辛基硅烷）缝宽3		
	保温上人花岗岩屋面（一级防水）	1	结构层	钢筋混凝土屋面板，基层处理干净，刷纯水泥浆一道（水灰比0.4～0.5）	194～196	第6条：设双向分仓缝，不大于@1 000 第9条：按柱网分仓且不大于6 000×6 000，仓缝20宽，用防水油膏嵌实
		2	找坡层	最薄处30厚，1∶3水泥炉渣找坡，提浆扫光		
		3	防水层	FS6/FS7		
		4	保护层	20厚1∶2.5水泥砂浆保护层找平		
		5	保温层	BW1/BW2/BW3		
		6	保护层	20厚1∶2.5水泥砂浆保护层找平		
		7	防水层	FS6/FS7		
		8	隔离层	10厚石灰砂浆（白灰砂浆），石灰膏∶砂=1∶4		
		9	保护层	40厚C20细石混凝土（加5%防水剂），内配Φ4钢筋双向@200，提浆压光		
		10	结合层	20厚1∶2.5干硬水泥砂浆粘合层，1～2厚干水泥并洒清水适量		
		11	面层	粘贴15厚600×600花岗石板，6面需做油性渗透型保护剂（例如辛基硅烷）缝宽3		

类型	名称	序号	基本构造层次	构造做法	最小厚度	备注
花岗岩贴面	保温上人花岗岩屋面（一级防水）	1	结构层	钢筋混凝土屋面板，基层处理干净，刷纯水泥浆一道（水灰比0.4~0.5）	173.5	第5条：设双向分仓缝，不大于@1 000 第8条：按柱网分仓且不大于6 000×6 000，仓缝20宽，用防水油膏嵌实
		2	找坡层	最薄处30厚，1:3水泥炉渣找坡，提浆扫光		
		3	防水层	1.5厚单组分聚氨酯防水涂膜		
		4	保温层	××厚整体式现喷硬质聚氨酯泡沫塑料		
		5	保护层	20厚1:2.5水泥砂浆保护层找平		
		6	防水层	FS6/FS7		
		7	隔离层	10厚石灰砂浆（白灰砂浆），石灰膏:砂=1:4		
		8	保护层	40厚C20细石混凝土（加5%防水剂），内配Φ4钢筋双向@200，提浆压光		
		9	结合层	20厚1:2.5干硬水泥砂浆粘合层，1~2厚干水泥并洒清水适量		
		10	面层	粘贴15厚600×600花岗石板，6面需做油性渗透型保护剂（例如辛基硅烷）缝宽3		
卵石屋面	保温上人卵石屋面（一级防水）	1	结构层	钢筋混凝土屋面板，基层处理干净，刷纯水泥浆一道（水灰比0.4~0.5）	194~196	第7条：设双向分仓缝，不大于@1 000 第10条：按柱网分仓且不大于6 000×6 000，仓缝20宽，用防水油膏嵌实
		2	找坡层	最薄处20厚，1:8乳化沥青憎水性膨胀珍珠岩找坡		
		3	找平层	20厚1:2.5水泥砂浆找平		
		4	防水层	FS6/FS7		
		5	保护层	20厚1:2.5水泥砂浆保护层找平		
		6	保温层	BW1/BW2/BW3		
		7	保护层	20厚1:2.5水泥砂浆保护层找平		
		8	防水层	FS6/FS7		
		9	隔离层	10厚石灰砂浆（白灰砂浆），石灰膏:砂=1:4		
		10	保护层	40厚C20细石混凝土（加5%防水剂），内配Φ4钢筋双向@200，提浆压光		
		11	结合层	20厚1:2.5水泥砂浆结合层		
		12	面层	粒径××卵石，1/2~2/3嵌入粘贴砂浆		
	保温上人卵石屋面（一级防水）	1	结构层	钢筋混凝土屋面板，基层处理干净，刷纯水泥浆一道（水灰比0.4~0.5）	173.5	第6条：设双向分仓缝，不大于@1 000 第9条：按柱网分仓且不大于6 000×6 000，仓缝20宽，用防水油膏嵌实
		2	找坡层	最薄处20厚，1:8乳化沥青憎水性膨胀珍珠岩找坡		
		3	找平层	20厚1:2.5水泥砂浆找平		
		4	防水层	1.5厚单组分聚氨酯防水涂膜		
		5	保温层	××厚整体式现喷硬质聚氨酯泡沫塑料		
		6	保护层	20厚1:2.5水泥砂浆保护层找平		
		7	防水层	FS6/FS7		
		8	隔离层	10厚石灰砂浆（白灰砂浆），石灰膏:砂=1:4		
		9	保护层	40厚C20细石混凝土（加5%防水剂），内配Φ4钢筋双向@200，提浆压光		
		10	结合层	20厚1:2.5水泥砂浆结合层		
		11	面层	粒径××卵石，1/2~2/3嵌入粘贴砂浆		
	保温上人卵石屋面（一级防水）	1	结构层	钢筋混凝土屋面板，基层处理干净，刷纯水泥浆一道（水灰比0.4~0.5）	186	第6条：设双向分仓缝，不大于@1 000 第9条：按柱网分仓且不大于6 000×6 000，仓缝20宽，用防水油膏嵌实
		2	找坡层	最薄处30厚，1:3水泥炉渣找坡，提浆扫光		
		3	防水层	FS6/FS7		
		4	保护层	20厚1:2.5水泥砂浆保护层找平		
		5	保温层	BW1/BW2/BW3		
		6	保护层	20厚1:2.5水泥砂浆保护层找平		
		7	防水层	FS6/FS7		
		8	隔离层	10厚石灰砂浆（白灰砂浆），石灰膏:砂=1:4		
		9	保护层	40厚C20细石混凝土（加5%防水剂），内配Φ4钢筋双向@200，提浆压光		
		10	结合层	20厚1:2.5水泥砂浆结合层		
		11	面层	粒径××卵石，1/2~2/3嵌入粘贴砂浆		

左侧竖排：建筑统一技术措施与节点构造选编

类型	名称	序号	基本构造层次	构造做法	最小厚度	备注
卵石屋面	保温上人卵石屋面（一级防水）	1	结构层	钢筋混凝土屋面板，基层处理干净，刷纯水泥浆一道（水灰比 0.4～0.5）	163.5	第5条：设双向分仓缝，不大于@1 000 第8条：按柱网分仓且不大于6 000×6 000，仓缝20宽，用防水油膏嵌实
		2	找坡层	最薄处30厚，1:3水泥炉渣找坡，提浆扫光		
		3	防水层	1.5厚单组分聚氨酯防水涂膜		
		4	保温层	××厚整体式现喷硬质聚氨酯泡沫塑料		
		5	保护层	20厚1:2.5水泥砂浆保护层找平		
		6	防水层	FS6/FS7		
		7	隔离层	10厚石灰砂浆（白灰砂浆），石灰膏:砂＝1:4		
		8	保护层	40厚C20细石混凝土（加5%防水剂），内配Φ4钢筋双向@200，提浆压光		
		9	结合层	20厚1:2.5水泥砂浆结合层		
		10	面层	粒径××卵石，1/2～2/3嵌入粘贴砂浆		
架空花岗岩①	保温上人架空花岗岩屋面（一级防水）	1	结构层	钢筋混凝土屋面板，基层处理干净，刷纯水泥浆一道（水灰比 0.4～0.5）	344～346	第7条：设双向分仓缝，不大于@1 000 第10条：按柱网分仓且不大于6 000×6 000，仓缝20宽，用防水油膏嵌实
		2	找坡层	最薄处20厚，1:8乳化沥青憎水性膨胀珍珠岩找坡		
		3	找平层	20厚1:2.5水泥砂浆找平		
		4	防水层	FS6/FS7		
		5	保护层	20厚1:2.5水泥砂浆保护层找平		
		6	保温层	BW1/BW2/BW3		
		7	保护层	20厚1:2.5水泥砂浆保护层找平		
		8	防水层	FS6/FS7		
		9	隔离层	10厚石灰砂浆（白灰砂浆），石灰膏:砂＝1:4		
		10	保护层	40厚C20细石混凝土（加5%防水剂），内配Φ4钢筋双向@200，提浆压光		
		11		240×240砖支墩双向@600，60厚压顶，高度×××～×××		
		12	架空花岗岩	专用不锈钢卡件		
		13		50厚花岗石，6面需做油性渗透型保护剂（例如辛基硅烷），缝宽5		
	保温上人架空花岗岩屋面（一级防水）	1	结构层	钢筋混凝土屋面板，基层处理干净，刷纯水泥浆一道（水灰比 0.4～0.5）	323.5	第6条：设双向分仓缝，不大于@1 000 第9条：按柱网分仓且不大于6 000×6 000，仓缝20宽，用防水油膏嵌实
		2	找坡层	最薄处20厚，1:8乳化沥青憎水性膨胀珍珠岩找坡		
		3	找平层	20厚1:2.5水泥砂浆找平		
		4	防水层	1.5厚单组分聚氨酯防水涂膜		
		5	保温层	××厚整体式现喷硬质聚氨酯泡沫塑料		
		6	保护层	20厚1:2.5水泥砂浆保护层找平		
		7	防水层	FS6/FS7		
		8	隔离层	10厚石灰砂浆（白灰砂浆），石灰膏:砂＝1:4		
		9	保护层	40厚C20细石混凝土（加5%防水剂），内配Φ4钢筋双向@200，提浆压光		
		10		240×240砖支墩双向@600，60厚压顶，高度×××～×××		
		11	架空花岗岩	专用不锈钢卡件		
		12		50厚花岗石，6面需做油性渗透型保护剂（例如辛基硅烷），缝宽5		

类型	名称	序号	基本构造层次	构造做法	最小厚度	备注
架空花岗岩①	保温上人架空花岗岩屋面（一级防水）	1	结构层	钢筋混凝土屋面板，基层处理干净，刷纯水泥浆一道（水灰比0.4~0.5）	334~336	第6条：设双向分仓缝，不大于@1 000 第9条：按柱网分仓且不大于6 000×6 000，仓缝20宽，用防水油膏嵌实
		2	找坡层	最薄处30厚，1:3水泥炉渣找坡，提浆扫光		
		3	防水层	FS6/FS7		
		4	保护层	20厚1:2.5水泥砂浆保护层找平		
		5	保温层	BW1/BW2/BW3		
		6	保护层	20厚1:2.5水泥砂浆保护层找平		
		7	防水层	FS6/FS7		
		8	隔离层	10厚石灰砂浆（白灰砂浆），石灰膏：砂=1:4		
		9	保护层	40厚C20细石混凝土（加5%防水剂），内配Φ4钢筋双向@200，提浆压光		
		10		240×240砖支墩双向@600，60厚压顶，高度×××~×××		
		11	架空花岗岩	专用不锈钢卡件		
		12		50厚花岗石，6面需做油性渗透型保护剂（例如辛基硅烷），缝宽5		
	保温上人架空花岗岩屋面（一级防水）	1	结构层	钢筋混凝土屋面板，基层处理干净，刷纯水泥浆一道（水灰比0.4~0.5）	313.5	第5条：设双向分仓缝，不大于@1 000 第8条：按柱网分仓且不大于6 000×6 000，仓缝20宽，用防水油膏嵌实
		2	找坡层	最薄处30厚，1:3水泥炉渣找坡，提浆扫光		
		3	防水层	1.5厚单组分聚氨酯防水涂膜		
		4	保温层	××厚整体式现喷硬质聚氨酯泡沫塑料		
		5	保护层	20厚1:2.5水泥砂浆保护层找平		
		6	防水层	FS6/FS7		
		7	隔离层	10厚石灰砂浆（白灰砂浆），石灰膏：砂=1:4		
		8	保护层	40厚C20细石混凝土（加5%防水剂），内配Φ4钢筋双向@200，提浆压光		
		9		240×240砖支墩双向@600，60厚压顶，高度×××~×××		
		10	架空花岗岩	专用不锈钢卡件		
		11		50厚花岗石，6面需做油性渗透型保护剂（例如辛基硅烷），缝宽5		
架空花岗岩②	保温上人架空花岗岩屋面（一级防水）	1	结构层	钢筋混凝土屋面板，基层处理干净，刷纯水泥浆一道（水灰比0.4~0.5）	286	第7条：设双向分仓缝，不大于@1 000 第10条：按柱网分仓且不大于6 000×6 000，仓缝20宽，用防水油膏嵌实
		2	找坡层	最薄处20厚，1:8乳化沥青憎水性膨胀珍珠岩找坡		
		3	找平层	20厚1:2.5水泥砂浆找平		
		4	防水层	FS6/FS7		
		5	保护层	20厚1:2.5水泥砂浆保护层找平		
		6	保温层	BW1/BW2/BW3		
		7	保护层	20厚1:2.5水泥砂浆保护层找平		
		8	防水层	FS6/FS7		
		9	隔离层	10厚石灰砂浆（白灰砂浆），石灰膏：砂=1:4		
		10	保护层	40厚C20细石混凝土（加5%防水剂），内配Φ4钢筋双向@200，提浆压光		
		11	架空花岗岩	240×240砖支墩双向@600，高度×××~×××		
		12		50厚花岗石，缝宽5，1:2.5水泥砂浆座浆		

类型	名称	序号	基本构造层次	构造做法	最小厚度	备注
架空花岗岩②	保温上人架空花岗岩屋面（一级防水）	1	结构层	钢筋混凝土屋面板，基层处理干净，刷纯水泥浆一道（水灰比0.4～0.5）	263.5	第6条：设双向分仓缝，不大于@1 000 第9条：按柱网分仓且不大于6 000×6 000，仓缝20宽，用防水油膏嵌实
		2	找坡层	最薄处20厚，1：8乳化沥青憎水性膨胀珍珠岩找坡		
		3	找平层	20厚1：2.5水泥砂浆找平		
		4	防水层	1.5厚单组分聚氨酯防水涂膜		
		5	保温层	××厚整体式现喷硬质聚氨酯泡沫塑料		
		6	保护层	20厚1：2.5水泥砂浆保护层找平		
		7	防水层	FS6/FS7		
		8	隔离层	10厚石灰砂浆（白灰砂浆），石灰膏：砂＝1：4		
		9	保护层	40厚C20细石混凝土（加5%防水剂），内配φ4钢筋双向@200，提浆压光		
		10	架空花岗岩	240×240砖支墩双向@600，高度×××～×××		
		11		50厚花岗石，缝宽5，1：2.5水泥砂浆座浆		
	保温上人架空花岗岩屋面（一级防水）	1	结构层	钢筋混凝土屋面板，基层处理干净，刷纯水泥浆一道（水灰比0.4～0.5）	276	第6条：设双向分仓缝，不大于@1 000 第9条：按柱网分仓且不大于6 000×6 000，仓缝20宽，用防水油膏嵌实
		2	找坡层	最薄处30厚，1：3水泥炉渣找坡，提浆扫光		
		3	防水层	FS6/FS7		
		4	保护层	20厚1：2.5水泥砂浆保护层找平		
		5	保温层	BW1/BW2/BW3		
		6	保护层	20厚1：2.5水泥砂浆保护层找平		
		7	防水层	FS6/FS7		
		8	隔离层	10厚石灰砂浆（白灰砂浆），石灰膏：砂＝1：4		
		9	保护层	40厚C20细石混凝土（加5%防水剂），内配φ4钢筋双向@200，提浆压光		
		10	架空花岗岩	240×240砖支墩双向@600，高度×××～×××		
		11		50厚花岗石，缝宽5，1：2.5水泥砂浆座浆		
	保温上人架空花岗岩屋面（一级防水）	1	结构层	钢筋混凝土屋面板，基层处理干净，刷纯水泥浆一道（水灰比0.4～0.5）	253.5	第5条：设双向分仓缝，不大于@1 000 第8条：按柱网分仓且不大于6 000×6 000，仓缝20宽，用防水油膏嵌实
		2	找坡层	最薄处30厚，1：3水泥炉渣找坡，提浆扫光		
		3	防水层	1.5厚单组分聚氨酯防水涂膜		
		4	保温层	××厚整体式现喷硬质聚氨酯泡沫塑料		
		5	保护层	20厚1：2.5水泥砂浆保护层找平		
		6	防水层	FS6/FS7		
		7	隔离层	10厚石灰砂浆（白灰砂浆），石灰膏：砂＝1：4		
		8	保护层	40厚C20细石混凝土（加5%防水剂），内配φ4钢筋双向@200，提浆压光		
		9	架空花岗岩	240×240砖支墩双向@600，高度×××～×××		
		10		50厚花岗石，缝宽5，1：2.5水泥砂浆座浆		

建筑统一技术措施与节点构造选编

类型	名称	序号	基本构造层次	构造做法	最小厚度	备注
架空竹地板	保温上人架空竹地板屋面（一级防水）	1	结构层	钢筋混凝土屋面板，基层处理干净，刷纯水泥浆一道（水灰比0.4~0.5）	312~314	第7条：设双向分仓缝，不大于@1 000 第10条：按柱网分仓且不大于6 000×6 000，仓缝20宽，用防水油膏嵌实
		2	找坡层	最薄处20厚，1∶8乳化沥青憎水性膨胀珍珠岩找坡		
		3	找平层	20厚1∶2.5水泥砂浆找平		
		4	防水层	FS6/FS7		
		5	保护层	20厚1∶2.5水泥砂浆保护层找平		
		6	保温层	BW1/BW2/BW3		
		7	保护层	20厚1∶2.5水泥砂浆保护层找平		
		8	防水层	FS6/FS7		
		9	隔离层	10厚石灰砂浆（白灰砂浆），石灰膏∶砂=1∶4		
		10	保护层	40厚C20细石混凝土（加5%防水剂），内配Φ4钢筋双向@200，提浆压光		
		11	架空竹地板	240×240砖墩或C10混凝土支墩，双向@600，高度××~×××		
		12		60（高）×50（宽）樟子松防腐木龙骨角钢固定在砖墩上		
		13		140（宽）×18（厚）成品炭化复合竹地板@150缝10		
	保温上人架空竹地板屋面（一级防水）	1	结构层	钢筋混凝土屋面板，基层处理干净，刷纯水泥浆一道（水灰比0.4~0.5）	291.5	第6条：设双向分仓缝，不大于@1 000 第9条：按柱网分仓且不大于6 000×6 000，仓缝20宽，用防水油膏嵌实
		2	找坡层	最薄处20厚，1∶8乳化沥青憎水性膨胀珍珠岩找坡		
		3	找平层	20厚1∶2.5水泥砂浆找平		
		4	防水层	1.5厚单组分聚氨酯防水涂膜		
		5	保温层	××厚整体式现喷硬质聚氨酯泡沫塑料		
		6	保护层	20厚1∶2.5水泥砂浆保护层找平		
		7	防水层	FS6/FS7		
		8	隔离层	10厚石灰砂浆（白灰砂浆），石灰膏∶砂=1∶4		
		9	保护层	40厚C20细石混凝土（加5%防水剂），内配Φ4钢筋双向@200，提浆压光		
		10	架空竹地板	240×240砖墩或C10混凝土支墩，双向@600，高度××~×××		
		11		60（高）×50（宽）樟子松防腐木龙骨角钢固定在砖墩上		
		12		140（宽）×18（厚）成品炭化复合竹地板@150缝10		
	保温上人架空竹地板屋面（一级防水）	1	结构层	钢筋混凝土屋面板，基层处理干净，刷纯水泥浆一道（水灰比0.4~0.5）	302~304	第6条：设双向分仓缝，不大于@1 000 第9条：按柱网分仓且不大于6 000×6 000，仓缝20宽，用防水油膏嵌实
		2	找坡层	最薄处30厚，1∶3水泥炉渣找坡，提浆扫光		
		3	防水层	FS6/FS7		
		4	保护层	20厚1∶2.5水泥砂浆保护层找平		
		5	保温层	BW1/BW2/BW3		
		6	保护层	20厚1∶2.5水泥砂浆保护层找平		
		7	防水层	FS6/FS7		
		8	隔离层	10厚石灰砂浆（白灰砂浆），石灰膏∶砂=1∶4		
		9	保护层	40厚C20细石混凝土（加5%防水剂），内配Φ4钢筋双向@200，提浆压光		
		10	架空竹地板	240×240砖墩或C10混凝土支墩，双向@600，高度××~×××		
		11		60（高）×50（宽）樟子松防腐木龙骨角钢固定在砖墩上		
		12		140（宽）×18（厚）成品炭化复合竹地板@150缝10		

建筑统一技术措施与节点构造选编

类型	名称	序号	基本构造层次	构造做法	最小厚度	备注
架空竹地板	保温上人架空竹地板屋面（一级防水）	1	结构层	钢筋混凝土屋面板，基层处理干净，刷纯水泥浆一道（水灰比 0.4～0.5）	281.5	第5条：设双向分仓缝，不大于@1 000 第8条：按柱网分仓且不大于6 000×6 000，仓缝20宽，用防水油膏嵌实
		2	找坡层	最薄处30厚，1:3水泥炉渣找坡，提浆扫光		
		3	防水层	1.5厚单组分聚氨酯防水涂膜		
		4	保温层	××厚整体式现喷硬质聚氨酯泡沫塑料		
		5	保护层	20厚1:2.5水泥砂浆保护层找平		
		6	防水层	FS6/FS7		
		7	隔离层	10厚石灰砂浆（白灰砂浆），石灰膏:砂=1:4		
		8	保护层	40厚 C20细石混凝土（加5%防水剂），内配Φ4钢筋双向@200，提浆压光		
		9	架空竹地板	240×240砖墩或C10混凝土支墩，双向@600，高度×××～×××		
		10		60（高）×50（宽）樟子松防腐木龙骨角钢固定在砖墩上		
		11		140（宽）×18（厚）成品炭化复合竹地板@150 缝10		
架空木地板	保温上人架空木地板屋面（一级防水）	1	结构层	钢筋混凝土屋面板，基层处理干净，刷纯水泥浆一道（水灰比 0.4～0.5）	306	第7条：设双向分仓缝，不大于@1 000 第10条：按柱网分仓且不大于6 000×6 000，仓缝20宽，用防水油膏嵌实
		2	找坡层	最薄处20厚，1:8乳化沥青憎水性膨胀珍珠岩找坡		
		3	找平层	20厚1:2.5水泥砂浆找平		
		4	防水层	FS6/FS7		
		5	保护层	20厚1:2.5水泥砂浆保护层找平		
		6	保温层	BW1/BW2/BW3		
		7	保护层	20厚1:2.5水泥砂浆保护层找平		
		8	防水层	FS6/FS7		
		9	隔离层	10厚石灰砂浆（白灰砂浆），石灰膏:砂=1:4		
		10	保护层	40厚 C20细石混凝土（加5%防水剂），内配Φ4钢筋双向@200，提浆压光		
		11	架空木地板	240×240砖墩或C10混凝土支墩，双向@600，高度×××～×××		
		12		60（宽）×50（高）防腐木檩条上沉头不锈钢螺钉固定		
		13		20厚90宽防腐木板@100，板间缝10宽		
	保温上人架空木地板屋面（一级防水）	1	结构层	钢筋混凝土屋面板，基层处理干净，刷纯水泥浆一道（水灰比 0.4～0.5）	283.5	第6条：设双向分仓缝，不大于@1 000 第9条：按柱网分仓且不大于6 000×6 000，仓缝20宽，用防水油膏嵌实
		2	找坡层	最薄处20厚，1:8乳化沥青憎水性膨胀珍珠岩找坡		
		3	找平层	20厚1:2.5水泥砂浆找平		
		4	防水层	1.5厚单组分聚氨酯防水涂膜		
		5	保温层	××厚整体式现喷硬质聚氨酯泡沫塑料		
		6	保护层	20厚1:2.5水泥砂浆保护层找平		
		7	防水层	FS6/FS7		
		8	隔离层	10厚石灰砂浆（白灰砂浆），石灰膏:砂=1:4		
		9	保护层	40厚 C20细石混凝土（加5%防水剂），内配Φ4钢筋双向@200，提浆压光		
		10	架空木地板	240×240砖墩或C10混凝土支墩，双向@600，高度×××～×××		
		11		60（宽）×50（高）防腐木檩条上沉头不锈钢螺钉固定		
		12		20厚90宽防腐木板@100，板间缝10宽		

类型	名称	序号	基本构造层次	构造做法	最小厚度	备注
架空木地板	保温上人架空木地板屋面（一级防水）	1	结构层	钢筋混凝土屋面板，基层处理干净，刷纯水泥浆一道（水灰比 0.4～0.5）	294～296	第6条：设双向分仓缝，不大于@1 000 第9条：按柱网分仓且不大于6 000×6 000，仓缝20宽，用防水油膏嵌实
		2	找坡层	最薄处30厚，1:3水泥炉渣找坡，提浆扫光		
		3	防水层	FS6/FS7		
		4	保护层	20厚1:2.5水泥砂浆保护层找平		
		5	保温层	BW1/BW2/BW3		
		6	保护层	20厚1:2.5水泥砂浆保护层找平		
		7	防水层	FS6/FS7		
		8	隔离层	10厚石灰砂浆（白灰砂浆），石灰膏:砂=1:4		
		9	保护层	40厚C20细石混凝土（加5%防水剂），内配Φ4钢筋双向@200，提浆压光		
		10	架空木地板	240×240砖墩或C10混凝土支墩，双向@600，高度×××～×××		
		11		60（宽）×50（高）防腐木檩条上沉头不锈钢螺钉固定		
		12		20厚90宽防腐木板@100，板间缝10宽		
	保温上人架空木地板屋面（一级防水）	1	结构层	钢筋混凝土屋面板，基层处理干净，刷纯水泥浆一道（水灰比 0.4～0.5）	273.5	第5条：设双向分仓缝，不大于@1 000 第8条：按柱网分仓且不大于6 000×6 000，仓缝20宽，用防水油膏嵌实
		2	找坡层	最薄处30厚，1:3水泥炉渣找坡，提浆扫光		
		3	防水层	1.5厚单组分聚氨酯防水涂膜		
		4	保温层	××厚整体式现喷硬质聚氨酯泡沫塑料		
		5	保护层	20厚1:2.5水泥砂浆保护层找平		
		6	防水层	FS6/FS7		
		7	隔离层	10厚石灰砂浆（白灰砂浆），石灰膏:砂=1:4		
		8	保护层	40厚C20细石混凝土（加5%防水剂），内配Φ4钢筋双向@200，提浆压光		
		9	架空木地板	240×240砖墩或C10混凝土支墩，双向@600，高度×××～×××		
		10		60（宽）×50（高）防腐木檩条上沉头不锈钢螺钉固定		
		11		20厚90宽防腐木板@100，板间缝10宽		
种植停车	保温上人种植停车屋面（一级防水）	1	结构层	钢筋混凝土屋面板，基层处理干净，刷纯水泥浆一道（水灰比 0.4～0.5）	292～294	第7条：设双向分仓缝，不大于@1 000 第10条：按柱网分仓且不大于6 000×6 000，仓缝20宽，用防水油膏嵌实
		2	找坡层	最薄处20厚，1:8乳化沥青憎水性膨胀珍珠岩找坡		
		3	找平层	20厚1:2.5水泥砂浆找平		
		4	防水层	FS6/FS7		
		5	保护层	20厚1:2.5水泥砂浆保护层找平		
		6	保温层	BW1/BW2/BW3		
		7	保护层	20厚1:2.5水泥砂浆保护层找平		
		8	防水层	FS6/FS7		
		9	隔离层	10厚石灰砂浆（白灰砂浆），石灰膏:砂=1:4		
		10	保护层	40厚C20细石混凝土（加5%防水剂），内配Φ4钢筋双向@200，提浆压光		
		11	蓄排水层	18厚塑料板排水层，凸点向上		
		12	过滤层	土工布过滤层		
		13	种植土	100厚种草土，表面嵌入70厚塑料种草箅子		

类型	名称	序号	基本构造层次	构造做法	最小厚度	备注
种植停车	保温上人种植停车屋面（一级防水）	1	结构层	钢筋混凝土屋面板，基层处理干净，刷纯水泥浆一道（水灰比 0.4~0.5）	271.5~272.5	第 6 条：设双向分仓缝，不大于@1 000 第 9 条：按柱网分仓且不大于 6 000×6 000，仓缝 20 宽，用防水油膏嵌实
		2	找坡层	最薄处 20 厚，1:8 乳化沥青憎水性膨胀珍珠岩找坡		
		3	找平层	20 厚 1:2.5 水泥砂浆找平		
		4	防水层	1.5 厚单组分聚氨酯防水涂膜		
		5	保温层	××厚整体式现喷硬质聚氨酯泡沫塑料		
		6	保护层	20 厚 1:2.5 水泥砂浆保护层找平		
		7	防水层	FS6/FS7		
		8	隔离层	10 厚石灰砂浆（白灰砂浆），石灰膏:砂=1:4		
		9	保护层	40 厚 C20 细石混凝土（加 5%防水剂），内配 Φ4 钢筋双向@200，提浆压光		
		10	蓄排水层	18 厚塑料板排水层，凸点向上		
		11	过滤层	土工布过滤层		
		12	种植土	100 厚种草土，表面嵌入 70 厚塑料种草箅子		
	保温上人种植停车屋面（一级防水）	1	结构层	钢筋混凝土屋面板，基层处理干净，刷纯水泥浆一道（水灰比 0.4~0.5）	282~284	第 6 条：设双向分仓缝，不大于@1 000 第 9 条：按柱网分仓且不大于 6 000×6 000，仓缝 20 宽，用防水油膏嵌实
		2	找坡层	最薄处 30 厚，1:3 水泥炉渣找坡，提浆扫光		
		3	防水层	FS6/FS7		
		4	保护层	20 厚 1:2.5 水泥砂浆保护层找平		
		5	保温层	BW1/BW2/BW3		
		6	保护层	20 厚 1:2.5 水泥砂浆保护层找平		
		7	防水层	FS6/FS7		
		8	隔离层	10 厚石灰砂浆（白灰砂浆），石灰膏:砂=1:4		
		9	保护层	40 厚 C20 细石混凝土（加 5%防水剂），内配 Φ4 钢筋双向@200，提浆压光		
		10	蓄排水层	18 厚塑料板排水层，凸点向上		
		11	过滤层	土工布过滤层		
		12	种植土	100 厚种草土，表面嵌入 70 厚塑料种草箅子		
	保温上人种植停车屋面（一级防水）	1	结构层	钢筋混凝土屋面板，基层处理干净，刷纯水泥浆一道（水灰比 0.4~0.5）	261.5~262.5	第 5 条：设双向分仓缝，不大于@1 000 第 8 条：按柱网分仓且不大于 6 000×6 000，仓缝 20 宽，用防水油膏嵌实
		2	找坡层	最薄处 30 厚，1:3 水泥炉渣找坡，提浆扫光		
		3	防水层	1.5 厚单组分聚氨酯防水涂膜		
		4	保温层	××厚整体式现喷硬质聚氨酯泡沫塑料		
		5	保护层	20 厚 1:2.5 水泥砂浆保护层找平		
		6	防水层	FS6/FS7		
		7	隔离层	10 厚石灰砂浆（白灰砂浆），石灰膏:砂=1:4		
		8	保护层	40 厚 C20 细石混凝土（加 5%防水剂），内配 Φ4 钢筋双向@200，提浆压光		
		9	蓄排水层	18 厚塑料板排水层，凸点向上		
		10	过滤层	土工布过滤层		
		11	种植土	100 厚种草土，表面嵌入 70 厚塑料种草箅子		

类型	名称	序号	基本构造层次	构造做法	最小厚度	备注
停车屋面	保温上人停车屋面（一级防水）	1	结构层	钢筋混凝土屋面板，基层处理干净，刷纯水泥浆一道（水灰比 0.4～0.5）	254～256	第7条：设双向分仓缝，不大于@1 000 第10条：按柱网分仓且不大于3 000×3 000，仓缝12宽，用防水油膏嵌实
		2	找坡层	最薄处20厚，1:8乳化沥青憎水性膨胀珍珠岩找坡		
		3	找平层	20厚1:2.5水泥砂浆找平		
		4	防水层	FS6/FS7		
		5	保护层	20厚1:2.5水泥砂浆保护层找平		
		6	保温层	BW1/BW2/BW3		
		7	保护层	20厚1:2.5水泥砂浆保护层找平		
		8	防水层	FS6/FS7		
		9	隔离层	10厚石灰砂浆（白灰砂浆），石灰膏：砂=1:4		
		10	保护层	120厚C20细石混凝土（加5%防水剂），内配Φ10钢筋双向@200，提浆压光		
		11	耐磨层	有色非金属耐磨层		
		12	固化剂	表面施工混凝土密封固化剂		
	保温上人停车屋面（一级防水）	1	结构层	钢筋混凝土屋面板，基层处理干净，刷纯水泥浆一道（水灰比 0.4～0.5）	233.5	第6条：设双向分仓缝，不大于@1 000 第9条：按柱网分仓且不大于3 000×3 000，仓缝12宽，用防水油膏嵌实
		2	找坡层	最薄处20厚，1:8乳化沥青憎水性膨胀珍珠岩找坡		
		3	找平层	20厚1:2.5水泥砂浆找平		
		4	防水层	1.5厚单组分聚氨酯防水涂膜		
		5	保温层	××厚整体式现喷硬质聚氨酯泡沫塑料		
		6	保护层	20厚1:2.5水泥砂浆保护层找平		
		7	防水层	FS6/FS7		
		8	隔离层	10厚石灰砂浆（白灰砂浆），石灰膏：砂=1:4		
		9	保护层	120厚C20细石混凝土（加5%防水剂），内配Φ10钢筋双向@200，提浆压光		
		10	耐磨层	有色非金属耐磨层		
		11	固化剂	表面施工混凝土密封固化剂		
	保温上人停车屋面（一级防水）	1	结构层	钢筋混凝土屋面板，基层处理干净，刷纯水泥浆一道（水灰比 0.4～0.5）	246	第6条：设双向分仓缝，不大于@1 000 第9条：按柱网分仓且不大于3 000×3 000，仓缝12宽，用防水油膏嵌实
		2	找坡层	最薄处30厚，1:3水泥炉渣找坡，提浆扫光		
		3	防水层	FS6/FS7		
		4	保护层	20厚1:2.5水泥砂浆保护层找平		
		5	保温层	BW1/BW2/BW3		
		6	保护层	20厚1:2.5水泥砂浆保护层找平		
		7	防水层	FS6/FS7		
		8	隔离层	10厚石灰砂浆（白灰砂浆），石灰膏：砂=1:4		
		9	保护层	120厚C20细石混凝土（加5%防水剂），内配Φ10钢筋双向@200，提浆压光		
		10	耐磨层	有色非金属耐磨层		
		11	固化剂	表面施工混凝土密封固化剂		

类型	名称	序号	基本构造层次	构造做法	最小厚度	备注
停车屋面	保温上人停车屋面（一级防水）	1	结构层	钢筋混凝土屋面板,基层处理干净,刷纯水泥浆一道(水灰比0.4~0.5)	223.5	第5条：设双向分仓缝,不大于@1 000 第8条：按柱网分仓且不大于3 000×3 000,仓缝12宽,用防水油膏嵌实
		2	找坡层	最薄处30厚,1:3水泥炉渣找坡,提浆扫光		
		3	防水层	1.5厚单组分聚氨酯防水涂膜		
		4	保温层	××厚整体式现喷硬质聚氨酯泡沫塑料		
		5	保护层	20厚1:2.5水泥砂浆保护层找平		
		6	防水层	FS6/FS7		
		7	隔离层	10厚石灰砂浆（白灰砂浆）,石灰膏：砂=1:4		
		8	保护层	120厚C20细石混凝土（加5%防水剂）,内配Φ10钢筋双向@200,提浆压光		
		9	耐磨层	有色非金属耐磨层		
		10	固化剂	表面施工混凝土密封固化剂		
运动屋面①	保温上人运动屋面（一级防水）	1	结构层	钢筋混凝土屋面板,基层处理干净,刷纯水泥浆一道(水灰比0.4~0.5)	246~248	第7条：设双向分仓缝,不大于@1 000 第10条：按柱网分仓且不大于6 000×6 000,仓缝20宽,用防水油膏嵌实
		2	找坡层	最薄处20厚,1:8乳化沥青憎水性膨胀珍珠岩找坡		
		3	找平层	20厚1:2.5水泥砂浆找平		
		4	防水层	FS6/FS7		
		5	保护层	20厚1:2.5水泥砂浆保护层找平		
		6	保温层	BW1/BW2/BW3		
		7	保护层	20厚1:2.5水泥砂浆保护层找平		
		8	防水层	FS6/FS7		
		9	隔离层	10厚石灰砂浆（白灰砂浆）,石灰膏：砂=1:4		
		10	保护层	40厚C20细石混凝土（加5%防水剂）,内配Φ4钢筋双向@200,提浆压光		
		11	屋面网球场	40厚粗沥青混凝土（最大骨料粒径<15 mm）		
		12		30厚细沥青混凝土（最大骨料粒径>15 mm）		
		13		2厚丙烯酸涂料面层		
	保温上人运动屋面（一级防水）	1	结构层	钢筋混凝土屋面板,基层处理干净,刷纯水泥浆一道(水灰比0.4~0.5)	225.5	第6条：设双向分仓缝,不大于@1 000 第9条：按柱网分仓且不大于6 000×6 000,仓缝20宽,用防水油膏嵌实
		2	找坡层	最薄处20厚,1:8乳化沥青憎水性膨胀珍珠岩找坡		
		3	找平层	20厚1:2.5水泥砂浆找平		
		4	防水层	1.5厚单组分聚氨酯防水涂膜		
		5	保温层	××厚整体式现喷硬质聚氨酯泡沫塑料		
		6	保护层	20厚1:2.5水泥砂浆保护层找平		
		7	防水层	FS6/FS7		
		8	隔离层	10厚石灰砂浆（白灰砂浆）,石灰膏：砂=1:4		
		9	保护层	40厚C20细石混凝土（加5%防水剂）,内配Φ4钢筋双向@200,提浆压光		
		10		40厚粗沥青混凝土（最大骨料粒径<15 mm）		
		11	屋面网球场	30厚细沥青混凝土（最大骨料粒径>15 mm）		
		12		2厚丙烯酸涂料面层		

建筑统一技术措施与节点构造选编

类型	名称	序号	基本构造层次	构造做法	最小厚度	备注
运动屋面①	保温上人运动屋面（一级防水）	1	结构层	钢筋混凝土屋面板，基层处理干净，刷纯水泥浆一道（水灰比 0.4～0.5）	236～238	第6条：设双向分仓缝，不大于@1 000 第9条：按柱网分仓且不大于6 000×6 000，仓缝20宽，用防水油膏嵌实
		2	找坡层	最薄处30厚，1:3水泥炉渣找坡，提浆扫光		
		3	防水层	FS6/FS7		
		4	保护层	20厚1:2.5水泥砂浆保护层找平		
		5	保温层	BW1/BW2/BW3		
		6	保护层	20厚1:2.5水泥砂浆保护层找平		
		7	防水层	FS6/FS7		
		8	隔离层	10厚石灰砂浆（白灰砂浆），石灰膏:砂=1:4		
		9	保护层	40厚C20细石混凝土（加5%防水剂），内配φ4钢筋双向@200，提浆压光		
		10	屋面网球场	40厚粗沥青混凝土（最大骨料粒径<15 mm）		
		11		30厚细沥青混凝土（最大骨料粒径>15 mm）		
		12		2厚丙烯酸涂料面层		
	保温上人运动屋面（一级防水）	1	结构层	钢筋混凝土屋面板，基层处理干净，刷纯水泥浆一道（水灰比 0.4～0.5）	214.5～215.5	第5条：设双向分仓缝，不大于@1 000 第8条：按柱网分仓且不大于6 000×6 000，仓缝20宽，用防水油膏嵌实
		2	找坡层	最薄处30厚，1:3水泥炉渣找坡，提浆扫光		
		3	防水层	1.5厚单组分聚氨酯防水涂膜		
		4	保温层	××厚整体式现喷硬质聚氨酯泡沫塑料		
		5	保护层	20厚1:2.5水泥砂浆保护层找平		
		6	防水层	FS6/FS7		
		7	隔离层	10厚石灰砂浆（白灰砂浆），石灰膏:砂=1:4		
		8	保护层	40厚C20细石混凝土（加5%防水剂），内配φ4钢筋双向@200，提浆压光		
		9	屋面网球场	40厚粗沥青混凝土（最大骨料粒径<15 mm）		
		10		30厚细沥青混凝土（最大骨料粒径>15 mm）		
		11		2厚丙烯酸涂料面层		
运动屋面②	保温上人PVC运动屋面（一级防水）	1	结构层	钢筋混凝土屋面板，基层处理干净，刷纯水泥浆一道（水灰比 0.4～0.5）	188～190	第7条：设双向分仓缝，不大于@1 000 第10条：按柱网分仓且不大于6 000×6 000，仓缝20宽，用防水油膏嵌实
		2	找坡层	最薄处20厚，1:8乳化沥青憎水性膨胀珍珠岩找坡		
		3	找平层	20厚1:2.5水泥砂浆找平		
		4	防水层	FS6/FS7		
		5	保护层	20厚1:2.5水泥砂浆保护层找平		
		6	保温层	BW1/BW2/BW3		
		7	保护层	20厚1:2.5水泥砂浆保护层找平		
		8	防水层	FS6/FS7		
		9	隔离层	10厚石灰砂浆（白灰砂浆），石灰膏:砂=1:4		
		10	保护层	40厚C20细石混凝土（加5%防水剂），内配φ4钢筋双向@200，提浆压光		
		11	找平层	10厚1:2.5水泥砂浆人工找平（高差2 mm以内）		
		12	面层	专用粘胶剂粘贴4厚耐候型防滑PVC塑胶地面		

类型	名称	序号	基本构造层次	构造做法	最小厚度	备注
运动屋面②	保温上人PVC运动屋面（一级防水）	1	结构层	钢筋混凝土屋面板，基层处理干净，刷纯水泥浆一道（水灰比0.4~0.5）	167.5	第6条：设双向分仓缝，不大于@1 000 第9条：按柱网分仓且不大于6 000×6 000，仓缝20宽，用防水油膏嵌实
		2	找坡层	最薄处20厚，1:8乳化沥青憎水性膨胀珍珠岩找坡		
		3	找平层	20厚1:2.5水泥砂浆找平		
		4	防水层	1.5厚单组分聚氨酯防水涂膜		
		5	保温层	××厚整体式现喷硬质聚氨酯泡沫塑料		
		6	保护层	20厚1:2.5水泥砂浆保护层找平		
		7	防水层	FS6/FS7		
		8	隔离层	10厚石灰砂浆（白灰砂浆），石灰膏：砂=1:4		
		9	保护层	40厚C20细石混凝土（加5%防水剂），内配φ4钢筋双向@200，提浆压光		
		10	找平层	10厚1:2.5水泥砂浆人工找平（高差2 mm以内）		
		11	面层	专用粘胶剂粘贴4厚耐候型防滑PVC塑胶地面		
	保温上人PVC运动屋面（一级防水）	1	结构层	钢筋混凝土屋面板，基层处理干净，刷纯水泥浆一道（水灰比0.4~0.5）	178~180	第6条：设双向分仓缝，不大于@1 000 第9条：按柱网分仓且不大于6 000×6 000，仓缝20宽，用防水油膏嵌实
		2	找坡层	最薄处30厚，1:3水泥炉渣找坡，提浆扫光		
		3	防水层	FS6/FS7		
		4	保护层	20厚1:2.5水泥砂浆保护层找平		
		5	保温层	BW1/BW2/BW3		
		6	保护层	20厚1:2.5水泥砂浆保护层找平		
		7	防水层	FS6/FS7		
		8	隔离层	10厚石灰砂浆（白灰砂浆），石灰膏：砂=1:4		
		9	保护层	40厚C20细石混凝土（加5%防水剂），内配φ4钢筋双向@200，提浆压光		
		10	找平层	10厚1:2.5水泥砂浆人工找平（高差2 mm以内）		
		11	面层	专用粘胶剂粘贴4厚耐候型防滑PVC塑胶地面		
	保温上人PVC运动屋面（一级防水）	1	结构层	钢筋混凝土屋面板，基层处理干净，刷纯水泥浆一道（水灰比0.4~0.5）	157.5	第5条：设双向分仓缝，不大于@1 000 第8条：按柱网分仓且不大于6 000×6 000，仓缝20宽，用防水油膏嵌实
		2	找坡层	最薄处30厚，1:3水泥炉渣找坡，提浆扫光		
		3	防水层	1.5厚单组分聚氨酯防水涂膜		
		4	保温层	××厚整体式现喷硬质聚氨酯泡沫塑料		
		5	保护层	20厚1:2.5水泥砂浆保护层找平		
		6	防水层	FS6/FS7		
		7	隔离层	10厚石灰砂浆（白灰砂浆），石灰膏：砂=1:4		
		8	保护层	40厚C20细石混凝土（加5%防水剂），内配φ4钢筋双向@200，提浆压光		
		9	找平层	10厚1:2.5水泥砂浆人工找平（高差2 mm以内）		
		10	面层	专用粘胶剂粘贴4厚耐候型防滑PVC塑胶地面		

建筑统一技术措施与节点构造选编

一级防水保温屋面②

序号	基本构造层次
1	结构层
2	找平层
3	防水层
4	找坡层
5	保温层
6	保护层
7	防水层
8	隔离层
9	保护层

适用范围：

　　适用于潮湿地区或下方是湿度较大的房间的屋面。

优点：

　　A. 防水层兼做隔汽层。

　　B. 防水层上下分开，防水效果更有保障。

缺点：

　　施工工序较多。

具体做法示例如下：

类型	名称	序号	基本构造层次	构造做法	最小厚度	备注
无装饰素面	保温不上人屋面（一级防水）	1	结构层	钢筋混凝土屋面板，基层处理干净，刷纯水泥浆一道（水灰比0.4~0.5）	174~176	第2条：如混凝土屋面板板随打随抹平可保证平整度，可取消水泥砂浆找平层
		2	找平层	20厚1:2.5水泥砂浆找平		
		3	防水层	FS5/FS6/FS7		
		4	找坡层	最薄处20厚，1:8乳化沥青憎水性膨胀珍珠岩找坡		
		5	找平层	20厚1:2.5水泥砂浆找平		
		6	保温层	BW1/BW2/BW3		第7条：设双向分仓缝，不大于@1 000
		7	保护层	20厚1:2.5水泥砂浆保护层找平		
		8	防水层	FS6/FS7		
		9	隔离层	10厚石灰砂浆（白灰砂浆），石灰膏:砂=1:4		第10条：按柱网分仓且不大于6 000×6 000，仓缝20宽，用防水油膏嵌实
		10	保护层	40厚C20细石混凝土（加5%防水剂），内配φ4钢筋双向@200，提浆压光		
	保温不上人屋面（一级防水）	1	结构层	钢筋混凝土屋面板，基层处理干净，刷纯水泥浆一道（水灰比0.4~0.5）	164~166	第2条：如混凝土屋面板板随打随抹平可保证平整度，可取消水泥砂浆找平层
		2	找平层	20厚1:2.5水泥砂浆找平		
		3	防水层	FS5/FS6/FS7		
		4	找坡层	最薄处30厚，1:3水泥炉渣找坡，提浆扫光		
		5	保温层	BW1/BW2/BW3		第7条：设双向分仓缝，不大于@1 000
		6	保护层	20厚1:2.5水泥砂浆保护层找平		
		7	防水层	FS6/FS7		
		8	隔离层	10厚石灰砂浆（白灰砂浆），石灰膏:砂=1:4		第10条：按柱网分仓且不大于6 000×6 000，仓缝20宽，用防水油膏嵌实
		9	保护层	40厚C20细石混凝土（加5%防水剂），内配φ4钢筋双向@200，提浆压光		
人工草皮	保温不上人人工草皮屋面（一级防水）	1	结构层	钢筋混凝土屋面板，基层处理干净，刷纯水泥浆一道（水灰比0.4~0.5）	189~191	第2条：如混凝土屋面板板随打随抹平可保证平整度，可取消水泥砂浆找平层
		2	找平层	20厚1:2.5水泥砂浆找平		
		3	防水层	FS5/FS6/FS7		
		4	找坡层	最薄处20厚，1:8乳化沥青憎水性膨胀珍珠岩找坡		
		5	找平层	20厚1:2.5水泥砂浆找平		
		6	保温层	BW1/BW2/BW3		第7条：设双向分仓缝，不大于@1 000
		7	保护层	20厚1:2.5水泥砂浆保护层找平		
		8	防水层	FS6/FS7		
		9	隔离层	10厚石灰砂浆（白灰砂浆），石灰膏:砂=1:4		第10条：按柱网分仓且不大于6 000×6 000，仓缝20宽，用防水油膏嵌实
		10	保护层	40厚C20细石混凝土（加5%防水剂），内配φ4钢筋双向@200，提浆压光		
		11	人工草皮	15~33厚人工草坪，专用胶粘剂粘铺		

左侧竖排：建筑统一技术措施与节点构造选编

类型	名称	序号	基本构造层次	构造做法	最小厚度	备注
人工草皮	保温不上人人工草皮屋面（一级防水）	1	结构层	钢筋混凝土屋面板，基层处理干净，刷纯水泥浆一道（水灰比0.4～0.5）	179～181	第2条：如混凝土屋面板板随打随抹平可保证平整度，可取消水泥砂浆找平层 第6条：设双向分仓缝，不大于@1 000 第9条：按柱网分仓且不大于6 000×6 000，仓缝20宽，用防水油膏嵌实
		2	找平层	20厚1:2.5水泥砂浆找平		
		3	防水层	FS5/FS6/FS7		
		4	找坡层	最薄处30厚，1:3水泥炉渣找坡，提浆扫光		
		5	保温层	BW1/BW2/BW3		
		6	保护层	20厚1:2.5水泥砂浆保护层找平		
		7	防水层	FS6/FS7		
		8	隔离层	10厚石灰砂浆（白灰砂浆），石灰膏:砂=1:4		
		9	保护层	40厚C20细石混凝土（加5%防水剂），内配φ4钢筋双向@200，提浆压光		
		10	人工草皮	15～33厚人工草坪，专用胶粘剂粘铺		
卵石铺面	保温不上人卵石铺面屋面（一级防水）	1	结构层	钢筋混凝土屋面板，基层处理干净，刷纯水泥浆一道（水灰比0.4～0.5）	224～226	第2条：如混凝土屋面板板随打随抹平可保证平整度，可取消水泥砂浆找平层 第7条：设双向分仓缝，不大于@1 000 第10条：按柱网分仓且不大于6 000×6 000，仓缝20宽，用防水油膏嵌实
		2	找平层	20厚1:2.5水泥砂浆找平		
		3	防水层	FS5/FS6/FS7		
		4	找坡层	最薄处20厚，1:8乳化沥青憎水性膨胀珍珠岩找坡		
		5	找平层	20厚1:2.5水泥砂浆找平		
		6	保温层	BW1/BW2/BW3		
		7	保护层	20厚1:2.5水泥砂浆保护层找平		
		8	防水层	FS6/FS7		
		9	隔离层	10厚石灰砂浆（白灰砂浆），石灰膏:砂=1:4		
		10	保护层	40厚C20细石混凝土（加5%防水剂），内配φ4钢筋双向@200，提浆压光		
		11	卵石	50厚直径10～30卵石保护层		
	保温不上人卵石铺面屋面（一级防水）	1	结构层	钢筋混凝土屋面板，基层处理干净，刷纯水泥浆一道（水灰比0.4～0.5）	214～216	第2条：如混凝土屋面板板随打随抹平可保证平整度，可取消水泥砂浆找平层 第6条：设双向分仓缝，不大于@1 000 第9条：按柱网分仓且不大于6 000×6 000，仓缝20宽，用防水油膏嵌实
		2	找平层	20厚1:2.5水泥砂浆找平		
		3	防水层	FS5/FS6/FS7		
		4	找坡层	最薄处30厚，1:3水泥炉渣找坡，提浆扫光		
		5	保温层	BW1/BW2/BW3		
		6	保护层	20厚1:2.5水泥砂浆保护层找平		
		7	防水层	FS6/FS7		
		8	隔离层	10厚石灰砂浆（白灰砂浆），石灰膏:砂=1:4		
		9	保护层	40厚C20细石混凝土（加5%防水剂），内配φ4钢筋双向@200，提浆压光		
		10	卵石	50厚直径10～30卵石保护层		
蓄水屋面	保温不上人蓄水屋面（一级防水）	1	结构层	钢筋混凝土屋面板，基层处理干净，刷纯水泥浆一道（水灰比0.4～0.5）	270.5～272.5	第2条：如混凝土屋面板板随打随抹平可保证平整度，可取消水泥砂浆找平层 第7条：设双向分仓缝，不大于@1 000
		2	找平层	20厚1:2.5水泥砂浆找平		
		3	防水层	FS5/FS6/FS7		
		4	找坡层	最薄处20厚，1:8乳化沥青憎水性膨胀珍珠岩找坡		
		5	找平层	20厚1:2.5水泥砂浆找平		
		6	保温层	BW1/BW2/BW3		
		7	保护层	20厚1:2.5水泥砂浆保护层找平		

类型	名称	序号	基本构造层次	构造做法	最小厚度	备注
蓄水屋面	保温不上人蓄水屋面（一级防水）	8	防水层	FS6/FS7	270.5～272.5	第10条：按柱网分仓且不大于6 000×6 000，仓缝20宽，用防水油膏嵌实
		9	隔离层	10厚石灰砂浆（白灰砂浆），石灰膏：砂=1:4		
		10	保护层	40厚C20细石混凝土（加5%防水剂），内配Φ4钢筋双向@200，提浆压光		
		11	蓄水池	60厚C25钢筋混凝土蓄水池		
		12		1.5厚聚合物水泥（JS）防水涂料		
		13		20厚1:2.5干硬水泥砂浆粘合层，1～2厚干水泥并洒清水适量		
		14		粘贴15厚600×600花岗石板，缝宽3		
	保温不上人蓄水屋面（一级防水）	1	结构层	钢筋混凝土屋面板，基层处理干净，刷纯水泥浆一道（水灰比0.4～0.5）	260.5～262.5	第2条：如混凝土屋面板板随打随抹平可保证平整度，可取消水泥砂浆找平层
		2	找平层	20厚1:2.5水泥砂浆找平		
		3	防水层	FS5/FS6/FS7		
		4	找坡层	最薄处30厚，1:3水泥炉渣找坡，提浆扫光		
		5	保温层	BW1/BW2/BW3		
		6	保护层	20厚1:2.5水泥砂浆保护层找平		第6条：设双向分仓缝，不大于@1 000
		7	防水层	FS6/FS7		
		8	隔离层	10厚石灰砂浆（白灰砂浆），石灰膏：砂=1:4		
		9	保护层	40厚C20细石混凝土（加5%防水剂），内配Φ4钢筋双向@200，提浆压光		第9条：按柱网分仓且不大于6 000×6 000，仓缝20宽，用防水油膏嵌实
		10	蓄水池	60厚C25钢筋混凝土蓄水池		
		11		1.5厚聚合物水泥（JS）防水涂料		
		12		20厚1:2.5干硬水泥砂浆粘合层，1～2厚干水泥并洒清水适量		
		13		粘贴15厚600×600花岗石板，缝宽3		
通体砖①	保温上人通体砖屋面（一级防水）	1	结构层	钢筋混凝土屋面板，基层处理干净，刷纯水泥浆一道（水灰比0.4～0.5）	204～206	第2条：如混凝土屋面板板随打随抹平可保证平整度，可取消水泥砂浆找平层
		2	找平层	20厚1:2.5水泥砂浆找平		
		3	防水层	FS5/FS6/FS7		
		4	找坡层	最薄处20厚，1:8乳化沥青憎水性膨胀珍珠岩找坡		
		5	找平层	20厚1:2.5水泥砂浆找平		
		6	保温层	BW1/BW2/BW3		第7条：设双向分仓缝，不大于@1 000
		7	保护层	20厚1:2.5水泥砂浆保护层找平		
		8	防水层	FS6/FS7		
		9	隔离层	10厚石灰砂浆（白灰砂浆），石灰膏：砂=1:4		第10条：按柱网分仓且不大于6 000×6 000，仓缝20宽，用防水油膏嵌实
		10	保护层	40厚C20细石混凝土（加5%防水剂），内配Φ4钢筋双向@200，提浆压光		
		11	结合层	20厚1:2.5干硬水泥砂浆粘合层，1～2厚干水泥并洒清水适量		
		12	面层	粘贴10厚300×300防滑通体砖，缝宽5，用1:1水泥砂浆勾凹缝		
	保温上人通体砖屋面（一级防水）	1	结构层	钢筋混凝土屋面板，基层处理干净，刷纯水泥浆一道（水灰比0.4～0.5）	194～196	第2条：如混凝土屋面板板随打随抹平可保证平整度，可取消水泥砂浆找平层
		2	找平层	20厚1:2.5水泥砂浆找平		
		3	防水层	FS5/FS6/FS7		
		4	找坡层	最薄处30厚，1:3水泥炉渣找坡，提浆扫光		
		5	保温层	BW1/BW2/BW3		

左侧竖排标题：建筑统一技术措施与节点构造选编

类型	名称	序号	基本构造层次	构造做法	最小厚度	备注
通体砖①	保温上人通体砖屋面（一级防水）	6	保护层	20厚1:2.5水泥砂浆保护层找平	194~196	第6条：设双向分仓缝，不大于@1 000 第9条：按柱网分仓且不大于6 000×6 000，仓缝20宽，用防水油膏嵌实
		7	防水层	FS6/FS7		
		8	隔离层	10厚石灰砂浆（白灰砂浆），石灰膏：砂=1:4		
		9	保护层	40厚C20细石混凝土（加5%防水剂），内配Φ4钢筋双向@200，提浆压光		
		10	结合层	20厚1:2.5干硬水泥砂浆粘合层，1~2厚干水泥并洒清水适量		
		11	面层	粘贴10厚300×300防滑通体砖，缝宽5，用1:1水泥砂浆勾凹缝		
通体砖②	保温上人通体砖屋面（一级防水）	1	结构层	钢筋混凝土屋面板，基层处理干净，刷纯水泥浆一道（水灰比0.4~0.5）	204~206	第2条：如混凝土屋面板板随打随抹平可保证平整度，可取消水泥砂浆找平层 第7条：设双向分仓缝，不大于@1 000 第10条：按柱网分仓且不大于6 000×6 000，仓缝20宽，用防水油膏嵌实
		2	找平层	20厚1:2.5水泥砂浆找平		
		3	防水层	FS5/FS6/FS7		
		4	找坡层	最薄处20厚，1:8乳化沥青憎水性膨胀珍珠岩找坡		
		5	找平层	20厚1:2.5水泥砂浆找平		
		6	保温层	BW1/BW2/BW3		
		7	保护层	20厚1:2.5水泥砂浆保护层找平		
		8	防水层	FS6/FS7		
		9	隔离层	10厚石灰砂浆（白灰砂浆），石灰膏：砂=1:4		
		10	保护层	40厚C20细石混凝土（加5%防水剂），内配Φ4钢筋双向@200，提浆压光		
		11	结合层	20厚1:2.5干硬水泥砂浆粘合层，1~2厚干水泥并洒清水适量		
		12	面层	粘贴10厚600×600防滑通体砖，缝宽5，用1:1水泥砂浆勾凹缝		
	保温上人通体砖屋面（一级防水）	1	结构层	钢筋混凝土屋面板，基层处理干净，刷纯水泥浆一道（水灰比0.4~0.5）	196	第2条：如混凝土屋面板板随打随抹平可保证平整度，可取消水泥砂浆找平层 第6条：设双向分仓缝，不大于@1 000 第9条：按柱网分仓且不大于6 000×6 000，仓缝20宽，用防水油膏嵌实
		2	找平层	20厚1:2.5水泥砂浆找平		
		3	防水层	FS5/FS6/FS7		
		4	找坡层	最薄处30厚，1:3水泥炉渣找坡，提浆扫光		
		5	保温层	BW1/BW2/BW3		
		6	保护层	20厚1:2.5水泥砂浆保护层找平		
		7	防水层	FS6/FS7		
		8	隔离层	10厚石灰砂浆（白灰砂浆），石灰膏：砂=1:4		
		9	保护层	40厚C20细石混凝土（加5%防水剂），内配Φ4钢筋双向@200，提浆压光		
		10	结合层	20厚1:2.5干硬水泥砂浆粘合层，1~2厚干水泥并洒清水适量		
		11	面层	粘贴10厚600×600防滑通体砖，缝宽5，用1:1水泥砂浆勾凹缝		
缸砖	保温上人缸砖屋面（一级防水）	1	结构层	钢筋混凝土屋面板，基层处理干净，刷纯水泥浆一道（水灰比0.4~0.5）	204~206	第2条：如混凝土屋面板板随打随抹平可保证平整度，可取消水泥砂浆找平层 第7条：设双向分仓缝，不大于@1 000
		2	找平层	20厚1:2.5水泥砂浆找平		
		3	防水层	FS5/FS6/FS7		
		4	找坡层	最薄处20厚，1:8乳化沥青憎水性膨胀珍珠岩找坡		
		5	找平层	20厚1:2.5水泥砂浆找平		
		6	保温层	BW1/BW2/BW3		

类型	名称	序号	基本构造层次	构造做法	最小厚度	备注
缸砖	保温上人缸砖屋面（一级防水）	7	保护层	20厚1:2.5水泥砂浆保护层找平	204～206	第10条：按柱网分仓且不大于6 000×6 000，仓缝20宽，用防水油膏嵌实
		8	防水层	FS6/FS7		
		9	隔离层	10厚石灰砂浆（白灰砂浆），石灰膏:砂=1:4		
		10	保护层	40厚C20细石混凝土（加5%防水剂），内配φ4钢筋双向@200，提浆压光		
		11	结合层	20厚1:2.5水泥砂浆结合层		
		12	面层	粘贴10厚缸砖，块间留缝宽5，用1:1水泥砂浆勾凹缝		
	保温上人缸砖屋面（一级防水）	1	结构层	钢筋混凝土屋面板，基层处理干净，刷纯水泥浆一道（水灰比0.4～0.5）	194～196	第2条：如混凝土屋面板板随打随抹平可保证平整度，可取消水泥砂浆找平层
		2	找平层	20厚1:2.5水泥砂浆找平		
		3	防水层	FS5/FS6/FS7		
		4	找坡层	最薄处30厚，1:3水泥炉渣找坡，提浆扫光		第6条：设双向分仓缝，不大于@1 000
		5	保温层	BW1/BW2/BW3		
		6	保护层	20厚1:2.5水泥砂浆保护层找平		
		7	防水层	FS6/FS7		第9条：按柱网分仓且不大于6 000×6 000，仓缝20宽，用防水油膏嵌实
		8	隔离层	10厚石灰砂浆（白灰砂浆），石灰膏:砂=1:4		
		9	保护层	40厚C20细石混凝土（加5%防水剂），内配φ4钢筋双向@200，提浆压光		
		10	结合层	20厚1:2.5水泥砂浆结合层		
		11	面层	粘贴10厚缸砖，块间留缝宽5，用1:1水泥砂浆勾凹缝		
花岗岩粘贴	保温上人花岗岩屋面（一级防水）	1	结构层	钢筋混凝土屋面板，基层处理干净，刷纯水泥浆一道（水灰比0.4～0.5）	204～206	第2条：如混凝土屋面板板随打随抹平可保证平整度，可取消水泥砂浆找平层
		2	找平层	20厚1:2.5水泥砂浆找平		
		3	防水层	FS5/FS6/FS7		
		4	找坡层	最薄处20厚，1:8乳化沥青憎水性膨胀珍珠岩找坡		
		5	找平层	20厚1:2.5水泥砂浆找平		
		6	保温层	BW1/BW2/BW3		第7条：设双向分仓缝，不大于@1 000
		7	保护层	20厚1:2.5水泥砂浆保护层找平		
		8	防水层	FS6/FS7		第10条：按柱网分仓且不大于6 000×6 000，仓缝20宽，用防水油膏嵌实
		9	隔离层	10厚石灰砂浆（白灰砂浆），石灰膏:砂=1:4		
		10	保护层	40厚C20细石混凝土（加5%防水剂），内配φ4钢筋双向@200，提浆压光		
		11	结合层	20厚1:2.5干硬水泥砂浆粘合层，1～2厚干水泥并洒清水适量		
		12	面层	粘贴15厚600×600花岗石板，6面需做油性渗透型保护剂（例如辛基硅烷）缝宽3		
	保温上人花岗岩屋面（一级防水）	1	结构层	钢筋混凝土屋面板，基层处理干净，刷纯水泥浆一道（水灰比0.4～0.5）	194～196	第2条：如混凝土屋面板板随打随抹平可保证平整度，可取消水泥砂浆找平层
		2	找平层	20厚1:2.5水泥砂浆找平		
		3	防水层	FS5/FS6/FS7		
		4	找坡层	最薄处30厚，1:3水泥炉渣找坡，提浆扫光		
		5	保温层	BW1/BW2/BW3		第6条：设双向分仓缝，不大于@1 000
		6	保护层	20厚1:2.5水泥砂浆保护层找平		
		7	防水层	FS6/FS7		
		8	隔离层	10厚石灰砂浆（白灰砂浆），石灰膏:砂=1:4		第9条：按柱网分仓且不大于6 000×6 000，仓缝20宽，用防水油膏嵌实
		9	保护层	40厚C20细石混凝土（加5%防水剂），内配φ4钢筋双向@200，提浆压光		
		10	结合层	20厚1:2.5干硬水泥砂浆粘合层，1～2厚干水泥并洒清水适量		
		11	面层	粘贴15厚600×600花岗石板，6面需做油性渗透型保护剂（例如辛基硅烷）缝宽3		

左侧竖排文字：建筑统一技术措施与节点构造选编

类型	名称	序号	基本构造层次	构造做法	最小厚度	备注
卵石粘贴	保温上人卵石屋面（一级防水）	1	结构层	钢筋混凝土屋面板，基层处理干净，刷纯水泥浆一道（水灰比 0.4~0.5）	194~196	第2条：如混凝土屋面板随打随抹平可保证平整度，可取消水泥砂浆找平层 第7条：设双向分仓缝，不大于@1 000 第10条：按柱网分仓且不大于6 000×6 000，仓缝20宽，用防水油膏嵌实
		2	找平层	20厚1:2.5水泥砂浆找平		
		3	防水层	FS5/FS6/FS7		
		4	找坡层	最薄处20厚，1:8乳化沥青憎水性膨胀珍珠岩找坡		
		5	找平层	20厚1:2.5水泥砂浆找平		
		6	保温层	BW1/BW2/BW3		
		7	保护层	20厚1:2.5水泥砂浆保护层找平		
		8	防水层	FS6/FS7		
		9	隔离层	10厚石灰砂浆（白灰砂浆），石灰膏:砂=1:4		
		10	保护层	40厚C20细石混凝土（加5%防水剂），内配φ4钢筋双向@200，提浆压光		
		11	结合层	20厚1:2.5水泥砂浆结合层		
		12	面层	粒径××卵石，1/2~2/3嵌入粘贴砂浆		
	保温上人卵石屋面（一级防水）	1	结构层	钢筋混凝土屋面板，基层处理干净，刷纯水泥浆一道（水灰比 0.4~0.5）	184~186	第2条：如混凝土屋面板随打随抹平可保证平整度，可取消水泥砂浆找平层 第6条：设双向分仓缝，不大于@1 000 第9条：按柱网分仓且不大于6 000×6 000，仓缝20宽，用防水油膏嵌实
		2	找平层	20厚1:2.5水泥砂浆找平		
		3	防水层	FS5/FS6/FS7		
		4	找坡层	最薄处30厚，1:3水泥炉渣找坡，提浆扫光		
		5	保温层	BW1/BW2/BW3		
		6	保护层	20厚1:2.5水泥砂浆保护层找平		
		7	防水层	FS6/FS7		
		8	隔离层	10厚石灰砂浆（白灰砂浆），石灰膏:砂=1:4		
		9	保护层	40厚C20细石混凝土（加5%防水剂），内配φ4钢筋双向@200，提浆压光		
		10	结合层	20厚1:2.5水泥砂浆结合层		
		11	面层	粒径××卵石，1/2~2/3嵌入粘贴砂浆		
架空花岗岩①	保温上人架空花岗岩屋面（一级防水）	1	结构层	钢筋混凝土屋面板，基层处理干净，刷纯水泥浆一道（水灰比 0.4~0.5）	344~346	第2条：如混凝土屋面板随打随抹平可保证平整度，可取消水泥砂浆找平层 第7条：设双向分仓缝，不大于@1 000 第10条：按柱网分仓且不大于6 000×6 000，仓缝20宽，用防水油膏嵌实
		2	找平层	20厚1:2.5水泥砂浆找平		
		3	防水层	FS5/FS6/FS7		
		4	找坡层	最薄处20厚，1:8乳化沥青憎水性膨胀珍珠岩找坡		
		5	找平层	20厚1:2.5水泥砂浆找平		
		6	保温层	BW1/BW2/BW3		
		7	保护层	20厚1:2.5水泥砂浆保护层找平		
		8	防水层	FS6/FS7		
		9	隔离层	10厚石灰砂浆（白灰砂浆），石灰膏:砂=1:4		
		10	保护层	40厚C20细石混凝土（加5%防水剂），内配φ4钢筋双向@200，提浆压光		
		11		240×240砖支墩双向@600，60厚压顶，高度×××~×××		
		12	架空花岗岩	专用不锈钢卡件		
		13		50厚花岗石，6面需做油性渗透型保护剂（例如辛基硅烷），缝宽5		

类型	名称	序号	基本构造层次	构造做法	最小厚度	备注
架空花岗岩①	保温上人架空花岗岩屋面（一级防水）	1	结构层	钢筋混凝土屋面板，基层处理干净，刷纯水泥浆一道（水灰比 0.4～0.5）	336	第2条：如混凝土屋面板板随打随抹平可保证平整度，可取消水泥砂浆找平层 第6条：设双向分仓缝，不大于@1 000 第9条：按柱网分仓且不大于6 000×6 000，仓缝20宽，用防水油膏嵌实
		2	找平层	20厚1：2.5水泥砂浆找平		
		3	防水层	FS5/FS6/FS7		
		4	找坡层	最薄处30厚，1：3水泥炉渣找坡，提浆扫光		
		5	保温层	BW1/BW2/BW3		
		6	保护层	20厚1：2.5水泥砂浆保护层找平		
		7	防水层	FS6/FS7		
		8	隔离层	10厚石灰砂浆（白灰砂浆），石灰膏：砂=1：4		
		9	保护层	40厚C20细石混凝土（加5%防水剂），内配Φ4钢筋双向@200，提浆压光		
		10	架空花岗岩	240×240砖支墩双向@600，60厚压顶，高度×××～×××		
		11		专用不锈钢卡件		
		12		50厚花岗石，6面需做油性渗透型保护剂（例如辛基硅烷），缝宽5		
架空花岗岩②	保温上人架空花岗岩屋面（一级防水）	1	结构层	钢筋混凝土屋面板，基层处理干净，刷纯水泥浆一道（水灰比 0.4～0.5）	286	第2条：如混凝土屋面板板随打随抹平可保证平整度，可取消水泥砂浆找平层 第7条：设双向分仓缝，不大于@1 000 第10条：按柱网分仓且不大于6 000×6 000，仓缝20宽，用防水油膏嵌实
		2	找平层	20厚1：2.5水泥砂浆找平		
		3	防水层	FS5/FS6/FS7		
		4	找坡层	最薄处20厚，1：8乳化沥青憎水性膨胀珍珠岩找坡		
		5	找平层	20厚1：2.5水泥砂浆找平		
		6	保温层	BW1/BW2/BW3		
		7	保护层	20厚1：2.5水泥砂浆保护层找平		
		8	防水层	FS6/FS7		
		9	隔离层	10厚石灰砂浆（白灰砂浆），石灰膏：砂=1：4		
		10	保护层	40厚C20细石混凝土（加5%防水剂），内配Φ4钢筋双向@200，提浆压光		
		11	架空花岗岩	240×240砖支墩双向@600，高度×××～×××		
		12		50厚花岗石，缝宽5，1：2.5水泥砂浆座浆		
	保温上人架空花岗岩屋面（一级防水）	1	结构层	钢筋混凝土屋面板，基层处理干净，刷纯水泥浆一道（水灰比 0.4～0.5）	276	第2条：如混凝土屋面板板随打随抹平可保证平整度，可取消水泥砂浆找平层 第6条：设双向分仓缝，不大于@1 000 第9条：按柱网分仓且不大于6 000×6 000，仓缝20宽，用防水油膏嵌实
		2	找平层	20厚1：2.5水泥砂浆找平		
		3	防水层	FS5/FS6/FS7		
		4	找坡层	最薄处30厚，1：3水泥炉渣找坡，提浆扫光		
		5	保温层	BW1/BW2/BW3		
		6	保护层	20厚1：2.5水泥砂浆保护层找平		
		7	防水层	FS6/FS7		
		8	隔离层	10厚石灰砂浆（白灰砂浆），石灰膏：砂=1：4		
		9	保护层	40厚C20细石混凝土（加5%防水剂），内配Φ4钢筋双向@200，提浆压光		
		10	架空花岗岩	240×240砖支墩双向@600，高度×××～×××		
		11		50厚花岗石，缝宽5，1：2.5水泥砂浆座浆		

建筑统一技术措施与节点构造选编

类型	名称	序号	基本构造层次	构造做法	最小厚度	备注
架空竹地板	保温上人架空竹地板屋面（一级防水）	1	结构层	钢筋混凝土屋面板，基层处理干净，刷纯水泥浆一道（水灰比0.4~0.5）	312~314	第2条：如混凝土屋面板随打随抹平可保证平整度，可取消水泥砂浆找平层 第7条：设双向分仓缝，不大于@1 000 第10条：按柱网分仓且不大于6 000×6 000，仓缝20宽，用防水油膏嵌实
		2	找平层	20厚1:2.5水泥砂浆找平		
		3	防水层	FS5/FS6/FS7		
		4	找坡层	最薄处20厚，1:8乳化沥青憎水性膨胀珍珠岩找坡		
		5	找平层	20厚1:2.5水泥砂浆找平		
		6	保温层	BW1/BW2/BW3		
		7	保护层	20厚1:2.5水泥砂浆保护层找平		
		8	防水层	FS6/FS7		
		9	隔离层	10厚石灰砂浆（白灰砂浆），石灰膏:砂=1:4		
		10	保护层	40厚C20细石混凝土（加5%防水剂），内配Φ4钢筋双向@200，提浆压光		
		11	架空竹地板	240×240砖墩或C10混凝土支墩，双向@600，高度×××~×××		
		12		60（高）×50（宽）樟子松防腐木龙骨角钢固定在砖墩上		
		13		140（宽）×18（厚）成品炭化复合竹地板@150缝10		
	保温上人架空竹地板屋面（一级防水）	1	结构层	钢筋混凝土屋面板，基层处理干净，刷纯水泥浆一道（水灰比0.4~0.5）	302~304	第2条：如混凝土屋面板随打随抹平可保证平整度，可取消水泥砂浆找平层 第6条：设双向分仓缝，不大于@1 000 第9条：按柱网分仓且不大于6 000×6 000，仓缝20宽，用防水油膏嵌实
		2	找平层	20厚1:2.5水泥砂浆找平		
		3	防水层	FS5/FS6/FS7		
		4	找坡层	最薄处30厚，1:3水泥炉渣找坡，提浆扫光		
		5	保温层	BW1/BW2/BW3		
		6	保护层	20厚1:2.5水泥砂浆保护层找平		
		7	防水层	FS6/FS7		
		8	隔离层	10厚石灰砂浆（白灰砂浆），石灰膏:砂=1:4		
		9	保护层	40厚C20细石混凝土（加5%防水剂），内配Φ4钢筋双向@200，提浆压光		
		10	架空竹地板	240×240砖墩或C10混凝土支墩，双向@600，高度×××~×××		
		11		60（高）×50（宽）樟子松防腐木龙骨角钢固定在砖墩上		
		12		140（宽）×18（厚）成品炭化复合竹地板@150缝10		
架空木地板	保温上人架空木地板屋面（一级防水）	1	结构层	钢筋混凝土屋面板，基层处理干净，刷纯水泥浆一道（水灰比0.4~0.5）	304~306	第2条：如混凝土屋面板随打随抹平可保证平整度，可取消水泥砂浆找平层 第7条：设双向分仓缝，不大于@1 000 第10条：按柱网分仓且不大于6 000×6 000，仓缝20宽，用防水油膏嵌实
		2	找平层	20厚1:2.5水泥砂浆找平		
		3	防水层	FS5/FS6/FS7		
		4	找坡层	最薄处20厚，1:8乳化沥青憎水性膨胀珍珠岩找坡		
		5	找平层	20厚1:2.5水泥砂浆找平		
		6	保温层	BW1/BW2/BW3		
		7	保护层	20厚1:2.5水泥砂浆保护层找平		
		8	防水层	FS6/FS7		
		9	隔离层	10厚石灰砂浆（白灰砂浆），石灰膏:砂=1:4		
		10	保护层	40厚C20细石混凝土（加5%防水剂），内配Φ4钢筋双向@200，提浆压光		
		11	架空木地板	240×240砖墩或C10混凝土支墩，双向@600，高度×××~×××		
		12		60（宽）×50（高）防腐木檩条上沉头不锈钢螺钉固定		
		13		20厚90宽防腐木板@100，板间缝10宽		

类型	名称	序号	基本构造层次	构造做法	最小厚度	备注
架空木地板	保温上人架空木地板屋面（一级防水）	1	结构层	钢筋混凝土屋面板，基层处理干净，刷纯水泥浆一道（水灰比 0.4~0.5）	294~296	第2条：如混凝土屋面板板随打随抹平可保证平整度，可取消水泥砂浆找平层 第6条：设双向分仓缝，不大于@1 000 第9条：按柱网分仓且不大于6 000×6 000，仓缝20宽，用防水油膏嵌实
		2	找平层	20厚1：2.5水泥砂浆找平		
		3	防水层	FS5/FS6/FS7		
		4	找坡层	最薄处30厚，1：3水泥炉渣找坡，提浆扫光		
		5	保温层	BW1/BW2/BW3		
		6	保护层	20厚1：2.5水泥砂浆保护层找平		
		7	防水层	FS6/FS7		
		8	隔离层	10厚石灰砂浆（白灰砂浆），石灰膏：砂＝1：4		
		9	保护层	40厚C20细石混凝土（加5%防水剂），内配Φ4钢筋双向@200，提浆压光		
		10	架空木地板	240×240砖墩或C10混凝土支墩，双向@600，高度×××~××××		
		11		60（宽）×50（高）防腐木檩条上沉头不锈钢螺钉固定		
		12		20厚90宽防腐木板@100，板间缝10宽		
种植停车	保温上人种植停车屋面（一级防水）	1	结构层	钢筋混凝土屋面板，基层处理干净，刷纯水泥浆一道（水灰比 0.4~0.5）	292~294	第2条：如混凝土屋面板板随打随抹平可保证平整度，可取消水泥砂浆找平层 第7条：设双向分仓缝，不大于@1 000 第10条：按柱网分仓且不大于6 000×6 000，仓缝20宽，用防水油膏嵌实
		2	找平层	20厚1：2.5水泥砂浆找平		
		3	防水层	FS5/FS6/FS7		
		4	找坡层	最薄处20厚，1：8乳化沥青憎水性膨胀珍珠岩找坡		
		5	找平层	20厚1：2.5水泥砂浆找平		
		6	保温层	BW1/BW2/BW3		
		7	保护层	20厚1：2.5水泥砂浆保护层找平		
		8	防水层	FS6/FS7		
		9	隔离层	10厚石灰砂浆（白灰砂浆），石灰膏：砂＝1：4		
		10	保护层	40厚C20细石混凝土（加5%防水剂），内配Φ4钢筋双向@200，提浆压光		
		11	蓄排水层	18厚塑料板排水层，凸点向上		
		12	过滤层	土工布过滤层		
		13	种植土	100厚种草土，表面嵌入70厚塑料种草箅子		
	保温上人种植停车屋面（一级防水）	1	结构层	钢筋混凝土屋面板，基层处理干净，刷纯水泥浆一道（水灰比 0.4~0.5）	282~284	第2条：如混凝土屋面板板随打随抹平可保证平整度，可取消水泥砂浆找平层 第6条：设双向分仓缝，不大于@1 000 第9条：按柱网分仓且不大于6 000×6 000，仓缝20宽，用防水油膏嵌实
		2	找平层	20厚1：2.5水泥砂浆找平		
		3	防水层	FS5/FS6/FS7		
		4	找坡层	最薄处30厚，1：3水泥炉渣找坡，提浆扫光		
		5	保温层	BW1/BW2/BW3		
		6	保护层	20厚1：2.5水泥砂浆保护层找平		
		7	防水层	FS6/FS7		
		8	隔离层	10厚石灰砂浆（白灰砂浆），石灰膏：砂＝1：4		
		9	保护层	40厚C20细石混凝土（加5%防水剂），内配Φ4钢筋双向@200，提浆压光		
		10	蓄排水层	18厚塑料板排水层，凸点向上		
		11	过滤层	土工布过滤层		
		12	种植土	100厚种草土，表面嵌入70厚塑料种草箅子		

左侧竖排文字：**建筑统一技术措施与节点构造选编**

类型	名称	序号	基本构造层次	构造做法	最小厚度	备注
停车屋面	保温上人停车屋面（一级防水）	1	结构层	钢筋混凝土屋面板，基层处理干净，刷纯水泥浆一道（水灰比0.4~0.5）	254~256	第2条：如混凝土屋面板板随打随抹平可保证平整度，可取消水泥砂浆找平层 第7条：设双向分仓缝，不大于@1 000 第10条：按柱网分仓且不大于3 000×3 000，仓缝12宽，用防水油膏嵌实
		2	找平层	20厚1:2.5水泥砂浆找平		
		3	防水层	FS5/FS6/FS7		
		4	找坡层	最薄处20厚，1:8乳化沥青憎水性膨胀珍珠岩找坡		
		5	找平层	20厚1:2.5水泥砂浆找平		
		6	保温层	BW1/BW2/BW3		
		7	保护层	20厚1:2.5水泥砂浆保护层找平		
		8	防水层	FS6/FS7		
		9	隔离层	10厚石灰砂浆（白灰砂浆），石灰膏:砂=1:4		
		10	保护层	120厚C20细石混凝土（加5%防水剂），内配Φ10钢筋双向@200，提浆压光		
		11	耐磨层	有色非金属耐磨层		
		12	固化剂	表面施工混凝土密封固化剂		
	保温上人停车屋面（一级防水）	1	结构层	钢筋混凝土屋面板，基层处理干净，刷纯水泥浆一道（水灰比0.4~0.5）	244~246	第2条：如混凝土屋面板板随打随抹平可保证平整度，可取消水泥砂浆找平层 第6条：设双向分仓缝，不大于@1 000 第9条：按柱网分仓且不大于3 000×3 000，仓缝12宽，用防水油膏嵌实
		2	找平层	20厚1:2.5水泥砂浆找平		
		3	防水层	FS5/FS6/FS7		
		4	找坡层	最薄处30厚，1:3水泥炉渣找坡，提浆扫光		
		5	保温层	BW1/BW2/BW3		
		6	保护层	20厚1:2.5水泥砂浆保护层找平		
		7	防水层	FS6/FS7		
		8	隔离层	10厚石灰砂浆（白灰砂浆），石灰膏:砂=1:4		
		9	保护层	120厚C20细石混凝土（加5%防水剂），内配Φ10钢筋双向@200，提浆压光		
		10	耐磨层	有色非金属耐磨层		
		11	固化剂	表面施工混凝土密封固化剂		
运动屋面①	保温上人运动屋面（一级防水）	1	结构层	钢筋混凝土屋面板，基层处理干净，刷纯水泥浆一道（水灰比0.4~0.5）	246~248	第2条：如混凝土屋面板板随打随抹平可保证平整度，可取消水泥砂浆找平层 第7条：设双向分仓缝，不大于@1 000 第10条：按柱网分仓且不大于6 000×6 000，仓缝20宽，用防水油膏嵌实
		2	找平层	20厚1:2.5水泥砂浆找平		
		3	防水层	FS5/FS6/FS7		
		4	找坡层	最薄处20厚，1:8乳化沥青憎水性膨胀珍珠岩找坡		
		5	找平层	20厚1:2.5水泥砂浆找平		
		6	保温层	BW1/BW2/BW3		
		7	保护层	20厚1:2.5水泥砂浆保护层找平		
		8	防水层	FS6/FS7		
		9	隔离层	10厚石灰砂浆（白灰砂浆），石灰膏:砂=1:4		
		10	保护层	40厚C20细石混凝土（加5%防水剂），内配Φ4钢筋双向@200，提浆压光		
		11	屋面网球场	40厚粗沥青混凝土（最大骨料粒径<15 mm）		
		12		30厚细沥青混凝土（最大骨料粒径>15 mm）		
		13		2厚丙烯酸涂料面层		

类型	名称	序号	基本构造层次	构造做法	最小厚度	备注
运动屋面①	保温上人运动屋面（一级防水）	1	结构层	钢筋混凝土屋面板，基层处理干净，刷纯水泥浆一道（水灰比 0.4～0.5）	236～238	第2条：如混凝土屋面板随打随抹平可保证平整度，可取消水泥砂浆找平层 第6条：设双向分仓缝，不大于@1 000 第9条：按柱网分仓且不大于6 000×6 000，仓缝20宽，用防水油膏嵌实
		2	找平层	20厚 1：2.5 水泥砂浆找平		
		3	防水层	FS5/FS6/FS7		
		4	找坡层	最薄处30厚，1：3 水泥炉渣找坡，提浆扫光		
		5	保温层	BW1/BW2/BW3		
		6	保护层	20厚 1：2.5 水泥砂浆保护层找平		
		7	防水层	FS6/FS7		
		8	隔离层	10厚石灰砂浆（白灰砂浆），石灰膏：砂＝1：4		
		9	保护层	40厚 C20 细石混凝土（加 5%防水剂），内配 Φ4 钢筋双向@200，提浆压光		
		10	屋面网球场	40厚粗沥青混凝土（最大骨料粒径<15 mm）		
		11		30厚细沥青混凝土（最大骨料粒径>15 mm）		
		12		2厚丙烯酸涂料面层		
运动屋面②	保温上人PVC运动屋面（一级防水）	1	结构层	钢筋混凝土屋面板，基层处理干净，刷纯水泥浆一道（水灰比 0.4～0.5）	188～190	第2条：如混凝土屋面板随打随抹平可保证平整度，可取消水泥砂浆找平层 第7条：设双向分仓缝，不大于@1 000 第10条：按柱网分仓且不大于6 000×6 000，仓缝20宽，用防水油膏嵌实
		2	找平层	20厚 1：2.5 水泥砂浆找平		
		3	防水层	FS5/FS6/FS7		
		4	找坡层	最薄处20厚，1：8 乳化沥青憎水性膨胀珍珠岩找坡		
		5	找平层	20厚 1：2.5 水泥砂浆找平		
		6	保温层	BW1/BW2/BW3		
		7	保护层	20厚 1：2.5 水泥砂浆保护层找平		
		8	防水层	FS6/FS7		
		9	隔离层	10厚石灰砂浆（白灰砂浆），石灰膏：砂＝1：4		
		10	保护层	40厚 C20 细石混凝土（加 5%防水剂），内配 Φ4 钢筋双向@200，提浆压光		
		11	找平层	10厚 1：2.5 水泥砂浆人工找平（高差 2 mm 以内）		
		12	面层	专用粘胶剂粘贴 4厚耐候型防滑 PVC 塑胶地面		
	保温上人PVC运动屋面（一级防水）	1	结构层	钢筋混凝土屋面板，基层处理干净，刷纯水泥浆一道（水灰比 0.4～0.5）	178～180	第2条：如混凝土屋面板板随打随抹平可保证平整度，可取消水泥砂浆找平层 第6条：设双向分仓缝，不大于@1 000 第9条：按柱网分仓且不大于6 000×6 000，仓缝20宽，用防水油膏嵌实
		2	找平层	20厚 1：2.5 水泥砂浆找平		
		3	防水层	FS5/FS6/FS7		
		4	找坡层	最薄处30厚，1：3 水泥炉渣找坡，提浆扫光		
		5	保温层	BW1/BW2/BW3		
		6	保护层	20厚 1：2.5 水泥砂浆保护层找平		
		7	防水层	FS6/FS7		
		8	隔离层	10厚石灰砂浆（白灰砂浆），石灰膏：砂＝1：4		
		9	保护层	40厚 C20 细石混凝土（加 5%防水剂），内配 Φ4 钢筋双向@200，提浆压光		
		10	找平层	10厚 1：2.5 水泥砂浆人工找平（高差 2 mm 以内）		
		11	面层	专用粘胶剂粘贴 4厚耐候型防滑 PVC 塑胶地面		

一级防水保温屋面③

序号	基本构造层次
1	结构层
2	找坡层
3	保温层
4	保护层
5	防水层
6	防水层
7	隔离层
8	保护层

适用范围：

保温层下置，且无隔汽层，适合用于干燥地区（年平均降水量小于70%）。

具体做法示例如下：

类型	名称	序号	基本构造层次	构造做法	最小厚度	备注
无装饰素面	保温不上人屋面（一级防水）	1	结构层	钢筋混凝土屋面板,基层处理干净,刷纯水泥浆一道(水灰比0.4~0.5)	154~156	第5条：设双向分仓缝,不大于@1 000 第8条：按柱网分仓且不大于6 000×6 000,仓缝20宽,用防水油膏嵌实
		2	找坡层	最薄处20厚,1:8乳化沥青憎水性膨胀珍珠岩找坡		
		3	找平层	20厚1:2.5水泥砂浆找平		
		4	保温层	BW1/BW2/BW3		
		5	保护层	20厚1:2.5水泥砂浆保护层找平		
		6	防水层	FS6/FS7两道		
		7	隔离层	10厚石灰砂浆（白灰砂浆）,石灰膏:砂=1:4		
		8	保护层	40厚C20细石混凝土（加5%防水剂）,内配Φ4钢筋双向@200,提浆压光		
	保温不上人屋面（一级防水）	1	结构层	钢筋混凝土屋面板,基层处理干净,刷纯水泥浆一道(水灰比0.4~0.5)	133.5	第5条：设双向分仓缝,不大于@1 000 第8条：按柱网分仓且不大于6 000×6 000,仓缝20宽,用防水油膏嵌实
		2	找坡层	最薄处20厚,1:8乳化沥青憎水性膨胀珍珠岩找坡		
		3	找平层	20厚1:2.5水泥砂浆找平		
		4	保温层	××厚整体式现喷硬质聚氨酯泡沫塑料		
		5	防水层	1.5厚单组分聚氨酯防水涂膜		
		6	防水层	2厚自粘（聚酯胎）改性沥青防水卷材一道		
		7	隔离层	10厚石灰砂浆（白灰砂浆）,石灰膏:砂=1:4		
		8	保护层	40厚C20细石混凝土（加5%防水剂）,内配Φ4钢筋双向@200,提浆压光		
	保温不上人屋面（一级防水）	1	结构层	钢筋混凝土屋面板,基层处理干净,刷纯水泥浆一道(水灰比0.4~0.5)	144~146	第5条：设双向分仓缝,不大于@1 000 第8条：按柱网分仓且不大于6 000×6 000,仓缝20宽,用防水油膏嵌实
		2	找坡层	最薄处30厚,1:3水泥炉渣找坡,提浆扫光		
		3	保温层	BW1/BW2/BW3		
		4	保护层	20厚1:2.5水泥砂浆保护层找平		
		5	防水层	FS6/FS7两道		
		6	隔离层	10厚石灰砂浆（白灰砂浆）,石灰膏:砂=1:4		
		7	保护层	40厚C20细石混凝土（加5%防水剂）,内配Φ4钢筋双向@200,提浆压光		
	保温不上人屋面（一级防水）	1	结构层	钢筋混凝土屋面板,基层处理干净,刷纯水泥浆一道(水灰比0.4~0.5)	123.5	第5条：设双向分仓缝,不大于@1 000 第8条：按柱网分仓且不大于6 000×6 000,仓缝20宽,用防水油膏嵌实
		2	找坡层	最薄处30厚,1:3水泥炉渣找坡,提浆扫光		
		3	保温层	××厚整体式现喷硬质聚氨酯泡沫塑料		
		4	防水层	1.5厚单组分聚氨酯防水涂膜		
		5	防水层	2厚自粘（聚酯胎）改性沥青防水卷材一道		
		6	隔离层	10厚石灰砂浆（白灰砂浆）,石灰膏:砂=1:4		
		7	保护层	40厚C20细石混凝土（加5%防水剂）,内配Φ4钢筋双向@200,提浆压光		

类型	名称	序号	基本构造层次	构造做法	最小厚度	备注
人工草皮	保温不上人人工草皮屋面（一级防水）	1	结构层	钢筋混凝土屋面板，基层处理干净，刷纯水泥浆一道（水灰比 0.4~0.5）	169~171	第 5 条：设双向分仓缝，不大于 @1 000 第 8 条：按柱网分仓且不大于 6 000×6 000，仓缝 20 宽，用防水油膏嵌实
		2	找坡层	最薄处 20 厚，1:8 乳化沥青憎水性膨胀珍珠岩找坡		
		3	找平层	20 厚 1:2.5 水泥砂浆找平		
		4	保温层	××厚模塑聚苯乙烯泡沫保温板（EPS）粘贴		
		5	保护层	20 厚 1:2.5 水泥砂浆保护层找平		
		6	防水层	3 厚热熔型 SBS 改性沥青防水卷材二道		
		7	隔离层	10 厚石灰砂浆（白灰砂浆），石灰膏:砂=1:4		
		8	保护层	40 厚 C20 细石混凝土（加 5%防水剂），内配 φ4 钢筋双向@200，提浆压光		
		9	人工草皮	15~33 厚人工草坪，专用胶粘剂粘铺		
	保温不上人人工草皮屋面（一级防水）	1	结构层	钢筋混凝土屋面板，基层处理干净，刷纯水泥浆一道（水灰比 0.4~0.5）	148.5	第 5 条：设双向分仓缝，不大于 @1 000 第 8 条：按柱网分仓且不大于 6 000×6 000，仓缝 20 宽，用防水油膏嵌实
		2	找坡层	最薄处 20 厚，1:8 乳化沥青憎水性膨胀珍珠岩找坡		
		3	找平层	20 厚 1:2.5 水泥砂浆找平		
		4	保温层	××厚整体式现喷硬质聚氨酯泡沫塑料		
		5	防水层	1.5 厚单组分聚氨酯防水涂膜		
		6	防水层	2 厚自粘（聚酯胎）改性沥青防水卷材一道		
		7	隔离层	10 厚石灰砂浆（白灰砂浆），石灰膏:砂=1:4		
		8	保护层	40 厚 C20 细石混凝土（加 5%防水剂），内配 φ4 钢筋双向@200，提浆压光		
		9	人工草皮	15~33 厚人工草坪，专用胶粘剂粘铺		
	保温不上人人工草皮屋面（一级防水）	1	结构层	钢筋混凝土屋面板，基层处理干净，刷纯水泥浆一道（水灰比 0.4~0.5）	161	第 5 条：设双向分仓缝，不大于 @1 000 第 8 条：按柱网分仓且不大于 6 000×6 000，仓缝 20 宽，用防水油膏嵌实
		2	找坡层	最薄处 30 厚，1:3 水泥炉渣找坡，提浆扫光		
		3	保温层	××厚模塑聚苯乙烯泡沫保温板（EPS）粘贴		
		4	保护层	20 厚 1:2.5 水泥砂浆保护层找平		
		5	防水层	3 厚热熔型 SBS 改性沥青防水卷材二道		
		6	隔离层	10 厚石灰砂浆（白灰砂浆），石灰膏:砂=1:4		
		7	保护层	40 厚 C20 细石混凝土（加 5%防水剂），内配 φ4 钢筋双向@200，提浆压光		
		8	人工草皮	15~33 厚人工草坪，专用胶粘剂粘铺		
	保温不上人人工草皮屋面（一级防水）	1	结构层	钢筋混凝土屋面板，基层处理干净，刷纯水泥浆一道（水灰比 0.4~0.5）	138.5	第 5 条：设双向分仓缝，不大于 @1 000 第 8 条：按柱网分仓且不大于 6 000×6 000，仓缝 20 宽，用防水油膏嵌实
		2	找坡层	最薄处 30 厚，1:3 水泥炉渣找坡，提浆扫光		
		3	保温层	××厚整体式现喷硬质聚氨酯泡沫塑料		
		4	防水层	1.5 厚单组分聚氨酯防水涂膜		
		5	防水层	2 厚自粘（聚酯胎）改性沥青防水卷材一道		
		6	隔离层	10 厚石灰砂浆（白灰砂浆），石灰膏:砂=1:4		
		7	保护层	40 厚 C20 细石混凝土（加 5%防水剂），内配 φ4 钢筋双向@200，提浆压光		
		8	人工草皮	15~33 厚人工草坪，专用胶粘剂粘铺		

类型	名称	序号	基本构造层次	构造做法	最小厚度	备注
卵石铺面	保温不上人卵石铺面屋面（一级防水）	1	结构层	钢筋混凝土屋面板，基层处理干净，刷纯水泥浆一道（水灰比0.4~0.5）	204~206	第5条：设双向分仓缝，不大于@1 000 第8条：按柱网分仓且不大于6 000×6 000，仓缝20宽，用防水油膏嵌实
		2	找坡层	最薄处20厚，1:8乳化沥青憎水性膨胀珍珠岩找坡		
		3	找平层	20厚1:2.5水泥砂浆找平		
		4	保温层	××厚模塑聚苯乙烯泡沫保温板（EPS）粘贴		
		5	保护层	20厚1:2.5水泥砂浆保护层找平		
		6	防水层	3厚热熔型SBS改性沥青防水卷材二道		
		7	隔离层	10厚石灰砂浆（白灰砂浆），石灰膏:砂=1:4		
		8	保护层	40厚C20细石混凝土（加5%防水剂），内配φ4钢筋双向@200，提浆压光		
		9	卵石	50厚直径10~30卵石保护层		
	保温不上人卵石铺面屋面（一级防水）	1	结构层	钢筋混凝土屋面板，基层处理干净，刷纯水泥浆一道（水灰比0.4~0.5）	183.5	第5条：设双向分仓缝，不大于@1 000 第8条：按柱网分仓且不大于6 000×6 000，仓缝20宽，用防水油膏嵌实
		2	找坡层	最薄处20厚，1:8乳化沥青憎水性膨胀珍珠岩找坡		
		3	找平层	20厚1:2.5水泥砂浆找平		
		4	保温层	××厚整体式现喷硬质聚氨酯泡沫塑料		
		5	防水层	1.5厚单组分聚氨酯防水涂膜		
		6	防水层	2厚自粘（聚酯胎）改性沥青防水卷材一道		
		7	隔离层	10厚石灰砂浆（白灰砂浆），石灰膏:砂=1:4		
		8	保护层	40厚C20细石混凝土（加5%防水剂），内配φ4钢筋双向@200，提浆压光		
		9	卵石	50厚直径10~30卵石保护层		
	保温不上人卵石铺面屋面（一级防水）	1	结构层	钢筋混凝土屋面板，基层处理干净，刷纯水泥浆一道（水灰比0.4~0.5）	194~196	第5条：设双向分仓缝，不大于@1 000 第8条：按柱网分仓且不大于6 000×6 000，仓缝20宽，用防水油膏嵌实
		2	找坡层	最薄处30厚，1:3水泥炉渣找坡，提浆扫光		
		3	保温层	××厚模塑聚苯乙烯泡沫保温板（EPS）粘贴		
		4	保护层	20厚1:2.5水泥砂浆保护层找平		
		5	防水层	3厚热熔型SBS改性沥青防水卷材二道		
		6	隔离层	10厚石灰砂浆（白灰砂浆），石灰膏:砂=1:4		
		7	保护层	40厚C20细石混凝土（加5%防水剂），内配φ4钢筋双向@200，提浆压光		
		8	卵石	50厚直径10~30卵石保护层		
	保温不上人卵石铺面屋面（一级防水）	1	结构层	钢筋混凝土屋面板，基层处理干净，刷纯水泥浆一道（水灰比0.4~0.5）	173.5	第5条：设双向分仓缝，不大于@1 000 第8条：按柱网分仓且不大于6 000×6 000，仓缝20宽，用防水油膏嵌实
		2	找坡层	最薄处30厚，1:3水泥炉渣找坡，提浆扫光		
		3	保温层	××厚整体式现喷硬质聚氨酯泡沫塑料		
		4	防水层	1.5厚单组分聚氨酯防水涂膜		
		5	防水层	2厚自粘（聚酯胎）改性沥青防水卷材一道		
		6	隔离层	10厚石灰砂浆（白灰砂浆），石灰膏:砂=1:4		
		7	保护层	40厚C20细石混凝土（加5%防水剂），内配φ4钢筋双向@200，提浆压光		
		8	卵石	50厚直径10~30卵石保护层		

类型	名称	序号	基本构造层次	构造做法	最小厚度	备注
蓄水屋面	保温不上人蓄水屋面（一级防水）	1	结构层	钢筋混凝土屋面板，基层处理干净，刷纯水泥浆一道（水灰比0.4~0.5）	250.5~252.5	第5条：设双向分仓缝，不大于@1 000 第8条：按柱网分仓且不大于6 000×6 000，仓缝20宽，用防水油膏嵌实
		2	找坡层	最薄处20厚，1:8乳化沥青憎水性膨胀珍珠岩找坡		
		3	找平层	20厚1:2.5水泥砂浆找平		
		4	保温层	BW1/BW2/BW3		
		5	保护层	20厚1:2.5水泥砂浆保护层找平		
		6	防水层	FS6/FS7两道		
		7	隔离层	10厚石灰砂浆（白灰砂浆），石灰膏:砂=1:4		
		8	保护层	40厚C20细石混凝土（加5%防水剂），内配Φ4钢筋双向@200，提浆压光		
		9	蓄水池	60厚C25钢筋混凝土蓄水池		
		10		1.5厚聚合物水泥（JS）防水涂料		
		11		20厚1:2.5干硬水泥砂浆粘合层，1~2厚干水泥并洒清水适量		
		12		粘贴15厚600×600花岗石板，缝宽3		
	保温不上人蓄水屋面（一级防水）	1	结构层	钢筋混凝土屋面板，基层处理干净，刷纯水泥浆一道（水灰比0.4~0.5）	230	第5条：设双向分仓缝，不大于@1 000 第8条：按柱网分仓且不大于6 000×6 000，仓缝20宽，用防水油膏嵌实
		2	找坡层	最薄处20厚，1:8乳化沥青憎水性膨胀珍珠岩找坡		
		3	找平层	20厚1:2.5水泥砂浆找平		
		4	保温层	××厚整体式现喷硬质聚氨酯泡沫塑料		
		5	防水层	1.5厚单组分聚氨酯防水涂膜		
		6	防水层	2厚自粘（聚酯胎）改性沥青防水卷材一道		
		7	隔离层	10厚石灰砂浆（白灰砂浆），石灰膏:砂=1:4		
		8	保护层	40厚C20细石混凝土（加5%防水剂），内配Φ4钢筋双向@200，提浆压光		
		9	蓄水池	60厚C25钢筋混凝土蓄水池		
		10		1.5厚聚合物水泥（JS）防水涂料		
		11		20厚1:2.5干硬水泥砂浆粘合层，1~2厚干水泥并洒清水适量		
		12		粘贴15厚600×600花岗石板，缝宽3		
	保温不上人蓄水屋面（一级防水）	1	结构层	钢筋混凝土屋面板，基层处理干净，刷纯水泥浆一道（水灰比0.4~0.5）	240.5~242.5	第5条：设双向分仓缝，不大于@1 000 第8条：按柱网分仓且不大于6 000×6 000，仓缝20宽，用防水油膏嵌实
		2	找坡层	最薄处30厚，1:3水泥炉渣找坡，提浆扫光		
		3	保温层	BW1/BW2/BW3		
		4	保护层	20厚1:2.5水泥砂浆保护层找平		
		5	防水层	FS6/FS7两道		
		6	隔离层	10厚石灰砂浆（白灰砂浆），石灰膏:砂=1:4		
		7	保护层	40厚C20细石混凝土（加5%防水剂），内配Φ4钢筋双向@200，提浆压光		
		8	蓄水池	60厚C25钢筋混凝土蓄水池		
		9		1.5厚聚合物水泥（JS）防水涂料		
		10		20厚1:2.5干硬水泥砂浆粘合层，1~2厚干水泥并洒清水适量		
		11		粘贴15厚600×600花岗石板，缝宽3		

建筑统一技术措施与节点构造选编

类型	名称	序号	基本构造层次	构造做法	最小厚度	备注
蓄水屋面	保温不上人蓄水屋面（一级防水）	1	结构层	钢筋混凝土屋面板，基层处理干净，刷纯水泥浆一道（水灰比 0.4~0.5）	220	第 5 条：设双向分仓缝，不大于@1 000 第 8 条：按柱网分仓且不大于 6 000×6 000，仓缝 20 宽，用防水油膏嵌实
		2	找坡层	最薄处 30 厚，1：3 水泥炉渣找坡，提浆扫光		
		3	保温层	××厚整体式现喷硬质聚氨酯泡沫塑料		
		4	防水层	1.5 厚单组分聚氨酯防水涂膜		
		5	防水层	2 厚自粘（聚酯胎）改性沥青防水卷材一道		
		6	隔离层	10 厚石灰砂浆（白灰砂浆），石灰膏：砂＝1：4		
		7	保护层	40 厚 C20 细石混凝土（加 5%防水剂），内配 Φ4 钢筋双向@200，提浆压光		
		8	蓄水池	60 厚 C25 钢筋混凝土蓄水池		
		9		1.5 厚聚合物水泥（JS）防水涂料		
		10		20 厚 1：2.5 干硬水泥砂浆粘合层，1~2 厚干水泥并洒清水适量		
		11		粘贴 15 厚 600×600 花岗石板，缝宽 3		
通体砖①	保温上人通体砖屋面（一级防水）	1	结构层	钢筋混凝土屋面板，基层处理干净，刷纯水泥浆一道（水灰比 0.4~0.5）	184~186	第 5 条：设双向分仓缝，不大于@1 000 第 8 条：按柱网分仓且不大于 6 000×6 000，仓缝 20 宽，用防水油膏嵌实
		2	找坡层	最薄处 20 厚，1：8 乳化沥青憎水性膨胀珍珠岩找坡		
		3	找平层	20 厚 1：2.5 水泥砂浆找平		
		4	保温层	BW1/BW2/BW3		
		5	保护层	20 厚 1：2.5 水泥砂浆保护层找平		
		6	防水层	FS6/FS7 两道		
		7	隔离层	10 厚石灰砂浆（白灰砂浆），石灰膏：砂＝1：4		
		8	保护层	40 厚 C20 细石混凝土（加 5%防水剂），内配 Φ4 钢筋双向@200，提浆压光		
		9	结合层	20 厚 1：2.5 干硬水泥砂浆粘合层，1~2 厚干水泥并洒清水适量		
		10	面层	粘贴 10 厚 300×300 防滑通体砖，缝宽 5，用 1：1 水泥砂浆勾凹缝		
	保温上人通体砖屋面（一级防水）	1	结构层	钢筋混凝土屋面板，基层处理干净，刷纯水泥浆一道（水灰比 0.4~0.5）	163.5	第 5 条：设双向分仓缝，不大于@1 000 第 8 条：按柱网分仓且不大于 6 000×6 000，仓缝 20 宽，用防水油膏嵌实
		2	找坡层	最薄处 20 厚，1：8 乳化沥青憎水性膨胀珍珠岩找坡		
		3	找平层	20 厚 1：2.5 水泥砂浆找平		
		4	保温层	××厚整体式现喷硬质聚氨酯泡沫塑料		
		5	防水层	1.5 厚单组分聚氨酯防水涂膜		
		6	防水层	2 厚自粘（聚酯胎）改性沥青防水卷材一道		
		7	隔离层	10 厚石灰砂浆（白灰砂浆），石灰膏：砂＝1：4		
		8	保护层	40 厚 C20 细石混凝土（加 5%防水剂），内配 Φ4 钢筋双向@200，提浆压光		
		9	结合层	20 厚 1：2.5 干硬水泥砂浆粘合层，1~2 厚干水泥并洒清水适量		
		10	面层	粘贴 10 厚 300×300 防滑通体砖，缝宽 5，用 1：1 水泥砂浆勾凹缝		
	保温上人通体砖屋面（一级防水）	1	结构层	钢筋混凝土屋面板，基层处理干净，刷纯水泥浆一道（水灰比 0.4~0.5）	174~176	第 5 条：设双向分仓缝，不大于@1 000
		2	找坡层	最薄处 30 厚，1：3 水泥炉渣找坡，提浆扫光		
		3	保温层	BW1/BW2/BW3		
		4	保护层	20 厚 1：2.5 水泥砂浆保护层找平		
		5	防水层	FS6/FS7 两道		
		6	隔离层	10 厚石灰砂浆（白灰砂浆），石灰膏：砂＝1：4		

类型	名称	序号	基本构造层次	构造做法	最小厚度	备注
通体砖①	保温上人通体砖屋面（一级防水）	7	保护层	40厚C20细石混凝土（加5%防水剂），内配φ4钢筋双向@200，提浆压光	174~176	第8条：按柱网分仓且不大于6 000×6 000，仓缝20宽，用防水油膏嵌实
		8	结合层	20厚1:2.5干硬水泥砂浆粘合层，1~2厚干水泥并洒清水适量		
		9	面层	粘贴10厚300×300防滑通体砖，缝宽5，用1:1水泥砂浆勾凹缝		
	保温上人通体砖屋面（一级防水）	1	结构层	钢筋混凝土屋面板，基层处理干净，刷纯水泥浆一道（水灰比0.4~0.5）	153.5	第5条：设双向分仓缝，不大于@1 000 第8条：按柱网分仓且不大于6 000×6 000，仓缝20宽，用防水油膏嵌实
		2	找坡层	最薄处30厚，1:3水泥炉渣找坡，提浆扫光		
		3	保温层	××厚整体式现喷硬质聚氨酯泡沫塑料		
		4	防水层	1.5厚单组分聚氨酯防水涂膜		
		5	防水层	2厚自粘（聚酯胎）改性沥青防水卷材一道		
		6	隔离层	10厚石灰砂浆（白灰砂浆），石灰膏:砂=1:4		
		7	保护层	40厚C20细石混凝土（加5%防水剂），内配φ4钢筋双向@200，提浆压光		
		8	结合层	20厚1:2.5干硬水泥砂浆粘合层，1~2厚干水泥并洒清水适量		
		9	面层	粘贴10厚300×300防滑通体砖，缝宽5，用1:1水泥砂浆勾凹缝		
通体砖②	保温上人通体砖屋面（一级防水）	1	结构层	钢筋混凝土屋面板，基层处理干净，刷纯水泥浆一道（水灰比0.4~0.5）	184~186	第5条：设双向分仓缝，不大于@1 000 第8条：按柱网分仓且不大于6 000×6 000，仓缝20宽，用防水油膏嵌实
		2	找坡层	最薄处20厚，1:8乳化沥青憎水性膨胀珍珠岩找坡		
		3	找平层	20厚1:2.5水泥砂浆找平		
		4	保温层	BW1/BW2/BW3		
		5	保护层	20厚1:2.5水泥砂浆保护层找平		
		6	防水层	FS6/FS7两道		
		7	隔离层	10厚石灰砂浆（白灰砂浆），石灰膏:砂=1:4		
		8	保护层	40厚C20细石混凝土（加5%防水剂），内配φ4钢筋双向@200，提浆压光		
		9	结合层	20厚1:2.5干硬水泥砂浆粘合层，1~2厚干水泥并洒清水适量		
		10	面层	粘贴10厚600×600防滑通体砖，缝宽5，用1:1水泥砂浆勾凹缝		
	保温上人通体砖屋面（一级防水）	1	结构层	钢筋混凝土屋面板，基层处理干净，刷纯水泥浆一道（水灰比0.4~0.5）	163.5	第5条：设双向分仓缝，不大于@1 000 第8条：按柱网分仓且不大于6 000×6 000，仓缝20宽，用防水油膏嵌实
		2	找坡层	最薄处20厚，1:8乳化沥青憎水性膨胀珍珠岩找坡		
		3	找平层	20厚1:2.5水泥砂浆找平		
		4	保温层	××厚整体式现喷硬质聚氨酯泡沫塑料		
		5	防水层	1.5厚单组分聚氨酯防水涂膜		
		6	防水层	2厚自粘（聚酯胎）改性沥青防水卷材一道		
		7	隔离层	10厚石灰砂浆（白灰砂浆），石灰膏:砂=1:4		
		8	保护层	40厚C20细石混凝土（加5%防水剂），内配φ4钢筋双向@200，提浆压光		
		9	结合层	20厚1:2.5干硬水泥砂浆粘合层，1~2厚干水泥并洒清水适量		
		10	面层	粘贴10厚600×600防滑通体砖，缝宽5，用1:1水泥砂浆勾凹缝		

建筑统一技术措施与节点构造选编

类型	名称	序号	基本构造层次	构造做法	最小厚度	备注
通体砖②	保温上人通体砖屋面（一级防水）	1	结构层	钢筋混凝土屋面板，基层处理干净，刷纯水泥浆一道（水灰比0.4～0.5）	174～176	第5条：设双向分仓缝，不大于@1 000 第8条：按柱网分仓且不大于6 000×6 000，仓缝20宽，用防水油膏嵌实
		2	找坡层	最薄处30厚，1:3水泥炉渣找坡，提浆扫光		
		3	保温层	BW1/BW2/BW3		
		4	保护层	20厚1:2.5水泥砂浆保护层找平		
		5	防水层	FS6/FS7两道		
		6	隔离层	10厚石灰砂浆（白灰砂浆），石灰膏:砂=1:4		
		7	保护层	40厚C20细石混凝土（加5%防水剂），内配φ4钢筋双向@200，提浆压光		
		8	结合层	20厚1:2.5干硬水泥砂浆粘合层，1～2厚干水泥并洒清水适量		
		9	面层	粘贴10厚600×600防滑通体砖，缝宽5，用1:1水泥砂浆勾凹缝		
	保温上人通体砖屋面（一级防水）	1	结构层	钢筋混凝土屋面板，基层处理干净，刷纯水泥浆一道（水灰比0.4～0.5）	153.5	第5条：设双向分仓缝，不大于@1 000 第8条：按柱网分仓且不大于6 000×6 000，仓缝20宽，用防水油膏嵌实
		2	找坡层	最薄处30厚，1:3水泥炉渣找坡，提浆扫光		
		3	保温层	××厚整体式现喷硬质聚氨酯泡沫塑料		
		4	防水层	1.5厚单组分聚氨酯防水涂膜		
		5	防水层	2厚自粘（聚酯胎）改性沥青防水卷材一道		
		6	隔离层	10厚石灰砂浆（白灰砂浆），石灰膏:砂=1:4		
		7	保护层	40厚C20细石混凝土（加5%防水剂），内配φ4钢筋双向@200，提浆压光		
		8	结合层	20厚1:2.5干硬水泥砂浆粘合层，1～2厚干水泥并洒清水适量		
		9	面层	粘贴10厚600×600防滑通体砖，缝宽5，用1:1水泥砂浆勾凹缝		
缸砖	保温上人缸砖屋面（一级防水）	1	结构层	钢筋混凝土屋面板，基层处理干净，刷纯水泥浆一道（水灰比0.4～0.5）	184～186	第5条：设双向分仓缝，不大于@1 000 第8条：按柱网分仓且不大于6 000×6 000，仓缝20宽，用防水油膏嵌实
		2	找坡层	最薄处20厚，1:8乳化沥青憎水性膨胀珍珠岩找坡		
		3	找平层	20厚1:2.5水泥砂浆找平		
		4	保温层	BW1/BW2/BW3		
		5	保护层	20厚1:2.5水泥砂浆保护层找平		
		6	防水层	FS6/FS7两道		
		7	隔离层	10厚石灰砂浆（白灰砂浆），石灰膏:砂=1:4		
		8	保护层	40厚C20细石混凝土（加5%防水剂），内配φ4钢筋双向@200，提浆压光		
		9	结合层	20厚1:2.5水泥砂浆结合层		
		10	面层	粘贴10厚缸砖，块间留缝5，用1:1水泥砂浆勾凹缝		
	保温上人缸砖屋面（一级防水）	1	结构层	钢筋混凝土屋面板，基层处理干净，刷纯水泥浆一道（水灰比0.4～0.5）	163.5	第5条：设双向分仓缝，不大于@1 000 第8条：按柱网分仓且不大于6 000×6 000，仓缝20宽，用防水油膏嵌实
		2	找坡层	最薄处20厚，1:8乳化沥青憎水性膨胀珍珠岩找坡		
		3	找平层	20厚1:2.5水泥砂浆找平		
		4	保温层	××厚整体式现喷硬质聚氨酯泡沫塑料		
		5	防水层	1.5厚单组分聚氨酯防水涂膜		
		6	防水层	2厚自粘（聚酯胎）改性沥青防水卷材一道		
		7	隔离层	10厚石灰砂浆（白灰砂浆），石灰膏:砂=1:4		
		8	保护层	40厚C20细石混凝土（加5%防水剂），内配φ4钢筋双向@200，提浆压光		
		9	结合层	20厚1:2.5水泥砂浆结合层		
		10	面层	粘贴10厚缸砖，块间留缝宽5，用1:1水泥砂浆勾凹缝		

类型	名称	序号	基本构造层次	构造做法	最小厚度	备注
缸砖	保温上人缸砖屋面（一级防水）	1	结构层	钢筋混凝土屋面板，基层处理干净，刷纯水泥浆一道（水灰比 0.4～0.5）	174～176	第5条：设双向分仓缝，不大于@1 000 第8条：按柱网分仓且不大于6 000×6 000，仓缝20宽，用防水油膏嵌实
		2	找坡层	最薄处30厚，1:3水泥炉渣找坡，提浆扫光		
		3	保温层	××厚模塑聚苯乙烯泡沫保温板（EPS）粘贴		
		4	保护层	20厚1:2.5水泥砂浆保护层找平		
		5	防水层	3厚热熔型SBS改性沥青防水卷材二道		
		6	隔离层	10厚石灰砂浆（白灰砂浆），石灰膏：砂=1:4		
		7	保护层	40厚C20细石混凝土（加5%防水剂），内配Φ4钢筋双向@200，提浆压光		
		8	结合层	20厚1:2.5水泥砂浆结合层		
		9	面层	粘贴10厚缸砖，块间留缝宽5，用1:1水泥砂浆勾凹缝		
	保温上人缸砖屋面（一级防水）	1	结构层	钢筋混凝土屋面板，基层处理干净，刷纯水泥浆一道（水灰比 0.4～0.5）	153.5	第5条：设双向分仓缝，不大于@1 000 第8条：按柱网分仓且不大于6 000×6 000，仓缝20宽，用防水油膏嵌实
		2	找坡层	最薄处30厚，1:3水泥炉渣找坡，提浆扫光		
		3	保温层	××厚整体式现喷硬质聚氨酯泡沫塑料		
		4	防水层	1.5厚单组分聚氨酯防水涂膜		
		5	防水层	2厚自粘（聚酯胎）改性沥青防水卷材一道		
		6	隔离层	10厚石灰砂浆（白灰砂浆），石灰膏：砂=1:4		
		7	保护层	40厚C20细石混凝土（加5%防水剂），内配Φ4钢筋双向@200，提浆压光		
		8	结合层	20厚1:2.5水泥砂浆结合层		
		9	面层	粘贴10厚缸砖，块间留缝宽5，用1:1水泥砂浆勾凹缝		
花岗岩贴面	保温上人花岗岩屋面（一级防水）	1	结构层	钢筋混凝土屋面板，基层处理干净，刷纯水泥浆一道（水灰比 0.4～0.5）	184～186	第5条：设双向分仓缝，不大于@1 000 第8条：按柱网分仓且不大于6 000×6 000，仓缝20宽，用防水油膏嵌实
		2	找坡层	最薄处20厚，1:8乳化沥青憎水性膨胀珍珠岩找坡		
		3	找平层	20厚1:2.5水泥砂浆找平		
		4	保温层	BW1/BW2/BW3		
		5	保护层	20厚1:2.5水泥砂浆保护层找平		
		6	防水层	FS6/FS7 两道		
		7	隔离层	10厚石灰砂浆（白灰砂浆），石灰膏：砂=1:4		
		8	保护层	40厚C20细石混凝土（加5%防水剂），内配Φ4钢筋双向@200，提浆压光		
		9	结合层	20厚1:2.5干硬水泥砂浆粘合层，1～2厚干水泥并洒清水适量		
		10	面层	粘贴15厚600×600花岗石板，6面需做油性渗透型保护剂（例如辛基硅烷）缝宽3		
	保温上人花岗岩屋面（一级防水）	1	结构层	钢筋混凝土屋面板，基层处理干净，刷纯水泥浆一道（水灰比 0.4～0.5）	163.5	第5条：设双向分仓缝，不大于@1 000 第8条：按柱网分仓且不大于6 000×6 000，仓缝20宽，用防水油膏嵌实
		2	找坡层	最薄处20厚，1:8乳化沥青憎水性膨胀珍珠岩找坡		
		3	找平层	20厚1:2.5水泥砂浆找平		
		4	保温层	××厚整体式现喷硬质聚氨酯泡沫塑料		
		5	防水层	1.5厚单组分聚氨酯防水涂膜		
		6	防水层	2厚自粘（聚酯胎）改性沥青防水卷材一道		
		7	隔离层	10厚石灰砂浆（白灰砂浆），石灰膏：砂=1:4		
		8	保护层	40厚C20细石混凝土（加5%防水剂），内配Φ4钢筋双向@200，提浆压光		
		9	结合层	20厚1:2.5干硬水泥砂浆粘合层，1～2厚干水泥并洒清水适量		
		10	面层	粘贴15厚600×600花岗石板，6面需做油性渗透型保护剂（例如辛基硅烷）缝宽3		

建筑统一技术措施与节点构造选编

类型	名称	序号	基本构造层次	构造做法	最小厚度	备注
花岗岩贴面	保温上人花岗岩屋面（一级防水）	1	结构层	钢筋混凝土屋面板，基层处理干净，刷纯水泥浆一道（水灰比 0.4～0.5）	174～176	第5条：设双向分仓缝，不大于@1 000
		2	找坡层	最薄处 30 厚，1:3 水泥炉渣找坡，提浆扫光		
		3	保温层	BW1/BW2/BW3		
		4	保护层	20 厚 1:2.5 水泥砂浆保护层找平		第8条：按柱网分仓且不大于6 000×6 000，仓缝20宽，用防水油膏嵌实
		5	防水层	FS6/FS7 两道		
		6	隔离层	10 厚石灰砂浆（白灰砂浆），石灰膏:砂=1:4		
		7	保护层	40 厚 C20 细石混凝土（加 5%防水剂），内配 Φ4 钢筋双向@200，提浆压光		
		8	结合层	20 厚 1:2.5 干硬水泥砂浆粘合层，1～2 厚干水泥并洒清水适量		
		9	面层	粘贴 15 厚 600×600 花岗石板，6 面需做油性渗透型保护剂（例如辛基硅烷）缝宽3		
	保温上人花岗岩屋面（一级防水）	1	结构层	钢筋混凝土屋面板，基层处理干净，刷纯水泥浆一道（水灰比 0.4～0.5）	153.5	第5条：设双向分仓缝，不大于@1 000
		2	找坡层	最薄处 30 厚，1:3 水泥炉渣找坡，提浆扫光		
		3	保温层	××厚整体式现喷硬质聚氨酯泡沫塑料		
		4	防水层	1.5 厚单组分聚氨酯防水涂膜		第8条：按柱网分仓且不大于6 000×6 000，仓缝20宽，用防水油膏嵌实
		5	防水层	2 厚自粘（聚酯胎）改性沥青防水卷材一道		
		6	隔离层	10 厚石灰砂浆（白灰砂浆），石灰膏:砂=1:4		
		7	保护层	40 厚 C20 细石混凝土（加 5%防水剂），内配 Φ4 钢筋双向@200，提浆压光		
		8	结合层	20 厚 1:2.5 干硬水泥砂浆粘合层，1～2 厚干水泥并洒清水适量		
		9	面层	粘贴 15 厚 600×600 花岗石板，6 面需做油性渗透型保护剂（例如辛基硅烷）缝宽3		
卵石贴面	保温上人卵石屋面（一级防水）	1	结构层	钢筋混凝土屋面板，基层处理干净，刷纯水泥浆一道（水灰比 0.4～0.5）	174～176	第5条：设双向分仓缝，不大于@1 000
		2	找坡层	最薄处 20 厚，1:8 乳化沥青憎水性膨胀珍珠岩找坡		
		3	找平层	20 厚 1:2.5 水泥砂浆找平		
		4	保温层	BW1/BW2/BW3		
		5	保护层	20 厚 1:2.5 水泥砂浆保护层找平		第8条：按柱网分仓且不大于6 000×6 000，仓缝20宽，用防水油膏嵌实
		6	防水层	FS6/FS7 两道		
		7	隔离层	10 厚石灰砂浆（白灰砂浆），石灰膏:砂=1:4		
		8	保护层	40 厚 C20 细石混凝土（加 5%防水剂），内配 Φ4 钢筋双向@200，提浆压光		
		9	结合层	20 厚 1:2.5 水泥砂浆结合层		
		10	面层	粒径××卵石，1/2～2/3 嵌入粘贴砂浆		
	保温上人卵石屋面（一级防水）	1	结构层	钢筋混凝土屋面板，基层处理干净，刷纯水泥浆一道（水灰比 0.4～0.5）	153.5	第5条：设双向分仓缝，不大于@1 000
		2	找坡层	最薄处 20 厚，1:8 乳化沥青憎水性膨胀珍珠岩找坡		
		3	找平层	20 厚 1:2.5 水泥砂浆找平		
		4	保温层	××厚整体式现喷硬质聚氨酯泡沫塑料		
		5	防水层	1.5 厚单组分聚氨酯防水涂膜		第8条：按柱网分仓且不大于6 000×6 000，仓缝20宽，用防水油膏嵌实
		6	防水层	2 厚自粘（聚酯胎）改性沥青防水卷材一道		
		7	隔离层	10 厚石灰砂浆（白灰砂浆），石灰膏:砂=1:4		
		8	保护层	40 厚 C20 细石混凝土（加 5%防水剂），内配 Φ4 钢筋双向@200，提浆压光		
		9	结合层	20 厚 1:2.5 水泥砂浆结合层		
		10	面层	粒径××卵石，1/2～2/3 嵌入粘贴砂浆		

类型	名称	序号	基本构造层次	构造做法	最小厚度	备注
卵石贴面	保温上人卵石屋面（一级防水）	1	结构层	钢筋混凝土屋面板，基层处理干净，刷纯水泥浆一道（水灰比0.4~0.5）	164~166	第5条：设双向分仓缝，不大于@1 000 第8条：按柱网分仓且不大于6 000×6 000，仓缝20宽，用防水油膏嵌实
		2	找坡层	最薄处30厚，1:3水泥炉渣找坡，提浆扫光		
		3	保温层	BW1/BW2/BW3		
		4	保护层	20厚1:2.5水泥砂浆保护层找平		
		5	防水层	FS6/FS7两道		
		6	隔离层	10厚石灰砂浆（白灰砂浆），石灰膏:砂=1:4		
		7	保护层	40厚C20细石混凝土（加5%防水剂），内配Φ4钢筋双向@200，提浆压光		
		8	结合层	20厚1:2.5水泥砂浆结合层		
		9	面层	粒径××卵石，1/2~2/3嵌入粘贴砂浆		
	保温上人卵石屋面（一级防水）	1	结构层	钢筋混凝土屋面板，基层处理干净，刷纯水泥浆一道（水灰比0.4~0.5）	143.5	第5条：设双向分仓缝，不大于@1 000 第8条：按柱网分仓且不大于6 000×6 000，仓缝20宽，用防水油膏嵌实
		2	找坡层	最薄处30厚，1:3水泥炉渣找坡，提浆扫光		
		3	保温层	××厚整体式现喷硬质聚氨酯泡沫塑料		
		4	防水层	1.5厚单组分聚氨酯防水涂膜		
		5	防水层	2厚自粘（聚酯胎）改性沥青防水卷材一道		
		6	隔离层	10厚石灰砂浆（白灰砂浆），石灰膏:砂=1:4		
		7	保护层	40厚C20细石混凝土（加5%防水剂），内配Φ4钢筋双向@200，提浆压光		
		8	结合层	20厚1:2.5水泥砂浆结合层		
		9	面层	粒径××卵石，1/2~2/3嵌入粘贴砂浆		
架空花岗岩①	保温上人架空花岗岩屋面（一级防水）	1	结构层	钢筋混凝土屋面板，基层处理干净，刷纯水泥浆一道（水灰比0.4~0.5）	324~326	第5条：设双向分仓缝，不大于@1 000 第8条：按柱网分仓且不大于6 000×6 000，仓缝20宽，用防水油膏嵌实
		2	找坡层	最薄处20厚，1:8乳化沥青憎水性膨胀珍珠岩找坡		
		3	找平层	20厚1:2.5水泥砂浆找平		
		4	保温层	BW1/BW2/BW3		
		5	保护层	20厚1:2.5水泥砂浆保护层找平		
		6	防水层	FS6/FS7两道		
		7	隔离层	10厚石灰砂浆（白灰砂浆），石灰膏:砂=1:4		
		8	保护层	40厚C20细石混凝土（加5%防水剂），内配Φ4钢筋双向@200，提浆压光		
		9	架空花岗岩	240×240砖支墩双向@600，60厚压顶，高度×××~×××		
		10		专用不锈钢卡件		
		11		50厚花岗石，6面需做油性渗透型保护剂（例如辛基硅烷），缝宽5		
	保温上人架空花岗岩屋面（一级防水）	1	结构层	钢筋混凝土屋面板，基层处理干净，刷纯水泥浆一道（水灰比0.4~0.5）	303.5	第5条：设双向分仓缝，不大于@1 000 第8条：按柱网分仓且不大于6 000×6 000，仓缝20宽，用防水油膏嵌实
		2	找坡层	最薄处20厚，1:8乳化沥青憎水性膨胀珍珠岩找坡		
		3	找平层	20厚1:2.5水泥砂浆找平		
		4	保温层	××厚整体式现喷硬质聚氨酯泡沫塑料		
		5	防水层	1.5厚单组分聚氨酯防水涂膜		
		6	防水层	2厚自粘（聚酯胎）改性沥青防水卷材一道		
		7	隔离层	10厚石灰砂浆（白灰砂浆），石灰膏:砂=1:4		
		8	保护层	40厚C20细石混凝土（加5%防水剂），内配Φ4钢筋双向@200，提浆压光		
		9	架空花岗岩	240×240砖支墩双向@600，60厚压顶，高度×××~×××		
		10		专用不锈钢卡件		
		11		50厚花岗石，6面需做油性渗透型保护剂（例如辛基硅烷），缝宽5		

建筑统一技术措施与节点构造选编

类型	名称	序号	基本构造层次	构造做法	最小厚度	备注
架空花岗岩①	保温上人架空花岗岩屋面（一级防水）	1	结构层	钢筋混凝土屋面板，基层处理干净，刷纯水泥浆一道（水灰比 0.4～0.5）	314～316	第 5 条：设双向分仓缝，不大于@1 000 第 8 条：按柱网分仓且不大于6 000×6 000，仓缝 20 宽，用防水油膏嵌实
		2	找坡层	最薄处 30 厚，1:3 水泥炉渣找坡，提浆扫光		
		3	保温层	BW1/BW2/BW3		
		4	保护层	20 厚 1:2.5 水泥砂浆保护层找平		
		5	防水层	FS6/FS7 两道		
		6	隔离层	10 厚石灰砂浆（白灰砂浆），石灰膏：砂=1:4		
		7	保护层	40 厚 C20 细石混凝土（加 5%防水剂），内配 φ4 钢筋双向@200，提浆压光		
		8		240×240 砖支墩双向@600，60 厚压顶，高度×××～×××		
		9	架空花岗岩	专用不锈钢卡件		
		10		50 厚花岗石，6 面需做油性渗透型保护剂（例如辛基硅烷），缝宽 5		
	保温上人架空花岗岩屋面（一级防水）	1	结构层	钢筋混凝土屋面板，基层处理干净，刷纯水泥浆一道（水灰比 0.4～0.5）	293.5	第 5 条：设双向分仓缝，不大于@1 000 第 8 条：按柱网分仓且不大于6 000×6 000，仓缝 20 宽，用防水油膏嵌实
		2	找坡层	最薄处 30 厚，1:3 水泥炉渣找坡，提浆扫光		
		3	保温层	××厚整体现喷硬质聚氨酯泡沫塑料		
		4	防水层	1.5 厚单组分聚氨酯防水涂膜		
		5	防水层	2 厚自粘（聚酯胎）改性沥青防水卷材一道		
		6	隔离层	10 厚石灰砂浆（白灰砂浆），石灰膏：砂=1:4		
		7	保护层	40 厚 C20 细石混凝土（加 5%防水剂），内配 φ4 钢筋双向@200，提浆压光		
		8		240×240 砖支墩双向@600，60 厚压顶，高度×××～×××		
		9	架空花岗岩	专用不锈钢卡件		
		10		50 厚花岗石，6 面需做油性渗透型保护剂（例如辛基硅烷），缝宽 5		
架空花岗岩②	保温上人架空花岗岩屋面（一级防水）	1	结构层	钢筋混凝土屋面板，基层处理干净，刷纯水泥浆一道（水灰比 0.4～0.5）	264～266	第 5 条：设双向分仓缝，不大于@1 000 第 8 条：按柱网分仓且不大于6 000×6 000，仓缝 20 宽，用防水油膏嵌实
		2	找坡层	最薄处 20 厚，1:8 乳化沥青憎水性膨胀珍珠岩找坡		
		3	找平层	20 厚 1:2.5 水泥砂浆找平		
		4	保温层	BW1/BW2/BW3		
		5	保护层	20 厚 1:2.5 水泥砂浆保护层找平		
		6	防水层	FS6/FS7 两道		
		7	隔离层	10 厚石灰砂浆（白灰砂浆），石灰膏：砂=1:4		
		8	保护层	40 厚 C20 细石混凝土（加 5%防水剂），内配 φ4 钢筋双向@200，提浆压光		
		9	架空花岗岩	240×240 砖支墩双向@600，高度×××～×××		
		10		50 厚花岗石，缝宽 5，1:2.5 水泥砂浆座浆		
	保温上人架空花岗岩屋面（一级防水）	1	结构层	钢筋混凝土屋面板，基层处理干净，刷纯水泥浆一道（水灰比 0.4～0.5）	243.5	第 5 条：设双向分仓缝，不大于@1 000 第 8 条：按柱网分仓且不大于6 000×6 000，仓缝 20 宽，用防水油膏嵌实
		2	找坡层	最薄处 20 厚，1:8 乳化沥青憎水性膨胀珍珠岩找坡		
		3	找平层	20 厚 1:2.5 水泥砂浆找平		
		4	保温层	××厚整体现喷硬质聚氨酯泡沫塑料		
		5	防水层	1.5 厚单组分聚氨酯防水涂膜		
		6	防水层	2 厚自粘（聚酯胎）改性沥青防水卷材一道		
		7	隔离层	10 厚石灰砂浆（白灰砂浆），石灰膏：砂=1:4		
		8	保护层	40 厚 C20 细石混凝土（加 5%防水剂），内配 φ4 钢筋双向@200，提浆压光		
		9	架空花岗岩	240×240 砖支墩双向@600，高度×××～×××		
		10		50 厚花岗石，缝宽 5，1:2.5 水泥砂浆座浆		

类型	名称	序号	基本构造层次	构造做法	最小厚度	备注
架空花岗岩②	保温上人架空花岗岩屋面（一级防水）	1	结构层	钢筋混凝土屋面板，基层处理干净，刷纯水泥浆一道（水灰比 0.4～0.5）	254～256	第5条：设双向分仓缝，不大于@1 000
		2	找坡层	最薄处30厚，1:3水泥炉渣找坡，提浆扫光		
		3	保温层	BW1/BW2/BW3		
		4	保护层	20厚1:2.5水泥砂浆保护层找平		第8条：按柱网分仓且不大于6 000×6 000，仓缝20宽，用防水油膏嵌实
		5	防水层	FS6/FS7两道		
		6	隔离层	10厚石灰砂浆（白灰砂浆），石灰膏：砂=1:4		
		7	保护层	40厚C20细石混凝土（加5%防水剂），内配φ4钢筋双向@200，提浆压光		
		8	架空花岗岩	240×240砖支墩双向@600，高度×××～×××		
		9		50厚花岗石，缝宽5，1:2.5水泥砂浆座浆		
	保温上人架空花岗岩屋面（一级防水）	1	结构层	钢筋混凝土屋面板，基层处理干净，刷纯水泥浆一道（水灰比 0.4～0.5）	233.5	第5条：设双向分仓缝，不大于@1 000
		2	找坡层	最薄处30厚，1:3水泥炉渣找坡，提浆扫光		
		3	保温层	××厚整体式现喷硬质聚氨酯泡沫塑料		
		4	防水层	1.5厚单组分聚氨酯防水涂膜		
		5	防水层	2厚自粘（聚酯胎）改性沥青防水卷材一道		第8条：按柱网分仓且不大于6 000×6 000，仓缝20宽，用防水油膏嵌实
		6	隔离层	10厚石灰砂浆（白灰砂浆），石灰膏：砂=1:4		
		7	保护层	40厚C20细石混凝土（加5%防水剂），内配φ4钢筋双向@200，提浆压光		
		8	架空花岗岩	240×240砖支墩双向@600，高度×××～×××		
		9		50厚花岗石，缝宽5，1:2.5水泥砂浆座浆		
架空竹地板	保温上人架空竹地板屋面（一级防水）	1	结构层	钢筋混凝土屋面板，基层处理干净，刷纯水泥浆一道（水灰比 0.4～0.5）	292～294	第5条：设双向分仓缝，不大于@1 000
		2	找坡层	最薄处20厚，1:8乳化沥青憎水性膨胀珍珠岩找坡		
		3	找平层	20厚1:2.5水泥砂浆找平		
		4	保温层	BW1/BW2/BW3		
		5	保护层	20厚1:2.5水泥砂浆保护层找平		
		6	防水层	FS6/FS7两道		第8条：按柱网分仓且不大于6 000×6 000，仓缝20宽，用防水油膏嵌实
		7	隔离层	10厚石灰砂浆（白灰砂浆），石灰膏：砂=1:4		
		8	保护层	40厚C20细石混凝土（加5%防水剂），内配φ4钢筋双向@200，提浆压光		
		9	架空竹地板	240×240砖墩或C10混凝土支墩，双向@600，高度×××～×××		
		10		60（高）×50（宽）樟子松防腐木龙骨角钢固定在砖墩上		
		11		140（宽）×18（厚）成品炭化复合竹地板@150缝10		
	保温上人架空竹地板屋面（一级防水）	1	结构层	钢筋混凝土屋面板，基层处理干净，刷纯水泥浆一道（水灰比 0.4～0.5）	271.5	第5条：设双向分仓缝，不大于@1 000
		2	找坡层	最薄处20厚，1:8乳化沥青憎水性膨胀珍珠岩找坡		
		3	找平层	20厚1:2.5水泥砂浆找平		
		4	保温层	××厚整体式现喷硬质聚氨酯泡沫塑料		
		5	防水层	1.5厚单组分聚氨酯防水涂膜		
		6	防水层	2厚自粘（聚酯胎）改性沥青防水卷材一道		第8条：按柱网分仓且不大于6 000×6 000，仓缝20宽，用防水油膏嵌实
		7	隔离层	10厚石灰砂浆（白灰砂浆），石灰膏：砂=1:4		
		8	保护层	40厚C20细石混凝土（加5%防水剂），内配φ4钢筋双向@200，提浆压光		
		9	架空竹地板	240×240砖墩或C10混凝土支墩，双向@600，高度×××～×××		
		10		60（高）×50（宽）樟子松防腐木龙骨角钢固定在砖墩上		
		11		140（宽）×18（厚）成品炭化复合竹地板@150缝10		

左侧竖排文字：建筑统一技术措施与节点构造选编

类型	名称	序号	基本构造层次	构造做法	最小厚度	备注
架空竹地板	保温上人架空竹地板屋面（一级防水）	1	结构层	钢筋混凝土屋面板，基层处理干净，刷纯水泥浆一道（水灰比0.4~0.5）	282~284	第5条：设双向分仓缝，不大于@1 000
		2	找坡层	最薄处30厚，1:3水泥炉渣找坡，提浆扫光		
		3	保温层	BW1/BW2/BW3		
		4	保护层	20厚1:2.5水泥砂浆保护层找平		第8条：按柱网分仓且不大于6 000×6 000，仓缝20宽，用防水油膏嵌实
		5	防水层	FS6/FS7两道		
		6	隔离层	10厚石灰砂浆（白灰砂浆），石灰膏:砂=1:4		
		7	保护层	40厚C20细石混凝土（加5%防水剂），内配Φ4钢筋双向@200，提浆压光		
		8	架空竹地板	240×240砖墩或C10混凝土支墩，双向@600，高度×××~×××		
		9		60（高）×50（宽）樟子松防腐木龙骨角钢固定在砖墩上		
		10		140（宽）×18（厚）成品炭化复合竹地板@150缝10		
	保温上人架空竹地板屋面（一级防水）	1	结构层	钢筋混凝土屋面板，基层处理干净，刷纯水泥浆一道（水灰比0.4~0.5）	261.5	第5条：设双向分仓缝，不大于@1 000
		2	找坡层	最薄处30厚，1:3水泥炉渣找坡，提浆扫光		
		3	保温层	××厚整体式现喷硬质聚氨酯泡沫塑料		
		4	防水层	1.5厚单组分聚氨酯防水涂膜		第8条：按柱网分仓且不大于6 000×6 000，仓缝20宽，用防水油膏嵌实
		5	防水层	2厚自粘（聚酯胎）改性沥青防水卷材一道		
		6	隔离层	10厚石灰砂浆（白灰砂浆），石灰膏:砂=1:4		
		7	保护层	40厚C20细石混凝土（加5%防水剂），内配Φ4钢筋双向@200，提浆压光		
		8	架空竹地板	240×240砖墩或C10混凝土支墩，双向@600，高度×××~×××		
		9		60（高）×50（宽）樟子松防腐木龙骨角钢固定在砖墩上		
		10		140（宽）×18（厚）成品炭化复合竹地板@150缝10		
架空木地板	保温上人架空木地板屋面（一级防水）	1	结构层	钢筋混凝土屋面板，基层处理干净，刷纯水泥浆一道（水灰比0.4~0.5）	284~286	第5条：设双向分仓缝，不大于@1 000
		2	找坡层	最薄处20厚，1:8乳化沥青憎水性膨胀珍珠岩找坡		
		3	找平层	20厚1:2.5水泥砂浆找平		
		4	保温层	BW1/BW2/BW3		
		5	保护层	20厚1:2.5水泥砂浆保护层找平		第8条：按柱网分仓且不大于6 000×6 000，仓缝20宽，用防水油膏嵌实
		6	防水层	FS6/FS7两道		
		7	隔离层	10厚石灰砂浆（白灰砂浆），石灰膏:砂=1:4		
		8	保护层	40厚C20细石混凝土（加5%防水剂），内配Φ4钢筋双向@200，提浆压光		
		9	架空木地板	240×240砖墩或C10混凝土支墩，双向@600，高度×××~×××		
		10		60（宽）×50（高）防腐木檩条上沉头不锈钢螺钉固定		
		11		20厚90宽防腐木板@100，板间缝10宽		
	保温上人架空木地板屋面（一级防水）	1	结构层	钢筋混凝土屋面板，基层处理干净，刷纯水泥浆一道（水灰比0.4~0.5）	263.5	第5条：设双向分仓缝，不大于@1 000
		2	找坡层	最薄处20厚，1:8乳化沥青憎水性膨胀珍珠岩找坡		
		3	找平层	20厚1:2.5水泥砂浆找平		
		4	保温层	××厚整体式现喷硬质聚氨酯泡沫塑料		
		5	防水层	1.5厚单组分聚氨酯防水涂膜		
		6	防水层	2厚自粘（聚酯胎）改性沥青防水卷材一道		

类型	名称	序号	基本构造层次	构造做法	最小厚度	备注
架空木地板	保温上人架空木地板屋面（一级防水）	7	隔离层	10厚石灰砂浆（白灰砂浆），石灰膏：砂=1:4	263.5	第8条：按柱网分仓且不大于6 000×6 000，仓缝20宽，用防水油膏嵌实
		8	保护层	40厚C20细石混凝土（加5%防水剂），内配Φ4钢筋双向@200，提浆压光		
		9	架空木地板	240×240砖墩或C10混凝土支墩，双向@600，高度×××~×××		
		10		60（宽）×50（高）防腐木檩条上沉头不锈钢螺钉固定		
		11		20厚90宽防腐木板@100，板间缝10宽		
	保温上人架空木地板屋面（一级防水）	1	结构层	钢筋混凝土屋面板，基层处理干净，刷纯水泥浆一道（水灰比0.4~0.5）	274~276	第5条：设双向分仓缝，不大于@1 000 第8条：按柱网分仓且不大于6 000×6 000，仓缝20宽，用防水油膏嵌实
		2	找坡层	最薄处30厚，1:3水泥炉渣找坡，提浆扫光		
		3	保温层	BW1/BW2/BW3		
		4	保护层	20厚1:2.5水泥砂浆保护层找平		
		5	防水层	FS6/FS7两道		
		6	隔离层	10厚石灰砂浆（白灰砂浆），石灰膏：砂=1:4		
		7	保护层	40厚C20细石混凝土（加5%防水剂），内配Φ4钢筋双向@200，提浆压光		
		8	架空木地板	240×240砖墩或C10混凝土支墩，双向@600，高度×××~×××		
		9		60（宽）×50（高）防腐木檩条上沉头不锈钢螺钉固定		
		10		20厚90宽防腐木板@100，板间缝10宽		
	保温上人架空木地板屋面（一级防水）	1	结构层	钢筋混凝土屋面板，基层处理干净，刷纯水泥浆一道（水灰比0.4~0.5）	253.5	第5条：设双向分仓缝，不大于@1 000 第8条：按柱网分仓且不大于6 000×6 000，仓缝20宽，用防水油膏嵌实
		2	找坡层	最薄处30厚，1:3水泥炉渣找坡，提浆扫光		
		3	保温层	××厚整体式现喷硬质聚氨酯泡沫塑料		
		4	防水层	1.5厚单组分聚氨酯防水涂膜		
		5	防水层	2厚自粘（聚酯胎）改性沥青防水卷材一道		
		6	隔离层	10厚石灰砂浆（白灰砂浆），石灰膏：砂=1:4		
		7	保护层	40厚C20细石混凝土（加5%防水剂），内配Φ4钢筋双向@200，提浆压光		
		8	架空木地板	240×240砖墩或C10混凝土支墩，双向@600，高度×××~×××		
		9		60（宽）×50（高）防腐木檩条上沉头不锈钢螺钉固定		
		10		20厚90宽防腐木板@100，板间缝10宽		
种植停车	保温上人种植停车屋面（一级防水）	1	结构层	钢筋混凝土屋面板，基层处理干净，刷纯水泥浆一道（水灰比0.4~0.5）	272~274	第5条：设双向分仓缝，不大于@1 000 第8条：按柱网分仓且不大于6 000×6 000，仓缝20宽，用防水油膏嵌实
		2	找坡层	最薄处20厚，1:8乳化沥青憎水性膨胀珍珠岩找坡		
		3	找平层	20厚1:2.5水泥砂浆找平		
		4	保温层	BW1/BW2/BW3		
		5	保护层	20厚1:2.5水泥砂浆保护层找平		
		6	防水层	FS6/FS7两道		
		7	隔离层	10厚石灰砂浆（白灰砂浆），石灰膏：砂=1:4		
		8	保护层	40厚C20细石混凝土（加5%防水剂），内配Φ4钢筋双向@200，提浆压光		
		9	蓄排水层	18厚塑料板排水层，凸点向上		
		10	过滤层	土工布过滤层		
		11	种植土	100厚种草土，表面嵌入70厚塑料种草算子		

左侧竖排标题：建筑统一技术措施与节点构造选编

类型	名称	序号	基本构造层次	构造做法	最小厚度	备注
种植停车	保温上人种植停车屋面（一级防水）	1	结构层	钢筋混凝土屋面板，基层处理干净，刷纯水泥浆一道（水灰比0.4~0.5）	251.5	第5条：设双向分仓缝，不大于@1 000 第8条：按柱网分仓且不大于6 000×6 000，仓缝20宽，用防水油膏嵌实
		2	找坡层	最薄处20厚，1:8乳化沥青憎水性膨胀珍珠岩找坡		
		3	找平层	20厚1:2.5水泥砂浆找平		
		4	保温层	××厚整体式现喷硬质聚氨酯泡沫塑料		
		5	防水层	1.5厚单组分聚氨酯防水涂膜		
		6	防水层	2厚自粘（聚酯胎）改性沥青防水卷材一道		
		7	隔离层	10厚石灰砂浆（白灰砂浆），石灰膏:砂=1:4		
		8	保护层	40厚C20细石混凝土（加5%防水剂），内配Φ4钢筋双向@200，提浆压光		
		9	蓄排水层	18厚塑料板排水层，凸点向上		
		10	过滤层	土工布过滤层		
		11	种植土	100厚种草土，表面嵌入70厚塑料种草算子		
	保温上人种植停车屋面（一级防水）	1	结构层	钢筋混凝土屋面板，基层处理干净，刷纯水泥浆一道（水灰比0.4~0.5）	262~264	第5条：设双向分仓缝，不大于@1 000 第8条：按柱网分仓且不大于6 000×6 000，仓缝20宽，用防水油膏嵌实
		2	找坡层	最薄处30厚，1:3水泥炉渣找坡，提浆扫光		
		3	保温层	BW1/BW2/BW3		
		4	保护层	20厚1:2.5水泥砂浆保护层找平		
		5	防水层	FS6/FS7两道		
		6	隔离层	10厚石灰砂浆（白灰砂浆），石灰膏:砂=1:4		
		7	保护层	40厚C20细石混凝土（加5%防水剂），内配Φ4钢筋双向@200，提浆压光		
		8	蓄排水层	18厚塑料板排水层，凸点向上		
		9	过滤层	土工布过滤层		
		10	种植土	100厚种草土，表面嵌入70厚塑料种草算子		
	保温上人种植停车屋面（一级防水）	1	结构层	钢筋混凝土屋面板，基层处理干净，刷纯水泥浆一道（水灰比0.4~0.5）	241.5	第5条：设双向分仓缝，不大于@1 000 第8条：按柱网分仓且不大于6 000×6 000，仓缝20宽，用防水油膏嵌实
		2	找坡层	最薄处30厚，1:3水泥炉渣找坡，提浆扫光		
		3	保温层	××厚整体式现喷硬质聚氨酯泡沫塑料		
		4	防水层	1.5厚单组分聚氨酯防水涂膜		
		5	防水层	2厚自粘（聚酯胎）改性沥青防水卷材一道		
		6	隔离层	10厚石灰砂浆（白灰砂浆），石灰膏:砂=1:4		
		7	保护层	40厚C20细石混凝土（加5%防水剂），内配Φ4钢筋双向@200，提浆压光		
		8	蓄排水层	18厚塑料板排水层，凸点向上		
		9	过滤层	土工布过滤层		
		10	种植土	100厚种草土，表面嵌入70厚塑料种草算子		
停车屋面	保温上人停车屋面（一级防水）	1	结构层	钢筋混凝土屋面板，基层处理干净，刷纯水泥浆一道（水灰比0.4~0.5）	234~236	第5条：设双向分仓缝，不大于@1 000 第8条：按柱网分仓且不大于3 000×3 000，仓缝12宽，用防水油膏嵌实
		2	找坡层	最薄处20厚，1:8乳化沥青憎水性膨胀珍珠岩找坡		
		3	找平层	20厚1:2.5水泥砂浆找平		
		4	保温层	BW1/BW2/BW3		
		5	保护层	20厚1:2.5水泥砂浆保护层找平		
		6	防水层	FS6/FS7两道		
		7	隔离层	10厚石灰砂浆（白灰砂浆），石灰膏:砂=1:4		
		8	保护层	120厚C20细石混凝土（加5%防水剂），内配Φ10钢筋双向@200，提浆压光		
		9	耐磨层	有色非金属耐磨层		
		10	固化剂	表面施工混凝土密封固化剂		

类型	名称	序号	基本构造层次	构造做法	最小厚度	备注
停车屋面	保温上人停车屋面（一级防水）	1	结构层	钢筋混凝土屋面板，基层处理干净，刷纯水泥浆一道（水灰比0.4～0.5）	213.5	第5条：设双向分仓缝，不大于@1 000
		2	找坡层	最薄处20厚，1:8乳化沥青憎水性膨胀珍珠岩找坡		
		3	找平层	20厚1:2.5水泥砂浆找平		
		4	保温层	××厚整体式现喷硬质聚氨酯泡沫塑料		第8条：按柱网分仓且不大于3 000×3 000，仓缝12宽，用防水油膏嵌实
		5	防水层	1.5厚单组分聚氨酯防水涂膜		
		6	防水层	2厚自粘（聚酯胎）改性沥青防水卷材一道		
		7	隔离层	10厚石灰砂浆（白灰砂浆），石灰膏:砂=1:4		
		8	保护层	120厚C20细石混凝土（加5%防水剂），内配Φ10钢筋双向@200，提浆压光		
		9	耐磨层	有色非金属耐磨层		
		10	固化剂	表面施工混凝土密封固化剂		
	保温上人停车屋面（一级防水）	1	结构层	钢筋混凝土屋面板，基层处理干净，刷纯水泥浆一道（水灰比0.4～0.5）	224～226	第5条：设双向分仓缝，不大于@1 000
		2	找坡层	最薄处30厚，1:3水泥炉渣找坡，提浆扫光		
		3	保温层	BW1/BW2/BW3		
		4	保护层	20厚1:2.5水泥砂浆保护层找平		
		5	防水层	FS6/FS7两道		第8条：按柱网分仓且不大于3 000×3 000，仓缝12宽，用防水油膏嵌实
		6	隔离层	10厚石灰砂浆（白灰砂浆），石灰膏:砂=1:4		
		7	保护层	120厚C20细石混凝土（加5%防水剂），内配Φ10钢筋双向@200，提浆压光		
		8	耐磨层	有色非金属耐磨层		
		9	固化剂	表面施工混凝土密封固化剂		
	保温上人停车屋面（一级防水）	1	结构层	钢筋混凝土屋面板，基层处理干净，刷纯水泥浆一道（水灰比0.4～0.5）	203.5	第5条：设双向分仓缝，不大于@1 000
		2	找坡层	最薄处30厚，1:3水泥炉渣找坡，提浆扫光		
		3	保温层	××厚整体式现喷硬质聚氨酯泡沫塑料		
		4	防水层	1.5厚单组分聚氨酯防水涂膜		第8条：按柱网分仓且不大于3 000×3 000，仓缝12宽，用防水油膏嵌实
		5	防水层	2厚自粘（聚酯胎）改性沥青防水卷材一道		
		6	隔离层	10厚石灰砂浆（白灰砂浆），石灰膏:砂=1:4		
		7	保护层	120厚C20细石混凝土（加5%防水剂），内配Φ10钢筋双向@200，提浆压光		
		8	耐磨层	有色非金属耐磨层		
		9	固化剂	表面施工混凝土密封固化剂		
运动屋面①	保温上人运动屋面（一级防水）	1	结构层	钢筋混凝土屋面板，基层处理干净，刷纯水泥浆一道（水灰比0.4～0.5）	226～228	第5条：设双向分仓缝，不大于@1 000
		2	找坡层	最薄处20厚，1:8乳化沥青憎水性膨胀珍珠岩找坡		
		3	找平层	20厚1:2.5水泥砂浆找平		
		4	保温层	BW1/BW2/BW3		
		5	保护层	20厚1:2.5水泥砂浆保护层找平		第8条：按柱网分仓且不大于6 000×6 000，仓缝20宽，用防水油膏嵌实
		6	防水层	FS6/FS7两道		
		7	隔离层	10厚石灰砂浆（白灰砂浆），石灰膏:砂=1:4		
		8	保护层	40厚C20细石混凝土（加5%防水剂），内配Φ4钢筋双向@200，提浆压光		
		9	屋面网球场	40厚粗沥青混凝土（最大骨料粒径<15 mm）		
		10		30厚细沥青混凝土（最大骨料粒径>15 mm）		
		11		2厚丙烯酸涂料面层		

类型	名称	序号	基本构造层次	构造做法	最小厚度	备注
运动屋面①	保温上人运动屋面（一级防水）	1	结构层	钢筋混凝土屋面板，基层处理干净，刷纯水泥浆一道（水灰比 0.4～0.5）	205.5	第 5 条：设双向分仓缝，不大于@1 000 第 8 条：按柱网分仓且不大于6 000×6 000，仓缝 20 宽，用防水油膏嵌实
		2	找坡层	最薄处 20 厚，1:8 乳化沥青憎水性膨胀珍珠岩找坡		
		3	找平层	20 厚 1:2.5 水泥砂浆找平		
		4	保温层	××厚整体式现喷硬质聚氨酯泡沫塑料		
		5	防水层	1.5 厚单组分聚氨酯防水涂膜		
		6	防水层	2 厚自粘（聚酯胎）改性沥青防水卷材一道		
		7	隔离层	10 厚石灰砂浆（白灰砂浆），石灰膏：砂=1:4		
		8	保护层	40 厚 C20 细石混凝土（加 5%防水剂），内配 Φ4 钢筋双向@200，提浆压光		
		9	屋面网球场	40 厚粗沥青混凝土（最大骨料粒径<15 mm）		
		10		30 厚细沥青混凝土（最大骨料粒径>15 mm）		
		11		2 厚丙烯酸涂料面层		
	保温上人运动屋面（一级防水）	1	结构层	钢筋混凝土屋面板，基层处理干净，刷纯水泥浆一道（水灰比 0.4～0.5）	216～218	第 5 条：设双向分仓缝，不大于@1 000 第 8 条：按柱网分仓且不大于6 000×6 000，仓缝 20 宽，用防水油膏嵌实
		2	找坡层	最薄处 30 厚，1:3 水泥炉渣找坡，提浆扫光		
		3	保温层	BW1/BW2/BW3		
		4	保护层	20 厚 1:2.5 水泥砂浆保护层找平		
		5	防水层	FS6/FS7 两道		
		6	隔离层	10 厚石灰砂浆（白灰砂浆），石灰膏：砂=1:4		
		7	保护层	40 厚 C20 细石混凝土（加 5%防水剂），内配 Φ4 钢筋双向@200，提浆压光		
		8		40 厚粗沥青混凝土（最大骨料粒径<15 mm）		
		9	屋面网球场	30 厚细沥青混凝土（最大骨料粒径>15 mm）		
		10		2 厚丙烯酸涂料面层		
	保温上人运动屋面（一级防水）	1	结构层	钢筋混凝土屋面板，基层处理干净，刷纯水泥浆一道（水灰比 0.4～0.5）	195.5	第 5 条：设双向分仓缝，不大于@1 000 第 8 条：按柱网分仓且不大于6 000×6 000，仓缝 20 宽，用防水油膏嵌实
		2	找坡层	最薄处 30 厚，1:3 水泥炉渣找坡，提浆扫光		
		3	保温层	××厚整体式现喷硬质聚氨酯泡沫塑料		
		4	防水层	1.5 厚单组分聚氨酯防水涂膜		
		5	防水层	2 厚自粘（聚酯胎）改性沥青防水卷材一道		
		6	隔离层	10 厚石灰砂浆（白灰砂浆），石灰膏：砂=1:4		
		7	保护层	40 厚 C20 细石混凝土（加 5%防水剂），内配 Φ4 钢筋双向@200，提浆压光		
		8		40 厚粗沥青混凝土（最大骨料粒径<15 mm）		
		9	屋面网球场	30 厚细沥青混凝土（最大骨料粒径>15 mm）		
		10		2 厚丙烯酸涂料面层		
运动屋面②	保温上人PVC 运动屋面（一级防水）	1	结构层	钢筋混凝土屋面板，基层处理干净，刷纯水泥浆一道（水灰比 0.4～0.5）	168～170	第 5 条：设双向分仓缝，不大于@1 000 第 8 条：按柱网分仓且不大于6 000×6 000，仓缝 20 宽，用防水油膏嵌实
		2	找坡层	最薄处 20 厚，1:8 乳化沥青憎水性膨胀珍珠岩找坡		
		3	找平层	20 厚 1:2.5 水泥砂浆找平		
		4	保温层	BW1/BW2/BW3		
		5	保护层	20 厚 1:2.5 水泥砂浆保护层找平		
		6	防水层	FS6/FS7 两道		
		7	隔离层	10 厚石灰砂浆（白灰砂浆），石灰膏：砂=1:4		
		8	保护层	40 厚 C20 细石混凝土（加 5%防水剂），内配 Φ4 钢筋双向@200，提浆压光		
		9	找平层	10 厚 1:2.5 水泥砂浆人工找平（高差 2 mm 以内）		
		10	面层	专用粘胶剂粘贴 4 厚耐候型防滑 PVC 塑胶地面		

类型	名称	序号	基本构造层次	构造做法	最小厚度	备注
运动屋面②	保温上人PVC运动屋面（一级防水）	1	结构层	钢筋混凝土屋面板，基层处理干净，刷纯水泥浆一道（水灰比0.4～0.5）	147.5	第5条：设双向分仓缝，不大于@1 000 第8条：按柱网分仓且不大于6 000×6 000，仓缝20宽，用防水油膏嵌实
		2	找坡层	最薄处20厚，1:8乳化沥青憎水性膨胀珍珠岩找坡		
		3	找平层	20厚1:2.5水泥砂浆找平		
		4	保温层	××厚整体式现喷硬质聚氨酯泡沫塑料		
		5	防水层	1.5厚单组分聚氨酯防水涂膜		
		6	防水层	2厚自粘（聚酯胎）改性沥青防水卷材一道		
		7	隔离层	10厚石灰砂浆（白灰砂浆），石灰膏:砂=1:4		
		8	保护层	40厚C20细石混凝土（加5%防水剂），内配Φ4钢筋双向@200，提浆压光		
		9	找平层	10厚1:2.5水泥砂浆人工找平（高差2 mm以内）		
		10	面层	专用粘胶剂粘贴4厚耐候型防滑PVC塑胶地面		
	保温上人PVC运动屋面（一级防水）	1	结构层	钢筋混凝土屋面板，基层处理干净，刷纯水泥浆一道（水灰比0.4～0.5）	158～160	第5条：设双向分仓缝，不大于@1 000 第8条：按柱网分仓且不大于6 000×6 000，仓缝20宽，用防水油膏嵌实
		2	找坡层	最薄处30厚，1:3水泥炉渣找坡，提浆扫光		
		3	保温层	BW1/BW2/BW3		
		4	保护层	20厚1:2.5水泥砂浆保护层找平		
		5	防水层	FS6/FS7两道		
		6	隔离层	10厚石灰砂浆（白灰砂浆），石灰膏:砂=1:4		
		7	保护层	40厚C20细石混凝土（加5%防水剂），内配Φ4钢筋双向@200，提浆压光		
		8	找平层	10厚1:2.5水泥砂浆人工找平（高差2 mm以内）		
		9	面层	专用粘胶剂粘贴4厚耐候型防滑PVC塑胶地面		
	保温上人PVC运动屋面（一级防水）	1	结构层	钢筋混凝土屋面板，基层处理干净，刷纯水泥浆一道（水灰比0.4～0.5）	137.5	第5条：设双向分仓缝，不大于@1 000 第8条：按柱网分仓且不大于6 000×6 000，仓缝20宽，用防水油膏嵌实
		2	找坡层	最薄处30厚，1:3水泥炉渣找坡，提浆扫光		
		3	保温层	××厚整体式现喷硬质聚氨酯泡沫塑料		
		4	防水层	1.5厚单组分聚氨酯防水涂膜		
		5	防水层	2厚自粘（聚酯胎）改性沥青防水卷材一道		
		6	隔离层	10厚石灰砂浆（白灰砂浆），石灰膏:砂=1:4		
		7	保护层	40厚C20细石混凝土（加5%防水剂），内配Φ4钢筋双向@200，提浆压光		
		8	找平层	10厚1:2.5水泥砂浆人工找平（高差2 mm以内）		
		9	面层	专用粘胶剂粘贴4厚耐候型防滑PVC塑胶地面		

一级防水保温屋面④（倒置式）

序号	基本构造层次
1	结构层
2	找坡层
3	防水层
4	防水层
5	保护层
6	保温层
7	隔离层
8	保护层

优点：

　　A. 构造层次简化，施工简单。

　　B. 保护防水层。

缺点：

　　保温层上做了整浇层，相当于对保温层有了封闭，不能完全体现倒置式屋面的优点。

具体做法示例如下：

类型	名称	序号	基本构造层次	构造做法	最小厚度	备注
素面无装饰	保温不上人屋面（一级防水、倒置式）	1	结构层	钢筋混凝土屋面板，基层处理干净，刷纯水泥浆一道（水灰比 0.4~0.5）	154~156	第 8 条：按柱网分仓且不大于 6 000×6 000，仓缝 20 宽，用防水油膏嵌实
		2	找坡层	最薄处 20 厚，1:8 乳化沥青憎水性膨胀珍珠岩找坡		
		3	找平层	20 厚 1:2.5 水泥砂浆找平		
		4	防水层	FS6/FS7 两道		
		5	保护层	20 厚 1:2.5 水泥砂浆保护层找平		
		6	保温层	××厚挤塑聚苯乙烯泡沫板（XPS）四边搭接		
		7	隔离层	10 厚石灰砂浆（白灰砂浆），石灰膏：砂=1:4		
		8	保护层	40 厚 C20 细石混凝土（加 5%防水剂），内配 φ4 钢筋双向@200，提浆压光		
	保温不上人屋面（一级防水、倒置式）	1	结构层	钢筋混凝土屋面板，基层处理干净，刷纯水泥浆一道（水灰比 0.4~0.5）	153.5	第 9 条：按柱网分仓且不大于 6 000×6 000，仓缝 20 宽，用防水油膏嵌实
		2	找坡层	最薄处 20 厚，1:8 乳化沥青憎水性膨胀珍珠岩找坡		
		3	找平层	20 厚 1:2.5 水泥砂浆找平		
		4	防水层	1.5 厚单组分聚氨酯防水涂膜		
		5	防水层	2 厚自粘（聚酯胎）改性沥青防水卷材一道		
		6	保护层	20 厚 1:2.5 水泥砂浆保护层找平		
		7	保温层	××厚挤塑聚苯乙烯泡沫板（XPS）四边搭接		
		8	隔离层	10 厚石灰砂浆（白灰砂浆），石灰膏：砂=1:4		
		9	保护层	40 厚 C20 细石混凝土（加 5%防水剂），内配 φ4 钢筋双向@200，提浆压光		
	保温不上人屋面（一级防水、倒置式）	1	结构层	钢筋混凝土屋面板，基层处理干净，刷纯水泥浆一道（水灰比 0.4~0.5）	144~146	第 7 条：按柱网分仓且不大于 6 000×6 000，仓缝 20 宽，用防水油膏嵌实
		2	找坡层	最薄处 30 厚，1:3 水泥炉渣找坡，提浆扫光		
		3	防水层	FS6/FS7 两道		
		4	保护层	20 厚 1:2.5 水泥砂浆保护层找平		
		5	保温层	××厚挤塑聚苯乙烯泡沫板（XPS）四边搭接		
		6	隔离层	10 厚石灰砂浆（白灰砂浆），石灰膏：砂=1:4		
		7	保护层	40 厚 C20 细石混凝土（加 5%防水剂），内配 φ4 钢筋双向@200，提浆压光		
	保温不上人屋面（一级防水、倒置式）	1	结构层	钢筋混凝土屋面板，基层处理干净，刷纯水泥浆一道（水灰比 0.4~0.5）	143.5	第 8 条：按柱网分仓且不大于 6 000×6 000，仓缝 20 宽，用防水油膏嵌实
		2	找坡层	最薄处 30 厚，1:3 水泥炉渣找坡，提浆扫光		
		3	防水层	1.5 厚单组分聚氨酯防水涂膜		
		4	防水层	2 厚自粘（聚酯胎）改性沥青防水卷材一道		
		5	保护层	20 厚 1:2.5 水泥砂浆保护层找平		
		6	保温层	××厚挤塑聚苯乙烯泡沫板（XPS）四边搭接		
		7	隔离层	10 厚石灰砂浆（白灰砂浆），石灰膏：砂=1:4		
		8	保护层	40 厚 C20 细石混凝土（加 5%防水剂），内配 φ4 钢筋双向@200，提浆压光		
人工草皮	保温不上人人工草皮屋面（一级防水、倒置式）	1	结构层	钢筋混凝土屋面板，基层处理干净，刷纯水泥浆一道（水灰比 0.4~0.5）	169~171	第 8 条：按柱网分仓且不大于 6 000×6 000，仓缝 20 宽，用防水油膏嵌实
		2	找坡层	最薄处 20 厚，1:8 乳化沥青憎水性膨胀珍珠岩找坡		
		3	找平层	20 厚 1:2.5 水泥砂浆找平		
		4	防水层	3 厚热熔型 SBS 改性沥青防水卷材二道		
		5	保护层	20 厚 1:2.5 水泥砂浆保护层找平		
		6	保温层	××厚挤塑聚苯乙烯泡沫板（XPS）四边搭接		
		7	隔离层	10 厚石灰砂浆（白灰砂浆），石灰膏：砂=1:4		
		8	保护层	40 厚 C20 细石混凝土（加 5%防水剂），内配 φ4 钢筋双向@200，提浆压光		
		9	人工草皮	15~33 厚人工草坪，专用胶粘剂粘铺		

类型	名称	序号	基本构造层次	构造做法	最小厚度	备注
人工草皮	保温不上人人工草皮屋面（一级防水、倒置式）	1	结构层	钢筋混凝土屋面板，基层处理干净，刷纯水泥浆一道（水灰比0.4～0.5）	168.5	第9条：按柱网分仓且不大于6 000×6 000，仓缝20宽，用防水油膏嵌实
		2	找坡层	最薄处20厚，1:8乳化沥青憎水性膨胀珍珠岩找坡		
		3	找平层	20厚1:2.5水泥砂浆找平		
		4	防水层	1.5厚单组分聚氨酯防水涂膜		
		5	防水层	2厚自粘（聚酯胎）改性沥青防水卷材一道		
		6	保护层	20厚1:2.5水泥砂浆保护层找平		
		7	保温层	××厚挤塑聚苯乙烯泡沫板（XPS）四边搭接		
		8	隔离层	10厚石灰砂浆（白灰砂浆），石灰膏:砂=1:4		
		9	保护层	40厚C20细石混凝土（加5%防水剂），内配φ4钢筋双向@200，提浆压光		
		10	人工草皮	15～33厚人工草坪，专用胶粘剂粘铺		
	保温不上人人工草皮屋面（一级防水、倒置式）	1	结构层	钢筋混凝土屋面板，基层处理干净，刷纯水泥浆一道（水灰比0.4～0.5）	159～161	第7条：按柱网分仓且不大于6 000×6 000，仓缝20宽，用防水油膏嵌实
		2	找坡层	最薄处30厚，1:3水泥炉渣找坡，提浆扫光		
		3	防水层	3厚热熔型SBS改性沥青防水卷材二道		
		4	保护层	20厚1:2.5水泥砂浆保护层找平		
		5	保温层	××厚挤塑聚苯乙烯泡沫板（XPS）四边搭接		
		6	隔离层	10厚石灰砂浆（白灰砂浆），石灰膏:砂=1:4		
		7	保护层	40厚C20细石混凝土（加5%防水剂），内配φ4钢筋双向@200，提浆压光		
		8	人工草皮	15～33厚人工草坪，专用胶粘剂粘铺		
	保温不上人人工草皮屋面（一级防水、倒置式）	1	结构层	钢筋混凝土屋面板，基层处理干净，刷纯水泥浆一道（水灰比0.4～0.5）	158.5	第8条：按柱网分仓且不大于6 000×6 000，仓缝20宽，用防水油膏嵌实
		2	找坡层	最薄处30厚，1:3水泥炉渣找坡，提浆扫光		
		3	防水层	1.5厚单组分聚氨酯防水涂膜		
		4	防水层	2厚自粘（聚酯胎）改性沥青防水卷材一道		
		5	保护层	20厚1:2.5水泥砂浆保护层找平		
		6	保温层	××厚挤塑聚苯乙烯泡沫板（XPS）四边搭接		
		7	隔离层	10厚石灰砂浆（白灰砂浆），石灰膏:砂=1:4		
		8	保护层	40厚C20细石混凝土（加5%防水剂），内配φ4钢筋双向@200，提浆压光		
		9	人工草皮	15～33厚人工草坪，专用胶粘剂粘铺		
蓄水屋面	保温不上人蓄水屋面（一级防水、倒置式）	1	结构层	钢筋混凝土屋面板，基层处理干净，刷纯水泥浆一道（水灰比0.4～0.5）	240.5～242.5	第7条：按柱网分仓且不大于6 000×6 000，仓缝20宽，用防水油膏嵌实
		2	找坡层	最薄处30厚，1:3水泥炉渣找坡，提浆扫光		
		3	防水层	FS6/FS7两道		
		4	保护层	20厚1:2.5水泥砂浆保护层找平		
		5	保温层	××厚挤塑聚苯乙烯泡沫板（XPS）四边搭接		
		6	隔离层	10厚石灰砂浆（白灰砂浆），石灰膏:砂=1:4		
		7	保护层	40厚C20细石混凝土（加5%防水剂），内配φ4钢筋双向@200，提浆压光		
		8	蓄水池	60厚C25钢筋混凝土蓄水池		
		9		1.5厚聚合物水泥（JS）防水涂料		
		10		20厚1:2.5干硬水泥砂浆粘合层，1～2厚干水泥并洒清水适量		
		11		粘贴15厚600×600花岗石板，缝宽3		

建筑统一技术措施与节点构造选编

类型	名称	序号	基本构造层次	构造做法	最小厚度	备注
蓄水屋面	保温不上人蓄水屋面（一级防水、倒置式）	1	结构层	钢筋混凝土屋面板，基层处理干净，刷纯水泥浆一道（水灰比 0.4～0.5）	240	第 8 条：按柱网分仓且不大于 6 000×6 000，仓缝 20 宽，用防水油膏嵌实
		2	找坡层	最薄处 30 厚，1:3 水泥炉渣找坡，提浆扫光		
		3	防水层	1.5 厚单组分聚氨酯防水涂膜		
		4	防水层	2 厚自粘（聚酯胎）改性沥青防水卷材一道		
		5	保护层	20 厚 1:2.5 水泥砂浆保护层找平		
		6	保温层	××厚挤塑聚苯乙烯泡沫板（XPS）四边搭接		
		7	隔离层	10 厚石灰砂浆（白灰砂浆），石灰膏：砂=1:4		
		8	保护层	40 厚 C20 细石混凝土（加 5%防水剂），内配 φ4 钢筋双向@200，提浆压光		
		9	蓄水池	60 厚 C25 钢筋混凝土蓄水池		
		10		1.5 厚聚合物水泥（JS）防水涂料		
		11		20 厚 1:2.5 干硬水泥砂浆粘合层，1～2 厚干水泥并洒清水适量		
		12		粘贴 15 厚 600×600 花岗石板，缝宽 3		
通体砖①	保温上人通体砖屋面（一级防水、倒置式）	1	结构层	钢筋混凝土屋面板，基层处理干净，刷纯水泥浆一道（水灰比 0.4～0.5）	186	第 8 条：按柱网分仓且不大于 6 000×6 000，仓缝 20 宽，用防水油膏嵌实
		2	找坡层	最薄处 20 厚，1:8 乳化沥青憎水性膨胀珍珠岩找坡		
		3	找平层	20 厚 1:2.5 水泥砂浆找平		
		4	防水层	FS6/FS7 两道		
		5	保护层	20 厚 1:2.5 水泥砂浆保护层找平		
		6	保温层	××厚挤塑聚苯乙烯泡沫板（XPS）四边搭接		
		7	隔离层	10 厚石灰砂浆（白灰砂浆），石灰膏：砂=1:4		
		8	保护层	40 厚 C20 细石混凝土（加 5%防水剂），内配 φ4 钢筋双向@200，提浆压光		
		9	结合层	20 厚 1:2.5 干硬水泥砂浆粘合层，1～2 厚干水泥并洒清水适量		
		10	面层	粘贴 10 厚 300×300 防滑通体砖，缝宽 5，用 1:1 水泥砂浆勾凹缝		
	保温上人通体砖屋面（一级防水、倒置式）	1	结构层	钢筋混凝土屋面板，基层处理干净，刷纯水泥浆一道（水灰比 0.4～0.5）	183.5	第 9 条：按柱网分仓且不大于 6 000×6 000，仓缝 20 宽，用防水油膏嵌实
		2	找坡层	最薄处 20 厚，1:8 乳化沥青憎水性膨胀珍珠岩找坡		
		3	找平层	20 厚 1:2.5 水泥砂浆找平		
		4	防水层	1.5 厚单组分聚氨酯防水涂膜		
		5	防水层	2 厚自粘（聚酯胎）改性沥青防水卷材一道		
		6	保护层	20 厚 1:2.5 水泥砂浆保护层找平		
		7	保温层	××厚挤塑聚苯乙烯泡沫板（XPS）四边搭接		
		8	隔离层	10 厚石灰砂浆（白灰砂浆），石灰膏：砂=1:4		
		9	保护层	40 厚 C20 细石混凝土（加 5%防水剂），内配 φ4 钢筋双向@200，提浆压光		
		10	结合层	20 厚 1:2.5 干硬水泥砂浆粘合层，1～2 厚干水泥并洒清水适量		
		11	面层	粘贴 10 厚 300×300 防滑通体砖，缝宽 5，用 1:1 水泥砂浆勾凹缝		

类型	名称	序号	基本构造层次	构造做法	最小厚度	备注
通体砖①	保温上人通体砖屋面（一级防水、倒置式）	1	结构层	钢筋混凝土屋面板，基层处理干净，刷纯水泥浆一道（水灰比0.4~0.5）	174~176	第7条：按柱网分仓且不大于6 000×6 000，仓缝20宽，用防水油膏嵌实
		2	找坡层	最薄处30厚，1:3水泥炉渣找坡，提浆扫光		
		3	防水层	FS6/FS7两道		
		4	保护层	20厚1:2.5水泥砂浆保护层找平		
		5	保温层	××厚挤塑聚苯乙烯泡沫板（XPS）四边搭接		
		6	隔离层	10厚石灰砂浆（白灰砂浆），石灰膏:砂=1:4		
		7	保护层	40厚C20细石混凝土（加5%防水剂），内配φ4钢筋双向@200，提浆压光		
		8	结合层	20厚1:2.5干硬水泥砂浆粘合层，1~2厚干水泥并洒清水适量		
		9	面层	粘贴10厚300×300防滑通体砖，缝宽5，用1:1水泥砂浆勾凹缝		
	保温上人通体砖屋面（一级防水、倒置式）	1	结构层	钢筋混凝土屋面板，基层处理干净，刷纯水泥浆一道（水灰比0.4~0.5）	173.5	第8条：按柱网分仓且不大于6 000×6 000，仓缝20宽，用防水油膏嵌实
		2	找坡层	最薄处30厚，1:3水泥炉渣找坡，提浆扫光		
		3	防水层	1.5厚单组分聚氨酯防水涂膜		
		4	防水层	2厚自粘（聚酯胎）改性沥青防水卷材一道		
		5	保护层	20厚1:2.5水泥砂浆保护层找平		
		6	保温层	××厚挤塑聚苯乙烯泡沫板（XPS）四边搭接		
		7	隔离层	10厚石灰砂浆（白灰砂浆），石灰膏:砂=1:4		
		8	保护层	40厚C20细石混凝土（加5%防水剂），内配φ4钢筋双向@200，提浆压光		
		9	结合层	20厚1:2.5干硬水泥砂浆粘合层，1~2厚干水泥并洒清水适量		
		10	面层	粘贴10厚300×300防滑通体砖，缝宽5，用1:1水泥砂浆勾凹缝		
通体砖②	保温上人通体砖屋面（一级防水、倒置式）	1	结构层	钢筋混凝土屋面板，基层处理干净，刷纯水泥浆一道（水灰比0.4~0.5）	184~186	第8条：按柱网分仓且不大于6 000×6 000，仓缝20宽，用防水油膏嵌实
		2	找坡层	最薄处20厚，1:8乳化沥青憎水性膨胀珍珠岩找坡		
		3	找平层	20厚1:2.5水泥砂浆找平		
		4	防水层	FS6/FS7两道		
		5	保护层	20厚1:2.5水泥砂浆保护层找平		
		6	保温层	××厚挤塑聚苯乙烯泡沫板（XPS）四边搭接		
		7	隔离层	10厚石灰砂浆（白灰砂浆），石灰膏:砂=1:4		
		8	保护层	40厚C20细石混凝土（加5%防水剂），内配φ4钢筋双向@200，提浆压光		
		9	结合层	20厚1:2.5干硬水泥砂浆粘合层，1~2厚干水泥并洒清水适量		
		10	面层	粘贴10厚600×600防滑通体砖，缝宽5，用1:1水泥砂浆勾凹缝		
	保温上人通体砖屋面（一级防水、倒置式）	1	结构层	钢筋混凝土屋面板，基层处理干净，刷纯水泥浆一道（水灰比0.4~0.5）	183.5	第9条：按柱网分仓且不大于6 000×6 000，仓缝20宽，用防水油膏嵌实
		2	找坡层	最薄处20厚，1:8乳化沥青憎水性膨胀珍珠岩找坡		
		3	找平层	20厚1:2.5水泥砂浆找平		
		4	防水层	1.5厚单组分聚氨酯防水涂膜		
		5	防水层	2厚自粘（聚酯胎）改性沥青防水卷材一道		
		6	保护层	20厚1:2.5水泥砂浆保护层找平		
		7	保温层	××厚挤塑聚苯乙烯泡沫板（XPS）四边搭接		
		8	隔离层	10厚石灰砂浆（白灰砂浆），石灰膏:砂=1:4		
		9	保护层	40厚C20细石混凝土（加5%防水剂），内配φ4钢筋双向@200，提浆压光		
		10	结合层	20厚1:2.5干硬水泥砂浆粘合层，1~2厚干水泥并洒清水适量		
		11	面层	粘贴10厚600×600防滑通体砖，缝宽5，用1:1水泥砂浆勾凹缝		

类型	名称	序号	基本构造层次	构造做法	最小厚度	备注
通体砖②	保温上人通体砖屋面（一级防水、倒置式）	1	结构层	钢筋混凝土屋面板，基层处理干净，刷纯水泥浆一道（水灰比0.4~0.5）	174~176	第7条：按柱网分仓且不大于6 000×6 000，仓缝20宽，用防水油膏嵌实
		2	找坡层	最薄处30厚，1:3水泥炉渣找坡，提浆扫光		
		3	防水层	FS6/FS7两道		
		4	保护层	20厚1:2.5水泥砂浆保护层找平		
		5	保温层	××厚挤塑聚苯乙烯泡沫板（XPS）四边搭接		
		6	隔离层	10厚石灰砂浆（白灰砂浆），石灰膏：砂=1:4		
		7	保护层	40厚C20细石混凝土（加5%防水剂），内配φ4钢筋双向@200，提浆压光		
		8	结合层	20厚1:2.5干硬水泥砂浆粘合层，1~2厚干水泥并洒清水适量		
		9	面层	粘贴10厚600×600防滑通体砖，缝宽5，用1:1水泥砂浆勾凹缝		
	保温上人通体砖屋面（一级防水、倒置式）	1	结构层	钢筋混凝土屋面板，基层处理干净，刷纯水泥浆一道（水灰比0.4~0.5）	173.5	第8条：按柱网分仓且不大于6 000×6 000，仓缝20宽，用防水油膏嵌实
		2	找坡层	最薄处30厚，1:3水泥炉渣找坡，提浆扫光		
		3	防水层	1.5厚单组分聚氨酯防水涂膜		
		4	防水层	2厚自粘（聚酯胎）改性沥青防水卷材一道		
		5	保护层	20厚1:2.5水泥砂浆保护层找平		
		6	保温层	××厚挤塑聚苯乙烯泡沫板（XPS）四边搭接		
		7	隔离层	10厚石灰砂浆（白灰砂浆），石灰膏：砂=1:4		
		8	保护层	40厚C20细石混凝土（加5%防水剂），内配φ4钢筋双向@200，提浆压光		
		9	结合层	20厚1:2.5干硬水泥砂浆粘合层，1~2厚干水泥并洒清水适量		
		10	面层	粘贴10厚600×600防滑通体砖，缝宽5，用1:1水泥砂浆勾凹缝		
缸砖屋面	保温上人缸砖屋面（一级防水、倒置式）	1	结构层	钢筋混凝土屋面板，基层处理干净，刷纯水泥浆一道（水灰比0.4~0.5）	184~186	第8条：按柱网分仓且不大于6 000×6 000，仓缝20宽，用防水油膏嵌实
		2	找坡层	最薄处20厚，1:8乳化沥青憎水性膨胀珍珠岩找坡		
		3	找平层	20厚1:2.5水泥砂浆找平		
		4	防水层	3厚热熔型SBS改性沥青防水卷材二道		
		5	保护层	20厚1:2.5水泥砂浆保护层找平		
		6	保温层	××厚挤塑聚苯乙烯泡沫板（XPS）四边搭接		
		7	隔离层	10厚石灰砂浆（白灰砂浆），石灰膏：砂=1:4		
		8	保护层	40厚C20细石混凝土（加5%防水剂），内配φ4钢筋双向@200，提浆压光		
		9	结合层	20厚1:2.5水泥砂浆结合层		
		10	面层	粘贴10厚缸砖，块间留缝宽5，用1:1水泥砂浆勾凹缝		
	保温上人缸砖屋面（一级防水、倒置式）	1	结构层	钢筋混凝土屋面板，基层处理干净，刷纯水泥浆一道（水灰比0.4~0.5）	183.5	第9条：按柱网分仓且不大于6 000×6 000，仓缝20宽，用防水油膏嵌实
		2	找坡层	最薄处20厚，1:8乳化沥青憎水性膨胀珍珠岩找坡		
		3	找平层	20厚1:2.5水泥砂浆找平		
		4	防水层	1.5厚单组分聚氨酯防水涂膜		
		5	防水层	2厚自粘（聚酯胎）改性沥青防水卷材一道		
		6	保护层	20厚1:2.5水泥砂浆保护层找平		
		7	保温层	××厚挤塑聚苯乙烯泡沫板（XPS）四边搭接		
		8	隔离层	10厚石灰砂浆（白灰砂浆），石灰膏：砂=1:4		
		9	保护层	40厚C20细石混凝土（加5%防水剂），内配φ4钢筋双向@200，提浆压光		
		10	结合层	20厚1:2.5水泥砂浆结合层		
		11	面层	粘贴10厚缸砖，块间留缝宽5，用1:1水泥砂浆勾凹缝		

类型	名称	序号	基本构造层次	构造做法	最小厚度	备注
缸砖屋面	保温上人缸砖屋面（一级防水、倒置式）	1	结构层	钢筋混凝土屋面板，基层处理干净，刷纯水泥浆一道（水灰比0.4~0.5）	174~176	第7条：按柱网分仓且不大于6 000×6 000，仓缝20宽，用防水油膏嵌实
		2	找坡层	最薄处30厚，1:3水泥炉渣找坡，提浆扫光		
		3	防水层	3厚热熔型SBS改性沥青防水卷材二道		
		4	保护层	20厚1:2.5水泥砂浆保护层找平		
		5	保温层	××厚挤塑聚苯乙烯泡沫板（XPS）四边搭接		
		6	隔离层	10厚石灰砂浆（白灰砂浆），石灰膏：砂=1:4		
		7	保护层	40厚C20细石混凝土（加5%防水剂），内配Φ4钢筋双向@200，提浆压光		
		8	结合层	20厚1:2.5水泥砂浆结合层		
		9	面层	粘贴10厚缸砖，块间留缝宽5，用1:1水泥砂浆勾凹缝		
	保温上人缸砖屋面（一级防水、倒置式）	1	结构层	钢筋混凝土屋面板，基层处理干净，刷纯水泥浆一道（水灰比0.4~0.5）	173.5	第8条：按柱网分仓且不大于6 000×6 000，仓缝20宽，用防水油膏嵌实
		2	找坡层	最薄处30厚，1:3水泥炉渣找坡，提浆扫光		
		3	防水层	1.5厚单组分聚氨酯防水涂膜		
		4	防水层	2厚自粘（聚酯胎）改性沥青防水卷材一道		
		5	保护层	20厚1:2.5水泥砂浆保护层找平		
		6	保温层	××厚挤塑聚苯乙烯泡沫板（XPS）四边搭接		
		7	隔离层	10厚石灰砂浆（白灰砂浆），石灰膏：砂=1:4		
		8	保护层	40厚C20细石混凝土（加5%防水剂），内配Φ4钢筋双向@200，提浆压光		
		9	结合层	20厚1:2.5水泥砂浆结合层		
		10	面层	粘贴10厚缸砖，块间留缝宽5，用1:1水泥砂浆勾凹缝		
花岗岩贴面	保温上人花岗岩屋面（一级防水、倒置式）	1	结构层	钢筋混凝土屋面板，基层处理干净，刷纯水泥浆一道（水灰比0.4~0.5）	184~186	第8条：按柱网分仓且不大于6 000×6 000，仓缝20宽，用防水油膏嵌实
		2	找坡层	最薄处20厚，1:8乳化沥青憎水性膨胀珍珠岩找坡		
		3	找平层	20厚1:2.5水泥砂浆找平		
		4	防水层	FS6/FS7两道		
		5	保护层	20厚1:2.5水泥砂浆保护层找平		
		6	保温层	××厚挤塑聚苯乙烯泡沫板（XPS）四边搭接		
		7	隔离层	10厚石灰砂浆（白灰砂浆），石灰膏：砂=1:4		
		8	保护层	40厚C20细石混凝土（加5%防水剂），内配Φ4钢筋双向@200，提浆压光		
		9	结合层	20厚1:2.5干硬水泥砂浆粘合层，1~2厚干水泥并洒清水适量		
		10	面层	粘贴15厚600×600花岗石板，6面需做油性渗透型保护剂（例如辛基硅烷）缝宽3		
	保温上人花岗岩屋面（一级防水、倒置式）	1	结构层	钢筋混凝土屋面板，基层处理干净，刷纯水泥浆一道（水灰比0.4~0.5）	183.5	第9条：按柱网分仓且不大于6 000×6 000，仓缝20宽，用防水油膏嵌实
		2	找坡层	最薄处20厚，1:8乳化沥青憎水性膨胀珍珠岩找坡		
		3	找平层	20厚1:2.5水泥砂浆找平		
		4	防水层	1.5厚单组分聚氨酯防水涂膜		
		5	防水层	2厚自粘（聚酯胎）改性沥青防水卷材一道		
		6	保护层	20厚1:2.5水泥砂浆保护层找平		
		7	保温层	××厚挤塑聚苯乙烯泡沫板（XPS）四边搭接		
		8	隔离层	10厚石灰砂浆（白灰砂浆），石灰膏：砂=1:4		
		9	保护层	40厚C20细石混凝土（加5%防水剂），内配Φ4钢筋双向@200，提浆压光		
		10	结合层	20厚1:2.5干硬水泥砂浆粘合层，1~2厚干水泥并洒清水适量		
		11	面层	粘贴15厚600×600花岗石板，6面需做油性渗透型保护剂（例如辛基硅烷）缝宽3		

类型	名称	序号	基本构造层次	构造做法	最小厚度	备注
花岗岩贴面	保温上人花岗岩屋面（一级防水、倒置式）	1	结构层	钢筋混凝土屋面板，基层处理干净，刷纯水泥浆一道（水灰比0.4~0.5）	174~176	第7条：按柱网分仓且不大于6 000×6 000，仓缝20宽，用防水油膏嵌实
		2	找坡层	最薄处30厚，1:3水泥炉渣找坡，提浆扫光		
		3	防水层	FS6/FS7两道		
		4	保护层	20厚1:2.5水泥砂浆保护层找平		
		5	保温层	××厚挤塑聚苯乙烯泡沫板（XPS）四边搭接		
		6	隔离层	10厚石灰砂浆（白灰砂浆），石灰膏:砂=1:4		
		7	保护层	40厚C20细石混凝土（加5%防水剂），内配φ4钢筋双向@200，提浆压光		
		8	结合层	20厚1:2.5干硬水泥砂浆粘合层，1~2厚干水泥并洒清水适量		
		9	面层	粘贴15厚600×600花岗石板，6面需做油性渗透型保护剂（例如辛基硅烷）缝宽3		
	保温上人花岗岩屋面（一级防水、倒置式）	1	结构层	钢筋混凝土屋面板，基层处理干净，刷纯水泥浆一道（水灰比0.4~0.5）	173.5	第8条：按柱网分仓且不大于6 000×6 000，仓缝20宽，用防水油膏嵌实
		2	找坡层	最薄处30厚，1:3水泥炉渣找坡，提浆扫光		
		3	防水层	1.5厚单组分聚氨酯防水涂膜		
		4	防水层	2厚自粘（聚酯胎）改性沥青防水卷材一道		
		5	保护层	20厚1:2.5水泥砂浆保护层找平		
		6	保温层	××厚挤塑聚苯乙烯泡沫板（XPS）四边搭接		
		7	隔离层	10厚石灰砂浆（白灰砂浆），石灰膏:砂=1:4		
		8	保护层	40厚C20细石混凝土（加5%防水剂），内配φ4钢筋双向@200，提浆压光		
		9	结合层	20厚1:2.5干硬水泥砂浆粘合层，1~2厚干水泥并洒清水适量		
		10	面层	粘贴15厚600×600花岗石板，6面需做油性渗透型保护剂（例如辛基硅烷）缝宽3		
卵石粘贴	保温上人卵石屋面（一级防水、倒置式）	1	结构层	钢筋混凝土屋面板，基层处理干净，刷纯水泥浆一道（水灰比0.4~0.5）	174~176	第8条：按柱网分仓且不大于6 000×6 000，仓缝20宽，用防水油膏嵌实
		2	找坡层	最薄处20厚，1:8乳化沥青憎水性膨胀珍珠岩找坡		
		3	找平层	20厚1:2.5水泥砂浆找平		
		4	防水层	FS6/FS7两道		
		5	保护层	20厚1:2.5水泥砂浆保护层找平		
		6	保温层	××厚挤塑聚苯乙烯泡沫板（XPS）四边搭接		
		7	隔离层	10厚石灰砂浆（白灰砂浆），石灰膏:砂=1:4		
		8	保护层	40厚C20细石混凝土（加5%防水剂），内配φ4钢筋双向@200，提浆压光		
		9	结合层	20厚1:2.5水泥砂浆结合层		
		10	面层	粒径××卵石，1/2~2/3嵌入粘贴砂浆		
	保温上人卵石屋面（一级防水、倒置式）	1	结构层	钢筋混凝土屋面板，基层处理干净，刷纯水泥浆一道（水灰比0.4~0.5）	173.5	第9条：按柱网分仓且不大于6 000×6 000，仓缝20宽，用防水油膏嵌实
		2	找坡层	最薄处20厚，1:8乳化沥青憎水性膨胀珍珠岩找坡		
		3	找平层	20厚1:2.5水泥砂浆找平		
		4	防水层	1.5厚单组分聚氨酯防水涂膜		
		5	防水层	2厚自粘（聚酯胎）改性沥青防水卷材一道		
		6	保护层	20厚1:2.5水泥砂浆保护层找平		
		7	保温层	××厚挤塑聚苯乙烯泡沫板（XPS）四边搭接		
		8	隔离层	10厚石灰砂浆（白灰砂浆），石灰膏:砂=1:4		
		9	保护层	40厚C20细石混凝土（加5%防水剂），内配φ4钢筋双向@200，提浆压光		
		10	结合层	20厚1:2.5水泥砂浆结合层		
		11	面层	粒径××卵石，1/2~2/3嵌入粘贴砂浆		

类型	名称	序号	基本构造层次	构造做法	最小厚度	备注
卵石粘贴	保温上人卵石屋面（一级防水、倒置式）	1	结构层	钢筋混凝土屋面板，基层处理干净，刷纯水泥浆一道（水灰比0.4~0.5）	164~166	第7条：按柱网分仓且不大于6 000×6 000，仓缝20宽，用防水油膏嵌实
		2	找坡层	最薄处30厚，1:3水泥炉渣找坡，提浆扫光		
		3	防水层	FS6/FS7两道		
		4	保护层	20厚1:2.5水泥砂浆保护层找平		
		5	保温层	××厚挤塑聚苯乙烯泡沫板（XPS）四边搭接		
		6	隔离层	10厚石灰砂浆（白灰砂浆），石灰膏:砂=1:4		
		7	保护层	40厚C20细石混凝土（加5%防水剂），内配φ4钢筋双向@200，提浆压光		
		8	结合层	20厚1:2.5水泥砂浆结合层		
		9	面层	粒径××卵石，1/2~2/3嵌入粘贴砂浆		
	保温上人卵石屋面（一级防水、倒置式）	1	结构层	钢筋混凝土屋面板，基层处理干净，刷纯水泥浆一道（水灰比0.4~0.5）	163.5	第8条：按柱网分仓且不大于6 000×6 000，仓缝20宽，用防水油膏嵌实
		2	找坡层	最薄处30厚，1:3水泥炉渣找坡，提浆扫光		
		3	防水层	1.5厚单组分聚氨酯防水涂膜		
		4	防水层	2厚自粘（聚酯胎）改性沥青防水卷材一道		
		5	保护层	20厚1:2.5水泥砂浆保护层找平		
		6	保温层	××厚挤塑聚苯乙烯泡沫板（XPS）四边搭接		
		7	隔离层	10厚石灰砂浆（白灰砂浆），石灰膏:砂=1:4		
		8	保护层	40厚C20细石混凝土（加5%防水剂），内配φ4钢筋双向@200，提浆压光		
		9	结合层	20厚1:2.5水泥砂浆结合层		
		10	面层	粒径××卵石，1/2~2/3嵌入粘贴砂浆		
架空花岗岩①	保温上人架空花岗岩屋面（一级防水、倒置式）	1	结构层	钢筋混凝土屋面板，基层处理干净，刷纯水泥浆一道（水灰比0.4~0.5）	324~326	第8条：按柱网分仓且不大于6 000×6 000，仓缝20宽，用防水油膏嵌实
		2	找坡层	最薄处20厚，1:8乳化沥青憎水性膨胀珍珠岩找坡		
		3	找平层	20厚1:2.5水泥砂浆找平		
		4	防水层	FS6/FS7两道		
		5	保护层	20厚1:2.5水泥砂浆保护层找平		
		6	保温层	××厚挤塑聚苯乙烯泡沫板（XPS）四边搭接		
		7	隔离层	10厚石灰砂浆（白灰砂浆），石灰膏:砂=1:4		
		8	保护层	40厚C20细石混凝土（加5%防水剂），内配φ4钢筋双向@200，提浆压光		
		9	架空花岗岩	240×240砖支墩双向@600，60厚压顶，高度×××~×××		
		10		专用不锈钢卡件		
		11		50厚花岗石,6面需做油性渗透型保护剂(例如辛基硅烷)，缝宽5		
	保温上人架空花岗岩屋面（一级防水、倒置式）	1	结构层	钢筋混凝土屋面板，基层处理干净，刷纯水泥浆一道（水灰比0.4~0.5）	323.5	第9条：按柱网分仓且不大于6 000×6 000，仓缝20宽，用防水油膏嵌实
		2	找坡层	最薄处20厚，1:8乳化沥青憎水性膨胀珍珠岩找坡		
		3	找平层	20厚1:2.5水泥砂浆找平		
		4	防水层	1.5厚单组分聚氨酯防水涂膜		
		5	防水层	2厚自粘（聚酯胎）改性沥青防水卷材一道		
		6	保护层	20厚1:2.5水泥砂浆保护层找平		
		7	保温层	××厚挤塑聚苯乙烯泡沫板（XPS）四边搭接		

类型	名称	序号	基本构造层次	构造做法	最小厚度	备注
架空花岗岩①	保温上人架空花岗岩屋面（一级防水、倒置式）	8	隔离层	10厚石灰砂浆（白灰砂浆），石灰膏：砂=1:4		
		9	保护层	40厚C20细石混凝土（加5%防水剂），内配φ4钢筋双向@200，提浆压光		
		10		240×240砖支墩双向@600，60厚压顶，高度×××～×××		
		11	架空花岗岩	专用不锈钢卡件		
		12		50厚花岗石,6面需做油性渗透型保护剂(例如辛基硅烷)，缝宽5		
	保温上人架空花岗岩屋面（一级防水、倒置式）	1	结构层	钢筋混凝土屋面板，基层处理干净，刷纯水泥浆一道（水灰比0.4～0.5）	316	第7条：按柱网分仓且不大于6 000×6 000，仓缝20宽，用防水油膏嵌实
		2	找坡层	最薄处30厚，1:3水泥炉渣找坡，提浆扫光		
		3	防水层	FS6/FS7两道		
		4	保护层	20厚1:2.5水泥砂浆保护层找平		
		5	保温层	××厚挤塑聚苯乙烯泡沫板（XPS）四边搭接		
		6	隔离层	10厚石灰砂浆（白灰砂浆），石灰膏：砂=1:4		
		7	保护层	40厚C20细石混凝土（加5%防水剂），内配φ4钢筋双向@200，提浆压光		
		8		240×240砖支墩双向@600，60厚压顶，高度×××～×××		
		9	架空花岗岩	专用不锈钢卡件		
		10		50厚花岗石,6面需做油性渗透型保护剂(例如辛基硅烷)，缝宽5		
	保温上人架空花岗岩屋面（一级防水、倒置式）	1	结构层	钢筋混凝土屋面板，基层处理干净，刷纯水泥浆一道（水灰比0.4～0.5）	313.5	第8条：按柱网分仓且不大于6 000×6 000，仓缝20宽，用防水油膏嵌实
		2	找坡层	最薄处30厚，1:3水泥炉渣找坡，提浆扫光		
		3	防水层	1.5厚单组分聚氨酯防水涂膜		
		4	防水层	2厚自粘（聚酯胎）改性沥青防水卷材一道		
		5	保护层	20厚1:2.5水泥砂浆保护层找平		
		6	保温层	××厚挤塑聚苯乙烯泡沫板（XPS）四边搭接		
		7	隔离层	10厚石灰砂浆（白灰砂浆），石灰膏：砂=1:4		
		8	保护层	40厚C20细石混凝土（加5%防水剂），内配φ4钢筋双向@200，提浆压光		
		9		240×240砖支墩双向@600，60厚压顶，高度×××～×××		
		10	架空花岗岩	专用不锈钢卡件		
		11		50厚花岗石,6面需做油性渗透型保护剂(例如辛基硅烷)，缝宽5		
架空花岗岩②	保温上人架空花岗岩屋面（一级防水、倒置式）	1	结构层	钢筋混凝土屋面板，基层处理干净，刷纯水泥浆一道（水灰比0.4～0.5）	264～266	第8条：按柱网分仓且不大于6 000×6 000，仓缝20宽，用防水油膏嵌实
		2	找坡层	最薄处20厚，1:8乳化沥青憎水性膨胀珍珠岩找坡		
		3	找平层	20厚1:2.5水泥砂浆找平		
		4	防水层	FS6/FS7两道		
		5	保护层	20厚1:2.5水泥砂浆保护层找平		
		6	保温层	××厚挤塑聚苯乙烯泡沫板（XPS）四边搭接		
		7	隔离层	10厚石灰砂浆（白灰砂浆），石灰膏：砂=1:4		
		8	保护层	40厚C20细石混凝土（加5%防水剂），内配φ4钢筋双向@200，提浆压光		
		9	架空花岗岩	240×240砖支墩双向@600，高度×××～×××		
		10		50厚花岗石，缝宽5，1:2.5水泥砂浆座浆		

类型	名称	序号	基本构造层次	构造做法	最小厚度	备注
架空花岗岩②	保温上人架空花岗岩屋面（一级防水、倒置式）	1	结构层	钢筋混凝土屋面板，基层处理干净，刷纯水泥浆一道（水灰比 0.4～0.5）	263.5	第9条：按柱网分仓且不大于6 000×6 000，仓缝20宽，用防水油膏嵌实
		2	找坡层	最薄处20厚，1：8乳化沥青憎水性膨胀珍珠岩找坡		
		3	找平层	20厚1：2.5水泥砂浆找平		
		4	防水层	1.5厚单组分聚氨酯防水涂膜		
		5	防水层	2厚自粘（聚酯胎）改性沥青防水卷材一道		
		6	保护层	20厚1：2.5水泥砂浆保护层找平		
		7	保温层	××厚挤塑聚苯乙烯泡沫板（XPS）四边搭接		
		8	隔离层	10厚石灰砂浆（白灰砂浆），石灰膏：砂=1：4		
		9	保护层	40厚 C20细石混凝土（加5%防水剂），内配φ4钢筋双向@200，提浆压光		
		10	架空花岗岩	240×240砖支墩双向@600，高度×××～×××		
		11		50厚花岗石，缝宽5，1：2.5水泥砂浆座浆		
	保温上人架空花岗岩屋面（一级防水、倒置式）	1	结构层	钢筋混凝土屋面板，基层处理干净，刷纯水泥浆一道（水灰比 0.4～0.5）	254～256	第7条：按柱网分仓且不大于6 000×6 000，仓缝20宽，用防水油膏嵌实
		2	找坡层	最薄处30厚，1：3水泥炉渣找坡，提浆扫光		
		3	防水层	FS6/FS7两道		
		4	保护层	20厚1：2.5水泥砂浆保护层找平		
		5	保温层	××厚挤塑聚苯乙烯泡沫板（XPS）四边搭接		
		6	隔离层	10厚石灰砂浆（白灰砂浆），石灰膏：砂=1：4		
		7	保护层	40厚 C20细石混凝土（加5%防水剂），内配φ4钢筋双向@200，提浆压光		
		8	架空花岗岩	240×240砖支墩双向@600，高度×××～×××		
		9		50厚花岗石，缝宽5，1：2.5水泥砂浆座浆		
	保温上人架空花岗岩屋面（一级防水、倒置式）	1	结构层	钢筋混凝土屋面板，基层处理干净，刷纯水泥浆一道（水灰比 0.4～0.5）	253.5	第8条：按柱网分仓且不大于6 000×6 000，仓缝20宽，用防水油膏嵌实
		2	找坡层	最薄处30厚，1：3水泥炉渣找坡，提浆扫光		
		3	防水层	1.5厚单组分聚氨酯防水涂膜		
		4	防水层	2厚自粘（聚酯胎）改性沥青防水卷材一道		
		5	保护层	20厚1：2.5水泥砂浆保护层找平		
		6	保温层	××厚挤塑聚苯乙烯泡沫板（XPS）四边搭接		
		7	隔离层	10厚石灰砂浆（白灰砂浆），石灰膏：砂=1：4		
		8	保护层	40厚 C20细石混凝土（加5%防水剂），内配φ4钢筋双向@200，提浆压光		
		9	架空花岗岩	240×240砖支墩双向@600，高度×××～×××		
		10		50厚花岗石，缝宽5，1：2.5水泥砂浆座浆		
架空竹地板	保温上人架空竹地板屋面（一级防水、倒置式）	1	结构层	钢筋混凝土屋面板，基层处理干净，刷纯水泥浆一道（水灰比 0.4～0.5）	292～294	第8条：按柱网分仓且不大于6 000×6 000，仓缝20宽，用防水油膏嵌实
		2	找坡层	最薄处20厚，1：8乳化沥青憎水性膨胀珍珠岩找坡		
		3	找平层	20厚1：2.5水泥砂浆找平		
		4	防水层	FS6/FS7两道		
		5	保护层	20厚1：2.5水泥砂浆保护层找平		
		6	保温层	××厚挤塑聚苯乙烯泡沫板（XPS）四边搭接		
		7	隔离层	10厚石灰砂浆（白灰砂浆），石灰膏：砂=1：4		
		8	保护层	40厚 C20细石混凝土（加5%防水剂），内配φ4钢筋双向@200，提浆压光		
		9	架空竹地板	240×240砖墩或C10混凝土支墩，双向@600，高度××～×××		
		10		60（高）×50（宽）樟子松防腐木龙骨角钢固定在砖墩上		
		11		140（宽）×18（厚）成品炭化复合竹地板@150缝10		

左侧竖排文字：建筑统一技术措施与节点构造选编

类型	名称	序号	基本构造层次	构造做法	最小厚度	备注
架空竹地板	保温上人架空竹地板屋面（一级防水、倒置式）	1	结构层	钢筋混凝土屋面板，基层处理干净，刷纯水泥浆一道（水灰比0.4~0.5）	291.5	第9条：按柱网分仓且不大于6 000×6 000，仓缝20宽，用防水油膏嵌实
		2	找坡层	最薄处20厚，1:8乳化沥青憎水性膨胀珍珠岩找坡		
		3	找平层	20厚1:2.5水泥砂浆找平		
		4	防水层	1.5厚单组分聚氨酯防水涂膜		
		5	防水层	2厚自粘（聚酯胎）改性沥青防水卷材一道		
		6	保护层	20厚1:2.5水泥砂浆保护层找平		
		7	保温层	××厚挤塑聚苯乙烯泡沫板（XPS）四边搭接		
		8	隔离层	10厚石灰砂浆（白灰砂浆），石灰膏:砂=1:4		
		9	保护层	40厚C20细石混凝土（加5%防水剂），内配φ4钢筋双向@200，提浆压光		
		10		240×240砖墩或C10混凝土支墩，双向@600，高度××~×××		
		11	架空竹地板	60（高）×50（宽）樟子松防腐木龙骨角钢固定在砖墩上		
		12		140（宽）×18（厚）成品炭化复合竹地板@150缝10		
	保温上人架空竹地板屋面（一级防水、倒置式）	1	结构层	钢筋混凝土屋面板，基层处理干净，刷纯水泥浆一道（水灰比0.4~0.5）	282~284	第7条：按柱网分仓且不大于6 000×6 000，仓缝20宽，用防水油膏嵌实
		2	找坡层	最薄处30厚，1:3水泥炉渣找坡，提浆扫光		
		3	防水层	FS6/FS7两道		
		4	保护层	20厚1:2.5水泥砂浆保护层找平		
		5	保温层	××厚挤塑聚苯乙烯泡沫板（XPS）四边搭接		
		6	隔离层	10厚石灰砂浆（白灰砂浆），石灰膏:砂=1:4		
		7	保护层	40厚C20细石混凝土（加5%防水剂），内配φ4钢筋双向@200，提浆压光		
		8		240×240砖墩或C10混凝土支墩，双向@600，高度××~×××		
		9	架空竹地板	60（高）×50（宽）樟子松防腐木龙骨角钢固定在砖墩上		
		10		140（宽）×18（厚）成品炭化复合竹地板@150缝10		
	保温上人架空竹地板屋面（一级防水、倒置式）	1	结构层	钢筋混凝土屋面板，基层处理干净，刷纯水泥浆一道（水灰比0.4~0.5）	281.5	第8条：按柱网分仓且不大于6 000×6 000，仓缝20宽，用防水油膏嵌实
		2	找坡层	最薄处30厚，1:3水泥炉渣找坡，提浆扫光		
		3	防水层	1.5厚单组分聚氨酯防水涂膜		
		4	防水层	2厚自粘（聚酯胎）改性沥青防水卷材一道		
		5	保护层	20厚1:2.5水泥砂浆保护层找平		
		6	保温层	××厚挤塑聚苯乙烯泡沫板（XPS）四边搭接		
		7	隔离层	10厚石灰砂浆（白灰砂浆），石灰膏:砂=1:4		
		8	保护层	40厚C20细石混凝土（加5%防水剂），内配φ4钢筋双向@200，提浆压光		
		9		240×240砖墩或C10混凝土支墩，双向@600，高度××~×××		
		10	架空竹地板	60（高）×50（宽）樟子松防腐木龙骨角钢固定在砖墩上		
		11		140（宽）×18（厚）成品炭化复合竹地板@150缝10		

类型	名称	序号	基本构造层次	构造做法	最小厚度	备注
架空木地板	保温上人架空木地板屋面（一级防水、倒置式）	1	结构层	钢筋混凝土屋面板，基层处理干净，刷纯水泥浆一道（水灰比0.4～0.5）	284～286	第8条：按柱网分仓且不大于6 000×6 000，仓缝20宽，用防水油膏嵌实
		2	找坡层	最薄处20厚，1:8乳化沥青憎水性膨胀珍珠岩找坡		
		3	找平层	20厚1:2.5水泥砂浆找平		
		4	防水层	FS6/FS7两道		
		5	保护层	20厚1:2.5水泥砂浆保护层找平		
		6	保温层	××厚挤塑聚苯乙烯泡沫板（XPS）四边搭接		
		7	隔离层	10厚石灰砂浆（白灰砂浆），石灰膏:砂=1:4		
		8	保护层	40厚C20细石混凝土（加5%防水剂），内配Φ4钢筋双向@200，提浆压光		
		9	架空木地板	240×240砖墩或C10混凝土支墩，双向@600，高度××竖×～×××		
		10		60（宽）×50（高）防腐木檩条上沉头不锈钢螺钉固定		
		11		20厚90宽防腐木板@100，板间缝10宽		
	保温上人架空木地板屋面（一级防水、倒置式）	1	结构层	钢筋混凝土屋面板，基层处理干净，刷纯水泥浆一道（水灰比0.4～0.5）	283.5	第9条：按柱网分仓且不大于6 000×6 000，仓缝20宽，用防水油膏嵌实
		2	找坡层	最薄处20厚，1:8乳化沥青憎水性膨胀珍珠岩找坡		
		3	找平层	20厚1:2.5水泥砂浆找平		
		4	防水层	1.5厚单组分聚氨酯防水涂膜		
		5	防水层	2厚自粘（聚酯胎）改性沥青防水卷材一道		
		6	保护层	20厚1:2.5水泥砂浆保护层找平		
		7	保温层	××厚挤塑聚苯乙烯泡沫板（XPS）四边搭接		
		8	隔离层	10厚石灰砂浆（白灰砂浆），石灰膏:砂=1:4		
		9	保护层	40厚C20细石混凝土（加5%防水剂），内配Φ4钢筋双向@200，提浆压光		
		10	架空木地板	240×240砖墩或C10混凝土支墩，双向@600，高度××竖×～×××		
		11		60（宽）×50（高）防腐木檩条上沉头不锈钢螺钉固定		
		12		20厚90宽防腐木板@100，板间缝10宽		
	保温上人架空木地板屋面（一级防水、倒置式）	1	结构层	钢筋混凝土屋面板，基层处理干净，刷纯水泥浆一道（水灰比0.4～0.5）	274～276	第7条：按柱网分仓且不大于6 000×6 000，仓缝20宽，用防水油膏嵌实
		2	找坡层	最薄处30厚，1:3水泥炉渣找坡，提浆扫光		
		3	防水层	FS6/FS7两道		
		4	保护层	20厚1:2.5水泥砂浆保护层找平		
		5	保温层	××厚挤塑聚苯乙烯泡沫板（XPS）四边搭接		
		6	隔离层	10厚石灰砂浆（白灰砂浆），石灰膏:砂=1:4		
		7	保护层	40厚C20细石混凝土（加5%防水剂），内配Φ4钢筋双向@200，提浆压光		
		8	架空木地板	240×240砖墩或C10混凝土支墩，双向@600，高度××竖×～×××		
		9		60（宽）×50（高）防腐木檩条上沉头不锈钢螺钉固定		
		10		20厚90宽防腐木板@100，板间缝10宽		
	保温上人架空木地板屋面（一级防水、倒置式）	1	结构层	钢筋混凝土屋面板，基层处理干净，刷纯水泥浆一道（水灰比0.4～0.5）	273.5	第8条：按柱网分仓且不大于6 000×6 000，仓缝20宽，用防水油膏嵌实
		2	找坡层	最薄处30厚，1:3水泥炉渣找坡，提浆扫光		
		3	防水层	1.5厚单组分聚氨酯防水涂膜		
		4	防水层	2厚自粘（聚酯胎）改性沥青防水卷材一道		

左侧竖排文字：**建筑统一技术措施与节点构造选编**

类型	名称	序号	基本构造层次	构造做法	最小厚度	备注
架空木地板	保温上人架空木地板屋面（一级防水、倒置式）	5	保护层	20厚1:2.5水泥砂浆保护层找平	273.5	
		6	保温层	××厚挤塑聚苯乙烯泡沫板（XPS）四边搭接		
		7	隔离层	10厚石灰砂浆（白灰砂浆），石灰膏:砂=1:4		
		8	保护层	40厚C20细石混凝土（加5%防水剂），内配Φ4钢筋双向@200，提浆压光		
		9	架空木地板	240×240砖墩或C10混凝土支墩，双向@600，高度××× ~ ×××		
		10		60（宽）×50（高）防腐木檩条上沉头不锈钢螺钉固定		
		11		20厚90宽防腐木板@100，板间缝10宽		
种植停车屋面	保温上人种植停车屋面（一级防水、倒置式）	1	结构层	钢筋混凝土屋面板，基层处理干净，刷纯水泥浆一道（水灰比0.4~0.5）	272~274	第8条：按柱网分仓且不大于6 000×6 000，仓缝20宽，用防水油膏嵌实
		2	找坡层	最薄处20厚，1:8乳化沥青憎水性膨胀珍珠岩找坡		
		3	找平层	20厚1:2.5水泥砂浆找平		
		4	防水层	FS6/FS7两道		
		5	保护层	20厚1:2.5水泥砂浆保护层找平		
		6	保温层	××厚挤塑聚苯乙烯泡沫板（XPS）四边搭接		
		7	隔离层	10厚石灰砂浆（白灰砂浆），石灰膏:砂=1:4		
		8	保护层	40厚C20细石混凝土（加5%防水剂），内配Φ4钢筋双向@200，提浆压光		
		9	蓄排水层	18厚塑料板排水层，凸点向上		
		10	过滤层	土工布过滤层		
		11	种植土	100厚种草土，表面嵌入70厚塑料种草算子		
	保温上人种植停车屋面（一级防水、倒置式）	1	结构层	钢筋混凝土屋面板，基层处理干净，刷纯水泥浆一道（水灰比0.4~0.5）	271.5	第9条：按柱网分仓且不大于6 000×6 000，仓缝20宽，用防水油膏嵌实
		2	找坡层	最薄处20厚，1:8乳化沥青憎水性膨胀珍珠岩找坡		
		3	找平层	20厚1:2.5水泥砂浆找平		
		4	防水层	1.5厚单组分聚氨酯防水涂膜		
		5	防水层	2厚自粘（聚酯胎）改性沥青防水卷材一道		
		6	保护层	20厚1:2.5水泥砂浆保护层找平		
		7	保温层	××厚挤塑聚苯乙烯泡沫板（XPS）四边搭接		
		8	隔离层	10厚石灰砂浆（白灰砂浆），石灰膏:砂=1:4		
		9	保护层	40厚C20细石混凝土（加5%防水剂），内配Φ4钢筋双向@200，提浆压光		
		10	蓄排水层	18厚塑料板排水层，凸点向上		
		11	过滤层	土工布过滤层		
		12	种植土	100厚种草土，表面嵌入70厚塑料种草算子		
	保温上人种植停车屋面（一级防水、倒置式）	1	结构层	钢筋混凝土屋面板，基层处理干净，刷纯水泥浆一道（水灰比0.4~0.5）	262~264	第7条：按柱网分仓且不大于6 000×6 000，仓缝20宽，用防水油膏嵌实
		2	找坡层	最薄处30厚，1:3水泥炉渣找坡，提浆扫光		
		3	防水层	FS6/FS7两道		
		4	保护层	20厚1:2.5水泥砂浆保护层找平		
		5	保温层	××厚挤塑聚苯乙烯泡沫板（XPS）四边搭接		
		6	隔离层	10厚石灰砂浆（白灰砂浆），石灰膏:砂=1:4		
		7	保护层	40厚C20细石混凝土（加5%防水剂），内配Φ4钢筋双向@200，提浆压光		
		8	蓄排水层	18厚塑料板排水层，凸点向上		
		9	过滤层	土工布过滤层		
		10	种植土	100厚种草土，表面嵌入70厚塑料种草算子		

类型	名称	序号	基本构造层次	构造做法	最小厚度	备注
种植停车屋面	保温上人种植停车屋面（一级防水、倒置式）	1	结构层	钢筋混凝土屋面板，基层处理干净，刷纯水泥浆一道（水灰比0.4~0.5）	261.5	第8条：按柱网分仓且不大于6 000×6 000，仓缝20宽，用防水油膏嵌实
		2	找坡层	最薄处30厚，1:3水泥炉渣找坡，提浆扫光		
		3	防水层	1.5厚单组分聚氨酯防水膜		
		4	防水层	2厚自粘（聚酯胎）改性沥青防水卷材一道		
		5	保护层	20厚1:2.5水泥砂浆保护层找平		
		6	保温层	××厚挤塑聚苯乙烯泡沫板（XPS）四边搭接		
		7	隔离层	10厚石灰砂浆（白灰砂浆），石灰膏:砂=1:4		
		8	保护层	40厚C20细石混凝土（加5%防水剂），内配Φ4钢筋双向@200，提浆压光		
		9	蓄排水层	18厚塑料板排水层，凸点向上		
		10	过滤层	土工布过滤层		
		11	种植土	100厚种草土，表面嵌入70厚塑料种草算子		
停车屋面	保温上人停车屋面（一级防水、倒置式）	1	结构层	钢筋混凝土屋面板，基层处理干净，刷纯水泥浆一道（水灰比0.4~0.5）	224~236	第8条：按柱网分仓且不大于3 000×3 000，仓缝12宽，用防水油膏嵌实
		2	找坡层	最薄处20厚，1:8乳化沥青憎水性膨胀珍珠岩找坡		
		3	找平层	20厚1:2.5水泥砂浆找平		
		4	防水层	FS6/FS7两道		
		5	保护层	20厚1:2.5水泥砂浆保护层找平		
		6	保温层	××厚挤塑聚苯乙烯泡沫板（XPS）四边搭接		
		7	隔离层	10厚石灰砂浆（白灰砂浆），石灰膏:砂=1:4		
		8	保护层	120厚C20细石混凝土（加5%防水剂），内配Φ10钢筋双向@200，提浆压光		
		9	耐磨层	有色非金属耐磨层		
		10	固化剂	表面施工混凝土密封固化剂		
	保温上人停车屋面（一级防水、倒置式）	1	结构层	钢筋混凝土屋面板，基层处理干净，刷纯水泥浆一道（水灰比0.4~0.5）	233.5	第9条：按柱网分仓且不大于3 000×3 000，仓缝12宽，用防水油膏嵌实
		2	找坡层	最薄处20厚，1:8乳化沥青憎水性膨胀珍珠岩找坡		
		3	找平层	20厚1:2.5水泥砂浆找平		
		4	防水层	1.5厚单组分聚氨酯防水涂膜		
		5	防水层	2厚自粘（聚酯胎）改性沥青防水卷材一道		
		6	保护层	20厚1:2.5水泥砂浆保护层找平		
		7	保温层	××厚挤塑聚苯乙烯泡沫板（XPS）四边搭接		
		8	隔离层	10厚石灰砂浆（白灰砂浆），石灰膏:砂=1:4		
		9	保护层	120厚C20细石混凝土（加5%防水剂），内配Φ10钢筋双向@200，提浆压光		
		10	耐磨层	有色非金属耐磨层		
		11	固化剂	表面施工混凝土密封固化剂		
	保温上人停车屋面（一级防水、倒置式）	1	结构层	钢筋混凝土屋面板，基层处理干净，刷纯水泥浆一道（水灰比0.4~0.5）	224~226	第7条：按柱网分仓且不大于3 000×3 000，仓缝12宽，用防水油膏嵌实
		2	找坡层	最薄处30厚，1:3水泥炉渣找坡，提浆扫光		
		3	防水层	FS6/FS7两道		
		4	保护层	20厚1:2.5水泥砂浆保护层找平		
		5	保温层	××厚挤塑聚苯乙烯泡沫板（XPS）四边搭接		
		6	隔离层	10厚石灰砂浆（白灰砂浆），石灰膏:砂=1:4		
		7	保护层	120厚C20细石混凝土（加5%防水剂），内配Φ10钢筋双向@200，提浆压光		
		8	耐磨层	有色非金属耐磨层		
		9	固化剂	表面施工混凝土密封固化剂		

左侧竖排文字：建筑统一技术措施与节点构造选编

类型	名称	序号	基本构造层次	构造做法	最小厚度	备注
停车屋面	保温上人停车屋面（一级防水、倒置式）	1	结构层	钢筋混凝土屋面板，基层处理干净，刷纯水泥浆一道（水灰比0.4~0.5）	223.5	第8条：按柱网分仓且不大于3 000×3 000，仓缝12宽，用防水油膏嵌实
		2	找坡层	最薄处30厚，1:3水泥炉渣找坡，提浆扫光		
		3	防水层	1.5厚单组分聚氨酯防水涂膜		
		4	防水层	2厚自粘（聚酯胎）改性沥青防水卷材一道		
		5	保护层	20厚1:2.5水泥砂浆保护层找平		
		6	保温层	××厚挤塑聚苯乙烯泡沫板（XPS）四边搭接		
		7	隔离层	10厚石灰砂浆（白灰砂浆），石灰膏：砂=1:4		
		8	保护层	120厚C20细石混凝土（加5%防水剂），内配Φ10钢筋双向@200，提浆压光		
		9	耐磨层	有色非金属耐磨层		
		10	固化剂	表面施工混凝土密封固化剂		
运动屋面①	保温上人运动屋面（一级防水、倒置式）	1	结构层	钢筋混凝土屋面板，基层处理干净，刷纯水泥浆一道（水灰比0.4~0.5）	226~228	第8条：按柱网分仓且不大于6 000×6 000，仓缝20宽，用防水油膏嵌实
		2	找坡层	最薄处20厚，1:8乳化沥青憎水性膨胀珍珠岩找坡		
		3	找平层	20厚1:2.5水泥砂浆找平		
		4	防水层	FS6/FS7两道		
		5	保护层	20厚1:2.5水泥砂浆保护层找平		
		6	保温层	××厚挤塑聚苯乙烯泡沫板（XPS）四边搭接		
		7	隔离层	10厚石灰砂浆（白灰砂浆），石灰膏：砂=1:4		
		8	保护层	40厚C20细石混凝土（加5%防水剂），内配Φ4钢筋双向@200，提浆压光		
		9	屋面网球场	40厚粗沥青混凝土（最大骨料粒径<15 mm）		
		10		30厚细沥青混凝土（最大骨料粒径>15 mm）		
		11		2厚丙烯酸涂料面层		
	保温上人运动屋面（一级防水、倒置式）	1	结构层	钢筋混凝土屋面板，基层处理干净，刷纯水泥浆一道（水灰比0.4~0.5）	225.5	第9条：按柱网分仓且不大于6 000×6 000，仓缝20宽，用防水油膏嵌实
		2	找坡层	最薄处20厚，1:8乳化沥青憎水性膨胀珍珠岩找坡		
		3	找平层	20厚1:2.5水泥砂浆找平		
		4	防水层	1.5厚单组分聚氨酯防水涂膜		
		5	防水层	2厚自粘（聚酯胎）改性沥青防水卷材一道		
		6	保护层	20厚1:2.5水泥砂浆保护层找平		
		7	保温层	××厚挤塑聚苯乙烯泡沫板（XPS）四边搭接		
		8	隔离层	10厚石灰砂浆（白灰砂浆），石灰膏：砂=1:4		
		9	保护层	40厚C20细石混凝土（加5%防水剂），内配Φ4钢筋双向@200，提浆压光		
		10	屋面网球场	40厚粗沥青混凝土（最大骨料粒径<15 mm）		
		11		30厚细沥青混凝土（最大骨料粒径>15 mm）		
		12		2厚丙烯酸涂料面层		
	保温上人运动屋面（一级防水、倒置式）	1	结构层	钢筋混凝土屋面板，基层处理干净，刷纯水泥浆一道（水灰比0.4~0.5）	216~218	第7条：按柱网分仓且不大于6 000×6 000，仓缝20宽，用防水油膏嵌实
		2	找坡层	最薄处30厚，1:3水泥炉渣找坡，提浆扫光		
		3	防水层	FS6/FS7两道		
		4	保护层	20厚1:2.5水泥砂浆保护层找平		
		5	保温层	××厚挤塑聚苯乙烯泡沫板（XPS）四边搭接		

一
屋
面

类型	名称	序号	基本构造层次	构造做法	最小厚度	备注
运动屋面①	保温上人运动屋面（一级防水、倒置式）	6	隔离层	10厚石灰砂浆（白灰砂浆），石灰膏：砂=1:4		
		7	保护层	40厚C20细石混凝土（加5%防水剂），内配Φ4钢筋双向@200，提浆压光		
		8	屋面网球场	40厚粗沥青混凝土（最大骨料粒径<15 mm）		
		9		30厚细沥青混凝土（最大骨料粒径>15 mm）		
		10		2厚丙烯酸涂料面层		
	保温上人运动屋面（一级防水、倒置式）	1	结构层	钢筋混凝土屋面板，基层处理干净，刷纯水泥浆一道（水灰比0.4~0.5）		第8条：按柱网分仓且不大于6 000×6 000，仓缝20宽，用防水油膏嵌实
		2	找坡层	最薄处30厚，1:3水泥炉渣找坡，提浆扫光		
		3	防水层	1.5厚单组分聚氨酯防水涂膜		
		4	防水层	2厚自粘（聚酯胎）改性沥青防水卷材一道		
		5	保护层	20厚1:2.5水泥砂浆保护层找平	215.5	
		6	保温层	××厚挤塑聚苯乙烯泡沫板（XPS）四边搭接		
		7	隔离层	10厚石灰砂浆（白灰砂浆），石灰膏：砂=1:4		
		8	保护层	40厚C20细石混凝土（加5%防水剂），内配Φ4钢筋双向@200，提浆压光		
		9	屋面网球场	40厚粗沥青混凝土（最大骨料粒径<15 mm）		
		10		30厚细沥青混凝土（最大骨料粒径>15 mm）		
		11		2厚丙烯酸涂料面层		
运动屋面②	保温上人PVC运动屋面（一级防水、倒置式）	1	结构层	钢筋混凝土屋面板，基层处理干净，刷纯水泥浆一道（水灰比0.4~0.5）		第8条：按柱网分仓且不大于6 000×6 000，仓缝20宽，用防水油膏嵌实
		2	找坡层	最薄处20厚，1:8乳化沥青憎水性膨胀珍珠岩找坡		
		3	找平层	20厚1:2.5水泥砂浆找平		
		4	防水层	FS6/FS7两道		
		5	保护层	20厚1:2.5水泥砂浆保护层找平	168~170	
		6	保温层	××厚挤塑聚苯乙烯泡沫板（XPS）四边搭接		
		7	隔离层	10厚石灰砂浆（白灰砂浆），石灰膏：砂=1:4		
		8	保护层	40厚C20细石混凝土（加5%防水剂），内配Φ4钢筋双向@200，提浆压光		
		9	找平层	10厚1:2.5水泥砂浆人工找平（高差2 mm以内）		
		10	面层	专用粘胶剂粘贴4厚耐候型防滑PVC塑胶地面		
	保温上人PVC运动屋面（一级防水、倒置式）	1	结构层	钢筋混凝土屋面板，基层处理干净，刷纯水泥浆一道（水灰比0.4~0.5）		第9条：按柱网分仓且不大于6 000×6 000，仓缝20宽，用防水油膏嵌实
		2	找坡层	最薄处20厚，1:8乳化沥青憎水性膨胀珍珠岩找坡		
		3	找平层	20厚1:2.5水泥砂浆找平		
		4	防水层	1.5厚单组分聚氨酯防水涂膜		
		5	防水层	2厚自粘（聚酯胎）改性沥青防水卷材一道		
		6	保护层	20厚1:2.5水泥砂浆保护层找平	167.5	
		7	保温层	××厚挤塑聚苯乙烯泡沫板（XPS）四边搭接		
		8	隔离层	10厚石灰砂浆（白灰砂浆），石灰膏：砂=1:4		
		9	保护层	40厚C20细石混凝土（加5%防水剂），内配Φ4钢筋双向@200，提浆压光		
		10	找平层	10厚1:2.5水泥砂浆人工找平（高差2 mm以内）		
		11	面层	专用粘胶剂粘贴4厚耐候型防滑PVC塑胶地面		

类型	名称	序号	基本构造层次	构造做法	最小厚度	备注
运动屋面②	保温上人PVC运动屋面（一级防水、倒置式）	1	结构层	钢筋混凝土屋面板，基层处理干净，刷纯水泥浆一道（水灰比0.4～0.5）	158～160	第7条：按柱网分仓且不大于6 000×6 000，仓缝20宽，用防水油膏嵌实
		2	找坡层	最薄处30厚，1:3水泥炉渣找坡，提浆扫光		
		3	防水层	FS6/FS7两道		
		4	保护层	20厚1:2.5水泥砂浆保护层找平		
		5	保温层	××厚挤塑聚苯乙烯泡沫板（XPS）四边搭接		
		6	隔离层	10厚石灰砂浆（白灰砂浆），石灰膏:砂=1:4		
		7	保护层	40厚C20细石混凝土（加5%防水剂），内配φ4钢筋双向@200，提浆压光		
		8	找平层	10厚1:2.5水泥砂浆人工找平（高差2 mm以内）		
		9	面层	专用粘胶剂粘贴4厚耐候型防滑PVC塑胶地面		
	保温上人PVC运动屋面（一级防水、倒置式）	1	结构层	钢筋混凝土屋面板，基层处理干净，刷纯水泥浆一道（水灰比0.4～0.5）	157.5	第8条：按柱网分仓且不大于6 000×6 000，仓缝20宽，用防水油膏嵌实
		2	找坡层	最薄处30厚，1:3水泥炉渣找坡，提浆扫光		
		3	防水层	1.5厚单组分聚氨酯防水涂膜		
		4	防水层	2厚自粘（聚酯胎）改性沥青防水卷材一道		
		5	保护层	20厚1:2.5水泥砂浆保护层找平		
		6	保温层	××厚挤塑聚苯乙烯泡沫板（XPS）四边搭接		
		7	隔离层	10厚石灰砂浆（白灰砂浆），石灰膏:砂=1:4		
		8	保护层	40厚C20细石混凝土（加5%防水剂），内配φ4钢筋双向@200，提浆压光		
		9	找平层	10厚1:2.5水泥砂浆人工找平（高差2 mm以内）		
		10	面层	专用粘胶剂粘贴4厚耐候型防滑PVC塑胶地面		

建筑统一技术措施与节点构造选编

二、种植平屋面

（一）说　明

种植屋面的基本构造层次需满足《屋面工程技术规范》（GB50345—2012）以及《种植屋面工程技术规程》（JGJ155—2013）的基本规定。种植屋面的基本构造与普通平屋面的区别主要在于：种植屋面防水层应满足一级防水等级设防要求，且必须至少设置一道具有耐根穿刺性能的防水材料；因此种植屋面防水层应采用不少于两道防水设防，上道应为耐根穿刺防水材料。

1. 工程中常用的耐根防穿刺防水卷材

NFS1	4 厚弹性体/塑性体改性沥青耐根防穿刺卷材
NFS2	1.2 厚 PVC 防水卷材
NFS3	1.2 厚 TPO 防水卷材

其中：4 厚弹性体/塑性体改性沥青耐根防穿刺卷材在工程中运用最为广泛。

根据《种植屋面工程技术规程》（JGJ155—2013）5.1.7～5.1.9。

两道防水层应相邻铺设且防水层材料应材性相容，上道为耐根防穿刺防水材料，普通防水层防水设防的最小厚度为：

表 5.1.9　普通防水层一道防水设防的最小厚度

材料名称	最小厚度/mm
改性沥青防水卷材	4.0
高分子防水卷材	1.5
自粘聚合物改性沥青防水卷材	3.0
高分子防水涂料	2.0
喷涂聚脲防水涂料	2.0

因此，工程中搭配最为广泛的两道防水做法为：

FS3	4 厚热熔型 SBS 改性沥青防水卷材
NFS1	4 厚弹性体/塑性体改性沥青耐根防穿刺卷材

FS4	3 厚单面自粘（聚酯胎）高聚物改性沥青防水卷材
NFS1	4 厚弹性体/塑性体改性沥青耐根防穿刺卷材

FS8	1.2 厚热塑性聚烯烃（TPO）防水卷材，热焊接法接缝
FS8	1.2 厚热塑性聚烯烃（TPO）防水卷材，热焊接法接缝

2. 排（蓄）水层

排（蓄）水层	××厚PVC成品排（蓄）水板
排（蓄）水层	100厚级配碎石排（蓄）水层，粒径10～25
排（蓄）水层	100厚级配卵石排（蓄）水层，粒径25～40
排（蓄）水层	100厚级配陶粒排（蓄）水层，粒径10～25，堆积密度≤500 kg/m³

上述厚度为最小厚度，具体厚度详具体设计。

3. 种植土

种植土厚度视种植类别而定：

草	150～300
灌木	400～550
小乔木	600～900
乔木	>1 200

（二）具体构造层次做法

A. 一级防水不保温种植屋面

序号	基本构造层次
1	结构层
2	找坡层
3	防水层
4	隔离层
5	保护层

适用范围：

　　适用于温和地区或其他地区下层房间无保温需求的情况。

具体做法示例如下：

类型	名称	序号	基本构造层次	单层厚度	构造做法	最小厚度	备注
种植屋面一级防水不保温	种植屋面一级防水不保温	1	结构层		钢筋混凝土屋面板,基层处理干净,刷纯水泥浆一道(水灰比 0.4~0.5)	278~428	第7条:按柱网分仓且不大于 6 000×6 000,仓缝20宽,用防水油膏嵌实
		2	找坡层	20	最薄处20厚,1:8乳化沥青憎水性膨胀珍珠岩找坡		
		3	找平层	20	20厚1:2.5水泥砂浆找平		
		4	防水层	4	4厚热熔型SBS改性沥青防水卷材		
		5	防水层	4	4厚SBS改性沥青耐根防穿刺卷材		
		6	隔离层	10	10厚石灰砂浆（白灰砂浆）,石灰膏：砂＝1:4		
		7	保护层	40	40厚C20细石混凝土（加5%防水剂）,内配φ4钢筋双向@200,提浆压光		
		8	导水层	30	30厚PVC成品排水蓄水板		
		9	过滤层		土工布过滤层（容重不低于200 g/m²）		
		10	种植土	150~300	150~300厚轻质种植土（荷载值800~1 200 kg/m³）具体数值详工程设计		
种植屋面一级防水不保温	种植屋面一级防水不保温	1	结构层		钢筋混凝土屋面板,基层处理干净,刷纯水泥浆一道(水灰比 0.4~0.5)	272.4~422.4	第6条:按柱网分仓且不大于 6 000×6 000,仓缝20宽,用防水油膏嵌实
		2	找坡层	20	最薄处20厚,1:8乳化沥青憎水性膨胀珍珠岩找坡		
		3	找平层	20	20厚1:2.5水泥砂浆找平		
		4	防水层	2.4	两层1.2厚热塑性聚烯烃（TPO）防水卷材,热焊接法接缝		
		5	隔离层	10	10厚石灰砂浆（白灰砂浆）,石灰膏：砂＝1:4		
		6	保护层	40	40厚C20细石混凝土（加5%防水剂）,内配φ4钢筋双向@200,提浆压光		
		7	导水层	30	30厚PVC成品排水蓄水板		
		8	过滤层		土工布过滤层（容重不低于200 g/m²）		
		9	种植土	150	150~300厚轻质种植土（荷载值800~1 200 kg/m³）具体数值详工程设计		
种植屋面一级防水不保温	种植屋面一级防水不保温	1	结构层		钢筋混凝土屋面板,基层处理干净,刷纯水泥浆一道(水灰比 0.4~0.5)	276~426	第7条:按柱网分仓且不大于 6 000×6 000,仓缝20宽,用防水油膏嵌实
		2	找坡层	20	最薄处20厚,1:8乳化沥青憎水性膨胀珍珠岩找坡		
		3	找平层	20	20厚1:2.5水泥砂浆找平		
		4	防水层	2	2厚单组分聚氨酯防水涂料		
		5	防水层	4	4厚SBS改性沥青耐根防穿刺卷材		
		6	隔离层	10	10厚石灰砂浆（白灰砂浆）,石灰膏：砂＝1:4		

建筑统一技术措施与节点构造选编

类型	名称	序号	基本构造层次	单层厚度	构造做法	最小厚度	备注
	种植屋面 一级防水不保温	7	保护层	40	40厚C20细石混凝土（加5%防水剂），内配φ4钢筋双向@200，提浆压光		
		8	导水层	30	30厚PVC成品排水蓄水板		
		9	过滤层		土工布过滤层（容重不低于200 g/m²）		
		10	种植土	150～300	150～300厚轻质种植土（荷载值800～1200 kg/m³）具体数值详工程设计		
	种植屋面 一级防水不保温	1	结构层		钢筋混凝土屋面板，基层处理干净，刷纯水泥浆一道（水灰比0.4～0.5）	268～418	第6条：按柱网分仓且不大于6000×6000，仓缝20宽，用防水油膏嵌实
		2	找坡层	30	最薄处30厚，1:3水泥炉渣找坡，提浆扫光		
		3	防水层	4	4厚热熔型SBS改性沥青防水卷材		
		4	防水层	4	4厚SBS改性沥青耐根防穿刺卷材		
		5	隔离层	10	10厚石灰砂浆（白灰砂浆），石灰膏：砂=1:4		
		6	保护层	40	40厚C20细石混凝土（加5%防水剂），内配φ4钢筋双向@200，提浆压光		
		7	导水层	30	30厚PVC成品排水蓄水板		
		8	过滤层		土工布过滤层（容重不低于200 g/m²）		
		9	种植土	150～300	150～300厚轻质种植土（荷载值800～1200 kg/m³）具体数值详工程设计		
	种植屋面 一级防水不保温	1	结构层		钢筋混凝土屋面板，基层处理干净，刷纯水泥浆一道（水灰比0.4～0.5）	262.4～412.4	第5条：按柱网分仓且不大于6000×6000，仓缝20宽，用防水油膏嵌实
		2	找坡层	30	最薄处30厚，1:3水泥炉渣找坡，提浆扫光		
		3	防水层	2.4	两层1.2厚热塑性聚烯烃（TPO）防水卷材，热焊接法接缝		
		4	隔离层	10	10厚石灰砂浆（白灰砂浆），石灰膏：砂=1:4		
		5	保护层	40	40厚C20细石混凝土（加5%防水剂），内配φ4钢筋双向@200，提浆压光		
		6	导水层	30	30厚PVC成品排水蓄水板		
		7	过滤层		土工布过滤层（容重不低于200 g/m²）		
		8	种植土	150	150～300厚轻质种植土（荷载值800～1200 kg/m³）具体数值详工程设计		
	种植屋面 一级防水不保温	1	结构层		钢筋混凝土屋面板，基层处理干净，刷纯水泥浆一道（水灰比0.4～0.5）	266～416	第6条：按柱网分仓且不大于6000×6000，仓缝20宽，用防水油膏嵌实
		2	找坡层	30	最薄处30厚，1:3水泥炉渣找坡，提浆扫光		
		3	防水层	2	2厚单组分聚氨酯防水涂料		
		4	防水层	4	4厚SBS改性沥青耐根防穿刺卷材		
		5	隔离层	10	10厚石灰砂浆（白灰砂浆），石灰膏：砂=1:4		
		6	保护层	40	40厚C20细石混凝土（加5%防水剂），内配φ4钢筋双向@200，提浆压光		
		7	导水层	30	30厚PVC成品排水蓄水板		
		8	过滤层		土工布过滤层（容重不低于200 g/m²）		
		9	种植土	150～300	150～300厚轻质种植土（荷载值800～1200 kg/m³）具体数值详工程设计		

B. 一级防水保温种植屋面

一级防水保温种植屋面①

序号	基本构造层次
1	结构层
2	找坡层
3	保温层
4	保护层
5	防水层
6	防水层
7	隔离层
8	保护层

适用范围：

保温层下置，且无隔汽层，适合用于干燥地区（年平均降水量小于70%）。

具体做法示例如下：

类型	名称	序号	基本构造层次	单层厚度	构造做法	最小厚度	备注
	种植屋面一级防水保温	1	结构层		钢筋混凝土屋面板,基层处理干净,刷纯水泥浆一道（水灰比0.4~0.5）	338~488	第5条：设双向分仓缝，不大于@1 000 第9条：按柱网分仓且不大于6 000×6 000，仓缝20宽，用防水油膏嵌实
		2	找坡层	20	最薄处20厚，1:8乳化沥青憎水性膨胀珍珠岩找坡		
		3	找平层	20	20厚1:2.5水泥砂浆找平		
		4	保温层	40	××厚挤塑聚苯乙烯泡沫板（XPS）粘贴		
		5	保护层	20	20厚1:2.5水泥砂浆保护层找平		
		6	防水层	4	4厚热熔型SBS改性沥青防水卷材		
		7	防水层	4	4厚SBS改性沥青耐根穿刺卷材		
		8	隔离层	10	10厚石灰砂浆（白灰砂浆），石灰膏:砂=1:4		
		9	保护层	40	40厚C20细石混凝土（加5%防水剂），内配Φ4钢筋双向@200，提浆压光		
		10	导水层	30	30厚PVC成品排水蓄水板		
		11	过滤层		土工布过滤层（容重不低于200 g/m²）		
		12	种植土	150	150~300厚轻质种植土（荷载值800~1 200 kg/m³）具体数值详工程设计		
	种植屋面一级防水保温	1	结构层		钢筋混凝土屋面板,基层处理干净,刷纯水泥浆一道（水灰比0.4~0.5）	332.4~482.4	第5条：设双向分仓缝，不大于@1 000 第8条：按柱网分仓且不大于6 000×6 000，仓缝20宽，用防水油膏嵌实
		2	找坡层	20	最薄处20厚，1:8乳化沥青憎水性膨胀珍珠岩找坡		
		3	找平层	20	20厚1:2.5水泥砂浆找平		
		4	保温层	40	××厚挤塑聚苯乙烯泡沫板（XPS）粘贴		
		5	保护层	20	20厚1:2.5水泥砂浆保护层找平		
		6	防水层	2.4	两层1.2厚热塑性聚烯烃（TPO）防水卷材，热焊接法接缝		
		7	隔离层	10	10厚石灰砂浆（白灰砂浆），石灰膏:砂=1:4		
		8	保护层	40	40厚C20细石混凝土（加5%防水剂），内配Φ4钢筋双向@200，提浆压光		
		9	导水层	30	30厚PVC成品排水蓄水板		
		10	过滤层		土工布过滤层（容重不低于200 g/m²）		
		11	种植土	150	150~300厚轻质种植土（荷载值800~1 200 kg/m³）具体数值详工程设计		

左侧竖排：建筑统一技术措施与节点构造选编

类型	名称	序号	基本构造层次	单层厚度	构造做法	最小厚度	备注
	种植屋面一级防水保温	1	结构层		钢筋混凝土屋面板，基层处理干净，刷纯水泥浆一道(水灰比 0.4～0.5)	296～446	第7条：按柱网分仓且不大于 6 000×6 000，仓缝20宽，用防水油膏嵌实
		2	找坡层	20	最薄处20厚，1:8乳化沥青憎水性膨胀珍珠岩找坡		
		3	保温层	40	××厚整体式现喷硬质聚氨酯泡沫塑料		
		4	防水层	2	2厚单组分聚氨酯防水涂料		
		5	防水层	4	4厚SBS改性沥青耐根穿刺卷材		
		6	隔离层	10	10厚石灰砂浆（白灰砂浆），石灰膏：砂=1:4		
		7	保护层	40	40厚C20细石混凝土（加5%防水剂），内配Φ4钢筋双向@200，提浆压光		
		8	导水层	30	30厚PVC成品排水蓄水板		
		9	过滤层		土工布过滤层（容重不低于200 g/m²）		
		10	种植土	150	150～300厚轻质种植土（荷载值800～1 200 kg/m³）具体数值详工程设计		
	种植屋面一级防水保温	1	结构层		钢筋混凝土屋面板，基层处理干净，刷纯水泥浆一道(水灰比 0.4～0.5)	328～478	第4条：设双向分仓缝，不大于@1 000 第8条：按柱网分仓且不大于 6 000×6 000，仓缝20宽，用防水油膏嵌实
		2	找坡层	30	最薄处30厚，1:3水泥炉渣找坡，提浆扫光		
		3	保温层	40	××厚挤塑聚苯乙烯泡沫板（XPS）粘贴		
		4	保护层	20	20厚1:2.5水泥砂浆保护层找平		
		5	防水层	4	4厚热熔型SBS改性沥青防水卷材		
		6	防水层	4	4厚SBS改性沥青耐根穿刺卷材		
		7	隔离层	10	10厚石灰砂浆（白灰砂浆），石灰膏：砂=1:4		
		8	保护层	40	40厚C20细石混凝土（加5%防水剂），内配Φ4钢筋双向@200，提浆压光		
		9	导水层	30	30厚PVC成品排水蓄水板		
		10	过滤层		土工布过滤层（容重不低于200 g/m²）		
		11	种植土	150	150～300厚轻质种植土（荷载值800～1 200 kg/m³）具体数值详工程设计		
	种植屋面一级防水保温	1	结构层		钢筋混凝土屋面板，基层处理干净，刷纯水泥浆一道(水灰比 0.4～0.5)	322.4～472.4	第4条：设双向分仓缝，不大于@1 000 第7条：按柱网分仓且不大于 6 000×6 000，仓缝20宽，用防水油膏嵌实
		2	找坡层	30	最薄处30厚，1:3水泥炉渣找坡，提浆扫光		
		3	保温层	40	××厚挤塑聚苯乙烯泡沫板（XPS）粘贴		
		4	保护层	20	20厚1:2.5水泥砂浆保护层找平		
		5	防水层	2.4	两层1.2厚热塑性聚烯烃（TPO）防水卷材，热焊接法接缝		
		6	隔离层	10	10厚石灰砂浆（白灰砂浆），石灰膏：砂=1:4		
		7	保护层	40	40厚C20细石混凝土（加5%防水剂），内配Φ4钢筋双向@200，提浆压光		
		8	导水层	30	30厚PVC成品排水蓄水板		
		9	过滤层		土工布过滤层（容重不低于200 g/m²）		
		10	种植土	150	150～300厚轻质种植土（荷载值800～1 200 kg/m³）具体数值详工程设计		

一级防水保温种植屋面②

序号	基本构造层次
1	结构层
2	找坡层
3	防水层
4	保护层
5	保温层
6	保护层
7	防水层
8	隔离层
9	保护层

适用范围：

适用于潮湿地区或下方是湿度较大的房间的屋面。

优点：

A. 防水层兼做隔汽层。

B. 防水层上下分开，防水效果更有保障。

缺点：

A. 不符合《种植屋面工程技术规程》（JGJ155— 2013）5.1.8，两道防水层应贴临的规定，但规程为行业标准，非强制性条文，选择做法时，可参考具体做法优缺点联系实际情况选用。

B. 施工工序较多。

具体做法示例如下：

类型	名称	序号	基本构造层次	单层厚度	构造做法	最小厚度	备注
	种植屋面一级防水保温	1	结构层		钢筋混凝土屋面板，基层处理干净，刷纯水泥浆一道(水灰比 0.4～0.5)	358～508	第7条：设双向分仓缝，不大于@1 000 第10条：按柱网分仓且不大于 6 000 × 6 000，仓缝 20 宽，用防水油膏嵌实
		2	找坡层	20	最薄处 20 厚，1：8 乳化沥青憎水性膨胀珍珠岩找坡		
		3	找平层	20	20 厚 1：2.5 水泥砂浆找平		
		4	防水层	4	4 厚热熔型 SBS 改性沥青防水卷材		
		5	保护层	20	20 厚 1：2.5 水泥砂浆保护层找平		
		6	保温层	40	××厚挤塑聚苯乙烯泡沫板（XPS）粘贴		
		7	保护层	20	20 厚 1：2.5 水泥砂浆保护层找平		
		8	防水层	4	4 厚 SBS 改性沥青耐根防穿刺卷材		
		9	隔离层	10	10 厚石灰砂浆（白灰砂浆），石灰膏：砂＝1：4		
		10	保护层	40	40 厚 C20 细石混凝土（加 5%防水剂），内配 φ4 钢筋双向@200，提浆压光		
		11	导水层	30	30 厚 PVC 成品排水蓄水板		
		12	过滤层		土工布过滤层（容重不低于 200 g/m²）		
		13	种植土	150～300	150～300 厚轻质种植土（荷载值 800～1 200 kg/m³）具体数值详工程设计		
	种植屋面一级防水保温	1	结构层		钢筋混凝土屋面板，基层处理干净，刷纯水泥浆一道(水灰比 0.4～0.5)	358～508	第6条：设双向分仓缝，不大于@1 000 第9条：按柱网分仓且不大于 6 000 × 6 000，仓缝 20 宽，用防水油膏嵌实
		2	找坡层	20	最薄处 20 厚，1：8 乳化沥青憎水性膨胀珍珠岩找坡		
		3	找平层	20	20 厚 1：2.5 水泥砂浆找平		
		4	防水层	2	2 厚单组分聚氨酯防水涂料		
		5	保温层	40	××厚整体式现喷硬质聚氨酯泡沫塑料		
		6	保护层	20	20 厚 1：2.5 水泥砂浆保护层找平		
		7	防水层	4	4 厚 SBS 改性沥青耐根防穿刺卷材		
		8	隔离层	10	10 厚石灰砂浆（白灰砂浆），石灰膏：砂＝1：4		
		9	保护层	40	40 厚 C20 细石混凝土（加 5%防水剂），内配 φ4 钢筋双向@200，提浆压光		
		10	导水层	30	30 厚 PVC 成品排水蓄水板		
		11	过滤层		土工布过滤层（容重不低于 200 g/m²）		
		12	种植土	150～300	150～300 厚轻质种植土（荷载值 800～1 200 kg/m³）具体数值详工程设计		

<table>
<tr><td>类型</td><td>名称</td><td>序号</td><td>基本构造层次</td><td>单层厚度</td><td>构造做法</td><td>最小厚度</td><td>备注</td></tr>
<tr><td rowspan="23"></td><td rowspan="12">种植屋面一级防水保温</td><td>1</td><td>结构层</td><td></td><td>钢筋混凝土屋面板,基层处理干净,刷纯水泥浆一道(水灰比0.4~0.5)</td><td rowspan="12">358~508</td><td rowspan="12">第6条:设双向分仓缝,不大于@1 000
第9条:按柱网分仓且不大于6 000×6 000,仓缝20宽,用防水油膏嵌实</td></tr>
<tr><td>2</td><td>找坡层</td><td>30</td><td>最薄处30厚,1:3水泥炉渣找坡,提浆扫光</td></tr>
<tr><td>3</td><td>防水层</td><td>4</td><td>4厚热熔型SBS改性沥青防水卷材</td></tr>
<tr><td>4</td><td>保护层</td><td>20</td><td>20厚1:2.5水泥砂浆保护层找平</td></tr>
<tr><td>5</td><td>保温层</td><td>40</td><td>××厚挤塑聚苯乙烯泡沫板(XPS)粘贴</td></tr>
<tr><td>6</td><td>保护层</td><td>20</td><td>20厚1:2.5水泥砂浆保护层找平</td></tr>
<tr><td>7</td><td>防水层</td><td>4</td><td>4厚SBS改性沥青耐根防穿刺卷材</td></tr>
<tr><td>8</td><td>隔离层</td><td>10</td><td>10厚石灰砂浆(白灰砂浆),石灰膏:砂=1:4</td></tr>
<tr><td>9</td><td>保护层</td><td>40</td><td>40厚C20细石混凝土(加5%防水剂),内配Φ4钢筋双向@200,提浆压光</td></tr>
<tr><td>10</td><td>导水层</td><td>30</td><td>30厚PVC成品排水蓄水板</td></tr>
<tr><td>11</td><td>过滤层</td><td></td><td>土工布过滤层(容重不低于200 g/m²)</td></tr>
<tr><td>12</td><td>种植土</td><td>150~300</td><td>150~300厚轻质种植土(荷载值800~1 200 kg/m³)具体数值详工程设计</td></tr>
<tr><td rowspan="11">种植屋面一级防水保温</td><td>1</td><td>结构层</td><td></td><td>钢筋混凝土屋面板,基层处理干净,刷纯水泥浆一道(水灰比0.4~0.5)</td><td rowspan="11">358~508</td><td rowspan="11">第5条:设双向分仓缝,不大于@1 000
第8条:按柱网分仓且不大于6 000×6 000,仓缝20宽,用防水油膏嵌实</td></tr>
<tr><td>2</td><td>找坡层</td><td>30</td><td>最薄处30厚,1:3水泥炉渣找坡,提浆扫光</td></tr>
<tr><td>3</td><td>防水层</td><td>2</td><td>2厚单组分聚氨酯防水涂料</td></tr>
<tr><td>4</td><td>保温层</td><td>40</td><td>××厚整体式现喷硬质聚氨酯泡沫塑料</td></tr>
<tr><td>5</td><td>保护层</td><td>20</td><td>20厚1:2.5水泥砂浆保护层找平</td></tr>
<tr><td>6</td><td>防水层</td><td>4</td><td>4厚SBS改性沥青耐根防穿刺卷材</td></tr>
<tr><td>7</td><td>隔离层</td><td>10</td><td>10厚石灰砂浆(白灰砂浆),石灰膏:砂=1:4</td></tr>
<tr><td>8</td><td>保护层</td><td>40</td><td>40厚C20细石混凝土(加5%防水剂),内配Φ4钢筋双向@200,提浆压光</td></tr>
<tr><td>9</td><td>导水层</td><td>30</td><td>30厚PVC成品排水蓄水板</td></tr>
<tr><td>10</td><td>过滤层</td><td></td><td>土工布过滤层(容重不低于200 g/m²)</td></tr>
<tr><td>11</td><td>种植土</td><td>150~300</td><td>150~300厚轻质种植土(荷载值800~1 200 kg/m³)具体数值详工程设计</td></tr>
</table>

三、瓦屋面

（一）说　明

瓦屋面应根据瓦的类型和基层种类采取相应的构造做法。

1. 防水层

根据《屋面工程技术规范》（GB50345—2012）表 4.8.1：

表 4.8.1　瓦屋面防水等级和防水做法

防水等级	防水做法
Ⅰ级	瓦＋防水层
Ⅱ级	瓦＋防水垫层

以及《坡屋面工程技术规范》（GB50693—2011）4.1.3 瓦屋面防水等级Ⅰ级、Ⅱ级的防水设防均为瓦＋防水（垫）层，规范中仅对Ⅰ级防水的防水层厚度做有规定，小于规定厚度的防水材料即可适用于Ⅱ级防水，根据我院项目情况，建议均以Ⅰ级防水设计。瓦屋面常用防水材料如下表所示：

PFS1	1.5 厚单组分聚氨酯防水涂膜
PFS2	1.2 厚热塑性聚烯烃（TPO）防水卷材，热焊接法接缝
PFS3	3 厚热熔型 SBS 改性沥青防水卷材一道
PFS4	1.5 厚单面自粘（聚酯胎）高聚物改性沥青防水卷材

瓦屋面通常将挂瓦条和顺水条固定在钢筋混凝土基层上，靠上设置的防水层有被钉破的风险，建议选用具有自愈性的防水材料，例如 PFS2、PFS4。

2. 保温层

当屋面坡度大于 100%时，宜采用内保温隔热措施。外保温做法时，保温层的材料选用与平屋面类似。下列为使用最为广泛的屋面保温做法：

BW1：

保温层	××厚模塑聚苯乙烯泡沫保温板（EPS）粘贴

BW2：

保温层	××厚挤塑聚苯乙烯泡沫板（XPS）四边搭接

BW3：

保温层	××厚酚醛板保温层，专用胶粘帖

酚醛板防火等级可达 A 级，适用于屋面需设置防火隔离带的位置，也可替换为岩棉、矿渣棉、玻璃棉等材料。

BW4：

保温层	××厚整体式现喷硬质聚氨酯泡沫塑料

与聚氨酯类防水材料搭配使用时，体现材性相容的优势，可省略一层隔离保护层。

贴临粗糙表面布置时，由于发泡的特性，可省略一层找平层。

保温层上的找平层，根据《屋面工程技术规范》（GB50345—2012）表 4.3.2：

表 4.3.2　找平层厚度和技术要求

找平层分类	适用的基层	厚度/mm	技术要求
水泥砂浆	整体现浇混凝土板	15～20	1∶2.5 水泥砂浆
	整体材料保温层	20～25	
细石混凝土	装配式混凝土板	30～35	C20 混凝土，宜加钢筋网片
	板状材料保温层		C20 混凝土

BW1\BW2\BW3 上的找平层应选用 30 厚 C20 混凝土。

3. 持钉层及保护层

瓦屋面常用细石混凝土做保护层及持钉层，其中钢筋网应与屋脊、檐口预埋的钢筋有效连接，具体做法如下：

保护层	30～40 厚 C20 细石混凝土，加 5%防水剂，内配双向钢筋 Φ4@200 钢筋网，纵向钢筋与屋脊梁伸出预留筋可靠焊接，随打随抹光

沥青瓦等粘贴类的瓦屋面可选用水泥砂浆做保护层，具体做法如下：

保护层	30 厚 1∶3 水泥砂浆，铺满钢筋网，用 18 号镀锌钢丝绑扎并与屋面板预埋 Φ10 钢筋头绑牢

4. 瓦屋面种类

① 水泥挂瓦：

顺水条	30（宽）×25（高）木质顺水条，中距 500
挂瓦条	L30×30×3 镀锌钢挂瓦条，两翼打孔，一侧孔距按顺水条间距，一侧孔距按挂瓦间距。间距按挂瓦规格，用水泥钉固定在顺水条和保护层上
挂瓦	水泥瓦用细铜丝（或钢丝）挂在挂瓦条上，自下向上铺设，屋脊处用脊瓦

适用范围：冰雹地区不适宜用水泥瓦挂瓦。

使用要求：

A. 不同的屋面坡度，应有相应的固定措施。

屋面坡度及平瓦的螺钉固定要求

屋面坡度	固定要求
18°～22.5° 32%～41%	周边瓦用 2 个，其余部分用 1 个平瓦专用螺钉固定
22.5°～45° 41%～100%	所有平瓦用 2 个平瓦专用螺钉固定
45°～51° 100%～120%	所有平瓦用 2 个平瓦专用螺钉固定，或用 1 个平瓦专用螺钉固定并在瓦之间加万用抗风搭扣固定

B. 大风地区每片瓦都应用螺钉固定，并做抗风揭计算。

② 小青瓦：

卧浆	1∶1∶4 水泥白灰砂浆加水泥重的 3%麻刀卧浆，最薄处 20（或水泥砂浆粘结）
小青瓦	180×180×10 小青瓦相扣自下而上铺设（带瓦当滴水）

适用范围：

A. 冰雹地区及台风地区不适合使用小青瓦。

B. 适用于 22°~35°。

③ 沥青瓦：

沥青瓦	钉粘 4~6 厚沥青瓦（规格及搭接尺寸见厂家产品要求）叠合顺主导风向自下向上粘贴，屋脊处封脊瓦

适用范围：

可适应坡度较大的情况。

使用要求：

屋面坡度>45°（100%）或处于强风地区时，每张瓦片需增加 2~5 个固定钉，上下瓦之间用沥青基胶粘材料粘贴加强。

（二）具体构造层次做法

A. 不保温瓦屋面

序号	基本构造层次
1	结构层
2	找平层
3	防水垫层
4	保护层
5	瓦屋面做法

适用范围：

适用于温和地区或其他地区下层房间无保温需求的情况。

具体做法示例如下：

类别	名称	序号	基本构造层次	构造做法	最小厚度	备注
水泥挂瓦	非保温水泥瓦挂瓦坡屋面	1	结构层	钢筋混凝土屋面板，基层处理干净，刷纯水泥浆一道（水灰比 0.4～0.5）	约110	若屋面板随打随抹平能保证平整，可取消第二条找平层
		2	找平层	20 厚 1：2.5 水泥砂浆找平		
		3	防水垫层	PFS1/PFS2/PFS3/PFS4		
		4	保护层	30 厚 C20 细石混凝土，加 5%防水剂，内配双向钢筋 φ4@200 钢筋网，纵向钢筋与屋脊梁伸出预留筋可靠焊接，随打随抹光		
		5	顺水条	30 宽×25 高木质顺水条，中距 500		
		6	挂瓦条	L30×30×3 镀锌钢挂条，两翼打孔，一侧孔距按顺水条间距，一侧孔距按挂瓦间距，间距按挂瓦规格，用水泥钉固定在顺水条和保护层上		
		7	挂瓦	水泥瓦用细铜丝（或钢丝）挂在挂瓦条上，自下向上铺设，屋脊处用脊瓦		
小青瓦	非保温小青瓦坡屋面	1	结构层	钢筋混凝土屋面板，基层处理干净，刷纯水泥浆一道（水灰比 0.4～0.5）	约85	若屋面板随打随抹平能保证平整，可取消第二条找平层
		2	找平层	20 厚 1：2.5 水泥砂浆找平		
		3	防水垫层	PFS1/PFS2/PFS3/PFS4		
		4	保护层	30～40 厚 C20 细石混凝土，加 5%防水剂，内配双向钢筋 φ4@200 钢筋网，纵向钢筋与屋脊梁伸出预留筋可靠焊接，随打随抹光		
		5	卧浆	1：1：4 水泥白灰砂浆加水泥重的 3%麻刀卧浆，最薄处 20（或水泥砂浆粘结）		
		6	小青瓦	180×180×10 小青瓦相扣自下而上铺设（带瓦当滴水）		
沥青瓦	非保温沥青瓦坡屋面	1	结构层	钢筋混凝土屋面板，基层处理干净，刷纯水泥浆一道（水灰比 0.4～0.5）	约60	若屋面板随打随抹平能保证平整，可取消第二条找平层
		2	找平层	20 厚 1：2.5 水泥砂浆找平		
		3	防水垫层	PFS1/PFS2/PFS3/PFS4		
		4	保护层	30～40 厚 C20 细石混凝土，加 5%防水剂，内配双向钢筋 φ4@200 钢筋网，纵向钢筋与屋脊梁伸出预留筋可靠焊接，随打随抹光		
		5	沥青瓦	钉粘 4～6 厚沥青瓦（规格及搭接尺寸见厂家产品要求）叠合顺主导风向自下向上粘贴，屋脊处封脊瓦		

B. 保温瓦屋面

序号	基本构造层次	序号	基本构造层次
1	结构层	1	结构层
2	找平层	2	找平层
3	防水垫层	3	保温层
4	隔离层	4	隔离层
5	保温层	5	防水垫层
6	保护层	6	保护层
7	瓦屋面做法	7	瓦屋面做法

具体做法示例如下：

类别	名称	序号	基本构造层次	构造做法	最小厚度	备注
水泥挂瓦	保温水泥瓦挂瓦坡屋面	1	结构层	钢筋混凝土屋面板，基层处理干净，刷纯水泥浆一道（水灰比 0.4～0.5）	约170	若屋面板随打随抹平能保证平整，可取消第二条找平层 坡屋面防火隔离带可选： 1、岩棉板 2、增强玻璃纤维板
		2	找平层	20 厚 1∶2.5 水泥砂浆找平		
		3	防水垫层	PFS2/PFS3/PFS4		
		4	隔离层	20 厚 1∶2.5 水泥砂浆隔离层		
		5	保温层	××厚模塑聚苯乙烯泡沫保温板（EPS）粘贴，檐口处向上 500 宽范围内换用 A 级防火隔离带		
		6	保护层	30～40 厚 C20 细石混凝土，加 5%防水剂，内配双向钢筋 φ4@200 钢筋网，纵向钢筋与屋脊梁伸出预留筋可靠焊接，随打随抹光		
		7	顺水条	30 宽×25 高木质顺水条，中距 500		
		8	挂瓦条	L30×30×3 镀锌钢挂瓦条，两翼打孔，一侧孔距按顺水条间距，一侧孔距按挂瓦间距，间距按挂瓦规格，用水泥钉固定在顺水条和保护层上		
		9	挂瓦	水泥瓦用细铜丝（或钢丝）挂在挂瓦条上，自下向上铺设，屋脊处用脊瓦		
	保温水泥瓦挂瓦坡屋面	1	结构层	钢筋混凝土屋面板，基层处理干净，刷纯水泥浆一道（水灰比 0.4～0.5）	约150	若屋面板随打随抹平能保证平整，可取消第二条找平层 施工温度应在 5～30 ℃ 坡屋面防火隔离带可选： 1. 岩棉板 2. 增强玻璃纤维板
		2	找平层	20 厚 1∶2.5 水泥砂浆找平		
		3	防水垫层	1.5 厚聚氨酯涂膜防水层		
		4	保温层	××厚硬质聚氨酯板粘贴，檐口处向上 500 宽范围内换用 A 级防火隔离带		
		5	保护层	30～40 厚 C20 细石混凝土，加 5%防水剂，内配双向钢筋 φ4@200 钢筋网，纵向钢筋与屋脊梁伸出预留筋可靠焊接，随打随抹光		
		6	顺水条	30 宽×25 高木质顺水条，中距 500		
		7	挂瓦条	L30×30×3 镀锌钢挂瓦条，两翼打孔，一侧孔距按顺水条间距，一侧孔距按挂瓦间距，间距按挂瓦规格，用水泥钉固定在顺水条和保护层上		
		8	挂瓦	水泥瓦用细铜丝（或钢丝）挂在挂瓦条上，自下向上铺设，屋脊处用脊瓦		
	保温水泥瓦挂瓦坡屋面	1	结构层	钢筋混凝土屋面板，基层处理干净，刷纯水泥浆一道（水灰比 0.4～0.5）	约150	若屋面板随打随抹平能保证平整，可取消第二条找平层
		2	找平层	20 厚 1∶2.5 水泥砂浆找平		
		3	防水垫层	1.5 厚聚氨酯涂膜防水层		
		4	保温层	××厚现喷硬质聚氨酯板保温层		

建筑统一技术措施与节点构造选编

类别	名称	序号	基本构造层次	构造做法	最小厚度	备注
水泥挂瓦	保温水泥瓦挂瓦坡屋面	5	保护层	30~40 厚 C20 细石混凝土，加 5%防水剂，内配双向钢筋 φ4@200 钢筋网，纵向钢筋与屋脊梁伸出预留筋可靠焊接，随打随抹光	约 150	施工温度应在 5~30 ℃ 坡屋面防火隔离带可选： 1. 岩棉板 2. 增强玻璃纤维板
		6	顺水条	30 宽×25 高木质顺水条，中距 500		
		7	挂瓦条	L30×30×3 镀锌钢挂瓦条，两翼打孔，一侧孔距按顺水条间距，一侧孔距按挂瓦间距，间距按挂瓦规格，用水泥钉固定在顺水条和保护层上		
		8	挂瓦	水泥瓦用细铜丝（或钢丝）挂在挂瓦条上，自下向上铺设，屋脊处用脊瓦		
	保温水泥瓦挂瓦坡屋面	1	结构层	钢筋混凝土屋面板，基层处理干净，刷纯水泥浆一道（水灰比 0.4~0.5）	约 170	若屋面板随打随抹平能保证平整，可取消第二条找平层 坡屋面防火隔离带可选： 1. 岩棉板 2. 增强玻璃纤维板
		2	找平层	20 厚 1:2.5 水泥砂浆找平		
		3	保温层	××厚模塑聚苯乙烯泡沫保温板（EPS）粘贴，檐口处向上 500 宽范围内换用 A 级防火隔离带		
		4	隔离层	20 厚 1:2.5 水泥砂浆隔离层		
		5	防水垫层	PFS2/PFS3/PFS4		
		6	保护层	30~40 厚 C20 细石混凝土，加 5%防水剂，内配双向钢筋 φ4@200 钢筋网，纵向钢筋与屋脊梁伸出预留筋可靠焊接，随打随抹光		
		7	顺水条	30 宽×25 高木质顺水条，中距 500		
		8	挂瓦条	L30×30×3 镀锌钢挂瓦条，两翼打孔，一侧孔距按顺水条间距，一侧孔距按挂瓦间距，间距按挂瓦规格，用水泥钉固定在顺水条和保护层上		
		9	挂瓦	水泥瓦用细铜丝（或钢丝）挂在挂瓦条上，自下向上铺设，屋脊处用脊瓦		
小青瓦	保温小青瓦坡屋面	1	结构层	钢筋混凝土屋面板，基层处理干净，刷纯水泥浆一道（水灰比 0.4~0.5）	约 145	若屋面板随打随抹平能保证平整，可取消第二条找平层 坡屋面防火隔离带可选： 1. 岩棉板 2. 增强玻璃纤维板
		2	找平层	20 厚 1:2.5 水泥砂浆找平		
		3	防水垫层	PFS2/PFS3/PFS4		
		4	隔离层	20 厚 1:2.5 水泥砂浆隔离层		
		5	保温层	××厚模塑聚苯乙烯泡沫保温板（EPS）粘贴，檐口处向上 500 宽范围内换用 A 级防火隔离带		
		6	保护层	30~40 厚 C20 细石混凝土，加 5%防水剂，内配双向钢筋 φ4@200 钢筋网，纵向钢筋与屋脊梁伸出预留筋可靠焊接，随打随抹光		
		7	卧浆	1:1:4 水泥白灰砂浆加水泥重的 3%麻刀卧浆，最薄处 20（或水泥砂浆粘结）		
		8	小青瓦	180×180×10 小青瓦相扣自下而上铺设（带瓦当滴水）		
	保温小青瓦坡屋面	1	结构层	钢筋混凝土屋面板，基层处理干净，刷纯水泥浆一道（水灰比 0.4~0.5）	约 125	若屋面板随打随抹平能保证平整，可取消第二条找平层 坡屋面防火隔离带可选： 1. 岩棉板 2. 增强玻璃纤维板
		2	找平层	20 厚 1:2.5 水泥砂浆找平		
		3	防水垫层	1.5 厚单组分聚氨酯防水涂膜		
		4	保温层	××厚硬质聚氨酯板粘贴，檐口处向上 500 宽范围内换用 A 级防火隔离带		
		5	保护层	30~40 厚 C20 细石混凝土，加 5%防水剂，内配双向钢筋 φ4@200 钢筋网，纵向钢筋与屋脊梁伸出预留筋可靠焊接，随打随抹光		
		6	卧浆	1:1:4 水泥白灰砂浆加水泥重的 3%麻刀卧浆，最薄处 20（或水泥砂浆粘结）		
		7	小青瓦	180×180×10 小青瓦相扣自下而上铺设（带瓦当滴水）		

类别	名称	序号	基本构造层次	构造做法	最小厚度	备注
小青瓦	保温小青瓦坡屋面	1	结构层	钢筋混凝土屋面板，基层处理干净，刷纯水泥浆一道（水灰比 0.4～0.5）	约125	若屋面板随打随抹平能保证平整，可取消第二条找平层 施工温度应在5～30℃ 坡屋面防火隔离带可选： 1. 岩棉板 2. 增强玻璃纤维板
		2	找平层	20厚1:2.5水泥砂浆找平		
		3	防水垫层	1.5厚单组分聚氨酯防水涂膜		
		4	保温层	××厚现喷式喷硬质聚氨酯保温层		
		5	保护层	30～40厚C20细石混凝土，加5%防水剂，内配双向钢筋φ4@200钢筋网，纵向钢筋与屋脊梁伸出预留筋可靠焊接，随打随抹光		
		6	卧浆	1:1:4水泥白灰砂浆加水泥重的3%麻刀卧浆，最薄处20（或水泥砂浆粘结）		
		7	小青瓦	180×180×10小青瓦相扣自下而上铺设（带瓦当滴水）		
	保温小青瓦坡屋面	1	结构层	钢筋混凝土屋面板，基层处理干净，刷纯水泥浆一道（水灰比 0.4～0.5）	约145	若屋面板随打随抹平能保证平整，可取消第二条找平层 坡屋面防火隔离带可选： 1. 岩棉板 2. 增强玻璃纤维板
		2	找平层	20厚1:2.5水泥砂浆找平		
		3	保温层	××厚模塑聚苯乙烯泡沫保温板（EPS）粘贴，檐口处向上500宽范围内换用A级防火隔离带		
		4	隔离层	20厚1:2.5水泥砂浆隔离层		
		5	防水垫层	PFS2/PFS3/PFS4		
		6	保护层	30～40厚C20细石混凝土，加5%防水剂，内配双向钢筋φ4@200钢筋网，纵向钢筋与屋脊梁伸出预留筋可靠焊接，随打随抹光		
		7	卧浆	1:1:4水泥白灰砂浆加水泥重的3%麻刀卧浆，最薄处20（或水泥砂浆粘结）		
		8	小青瓦	180×180×10小青瓦相扣自下而上铺设（带瓦当滴水）		
沥青瓦	保温沥青瓦坡屋面	1	结构层	钢筋混凝土屋面板，基层处理干净，刷纯水泥浆一道（水灰比 0.4～0.5）	约90	若屋面板随打随抹平能保证平整，可取消第二条找平层 坡屋面防火隔离带可选： 1. 岩棉板 2. 增强玻璃纤维板
		2	找平层	20厚1:2.5水泥砂浆找平		
		3	防水垫层	PFS2/PFS3/PFS4		
		4	隔离层	20厚1:2.5水泥砂浆隔离层		
		5	保温层	××厚模塑聚苯乙烯泡沫保温板（EPS）粘贴，檐口处向上500宽范围内换用A级防火隔离带		
		6	保护层	30～40厚C20细石混凝土，加5%防水剂，内配双向钢筋φ4@200钢筋网，纵向钢筋与屋脊梁伸出预留筋可靠焊接，随打随抹光		
		7	沥青瓦	钉粘4～6厚沥青瓦（规格及搭接尺寸见厂家产品要求）叠合顺主导风向自下向上粘贴，屋脊处封脊瓦		
	保温沥青瓦坡屋面	1	结构层	钢筋混凝土屋面板，基层处理干净，刷纯水泥浆一道（水灰比 0.4～0.5）	约70	若屋面板随打随抹平能保证平整，可取消第二条找平层 坡屋面防火隔离带可选： 1. 岩棉板 2. 增强玻璃纤维板
		2	找平层	20厚1:2.5水泥砂浆找平		
		3	防水垫层	1.5厚单组分聚氨酯防水涂膜		
		4	保温层	××厚硬质聚氨酯板粘贴，檐口向上500宽范围内换用A级防火隔离带		
		5	保护层	30～40厚C20细石混凝土，加5%防水剂，内配双向钢筋φ4@200钢筋网，纵向钢筋与屋脊梁伸出预留筋可靠焊接，随打随抹光		
		6	沥青瓦	钉粘4～6厚沥青瓦（规格及搭接尺寸见厂家产品要求）叠合顺主导风向自下向上粘贴，屋脊处封脊瓦		

类别	名称	序号	基本构造层次	构造做法	最小厚度	备注
沥青瓦	保温沥青瓦坡屋面	1	结构层	钢筋混凝土屋面板，基层处理干净，刷纯水泥浆一道（水灰比 0.4～0.5）	约70	若屋面板随打随抹平能保证平整，可取消第二条找平层 施工温度应在 5～30 ℃ 坡屋面防火隔离带可选： 1. 岩棉板 2. 增强玻璃纤维板
		2	找平层	20 厚 1：2.5 水泥砂浆找平		
		3	防水垫层	1.5 厚单组分聚氨酯防水涂膜		
		4	保温层	××厚现喷式喷硬质聚氨酯保温层		
		5	保护层	30～40 厚 C20 细石混凝土，加 5%防水剂，内配双向钢筋 φ4@200 钢筋网，纵向钢筋与屋脊梁伸出预留筋可靠焊接，随打随抹光		
		6	沥青瓦	钉粘 4～6 厚沥青瓦（规格及搭接尺寸见厂家产品要求）叠合顺主导风向自下向上粘贴，屋脊处封脊瓦		
	保温沥青瓦坡屋面	1	结构层	钢筋混凝土屋面板，基层处理干净，刷纯水泥浆一道（水灰比 0.4～0.5）	约90	若屋面板随打随抹平能保证平整，可取消第二条找平层 坡屋面防火隔离带可选： 1. 岩棉板 2. 增强玻璃纤维板
		2	找平层	20 厚 1：2.5 水泥砂浆找平		
		3	保温层	××厚模塑聚苯乙烯泡沫保温板（EPS）粘贴，檐口处向上 500 宽范围内换用 A 级防火隔离带		
		4	隔离层	20 厚 1：2.5 水泥砂浆隔离层		
		5	防水垫层	PFS2/PFS3/PFS4		
		6	保护层	30～40 厚 C20 细石混凝土，加 5%防水剂，内配双向钢筋 φ4@200 钢筋网，纵向钢筋与屋脊梁伸出预留筋可靠焊接，随打随抹光		
		7	沥青瓦	钉粘 4～6 厚沥青瓦（规格及搭接尺寸见厂家产品要求）叠合顺主导风向自下向上粘贴，屋脊处封脊瓦		

四、种植坡屋面

种植坡屋面除种植层外的基本构造层次与种植平屋面基本一致，主要构造重点在于种植土的防滑措施。除图集《09J202-1 坡屋面建筑构造（一）》推荐的 PVC 系统外，我院在实践中采用的无纺布种植袋的方式（具体案例参见软件园 F 区）施工便捷，节省造价，具有推广价值，具体做法如下：

导水层	30 厚 PVC 成品排水蓄水板
过滤层	土工布过滤层（容重不低于 200 g/m²）
种植土包	长 600 宽 300 厚 300 黑色无纺布袋，内塞满种植土（干表密度 800～1 200 kg/m³）袋口缝紧，错缝从下部向上挤紧码放
种植土	50～70 厚种植土浮铺

五、金属屋面

编号	名称	序号	基本构造层次	构造做法	最小厚度	备注	适用范围及使用要求
	铝镁锰直立锁边金属屋面	1	主体结构	钢结构		1. 第 12 项和第 14 项在岩棉铺设过程中，要做好密缝处理，密缝要严实。 2. 建筑节能及声学专业附有热工性能指标和相关声学指标。 3. 屋面金属材料颜色材质经设计方确认方可施工。 4. 大厅屋顶沿外围护结构垂直到屋顶处应有保温和隔声隔断分开（详见外6）。 5. 第2、3、4、9项外喷涂仿木色金属烤漆，颜色须经设计院确认后方可施工	来源：江北机场大厅指廊室内屋面吸声层使用要求：孔径需按吸声频率定
		2	支座	球节点支托			
		3	檩条	主次檩条系统			
		4	吸声层	1 厚镀铝锌（含量 150 g/m² ）穿孔压型板，表面（向下一侧）HDP 高耐侯自洁型烤漆 25% 穿孔率腹部穿孔 2.5@5			
		5	吸声防护层	黑色无纺布（容重不低于 80 kg/m³）			
		6	吸音层	50 厚钢底板波谷间满填玻璃纤维棉（>32 kg/m³）			
		7	隔汽层	0.3 mm 厚 PE 膜隔汽层			
		8	衬檩	2.5 mm "几"型钢衬檩（表面防腐除锈处理）			
		9	保温层	70 mm 厚憎水性岩棉保温层（100 kg/m³）			
		10	保温层	60 mm 厚憎水性岩棉保温层（150～200 kg/m³）上下层错缝铺设			
		11	施工用支托层	6 mm＋6 mm 厚硅酸钙纤维板错缝安装			
		12	防水层	2 mm 厚自粘性橡胶沥青防水卷材（有自愈功能）			
		13	支座	固定外层金属板支座			
		14	隔声层	支座间满填 30 mm 48 kg/m³ 玻璃棉隔声层（压成 20 厚）			
		15	金属板	1.0 厚铝镁锰合金直立锁边板外氟碳涂层（400/65）			
	铝镁锰直立锁边金属屋面	1	主体结构	钢结构		1. 第 9 项在岩棉铺设过程中，要做好密缝处理，密缝要严实。 2. 建筑节能及声学专业附有热工性能指标和相关声学指标。 3. 屋面金属材料颜色材质经设计方确认方可施工。 4. 第2、3、4、7项外喷涂仿木色金属烤漆，颜色须经设计院确认后方可施工	来源：江北机场大厅指廊室外金属屋面挑檐部分适合小型屋面
		2	支座	球节点支托			
		3	主檩	主檩条系统			
		4	吸声层	1 厚 YXB75-200-600 镀铝锌（含量 150 g/m² ）穿孔钢底板，表面（向下侧）HDP 高耐侯自洁型烤漆 23% 穿孔率腹部穿孔 2.5@5			
		5	次檩	2.5 mm "几"形衬檩（表面防腐除锈处理）			
		6	保温层	40＋40 厚憎水性岩棉（100 kg/m³）错缝铺设			
		7	防水层	2 mm 厚自粘性橡胶沥青防水卷材			
		8	隔声层	30 mm 48 kg/m³ 玻璃棉隔声层（压成 20 厚）			
		9	金属板	1.0 厚铝镁锰合金直立咬合板外氟碳涂层（400/65）			
	铝镁锰直立锁边金属屋面	1	主体结构	钢结构构件	1 290～1 900	总厚度根据屋面造型有一定的变化	来源：西部博览城展厅部分
		2	支撑层	1.0 厚 YX75-200-600 镀锌钢板			
		3	隔汽层	PE 膜隔汽层（130 g）			
		4	保温层	2 层 40 厚保温岩棉（130 kg/m³），错缝铺设			
		5	支撑层	0.6 厚镀锌钢平板			
		6	防水层	1.2 厚 PVC 防水卷材（H 型）			
		7	结构构件	钢构件			
		8		30×30×1.5 铁素体不锈钢丝网			
		9	隔声层	50 厚玻璃纤维棉（32 kg/m³ 压成 20 厚包铝箔）			
		10	金属面板	1.0 厚 PVDF 铝镁锰直立锁边屋面板，表面氟碳辊涂（400/65）			

建筑统一技术措施与节点构造选编

编号	名称	序号	基本构造层次	构造做法	最小厚度	备注	适用范围及使用要求
	铝单板屋面	1	主体结构	钢结构构件	1 200	总厚度根据屋面造型有一定的变化	来源：西部博览城交通大厅室内部分
		2	支撑层	1.0 厚 YX75-200-600 镀锌钢板			
		3	隔汽层	PE 膜隔汽层（130 g）			
		4	保温层	2 层 40 厚保温岩棉（130 kg/m³），错缝铺设			
		5	支撑层	0.6 厚镀锌钢平板			
		6	防水层	1.2 厚 PVC 防水卷材（H 型）			
		7	结构构件	50×40×5 矩形管			
		8	支撑层	0.8 厚镀锌钢平板			
		9	隔声层	50 厚玻璃纤维棉(32 kg/m³ 压成 20 厚包铝箔)			
		10	金属面板	3 厚铝单板			
	不锈钢屋面	1	主体结构	钢结构构件	1 200		来源：青岛机场
		2	次檩	200×100×4 次檩条矩管聚氨酯涂漆（白色）			
		3	吸音层	0.8 mm 厚 YX25-205-820 型聚酯涂漆穿孔钢底板（白色）			
		4		50 mm 厚，16K 降噪憎水玻璃丝棉吸音棉，下贴无纺布			
		5	防潮层	0.3 mm 厚 PE 防潮膜			
		6	保温层	150 mm 厚（75＋75）24K 环保玻璃棉			
		7	衬檩	3 mm 厚几字形衬檩－30×40×60×40×30			
		8	支撑层	1.0 mm 厚 YX51-250-750 型镀铝锌压型钢板			
		9		1.2 mm 厚镀铝锌平钢板			
		10	防水层	≥1.0 mm 厚自粘性防水卷材			
		11	隔声层	3 mm 厚隔声泡棉			
		12	金属面板	0.5 mm 厚 445J2 铁素体不锈钢连续焊接屋面板 25/400 型（局部扇形）			
	铝合金直立锁边板加穿孔板屋面	1	主体结构	钢结构涂防锈漆，刷防火涂料（耐火极限 1.5 小时）		屋面网架支座部分耐火极限应为 2.5 小时	来源：镇江体育会展中心
		2	连接件	支托			
		3	檩条	C 形钢檩条			
		4	下层钢板	0.8 mm 厚穿孔压型钢板底板			
		5	隔汽层	PE 膜隔气层			
		6	保温层	100 厚玻璃纤维棉保温层			
		7	隔离层	无纺布隔离层			
		8	防水层	4 厚 SBS 改性沥青防水卷材一道			
		9	屋面板	0.9 厚直立锁边铝合金屋面板			
		10		支托			
		11	外层装饰	C 型钢檩条			
		12		穿孔铝板屋面板			
	铝合金直立锁边屋面	1	主体结构	钢结构涂防锈漆，刷防火涂料（耐火极限 1.5 小时）		屋面网架支座部分耐火极限应为 2.5 小时	来源：镇江体育会展中心
		2	支托	支托			
		3	檩条	C 型钢檩条			
		4	下层钢板	0.8 mm 厚穿孔压型钢板底板			
		5	隔汽层	PE 膜隔气层			
		6	保温层	100 厚玻璃纤维棉保温层			
		7	隔离层	无纺布隔离层			
		8	屋面板	0.9 厚直立锁边铝合金屋面板			

编号	名称	序号	基本构造层次	构造做法	最小厚度	备注	适用范围及使用要求
	铝镁锰合金直立锁边金属屋面	1	下层网壳	下层网壳			来源：双流机场T2
		2	吊顶	氟碳喷涂铝方管格栅吊顶距下层网壳50 mm			
		3	吊顶龙骨	格栅龙骨			
		4	上层网壳	上层网壳结构，节点焊接钢管支托			
		5	支座	支托上固定钢檩条支座			
		6	支撑层	支撑层：钢丝网			
		7	防尘层	防尘层：无纺布			
		8	吸音棉	吸音层50厚玻璃棉（32 kg/m³）			
		9	主檩条	主檩条			
		10	支座	高强铝合金固定支座，对于长度超过100 m的面板，采用高强塑料固定座			
		11	金属板	铝镁锰合金直立缝咬合板外加氟碳涂层			
	玻璃网壳屋面	1	主体结构	单层网壳结构，节点焊接钢管支托			来源：双流机场T2采光屋顶
		2	主檩条	支托上固定钢檩条			
		3	龙骨	铝合金龙骨固定在钢檩条上			
		4	玻璃面板	中空（钢化）夹胶low-e玻璃（指廊、连廊部分玻璃网壳屋面的玻璃用彩釉玻璃遮阳）			
	铝板屋面	1	主体结构	钢龙骨构架			来源：双流机场T2
		2	支撑层	支撑层：钢丝网			
		3	防潮层	防潮层：PVC膜			
		4	保温层	钢龙骨间满粘100厚玻璃保温棉（48 kg/m³）			
		5	金属板	铝板（双层密封胶缝）			
	铝板屋面	1	主体机构	钢结构			来源：双流机场T2指廊连廊
		2	下层金属板	穿孔镀铝锌压型钢板（接近平板型）25%穿孔率			
		3	防尘层	无纺布			
		4	吸声层	吸声玻璃棉50 mm（32 kg/m³）			
		5	檩条系统	钢檩条，与主体结构连接			
		6	支托层	0.8厚压型钢板			
		7	防水层	1.2厚PVC防水卷材			
		8	保温层	100厚玻璃保温棉（48 kg/m³）			
		9	金属板	铝板（双层密封胶缝）			
	压型钢板屋面	1	主体结构	钢结构			来源：双流机场T2-放置设备
		2	支托层	20×20×3镀锌钢丝网，固定在结构檩间			
		3	保温层	100厚玻璃保温棉（48 kg/m³）			
		4	结构层	结构层（混凝土+压型钢板）		第4条~第7条共同构成结构层	
		5	找平	20厚1：3水泥砂浆找坡找平层			
		6	防水层	1.5厚合成高分子防水涂膜			
		7	压型钢板	钢几字檩上固定0.8厚压型钢板			
		8	防水层	3厚聚合物改性沥青防水卷材，同材性粘胶剂			
		9	隔声层	30厚玻璃棉（32 kg/m³）压成20厚			
		10	保护层	压型钢板面层			

左侧竖排文字：建筑统一技术措施与节点构造选编

编号	名称	序号	基本构造层次	构造做法	最小厚度	备注	适用范围及使用要求
	压型钢板屋面	1	主体结构	钢结构			
		2	支托层	20×20×3镀锌钢丝网，固定在结构檩间			
		3	保温层	100厚玻璃保温棉（48 kg/m³）			
		4	结构层	结构层（混凝土＋压型钢板）		第4条～第7条共同构成结构层	来源：双流机场T2-放置设备
		5	找平层	20厚1:3水泥砂浆找坡找平层			
		6	防水层	1.5厚单组分聚氨酯防水涂膜			
		7	压型钢板	钢几字檩上固定0.8厚压型钢板			
		8	防水层	1.5厚单组分聚氨酯防水涂膜			
		9	隔声层	30厚玻璃棉（32 kg/m³）压成20厚			
		10	保护层	压型钢板面层			

二

外墙

一、内保温外墙

（一）涂料外饰面外墙

1. 涂料面层基层处理

① 非黏土多孔砖

基层处理	12厚1：3水泥砂浆打底扫毛或划出纹道

② 混凝土墙、混凝土砌块

基层处理	刷混凝土界面处理剂，随刷随抹底灰
	刷素水泥浆一遍，水灰比为1：（0.37～0.40），内掺适量建筑胶
	用1：2.5水泥砂浆在墙上刮糙，即用铁抹子将砂浆刮成鱼鳞状，厚度3～5

③ 加气混凝土砌块

基层处理	刷界面处理剂，满钉钢丝网
	13厚1：3水泥砂浆打底，两次成活，扫毛或划出纹道

2. 涂料面层做法

① 氟碳漆：耐候性强、保光保色，抗污性好

找平层	6厚1：2.5水泥砂浆找平
腻子	刮柔性耐水腻子两道，并打磨平整
底漆	抗碱封闭底漆一道
面漆	喷水泥基氟碳漆二道

② 丙烯酸涂料：价格适中

找平层	6厚1：2.5水泥砂浆找平
腻子	刮柔性耐水腻子两道，并打磨平整
底漆	抗碱封闭底漆一道
面漆	刷外墙丙烯酸涂料二道

③ 真石漆：模仿石材的装饰效果，耐久性较好

找平	6厚1：2.5水泥砂浆找平
腻子	刮柔性耐水腻子两道，并打磨平整
底漆	抗碱封闭底漆一道
面漆	喷涂天然真石漆（根据效果需要选择喷涂或涂抹等形式施工）
罩面处理	涂刷罩光清漆

④ 弹性涂料：弹性漆膜具有较好的延伸率，能有效弥补墙体细裂纹，耐污性较差，适用于古建史修复

找平层	6厚1：2.5水泥砂浆找平
腻子	刮柔性耐水腻子两道，并打磨平整
底漆	涂刷封闭底漆
面漆	弹性涂料施工
罩面处理	罩面处理

3. 具体构造做法

类别	名称	序号	基本构造层次	构造做法	备注
	清水砖刷色墙面	1	基层处理	清水砖墙1:1水泥砂浆勾凹缝	
		2	表面刷色	薄刷或喷色（氧化铁红或氧化铁黄，掺水重15%胶粘剂）	
非黏土多孔砖基底涂料外墙	氟碳漆外墙	1	基层处理	12厚1:3水泥砂浆打底扫毛或划出纹道	
		2	找平层	6厚1:2.5水泥砂浆找平	
		3	腻子	刮柔性耐水腻子两道，并打磨平整	
		4	底漆	抗碱封闭底漆一道	
		5	面漆	喷水泥基氟碳漆二道	
	丙烯酸涂料外墙	1	基层处理	12厚1:3水泥砂浆打底扫毛或划出纹道	
		2	找平层	6厚1:2.5水泥砂浆找平	
		3	腻子	刮柔性耐水腻子两道，并打磨平整	
		4	底漆	抗碱封闭底漆一道	
		5	面漆	刷外墙丙烯酸涂料二道	
	真石漆外墙	1	基层处理	12厚1:3水泥砂浆打底扫毛或划出纹道	
		2	找平层	6厚1:2.5水泥砂浆找平	
		3	腻子	刮柔性耐水腻子两道，并打磨平整	
		4	底漆	抗碱封闭底漆一道	
		5	面漆	喷涂天然真石漆（根据效果需要选择喷涂或涂抹等形式施工）	
		6	罩面处理	涂刷罩光清漆	
	弹性涂料外墙	1	基层处理	12厚1:3水泥砂浆打底扫毛或划出纹道	
		2	找平层	6厚1:2.5水泥砂浆找平	
		3	腻子	刮柔性耐水腻子两道，并打磨平整	
		4	底漆	涂刷封闭底漆	
		5	面漆	弹性涂料施工	
		6	罩面处理	罩面处理	
混凝土墙或混凝土砌块基底涂料外墙	氟碳漆外墙	1	基层处理	刷混凝土界面处理剂，随刷随抹底灰	
		2		刷素水泥浆一遍，水灰比为1:0.37~0.40，内掺适量建筑胶	
		3		用1:2.5水泥砂浆在墙上刮糙，即用铁抹子将砂浆刮成鱼鳞状，厚度3~5	
		4	找平层	6厚1:2.5水泥砂浆找平	
		5	腻子	刮柔性耐水腻子两道，并打磨平整	
		6	底漆	抗碱封闭底漆一道	
		7	面漆	喷水泥基氟碳漆二道	
	丙烯酸涂料	1	基层处理	刷混凝土界面处理剂，随刷随抹底灰	
		2		刷素水泥浆一遍，水灰比为1:0.37~0.40，内掺适量建筑胶	
		3		用1:2.5水泥砂浆在墙上刮糙，即用铁抹子将砂浆刮成鱼鳞状，厚度3~5	
		4	找平层	6厚1:2.5水泥砂浆找平	
		5	腻子	刮柔性耐水腻子两道，并打磨平整	
		6	底漆	抗碱封闭底漆一道	
		7	面漆	刷外墙丙烯酸涂料二道	

类别	名称	序号	基本构造层次	构造做法	备注
混凝土墙或混凝土砌块基底涂料外墙	真石漆外墙	1	基层处理	刷混凝土界面处理剂，随刷随抹底灰	
		2		刷素水泥浆一遍，水灰比为 1：0.37～0.40，内掺适量建筑胶	
		3		用 1：2.5 水泥砂浆在墙上刮糙，即用铁抹子将砂浆刮成鱼鳞状，厚度 3～5	
		4	找平层	6 厚 1：2.5 水泥砂浆找平	
		5	腻子	刮柔性耐水腻子两道，并打磨平整	
		6	底漆	抗碱封闭底漆一道	
		7	面漆	喷涂天然真石漆（根据效果需要选择喷涂或涂抹等形式施工）	
		8	罩面处理	涂刷罩光清漆	
	弹性涂料外墙	1	基层处理	刷混凝土界面处理剂，随刷随抹底灰	
		2		刷素水泥浆一遍，水灰比为 1：0.37～0.40，内掺适量建筑胶	
		3		用 1：2.5 水泥砂浆在墙上刮糙，即用铁抹子将砂浆刮成鱼鳞状，厚度 3～5	
		4	找平层	6 厚 1：2.5 水泥砂浆找平	
		5	腻子	刮柔性耐水腻子两道，并打磨平整	
		6	底漆	涂刷封闭底漆	
		7	面漆	弹性涂料施工	
		8	罩面处理	罩面处理	
加气混凝土砌块基底涂料外墙	氟碳漆外墙	1	基层处理	刷界面处理剂，满钉钢丝网	
		2		13 厚 1：3 水泥砂浆打底，两次成活，扫毛或划出纹道	
		3	找平层	6 厚 1：2.5 水泥砂浆找平	
		4	腻子	刮柔性耐水腻子两道，并打磨平整	
		5	底漆	抗碱封闭底漆一道	
		6	面漆	喷水泥基氟碳漆二道	
	丙烯酸涂料外墙	1	基层处理	刷界面处理剂，满钉钢丝网	
		2		13 厚 1：3 水泥砂浆打底，两次成活，扫毛或划出纹道	
		3	找平层	6 厚 1：2.5 水泥砂浆找平	
		4	腻子	刮柔性耐水腻子两道，并打磨平整	
		5	底漆	抗碱封闭底漆一道	
		6	面漆	刷外墙丙烯酸涂料二道	
	真石漆外墙	1	基层处理	刷界面处理剂，满钉钢丝网	
		2		13 厚 1：3 水泥砂浆打底，两次成活，扫毛或划出纹道	
		3	找平	6 厚 1：2.5 水泥砂浆找平	
		4	腻子	刮柔性耐水腻子两道，并打磨平整	
		5	底漆	抗碱封闭底漆一道	
		6	面漆	喷涂天然真石漆（根据效果需要选择喷涂或涂抹等形式施工）	
		7	罩面处理	涂刷罩光清漆	
	弹性涂料外墙	1	基层处理	刷界面处理剂，满钉钢丝网	
		2		13 厚 1：3 水泥砂浆打底，两次成活，扫毛或划出纹道	
		3	找平层	6 厚 1：2.5 水泥砂浆找平	
		4	腻子	刮柔性耐水腻子两道，并打磨平整	
		5	底漆	涂刷封闭底漆	
		6	面漆	弹性涂料施工	
		7	罩面处理	罩面处理	

（二）面砖粘贴外饰面外墙

1. 面砖粘贴基本要求

① 面砖规格、颜色、缝宽由设计人定。

② 建议按楼层或按面积做立面分仓，面积一般控制在 40～50 m² 以内。

③ 分仓处通常用 PVC 分格缝。

2. 面砖面层做法

① 小面砖-通体砖

找平层	12 厚 1∶3 水泥砂浆打底扫毛或划出纹道，两次成活
粘合层	6 厚专用聚合物砂浆
面砖	45×45×4 通体瓷砖，配色水泥擦缝

② 大面砖-通体砖

找平层	12 厚 1∶4 水泥砂浆打底扫毛或划出纹道，两次成活
粘合层	6 厚专用聚合物砂浆
面砖	200×100×5 通体瓷砖，配色水泥擦缝

③ 大面砖-釉面砖

找平层	12 厚 1∶4 水泥砂浆打底扫毛或划出纹道，两次成活
粘合层	8 厚 1∶3 水泥砂浆，掺适量建筑胶
面砖	200×100×5 釉面砖，1∶1 水泥砂浆（内掺防水剂）勾缝

④ 石材贴面：（使用要求：石材粘贴高度 6 m 以内）

拉结构造	按石材分格在砌体内预留 Φ6.5 钢筋，伸出墙面 31
	按分格焊接 Φ6 钢筋网固定在伸出的钢筋头上
	25 厚花岗岩（6 面刷油性渗透型石材保护剂）用钢丝固定在钢丝网上，石材缝用耐候胶密封，自下而上施工
	40 厚 1∶3 水泥砂浆（掺水重 5%防水剂）分层灌实

3. 具体构造做法

类别	名称	序号	基本构造层次	构造做法	备注
贴面外墙	小面砖-通体砖外墙	1	基层处理	基层清理，刷界面处理剂	
		2	找平层	12 厚 1∶3 水泥砂浆打底扫毛或划出纹道，两次成活	
		3	粘合层	6 厚专用聚合物砂浆	
		4	面砖	45×45×4 通体瓷砖，配色水泥擦缝	
	大面砖-通体砖外墙	1	基层处理	基层清理，刷界面处理剂	
		2	找平层	12 厚 1∶4 水泥砂浆打底扫毛或划出纹道，两次成活	
		3	粘合层	6 厚专用聚合物砂浆	
		4	面砖	200×100×5 通体瓷砖，配色水泥擦缝	

类别	名称	序号	基本构造层次	构造做法	备注
贴面外墙	大面砖-釉面砖外墙	1	基层处理	基层清理，刷界面处理剂	
		2	找平层	12厚1：4水泥砂浆打底扫毛或划出纹道，两次成活	
		3	粘合层	8厚1：3水泥砂浆，掺适量建筑胶	
		4	面砖	200×100×5釉面砖，1：1水泥砂浆（内掺防水剂）匀缝	
	劈离砖外墙	1	基层处理	基层清理，刷界面处理剂	
		2	找平层	12厚1：4水泥砂浆打底扫毛或划出纹道，两次成活	
		3	粘合层	8厚1：3水泥砂浆，掺适量建筑胶	
		4	面砖	240×60×12劈离砖，1：1水泥砂浆（内掺防水剂）匀缝	
	石材贴面外墙	1	基层处理	基层清理，刷界面处理剂	
		2	拉结构造	按石材分格在砌体内预留Φ6.5钢筋，伸出墙面31	
		3		按分格焊接Φ6钢筋网固定在伸出的钢筋头上	
		4		25厚花岗岩（6面刷油性渗透型石材保护剂）用钢丝固定在钢丝网上，石材缝用耐候胶密封，自下而上施工	
		5		40厚1：3水泥砂浆（掺水重5%防水剂）分层灌实	

二、外保温外墙

（一）说　明

1. 基　层

因保温材料需要锚栓锚固，有保温外墙墙体需要用实心墙，例如实心砖、混凝土、加气混凝土砌块、粉煤灰砌块。

基层处理	基层清理
找平层	5～10厚1：2.5水泥砂浆找平（基层墙体平整时，可取消此道工序）

2. 保温层

A级保温材料：岩棉板、玻璃纤维板、泡沫玻璃板、纤维膨珠板。

B1/B2级保温材料：改性酚醛板、硬泡聚氨酯、XPS\EPS。

中空玻璃微珠尽量不采用，即使采用，厚度不宜大于15 mm×2遍＝30 mm。

具体做法如下：

① EPS/XPS

粘结剂	粘结剂，粘贴面积不小于保温板面积50%
保温层	40厚模塑聚苯板（EPS），并辅以锚栓
抗裂措施	10厚低碱抗裂砂浆

② 岩棉板、玻璃棉板

保温层	聚合物砂浆粘贴××厚憎水性岩棉板
锚固构造	锚栓锚顶φ9镀锌钢丝网，锚栓数量每平方米不少于6个
抗裂措施	10厚低碱抗裂砂浆

保温层	聚合物砂浆粘贴××厚玻璃棉板
锚固构造	锚栓锚顶φ9镀锌钢丝网，锚栓数量每平方米不少于6个
抗裂措施	10厚低碱抗裂砂浆

③ 硬泡聚氨酯PUR：适宜用于寒冷地区，兼做防水

界面处理	聚氨酯界面剂
保温层	喷涂50厚硬泡聚氨酯发泡保温层
找平层	20厚胶粉EPS颗粒浆料找平

（二）具体构造做法

类型	名称	序号	基本构造层次	构造做法	备注
XPS保温涂料外墙	氟碳漆外墙	1	基层处理	基层清理	
		2	找平层	5～10厚1：2.5水泥砂浆找平（基层墙体平整时，可取消此道工序）	
		3	粘结剂	粘结剂，粘贴面积不小于保温板面积50%	
		4	保温层	40厚挤塑聚苯板（XPS），并辅以锚栓	
		5	抹面胶浆	4～6厚抹面胶浆，3次成活，分别压入两层耐碱玻纤网格布，收光	
		6	腻子	刮柔性耐水腻子两道，并打磨平整	
		7	底漆	抗碱封闭底漆一道	
		8	面漆	喷水泥基氟碳漆二道	
	丙烯酸外墙	1	基层处理	基层清理	
		2	找平层	5～10厚1：2.5水泥砂浆找平（基层墙体平整时，可取消此道工序）	
		3	粘结剂	粘结剂，粘贴面积不小于保温板面积50%	
		4	保温层	40厚挤塑聚苯板（XPS），并辅以锚栓	
		5	抹面胶浆	4～6厚抹面胶浆，3次成活，分别压入两层耐碱玻纤网格布，收光	
		6	腻子	刮柔性耐水腻子两道，并打磨平整	
		7	底漆	抗碱封闭底漆一道	
		8	面漆	刷外墙丙烯酸涂料二道	
	真石漆外墙	1	基层处理	基层清理	
		2	找平层	5～10厚1：2.5水泥砂浆找平（基层墙体平整时，可取消此道工序）	
		3	粘结剂	粘结剂，粘贴面积不小于保温板面积50%	
		4	保温层	40厚挤塑聚苯板（XPS），并辅以锚栓	
		5	抹面胶浆	4～6厚抹面胶浆，3次成活，分别压入两层耐碱玻纤网格布，收光	
		6	腻子	刮柔性耐水腻子两道，并打磨平整	
		7	底漆	抗碱封闭底漆一道	
		8	面漆	喷涂天然真石漆（根据效果需要选择喷涂或涂抹等形式施工）	
		9	罩面处理	涂刷罩光清漆	
	弹性涂料外墙	1	基层处理	基层清理	
		2	找平层	5～10厚1：2.5水泥砂浆找平（基层墙体平整时，可取消此道工序）	
		3	粘结剂	粘结剂，粘贴面积不小于保温板面积50%	
		4	保温层	40厚挤塑聚苯板（XPS），并辅以锚栓	
		5	抹面胶浆	4～6厚抹面胶浆，3次成活，分别压入两层耐碱玻纤网格布，收光	
		6	腻子	刮柔性耐水腻子两道，并打磨平整	
		7	底漆	涂刷封闭底漆	
		8	面漆	弹性涂料施工	
		9	罩面处理	罩面处理	
EPS保温涂料外墙	氟碳漆外墙	1	基层处理	基层清理	
		2	找平层	5～10厚1：2.5水泥砂浆找平（基层墙体平整时，可取消此道工序）	
		3	粘结剂	粘结剂，粘贴面积不小于保温板面积50%	
		4	保温层	40厚模塑聚苯板（EPS），并辅以锚栓	
		5	抹面胶浆	4～6厚抹面胶浆，3次成活，分别压入两层耐碱玻纤网格布，收光	
		6	腻子	刮柔性耐水腻子两道，并打磨平整	
		7	底漆	抗碱封闭底漆一道	
		8	面漆	喷水泥基氟碳漆二道	

类型	名称	序号	基本构造层次	构造做法	备注
EPS 保温涂料外墙	丙烯酸外墙	1	基层处理	基层清理	
		2	找平层	5～10厚1：2.5水泥砂浆找平（基层墙体平整时，可取消此道工序）	
		3	粘结剂	粘结剂，粘贴面积不小于保温板面积50%	
		4	保温层	40厚模塑聚苯板（EPS），并辅以锚栓	
		5	抹面胶浆	4～6厚抹面胶浆，3次成活，分别压入两层耐碱玻纤网格布，收光	
		6	腻子	刮柔性耐水腻子两道，并打磨平整	
		7	底漆	抗碱封闭底漆一道	
		8	面漆	刷外墙丙烯酸涂料二道	
	真石漆外墙	1	基层处理	基层清理	
		2	找平层	5～10厚1：2.5水泥砂浆找平（基层墙体平整时，可取消此道工序）	
		3	粘结剂	粘结剂，粘贴面积不小于保温板面积50%	
		4	保温层	40厚模塑聚苯板（EPS），并辅以锚栓	
		5	抹面胶浆	4～6厚抹面胶浆，3次成活，分别压入两层耐碱玻纤网格布，收光	
		6	腻子	刮柔性耐水腻子两道，并打磨平整	
		7	底漆	抗碱封闭底漆一道	
		8	面漆	喷涂天然真石漆（根据效果需要选择喷涂或涂抹等形式施工）	
		9	罩面处理	涂刷罩光清漆	
	弹性涂料外墙	1	基层处理	基层清理	
		2	找平层	5～10厚1：2.5水泥砂浆找平（基层墙体平整时，可取消此道工序）	
		3	粘结剂	粘结剂，粘贴面积不小于保温板面积50%	
		4	保温层	40厚模塑聚苯板（EPS），并辅以锚栓	
		5	抹面胶浆	4～6厚抹面胶浆，3次成活，分别压入两层耐碱玻纤网格布，收光	
		6	腻子	刮柔性耐水腻子两道，并打磨平整	
		7	底漆	涂刷封闭底漆	
		8	面漆	弹性涂料施工	
		9	罩面处理	罩面处理	
岩棉板外保温涂料外墙	氟碳漆外墙	1	基层清理	基层清理	
		2	找平层	5～10厚1：2.5水泥砂浆找平（基层墙体平整时，可取消此道工序）	
		3	保温层	聚合物砂浆粘贴××厚憎水性岩棉板	
		4	锚固构造	锚栓锚顶Φ9镀锌钢丝网，锚栓数量每平方米不少于6个	
		5	抗裂措施	10厚低碱抗裂砂浆	
		6	抹面胶浆	4～6厚抹面胶浆，3次成活，分别压入两层耐碱玻纤网格布，收光	
		7	腻子	刮柔性耐水腻子两道，并打磨平整	
		8	底漆	抗碱封闭底漆一道	
		9	面漆	喷水泥基氟碳漆二道	
	丙烯酸外墙	1	基层清理	基层清理	
		2	找平层	5～10厚1：2.5水泥砂浆找平（基层墙体平整时，可取消此道工序）	
		3	保温层	聚合物砂浆粘贴××厚憎水性岩棉板	
		4	锚固构造	锚栓锚顶Φ9镀锌钢丝网，锚栓数量每平方米不少于6个	
		5	抗裂措施	10厚低碱抗裂砂浆	

建筑统一技术措施与节点构造选编

类型	名称	序号	基本构造层次	构造做法	备注
岩棉板外保温涂料外墙	丙烯酸外墙	6	抹面胶浆	4~6厚抹面胶浆，3次成活，分别压入两层耐碱玻纤网格布，收光	
		7	腻子	刮柔性耐水腻子两道，并打磨平整	
		8	底漆	抗碱封闭底漆一道	
		9	面漆	刷外墙丙烯酸涂料二道	
	真石漆外墙	1	基层清理	基层清理	
		2	找平层	5~10厚1:2.5水泥砂浆找平（基层墙体平整时，可取消此道工序）	
		3	保温层	聚合物砂浆粘贴××厚憎水性岩棉板	
		4	锚固构造	锚栓锚顶φ9镀锌钢丝网，锚栓数量每平方米不少于6个	
		5	抗裂措施	10厚低碱抗裂砂浆	
		6	抹面胶浆	4~6厚抹面胶浆，3次成活，分别压入两层耐碱玻纤网格布，收光	
		7	腻子	刮柔性耐水腻子两道，并打磨平整	
		8	底漆	抗碱封闭底漆一道	
		9	面漆	喷涂天然真石漆（根据效果需要选择喷涂或涂抹等形式施工）	
		10	罩面处理	涂刷罩光清漆	
	弹性涂料外墙	1	基层清理	基层清理	
		2	找平层	5~10厚1:2.5水泥砂浆找平（基层墙体平整时，可取消此道工序）	
		3	保温层	聚合物砂浆粘贴××厚憎水性岩棉板	
		4	锚固构造	锚栓锚顶φ9镀锌钢丝网，锚栓数量每平方米不少于6个	
		5	抗裂措施	10厚低碱抗裂砂浆	
		6	抹面胶浆	4~6厚抹面胶浆，3次成活，分别压入两层耐碱玻纤网格布，收光	
		7	腻子	刮柔性耐水腻子两道，并打磨平整	
		8	底漆	涂刷封闭底漆	
		9	面漆	弹性涂料施工	
		10	罩面处理	罩面处理	
玻璃棉板外保温涂料外墙	氟碳漆外墙	1	基层清理	基层清理	
		2	找平层	5~10厚1:2.5水泥砂浆找平（基层墙体平整时，可取消此道工序）	
		3	保温层	聚合物砂浆粘贴××厚玻璃棉板	
		4	锚固构造	锚栓锚顶φ9镀锌钢丝网，锚栓数量每平方米不少于6个	
		5	抗裂措施	10厚低碱抗裂砂浆	
		6	抹面胶浆	4~6厚抹面胶浆，3次成活，分别压入两层耐碱玻纤网格布，收光	
		7	腻子	刮柔性耐水腻子两道，并打磨平整	
		8	底漆	抗碱封闭底漆一道	
		9	面漆	喷水泥基氟碳漆二道	
	丙烯酸外墙	1	基层清理	基层清理	
		2	找平层	5~10厚1:2.5水泥砂浆找平（基层墙体平整时，可取消此道工序）	
		3	保温层	聚合物砂浆粘贴××厚玻璃棉板	
		4	锚固构造	锚栓锚顶φ9镀锌钢丝网，锚栓数量每平方米不少于6个	
		5	抗裂措施	10厚低碱抗裂砂浆	
		6	抹面胶浆	4~6厚抹面胶浆，3次成活，分别压入两层耐碱玻纤网格布，收光	
		7	腻子	刮柔性耐水腻子两道，并打磨平整	
		8	底漆	抗碱封闭底漆一道	
		9	面漆	刷外墙丙烯酸涂料二道	

类型	名称	序号	基本构造层次	构造做法	备注
玻璃棉板外保温涂料外墙	真石漆外墙	1	基层清理	基层清理	
		2	找平层	5～10厚1:2.5水泥砂浆找平（基层墙体平整时，可取消此道工序）	
		3	保温层	聚合物砂浆粘贴××厚玻璃棉板	
		4	锚固构造	锚栓锚顶φ9镀锌钢丝网，锚栓数量每平方米不少于6个	
		5	抗裂措施	10厚低碱抗裂砂浆	
		6	抹面胶浆	4～6厚抹面胶浆，3次成活，分别压入两层耐碱玻纤网格布，收光	
		7	腻子	刮柔性耐水腻子两道，并打磨平整	
		8	底漆	抗碱封闭底漆一道	
		9	面漆	喷涂天然真石漆（根据效果需要选择喷涂或涂抹等形式施工）	
		10	罩面处理	涂刷罩光清漆	
	弹性涂料外墙	1	基层清理	基层清理	
		2	找平层	5～10厚1:2.5水泥砂浆找平（基层墙体平整时，可取消此道工序）	
		3	保温层	聚合物砂浆粘贴××厚玻璃棉板	
		4	锚固构造	锚栓锚顶φ9镀锌钢丝网，锚栓数量每平方米不少于6个	
		5	抗裂措施	10厚低碱抗裂砂浆	
		6	抹面胶浆	4～6厚抹面胶浆，3次成活，分别压入两层耐碱玻纤网格布，收光	
		7	腻子	刮柔性耐水腻子两道，并打磨平整	
		8	底漆	涂刷封闭底漆	
		9	面漆	弹性涂料施工	
		10	罩面处理	罩面处理	
PUR聚氨酯外保温涂料外墙	氟碳漆外墙	1	基层处理	基层清理	
		2	界面处理	聚氨酯界面剂	
		3	保温层	喷涂50厚硬泡聚氨酯发泡保温层	
		4	找平层	20厚胶粉EPS颗粒浆料找平	
		5	抹面胶浆	4～6厚抹面胶浆，3次成活，分别压入两层耐碱玻纤网格布，收光	
		6	腻子	刮柔性耐水腻子两道，并打磨平整	
		7	底漆	抗碱封闭底漆一道	
		8	面漆	喷水泥基氟碳漆二道	
	丙烯酸涂料外墙	1	基层处理	基层清理	
		2	界面处理	聚氨酯界面剂	
		3	保温层	喷涂50厚硬泡聚氨酯发泡保温层	
		4	找平层	20厚胶粉EPS颗粒浆料找平	
		5	抹面胶浆	4～6厚抹面胶浆，3次成活，分别压入两层耐碱玻纤网格布，收光	
		6	腻子	刮柔性耐水腻子两道，并打磨平整	
		7	底漆	抗碱封闭底漆一道	
		8	面漆	刷外墙丙烯酸涂料二道	
	真石漆外墙	1	基层处理	基层清理	
		2	界面处理	聚氨酯界面剂	
		3	保温层	喷涂50厚硬泡聚氨酯发泡保温层	
		4	找平层	20厚胶粉EPS颗粒浆料找平	

类型	名称	序号	基本构造层次	构造做法	备注
PUR 聚氨酯外保温涂料外墙	真石漆外墙	5	抹面胶浆	4~6厚抹面胶浆，3次成活，分别压入两层耐碱玻纤网格布，收光	
		6	腻子	刮柔性耐水腻子两道，并打磨平整	
		7	底漆	抗碱封闭底漆一道	
		8	面漆	喷涂天然真石漆（根据效果需要选择喷涂或涂抹等形式施工）	
		9	罩面处理	涂刷罩光清漆	
	弹性涂料外墙	1	基层处理	基层清理	
		2	界面处理	聚氨酯界面剂	
		3	保温层	喷涂50厚硬泡聚氨酯发泡保温层	
		4	找平层	20厚胶粉EPS颗粒浆料找平	
		5	抹面胶浆	4~6厚抹面胶浆，3次成活，分别压入两层耐碱玻纤网格布，收光	
		6	腻子	刮柔性耐水腻子两道，并打磨平整	
		7	底漆	涂刷封闭底漆	
		8	面漆	弹性涂料施工	
		9	罩面处理	罩面处理	
复合墙体	复合墙体	1	基层处理	240页岩砖墙（钢筋拉结或砖拉结），表面清洗干净，内侧1:1.5水泥砂浆勾缝	
		2	保温层	80厚聚氨酯发泡保温层	
		3	空气间层	20厚空气间层	
		4	外层墙体	120页岩实心砖与240砖墙拉结，外侧1:1.5水泥砂浆勾缝	
		5		外墙涂料两道，面喷甲基硅醇钠憎水剂	
	复合墙体	1	基层处理	240页岩砖墙（钢筋拉结或砖拉结），表面清洗干净，内侧1:1.5水泥砂浆勾缝	
		2	保温层	80厚聚氨酯发泡保温层	
		3	找平层	3厚耐碱腻子，压入玻纤网格布，抹平压光	
		4	涂料	深色氟碳漆两道	
		5	外饰面	50厚空气间层	
		6		12厚钢化白玻（幕墙构造）	

三 地下室

一、说 明

1. 地下建筑防水等级

根据《10J301 地下建筑防水构造》图集。

表 1　地下建筑防水等级标准分类与适应范围对照表

防水等级	标准	适应范围	项目举例
一级	不允许渗水，结构表面无湿渍	人员长期停留的场所；因有少量湿渍会使物品变质、失效的储物场所及严重影响设备正常运转和危及工程安全运营的部位；极重要的战备工程、地铁车站	居住建筑地下用房、办公用房、医院、餐厅、旅馆、影剧院、商场、娱乐场所、展览馆、体育馆、飞机、车船等交通枢纽、冷库、粮库、档案库、金库、书库、贵重物品库、通信工程、计算机房、电站控制室、配电间和发电机房等；人防指挥工程、武器弹药库、防水要求较高的人员掩蔽部、铁路旅客站台、行李房、地下铁道车站、种植顶板等
二级	不允许漏水，结构表面可有少量湿渍；工业与民用建筑：总湿渍面积不应大于总防水面积（包括顶板、墙面、地面）1/1 000；任意 100 m² 防水面积上的湿渍不超过 2 处，单个湿渍的最大面积不大于 0.1 m²；其他地下工程：总湿渍面积不应大于总防水面积的 2/1 000；任意 100 m² 防水面积上的湿渍不超过 3 处，单个湿渍的最大面积不大于 0.2 m²	人员经常活动的场所；在有少量湿渍的情况下不会使物品变质、失效的储物场所及基本不影响设备正常运转和危及工程安全运营的部位、重要的战备工程	地下车库、城市人行地道、空调机房、燃料库、防水要求不高的库房、一般人员掩蔽工程、水泵房等

2. 防水层常用材料

二级防水：

DFS2-1	4 厚聚乙烯胎改性沥青防水卷材一道，同材性粘胶剂二道
DFS2-2	4 厚弹性体聚合物改性沥青（SBS）防水卷材一道（Ⅱ型），同材性粘胶剂二道
DFS2-3	3 厚自粘（聚酯胎）聚合物改性沥青防水卷材
DFS2-4	2 厚自粘（无胎）聚合物改性沥青防水卷材
DFS2-5	1.5 厚聚氨酯防水涂料（顶板 2.0 厚）

一级防水（一层防水材料）：

DFS1-1	2 厚聚氨酯防水涂料
DFS1-2	1.2 厚预铺反粘高分子（底板、侧壁）

其中，预铺反粘的防水材料可在混凝土表面未干燥的情况下施工，省工省时。

一级防水（二层防水材料）：

DFS1-3	4 厚弹性体聚合物改性沥青（SBS）防水卷材一道（Ⅱ型），同材性粘胶剂二道
	3 厚弹性体聚合物改性沥青（SBS）防水卷材一道（Ⅱ型），同材性粘胶剂二道
DFS1-4	4 厚聚乙烯胎改性沥青防水卷材一道，同材性粘胶剂二道
	3 厚聚乙烯胎改性沥青防水卷材一道，同材性粘胶剂二道
DFS1-5	4 厚弹性体聚合物改性沥青（SBS）防水卷材一道（Ⅱ型），同材性粘胶剂二道
	3 厚自粘（聚酯胎）聚合物改性沥青防水卷材
DFS1-6	4 厚弹性体聚合物改性沥青（SBS）防水卷材一道（Ⅱ型），同材性粘胶剂二道
	1.5 厚自粘（无胎）聚合物改性沥青防水卷材
DFS1-7	4 厚聚乙烯胎改性沥青防水卷材一道，同材性粘胶剂二道
	3 厚自粘（聚酯胎）聚合物改性沥青防水卷材
DFS1-8	4 厚聚乙烯胎改性沥青防水卷材一道，同材性粘胶剂二道
	1.5 厚自粘（无胎）聚合物改性沥青防水卷材
DFS1-9	3 厚自粘（聚酯胎）聚合物改性沥青防水卷材
	1.5 厚自粘（无胎）聚合物改性沥青防水卷材

一级防水（一层卷材或涂料 + 一层 JS）：

DFS1-10	4 厚弹性体聚合物改性沥青（SBS）防水卷材一道（Ⅱ型），同材性粘胶剂二道
	1 厚 JS 水泥基渗透结晶防水涂料
DFS1-11	1.5 厚聚氨酯防水涂料
	1 厚 JS 水泥基渗透结晶防水涂料

一级防水（膨润土防水毯）：

DFS1-13	膨润土防水毯（膨润土含量≥5.5 kg/m²）

二、地下室底板做法

1. 说　明

混凝土垫层做法：

垫层	100 厚 C15 混凝土垫层，随打随抹平

混凝土垫层在软土层中时，厚度应≥150。

2. 具体构造做法

类别	名称	序号	基本构造层次	构造做法	备注
地下室底板	地下室底板（二级防水）	1	原基槽土	原基糙土	如混凝土垫层随打随抹平可保证平整度，可取消水泥砂浆找平层
		2	垫层	100 厚 C15 混凝土垫层，随打随抹平	
		3	找平层	20 厚 1：3 水泥砂浆找平	
		4	防水层	DFS2-1/2-2/2-3/2-4/2-5	
		5	保护层	50 厚 C20 细石混凝土保护层，找平	
		6	主体结构	自防水钢筋混凝土结构底板	
	地下室底板（一级防水）	1	原基槽土	原基糙土	
		2	垫层	100 厚 C15 混凝土垫层，随打随抹平	
		3	找平层	20 厚 1：3 水泥砂浆找平	
		4	防水层	DFS1-1	
		5	保护层	50 厚 C20 细石混凝土保护层，找平	
		6	主体结构	自防水钢筋混凝土结构底板	
	地下室底板（一级防水）	1	原基槽土	原基糙土	
		2	垫层	100 厚 C15 混凝土垫层，随打随抹平	
		3	防水层	DFS1-2	
		4	主体结构	自防水钢筋混凝土结构底板	
	地下室底板（一级防水）	1	原基槽土	原基糙土	如混凝土垫层随打随抹平可保证平整度，可取消水泥砂浆找平层
		2	垫层	100 厚 C15 混凝土垫层，随打随抹平	
		3	找平层	20 厚 1：3 水泥砂浆找平	
		4	防水层	DFS1-3～1-9	
		5			
		6	保护层	50 厚 C20 细石混凝土保护层，找平	
		7	主体结构	自防水钢筋混凝土结构底板	
	地下室底板（一级防水）	1	原基槽土	原基糙土	
		2	垫层	100 厚 C15 混凝土垫层，随打随抹平	
		3	找平层	20 厚 1：3 水泥砂浆找平	
		4	防水层	4 厚弹性体聚合物改性沥青（SBS）防水卷材一道（Ⅱ型），同材性粘胶剂二道	
		5	保护层	50 厚 C20 细石混凝土保护层	
		6	防水层	1 厚 JS 水泥基渗透结晶防水涂料	
		7	主体结构	主体结构	

类别	名称	序号	基本构造层次	构造做法	备注
地下室底板	地下室底板（一级防水）	1	原基槽土	原基糙土	
		2	垫层	100厚C15混凝土垫层，随打随抹平	
		3	找平层	20厚1：3水泥砂浆找平	
		4	防水层	1.5厚聚氨酯防水涂料	
		5	保护层	50厚C20细石混凝土保护层	
		6	防水层	1厚JS水泥基渗透结晶防水涂料	
		7	主体结构	主体结构	
	地下室底板（一级防水）	1	原基槽土	原基糙土	如混凝土垫层随打随抹平可保证平整度，可取消水泥砂浆找平层
		2	垫层	100厚C15混凝土垫层，随打随抹平	
		3	找平层	20厚1：3水泥砂浆找平	
		4	防水层	膨润土防水毯（膨润土含量》5.5 kg/m^2）	
		5	保护层	50厚C20细石混凝土保护层	
		6	主体结构	主体结构	

三、地下室侧壁做法

1. 无外防水地下室侧壁

适用于地下室水位低的情况。

类别	名称	序号	基本构造层次	构造做法	备注
无外防水侧壁	地下室侧壁 无外防水无保温	1	主体结构	自防水钢筋混凝土外墙，基层处理	
		2	回填土	黏土3:7灰土回填，分层夯实（800宽）	
	地下室侧壁 无外防水有保温	1	主体结构	自防水钢筋混凝土外墙，基层处理	
		2	找平层	25厚1:3水泥砂浆找平层，两遍成活	
		3	保温层	专用粘结剂粘贴50厚挤塑聚苯板（XPS），点粘面积	
		4	加固构造层	9×9×0.8钢丝网@600固定在钢筋混凝土外壁	
		5	找平层	20厚1:3水泥砂浆找平层，两遍成活	
		6	回填土	黏土3:7灰土回填，分层夯实（800宽）	

2. 无保温地下室侧壁

序号	基本构造层次
1	主体结构
2	找平层
3	防水层
4	保护层
5	灰土夯实

使用要求：

保护层务必用硬质材料，确保回填不破坏防水卷材。

具体做法示例如下：

类别	名称	序号	基本构造层次	构造做法	备注
二级防水无保温侧壁	地下室侧壁 二级防水无保温	1	主体结构	自防水钢筋混凝土外墙，基层处理	如混凝土侧壁可保证平整度，可取消水泥砂浆找平层
		2	找平层	25厚1:3水泥砂浆找平层，两遍成活	
		3	防水层	DFS2-1/2-2/2-5	
		4	保护层	120厚页岩砖保护层，M5砂浆砌筑	
		5	灰土夯实	黏土3.7灰土回填，分层夯实（800宽）	
	地下室侧壁 二级防水无保温	1	主体结构	自防水钢筋混凝土外墙，基层处理	
		2	防水层	DFS2-3/2-4	
		3	保护层	120厚页岩砖保护层，M5砂浆砌筑	
		4	灰土夯实	黏土3.7灰土回填，分层夯实（800宽）	
一级防水无保温侧壁	地下室侧壁 一级防水无保温	1	主体结构	自防水钢筋混凝土外墙，基层处理	
		2	找平层	25厚1:3水泥砂浆找平层，两遍成活	
		3	防水层	2厚聚氨酯防水涂料	
		4	保护层	120厚页岩砖保护层，M5砂浆砌筑	
		5	灰土夯实	黏土3.7灰土回填，分层夯实（800宽）	

类别	名称	序号	基本构造层次	构造做法	备注
一级防水无保温侧壁	地下室侧壁一级防水无保温	1	主体结构	自防水钢筋混凝土外墙，基层处理	如混凝土侧壁可保证平整度，可取消水泥砂浆找平层
		2	找平层	25厚1:3水泥砂浆找平层，两遍成活	
		3	防水层	DFS1-3～1-9	
		4			
		5	保护层	120厚页岩砖保护层，M5砂浆砌筑	
		6	灰土夯实	黏土3.7灰土回填，分层夯实（800宽）	
	地下室侧壁一级防水无保温	1	主体结构	自防水钢筋混凝土外墙，基层处理	
		2	防水层	1厚JS水泥基渗透结晶防水涂料	
		3	防水层	4厚弹性体聚合物改性沥青（SBS）防水卷材一道（Ⅱ型），同材性粘胶剂二道	
		4	保护层	120厚页岩砖保护层，M5砂浆砌筑	
		5	灰土夯实	黏土3.7灰土回填，分层夯实（800宽）	
	地下室侧壁一级防水无保温	1	主体结构	自防水钢筋混凝土外墙，基层处理	
		2	防水层	1厚JS水泥基渗透结晶防水涂料	
		3	防水层	1.5厚聚氨酯防水涂料	
		4	保护层	120厚页岩砖保护层，M5砂浆砌筑	
		5	灰土夯实	黏土3.7灰土回填，分层夯实（800宽）	

3. 逆作法无保温地下室侧壁

序号	基本构造层次
1	挡土墙
2	找平层
3	防水层
4	隔离层
5	主体结构

适用范围：

由于场地开挖宽度限制，先进行防水层的施工，后进行地下室主体结构浇筑的做法称为逆作法。逆作法适用于施工条件受限制的场地。

具体做法示例如下：

类别	名称	序号	基本构造层次	构造做法	备注
二级防水无保温逆作法侧壁	逆作法地下室侧壁二级防水无保温	1	挡土墙	挡土墙，厚度详具体工程	
		2	找平层	20厚1:3水泥砂浆找平层	
		3	防水层	DFS2-1～2-5	
		4	隔离层	10厚1:6水泥砂浆隔离层	
		5	主体结构	自防水钢筋混凝土外墙	
一级防水无保温逆作法侧壁	地下室侧壁一级防水无保温	1	挡土墙	挡土墙，厚度详具体工程	
		2	找平层	20厚1:3水泥砂浆找平层	
		3	防水层	2厚聚氨酯防水涂料	
		4	隔离层	10厚1:6水泥砂浆隔离层	
		5	主体结构	自防水钢筋混凝土外墙	
	地下室侧壁一级防水无保温	1	挡土墙	挡土墙，厚度详具体工程	
		2	找平层	20厚1:3水泥砂浆找平层	
		3	防水层	DFS1-3～1-9	
		4			
		5	隔离层	10厚1:6水泥砂浆隔离层	
		6	主体结构	自防水钢筋混凝土外墙	

4. 保温地下室侧壁

序号	基本构造层次
1	主体结构
2	找平层
3	防水层
4	保护层
5	保温层
6	保护层
7	灰土夯实

使用要求：

　　保护层务必用硬质材料，确保回填不破坏防水卷材。

具体做法示例如下：

类别	名称	序号	基本构造层次	构造做法	备注
二级防水保温侧壁	地下室侧壁二级防水保温	1	主体结构	自防水钢筋混凝土外墙，基层处理	如混凝土侧壁可保证平整度，可取消水泥砂浆找平层。建议选用单面粘砂的卷材增强结合度
		2	找平层	25厚1:3水泥砂浆找平层，两遍成活	
		3	防水层	DFS2-1/2-2/2-5	
		4	保护层	10厚1:2.5水泥砂浆保护层找平	
		5	保温层	××厚挤塑聚苯乙烯泡沫保温板（XPS），专用粘结剂粘贴	
		6	保护层	120厚页岩砖保护层，M5砂浆砌筑	
		7	灰土夯实	黏土3.7灰土回填，分层夯实（800宽）	
	地下室侧壁二级防水保温	1	主体结构	自防水钢筋混凝土外墙，基层处理	
		2	防水层	DFS2-3/2-4	
		3	保护层	10厚1:2.5水泥砂浆保护层找平	
		4	保温层	××厚挤塑聚苯乙烯泡沫保温板（XPS），专用粘结剂粘贴	
		5	保护层	120厚页岩砖保护层，M5砂浆砌筑	
		6	灰土夯实	黏土3.7灰土回填，分层夯实（800宽）	
一级防水保温侧壁	地下室侧壁一级防水保温	1	主体结构	自防水钢筋混凝土外墙，基层处理	
		2	找平层	25厚1:3水泥砂浆找平层，两遍成活	
		3	防水层	2厚聚氨酯防水涂料	
		4	保护层	10厚1:2.5水泥砂浆保护层找平	
		5	保温层	××厚挤塑聚苯乙烯泡沫保温板（XPS），专用粘结剂粘贴	
		6	保护层	120厚页岩砖保护层，M5砂浆砌筑	
		7	灰土夯实	黏土3.7灰土回填，分层夯实（800宽）	
	地下室侧壁一级防水保温	1	主体结构	自防水钢筋混凝土外墙，基层处理	如混凝土侧壁可保证平整度，可取消水泥砂浆找平层
		2	找平层	25厚1:3水泥砂浆找平层，两遍成活	
		3	防水层	DFS1-3～1-9	
		4			
		5	保护层	10厚1:2.5水泥砂浆保护层找平	
		6	保温层	××厚挤塑聚苯乙烯泡沫保温板（XPS），专用粘结剂粘贴	
		7	保护层	120厚页岩砖保护层，M5砂浆砌筑	
		8	灰土夯实	黏土3.7灰土回填，分层夯实（800宽）	

类别	名称	序号	基本构造层次	构造做法	备注
一级防水保温侧壁	地下室侧壁一级防水保温	1	主体结构	自防水钢筋混凝土外墙，基层处理	
		2	防水层	1厚JS水泥基渗透结晶防水涂料	
		3	防水层	4厚弹性体聚合物改性沥青（SBS）防水卷材一道（Ⅱ型），同材性粘胶剂二道	
		5	保护层	10厚1:2.5水泥砂浆保护层找平	
		6	保温层	××厚挤塑聚苯乙烯泡沫保温板（XPS），专用粘结剂粘贴	
		4	保护层	120厚页岩砖保护层，M5砂浆砌筑	
		5	灰土夯实	黏土3.7灰土回填，分层夯实（800宽）	
	地下室侧壁一级防水保温	1	主体结构	自防水钢筋混凝土外墙，基层处理	
		2	防水层	1厚JS水泥基渗透结晶防水涂料	
		3	防水层	1.5厚聚氨酯防水涂料	
		5	保护层	10厚1:2.5水泥砂浆保护层找平	
		6	保温层	××厚挤塑聚苯乙烯泡沫保温板（XPS），专用粘结剂粘贴	
		4	保护层	120厚页岩砖保护层，M5砂浆砌筑	
		5	灰土夯实	黏土3.7灰土回填，分层夯实（800宽）	

5. 逆作法保温地下室侧壁

序号	基本构造层次
1	挡土墙
2	找平层
3	保温层
4	保护层
5	防水层
7	隔离层
8	主体结构

适用范围：

由于场地开挖宽度限制，先进行防水层的施工，后进行地下室主体结构浇筑的做法称为逆作法。逆作法适用于施工条件受限制的场地。

具体做法示例如下：

类别	名称	序号	基本构造层次	构造做法	备注
二级防水保温逆作法侧壁	逆作法地下室侧壁二级防水保温	1	挡土墙	挡土墙，厚度详具体工程	
		2	找平层	20厚1:3水泥砂浆找平层，两遍成活	
		3	保温层	××厚挤塑聚苯乙烯泡沫保温板（XPS），专用粘结剂粘贴	
		4	保护层	20厚1:2.5水泥砂浆隔离保护层，压入钢丝网，收光	
		5	防水层	DFS2-1～2-5	
		7	隔离层	10厚1:6水泥砂浆隔离层	
		8	主体结构	自防水钢筋混凝土外墙	

类别	名称	序号	基本构造层次	构造做法	备注
一级防水保温逆作法侧壁	地下室侧壁一级防水无保温	1	挡土墙	挡土墙，厚度详具体工程	
		2	找平层	20厚1:3水泥砂浆找平层	
		3	保温层	××厚挤塑聚苯乙烯泡沫保温板（XPS），专用粘结剂粘贴	
		4	保护层	20厚1:2.5水泥砂浆隔离保护层，压入钢丝网，收光	
		5	防水层	2厚聚氨酯防水涂料	
		6	隔离层	10厚1:6水泥砂浆隔离层	
		7	主体结构	自防水钢筋混凝土外墙	
	地下室侧壁一级防水无保温	1	挡土墙	挡土墙，厚度详具体工程	
		2	找平层	20厚1:3水泥砂浆找平层	
		3	保温层	××厚挤塑聚苯乙烯泡沫保温板（XPS），专用粘结剂粘贴	
		4	保护层	20厚1:2.5水泥砂浆隔离保护层，压入钢丝网，收光	
		5	防水层	DFS1-3～1-9	
		6			
		7	隔离层	10厚1:6水泥砂浆隔离层	
		8	主体结构	自防水钢筋混凝土外墙	

建筑统一技术措施与节点构造选编

四、地下室顶板做法

（一）说　明

1. 地下室顶板保护层

大多数项目地下室顶板回填土均为机械碾压，因此保护层需做 70 厚细石混凝土。
具体做法为：

保护层	70 厚 C20 细石混凝土（加 4%防水剂）保护层（机械碾压回填土），内配 Φ6 双向钢筋中距 200，面层收光

2. 地下室顶板找坡层

找坡层

ZP1：

找坡层	最薄处 20 厚，1∶8 乳化沥青憎水性膨胀珍珠岩找坡
找平层	20 厚 1∶2.5 水泥砂浆找平

ZP2：

找坡层	最薄处 20 厚，1∶6 水泥炉渣找坡，提浆扫光
找平层	20 厚 1∶2.5 水泥砂浆找平

ZP3：

找坡层	最薄处 30 厚，1∶3 水泥炉渣找坡，提浆扫光

其中，使用 1∶3 水泥炉渣的做法找坡可省去找平层，且厚度减小 10，最为经济便捷。

近年项目有趋势喜好选择泡沫混凝土或陶粒混凝土找坡的方式，价格较为昂贵因地下室顶板面积较大，结构找坡更为经济适用。本次收录构造做法均带有找坡层次，可根据项目具体情况删除即可。

3. 保温层

地下室顶板保温层适用选择抗压性能较好的 XPS 材料，具体做法如下：

保温层	××厚挤塑聚苯乙烯泡沫板（XPS）四边搭接

或采用聚氨酯类防水材料时，选用整体式现喷硬质聚氨酯泡沫塑料。与聚氨酯类防水材料搭配使用时，体现材性相容的优势，可省略一层隔离保护层。贴临找坡层布置时，由于发泡的特性，可省略一层找平层。

地下室顶板覆土深度大于 800 时，可不设保温层（需根据具体项目情况进行节能计算）。

（二）具体构造做法

1. 二级防水不保温地下室顶板

序号	基本构造层次
1	主体结构
2	找坡层
3	找平层
4	防水层
5	隔离层
6	保护层

具体做法示例如下：

类别	名称	序号	基本构造层次	构造做法	最小厚度	备注
二级防水不保温顶板	地下室顶板二级防水不保温	1	主体结构	自防水钢筋混凝土顶板，基层处理	101.5～104	第6条：按柱网分仓且不大于6 000×6 000，仓缝20宽，用防水油膏嵌实
		2	找坡层	最薄处20厚，1:8乳化沥青憎水性膨胀珍珠岩找坡		
		3	找平层	20厚1:2.5水泥砂浆找平		
		4	防水层	DFS2-1～2-5		
		5	隔离层	10厚石灰砂浆（白灰砂浆），石灰膏：砂=1:4		
		6	保护层	50厚C20细石混凝土（加4%防水剂）保护层（机械碾压回填土），内配Φ6双向钢筋中距200，面层收光		
	地下室顶板二级防水不保温	1	主体结构	自防水钢筋混凝土顶板，基层处理	91.5～94	第5条：按柱网分仓且不大于6 000×6 000，仓缝20宽，用防水油膏嵌实
		2	找坡层	最薄处30厚，1:3水泥炉渣找坡，提浆扫光		
		3	防水层	DFS2-1～2-5		
		4	隔离层	10厚石灰砂浆（白灰砂浆），石灰膏：砂=1:4		
		5	保护层	50厚C20细石混凝土（加4%防水剂）保护层（机械碾压回填土），内配Φ6双向钢筋中距200，面层收光		
	地下室顶板二级防水不保温	1	主体结构	自防水钢筋混凝土顶板，基层处理	81.5～84	如混凝土顶板随打随抹平可保证平整度，可取消水泥砂浆找平层。第7条：按柱网分仓且不大于6 000×6 000，仓缝20宽，用防水油膏嵌实
		2	找平层	20厚1:3水泥砂浆找平层		
		3	防水层	DFS2-1～2-5		
		4	隔离层	10厚石灰砂浆（白灰砂浆），石灰膏：砂=1:4		
		5	保护层	50厚C20细石混凝土（加4%防水剂）保护层（机械碾压回填土），内配Φ6双向钢筋中距200，面层收光		

2. 二级防水隔汽保温地下室顶板

序号	基本构造层次
1	主体结构
2	隔汽层
3	找坡层
4	找平层
5	保温层
6	隔离层
7	防水层
8	隔离层
9	保护层

适用范围：

潮湿的寒冷、严寒地区。

具体做法示例如下：

类别	名称	序号	基本构造层次	构造做法	最小厚度	备注
二级防水（隔汽）保温顶板	地下室顶板二级防水（隔汽）保温	1	主体结构	自防水钢筋混凝土顶板，基层处理	162～164	第9条：按柱网分仓且不大于6 000×6 000，仓缝20宽，用防水油膏嵌实
		2	隔汽层	冷底子油两道		
		3	找坡层	最薄处20厚，1:8乳化沥青憎水性膨胀珍珠岩找坡		
		4	找平层	20厚1:2.5水泥砂浆找平		
		5	保温层	××厚挤塑聚苯乙烯泡沫保温板（XPS），专用粘结剂粘贴		
		6	隔离层	30厚细石混凝土隔离找平层		
		7	防水层	DFS2-1～2-4		
		8	隔离层	10厚石灰砂浆（白灰砂浆），石灰膏：砂=1:4		
		9	保护层	50厚C20细石混凝土（加4%防水剂）保护层（机械碾压回填土），内配Φ6双向钢筋中距200，面层收光		
	地下室顶板二级防水（隔汽）保温	1	主体结构	自防水钢筋混凝土顶板，基层处理	141.5	第8条：按柱网分仓且不大于6 000×6 000，仓缝20宽，用防水油膏嵌实
		2	隔汽层	冷底子油两道		
		3	找坡层	最薄处20厚，1:8乳化沥青憎水性膨胀珍珠岩找坡		
		4	找平层	20厚1:2.5水泥砂浆找平		
		5	保温层	××厚整体式现喷硬质聚氨酯泡沫塑料		
		6	防水层	1.5厚聚氨酯防水涂料		
		7	隔离层	10厚石灰砂浆（白灰砂浆），石灰膏：砂=1:4		
		8	保护层	50厚C20细石混凝土（加4%防水剂）保护层（机械碾压回填土），内配Φ6双向钢筋中距200，面层收光		
	地下室顶板二级防水（隔汽）保温	1	主体结构	自防水钢筋混凝土顶板，基层处理	152～154	第9条：按柱网分仓且不大于6 000×6 000，仓缝20宽，用防水油膏嵌实
		2	隔汽层	冷底子油两道		
		3	找坡层	最薄处30厚，1:3水泥炉渣找坡，提浆扫光		
		5	保温层	××厚挤塑聚苯乙烯泡沫保温板（XPS），专用粘结剂粘贴		
		6	隔离层	20厚1:3水泥砂浆隔离层找平		
		7	防水层	DFS2-1～2-4		
		8	隔离层	10厚石灰砂浆（白灰砂浆），石灰膏：砂=1:4		
		9	保护层	50厚C20细石混凝土（加4%防水剂）保护层（机械碾压回填土），内配Φ6双向钢筋中距200，面层收光		
	地下室顶板二级防水（隔汽）保温	1	主体结构	自防水钢筋混凝土顶板，基层处理	131.5	第8条：按柱网分仓且不大于6 000×6 000，仓缝20宽，用防水油膏嵌实
		2	隔汽层	冷底子油两道		
		3	找坡层	最薄处30厚，1:3水泥炉渣找坡，提浆扫光		
		5	保温层	××厚整体式现喷硬质聚氨酯泡沫塑料		
		6	防水层	1.5厚聚氨酯防水涂料		
		7	隔离层	10厚石灰砂浆（白灰砂浆），石灰膏：砂=1:4		
		8	保护层	50厚C20细石混凝土（加4%防水剂）保护层（机械碾压回填土），内配Φ6双向钢筋中距200，面层收光		

3. 二级防水保温地下室顶板

序号	基本构造层次
1	主体结构
2	找坡层
3	找平层
4	防水层
5	隔离层
6	保温层
7	保护层

适用范围：

　　无隔汽层的保温地下室顶板适用于干燥的寒冷、严寒地区，该类气候特征同时适合采用倒置式做法。

具体做法示例如下：

类别	名称	序号	基本构造层次	构造做法	最小厚度	备注
二级防水保温倒置式顶板	地下室顶板二级防水保温倒置式	1	主体结构	自防水钢筋混凝土顶板，基层处理	172~174	第8条：按柱网分仓且不大于6 000×6 000，仓缝20宽，用防水油膏嵌实
		2	找坡层	最薄处20厚，1:8乳化沥青憎水性膨胀珍珠岩找坡		
		3	找平层	20厚1:2.5水泥砂浆找平		
		4	防水层	DFS2-1~2-4		
		5	隔离层	10厚1:2.5水泥砂浆隔离层找平		
		6	保温层	××厚挤塑聚苯乙烯泡沫保温板（XPS），专用粘结剂粘贴		
		7	找平层	20厚1:3水泥砂浆找平层		
		8	保护层	50厚C20细石混凝土（加4%防水剂）保护层（机械碾压回填土），内配Φ6双向钢筋中距200，面层收光		
	地下室顶板二级防水保温倒置式	1	主体结构	自防水钢筋混凝土顶板，基层处理	151.5	第7条：按柱网分仓且不大于6 000×6 000，仓缝20宽，用防水油膏嵌实
		2	找坡层	最薄处20厚，1:8乳化沥青憎水性膨胀珍珠岩找坡		
		3	找平层	20厚1:2.5水泥砂浆找平		
		4	防水层	1.5厚聚氨酯防水涂料		
		5	保温层	××厚整体式现喷硬质聚氨酯泡沫塑料		
		6	找平层	20厚1:3水泥砂浆找平层		
		7	保护层	50厚C20细石混凝土（加4%防水剂）保护层（机械碾压回填土），内配Φ6双向钢筋中距200，面层收光		
	地下室顶板二级防水保温倒置式	1	主体结构	自防水钢筋混凝土顶板，基层处理	162~164	第8条：按柱网分仓且不大于6 000×6 000，仓缝20宽，用防水油膏嵌实
		2	找坡层	最薄处30厚，1:3水泥炉渣找坡，提浆扫光		
		3	防水层	DFS2-1~2-4		
		4	隔离层	10厚1:2.5水泥砂浆隔离层找平		
		5	保温层	××厚挤塑聚苯乙烯泡沫保温板（XPS），专用粘结剂粘贴		
		6	找平层	20厚1:3水泥砂浆找平层		
		7	保护层	50厚C20细石混凝土（加4%防水剂）保护层（机械碾压回填土），内配Φ6双向钢筋中距200，面层收光		
	地下室顶板二级防水保温倒置式	1	主体结构	自防水钢筋混凝土顶板，基层处理	141.5	第8条：按柱网分仓且不大于6 000×6 000，仓缝20宽，用防水油膏嵌实
		2	找坡层	最薄处30厚，1:3水泥炉渣找坡，提浆扫光		
		4	防水层	1.5厚聚氨酯防水涂料		
		6	保温层	××厚整体式现喷硬质聚氨酯泡沫塑料		
		7	找平层	20厚1:3水泥砂浆找平层		
		8	保护层	50厚C20细石混凝土（加4%防水剂）保护层（机械碾压回填土），内配Φ6双向钢筋中距200，面层收光		

4. 一级防水不保温地下室顶板

做法 A

序号	基本构造层次
1	主体结构
2	找坡层
3	防水层
4	隔离层
5	保护层

具体做法示例如下：

类别	名称	序号	基本构造层次	构造做法	最小厚度	备注
一级防水不保温顶板	地下室顶板一级防水不保温	1	主体结构	自防水钢筋混凝土顶板，基层处理	1 222	第6条：按柱网分仓且不大于6 000×6 000，仓缝20宽，用防水油膏嵌实
		2	找坡层	最薄处20厚，1:8乳化沥青憎水性膨胀珍珠岩找坡		
		3	找平层	20厚1:2.5水泥砂浆找平		
		4	防水层	2厚聚氨酯防水涂料		
		5	隔离层	10厚石灰砂浆（白灰砂浆），石灰膏：砂=1:4		
		6	保护层	70厚C20细石混凝土（加4%防水剂）保护层（机械碾压回填土），内配Φ6双向钢筋中距200，面层收光		
	地下室顶板一级防水不保温	1	主体结构	自防水钢筋混凝土顶板，基层处理	124.5~127	第7条：按柱网分仓且不大于6 000×6 000，仓缝20宽，用防水油膏嵌实
		2	找坡层	最薄处20厚，1:8乳化沥青憎水性膨胀珍珠岩找坡		
		3	找平层	20厚1:2.5水泥砂浆找平		
		4	防水层	DFS1-3~1-9		
		5	防水层			
		6	隔离层	10厚石灰砂浆（白灰砂浆），石灰膏：砂=1:4		
		7	保护层	70厚C20细石混凝土（加4%防水剂）保护层（机械碾压回填土），内配Φ6双向钢筋中距200，面层收光		
	地下室顶板一级防水不保温	1	主体结构	自防水钢筋混凝土顶板，基层处理	112	第5条：按柱网分仓且不大于6 000×6 000，仓缝20宽，用防水油膏嵌实
		2	找坡层	最薄处30厚，1:3水泥炉渣找坡，提浆扫光		
		3	防水层	2厚聚氨酯防水涂料		
		4	隔离层	10厚石灰砂浆（白灰砂浆），石灰膏：砂=1:4		
		5	保护层	70厚C20细石混凝土（加4%防水剂）保护层（机械碾压回填土），内配Φ6双向钢筋中距200，面层收光		
	地下室顶板一级防水不保温	1	主体结构	自防水钢筋混凝土顶板，基层处理	114.5~117	第6条：按柱网分仓且不大于6 000×6 000，仓缝20宽，用防水油膏嵌实
		2	找坡层	最薄处30厚，1:3水泥炉渣找坡，提浆扫光		
		3	防水层	DFS1-3~1-9		
		4	防水层			
		5	隔离层	10厚石灰砂浆（白灰砂浆），石灰膏：砂=1:4		
		6	保护层	70厚C20细石混凝土（加4%防水剂）保护层（机械碾压回填土），内配Φ6双向钢筋中距200，面层收光		

155

做法 B

序号	基本构造层次
1	主体结构
2	找平层
3	防水层
4	隔离层
5	找坡层
6	保护层

具体做法示例如下：

类别	名称	序号	基本构造层次	构造做法	最小厚度	备注
一级防水不保温顶板	地下室顶板一级防水不保温	1	主体结构	自防水钢筋混凝土顶板，基层处理	142	第7条：按柱网分仓且不大于6 000×6 000，仓缝20宽，用防水油膏嵌实
		2	找平层	20厚1:3水泥砂浆找平层		
		3	防水层	2厚聚氨酯防水涂料		
		4	隔离层	10厚1:6水泥砂浆隔离层		
		5	找坡层	最薄处20厚，1:8乳化沥青憎水性膨胀珍珠岩找坡		
		6	找平层	20厚1:2.5水泥砂浆找平		
		7	保护层	70厚C20细石混凝土（加4%防水剂）保护层（机械碾压回填土），内配Φ6双向钢筋中距200，面层收光		
	地下室顶板一级防水不保温	1	主体结构	自防水钢筋混凝土顶板，基层处理	144.5~147	如混凝土顶板随打随抹平可保证平整度，可取消水泥砂浆找平层第8条：按柱网分仓且不大于6 000×6 000，仓缝20宽，用防水油膏嵌实
		2	找平层	20厚1:3水泥砂浆找平层		
		3	防水层	DFS1-3~1-9		
		4	防水层			
		5	隔离层	10厚1:6水泥砂浆隔离层		
		6	找坡层	最薄处20厚，1:8乳化沥青憎水性膨胀珍珠岩找坡		
		7	找平层	20厚1:2.5水泥砂浆找平		
		8	保护层	70厚C20细石混凝土（加4%防水剂）保护层（机械碾压回填土），内配Φ6双向钢筋中距200，面层收光		
	地下室顶板一级防水不保温	1	主体结构	自防水钢筋混凝土顶板，基层处理	132	第6条：按柱网分仓且不大于6 000×6 000，仓缝20宽，用防水油膏嵌实
		2	找平层	20厚1:3水泥砂浆找平层		
		3	防水层	2厚聚氨酯防水涂料		
		4	隔离层	10厚1:6水泥砂浆隔离层		
		5	找坡层	最薄处30厚，1:3水泥炉渣找坡，提浆扫光		
		6	保护层	70厚C20细石混凝土（加4%防水剂）保护层（机械碾压回填土），内配Φ6双向钢筋中距200，面层收光		
	地下室顶板一级防水不保温	1	主体结构	自防水钢筋混凝土顶板，基层处理	134.5~137	如混凝土顶板随打随抹平可保证平整度，可取消水泥砂浆找平层第7条：按柱网分仓且不大于6 000×6 000，仓缝20宽，用防水油膏嵌实
		2	找平层	20厚1:3水泥砂浆找平层		
		3	防水层	DFS1-3~1-9		
		4	防水层			
		5	隔离层	10厚1:6水泥砂浆隔离层		
		6	找坡层	最薄处30厚，1:3水泥炉渣找坡，提浆扫光		
		7	保护层	70厚C20细石混凝土（加4%防水剂）保护层（机械碾压回填土），内配Φ6双向钢筋中距200，面层收光		

5. 一级防水保温地下室顶板

做法 A

序号	基本构造层次
1	主体结构
2	找坡层
3	防水层
4	保护层
5	保温层
6	保护层
7	防水层
8	隔离层
9	保护层

适用范围：

适用于潮湿地区或下方是湿度较大的房间的地下室顶板。

优点：

A. 防水层兼做隔汽层。

B. 防水层上下分开,防水效果更有保障。

缺点：

施工工序较多。

具体做法示例如下：

类别	名称	序号	基本构造层次	构造做法	最小厚度	备注
一级防水保温顶板	地下室顶板一级防水保温	1	主体结构	自防水钢筋混凝土顶板,基层处理	204.5～207	第10条：按柱网分仓且不大于6 000×6 000,仓缝20宽,用防水油膏嵌实
		2	找坡层	最薄处20厚,1:8乳化沥青憎水性膨胀珍珠岩找坡		
		3	找平层	20厚1:2.5水泥砂浆找平		
		4	防水层	DFS1-3～1-9		
		5	保护层	20厚1:2.5水泥砂浆找平保护层		
		6	保温层	××厚挤塑聚苯乙烯泡沫保温板（XPS）,专用粘结剂粘贴		
		7	保护层	20厚1:2.5水泥砂浆找平保护层		
		8	防水层	DFS1-3～1-9'		
		9	隔离层	10厚石灰砂浆（白灰砂浆）,石灰膏:砂=1:4		
		10	保护层	70厚C20细石混凝土（加4%防水剂）保护层（机械碾压回填土）,内配Φ6双向钢筋中距200,面层收光		
	地下室顶板一级防水保温	1	主体结构	自防水钢筋混凝土顶板,基层处理	194.5～197	第9条：按柱网分仓且不大于6 000×6 000,仓缝20宽,用防水油膏嵌实
		2	找坡层	最薄处30厚,1:3水泥炉渣找坡,提浆扫光		
		3	防水层	DFS1-3～1-9		
		4	保护层	20厚1:2.5水泥砂浆找平保护层		
		5	保温层	××厚挤塑聚苯乙烯泡沫保温板（XPS）,专用粘结剂粘贴		
		6	保护层	20厚1:2.5水泥砂浆找平保护层		
		7	防水层	DFS1-3～1-9'		
		8	隔离层	10厚石灰砂浆（白灰砂浆）,石灰膏:砂=1:4		
		9	保护层	70厚C20细石混凝土（加4%防水剂）保护层（机械碾压回填土）,内配Φ6双向钢筋中距200,面层收光		

类别	名称	序号	基本构造层次	构造做法	最小厚度	备注
一级防水保温顶板	地下室顶板一级防水保温	1	主体结构	自防水钢筋混凝土顶板，基层处理	204.5～207	如混凝土顶板随打随抹平可保证平整度，可取消水泥砂浆找平层 第10条：按柱网分仓且不大于6 000×6 000，仓缝20宽，用防水油膏嵌实
		2	找平层	20厚1:3水泥砂浆找平层		
		3	防水层	DFS1-3～1-9		
		4	找坡层	最薄处20厚，1:8乳化沥青憎水性膨胀珍珠岩找坡		
		5	找平层	20厚1:2.5水泥砂浆找平		
		6	保温层	××厚挤塑聚苯乙烯泡沫保温板（XPS），专用粘结剂粘贴		
		7	保护层	20厚1:2.5水泥砂浆找平保护层		
		8	防水层	DFS1-3～1-9'		
		9	隔离层	10厚石灰砂浆（白灰砂浆），石膏:砂=1:4		
		10	保护层	70厚C20细石混凝土（加4%防水剂）保护层（机械碾压回填土），内配Φ6双向钢筋中距200，面层收光		
	地下室顶板一级防水保温	1	主体结构	自防水钢筋混凝土顶板，基层处理	194.5～197	如混凝土顶板随打随抹平可保证平整度，可取消水泥砂浆找平层 第9条：按柱网分仓且不大于6 000×6 000，仓缝20宽，用防水油膏嵌实
		2	找平层	20厚1:3水泥砂浆找平层		
		3	防水层	DFS1-3～1-9		
		4	找坡层	最薄处30厚，1:3水泥炉渣找坡，提浆扫光		
		5	保温层	××厚挤塑聚苯乙烯泡沫保温板（XPS），专用粘结剂粘贴		
		6	保护层	20厚1:2.5水泥砂浆找平保护层		
		7	防水层	3厚弹性体聚合物改性沥青（SBS）防水卷材一道（Ⅱ型），同材性粘胶剂二道		
		8	隔离层	10厚石灰砂浆（白灰砂浆），石膏:砂=1:4		
		9	保护层	70厚C20细石混凝土（加4%防水剂）保护层（机械碾压回填土），内配Φ6双向钢筋中距200，面层收光		

做法 B

序号	基本构造层次
1	主体结构
2	找坡层
3	保温层
4	防水层
5	隔离层
6	保护层

适用范围：

保温层下置，且无隔汽层，适用于干燥地区。

具体做法示例如下：

类别	名称	序号	基本构造层次	构造做法	最小厚度	备注
一级防水保温顶板	地下室顶板一级防水保温	1	主体结构	自防水钢筋混凝土顶板，基层处理	162	第7条：按柱网分仓且不大于6 000×6 000，仓缝20宽，用防水油膏嵌实
		2	找坡层	最薄处20厚，1:8乳化沥青憎水性膨胀珍珠岩找坡		
		3	找平层	20厚1:2.5水泥砂浆找平		
		4	保温层	××厚整体式现喷硬质聚氨酯泡沫塑料		
		5	防水层	2厚聚氨酯防水涂料		
		6	隔离层	10厚石灰砂浆（白灰砂浆），石膏:砂=1:4		
		7	保护层	70厚C20细石混凝土（加4%防水剂）保护层（机械碾压回填土），内配Φ6双向钢筋中距200，面层收光		

建筑统一技术措施与节点构造选编

类别	名称	序号	基本构造层次	构造做法	最小厚度	备注
一级防水保温顶板	地下室顶板一级防水保温	1	主体结构	自防水钢筋混凝土顶板，基层处理	184.5~187	第9条：按柱网分仓且不大于6 000×6 000，仓缝20宽，用防水油膏嵌实
		2	找坡层	最薄处20厚，1∶8乳化沥青憎水性膨胀珍珠岩找坡		
		3	找平层	20厚1∶2.5水泥砂浆找平		
		4	保温层	××厚挤塑聚苯乙烯泡沫保温板（XPS），专用粘结剂粘贴		
		5	隔离层	20厚1∶2.5水泥砂浆隔离层找平		
		6	防水层	DFS1-3~1-9		
		7	防水层			
		8	隔离层	10厚石灰砂浆（白灰砂浆），石灰膏∶砂=1∶4		
		9	保护层	70厚C20细石混凝土（加4%防水剂）保护层（机械碾压回填土），内配Φ6双向钢筋中距200，面层收光		
	地下室顶板一级防水保温	1	主体结构	自防水钢筋混凝土顶板，基层处理	152	第6条：按柱网分仓且不大于6 000×6 000，仓缝20宽，用防水油膏嵌实
		2	找坡层	最薄处30厚，1∶3水泥炉渣找坡，提浆扫光		
		3	保温层	××厚整体式现喷硬质聚氨酯泡沫塑料		
		4	防水层	2厚聚氨酯防水涂料		
		5	隔离层	10厚石灰砂浆（白灰砂浆），石灰膏∶砂=1∶4		
		6	保护层	70厚C20细石混凝土（加4%防水剂）保护层（机械碾压回填土），内配Φ6双向钢筋中距200，面层收光		
	地下室顶板一级防水保温	1	主体结构	自防水钢筋混凝土顶板，基层处理	174.5~177	第8条：按柱网分仓且不大于6 000×6 000，仓缝20宽，用防水油膏嵌实
		2	找坡层	最薄处30厚，1∶3水泥炉渣找坡，提浆扫光		
		3	保温层	××厚挤塑聚苯乙烯泡沫保温板（XPS），专用粘结剂粘贴		
		4	隔离层	20厚1∶2.5水泥砂浆隔离层找平		
		5	防水层	DFS1-3~1-9		
		6	防水层			
		7	隔离层	10厚石灰砂浆（白灰砂浆），石灰膏∶砂=1∶4		
		8	保护层	70厚C20细石混凝土（加4%防水剂）保护层（机械碾压回填土），内配Φ6双向钢筋中距200，面层收光		

做法C

序号	基本构造层次
1	主体结构
2	找平层
3	防水层
4	保温层
5	隔离层
6	找坡层
7	保护层

适用范围：
倒置式做法，施工工序简单。

159

具体做法示例如下：

类别	名称	序号	基本构造层次	构造做法	最小厚度	备注
倒置式一级防水保温顶板	地下室顶板倒置式一级防水保温	1	主体结构	自防水钢筋混凝土顶板，基层处理	182	第8条：按柱网分仓且不大于6 000×6 000，仓缝20宽，用防水油膏嵌实
		2	找平层	20厚1:3水泥砂浆找平层		
		3	防水层	2厚聚氨酯防水涂料		
		4	保温层	××厚整体式现喷硬质聚氨酯泡沫塑料		
		5	隔离层	10厚1:6水泥砂浆		
		6	找坡层	最薄处20厚，1:8乳化沥青憎水性膨胀珍珠岩找坡		
		7	找平层	20厚1:2.5水泥砂浆找平		
		8	保护层	70厚C20细石混凝土（加4%防水剂）保护层（机械碾压回填土），内配Φ6双向钢筋中距200，面层收光		
	地下室顶板倒置式一级防水保温	1	主体结构	自防水钢筋混凝土顶板，基层处理	204.5~207	第10条：按柱网分仓且不大于6 000×6 000，仓缝20宽，用防水油膏嵌实
		2	找平层	20厚1:3水泥砂浆找平层		
		3	防水层	DFS1-3~1-9		
		4	防水层			
		5	保护层	20厚1:2.5水泥砂浆找平保护层		
		6	保温层	××厚挤塑聚苯乙烯泡沫保温板（XPS），专用粘结剂粘贴		
		7	隔离层	10厚1:6水泥砂浆		
		8	找坡层	最薄处20厚，1:8乳化沥青憎水性膨胀珍珠岩找坡		
		9	找平层	20厚1:2.5水泥砂浆找平		
		10	保护层	70厚C20细石混凝土（加4%防水剂）保护层（机械碾压回填土），内配Φ6双向钢筋中距200，面层收光		
	地下室顶板倒置式一级防水保温	1	主体结构	自防水钢筋混凝土顶板，基层处理	172	第7条：按柱网分仓且不大于6 000×6 000，仓缝20宽，用防水油膏嵌实
		2	找平层	20厚1:3水泥砂浆找平层		
		3	防水层	2厚聚氨酯防水涂料		
		4	保温层	××厚整体式现喷硬质聚氨酯泡沫塑料		
		5	隔离层	10厚1:6水泥砂浆		
		6	找坡层	最薄处30厚，1:3水泥炉渣找坡，提浆扫光		
		7	保护层	70厚C20细石混凝土（加4%防水剂）保护层（机械碾压回填土），内配Φ6双向钢筋中距200，面层收光		
	地下室顶板倒置式一级防水保温	1	主体结构	自防水钢筋混凝土顶板，基层处理	194.5~197	第10条：按柱网分仓且不大于6 000×6 000，仓缝20宽，用防水油膏嵌实
		2	找平层	20厚1:3水泥砂浆找平层		
		3	防水层	DFS1-3~1-9		
		4	防水层			
		5	保护层	20厚1:2.5水泥砂浆找平保护层		
		6	保温层	××厚挤塑聚苯乙烯泡沫保温板（XPS），专用粘结剂粘贴		
		7	隔离层	10厚1:6水泥砂浆		
		8	找坡层	最薄处30厚，1:3水泥炉渣找坡，提浆扫光		
		9	保护层	70厚C20细石混凝土（加4%防水剂）保护层（机械碾压回填土），内配Φ6双向钢筋中距200，面层收光		

五、种植地下室顶板做法

1. 地下室顶板覆土种植防水层

ZDFS1-1	防水层	1.2 厚 SBS 弹塑性防水涂料
	耐根防穿刺层	1.2 厚热塑性聚烯烃（TPO）防水卷材
ZDFS1-2	防水层	4 厚自粘型改性沥青卷材
	耐根防穿刺层	4 厚聚乙烯胎高聚物改性沥青防水卷材
ZDFS1-3	防水层	4 厚普通 APP 改性沥青卷材
	耐根防穿刺层	4 厚 APP 改性沥青耐根防穿刺防水卷材
ZDFS1-4	防水层	4 厚普通 SBS 改性沥青卷材
	耐根防穿刺层	4 厚 SBS 改性沥青耐根防穿刺防水卷材
ZDFS1-5	防水层	3 厚自粘聚乙烯胎改性沥青防水卷材
	耐根防穿刺层	4 厚金属铜箔胎 SBS 改性沥青防水卷材
ZDFS1-6	防水层	3 厚自粘聚乙烯胎改性沥青防水卷材
	耐根防穿刺层	4 厚复合铜胎基 SBS 改性沥青根阻防水卷材
ZDFS1-7	防水层	1.5 厚双面自粘防水卷材
	耐根防穿刺层	0.5 厚铝锡锑合金防水卷材

2. 具体构造做法

① 种植不保温顶板

序号	基本构造层次
1	主体结构
2	找坡层
3	防水层
4	耐根防穿刺防水层
5	隔离层
6	保护层

具体做法示例如下：

类别	名称	序号	基本构造层次	构造做法	最小厚度	备注
种植不保温顶板	地下室顶板种植顶板一级防水不保温	1	主体结构	自防水钢筋混凝土顶板，基层处理	112～118	第 6 条：按柱网分仓且不大于 6 000×6 000，仓缝 20 宽，用防水油膏嵌实
		2	找坡层	最薄处 30 厚，1∶3 水泥炉渣找坡，提浆扫光		
		3	防水层	ZDFS1-1～1-7		
		4	耐根防穿刺防水层			
		5	隔离层	10 厚石灰砂浆（白灰砂浆），石灰膏∶砂＝1∶4		
		6	保护层	70 厚 C20 细石混凝土（加 4%防水剂）保护层（机械碾压回填土），内配 Φ6 双向钢筋中距 200，面层收光		

② 种植保温顶板

做法 A

序号	基本构造层次
1	主体结构
2	找坡层
3	防水层
4	保护层
5	保温层
6	保护层
7	耐根防穿刺防水层
8	隔离层
9	保护层

适用范围：

适用于潮湿地区或下方是湿度较大的房间的地下室顶板。

优点：

A. 防水层兼做隔汽层。

B. 防水层上下分开, 防水效果更有保障。

缺点：

施工工序较多。

具体做法示例如下：

类别	名称	序号	基本构造层次	构造做法	最小厚度	备注
种植保温顶板	地下室顶板种植顶板一级防水保温	1	主体结构	自防水钢筋混凝土顶板, 基层处理	205.5~208	第10条：按柱网分仓且不大于6 000×6 000, 仓缝20宽, 用防水油膏嵌实
		2	找坡层	最薄处20厚, 1:8乳化沥青憎水性膨胀珍珠岩找坡		
		3	找平层	20厚1:2.5水泥砂浆找平		
		4	防水层	ZDFS1-1~1-7		
		5	保护层	20厚1:2.5水泥砂浆找平保护层		
		6	保温层	××厚挤塑聚苯乙烯泡沫保温板（XPS）, 专用粘结剂粘贴		
		7	保护层	20厚1:2.5水泥砂浆找平保护层		
		8	耐根防穿刺防水层	ZDFS1-1~1-7'		
		9	隔离层	10厚石灰砂浆（白灰砂浆）, 石灰膏:砂=1:4		
		10	保护层	70厚C20细石混凝土（加4%防水剂）保护层（机械碾压回填土）, 内配Φ6双向钢筋中距200, 面层收光		
	地下室顶板种植顶板一级防水保温	1	主体结构	自防水钢筋混凝土顶板, 基层处理	195.5~198	第9条：按柱网分仓且不大于6 000×6 000, 仓缝20宽, 用防水油膏嵌实
		2	找坡层	最薄处30厚, 1:3水泥炉渣找坡, 提浆扫光		
		3	防水层	ZDFS1-1~1-7		
		4	保护层	20厚1:2.5水泥砂浆找平保护层		
		5	保温层	××厚挤塑聚苯乙烯泡沫保温板（XPS）, 专用粘结剂粘贴		
		6	保护层	20厚1:2.5水泥砂浆找平保护层		
		7	耐根防穿刺防水层	ZDFS1-1~1-7'		
		8	隔离层	10厚石灰砂浆（白灰砂浆）, 石灰膏:砂=1:4		
		9	保护层	70厚C20细石混凝土（加4%防水剂）保护层（机械碾压回填土）, 内配Φ6双向钢筋中距200, 面层收光		

做法 B

序号	基本构造层次
1	主体结构
2	找坡层
3	保温层
4	隔离层
5	防水层
6	耐根防穿刺防水层
7	隔离层
8	保护层

适用范围：

保温层下置，且无隔汽层，适用于干燥地区。

具体做法示例如下：

类别	名称	序号	基本构造层次	构造做法	最小厚度	备注
种植保温顶板	地下室顶板 种植顶板 一级防水保温	1	主体结构	自防水钢筋混凝土顶板，基层处理	185.5～188	第9条：按柱网分仓且不大于6 000×6 000，仓缝20宽，用防水油膏嵌实
		2	找坡层	最薄处20厚，1:8乳化沥青憎水性膨胀珍珠岩找坡		
		3	找平层	20厚1:2.5水泥砂浆找平		
		4	保温层	××厚挤塑聚苯乙烯泡沫保温板（XPS），专用粘结剂粘贴		
		5	隔离层	20厚1:2.5水泥砂浆隔离层找平		
		6	防水层	ZDFS1-1～1-7		
		7	耐根防穿刺防水层			
		8	隔离层	10厚石灰砂浆（白灰砂浆），石灰膏:砂=1:4		
		9	保护层	70厚C20细石混凝土（加4%防水剂）保护层（机械碾压回填土），内配Φ6双向钢筋中距200，面层收光		
	地下室顶板 种植顶板 一级防水保温	1	主体结构	自防水钢筋混凝土顶板，基层处理	175.5～178	第8条：按柱网分仓且不大于6 000×6 000，仓缝20宽，用防水油膏嵌实
		2	找坡层	最薄处30厚，1:3水泥炉渣找坡，提浆扫光		
		3	保温层	××厚挤塑聚苯乙烯泡沫保温板（XPS），专用粘结剂粘贴		
		4	隔离层	20厚1:2.5水泥砂浆隔离层找平		
		5	防水层	ZDFS1-1～1-7		
		6	耐根防穿刺防水层			
		7	隔离层	10厚石灰砂浆（白灰砂浆），石灰膏:砂=1:4		
		8	保护层	70厚C20细石混凝土（加4%防水剂）保护层（机械碾压回填土），内配Φ6双向钢筋中距200，面层收光		

做法 C

序号	基本构造层次
1	主体结构
2	找坡层
3	防水层
4	耐根防穿刺防水层
5	保护层
6	保温层
7	隔离层
8	保护层

适用范围：

　　倒置式做法，施工工序简单。

具体做法示例如下：

类别	名称	序号	基本构造层次	构造做法	最小厚度	备注
种植保温顶板	地下室顶板种植顶板一级防水保温	1	主体结构	自防水钢筋混凝土顶板，基层处理	185.5～188	第9条：按柱网分仓且不大于6 000×6 000，仓缝20宽，用防水油膏嵌实
		2	找坡层	最薄处20厚，1：8乳化沥青憎水性膨胀珍珠岩找坡		
		3	找平层	20厚1：2.5水泥砂浆找平		
		4	防水层	ZDFS1-1～1-7		
		5	耐根防穿刺防水层			
		6	保护层	20厚1：2.5水泥砂浆找平保护层		
		7	保温层	××厚挤塑聚苯乙烯泡沫保温板（XPS），专用粘结剂粘贴		
		8	隔离层	10厚1：6水泥砂浆		
		9	保护层	70厚C20细石混凝土（加4%防水剂）保护层（机械碾压回填土），内配Φ6双向钢筋中距200，面层收光		
	地下室顶板种植顶板一级防水保温	1	主体结构	自防水钢筋混凝土顶板，基层处理	175.5～178	第8条：按柱网分仓且不大于6 000×6 000，仓缝20宽，用防水油膏嵌实
		2	找坡层	最薄处30厚，1：3水泥炉渣找坡，提浆扫光		
		3	防水层			
		4	耐根防穿刺防水层	ZDFS1-1～1-7		
		5	保护层	20厚1：2.5水泥砂浆找平保护层		
		6	保温层	××厚挤塑聚苯乙烯泡沫保温板（XPS），专用粘结剂粘贴		
		7	隔离层	10厚1：6水泥砂浆		
		8	保护层	70厚C20细石混凝土（加4%防水剂）保护层（机械碾压回填土），内配Φ6双向钢筋中距200，面层收光		

四

顶棚

一、分　类

（一）普通顶棚

（1）非吊顶顶棚：腻子顶棚、抹灰顶棚。

（2）吊顶顶棚：轻钢龙骨吊顶，面层板材有石膏板、水泥板、硅酸钙板、金属板、金属格栅、矩管等。

（二）功能顶棚

保温非吊顶顶棚、保温吊顶顶棚、吸声非吊顶顶棚、吸声吊顶顶棚。

二、普通顶棚技术要点

（1）涂料面层：可根据房间功能的消防要求确定，选择燃烧性能等级为 A 级或 B1 级的涂料；宜用浅色，避免打底返碱对表面效果的影响。

（2）腻子顶棚：适用于光模混凝土楼板底，不抹灰顶棚，光模混凝土的模板及人工投入费用较高，确定措施前需与甲方协商。

（3）抹灰刮腻子顶棚：抹灰层（水泥石灰砂浆）数根据装修标准确定。

A. 一遍底灰

| 找平层 | 5 厚 1：0.5：3 水泥石灰砂浆打底 |
| 找平层 | 3～5 厚底基防裂腻子分遍找平 |

B. 二遍底灰

找平层	3 厚 1：0.5：1 水泥石灰砂浆打底
找平层	5 厚 1：0.5：3 水泥石灰砂浆
找平层	3～5 厚底基防裂腻子分遍找平

（4）水泥砂浆顶棚：适用于地下室或相对湿度较高的功能用房。

| 找平层 | 5 厚 1：3 水泥砂浆打底扫毛 |
| 找平层 | 3 厚 1：2.5 水泥砂浆找平 |

（5）混合砂浆顶棚：适用于地上一般功能用房。

| 找平层 | 10 厚 1：1：4 水泥石灰砂浆打底找平，两次成活 |
| 找平层 | 4 厚 1：0.3：3 水泥石灰砂浆找平 |

（6）吸顶式轻钢龙骨吊顶：适用于吊顶空间需尽量缩小的顶棚装修；膨胀螺栓务必计算后使用，避免坠落。

（7）吊顶式轻钢龙骨吊顶：房间面积≤50 m² 可采用单层龙骨做法（即纵横龙骨在同一平面）；双层龙骨体系，纵横龙骨不在同一平面，刚度较大。

（8）龙骨选型分明暗两类，明龙骨利于吊顶用的检修及吊顶布局变化；暗龙骨适用于检修及变化少的功能房间；效果上也不同；设计人员结合项目要求确定。

（9）吊顶面层板材：

① 纸面石膏板：

推荐应用范围：

a. 普通纸面石膏板——围护墙内侧、内隔墙、吊顶；

b. 耐潮纸面石膏板——有一定耐潮防霉要求的隔墙、吊顶；

c. 耐水纸面石膏板——卫生间、厨房等潮湿空间的隔墙、吊顶；

d. 耐火纸面石膏板——建筑中有防火要求的部位；

e. 耐潮耐火纸面石膏板——有一定耐潮防霉和耐火要求的部位。

规格有 9.5/12/15 厚 3 000 × 1 200/2 400 × 1 200 等。

单层板：适用于高标准吊顶内设备管线少维护的功能空间。

双层板：适用于高标准吊顶内设备管线少维护、密闭要求高的功能空间。

② 纤维水泥板：板材因对温度敏感，接缝处易开裂，故铺装时，根据设计丢缝 3 ~ 5 宽，设计需绘制板材吊顶丢缝图，控制板材大小及缝的位置；硅酸盐系列板材等可替换；规格有 6/8/10/12/15 厚 2 440 × 1 220/2 400 × 1 200 等。

③ 矿棉板：适用于吊顶内设备管线多维护的功能空间的装修；规格有 12/15 厚 595 × 595/605 × 605/1 215 × 605/1 195 × 595/300 × 600 等。

④ 铝合金方板：适用于卫生间、厨房等用水房间；成品铝合金扣板截面样式及尺寸、颜色由设计人员确定；规格有 1.5 ~ 2 厚 300 × 300/300 × 600/600 × 600/600 × 1 200/1 200 × 1 200/500 × 500/500 × 1 000/1 000 × 1 000 等。

⑤ 铝合金条板：适用于公共区域装饰性吊顶；截面样式及尺寸、颜色由设计人员确定，规格一般 0.5 ~ 0.8 厚。

⑥ 铝合金格栅：适用于公共区域装饰性吊顶；方格中距、高度、颜色由设计人员确定，一般有 0.5 厚，方格中距 75/90/100/120/150/200/300 × 50/60/80/100 高。

⑦ 铝合金方管：适用于公共区域装饰性吊顶；截面样式及尺寸由、颜色可由设计人根据结合设计变化；金属吊顶样式多样，可根据方案效果自行设计；如：15 × 100 × 2 铝合金方管，中距 150。

三、功能顶棚技术要点

（一）保 温

① 直接喷涂保温：20 厚保温层适用于公共建筑不采暖地下室等处的顶棚；60 厚保温层适用于居住及公共建筑不采暖地下室等处的顶棚。

保温层	喷涂 20/60 厚超细无机纤维保温

② 粘贴锚固保温板：

保温层	聚合物砂浆粘贴 50 厚阻燃型聚苯乙烯泡沫板，用带大垫圈的 φ5 膨胀螺栓（双向中距 700）固定于楼板

③ 铺装于吊顶内的保温板：

保温层 a	满铺 50 厚憎水性岩棉保温板（容重 ≥80 kg/m³）
保温层 b	满铺 50 厚玻璃棉保温板（容重 ≥80 kg/m³）

（二）吸 声

穿孔纸面石膏板、穿孔纤维水泥板、穿孔金属板、穿孔木板等参内墙吸声部分面层材。

四、具体构造做法

名称	序号	基本构造层次	构造做法	最小厚度	备注
刮腻子涂料顶棚（燃烧性能等级A/B1）	1	基层	现浇钢筋混凝土（光模混凝土）楼板	5	
	2	界面处理	素水泥浆一道甩毛（内掺建筑胶）		
	3	找平层	3~5厚底基防裂腻子分遍找平		
	4	找平层	2厚面层耐水腻子刮平		
	5	找平层	找补腻子，打磨平整		
	6	面层	内墙有机或无机涂料饰面		
抹灰刮腻子涂料顶棚（一遍底灰）（燃烧性能等级A/B1）	1	基层	现浇钢筋混凝土楼板	10	
	2	界面处理	素水泥浆一道甩毛（内掺建筑胶）		
	3	找平层	5厚1:0.5:3水泥石灰砂浆打底		
	4	找平层	3~5厚底基防裂腻子分遍找平		
	5	找平层	2厚面层耐水腻子刮平		
	6	找平层	找补腻子，打磨平整		
	7	面层	内墙有机或无机涂料饰面		
抹灰刮腻子涂料顶棚（二遍底灰）（燃烧性能等级A/B1）	1	基层	现浇钢筋混凝土楼板	13	
	2	界面处理	素水泥浆一道甩毛（内掺建筑胶）		
	3	找平层	3厚1:0.5:1水泥石灰砂浆打底		
	4	找平层	5厚1:0.5:3水泥石灰砂浆		
	5	找平层	3~5厚底基防裂腻子分遍找平		
	6	找平层	2厚面层耐水腻子刮平		
	7	找平层	找补腻子，打磨平整		
	8	面层	内墙有机或无机涂料饰面		
水泥砂浆顶棚（燃烧性能等级A）	1	基层	现浇钢筋混凝土楼板	13	
	2	界面处理	素水泥浆一道甩毛（内掺建筑胶）		
	3	找平层	10厚1:3水泥砂浆打底找平，两次成活		
	4	面层	3厚1:2.5水泥砂浆找平压光		
水泥砂浆涂料顶棚（燃烧性能等级A/B1）	1	基层	现浇钢筋混凝土楼板	8	
	2	界面处理	素水泥浆一道甩毛（内掺建筑胶）		
	3	找平层	5厚1:3水泥砂浆打底扫毛		
	4	找平层	3厚1:2.5水泥砂浆找平		
	5	找平层	找补腻子，打磨平整		
	6	面层	内墙有机或无机涂料饰面		
混合砂浆涂料顶棚（燃烧性能等级A/B1）	1	基层	现浇钢筋混凝土楼板	14	
	2	界面处理	素水泥浆一道甩毛（内掺建筑胶）		
	3	找平层	10厚1:1:4水泥石灰砂浆打底找平，两次成活		
	4	找平层	4厚1:0.3:3水泥石灰砂浆找平		
	5	找平层	找补腻子，打磨平整		
	6	面层	内墙有机或无机涂料饰面		

名称	序号	基本构造层次	构造做法	最小厚度	备注
轻钢龙骨纸面石膏板吊顶（吸顶式）（燃烧性能等级A）	1	基层	现浇钢筋混凝土楼板		施工时根据设计人具体选定板材调整龙骨间距
	2	构造层	吊件用膨胀螺栓与钢筋混凝土楼板固定，中距横向400~450，纵向≤800		
	3	构造层	配套成品轻钢龙骨，与吊件连接		
	4a	面层	9.5/12/15厚3 000×1 200/2 400×1 200普通纸面石膏板（B1），用沉头自攻螺钉与龙骨固定		
	4b	面层	9.5/12厚3 000×1 200耐潮纸面石膏板（B1），用沉头自攻螺钉与龙骨固定		
	4c	面层	9.5/12/15厚3 000×1 200耐水纸面石膏板（B1），用沉头自攻螺钉与龙骨固定		
	4d	面层	9.5/12/15厚3 000×1 200耐火纸面石膏板（B1），用沉头自攻螺钉与龙骨固定		
	4e	面层	9.5/12厚3 000×1 200耐潮耐火纸面石膏板（B1），用沉头自攻螺钉与龙骨固定		
	5	面层处理	满刷防潮涂料两道，纵横向各刷一道		
	6	面层处理	满刮2厚面层耐水腻子找平，面板接缝处贴嵌缝带，刮腻子抹平		
	7	面层处理	内墙无机涂料饰面		
轻钢龙骨纸面石膏板吊顶（单层板）（燃烧性能等级A）	1	基层	现浇钢筋混凝土楼板		施工时根据设计人具体选定板材调整龙骨间距
	2	构造层	预埋φ10钢筋吊筋，双向中距900~1 200		
	3	构造层	φ8钢筋吊杆与吊筋搭接焊接固定		
	4	构造层	配套成品轻钢龙骨，与吊杆连接		
	5a	面层	9.5/12/15厚3 000×1 200/2 400×1 200普通纸面石膏板（B1），用沉头自攻螺钉与龙骨固定		
	5b	面层	9.5/12厚3 000×1 200耐潮纸面石膏板（B1），用沉头自攻螺钉与龙骨固定		
	5c	面层	9.5/12/15厚3 000×1 200耐水纸面石膏板（B1），用沉头自攻螺钉与龙骨固定		
	5d	面层	9.5/12/15厚3 000×1 200耐火纸面石膏板（B1），用沉头自攻螺钉与龙骨固定		
	5e	面层	9.5/12厚3 000×1 200耐潮耐火纸面石膏板（B1），用沉头自攻螺钉与龙骨固定		
	6	面层处理	满刷防潮涂料两道，纵横向各刷一道		
	7	面层处理	满刮2厚面层耐水腻子找平，面板接缝处贴嵌缝带，刮腻子抹平		
	8	面层处理	内墙无机涂料饰面		
轻钢龙骨纸面石膏板吊顶（双层板）（燃烧性能等级A）	1	基层	现浇钢筋混凝土楼板		施工时根据设计人具体选定板材调整龙骨间距
	2	构造层	预埋φ10钢筋吊筋，双向中距900~1 200		
	3	构造层	φ8钢筋吊杆与吊筋搭接焊接固定		
	4	构造层	配套成品轻钢龙骨，与吊杆连接		
	5a	面层	9.5/12/15厚3 000×1 200/2 400×1 200普通纸面石膏板（B1），用沉头自攻螺钉与龙骨固定		
	5b	面层	9.5/12厚3 000×1 200耐潮纸面石膏板（B1），用沉头自攻螺钉与龙骨固定		
	5c	面层	9.5/12/15厚3 000×1 200耐水纸面石膏板（B1），用沉头自攻螺钉与龙骨固定		
	5d	面层	9.5/12/15厚3 000×1 200耐火纸面石膏板（B1），用沉头自攻螺钉与龙骨固定		
	5e	面层	9.5/12厚3 000×1 200耐潮耐火纸面石膏板（B1），用沉头自攻螺钉与龙骨固定		
	6	面层	第二层板用沉头自攻螺钉与龙骨固定，与第一层板双向错缝		
	6	面层处理	满刷防潮涂料两道，纵横向各刷一道		
	7	面层处理	满刮2厚面层耐水腻子找平，面板接缝处贴嵌缝带，刮腻子抹平		
	8	面层处理	内墙无机涂料饰面		

169

左侧：建筑统一技术措施与节点构造选编

名称	序号	基本构造层次	构造做法	最小厚度	备注
轻钢龙骨纤维水泥板吊顶（吸顶式）（燃烧性能等级A）	1	基层	现浇钢筋混凝土楼板	50~130	施工时根据设计人具体选定板材调整龙骨间距
	2	构造层	吊件用膨胀螺栓与钢筋混凝土楼板固定，中距横向400~450，纵向≤800		
	3	构造层	配套成品轻钢龙骨，与吊件连接		
	4	面层	6/8/10/12/15厚2 440×1 220/2 400×1 200纤维水泥板（A），用沉头自攻螺钉与龙骨固定，板材与板材之间丢缝3~5宽		
	5	面层处理	满刷防潮涂料两道，纵横向各刷一道		
	6	面层处理	满刮2厚面层耐水腻子找平		
	7	面层处理	内墙无机涂料饰面		
轻钢龙骨纤维水泥板吊顶（燃烧性能等级A）	1	基层	现浇钢筋混凝土楼板		施工时根据设计人具体选定板材调整龙骨间距
	2	构造层	预埋φ10钢筋吊筋，双向中距900~1 200		
	3	构造层	φ8钢筋吊杆与吊筋搭接焊接固定		
	4	构造层	配套成品轻钢龙骨，与吊杆连接		
	5	面层	6/8/10/12/15厚2 440×1 220/2 400×1 200纤维水泥板（A），用沉头自攻螺钉与龙骨固定，板材与板材之间丢缝3~5宽		
	6	面层处理	满刷防潮涂料两道，纵横向各刷一道		
	7	面层处理	满刮2厚面层耐水腻子找平		
	8	面层处理	内墙无机涂料饰面		
轻钢龙骨装饰板吊顶（吸顶式）（燃烧性能等级A）	1	基层	现浇钢筋混凝土楼板	50~130	施工时根据设计人具体选定板材调整龙骨间距
	2	构造层	吊件用膨胀螺栓与钢筋混凝土楼板固定，中距横向400~450，纵向≤800		
	3	构造层	配套成品轻钢龙骨（明龙骨/暗龙骨），与吊件连接		
	4a	面层	9.5/12厚595×595/605×605/3 000×600/3 000×1 200覆膜装饰纸面石膏板（B1），固定于龙骨上		
	4b	面层	12/15厚595×595/605×605/1 215×605/1 195×595/300×600矿棉装饰板（A），固定于龙骨上		
轻钢龙骨装饰板吊顶（燃烧性能等级A）	1	基层	现浇钢筋混凝土楼板		施工时根据设计人具体选定板材调整龙骨间距
	2	构造层	预埋φ10钢筋吊筋，双向中距900~1 200		
	3	构造层	φ8钢筋吊杆与吊筋搭接焊接固定		
	4	构造层	配套成品轻钢龙骨（明龙骨/暗龙骨），与吊杆连接		
	5a	面层	9.5/12厚595×595/605×605/3 000×600/3 000×1 200覆膜装饰纸面石膏板（B1），固定于龙骨上		
	5b	面层	12/15厚595×595/605×605/1 215×605/1 195×595/300×600矿棉装饰板（A），固定于龙骨上		
铝合金方板吊顶（燃烧性能等级A）	1	基层	现浇钢筋混凝土楼板		
	2	构造层	预埋φ10钢筋吊筋，双向中距900~1 200		
	3	构造层	φ8钢筋吊杆与吊筋搭接焊接固定		
	4	构造层	配套成品轻钢龙骨，与吊杆连接		
	5	面层	1.5~2厚300×300/300×600/600×600/600×1 200/1 200×1 200/500×500/500×1 000/1 000×1 000成品铝合金方板，扣装于龙骨之上		
铝合金条板吊顶（燃烧性能等级A）	1	基层	现浇钢筋混凝土楼板		
	2	构造层	预埋φ10钢筋吊筋，双向中距900~1 200		
	3	构造层	φ8钢筋吊杆与吊筋搭接焊接固定		
	4	构造层	配套成品轻钢龙骨，与吊杆连接		
	5	面层	0.5~0.8厚成品铝合金条板，固定于龙骨之上		

名称	序号	基本构造层次	构造做法	最小厚度	备注
铝合金格栅吊顶（燃烧性能等级A）	1	基层	现浇钢筋混凝土楼板		
	2	构造层	预埋φ10钢筋吊筋，双向中距900～1 200		
	3	构造层	φ8钢筋吊杆与吊筋搭接焊接固定		
	4	构造层	配套成品轻钢龙骨，与吊杆连接		
	5	面层	0.5厚成品铝合金方格栅（方格中距75/90/100/120/150/ 200/300×50/60/80/100 高）吊顶，固定于龙骨之上		
铝合金方管吊顶（燃烧性能等级A）	1	基层	现浇钢筋混凝土楼板		
	2	构造层	预埋φ10钢筋吊筋，双向中距900～1 200		
	3	构造层	φ8钢筋吊杆与吊筋搭接焊接固定		
	4	构造层	配套成品轻钢龙骨，与吊杆连接		
	5	面层	15×100×2铝合金方管，中距150，固定在龙骨上		
超细无机纤维保温顶棚（燃烧性能等级A）	1	基层	现浇钢筋混凝土楼板		超细无机纤维保温图层性能要求需满足节能计算报告
	2	界面处理	喷涂界面剂		
	3	面层	喷涂20/60厚超细无机纤维保温		
	4	面层处理	喷胶		
涂料保温顶棚（燃烧性能等级B1）	1	基层	现浇钢筋混凝土楼板，用水加10%火碱清洗油渍		
	2	界面处理	刷界面剂一道		
	3	保温层	聚合物砂浆粘贴50厚阻燃型聚苯乙烯泡沫板，用带大垫圈的φ5膨胀螺栓（双向中距700）固定于楼板		
	4	抗裂处理	4厚抗裂低碱砂浆，压入两层耐碱玻纤网格布		
	5	找平层	满刮2厚面层耐水腻子找平		
	6	面层	耐候性涂料饰面		
涂料保温顶棚（燃烧性能等级A）	1	基层	现浇钢筋混凝土楼板		
	2	构造层	预埋φ6钢筋头，间距500，梅花状分布		
	3a	保温层	满铺50厚憎水性岩棉保温板（容重≥80 kg/m³）		
	3b		满铺50厚玻璃棉保温板（容重≥80 kg/m³）		
	4	构造层	φ6钢筋网双向，间距200，与预留钢筋头连接		
	5	抗裂处理	4厚抗裂低碱砂浆，压入两层耐碱玻纤网格布		
	6	找平层	满刮2厚面层耐水腻子找平		
	7	面层	内墙无机涂料饰面		
轻钢龙骨纸面石膏板保温吊顶（吸顶式）（燃烧性能等级A）	1	基层	现浇钢筋混凝土楼板	110	
	2	构造层	吊件用膨胀螺栓与钢筋混凝土楼板固定，中距横向400～450，纵向≤800		
	3	构造层	配套成品轻钢龙骨，与吊件连接		
	4a	保温层	50厚憎水性岩棉保温板（容重≥80 kg/m³），满铺于龙骨之间		
	4b		50厚玻璃棉保温板/卷毡（容重≥80 kg/m³），满铺于龙骨之间		
	5	面层	9.5/12/15厚3 000×1 200/2 400×1 200普通纸面石膏板（B1），用沉头自攻螺钉与龙骨固定		
	6	面层处理	满刷防潮涂料两道，纵横向各刷一道		
	7	面层处理	满刮2厚面层耐水腻子找平，面板接缝处贴嵌缝带，刮腻子抹平		
	8	面层处理	内墙无机涂料饰面		

建筑统一技术措施与节点构造选编

名称	序号	基本构造层次	构造做法	最小厚度	备注
轻钢龙骨纸面石膏板保温吊顶（燃烧性能等级A）	1	基层	现浇钢筋混凝土楼板		
	2	构造层	预埋φ10钢筋吊筋，双向中距900～1 200		
	3	构造层	φ8钢筋吊杆与吊筋搭接焊接固定		
	4	构造层	配套成品轻钢龙骨，与吊杆连接		
	5a	保温层	50厚憎水性岩棉保温板（容重≥80 kg/m³），满铺于龙骨之间		
	5b		50厚玻璃棉保温板/卷毡（容重≥80 kg/m³），满铺于龙骨之间		
	6	面层	9.5/12/15厚3 000×1 200/2 400×1 200普通纸面石膏板（B1），用沉头自攻螺钉与龙骨固定		
	7	面层处理	满刷防潮涂料两道，纵横向各刷一道		
	8	面层处理	满刮2厚面层耐水腻子找平，面板接缝处贴嵌缝带，刮腻子抹平		
	9	面层处理	内墙无机涂料饰面		
轻钢龙骨纸面石膏板保温吊顶（吸顶式）（燃烧性能等级A）	1	基层	现浇钢筋混凝土楼板	110	
	2	构造层	吊件用膨胀螺栓与钢筋混凝土楼板固定，中距横向400～450，纵向≤800		
	3	构造层	配套成品轻钢龙骨，与吊件连接		
	4a	保温层	50厚憎水性岩棉保温板（容重≥80 kg/m³），满铺于龙骨之间		
	4b		50厚玻璃棉保温板/卷毡（容重≥80 kg/m³），满铺于龙骨之间		
	5	面层	6/8/10/12/15厚2 440×1 220/2 400×1 200纤维水泥板（A），用沉头自攻螺钉与龙骨固定，板材与板材之间丢缝3～5宽		
	6	面层处理	满刷防潮涂料两道，纵横向各刷一道		
	7	面层处理	满刮2厚面层耐水腻子找平，面板接缝处贴嵌缝带，刮腻子抹平		
	8	面层处理	内墙无机涂料饰面		
轻钢龙骨纤维水泥板保温吊顶（燃烧性能等级A）	1	基层	现浇钢筋混凝土楼板		
	2	构造层	预埋φ10钢筋吊筋，双向中距900～1 200		
	3	构造层	φ8钢筋吊杆与吊筋搭接焊接固定		
	4	构造层	配套成品轻钢龙骨，与吊杆连接		
	5a	保温层	50厚憎水性岩棉保温板（容重≥80 kg/m³），满铺于龙骨之间		
	5b		50厚玻璃棉保温板/卷毡（容重≥80 kg/m³），满铺于龙骨之间		
	6	面层	6/8/10/12/15厚2 440×1 220/2 400×1 200纤维水泥板（A），用沉头自攻螺钉与龙骨固定，板材与板材之间丢缝3～5宽		
	7	面层处理	满刷防潮涂料两道，纵横向各刷一道		
	8	面层处理	满刮2厚面层耐水腻子找平		
	9	面层处理	内墙无机涂料饰面		
轻钢龙骨穿孔纸面石膏板吸声吊顶（燃烧性能等级A）	1	基层	现浇钢筋混凝土楼板		
	2	构造层	预埋φ10钢筋吊筋，双向中距900～1 200		
	3	构造层	φ8钢筋吊杆与吊筋搭接焊接固定		
	4	构造层	配套成品轻钢龙骨，与吊杆连接		
	5	吸声层	50厚玻璃棉吸声层，玻璃丝布袋装填（容重≥32 kg/m³）		
	6a	面层	9.5厚595×595穿孔纸面石膏板（孔径≥5，穿孔率≥25%），用沉头自攻螺钉与龙骨固定		
	6b		9.5/12厚2 700×1 200/3 000×1 200穿孔纸面石膏板（孔径≥5，穿孔率≥25%），用沉头自攻螺钉与龙骨固定		
	7	面层处理	满刷防潮涂料两道，纵横向各刷一道		
	8	面层处理	满刮2厚面层耐水腻子找平，面板接缝处贴嵌缝带，刮腻子抹平		
	9	面层处理	内墙无机涂料饰面		

名称	序号	基本构造层次	构造做法	最小厚度	备注
轻钢龙骨穿孔纤维水泥板吸声吊顶（燃烧性能等级A）	1	基层	现浇钢筋混凝土楼板		
	2	构造层	预埋 Φ10 钢筋吊筋，双向中距 900～1 200		
	3	构造层	φ8 钢筋吊杆与吊筋搭接焊接固定		
	4	构造层	配套成品轻钢龙骨，与吊杆连接		
	5	吸声层	50 厚玻璃棉吸声层，玻璃丝布袋装填（容重≥32 kg/m³）		
	6	面层	4 厚 600×600/1 200×600/2 440×1 220 成品穿孔纤维水泥板（A）（孔径≥5，穿孔率 14.5%～20.5%）		
轻钢龙骨穿孔金属板吸声吊顶（燃烧性能等级A）	1	基层	现浇钢筋混凝土楼板		
	2	构造层	预埋 Φ10 钢筋吊筋，双向中距 900～1 200		
	3	构造层	φ8 钢筋吊杆与吊筋搭接焊接固定		
	4	构造层	配套成品轻钢龙骨，与吊杆连接		
	5	吸声层	50 厚玻璃棉吸声层，玻璃丝布袋装填（容重≥32 kg/m³）		
	6	面层	1.5 厚 600×600 穿孔铝合金板/钢板/铝镁锰合金板（孔径≥4，穿孔率≥25%）		
轻钢龙骨穿孔木板吸声吊顶（燃烧性能等级B2）	1	基层	现浇钢筋混凝土楼板		
	2	构造层	预埋 Φ10 钢筋吊筋，双向中距 900～1 200		
	3	构造层	φ8 钢筋吊杆与吊筋搭接焊接固定		
	4	构造层	配套成品轻钢龙骨，与吊杆连接		
	5	吸声层	50 厚玻璃棉吸声层，玻璃丝布袋装填（容重≥32 kg/m³）		
	6	面层	成品防火处理穿孔硬木吸声板		
轻钢龙骨穿孔纸面石膏板吸声保温吊顶（燃烧性能等级A）	1	基层	现浇钢筋混凝土楼板		
	2	构造层	预埋 Φ10 钢筋吊筋，双向中距 900～1 200		
	3	构造层	φ8 钢筋吊杆与吊筋搭接焊接固定		
	4	构造层	配套成品轻钢龙骨，与吊杆连接		
	5	保温层	50 厚憎水性岩棉保温板（容重≥80 kg/m³）		
	6	吸声层	50 厚玻璃棉吸声层，玻璃丝布袋装填（容重≥32 kg/m³）		
	7a	面层	9.5 厚 595×595 穿孔纸面石膏板（孔径≥5，穿孔率≥25%），用沉头自攻螺钉与龙骨固定		
	7b		9.5/12 厚 2 700×1 200/3 000×1 200 穿孔纸面石膏板（孔径≥5，穿孔率≥25%），用沉头自攻螺钉与龙骨固定		
	8	面层处理	满刷防潮涂料两道，纵横向各刷一道		
	9	面层处理	满刮 2 厚面层耐水腻子找平，面板接缝处贴嵌缝带，刮腻子抹平		
	10	面层处理	内墙无机涂料饰面		

五

内

墙

一、内墙的功能分类

单一功能：① 普通墙面；② 防水墙面；③ 保温墙面；④ 吸声墙面。

双重功能：① 防水、保温墙面；② 保温、吸声墙面；③ 防水、吸声墙面。

三重功能：防水、保温、吸声墙面。

注：构造措施的确定，通常有主导功能，只有在满足主导功能的同时，也满足兼具功能时，才能称为满足了两种或三种功能要求。

二、墙面基层处理

1. 混凝土基层

（1）浇水一遍，冲去墙面渣末。

（2）刷素水泥浆一遍，水灰比 1:（0.37~0.40）（加建筑胶适量）。

（3）用 1:2.5 水泥砂浆在墙上刮糙，即用铁抹子将砂浆刮成鱼鳞状，厚度 3~5。

2. 加气混凝土基层

（1）聚合物水泥基砂浆修补墙面。

（2）浇水一~二遍，水须渗入墙体 15~20。

（3）3 厚外加剂专用砂浆抹基面刮糙或界面剂一道甩毛。

3. 烧结多孔砖、烧结空心砖、烧结实心砖基层

（1）抹灰前 24 h 在墙面上喷水 2~3 遍，每遍喷水之间的间隔时间应不少于 15 min，喷水量以渗入砌体内深度 8~10 为宜，喷水面要均匀，不得漏面。

（2）抹灰前再喷水一遍，喷水后立即刷素水泥浆，水灰比 1:（0.37~0.40）。

（3）刷素水泥浆后应立即抹灰，不得在浆面干燥后再抹灰。

4. 大型砌块、条板

（1）聚合物水泥砂浆修补墙基面。

（2）板缝贴涂塑中碱玻璃纤维网格布一层。

三、普通墙面技术要点

普通墙面收录包含砂浆墙面、涂料墙面、墙纸（布）墙面、面砖墙面、木板墙面、镜面墙面、石材墙面、金属板墙面等常用墙面，一般原则及注意事项如下。

1. 砂浆墙面（包括涂料、墙纸布墙面的砂浆基层）

砂浆墙面主要分为水泥砂浆和混合砂浆。水泥砂浆适用于潮湿环境、有防潮要求的场所；混合砂浆，适用于无防潮要求场所，墙面有一定呼吸作用，利于墙面平整及挂钉。

抹灰一次不超过 10 厚，否则易开裂；且后一层应较前一层薄，提高结合度，避免成块脱落；后一层应较前一层坚硬（水泥含量提高），外表有一定强度。

2. 木板墙面、镜面墙面

两者均需要增设防潮层，避免木材受潮腐烂发霉，避免镜面氧化起黑点；防潮层建议使用高分子涂膜防水，如聚氨酯，易于涂刷且成膜后有一定弹性，抵抗变形。

镜面玻璃由于不能钢化（钢化后不能正常成像），因而需在镜面玻璃上墙前，在背面用环氧树脂刷粘一层玻璃纤维网格布，避免碎裂后玻璃渣四溅伤人。

3. 石材墙面、金属墙面

采用幕墙系统，竖向主龙骨贯通，固定在墙体上下端（梁或楼板），龙骨截面尺寸根据墙体高度确定，次龙骨在主龙骨之间，龙骨间距依据面材分格尺寸。

石材干挂较干粘或湿挂等施工方式更稳固安全、便捷干净；石材五面（背面除外）刷油性渗透型石材保护剂（辛基硅烷），避免施工及日后使用中被污染。

四、功能墙面技术要点

（一）防　水

合成高分子涂膜防水：聚氨酯，其表面宜在凝固前撒粘适度细沙，以增加结合层与防水层的粘接力。

聚合物水泥基涂料防水：适用于墙面层为釉面砖的情况，粘接力好。

（二）保　温

保温构造：

1	基层处理	内墙基层处理（注）
2	找平层	10 厚 1：3 水泥砂浆找平，两次成活
3	界面处理	涂刷专用界面剂
4	保温层	满粘 H 厚阻燃挤塑聚苯乙烯泡沫板（B1），钻孔安装配套锚固件（数量 ≥8 个/m²）
5	界面处理	涂刷专用界面剂
6	抗裂处理	5 厚抗裂低碱砂浆，压入两层耐碱玻纤网格布

当保温材料采用有机保温板，因锚栓固定要求，墙体材料不建议用空心砌块；保温板安装完毕后，需采用 5 厚抗裂低碱砂浆，压入两层耐碱玻纤网格布，起一定的拉结作用，避免保温板缝处开裂。

（三）吸　声

1. 轻钢龙骨墙体构造

1	基层处理	内墙基层处理
2	找平层	10 厚 1：3 水泥砂浆找平，两次成活
3	防潮层	1.5 厚合成高分子涂膜防水
4a	龙骨层	轻钢龙骨固定在墙体上下端（梁或楼板），龙骨截面尺寸根据墙体高度确定，单向或双向中距 600
4b		轻钢龙骨用膨胀螺栓与墙面固定，中距 600，次龙骨中距 600

龙骨固定方式取决于背部墙体性质,若为轻质实心砌体,则轻钢龙骨可固定于墙体之上,否则,应固定于梁或楼板等结构构件上;龙骨截面尺寸取决于固定方式,若固定在墙体之上则为常规尺寸,若固定于梁或楼板等结构构件上,龙骨为通长件,截面尺寸需要放大。

2. 吸声构造

5	吸声层	40厚岩棉(玻璃棉)毡(容重≥32 kg/m^3),用建筑胶粘剂粘贴于龙骨空档内
6		玻璃纤维吸声无纺布一层绷紧固定于龙骨表面

3. 各类面层

① 穿孔石膏板

面层	铺贴10厚穿孔石膏板(600×600或600×1 200,穿孔率≥25%,孔径≥4),用自攻螺丝固定,面板接缝处贴嵌缝带,刮腻子抹平
面层处理	饰面内墙无机涂料

② 穿孔水泥纤维板

面层	H厚(中密、高密)穿孔水泥纤维板,用螺钉固定于龙骨上
面层处理	饰面内墙无机涂料

③ 穿孔硅酸钙板

面层	H厚穿孔纤维增强硅酸钙板,用螺钉固定于龙骨上
面层处理	饰面内墙无机涂料

④ 穿孔金属板

面层	铺贴H厚穿孔铝合金板(金属板加工成针孔形状)面层,用自攻螺丝固定

⑤ 其他装饰材料

面层	1.5~2厚铝合金成品拉孔板(穿孔率≥25%),固定在龙骨上

⑥ 木质穿孔吸声板

面层	20厚穿孔木质吸声板(背面满刷氟化钠防腐剂),通过不锈钢卡件固定于轻钢龙骨(或木龙骨)上

4. 吸声参数

吸声材料:多孔性吸声材料的主要构造特征是材料从表面到内部均有微孔。多孔吸声材料表面附加有一定透声作用的饰面,基本可以维持原来材料的吸声特性。如:厚度小于 0.05 mm 的塑料薄膜、穿孔率小于 20%的穿孔板(当穿孔板的穿孔率大于 20%时,穿孔板不再具有穿孔板的吸声特征)、纱窗、防火布、金属网、玻璃丝布等。

穿孔板:孔径一般为 4~8 mm,穿孔率≤15%(一般为 4%~16%),穿孔板后空气层厚度≤20 cm。

五、具体构造做法

名称	序号	基本构造层次	构造做法	最小厚度	备注
水泥砂浆墙面 （燃烧性能等级A）	1	基础处理	内墙基层处理（注）	18	
	2	找平层	7厚1：3水泥砂浆打底扫毛		
	3	找平层	6厚1：2.5水泥砂浆垫层		
	4	面层	5厚1：2水泥砂浆罩面压实赶光		
水泥砂浆墙面 （燃烧性能等级A）	1	基础处理	内墙基层处理（注）	20	
	2	找平层	8厚1：3水泥砂浆打底扫毛		
	3	找平层	7厚1：2.5水泥砂浆垫层		
	4	面层	5厚1：2水泥砂浆罩面压实赶光		
混合砂浆墙面 （燃烧性能等级A）	1	基础处理	内墙基层处理（注）	20	
	2	找平层	8厚1：1：6水泥石灰砂浆打底扫毛		
	3	找平层	7厚1：1：6水泥石灰砂浆垫层		
	4	面层	5厚1：0.3：2.5水泥石灰砂浆罩面压实赶光		
水泥砂浆内墙无机 涂料墙面 （燃烧性能等级A）	1	基础处理	内墙基层处理（注）	20	涂料工序参《工程做法》 05J909-TL10～12
	2	找平层	8厚1：3水泥砂浆打底扫毛		
	3	找平层	7厚1：2.5水泥砂浆垫层		
	4	找平层	5厚1：2水泥砂浆罩面压实赶光		
	5	找平层	满刮腻子两遍，找平磨光		
	6	面层	面罩内墙无机涂料二遍		
水泥砂浆内墙有机 涂料墙面 （燃烧性能等级B1）	1	基础处理	内墙基层处理（注）	20	涂料工序参《工程做法》 05J909-TL10～12
	2	找平层	8厚1：3水泥砂浆打底扫毛		
	3	找平层	7厚1：2.5水泥砂浆垫层		
	4	找平层	5厚1：2水泥砂浆罩面压实赶光		
	5	找平层	满刮腻子两遍，找平磨光		
	6	面层	面罩内墙有机涂料二遍		
混合砂浆内墙无机 涂料墙面 （燃烧性能等级A）	1	基础处理	内墙基层处理（注）	20	涂料工序参《工程做法》 05J909-TL10～12
	2	找平层	8厚1：1：6水泥石灰砂浆打底扫毛		
	3	找平层	7厚1：1：6水泥石灰砂浆垫层		
	4	找平层	5厚1：0.3：2.5水泥石灰砂浆罩面压实赶光		
	5	找平层	满刮腻子两遍，找平磨光		
	6	面层	面罩内墙无机涂料二遍		
混合砂浆内墙有机 涂料墙面 （燃烧性能等级B1）	1	基础处理	内墙基层处理（注）	20	涂料工序参《工程做法》 05J909-TL10～12
	2	找平层	8厚1：1：6水泥石灰砂浆打底扫毛		
	3	找平层	7厚1：1：6水泥石灰砂浆垫层		
	4	找平层	5厚1：0.3：2.5水泥石灰砂浆罩面压实赶光		
	5	找平层	满刮腻子两遍，找平磨光		
	6	面层	面罩内墙有机涂料两遍		

建筑统一技术措施与节点构造选编

名称	序号	基本构造层次	构造做法	最小厚度	备注
水泥砂浆墙纸（布）墙面（燃烧性能等级 B1）	1	基层处理	内墙基层处理（注）	20	
	2	找平层	8 厚 1：3 水泥砂浆打底扫毛		
	3	找平层	7 厚 1：2.5 水泥砂浆垫层		
	4	找平层	5 厚 1：2 水泥砂浆罩面压实赶光		
	5	找平层	满刮腻子两遍，找平磨光		
	6	面层	贴墙纸（布）		
混合砂浆墙纸（布）墙面（燃烧性能等级 B1）	1	基层处理	内墙基层处理（注）	20	
	2	找平层	8 厚 1：1：6 水泥石灰砂浆打底扫毛		
	3	找平层	7 厚 1：1：6 水泥石灰砂浆垫层		
	4	找平层	5 厚 1：0.3：2.5 水泥石灰砂浆罩面压实赶光		
	5	找平层	满刮腻子两遍，找平磨光		
	6	面层	贴墙纸（布）		
面砖墙面（燃烧性能等级 A）	1	基础处理	内墙基层处理（注）	24	
	2	找平层	10 厚 1：3 水泥砂浆找平打底扫毛，两次成活		
	3	结合层	8 厚 1：2 水泥砂浆，加适量建筑胶		
	4	面层	6～8 厚面砖，专用勾缝剂勾缝		
面砖墙面（燃烧性能等级 A）	1	基础处理	内墙基层处理（注）	18	
	2	找平层	10 厚 1：3 水泥砂浆找平打底扫毛，两次成活		
	3	结合层	专用胶粘剂		
	4	面层	6～8 厚面砖，专用勾缝剂勾缝		
金属板墙面（幕墙做法）（燃烧性能等级 A）	1	基础处理	内墙基层处理（注）		
	2	找平层	10 厚 1：3 水泥砂浆找平，两次成活		
	3	龙骨层	竖向主龙骨贯通，固定在墙体上下端（梁或楼板），龙骨截面尺寸根据墙体高度确定，次龙骨在主龙骨之间，龙骨间距依据面材分格尺寸，龙骨刷黑漆		
	4	面层	2.5 厚铝合金单板，不锈钢自攻螺钉固定于龙骨上，缝宽 12～16		
石材墙面（幕墙做法）（燃烧性能等级 A）	1	基础处理	内墙基层处理（注）		石材五面（背面除外）刷油性渗透型石材保护剂（辛基硅烷）
	2	找平层	10 厚 1：3 水泥砂浆找平，两次成活		
	3	龙骨层	竖向主龙骨贯通，固定在墙体上下端（梁或楼板），龙骨截面尺寸根据墙体高度确定，次龙骨在主龙骨之间，龙骨间距依据面材分格尺寸，龙骨刷黑漆		
	4	面层	25 厚花岗石，挂件或背栓固定在龙骨上，缝宽 12～16		
木板墙面（燃烧性能等级 B2）	1	基础处理	内墙基层处理（注）		
	2	找平层	10 厚 1：3 水泥砂浆找平，两次成活		
	3	防潮层	1.5 厚合成高分子涂膜防水		
	4	构造层	轻钢龙骨固定在墙体上下端（梁或楼板），龙骨截面尺寸根据墙体高度确定，单向或双向中距 600		
	5	面层	20 厚成品硬木企口饰面板（背面满刷氟化钠防腐剂），通过不锈钢卡件固定于轻钢龙骨上固定于木龙骨上		
镜面墙面（燃烧性能等级 B1）	1	基础处理	内墙基层处理（注）		
	2	找平层	10 厚 1：3 水泥砂浆找平，两次成活		
	3	防潮层	1.5 厚合成高分子涂膜防水		
	4	构造层	轻钢龙骨固定在墙体上下端（梁或楼板），龙骨截面尺寸根据墙体高度确定，单向或双向中距 600		
	5	构造层	12 厚胶合木板，自攻不锈钢沉头螺钉固定于龙骨上		
	6	构造层	双面泡棉胶满粘		
	7	面层	6 厚镜面玻璃（玻璃上墙前，先在背面用环氧树脂刷粘一层玻璃纤维网格布）		

名称	序号	基本构造层次	构造做法	最小厚度	备注
水泥砂浆防水墙面 （燃烧性能等级 A）	1	基层处理	内墙基层处理（注）	17	
	2	找平层	10厚1:3水泥砂浆找平，两次成活		
	3a	防水层	1.5厚合成高分子涂膜防水		
	3b		1.5厚聚合物水泥基涂料防水		
	4	结合层	素水泥浆一道		
	5	面层	5厚1:2水泥砂浆罩面压实抹平		
釉面砖防水墙面 （燃烧性能等级 A）	1	基础处理	内墙基层处理（注）	26	
	2	找平层	10厚1:3水泥砂浆找平，两次成活		
	3a	防水层	1.5厚合成高分子涂膜防水		
	3b		1.5厚聚合物水泥基涂料防水		
	4	结合层	8厚1:2水泥砂浆，加适量建筑胶		
	5	面层	6~8厚釉面砖，专用勾缝剂勾缝		
水泥砂浆保温墙面 （燃烧性能等级 A）	1	基层处理	内墙基层处理（注）		
	2	找平层	10厚1:3水泥砂浆找平，两次成活		
	3	界面处理	涂刷专用界面剂		
	4	保温层	满粘 H 厚阻燃挤塑聚苯乙烯泡沫板（B1），钻孔安装配套锚固件（数量≥8 个/m²）		
	5	界面处理	涂刷专用界面剂		
	6	抗裂处理	5厚抗裂低碱砂浆，压入两层耐碱玻纤网格布		
	7	找平层	6厚1:3水泥砂浆找平		
	8	面层	5厚1:2水泥砂浆罩面压实抹平		
涂料保温墙面 （燃烧性能等级 A/B1）	1	基层处理	内墙基层处理（注）		
	2	找平层	10厚1:3水泥砂浆找平，两次成活		
	3	界面处理	涂刷专用界面剂		
	4	保温层	满粘 H 厚阻燃挤塑聚苯乙烯泡沫板（B1），钻孔安装配套锚固件（数量≥8 个/m²）		
	5	界面处理	涂刷专用界面剂		
	6	抗裂处理	5厚抗裂低碱砂浆，压入两层耐碱玻纤网格布		
	7	找平层	6厚1:3水泥砂浆找平		
	8	找平层	5厚1:2水泥砂浆罩面压实抹平		
	9	找平层	满刮腻子两遍，磨光		
	10	面层	面罩内墙有机或无机涂料二遍		
墙纸（布） 保温墙面 （燃烧性能等级 B2）	1	基层处理	内墙基层处理（注）		
	2	找平层	10厚1:3水泥砂浆找平，两次成活		
	3	界面处理	涂刷专用界面剂		
	4	保温层	满粘 H 厚阻燃挤塑聚苯乙烯泡沫板（B1），钻孔安装配套锚固件（数量≥8 个/m²）		
	5	界面处理	涂刷专用界面剂		
	6	抗裂处理	5厚抗裂低碱砂浆，压入两层耐碱玻纤网格布		
	7	找平层	6厚1:3水泥砂浆找平		
	8	找平层	5厚1:2水泥砂浆找平压光		
	9	找平层	满刮腻子两遍，找平磨光		
	10	面层	贴墙纸（布）		

建筑统一技术措施与节点构造选编

名称	序号	基本构造层次	构造做法	最小厚度	备注
釉面砖保温墙面（墙裙）（燃烧性能等级A）	1	基层处理	内墙基层处理（注）		
	2	找平层	10厚1:3水泥砂浆找平，两次成活		
	3	界面处理	涂刷专用界面剂		
	4	保温层	满粘 H 厚阻燃挤塑聚苯乙烯泡沫板（B1），钻孔安装配套锚固件（数量≥8个/m²）		
	5	界面处理	涂刷专用界面剂		
	6	抗裂处理	5厚抗裂低碱砂浆，压入两层耐碱玻纤网格布		
	7	找平层	6厚1:3水泥砂浆找平打底扫毛		
	8	结合层	5厚1:2水泥砂浆，加建筑胶适量		
	9	面层	6~8厚釉面砖，专用勾缝剂勾缝		
水泥砂浆防水保温墙面（燃烧性能等级A）	1	基层处理	内墙基层处理（注）		
	2	找平层	10厚1:3水泥砂浆找平，两次成活		
	3	界面处理	涂刷专用界面剂		
	4	保温层	满粘 H 厚阻燃挤塑聚苯乙烯泡沫板（B1），钻孔安装配套锚固件（数量≥8个/m²）		
	5	界面处理	涂刷专用界面剂		
	6	抗裂处理	5厚抗裂低碱砂浆，压入两层耐碱玻纤网格布		
	7	找平层	6厚1:3水泥砂浆找平		
	8a	防水层	1.5厚合成高分子涂膜防水		
	8b		1.5厚聚合物水泥基涂料防水		
	9	界面处理	素水泥浆一道		
	10	面层	5厚1:2水泥砂浆罩面压实抹平		
釉面砖防水保温墙面（墙裙）（燃烧性能等级A）	1	基层处理	内墙基层处理（注）		
	2	找平层	10厚1:3水泥砂浆找平，两次成活		
	3	界面处理	涂刷专用界面剂		
	4	保温层	满粘 H 厚阻燃挤塑聚苯乙烯泡沫板（B1），钻孔安装配套锚固件（数量≥8个/m²）		
	5	界面处理	涂刷专用界面剂		
	6	抗裂处理	5厚抗裂低碱砂浆，压入两层耐碱玻纤网格布		
	7	找平层	6厚1:3水泥砂浆找平		
	8a	防水层	1.5厚合成高分子涂膜防水		
	8b		1.5厚聚合物水泥基涂料防水		
	9	结合层	8厚1:2水泥砂浆，加适量建筑胶		
	10	面层	6~8厚釉面砖，专用勾缝剂勾缝		
穿孔石膏板吸声墙面（燃烧性能等级A）	1	基层处理	内墙基层处理（注）		
	2	找平层	10厚1:3水泥砂浆找平，两次成活		
	3	防潮层	1.5厚合成高分子涂膜防水		
	4a	龙骨层	轻钢龙骨固定在墙体上下端（梁或楼板），龙骨截面尺寸根据墙体高度确定，单向或双向中距600		
	4b		轻钢龙骨用膨胀螺栓与墙面固定，中距600，次龙骨中距600		
	5	吸声层	40厚岩棉（玻璃棉）毡（容重≥32 kg/m³），用建筑胶粘剂粘贴于龙骨空档内		
	6	吸声层	玻璃纤维吸声无纺布一层绷紧固定于龙骨表面		
	7	面层	铺贴10厚穿孔石膏板（600×600或600×1 200，穿孔率≥25%，孔径≥4），用自攻螺丝固定，面板接缝处贴嵌缝带，刮腻子抹平		
	8	面层处理	饰面内墙无机涂料		

名称	序号	基本构造层次	构造做法	最小厚度	备注
穿孔水泥纤维板吸声墙面（燃烧性能等级A）	1	基层处理	内墙基层处理（注）		
	2	找平层	10厚1:3水泥砂浆找平，两次成活		
	3	防潮层	1.5厚合成高分子涂膜防水		
	4a	龙骨层	轻钢龙骨固定在墙体上下端（梁或楼板），龙骨截面尺寸根据墙体高度确定，单向或双向中距600		
	4b		轻钢龙骨用膨胀螺栓与墙面固定，中距600，次龙骨中距600		
	5	吸声层	40厚岩棉（玻璃棉）毡（容重≥32 kg/m³），用建筑胶粘剂粘贴于龙骨空当内		
	6	吸声层	玻璃纤维吸声无纺布一层绷紧固定于龙骨表面		
	7	面层	H厚（中密、高密）穿孔水泥纤维板，用螺钉固定于龙骨上		
	8	面层处理	饰面内墙无机涂料		
穿孔纤维增强硅酸钙板吸声墙面（燃烧性能等级A）	1	基层处理	内墙基层处理（注）		
	2	找平层	10厚1:3水泥砂浆找平，两次成活		
	3	防潮层	1.5厚合成高分子涂膜防水		
	4a	龙骨层	轻钢龙骨固定在墙体上下端（梁或楼板），龙骨截面尺寸根据墙体高度确定，单向或双向中距600		
	4b		轻钢龙骨用膨胀螺栓与墙面固定，中距600，次龙骨中距600		
	5	吸声层	40厚岩棉（玻璃棉）毡（容重≥32 kg/m³），用建筑胶粘剂粘贴于龙骨空当内		
	6	吸声层	玻璃纤维吸声无纺布一层绷紧固定于龙骨表面		
	7	面层	H厚穿孔纤维增强硅酸钙板，用螺钉固定于龙骨上		
	8	面层处理	饰面内墙无机涂料		
穿孔铝合金板吸声墙面（燃烧性能等级A）	1	基层处理	内墙基层处理（注）		
	2	找平层	10厚1:3水泥砂浆找平，两次成活		
	3	防潮层	1.5厚合成高分子涂膜防水		
	4a	龙骨层	轻钢龙骨固定在墙体上下端（梁或楼板），龙骨截面尺寸根据墙体高度确定，单向或双向中距600		
	4b		轻钢龙骨用膨胀螺栓与墙面固定，中距600，次龙骨中距600		
	5	吸声层	40厚岩棉（玻璃棉）毡（容重≥32 kg/m³），用建筑胶粘剂粘贴于龙骨空当内		
	6	吸声层	玻璃纤维吸声无纺布一层绷紧固定于龙骨表面		
	7	面层	铺贴H厚穿孔铝合金板（金属板加工成针孔形状）面层，用自攻螺丝固定		
铝合金拉孔板吸声墙面（燃烧性能等级A）	1	基层处理	内墙基层处理（注）		
	2	找平层	10厚1:3水泥砂浆找平，两次成活		
	3	防潮层	1.5厚合成高分子涂膜防水		
	4a	龙骨层	轻钢龙骨固定在墙体上下端（梁或楼板），龙骨截面尺寸根据墙体高度确定，单向或双向中距600		
	4b		轻钢龙骨用膨胀螺栓与墙面固定，中距600，次龙骨中距600		
	5	吸声层	40厚岩棉（玻璃棉）毡（容重≥32 kg/m³），用建筑胶粘剂粘贴于龙骨空当内		
	6	吸声层	玻璃纤维吸声无纺布一层绷紧固定于龙骨表面		
	7	面层	1.5~2厚铝合金成品拉孔板（穿孔率≥25%），固定在龙骨上		

建筑统一技术措施与节点构造选编

名称	序号	基本构造层次	构造做法	最小厚度	备注
穿孔木质吸声板墙面（燃烧性能等级B1）	1	基层处理	内墙基层处理（注）		
	2	找平层	10厚1：3水泥砂浆找平，两次成活		
	3	防潮层	1.5厚合成高分子涂膜防水		
	4a	龙骨层	轻钢龙骨固定在墙体上下端（梁或楼板），龙骨截面尺寸根据墙体高度确定，单向或双向中距600		
	4b		轻钢龙骨用膨胀螺栓与墙面固定，中距600，次龙骨中距600		
	5	吸声层	40厚岩棉（玻璃棉）毡（容重≥32 kg/m³），用建筑胶粘剂粘贴于龙骨空当内		
	6	吸声层	玻璃纤维吸声无纺布一层绷紧固定于龙骨表面		
	7	面层	20厚穿孔木质吸声板（背面满刷氟化钠防腐剂），通过不锈钢卡件固定于轻钢龙骨上固定于木龙骨上		
穿孔木质吸声板墙面（燃烧性能等级B1）	1	基层处理	内墙基层处理（注）		
	2	找平层	10厚1：3水泥砂浆找平，两次成活		
	3	防潮层	1.5厚合成高分子涂膜防水		
	4	龙骨层	40厚×30宽木龙骨（正面刨光），满刷防腐剂、防火剂，双向中距和板材配合（≤600×600），木龙骨空格内填50厚超细玻璃丝棉（容重不小于80 kg/m³）袋		
	5	面层	20厚穿孔木质吸声板（背面满刷氟化钠防腐剂），通过不锈钢卡件固定于轻钢龙骨上固定于木龙骨上		

六 墙裙、踢脚

一、墙面基层处理

1. 混凝土基层

（1）浇水 1 遍，冲去墙面渣末。

（2）刷素水泥浆 1 遍，水灰比 1 :（0.37 ~ 0.40）（加建筑胶适量）。

（3）用 1 : 2.5 水泥砂浆在墙上刮糙，即用铁抹子将砂浆刮成鱼鳞状，厚度 3 ~ 5。

2. 加气混凝土基层

（1）聚合物水泥基砂浆修补墙面。

（2）浇水 1 ~ 2 遍，水须渗入墙体 15 ~ 20。

（3）3 厚外加剂专用砂浆抹基面刮糙或界面剂一道甩毛。

3. 烧结多孔砖、烧结空心砖、烧结实心砖基层

（1）抹灰前 24 h 在墙面上喷水 2 ~ 3 遍，每遍喷水之间的间隔时间应不少于 15 min，喷水量以渗入砌体内深度 8 ~ 10 为宜，喷水面要均匀，不得漏面。

（2）抹灰前再喷水 1 遍，喷水后立即刷素水泥浆，水灰比 1 :（0.37 ~ 0.40）。

（3）刷素水泥浆后应立即抹灰，不得在浆面干燥后再抹灰。

4. 大型砌块、条板

（1）聚合物水泥砂浆修补墙基面。

（2）板缝贴涂塑中碱玻璃纤维网格布一层。

二、具体构造做法

名称	序号	基本构造层次	构造做法	最小厚度	备注
水泥砂浆踢脚 （燃烧性能等级A）	1	基层处理	内墙基层处理（注）	20	
	2	找平层	14厚1:3水泥砂浆找平打底扫毛，两次成活		
	3	面层	6厚1:2.5水泥砂浆找平，压实赶光		
地砖踢脚 （燃烧性能等级A）	1	基层处理	内墙基层处理（注）	20	
	2	找平层	5厚1:3水泥砂浆找平打底扫毛		
	3	粘接层	5厚1:2水泥砂浆，加适量建筑胶		
	4	面层	10厚地砖踢脚，配色水泥浆擦缝		
石材踢脚 （燃烧性能等级A）	1	基层处理	内墙基层处理（注）	25	石材肌理由设计规定，面材施工前，6面均需刷渗透型油性石材保护剂
	2	找平层	5厚1:3水泥砂浆找平打底扫毛		
	3	粘接层	10厚1:2水泥砂浆，加适量建筑胶		
	4	面层	10厚花岗石踢脚，配色水泥浆擦缝		
不锈钢踢脚 （钢卡件固定） （燃烧性能等级A）	1	基层处理	内墙基层处理（注）	20	做法参《工程做法》12BJ1-1
	2	找平层	17厚1:3水泥砂浆找平，两次成活		
	3	构造层	放线固定2厚金属卡件，间距300		
	4	面层	1厚不锈钢板与卡件安装		
	5	面层处理	板缝处理		
不锈钢踢脚 （木衬板固定） （燃烧性能等级A）	1	基层处理	内墙基层处理（注）	20	做法参《工程做法》12BJ1-1
	2	找平层	17厚1:3水泥砂浆找平，两次成活		
	3	构造层	用水泥钉在墙上固定五夹板衬板，钉距250，上下各一，错开		
	4	面层	建筑胶在木衬板上粘贴0.8厚不锈钢板		
	5	面层处理	板缝处理		
实木踢脚 （燃烧性能等级B1）	1	基层处理	内墙基层处理（注）	35	做法参《工程做法》12BJ1-1
	2	找平层	8厚1:3水泥砂浆找平		
	3	构造层	墙体上钻孔打入Φ35防腐木楔，间距300		
	4	构造层	在木楔上钉15厚、35宽的木垫块，垫块高低于踢脚板10~15		
	5	面层	12~18厚薄实木板用圆钉钉子定于木垫块上，钉帽砸扁冲入木踢脚板		
	6	面层处理	油漆罩面		
弹性卷材踢脚 （燃烧性能等级B1）	1	基层处理	内墙基层处理（注）	20	
	2	找平层	8（10）厚1:3水泥砂浆找平打底扫毛		
	3	找平层	8厚1:2水泥砂浆找平		
	4a	面层	3~4厚PVC（或亚麻）复合材料，专用胶粘剂粘贴，板面打蜡上光，踢脚上皮与墙饰面间留10宽2深凹线		
	4b		2厚橡胶踢脚，专用胶粘剂粘贴，板面打蜡上光，踢脚上皮与墙饰面间留10宽2深凹线		
内墙涂料墙裙 （水泥砂浆基层） （燃烧性能等级A/B1）	1	基础处理	内墙基层处理（注）	20	
	2	找平层	8厚1:3水泥砂浆打底扫毛		
	3	找平层	7厚1:2.5水泥砂浆垫层		
	4	找平层	5厚1:2水泥砂浆罩面压实赶光		
	5	找平层	满刮腻子两遍，找平磨光		
	6	面层	面罩内墙涂料二遍		

名称	序号	基本构造层次	构造做法	最小厚度	备注
内墙涂料墙裙（混合砂浆基层）（燃烧性能等级A/B1）	1	基础处理	内墙基层处理（注）	20	
	2	找平层	8厚1:1:6水泥石灰砂浆打底扫毛		
	3	找平层	7厚1:1:6水泥石灰砂浆垫层		
	4	找平层	5厚1:0.3:2.5水泥石灰砂浆罩面压实赶光		
	5	找平层	满刮腻子两遍，找平磨光		
	6	面层	面罩内墙涂料二遍		
面砖墙裙（燃烧性能等级A）	1	基础处理	内墙基层处理（注）	24	
	2	找平层	10厚1:3水泥砂浆找平打底扫毛，两次成活		
	3	结合层	8厚1:2水泥砂浆，加适量建筑胶		
	4	面层	6~8厚面砖，专用勾缝剂勾缝		
面砖墙裙（燃烧性能等级A）	1	基础处理	内墙基层处理（注）	18	
	2	找平层	10厚1:3水泥砂浆找平打底扫毛，两次成活		
	3	结合层	专用胶粘剂		
	4	面层	6~8厚面砖，专用勾缝剂勾缝		
釉面砖防水墙裙（燃烧性能等级A）	1	基础处理	内墙基层处理（注）	26	
	2	找平层	10厚1:3水泥砂浆找平，两次成活		
	3a	防水层	1.5厚合成高分子涂膜防水		
	3b		1.5厚聚合物水泥基涂料防水		
	4	结合层	8厚1:2水泥砂浆，加适量建筑胶		
	5	面层	6~8厚釉面砖，专用勾缝剂勾缝		
木墙裙（燃烧性能等级A）	1	基础处理	内墙基层处理（注）	40	
	2	找平层	10厚1:3水泥砂浆找平，两次成活		
	3a	防潮层	1.5厚合成高分子涂膜防水		
	3b		1.5厚聚合物水泥基涂料防水		
	4	构造层	20厚×40宽木龙骨正面刨光，满涂氟化钠防腐剂，双向中距500，用水泥钉固定于墙体上		
	5	面层	9厚木工板与木龙骨钉牢		
	6	面层处理	贴木纹皮，油漆饰面		
PVC墙裙（燃烧性能等级B1）	1	基层处理	内墙基层处理（注）	20	
	2	找平层	10厚1:3水泥砂浆找平打底扫毛，两次成活		
	3	找平层	8厚1:2水泥砂浆找平		
	4	找平层	找补腻子，打磨平整，满涂专用胶液		
	5	面层	2厚PVC卷材面层，粘贴面满涂专用胶液，顶部及阳角处100宽范围满涂专用强力胶（专用胶液及专用强力胶与PVC卷材配套生产）		
	6	面层处理	焊线热熔无缝处理		
	7	面层处理	安装顶部压条		
	8	面层处理	饰面清洗上蜡		
PVC保温墙裙（燃烧性能等级B1）	1	基层处理	内墙基层处理（注）		
	2	找平层	10厚1:3水泥砂浆找平，两次成活		
	3	界面处理	涂刷专用界面剂		
	4	保温层	满粘H厚挤塑聚苯乙烯泡沫板，钻孔安装配套锚固件（数量≥8个/m^2）		
	5	界面处理	涂刷专用界面剂		
	6	抗裂处理	5厚抗裂低碱砂浆，压入两层耐碱玻纤网格布		
	7	找平层	6厚1:3水泥砂浆找平		
	8	找平层	找补腻子，打磨平整，满涂专用胶液		
	9	面层	1.25厚PVC卷材面层（粘贴面满涂专用胶液），顶部及阳角处100宽范围满涂专用强力胶（专用胶液及专用强力胶与PVC卷材配套生产）		

建筑统一技术措施与节点构造选编

七

楼

面

一、分　类

普通楼面：区别于"功能楼面"的常规楼面。

功能楼面：采暖、隔声、防静电、耐磨、防油、运动等。

二、普通楼面技术要点

1．整体地坪的分仓要求

水泥砂浆：≥9 m² 要分仓。

混凝土：≥60 m² 要分仓；混凝土及以上各层做法（若有）需设分仓缝（上下对齐），最大 6 000×6 000，仓缝宽 20，用防水油膏嵌实面层。

2．面材要求及适用范围

（1）石材：地面铺装石材为多为花岗石类，吸水率 1% 左右；石材肌理应由设计人员确定并在说明中备注，肌理加工影响造价。除花岗石外，大理石也可做地面铺装，适用于人少（会所、别墅等）的高档场所公共区域，不耐磨。施工前，石材六面均需刷渗透型油性石材保护剂。

| 结合层 | 20 厚 1：2 干硬性水泥砂浆，表面撒 1~2 厚干水泥并洒清水适量 |
| 面层 | 15~20 厚花岗石，配色水泥浆擦缝 |

（2）地砖：不同吸水率的砖，对铺装结合层要求不同。

① 吸水率≤1%

| 结合层 | 20 厚 1：2 干硬性水泥砂浆，表面撒 1~2 厚干水泥并洒清水适量 |
| 面层 | 8~10 厚防滑地砖，配色水泥浆擦缝 |

② 吸水率>1%

| 结合层 | 20 厚 1：2 水泥砂浆 |
| 面层 | 8~10 厚防滑地砖，配色水泥浆擦缝 |

（3）环氧树脂漆：适用于防尘要求高、平整度要求高的用房，对找平层要求较高，在常规 20 厚 1：3 水泥砂浆找平层之上，还需再找平，才能达到效果，如：

找平层	20 厚 1：3 水泥豆石找平
找平层	5~7 厚水泥砂浆自流平
面层	3 厚防滑环氧树脂地面漆

又如：

| 找平层 | 27 厚 1：3 水泥豆石找平，压实赶光并除尘 |
| 面层 | 3 厚防滑环氧树脂地面漆 |

（4）强化复合木地板：应强调，安装时木地板与墙之间留 5~8 伸缩缝。

（5）实木地板：木板规格应满足至少一边尺寸大于 400；木板下方应满铺防火防潮衬垫；安装时木地板与墙之间留 5~8 伸缩缝。

（6）PVC、亚麻、橡胶卷材：适用于减噪、清洁度高的房间，对找平要求较高，采用自流平找平。

找平层	5 厚水泥砂浆自流平
面层	3～4 厚 PVC（或亚麻）复合材料，专用胶粘剂粘贴

（7）地毯：燃烧性能等级 B2，适用场所有限制；分块毯和卷毯；具有减噪功能。

3. 防水、找坡、回填要求

（1）防水：

① 合成高分子防水涂膜

② 聚合物水泥防水涂料

（2）找坡：

① 适用于排水坡长≤1 500 的做法

找坡找平层	最薄处 15 厚 1：3 水泥砂浆找坡 1%，找平

② 适用于排水坡长>1 500 的做法

找坡找平层	最薄处 20 厚 C20 细石混凝土找坡 1%，找平

（3）回填：

① 水泥炉渣

回填找坡找平层	1：3 水泥炉渣回填找坡 1%，找平，表面提浆压光，最薄处 15 厚

该回填层之上做防水可不再增设常规 20 厚 1：3 水泥砂浆找平层。

② 沥青蛭石

回填找坡找平层	1：6 沥青蛭石回填找坡 1%，找平，表面提浆压光，最薄处 15 厚

该回填层之上做防水可不再增设常规 20 厚 1：3 水泥砂浆找平层。

4. 保温要求

（1）隔汽层

① 设置隔汽层的条件：

必须同时满足以下两个条件时才需要设置隔汽层。

A. 围护结构内部产生冷凝；

B. 由冷凝引起的保温材料重量湿度超过保温材料重量湿度的允许增量。

② 隔汽层的位置：

保温材料蒸汽渗透性强，且水蒸气是从高温侧向低温侧渗透，隔汽层应设置在水蒸气流入的一侧；对采暖房间，应布置在保温层的内侧；对冷库建筑应布置在隔热层的外侧。

（2）隔离层

避免保温层（有机材料）与隔汽层（有机材料）间发生反应，保温材料蚀化，保温作用降低，可采用水泥砂浆、石灰砂浆隔离。

（3）保温层

挤塑聚苯乙烯泡沫保温板。

（4）分仓

保温层以上各层做法需设分仓缝（上下对齐），最大 6 000×6 000，仓缝宽 20，用防水油膏嵌实。

191

1	基层	现浇钢筋混凝土楼板
2	界面处理	刷水泥浆一道（内掺建筑胶）
3	找平层	15 厚 1：3 水泥砂浆找平
4	防水隔汽层	2 厚合成高分子涂膜防水
5	隔离层	10 厚 1：2.5 水泥砂浆，找平
6	保温层	H 厚挤塑聚苯乙烯泡沫保温板（密度≥20 kg/m³）
7	保护层	40 厚 C20 细石混凝土整浇找平，内配双向 Φ6@250 钢筋网

三、功能楼面技术要点

1. 采　暖

1	基层	现浇钢筋混凝土楼板
2	界面处理	刷水泥浆一道（内掺建筑胶）
3	找平层	15 厚 1：3 水泥砂浆找平
4	防潮隔汽层	2 厚合成高分子涂膜防水
5	隔离层	10 厚 1：2.5 水泥砂浆，找平
6	保温层	30 厚挤塑聚苯乙烯泡沫保温板（密度≥20 kg/m³）
7	辐射层	0.2 厚真空镀铝聚酯薄膜
8a	采暖层	60 厚 C15 细石混凝土整浇找平（上下各配 Φ3@50 钢丝网片，中间设乙烯散热管一层）
8b		60 厚 C15 细石混凝土整浇找平（上下各配 Φ3@50 钢丝网片，中间设供暖电缆盘一层）

a. 水暖。

b. 电暖。

适用于有采暖要求的普通房间；保温层厚度根据建筑所在地区计算确定，表内厚度运用于成都地区。

2. 隔　声

隔声层以上各层做法需设分仓缝（上下对齐），最大 6 000×6 000，仓缝宽 20，用防水油膏嵌实。

① 标准较低隔声层

隔声层	5 厚发泡聚乙烯隔音垫（密度 32 kg/m³）沿墙面翻起至面层完成面

② 中高标准隔声层

隔声层	10 厚橡胶隔声垫，沿墙面翻起至面层完成面

3. 架　空

① 适用于需要下部综合布线的房间，如消防控制室、数据机房等；常在找平层上敷设 150～250 高成品架空防静电活动地板。

② 适用于综合布线多，且要求经常更换路由的场所，如商务办公室、公共阅览室等；常在找平层上敷设网络地板，网络地板成品种类多，有 PVC、混凝土、钢材等材料，高度、规格多样（最薄产品 42 厚，平面规格多为 500×500、600×600），应根据设计需求选用。

4. 耐　磨

① 细石混凝土：适用于需要使用混凝土且有耐磨要求的地面，如汽车库、商场、工业厂房、库房等；硬化剂可提高混凝土楼面表面的耐磨性，并有抗冲击、防渗功能，产品有多种颜色；楼面面积、荷载、振动较大时，需根据实际情况增加细石混凝土厚度，由设计人定，并在施工图中注明。

② 金刚砂：适用于公交车坡道面层；防火要求不高时使用，地面易受撞击，擦出火花。

③ 石英砂铁屑：适用于普通汽车坡道面层，噪声较小。

5. 运　动

① 弹性地材：需采用水泥基自流平进行找平。

② 实木地板：不同运动类型对地板弹性要求决定了木地板下垫层的厚度与数量；木板木板规格应满足至少一边尺寸大于 400，安装时木地板与墙之间留 5～8 伸缩缝；垫层之下应设防潮层，聚氨酯涂膜及改性沥青涂膜都是不错的选择：

防潮层	2 厚聚氨酯防潮层，上翻至墙面踢脚板上沿

防潮层	1.2 厚改性沥青涂膜防水材料，上翻至踢脚板上沿

③ 面砖：该部分主要指泳池及其周边做法；泳池内涉及到专用防水材料、胶粘剂，从找坡层往上具体做法如下：

找坡找平层	最薄处 20 厚 C15 细石混凝土，找坡（0.5%）找平，内配双向 Φ6@250 钢筋网
找平层	5～8 厚泳池专用乳胶添加剂与水泥砂浆混合找平
防水层	1 厚泳池专用泳池专用防水涂膜
结合层	4 厚泳池专用胶粘剂
面层	8～10 厚泳池专用面砖，专用填缝剂填缝

四、具体构造做法

名称	序号	基本构造层次	构造做法	最小厚度	备注
水泥砂浆楼面（燃烧性能等级A）	1	基层	现浇钢筋混凝土楼板	30	≥9 m² 要分仓
	2	界面处理	刷水泥浆一道（内掺建筑胶）		
	3	找平层	20厚1:3水泥砂浆找平		
	4	面层	10厚1:2水泥砂浆，提浆压光		
水泥豆石楼面（燃烧性能等级A）	1	基层	现浇钢筋混凝土楼板	30	≥9 m² 要分仓
	2	界面处理	刷水泥浆一道（内掺建筑胶）		
	3	面层	30厚1:3水泥豆石找平，压实赶光		
细石混凝土楼面（燃烧性能等级A）	1	基层	现浇钢筋混凝土楼板	50	≥60 m² 要分仓
	2	界面处理	刷水泥浆一道（内掺建筑胶）		
	3	找平层	20厚1:3水泥砂浆找平		
	4	面层	30厚C25细石混凝土，随打随抹光		
细石混凝土固化剂楼面（燃烧性能等级A）	1	基层	现浇钢筋混凝土楼板	60	混凝土及以上各层做法需设分仓缝（上下对齐），最大 6 000×6 000，仓缝宽20，用防水油膏嵌实面层；浇筑混凝土过程中，应使用专用机械设备打磨、压光，使之形成高强、致密的面层
	2	界面处理	刷水泥浆一道（内掺建筑胶）		
	3	面层	60厚C25细石混凝土，内配双向Φ6@250钢筋网，机械抹光，表面施混凝土密封固化剂		
环氧树脂地面漆楼面（燃烧性能等级B1）	1	基层	现浇钢筋混凝土楼板	50	
	2	界面处理	刷水泥浆一道（内掺建筑胶）		
	3	找平层	20厚1:3水泥砂浆找平		
	4	找平层	20厚1:3水泥豆石找平		
	5	找平层	5~7厚水泥砂浆自流平		
	6	面层	3厚防滑环氧树脂地面漆		
环氧树脂地面漆楼面（燃烧性能等级B1）	1	基层	现浇钢筋混凝土楼板	50	
	2	界面处理	刷水泥浆一道（内掺建筑胶）		
	3	找平层	20厚1:3水泥砂浆找平		
	4	找平层	27厚1:3水泥豆石找平，压实赶光并除尘		
	5	面层	3厚防滑环氧树脂地面漆		
防滑地砖楼面（燃烧性能等级A）	1	基层	现浇钢筋混凝土楼板	50	
	2	界面处理	刷水泥浆一道（内掺建筑胶）		
	3	找平层	20厚1:3水泥砂浆找平		
	4	结合层	20厚1:2干硬性水泥砂浆，表面撒1~2厚干水泥并洒清水适量		
	5	面层	8~10厚防滑地砖，配色水泥浆擦缝		
防滑地砖楼面（燃烧性能等级A）	1	基层	现浇钢筋混凝土楼板	50	
	2	界面处理	刷水泥浆一道（内掺建筑胶）		
	3	找平层	20厚1:3水泥砂浆找平		
	4	结合层	20厚1:2水泥砂浆		
	5	面层	8~10厚防滑地砖，配色水泥浆擦缝		

名称	序号	基本构造层次	构造做法	最小厚度	备注
花岗石楼面（燃烧性能等级A）	1	基层	现浇钢筋混凝土楼板	50	石材肌理由设计规定，面材施工前，6面均需刷渗透型油性石材保护剂
	2	界面处理	刷水泥浆一道（内掺建筑胶）		
	3	找平层	15厚1:3水泥砂浆找平		
	4	结合层	20厚1:2干硬性水泥砂浆，表面撒1~2厚干水泥并洒清水适量		
	5	面层	15~20厚光面（毛面）花岗石，配色水泥浆擦缝		
大理石楼面（燃烧性能等级A）	1	基层	现浇钢筋混凝土楼板	60	石材肌理由设计规定，面材施工前，6面均需刷渗透型油性石材保护剂
	2	界面处理	刷水泥浆一道（内掺建筑胶）		
	3	找平层	15厚1:3水泥砂浆找平		
	4	结合层	20厚1:2干硬性水泥砂浆，表面撒1~2厚干水泥并洒清水适量		
	5	面层	25~30厚大理石，配色水泥浆擦缝		
强化复合木地板楼面（燃烧性能等级B1）	1	基层	现浇钢筋混凝土楼板	50	木地板与墙之间留5~8伸缩缝
	2	界面处理	刷水泥浆一道（内掺建筑胶）		
	3	找平层	20厚1:3水泥砂浆找平		
	4	找平层	20厚1:2水泥砂浆找平，提浆压光		
	5	垫层	3~5厚泡沫塑料衬垫		
	6	面层	8厚强化复合木地板，企口上下均匀刷胶，拼接粘铺		
实木地板楼面（燃烧性能等级B1）	1	基层	现浇钢筋混凝土楼板，基层清理	50	木板规格应满足至少一边尺寸大于400；木地板与墙之间留5~8伸缩缝
	2	垫层	20×40（高×宽）木龙骨，双向中距400，龙骨交点用木垫块垫平		
	3	垫层	9厚木工板平铺，射钉固定在木龙骨上		
	4	垫层	2厚防火防潮衬垫满铺		
	5	面层	18厚成品实木企口地板，地板漆两道（地板成品已带油漆者无此道工序）		
实木地板楼面（燃烧性能等级B1）	1	基层	现浇钢筋混凝土楼板	100	木板规格应满足至少一边尺寸大于400；木地板与墙之间留5~8伸缩缝
	2	界面处理	刷水泥浆一道（内掺建筑胶）		
	3	找平层	20厚1:3水泥砂浆找平，提浆压光		
	4	垫层	10厚40×40木垫块，双向中距400		
	5	垫层	40×40木龙骨，中距400，固定在木垫块上，40×40木横撑，中距800，固定在龙骨上（龙骨、横撑、垫块表面满刷防腐剂、防火涂料）		
	6	垫层	9厚木工板平铺，射钉固定在木龙骨上		
	7	垫层	2厚防火防潮衬垫满铺		
	8	面层	18厚成品实木企口地板，地板漆两道（地板成品已带油漆者无此道工序）		
实木地板楼面（燃烧性能等级B1）	1	基层	现浇钢筋混凝土楼板	120	木板规格应满足至少一边尺寸大于400；木地板与墙之间留5~8伸缩缝
	2	界面处理	刷水泥浆一道（内掺建筑胶）		
	3	找平层	20厚1:3水泥砂浆找平，提浆压光		
	4	垫层	20厚40×40木垫块，双向中距400		
	5	垫层	40×40木龙骨，中距400，固定在木垫块上，40×40木横撑，中距800，固定在龙骨上（龙骨、横撑、垫块表面满刷防腐剂、防火涂料）		
	6	垫层	18厚松木毛底板，表面满刷防腐剂、防火涂料，45°斜铺，射钉固定在木龙骨上		
	7	垫层	3~5厚防火防潮衬垫满铺		
	8	面层	18厚成品实木企口地板，地板漆两道（地板成品已带油漆者无此道工序）		

名称	序号	基本构造层次	构造做法	最小厚度	备注
PVC 或亚麻楼面（燃烧性能等级 B1）	1	基层	现浇钢筋混凝土楼板	50	
	2	界面处理	刷水泥浆一道（内掺建筑胶）		
	3	找平层	20 厚 1:3 水泥砂浆找平		
	4	找平层	20 厚 1:2 水泥砂浆找平		
	5	找平层	5 厚水泥砂浆自流平		
	6	面层	3~4 厚 PVC（或亚麻）复合材料，专用胶粘剂粘贴		
地毯楼面（燃烧性能等级 B2）	1	基层	现浇钢筋混凝土楼板	50	
	2	界面处理	刷水泥浆一道（内掺建筑胶）		
	3	找平层	20 厚 1:3 水泥砂浆找平		
	4	找平层	20 厚 1:2 水泥砂浆找平，提浆压光		
	5	面层	10 厚地毯面层，专用胶粘剂粘贴		
地毯楼面（燃烧性能等级 B2）	1	基层	现浇钢筋混凝土楼板	50	
	2	界面处理	刷水泥浆一道（内掺建筑胶）		
	3	找平层	20 厚 1:3 水泥砂浆找平		
	4	找平层	15 厚 1:2 水泥砂浆找平，提浆压光		
	5	垫层	5 厚橡胶海绵衬垫		
	6	面层	10 厚地毯面层，专用胶粘剂粘贴		
水泥砂浆防水楼面（燃烧性能等级 A）	1	基层	现浇钢筋混凝土楼板	37~52	防水层在墙、柱及管周上翻至完成面以上 300，门洞口处应向外延 300 宽
	2	界面处理	刷水泥浆一道（内掺建筑胶）		
	3	找坡找平层	最薄处 15 厚 1:3 水泥砂浆找坡 1%，找平		
	4	防水层	2 厚合成高分子防水涂料		
	5	面层	20 厚 1:2 水泥砂浆，提浆压光		
水泥砂浆防水楼面（燃烧性能等级 A）	1	基层	现浇钢筋混凝土楼板	57~	防水层在墙、柱及管周上翻至完成面以上 300，门洞口处应向外延 300 宽
	2	界面处理	刷水泥浆一道（内掺建筑胶）		
	3	找坡找平层	最薄处 20 厚 C20 细石混凝土找坡 1%，找平		
	4	防水层	2 厚合成高分子防水涂料		
	5	面层	20 厚 1:2 水泥砂浆，提浆压光		
水泥豆石防水楼面（燃烧性能等级 A）	1	基层	现浇钢筋混凝土楼板	47~62	防水层在墙、柱及管周上翻至完成面以上 300，门洞口处应向外延 300 宽
	2	界面处理	刷水泥浆一道（内掺建筑胶）		
	3	找坡找平层	最薄处 15 厚 1:3 水泥砂浆找坡 1%，找平		
	4	防水层	2 厚合成高分子防水涂料		
	5	面层	30 厚 1:3 水泥豆石找平，压实赶光		
水泥豆石防水楼面（燃烧性能等级 A）	1	基层	现浇钢筋混凝土楼板	67~	防水层在墙、柱及管周上翻至完成面以上 300，门洞口处应向外延 300 宽
	2	界面处理	刷水泥浆一道（内掺建筑胶）		
	3	找坡找平层	最薄处 20 厚 C20 细石混凝土找坡 1%，找平		
	4	防水层	2 厚合成高分子防水涂料		
	5	面层	30 厚 1:3 水泥豆石找平，压实赶光		
防滑地砖防水楼面（燃烧性能等级 A）	1	基层	现浇钢筋混凝土楼板	47~62	防水层在墙、柱及管周上翻至完成面以上 300，门洞口处应向外延 300 宽
	2	界面处理	刷水泥浆一道（内掺建筑胶）		
	3	找坡找平层	最薄处 15 厚 1:3 水泥砂浆找坡 1%，找平		
	4	防水层	2 厚合成高分子防水涂料		
	5	结合层	20 厚 1:2 干硬性水泥砂浆，表面撒 1~2 厚干水泥并洒清水适量		
	6	面层	10~12 厚防滑地砖，配色水泥浆擦缝		

名称	序号	基本构造层次	构造做法	最小厚度	备注
防滑地砖防水楼面（燃烧性能等级A）	1	基层	现浇钢筋混凝土楼板	67～	防水层在墙、柱及管周上翻至完成面以上300，门洞口处应向外延300宽
	2	界面处理	刷水泥浆一道（内掺建筑胶）		
	3	找坡找平层	最薄处20厚C20细石混凝土找坡1%，找平		
	4	防水层	2厚合成高分子防水涂料		
	5	结合层	20厚1:2干硬性水泥砂浆，表面撒1～2厚干水泥并洒清水适量		
	6	面层	10～12厚防滑地砖，配色水泥浆擦缝		
防滑地砖防水楼面（燃烧性能等级A）	1	基层	现浇钢筋混凝土楼板，基层清理	根据降板情况	防水层在墙、柱及管周上翻至完成面以上300，门洞口处应向外延300宽
	2a	回填找坡找平层	1:3水泥炉渣回填找坡1%，找平，表面提浆压光，最薄处15厚		
	2b		1:6沥青蛭石回填找坡1%，找平，表面提浆压光，最薄处15厚		
	3	防水层	2厚合成高分子防水涂料		
	4	结合层	20厚1:2干硬性水泥砂浆，表面撒1～2厚干水泥并洒清水适量		
	5	面层	10～12厚防滑地砖，配色水泥浆擦缝		
花岗石防水楼面（燃烧性能等级A）	1	基层	现浇钢筋混凝土楼板	52～67	防水层在墙、柱及管周上翻至完成面以上300，门洞口处应向外延300宽；石材肌理由设计规定，面材施工前，6面均需刷渗透型油性石材保护剂
	2	界面处理	刷水泥浆一道（内掺建筑胶）		
	3	找坡找平层	最薄处15厚1:3水泥砂浆找坡1%，找平		
	4	防水层	2厚合成高分子防水涂料		
	5	结合层	20厚1:2干硬性水泥砂浆，表面撒1～2厚干水泥并洒清水适量		
	6	面层	15～20厚毛面（火烧面、荔枝面等）花岗石，配色水泥浆擦缝		
花岗石防水楼面（燃烧性能等级A）	1	基层	现浇钢筋混凝土楼板	72～	防水层在墙、柱及管周上翻至完成面以上300，门洞口处应向外延300宽；石材肌理由设计规定，面材施工前，6面均需刷渗透型油性石材保护剂
	2	界面处理	刷水泥浆一道（内掺建筑胶）		
	3	找坡找平层	最薄处20厚C20细石混凝土找坡1%，找平		
	4	防水层	2厚合成高分子防水涂料		
	5	结合层	20厚1:2干硬性水泥砂浆，表面撒1～2厚干水泥并洒清水适量		
	6	面层	15～20厚毛面（火烧面、荔枝面等）花岗石，配色水泥浆擦缝		
细石混凝土保温楼面（燃烧性能等级A）	1	基层	现浇钢筋混凝土楼板		保温层以上各层做法需设分仓缝（上下对齐），最大6 000×6 000，仓缝宽20，用防水油膏嵌实
	2	界面处理	刷水泥浆一道（内掺建筑胶）		
	3	找平层	15厚1:3水泥砂浆找平		
	4	防水隔汽层	2厚合成高分子涂膜防水		
	5	隔离层	10厚1:2.5水泥砂浆，找平		
	6	保温层	H厚挤塑聚苯乙烯泡沫保温板（密度≥20 kg/m³）		
	7	面层	40厚C20细石混凝土整浇找平，内配双向Φ6@250钢筋网，打随抹光		
防滑地砖保温楼面（燃烧性能等级A）	1	基层	现浇钢筋混凝土楼板		保温层以上各层做法需设分仓缝（上下对齐），最大6 000×6 000，仓缝宽20，用防水油膏嵌实
	2	界面处理	刷水泥浆一道（内掺建筑胶）		
	3	找平层	15厚1:3水泥砂浆找平		
	4	防水隔汽层	2厚合成高分子涂膜防水		
	5	隔离层	10厚1:2.5水泥砂浆，找平		
	6	保温层	H厚挤塑聚苯乙烯泡沫保温板（密度≥20 kg/m³）		
	7	保护层	40厚C20细石混凝土整浇找平，内配双向Φ6@250钢筋网		
	8	结合层	20厚1:2干硬性水泥砂浆，表面撒1～2厚干水泥并洒清水适量		
	9	面层	10～12厚防滑地砖，配色水泥浆擦缝		

名称	序号	基本构造层次	构造做法	最小厚度	备注
石材保温楼面 （燃烧性能等级A）	1	基层	现浇钢筋混凝土楼板		保温层以上各层做法需设分仓缝（上下对齐），最大6 000×6 000，仓缝宽20，用防水油膏嵌实；石材肌理由设计规定，面材施工前，6面均需刷渗透型油性石材保护剂
	2	界面处理	刷水泥浆一道（内掺建筑胶）		
	3	找平层	15厚1:3水泥砂浆找平		
	4	防水隔汽层	2厚合成高分子涂膜防水		
	5	隔离层	10厚1:2.5水泥砂浆，找平		
	6	保温层	H厚挤塑聚苯乙烯泡沫保温板（密度≥20 kg/m³）		
	7	保护层	40厚C20细石混凝土整浇找平，内配双向Φ6@250钢筋网		
	8	结合层	20厚1:2干硬性水泥砂浆，表面撒1~2厚干水泥并洒清水适量		
	9	面层	15~20厚花岗石，配色水泥浆擦缝		
水泥豆石防水保温楼面 （燃烧性能等级A）	1	基层	现浇钢筋混凝土楼板		保温层以上各层做法需设分仓缝（上下对齐），最大6 000×6 000，仓缝宽20，用防水油膏嵌实
	2	界面处理	刷水泥浆一道（内掺建筑胶）		
	3	找坡找平层	最薄处15厚1:3水泥砂浆找坡1%，找平		
	4	防水隔汽层	2厚合成高分子涂膜防水		
	5	隔离层	10厚1:2.5水泥砂浆，找平		
	6	保温层	H厚挤塑聚苯乙烯泡沫保温板（密度≥20 kg/m³）		
	7	保护层	40厚C20细石混凝土浇找平，内配双向Φ6@250钢筋网		
	8	面层	20厚1:3水泥豆石找平，压实赶光		
水泥豆石防水保温楼面 （燃烧性能等级A）	1	基层	现浇钢筋混凝土楼板		保温层以上各层做法需设分仓缝（上下对齐），最大6 000×6 000，仓缝宽20，用防水油膏嵌实
	2	界面处理	刷水泥浆一道（内掺建筑胶）		
	3	找坡找平层	最薄处20厚C20细石混凝土找坡1%，找平		
	4	防水隔汽层	2厚合成高分子涂膜防水		
	5	隔离层	10厚1:2.5水泥砂浆，找平		
	6	保温层	H厚挤塑聚苯乙烯泡沫保温板（密度≥20 kg/m³）		
	7	保护层	40厚C20细石混凝土整浇找平，内配双向Φ6@250钢筋网		
	8	面层	20厚1:3水泥豆石找平，压实赶光		
防滑地砖防水保温楼面 （燃烧性能等级A）	1	基层	现浇钢筋混凝土楼板		保温层以上各层做法需设分仓缝（上下对齐），最大6 000×6 000，仓缝宽20，用防水油膏嵌实
	2	界面处理	刷水泥浆一道（内掺建筑胶）		
	3	找坡找平层	最薄处15厚1:3水泥砂浆找坡1%，找平		
	4	防水隔汽层	2厚合成高分子涂膜防水		
	5	隔离层	10厚1:2.5水泥砂浆，找平		
	6	保温层	H厚挤塑聚苯乙烯泡沫保温板（密度≥20 kg/m³）		
	7	保护层	40厚C20细石混凝土浇找平，内配双向Φ6@250钢筋网		
	8	结合层	20厚1:2干硬性水泥砂浆，表面撒1~2厚干水泥并洒清水适量		
	9	面层	10~12厚防滑地砖，配色水泥浆擦缝		
防滑地砖防水保温楼面 （燃烧性能等级A）	1	基层	现浇钢筋混凝土楼板		保温层以上各层做法需设分仓缝（上下对齐），最大6 000×6 000，仓缝宽20，用防水油膏嵌实
	2	界面处理	刷水泥浆一道（内掺建筑胶）		
	3	找坡找平层	最薄处20厚C20细石混凝土找坡1%，找平		
	4	防水隔汽层	2厚合成高分子涂膜防水		
	5	隔离层	10厚1:2.5水泥砂浆，找平		
	6	保温层	H厚挤塑聚苯乙烯泡沫保温板（密度≥20 kg/m³）		
	7	保护层	40厚C20细石混凝土浇找平，内配双向Φ6@250钢筋网		
	8	结合层	20厚1:2干硬性水泥砂浆，表面撒1~2厚干水泥并洒清水适量		
	9	面层	10~12厚防滑地砖，配色水泥浆擦缝		

名称	序号	基本构造层次	构造做法	最小厚度	备注
防滑地砖防水保温楼面（燃烧性能等级A）	1	基层	现浇钢筋混凝土楼板，基层清理	根据降板情况	保温层下部分仓
	2a	回填找坡找平层	1:3水泥炉渣回填找坡1%，找平，表面提浆压光，最薄处15厚		
	2b		1:6沥青蛭石回填找坡1%，找平，表面提浆压光，最薄处15厚		
	3	防水隔汽层	2厚合成高分子涂膜防水		
	4	隔离层	10厚1:2.5水泥砂浆，找平		
	6	保温层	H厚挤塑聚苯乙烯泡沫保温板（密度≥20 kg/m³）		
	7	保护层	40厚C20细石混凝土整浇找平，内配双向Φ6@250钢筋网		
	8	结合层	20厚1:2干硬性水泥砂浆，表面撒1~2厚干水泥并洒清水适量		
	9	面层	10~12厚防滑地砖，配色水泥浆擦缝		
石材防水保温楼面（燃烧性能等级A）	1	基层	现浇钢筋混凝土楼板		保温层以上各层做法需设分仓缝（上下对齐），最大6 000×6 000，仓缝宽20，用防水油膏嵌实；石材肌理由设计规定，面材施工前，6面均需刷渗透型油性石材保护剂
	2	界面处理	刷水泥浆一道（内掺建筑胶）		
	3	找坡找平层	最薄处15厚1:3水泥砂浆找坡1%，找平		
	4	防水隔汽层	2厚合成高分子涂膜防水		
	5	隔离层	10厚1:2.5水泥砂浆，找平		
	6	保温层	H厚挤塑聚苯乙烯泡沫保温板（密度≥20 kg/m³）		
	7	保护层	40厚C20细石混凝土整浇找平，内配双向Φ6@250钢筋网		
	8	结合层	20厚1:2干硬性水泥砂浆，表面撒1~2厚干水泥并洒清水适量		
	9	面层	15~20厚毛面（火烧面、荔枝面等）花岗石，配色水泥浆擦缝		
石材防水保温楼面（燃烧性能等级A）	1	基层	现浇钢筋混凝土楼板		保温层以上各层做法需设分仓缝（上下对齐），最大6 000×6 000，仓缝宽20，用防水油膏嵌实；石材肌理由设计规定，面材施工前，6面均需刷渗透型油性石材保护剂
	2	界面处理	刷水泥浆一道（内掺建筑胶）		
	3	找坡找平层	最薄处20厚C20细石混凝土找坡1%，找平		
	4	防水隔汽层	2厚合成高分子涂膜防水		
	5	隔离层	10厚1:2.5水泥砂浆，找平		
	6	保温层	H厚挤塑聚苯乙烯泡沫保温板（密度≥20 kg/m³）		
	7	保护层	40厚C20细石混凝土整浇找平，内配双向Φ6@250钢筋网		
	8	结合层	20厚1:2干硬性水泥砂浆，表面撒1~2厚干水泥并洒清水适量		
	9	面层	15~20厚毛面（火烧面、荔枝面等）花岗石，配色水泥浆擦缝		
防腐木地板防水保温楼面（燃烧性能等级B1）	1	基层	现浇钢筋混凝土楼板		保温层以上各层做法需设分仓缝（上下对齐），最大6 000×6 000，仓缝宽20，用防水油膏嵌实
	2	界面处理	刷水泥浆一道（内掺建筑胶）		
	3	找坡找平层	最薄处15厚1:3水泥砂浆找坡1%，找平		
	4	防水隔汽层	2厚合成高分子涂膜防水		
	5	隔离层	10厚1:2.5水泥砂浆，找平		
	6	保温层	H厚挤塑聚苯乙烯泡沫保温板（密度≥20 kg/m³）		
	7	保护层	40厚C20细石混凝土整浇找平，内配双向Φ6@250钢筋网		
	8	调平层	20厚50×50木垫块		
	9	龙骨层	50×60（高×宽）防腐木龙骨，双向中距600，固定在木垫块上		
	10	面层	140×20防腐木地板，中距150，成品不锈钢卡件固定在木龙骨上		

建筑统一技术措施与节点构造选编

名称	序号	基本构造层次	构造做法	最小厚度	备注
防腐木地板防水保温楼面（燃烧性能等级 B1）	1	基层	现浇钢筋混凝土楼板		保温层以上各层做法需设分仓缝（上下对齐），最大 6 000×6 000，仓缝宽 20，用防水油膏嵌实
	2	界面处理	刷水泥浆一道（内掺建筑胶）		
	3	找坡找平层	最薄处 20 厚 C20 细石混凝土找坡 1%，找平		
	4	防水隔汽层	2 厚合成高分子涂膜防水		
	5	隔离层	10 厚 1:2.5 水泥砂浆，找平		
	6	保温层	H 厚挤塑聚苯乙烯泡沫保温板（密度≥20 kg/m³）		
	7	保护层	40 厚 C20 细石混凝土整浇找平，内配双向 Φ6@250 钢筋网		
	8	调平层	20 厚 50×50 木垫块		
	9	龙骨层	50×60（高×宽）防腐木龙骨，双向中距 600，固定在木垫块上		
	10	面层	140×20 防腐木地板，中距 150，成品不锈钢卡件固定在木龙骨上		
防滑地砖低温热辐射采暖楼面（燃烧性能等级 A）	1	基层	现浇钢筋混凝土楼板		
	2	界面处理	刷水泥浆一道（内掺建筑胶）		
	3	找平层	15 厚 1:3 水泥砂浆找平		
	4	防潮隔汽层	2 厚合成高分子涂膜防水		
	5	隔离层	10 厚 1:2.5 水泥砂浆，找平		
	6	保温层	30 厚挤塑聚苯乙烯泡沫保温板（密度≥20 kg/m³）		
	7	辐射层	0.2 厚真空镀铝聚酯薄膜		
	8a	采暖层	60 厚 C15 细石混凝土整浇找平（上下各配 Φ3@50 钢丝网片，中间设乙烯散热管一层）		
	8b		60 厚 C15 细石混凝土整浇找平（上下各配 Φ3@50 钢丝网片，中间设供暖电缆盘一层）		
	9	结合层	20 厚 1:2 干硬性水泥砂浆，表面撒 1~2 厚干水泥并洒清水适量		
	10	面层	10~12 厚防滑地砖，配色水泥浆擦缝		
石材低温热辐射采暖楼面（燃烧性能等级 A）	1	基层	现浇钢筋混凝土楼板		
	2	界面处理	刷水泥浆一道（内掺建筑胶）		
	3	找平层	15 厚 1:3 水泥砂浆找平		
	4	防潮隔汽层	2 厚合成高分子涂膜防水		
	5	隔离层	10 厚 1:2.5 水泥砂浆，找平		
	6	保温层	30 厚挤塑聚苯乙烯泡沫保温板（密度≥20 kg/m³）		
	7	辐射层	0.2 厚真空镀铝聚酯薄膜		
	8a	采暖层	60 厚 C15 细石混凝土整浇找平（上下各配 Φ3@50 钢丝网片，中间设乙烯散热管一层）		
	8b		60 厚 C15 细石混凝土整浇找平（上下各配 Φ3@50 钢丝网片，中间设供暖电缆盘一层）		
	9	结合层	20 厚 1:2 干硬性水泥砂浆，表面撒 1~2 厚干水泥并洒清水适量		
	10	面层	15~20 厚花岗石，配色水泥浆擦缝		
强化复合木地板低温热辐射采暖楼面（燃烧性能等级 B1）	1	基层	现浇钢筋混凝土楼板		木地板与墙之间留 5~8 伸缩缝
	2	界面处理	刷水泥浆一道（内掺建筑胶）		
	3	找平层	15 厚 1:3 水泥砂浆找平		
	4	防潮隔汽层	2 厚合成高分子涂膜防水		
	5	隔离层	10 厚 1:2.5 水泥砂浆，找平		

名称	序号	基本构造层次	构造做法	最小厚度	备注
强化复合木地板低温热辐射采暖楼面（燃烧性能等级B1）	6	保温层	30厚挤塑聚苯乙烯泡沫保温板（密度≥20 kg/m³）		
	7	辐射层	0.2厚真空镀铝聚酯薄膜		
	8a	采暖层	60厚C15细石混凝土整浇找平（上下各配φ3@50钢丝网片，中间设乙烯散热管一层），提浆压光		
	8b		60厚C15细石混凝土整浇找平（上下各配φ3@50钢丝网片，中间设供暖电缆盘一层），提浆压光		
	9	垫层	3～5厚泡沫塑料衬垫		
	10	面层	8厚强化复合木地板，企口上下均匀刷胶，拼接粘铺		
细石混凝土隔声楼面（燃烧性能等级A）	1	基层	现浇钢筋混凝土楼板		隔声层以上各层做法需设分仓缝（上下对齐），最大6 000×6 000，仓缝宽20，用防水油膏嵌实
	2	界面处理	刷水泥浆一道（内掺建筑胶）		
	3	找平层	20厚1:3水泥砂浆找平		
	4a	隔声层	5厚发泡聚乙烯隔音垫（密度32 kg/m³）沿墙面翻起至面层完成面		
	4b		10厚橡胶隔声垫，沿墙面翻起至面层完成面		
	5	面层	40厚C20细石混凝土整浇找平，内配双向φ6@250钢筋网，提浆压光		
防滑地砖隔声楼面（燃烧性能等级A）	1	基层	现浇钢筋混凝土楼板		隔声层以上各层做法需设分仓缝（上下对齐），最大6 000×6 000，仓缝宽20，用防水油膏嵌实
	2	界面处理	刷水泥浆一道（内掺建筑胶）		
	3	找平层	20厚1:3水泥砂浆找平		
	4a	隔声层	5厚发泡聚乙烯隔音垫（密度32 kg/m³）沿墙面翻起至面层完成面		
	4b		10厚橡胶隔声垫，沿墙面翻起至面层完成面		
	5	找平层	40厚C20细石混凝土整浇找平，内配双向φ6@250钢筋网		
	6	结合层	20厚1:2干硬性水泥砂浆，表面撒1～2厚干水泥并洒清水适量		
	7	面层	10～12厚防滑地砖，配色水泥浆擦缝		
石材隔声楼面（燃烧性能等级A）	1	基层	现浇钢筋混凝土楼板		隔声层以上各层做法需设分仓缝（上下对齐），最大6 000×6 000，仓缝宽20，用防水油膏嵌实；石材肌理由设计规定，面材施工前，6面均需刷渗透型油性石材保护剂
	2	界面处理	刷水泥浆一道（内掺建筑胶）		
	3	找平层	20厚1:3水泥砂浆找平		
	4a	隔声层	5厚发泡聚乙烯隔音垫（密度32 kg/m³）沿墙面翻起至面层完成面		
	4b		10厚橡胶隔声垫，沿墙面翻起至面层完成面		
	5	找平层	40厚C20细石混凝土整浇找平，内配双向φ6@250钢筋网		
	6	结合层	20厚1:2干硬性水泥砂浆，表面撒1～2厚干水泥并洒清水适量		
	7	面层	15～20厚花岗石，配色水泥浆擦缝		
强化复合木地板隔声楼面（燃烧性能等级B1）	1	基层	现浇钢筋混凝土楼板		木地板与墙之间留5～8伸缩缝
	2	界面处理	刷水泥浆一道（内掺建筑胶）		
	3	找平层	20厚1:3水泥砂浆找平		
	4a	隔声层	5厚发泡聚乙烯隔音垫（密度32 kg/m³）沿墙面翻起至面层完成面		
	4b		10厚橡胶隔声垫，沿墙面翻起至面层完成面		
	5	找平层	40厚C20细石混凝土整浇找平，内配双向φ6@250钢筋网		
	6	垫层	3～5厚泡沫塑料衬垫		
	7	面层	8厚强化复合木地板，企口上下均匀刷胶，拼接粘铺		

左侧竖排标题：建筑统一技术措施与节点构造选编

名称	序号	基本构造层次	构造做法	最小厚度	备注
实木地板隔声楼面（燃烧性能等级 B1）	1	基层	现浇钢筋混凝土楼板		木板规格应满足至少一边尺寸大于 400；木地板与墙之间留 5～8 伸缩缝
	2	界面处理	刷水泥浆一道（内掺建筑胶）		
	3	找平层	20 厚 1：3 水泥砂浆找平		
	4a	隔声层	5 厚发泡聚乙烯隔音垫（密度 32 kg/m³）沿墙面翻起至面层完成面		
	4b		10 厚橡胶隔声垫，沿墙面翻起至面层完成面		
	5	找平层	40 厚 C20 细石混凝土整浇找平，内配双向 Φ6@250 钢筋网		
	6	垫层	10 厚 40×40 木垫块，双向中距 400		
	7	垫层	40×40 木龙骨，中距 400，固定在木垫块上，40×40 木横撑，中距 800，固定在龙骨上（龙骨、横撑、垫块表面满刷防腐剂、防火涂料）		
	8	垫层	9 厚木工板平铺，射钉固定在木龙骨上		
	9	垫层	2 厚防火防潮衬垫满铺		
	10	面层	18 厚成品实木企口地板，地板漆两道（地板成品已带油漆者无此道工序）		
实木地板隔声楼面（燃烧性能等级 B1）	1	基层	现浇钢筋混凝土楼板		木板规格应满足至少一边尺寸大于 400；木地板与墙之间留 5～8 伸缩缝
	2	界面处理	刷水泥浆一道（内掺建筑胶）		
	3	找平层	20 厚 1：3 水泥砂浆找平		
	4a	隔声层	5 厚发泡聚乙烯隔音垫（密度 32 kg/m³）沿墙面翻起至面层完成面		
	4b		10 厚橡胶隔声垫，沿墙面翻起至面层完成面		
	5	找平层	40 厚 C20 细石混凝土整浇找平，内配双向 Φ6@250 钢筋网		
	6	垫层	20 厚 40×40 木垫块，双向中距 400		
	7	垫层	40×40 木龙骨，中距 400，固定在木垫块上，40×40 木横撑，中距 800，固定在龙骨上（龙骨、横撑、垫块表面满刷防腐剂、防火涂料）		
	8	垫层	18 厚松木毛底板，表面满刷防腐剂、防火涂料，45°斜铺，射钉固定在木龙骨上		
	9	垫层	3～5 厚防火防潮衬垫满铺		
	10	面层	18 厚成品实木企口地板，地板漆两道（地板成品已带油漆者无此道工序）		
PVC 或亚麻隔声楼面（燃烧性能等级 B1）	1	基层	现浇钢筋混凝土楼板		
	2	界面处理	刷水泥浆一道（内掺建筑胶）		
	3	找平层	20 厚 1：3 水泥砂浆找平		
	4a	隔声层	5 厚发泡聚乙烯隔音垫（密度 32 kg/m³）沿墙面翻起至面层完成面		
	4b		10 厚橡胶隔声垫，沿墙面翻起至面层完成面		
	5	找平层	40 厚 C20 细石混凝土整浇找平，内配双向 Φ6@250 钢筋网		
	6	找平层	5 厚水泥砂浆自流平		
	7	面层	3～4 厚 PVC（或亚麻）复合材料，专用胶粘剂粘贴		
地毯隔声楼面（燃烧性能等级 B2）	1	基层	现浇钢筋混凝土楼板		
	2	界面处理	刷水泥浆一道（内掺建筑胶）		
	3	找平层	20 厚 1：3 水泥砂浆找平		
	4a	隔声层	5 厚发泡聚乙烯隔音垫（密度 32 kg/m³）沿墙面翻起至面层完成面		
	4b		10 厚橡胶隔声垫，沿墙面翻起至面层完成面		
	5	找平层	40 厚 C20 细石混凝土整浇找平，内配双向 Φ6@250 钢筋网		
	6	垫层	5 厚橡胶海绵衬垫		
	7	面层	6～10 厚地毯面层，专用胶粘剂粘贴		

名称	序号	基本构造层次	构造做法	最小厚度	备注
防静电活动楼面（燃烧性能等级A）	1	基层	现浇钢筋混凝土楼板		
	2	界面处理	刷水泥浆一道（内掺建筑胶）		
	3	找平层	20厚1:3水泥砂浆找平		
	4	面层	150~250高成品架空防静电活动地板		
网络地板楼面（燃烧性能等级B1）	1	基层	现浇钢筋混凝土楼板		
	2	界面处理	刷水泥浆一道（内掺建筑胶）		
	3	找平层	20厚1:3水泥砂浆找平		
	4	面层	42厚600×600网络地板		
	5		表面粘贴配套地毯或PVC防静电地毯		
细石混凝土密封固化剂耐磨楼面（燃烧性能等级A）	1	基层	现浇钢筋混凝土楼板	60	混凝土及以上各层做法需设分仓缝（上下对齐），最大6 000×6 000，仓缝宽20，用防水油膏嵌实面层；浇筑混凝土过程中，应使用专用机械设备打磨、压光，使之形成高强、致密的面层
	2	界面处理	刷水泥浆一道（内掺建筑胶）		
	3	面层	60厚C25细石混凝土整浇找平，内配双向Φ6@250钢筋网		
	4		2~3厚耐磨骨料层，机械抹光，表面施混凝土密封固化剂		
细石混凝土耐磨楼面（燃烧性能等级A）	1	基层	现浇钢筋混凝土楼板	70	硬化剂施工需要在基层混凝土初凝时进行，施工方法详见厂家说明；混凝土应分仓跳格浇筑，每仓最大6 000×6 000；楼面切割缝间距及缝深度和宽度根据具体情况定，详见厂家说明
	2	界面处理	刷水泥浆一道（内掺建筑胶）		
	3	面层	70厚C20细石混凝土，随打随抹平，内配双向Φ6@200钢筋网		
	4	面层处理	混凝土基层泌水处理		
	5		撒布第1遍硬化剂，撒布均匀		
	6		专用机械抹平		
	7		撒布第2遍硬化剂，撒布均匀		
	8		圆盘镘抹抹平，至少3遍纵横交错进行		
	9		专用切割机楼面切缝		
	10		楼面上保护蜡（有美观清洁要求时有此道工序，其他可不做）		
金刚砂耐磨楼面（燃烧性能等级A）	1	基层	现浇钢筋混凝土楼板	100	
	2	界面处理	刷水泥浆一道（内掺建筑胶）		
	3	找平层	20厚1:3水泥砂浆找平		
	4	面层	80厚C20细石混凝土整浇找平，内配双向Φ6@250钢筋网		
	5		表面撒金刚砂并压痕（压痕间距50，深度5）		
石英砂铁屑砂浆防滑楼面（燃烧性能等级A）	1	基层	现浇钢筋混凝土楼板	50	
	2	界面处理	刷水泥浆一道（内掺建筑胶）		
	3	找平层	20厚1:3水泥砂浆找平		
	4	面层	30厚石英砂铁屑砂浆，水泥:石英砂:铁屑=1:8:0.06（质量比），压10宽×2深@30防滑线		
橡胶楼面（燃烧性能等级B1）	1	基层	现浇钢筋混凝土楼板	50	
	2	界面处理	刷水泥浆一道（内掺建筑胶）		
	3	垫层	40厚C25细石混凝土，内配双向Φ6@250钢筋网，随打随抹平，强度达标后表面进行打磨或喷砂处理		
	4	找平层	6~8厚水泥基自流平		
	5	面层	4~5厚运动橡胶面层，专用胶粘剂粘贴		

建筑统一技术措施与节点构造选编

名称	序号	基本构造层次	构造做法	最小厚度	备注
实木地板楼面（燃烧性能等级 B1）	1	基层	现浇钢筋混凝土楼板		木板规格应满足至少一边尺寸大于 400；木地板与墙之间留 5~8 伸缩缝
	2	界面处理	刷水泥浆一道（内掺建筑胶）		
	3	找平层	20 厚 1：3 水泥砂浆找平		
	4a	防潮层	2 厚聚氨酯防潮层，上翻至墙面踢脚板上沿		
	4b		1.2 厚改性沥青涂膜防水材料，上翻至踢脚板上沿		
	5	垫层	20 厚 80×80 橡胶垫块，双向中距 400		
	6	垫层	50 厚×80 宽木龙骨，中距 400，表面满刷防腐剂、防火涂料		
	7	垫层	22 厚松木毛底板，表面满刷防腐剂、防火涂料，45°斜铺		
	8	面层	24 厚长条硬木企口地板（背面满刷防腐剂、防火涂料）		
实木地板楼面（燃烧性能等级 B1）	1	基层	现浇钢筋混凝土楼板		木板规格应满足至少一边尺寸大于 400；木地板与墙之间留 5~8 伸缩缝
	2	界面处理	刷水泥浆一道（内掺建筑胶）		
	3	找平层	20 厚 1：3 水泥砂浆找平		
	4a	防潮层	2 厚聚氨酯防潮层，上翻至墙面踢脚板上沿		
	4b		1.2 厚改性沥青涂膜防水材料，上翻至踢脚板上沿		
	5	垫层	20 厚 80×80 橡胶垫块，双向中距 400		
	6	垫层	50 厚×50 宽木龙骨，中距 400，50 厚×50 宽横撑木龙骨，中距 800，表面满刷防腐剂、防火涂料，40 厚石油沥青混凝土填空隙，射钉固定		
	7	垫层	9 厚木工板满铺，表面满刷防腐剂、防火涂料，射钉固定		
	8	垫层	9 厚木工板满铺，表面满刷防腐剂、防火涂料，射钉固定		
	9	垫层	20 厚松木毛底板，表面满涂防腐剂，防火涂料，45°斜铺，射钉固定		
	10	垫层	防潮弹性垫一层		
	11	面层	20 厚 90×1 200 长条硬木企口地板（背面满刷防腐剂、防火涂料），板面烫硬蜡		
室内泳池底（燃烧性能等级 A）	1	基层	现浇抗渗钢筋混凝土（池底结构找坡），内壁清除脱模剂		
	2	防水层	水泥基渗透结晶型防水涂层一道（浇筑板底后表面干粉均撒、反复抹压平实）		
	3	找平层	7 厚纤维聚合物水泥砂浆找平		
	4	面层	3 厚聚合物水泥防水砂浆（细砂）满浆粘贴 6~8 厚专用泳池面砖，聚合物水泥砂浆勾缝（聚合物选用丙-苯系列）		
专用地砖楼面（泳池周边楼面）（燃烧性能等级 A）	1	基层	现浇抗渗钢筋混凝土		
	2	回填找坡层	1：6 水泥炉渣回填找坡 0.5%，最薄处 45 厚		
	3	找平层	10 厚 1：3 水泥砂浆找平		
	4	保温层	H 厚挤塑聚苯板保温层（H 根据计算确定）		
	5	采暖层	管卡固定 PEX 盘管		
	6	构造层	钢网 Φ（2 mm~4 mm）×4 mm		
	7	保护层	40 厚 C20 细石混凝土整浇找平，随打随抹，表面撒 1：1 水泥砂子，压实赶光		
	8	找平层	15~20 厚泳池专用乳胶添加剂与水泥砂浆混合找平		
	9	防水层	1 厚泳池专用泳池专用防水涂膜		
	10	结合层	4 厚泳池专用胶粘剂		
	11	面层	8~10 厚泳池专用面砖，专用填缝剂填缝		

名称	序号	基本构造层次	构造做法	最小厚度	备注
专用地砖楼面(比赛池、训练池、儿童池底板)(燃烧性能等级A)	1	基层处理	现浇抗渗钢筋混凝土，内壁清除脱模剂		
	2	防水层	水泥基渗透结晶型防水涂层一道（浇筑板底后表面干粉均撒、反复抹压平实）		
	3	找坡找平层	最薄处20厚C15细石混凝土，找坡（0.5%）找平，内配双向Φ6@250钢筋网		
	4	找平层	5~8厚泳池专用乳胶添加剂与水泥砂浆混合找平		
	5	防水层	1厚泳池专用泳池专用防水涂膜		
	6	结合层	4厚泳池专用胶粘剂		
	7	面层	8~10厚泳池专用面砖，专用填缝剂填缝		
专用地砖楼面（跳水池底板）（燃烧性能等级A）	1	基层处理	现浇抗渗钢筋混凝土，内壁清除脱模剂		
	2	防水层	水泥基渗透结晶型防水涂层一道（浇筑板底后表面干粉均撒、反复抹压平实）		
	3	埋管层	500厚C10砼埋管层（二次设计）		
	4	找坡找平层	最薄处20厚C15细石混凝土，找坡（0.5%）找平，内配双向Φ6@250钢筋网		
	5	找平层	5~8厚泳池专用乳胶添加剂与水泥砂浆混合找平		
	6	防水层	1厚泳池专用泳池专用防水涂膜		
	7	结合层	4厚泳池专用胶粘剂		
	8	面层	8~10厚泳池专用面砖，专用填缝剂填缝		
泳池侧壁（燃烧性能等级A）	1	基层处理	现浇抗渗钢筋混凝土，内壁清除脱模剂		
	2	防水层	水泥基渗透结晶型防水涂层一道（浇筑板底后表面干粉均撒、反复抹压平实）		
	3	找平层	7厚1:2水泥砂浆找平		
	4	找平层	8厚泳池专用乳胶添加剂与水泥砂浆混合找平		
	5	防水层	1厚泳池专用泳池专用防水涂膜		
	6	结合层	4厚泳池专用胶粘剂		
	7	面层	6~8厚泳池专用面砖，专用填缝剂填缝		

八 室内地面

一、分　类

地面分类参考楼面部分。

二、技术要点

（1）地面处理：素土夯实，压实系数 0.93。

（2）垫层根据房间面积大小采用不同厚度及配筋混凝土。

① 适用于面积≤60 m² 的房间

1	基层	素土夯实，压实系数 0.93
2	垫层	100 厚 C15 混凝土

② 适用于面积>60 m² 的房间

1	基层	素土夯实，压实系数 0.93
2	垫层	150 厚 C15 混凝土

③ 适用于重要的房间或地面使用荷载较大的房间

1	基层	素土夯实，压实系数 0.93
2	垫层	100/150 厚 C15 混凝土，内配 Φ6@200 双向构造筋，随打随抹平

（3）面层技术要点参楼面部分。

三、具体构造做法

名称	序号	基本构造层次	构造做法	最小厚度	备注
水泥砂浆地面（燃烧性能等级A）	1	基层	素土夯实，压实系数0.93		≥9 m² 要分仓
	2a	垫层	100 厚 C15 混凝土		
	2b	垫层	150 厚 C15 混凝土（适用于面积>60 m² 的房间）		
	2c	垫层	100/150 厚 C15 混凝土，内配 Φ6@200 双向构造筋，随打随抹平（适用于重要的房间或地面使用荷载较大的房间）		
	3	界面处理	刷水泥浆一道（内掺建筑胶）		
	4	找平层	20 厚 1：3 水泥砂浆找平		
	5	面层	10 厚 1：2 水泥砂浆，提浆压光		
水泥豆石地面（燃烧性能等级A）	1	基层	素土夯实，压实系数0.93		≥9 m² 要分仓
	2a	垫层	100 厚 C15 混凝土		
	2b	垫层	150 厚 C15 混凝土（适用于面积>60 m² 的房间）		
	2c	垫层	100/150 厚 C15 混凝土，内配 Φ6@200 双向构造筋，随打随抹平（适用于重要的房间或地面使用荷载较大的房间）		
	3	界面处理	刷水泥浆一道（内掺建筑胶）		
	4	面层	30 厚 1：3 水泥豆石找平，压实赶光		
细石混凝土地面（燃烧性能等级A）	1	基层	素土夯实，压实系数0.93		混凝土及以上各层做法需设分仓缝（上下对齐），最大 6 000×6 000，仓缝宽 20，用防水油膏嵌实面层
	2	垫层	100 厚 C15 混凝土		
	3	面层	40 厚 C20 细石混凝土，随打随抹平，压实赶光		
细石混凝土地面（配钢筋网）（燃烧性能等级A）	1	基层	素土夯实，压实系数0.93		混凝土及以上各层做法需设分仓缝（上下对齐），最大 6 000×6 000，仓缝宽 20，用防水油膏嵌实面层
	2	垫层	100 厚 C15 混凝土		
	3	面层	50 厚 C20 细石混凝土，配 Φ6@200 双向构造筋，随打随抹平，压实赶光		
细石混凝土固化剂地面（燃烧性能等级A）	1	基层	素土夯实，压实系数0.93		混凝土及以上各层做法需设分仓缝（上下对齐），最大 6 000×6 000，仓缝宽 20，用防水油膏嵌实面层；浇筑混凝土过程中，应使用专用机械设备打磨、压光，使之形成高强、致密的面层
	2	垫层	100 厚 C15 混凝土		
	3	面层	60 厚 C25 细石混凝土，内配双向 Φ6@250 钢筋网，机械抹光，表面施混凝土密封固化剂		
环氧树脂地面漆地面（燃烧性能等级B1）	1	基层	素土夯实，压实系数0.93		
	2a	垫层	100 厚 C15 混凝土		
	2b	垫层	150 厚 C15 混凝土（适用于面积>60 m² 的房间）		
	2c	垫层	100/150 厚 C15 混凝土，内配 Φ6@200 双向构造筋，随打随抹平（适用于重要的房间或地面使用荷载较大的房间）		
	3	界面处理	刷水泥浆一道（内掺建筑胶）		
	4	找平层	20 厚 1：3 水泥砂浆找平		
	5	找平层	20 厚 1：3 水泥豆石找平		
	6	找平层	5~7 厚水泥砂浆自流平		
	7	面层	3 厚防滑环氧树脂地面漆		
环氧树脂地面漆地面（燃烧性能等级B1）	1	基层	素土夯实，压实系数0.93		
	2a	垫层	100 厚 C15 混凝土		
	2b	垫层	150 厚 C15 混凝土（适用于面积>60 m² 的房间）		
	2c	垫层	100/150 厚 C15 混凝土，内配 Φ6@200 双向构造筋，随打随抹平（适用于重要的房间或地面使用荷载较大的房间）		

名称	序号	基本构造层次	构造做法	最小厚度	备注
环氧树脂地面漆地面 （燃烧性能等级B1）	3	界面处理	刷水泥浆一道（内掺建筑胶）		
	4	找平层	20厚1:3水泥砂浆找平		
	5	找平层	30厚1:3水泥豆石找平，压实赶光并除尘		
	6	面层	3厚防滑环氧树脂地面漆		
防滑地砖地面 （燃烧性能等级A）	1	基层	素土夯实，压实系数0.93		
	2a	垫层	100厚C15混凝土		
	2b	垫层	150厚C15混凝土（适用于面积>60 m²的房间）		
	2c	垫层	100/150厚C15混凝土，内配Φ6@200双向构造筋，随打随抹平（适用于重要的房间或地面使用荷载较大的房间）		
	3	界面处理	刷水泥浆一道（内掺建筑胶）		
	4	找平层	20厚1:3水泥砂浆找平		
	5	结合层	20厚1:2干硬性水泥砂浆，表面撒1~2厚干水泥并洒清水适量		
	6	面层	8~10厚防滑地砖，配色水泥浆擦缝		
防滑地砖地面 （燃烧性能等级A）	1	基层	素土夯实，压实系数0.93		
	2a	垫层	100厚C15混凝土		
	2b	垫层	150厚C15混凝土（适用于面积>60 m²的房间）		
	2c	垫层	100/150厚C15混凝土，内配Φ6@200双向构造筋，随打随抹平（适用于重要的房间或地面使用荷载较大的房间）		
	3	界面处理	刷水泥浆一道（内掺建筑胶）		
	4	找平层	20厚1:3水泥砂浆找平		
	5	结合层	20厚1:2水泥砂浆		
	6	面层	8~10厚防滑地砖，配色水泥浆擦缝		
花岗石地面 （燃烧性能等级A）	1	基层	素土夯实，压实系数0.93		
	2a	垫层	100厚C15混凝土		
	2b	垫层	150厚C15混凝土（适用于面积>60 m²的房间）		石材肌理由设计规定，面材施工前，6面均需刷渗透型油性石材保护剂
	2c	垫层	100/150厚C15混凝土，内配Φ6@200双向构造筋，随打随抹平（适用于重要的房间或地面使用荷载较大的房间）		
	3	界面处理	刷水泥浆一道（内掺建筑胶）		
	4	找平层	20厚1:3水泥砂浆找平		
	5	结合层	20厚1:2干硬性水泥砂浆，表面撒1~2厚干水泥并洒清水适量		
	6	面层	15~20厚光面（毛面）花岗石，配色水泥浆擦缝		
大理石地面 （燃烧性能等级A）	1	基层	素土夯实，压实系数0.93		
	2a	垫层	100厚C15混凝土		
	2b	垫层	150厚C15混凝土（适用于面积>60 m²的房间）		石材肌理由设计规定，面材施工前，6面均需刷渗透型油性石材保护剂
	2c	垫层	100/150厚C15混凝土，内配Φ6@200双向构造筋，随打随抹平（适用于重要的房间或地面使用荷载较大的房间）		
	3	界面处理	刷水泥浆一道（内掺建筑胶）		
	4	找平层	20厚1:3水泥砂浆找平		
	5	结合层	20厚1:2干硬性水泥砂浆，表面撒1~2厚干水泥并洒清水适量		
	6	面层	25~30厚大理石，配色水泥浆擦缝		

名称	序号	基本构造层次	构造做法	最小厚度	备注
强化复合木地板地面（燃烧性能等级 B1）	1	基层	素土夯实，压实系数 0.93		木地板与墙之间留 5～8 伸缩缝
	2a	垫层	100 厚 C15 混凝土		
	2b	垫层	150 厚 C15 混凝土（适用于面积>60 m² 的房间）		
	2c	垫层	100/150 厚 C15 混凝土，内配 Φ6@200 双向构造筋，随打随抹平（适用于重要的房间或地面使用荷载较大的房间）		
	3	界面处理	刷水泥浆一道（内掺建筑胶）		
	4	找平层	20 厚 1：2 水泥砂浆找平，提浆压光		
	5	垫层	3～5 厚泡沫塑料衬垫		
	6	面层	8 厚强化复合木地板，企口上下均匀刷胶，拼接粘铺		
实木地板地面（燃烧性能等级 B1）	1	基层	素土夯实，压实系数 0.93		木板规格应满足至少一边尺寸大于 400；木地板与墙之间留 5～8 伸缩缝
	2a	垫层	100 厚 C15 混凝土		
	2b	垫层	150 厚 C15 混凝土（适用于面积>60 m² 的房间）		
	2c	垫层	100/150 厚 C15 混凝土，内配 Φ6@200 双向构造筋，随打随抹平（适用于重要的房间或地面使用荷载较大的房间）		
	3	垫层	20×40（高×宽）木龙骨，双向中距 400，龙骨交点用木垫块垫平		
	4	垫层	9 厚木工板平铺，射钉固定在木龙骨上		
	5	垫层	2 厚防火防潮衬垫满铺		
	6	面层	18 厚成品实木企口地板，地板漆两道（地板成品已带油漆者无此道工序）		
实木地板地面（燃烧性能等级 B1）	1	基层	素土夯实，压实系数 0.93		木板规格应满足至少一边尺寸大于 400；木地板与墙之间留 5～8 伸缩缝
	2a	垫层	100 厚 C15 混凝土		
	2b	垫层	150 厚 C15 混凝土（适用于面积>60 m² 的房间）		
	2c	垫层	100/150 厚 C15 混凝土，内配 Φ6@200 双向构造筋，随打随抹平（适用于重要的房间或地面使用荷载较大的房间）		
	3	界面处理	刷水泥浆一道（内掺建筑胶）		
	4	找平层	20 厚 1：3 水泥砂浆找平，提浆压光		
	5	垫层	10 厚 40×40 木垫块，双向中距 400		
	6	垫层	40×40 木龙骨，中距 400，固定在木垫块上，40×40 木横撑，中距 800，固定在龙骨上（龙骨、横撑、垫块表面满刷防腐剂、防火涂料）		
	7	垫层	9 厚木工板平铺，射钉固定在木龙骨上		
	8	垫层	2 厚防火防潮衬垫满铺		
	9	面层	18 厚成品实木企口地板，地板漆两道（地板成品已带油漆者无此道工序）		
实木地板地面（燃烧性能等级 B1）	1	基层	素土夯实，压实系数 0.93		木板规格应满足至少一边尺寸大于 400；木地板与墙之间留 5～8 伸缩缝
	2a	垫层	100 厚 C15 混凝土		
	2b	垫层	150 厚 C15 混凝土（适用于面积>60 m² 的房间）		
	2c	垫层	100/150 厚 C15 混凝土，内配 Φ6@200 双向构造筋，随打随抹平（适用于重要的房间或地面使用荷载较大的房间）		
	3	界面处理	刷水泥浆一道（内掺建筑胶）		
	4	找平层	20 厚 1：3 水泥砂浆找平，提浆压光		
	5	垫层	20 厚 40×40 木垫块，双向中距 400		
	6	垫层	40×40 木龙骨，中距 400，固定在木垫块上，40×40 木横撑，中距 800，固定在龙骨上（龙骨、横撑、垫块表面满刷防腐剂、防火涂料）		
	7	垫层	18 厚松木毛底板，表面满刷防腐剂、防火涂料，45°斜铺，射钉固定在木龙骨上		
	8	垫层	3～5 厚防火防潮衬垫满铺		
	9	面层	18 厚成品实木企口地板，地板漆两道（地板成品已带油漆者无此道工序）		

名称	序号	基本构造层次	构造做法	最小厚度	备注
PVC 或亚麻地面（燃烧性能等级 B1）	1	基层	素土夯实，压实系数 0.93		
	2a	垫层	100 厚 C15 混凝土		
	2b	垫层	150 厚 C15 混凝土（适用于面积>60 m² 的房间）		
	2c	垫层	100/150 厚 C15 混凝土，内配 Φ6@200 双向构造筋，随打随抹平（适用于重要的房间或地面使用荷载较大的房间）		
	3	界面处理	刷水泥浆一道（内掺建筑胶）		
	4	找平层	20 厚 1：3 水泥砂浆找平		
	5	找平层	5 厚水泥砂浆自流平		
	6	面层	3~4 厚 PVC（或亚麻）复合材料，专用胶粘剂粘贴		
地毯地面（燃烧性能等级 B2）	1	基层	素土夯实，压实系数 0.93		
	2a	垫层	100 厚 C15 混凝土		
	2b	垫层	150 厚 C15 混凝土（适用于面积>60 m² 的房间）		
	2c	垫层	100/150 厚 C15 混凝土，内配 Φ6@200 双向构造筋，随打随抹平（适用于重要的房间或地面使用荷载较大的房间）		
	3	界面处理	刷水泥浆一道（内掺建筑胶）		
	4	找平层	20 厚 1：2 水泥砂浆找平，提浆压光		
	5	面层	10 厚地毯面层，专用胶粘剂粘贴		
地毯地面（燃烧性能等级 B2）	1	基层	素土夯实，压实系数 0.93		
	2a	垫层	100 厚 C15 混凝土		
	2b	垫层	150 厚 C15 混凝土（适用于面积>60 m² 的房间）		
	2c	垫层	100/150 厚 C15 混凝土，内配 Φ6@200 双向构造筋，随打随抹平（适用于重要的房间或地面使用荷载较大的房间）		
	3	界面处理	刷水泥浆一道（内掺建筑胶）		
	4	找平层	20 厚 1：2 水泥砂浆找平，提浆压光		
	5	垫层	5 厚橡胶海绵衬垫		
	6	面层	10 厚地毯面层，专用胶粘剂粘贴		
水泥砂浆防水地面（燃烧性能等级 A）	1	基层	素土夯实，压实系数 0.93		防水层在墙、柱及管周上翻至完成面以上：卫生间、淋浴间、厨房热加工区 1 800；其余 350，门洞口处应向外延 300 宽
	2a	垫层	100 厚 C15 混凝土		
	2b	垫层	150 厚 C15 混凝土（适用于面积>60 m² 的房间）		
	2c	垫层	100/150 厚 C15 混凝土，内配 Φ6@200 双向构造筋，随打随抹平（适用于重要的房间或地面使用荷载较大的房间）		
	3	找坡找平层	最薄处 20 厚 C20 细石混凝土找坡 1%，找平		
	4	防水层	2 厚聚合物水泥防水涂料		
	5	面层	20 厚 1：2 水泥砂浆找平，提浆压光		
水泥豆石防水地面（燃烧性能等级 A）	1	基层	素土夯实，压实系数 0.93		防水层在墙、柱及管周上翻至完成面以上：卫生间、淋浴间、厨房热加工区 1 800；其余 350，门洞口处应向外延 300 宽
	2a	垫层	100 厚 C15 混凝土		
	2b	垫层	150 厚 C15 混凝土（适用于面积>60 m² 的房间）		
	2c	垫层	100/150 厚 C15 混凝土，内配 Φ6@200 双向构造筋，随打随抹平（适用于重要的房间或地面使用荷载较大的房间）		
	3	找坡找平层	最薄处 20 厚 C20 细石混凝土找坡 1%，找平		
	4	防水层	2 厚聚合物水泥防水涂料		
	5	面层	30 厚 1：3 水泥豆石找平，压实赶光		

名称	序号	基本构造层次	构造做法	最小厚度	备注
防滑地砖防水地面（燃烧性能等级A）	1	基层	素土夯实，压实系数0.93		防水层在墙、柱及管周上翻至完成面以上：卫生间、淋浴间、厨房热加工区1800；其余350，门洞口处应向外延300宽
	2a	垫层	100厚C15混凝土		
	2b	垫层	150厚C15混凝土（适用于面积>60 m²的房间）		
	2c	垫层	100/150厚C15混凝土，内配Φ6@200双向构造筋，随打随抹平（适用于重要的房间或地面使用荷载较大的房间）		
	3	找坡找平层	最薄处20厚C20细石混凝土找坡1%，找平		
	4	防水层	2厚聚合物水泥防水涂料		
	5	结合层	20厚1:2干硬性水泥砂浆，表面撒1~2厚干水泥并洒清水适量		
	6	面层	10~12厚防滑地砖，配色水泥浆擦缝		
花岗石防水地面（燃烧性能等级A）	1	基层	素土夯实，压实系数0.93		防水层在墙、柱及管周上翻至完成面以上：卫生间、淋浴间、厨房热加工区1800；其余350，门洞口处应向外延300宽；石材肌理由设计规定，面材施工前，6面均需刷渗透型油性石材保护剂
	2a	垫层	100厚C15混凝土		
	2b	垫层	150厚C15混凝土（适用于面积>60 m²的房间）		
	2c	垫层	100/150厚C15混凝土，内配Φ6@200双向构造筋，随打随抹平（适用于重要的房间或地面使用荷载较大的房间）		
	3	找坡找平层	最薄处20厚C20细石混凝土找坡1%，找平		
	4	防水层	2厚聚合物水泥防水涂料		
	5	结合层	20厚1:2干硬性水泥砂浆，表面撒1~2厚干水泥并洒清水适量		
	6	面层	15~20厚毛面（火烧面、荔枝面等）花岗石，配色水泥浆擦缝		
细石混凝土保温地面（燃烧性能等级A）	1	基层	素土夯实，压实系数0.93		保温层以上各层做法需设分仓缝（上下对齐），最大6 000×6 000，仓缝宽20，用防水油膏嵌实
	2a	垫层	100厚C15混凝土		
	2b	垫层	150厚C15混凝土（适用于面积>60 m²的房间）		
	2c	垫层	100/150厚C15混凝土，内配Φ6@200双向构造筋，随打随抹平（适用于重要的房间或地面使用荷载较大的房间）		
	2	界面处理	刷水泥浆一道（内掺建筑胶）		
	3	找平层	20厚1:3水泥砂浆找平		
	4	防潮隔汽层	2厚聚合物水泥防水涂料		
	5	隔离层	10厚1:2.5水泥砂浆，找平		
	6	保温层	H厚挤塑聚苯乙烯泡沫保温板（密度≥20 kg/m³）		
	7	面层	40厚C20细石混凝土整浇找平，内配双向Φ6@250钢筋网，打随抹光		
防滑地砖保温地面（燃烧性能等级A）	1	基层	素土夯实，压实系数0.93		保温层以上各层做法需设分仓缝（上下对齐），最大6 000×6 000，仓缝宽20，用防水油膏嵌实
	2a	垫层	100厚C15混凝土		
	2b	垫层	150厚C15混凝土（适用于面积>60 m²的房间）		
	2c	垫层	100/150厚C15混凝土，内配Φ6@200双向构造筋，随打随抹平（适用于重要的房间或地面使用荷载较大的房间）		
	3	界面处理	刷水泥浆一道（内掺建筑胶）		
	4	找平层	20厚1:3水泥砂浆找平		
	5	防潮隔汽层	2厚聚合物水泥防水涂料		
	6	隔离层	10厚1:2.5水泥砂浆，找平		
	7	保温层	H厚挤塑聚苯乙烯泡沫保温板（密度≥20 kg/m³）		
	8	保护层	40厚C20细石混凝土整浇找平，内配双向Φ6@250钢筋网		
	9	结合层	20厚1:2干硬性水泥砂浆，表面撒1~2厚干水泥并洒清水适量		
	10	面层	10~12厚防滑地砖，配色水泥浆擦缝		

建筑统一技术措施与节点构造选编

名称	序号	基本构造层次	构造做法	最小厚度	备注
石材保温地面（燃烧性能等级A）	1	基层	素土夯实，压实系数0.93		保温层以上各层做法需设分仓缝（上下对齐），最大6 000×6 000，仓缝宽20，用防水油膏嵌实；石材肌理由设计规定，面材施工前，6面均需刷渗透型油性石材保护剂
	2a	垫层	100厚C15混凝土		
	2b	垫层	150厚C15混凝土（适用于面积>60 m²的房间）		
	2c	垫层	100/150厚C15混凝土，内配φ6@200双向构造筋，随打随抹平（适用于重要的房间或地面使用荷载较大的房间）		
	3	界面处理	刷水泥浆一道（内掺建筑胶）		
	4	找平层	20厚1:3水泥砂浆找平		
	5	防潮隔汽层	2厚聚合物水泥防水涂料		
	6	隔离层	10厚1:2.5水泥砂浆，找平		
	7	保温层	H厚挤塑聚苯乙烯泡沫保温板（密度≥20 kg/m³）		
	8	保护层	40厚C20细石混凝土整浇找平，内配双向φ6@250钢筋网		
	9	结合层	20厚1:2干硬性水泥砂浆，表面撒1~2厚干水泥并洒清水适量		
	10	面层	15~20厚花岗石，配色水泥浆擦缝		
水泥豆石防水保温地面（燃烧性能等级A）	1	基层	素土夯实，压实系数0.93		保温层以上各层做法需设分仓缝（上下对齐），最大6 000×6 000，仓缝宽20，用防水油膏嵌实
	2a	垫层	100厚C15混凝土		
	2b	垫层	150厚C15混凝土（适用于面积>60 m²的房间）		
	2c	垫层	100/150厚C15混凝土，内配φ6@200双向构造筋，随打随抹平（适用于重要的房间或地面使用荷载较大的房间）		
	3	找坡找平层	最薄处20厚C20细石混凝土找坡1%，找平		
	4	防水隔汽层	2厚聚合物水泥防水涂料		
	5	隔离层	10厚1:2.5水泥砂浆，找平		
	6	保温层	H厚挤塑聚苯乙烯泡沫保温板（密度≥20 kg/m³）		
	7	保护层	40厚C20细石混凝土整浇找平，内配双向φ6@250钢筋网		
	8	面层	20厚1:3水泥豆石找平，压实赶光		
防滑地砖防水保温地面（燃烧性能等级A）	1	基层	素土夯实，压实系数0.93		保温层以上各层做法需设分仓缝（上下对齐），最大6 000×6 000，仓缝宽20，用防水油膏嵌实
	2a	垫层	100厚C15混凝土		
	2b	垫层	150厚C15混凝土（适用于面积>60 m²的房间）		
	2c	垫层	100/150厚C15混凝土，内配φ6@200双向构造筋，随打随抹平（适用于重要的房间或地面使用荷载较大的房间）		
	3	找坡找平层	最薄处20厚C20细石混凝土找坡1%，找平		
	4	防水隔汽层	2厚聚合物水泥防水涂料		
	5	隔离层	10厚1:2.5水泥砂浆，找平		
	6	保温层	H厚挤塑聚苯乙烯泡沫保温板（密度≥20 kg/m³）		
	7	保护层	40厚C20细石混凝土整浇找平，内配双向φ6@250钢筋网		
	8	结合层	20厚1:2干硬性水泥砂浆，表面撒1~2厚干水泥并洒清水适量		
	9	面层	10~12厚防滑地砖，配色水泥浆擦缝		
石材防水保温地面（燃烧性能等级A）	1	基层	素土夯实，压实系数0.93		保温层以上各层做法需设分仓缝（上下对齐），最大6 000×6 000，仓缝宽20，用防水油膏嵌实；石材肌理由设计规定，面材施工前，6面均需刷渗透型油性石材保护剂
	2a	垫层	100厚C15混凝土		
	2b	垫层	150厚C15混凝土（适用于面积>60 m²的房间）		
	2c	垫层	100/150厚C15混凝土，内配φ6@200双向构造筋，随打随抹平（适用于重要的房间或地面使用荷载较大的房间）		
	3	找坡找平层	最薄处20厚C20细石混凝土找坡1%，找平		

名称	序号	基本构造层次	构造做法	最小厚度	备注
石材防水保温地面（燃烧性能等级A）	4	防水隔汽层	2厚聚合物水泥防水涂料		
	5	隔离层	10厚1:2.5水泥砂浆，找平		
	6	保温层	H厚挤塑聚苯乙烯泡沫保温板（密度≥20 kg/m³）		
	7	保护层	40厚C20细石混凝土整浇找平，内配双向φ6@250钢筋网		
	8	结合层	20厚1:2干硬性水泥砂浆，表面撒1~2厚干水泥并洒清水适量		
	9	面层	15~20厚毛面（火烧面、荔枝面等）花岗石，配色水泥浆擦缝		
防腐木地板防水保温地面（燃烧性能等级B1）	1	基层	素土夯实，压实系数0.93		保温层以上各层做法需设分仓缝（上下对齐），最大6 000×6 000，仓缝宽20，用防水油膏嵌实
	2a	垫层	100厚C15混凝土		
	2b	垫层	150厚C15混凝土（适用于面积>60 m²的房间）		
	2c	垫层	100/150厚C15混凝土，内配φ6@200双向构造筋，随打随抹平（适用于重要的房间或地面使用荷载较大的房间）		
	3	找坡找平层	最薄处20厚C20细石混凝土找坡1%，找平		
	4	防水隔汽层	2厚聚合物水泥防水涂料		
	5	隔离层	10厚1:2.5水泥砂浆，找平		
	6	保温层	H厚挤塑聚苯乙烯泡沫保温板（密度≥20 kg/m³）		
	7	保护层	40厚C20细石混凝土整浇找平，内配双向φ6@250钢筋网		
	8	调平层	20厚50×50木垫块		
	9	龙骨层	50×60（高×宽）防腐木龙骨，双向中距600，固定在木垫块上		
	10	面层	140×20防腐木地板，中距150，成品不锈钢卡件固定在木龙骨上		
防滑地砖低温热辐射采暖地面（燃烧性能等级A）	1	基层	素土夯实，压实系数0.93		
	2a	垫层	100厚C15混凝土		
	2b	垫层	150厚C15混凝土（适用于面积>60 m²的房间）		
	2c	垫层	100/150厚C15混凝土，内配φ6@200双向构造筋，随打随抹平（适用于重要的房间或地面使用荷载较大的房间）		
	3	界面处理	刷水泥浆一道（内掺建筑胶）		
	4	找平层	15厚1:3水泥砂浆找平		
	5	防潮隔汽层	2厚聚合物水泥防水涂料		
	6	隔离层	10厚1:2.5水泥砂浆，找平		
	7	保温层	30厚挤塑聚苯乙烯泡沫保温板（密度≥20 kg/m³）		
	8	辐射层	0.2厚真空镀铝聚酯薄膜		
	9a	采暖层	60厚C15细石混凝土整浇找平（上下各配φ3@50钢丝网片，中间设乙烯散热管一层）		
	9b		60厚C15细石混凝土整浇找平（上下各配φ3@50钢丝网片，中间设供暖电缆盘一层）		
	10	结合层	20厚1:2干硬性水泥砂浆，表面撒1~2厚干水泥并洒清水适量		
	11	面层	10~12厚防滑地砖，配色水泥浆擦缝		
石材低温热辐射采暖地面（燃烧性能等级A）	1	基层	素土夯实，压实系数0.93		
	2a	垫层	100厚C15混凝土		
	2b	垫层	150厚C15混凝土（适用于面积>60 m²的房间）		
	2c	垫层	100/150厚C15混凝土，内配φ6@200双向构造筋，随打随抹平（适用于重要的房间或地面使用荷载较大的房间）		
	3	界面处理	刷水泥浆一道（内掺建筑胶）		

名称	序号	基本构造层次	构造做法	最小厚度	备注
石材低温热辐射采暖地面（燃烧性能等级A）	4	找平层	15厚1:3水泥砂浆找平		
	5	防潮隔汽层	2厚聚合物水泥防水涂料		
	6	隔离层	10厚1:2.5水泥砂浆，找平		
	7	保温层	30厚挤塑聚苯乙烯泡沫保温板（密度≥20 kg/m³）		
	8	辐射层	0.2厚真空镀铝聚酯薄膜		
	9a	采暖层	60厚C15细石混凝土整浇找平（上下各配φ3@50钢丝网片，中间设乙烯散热管一层）		
	9b		60厚C15细石混凝土整浇找平（上下各配φ3@50钢丝网片，中间设供暖电缆盘一层）		
	10	结合层	20厚1:2干硬性水泥砂浆，表面撒1~2厚干水泥并洒清水适量		
	11	面层	15~20厚花岗石，配色水泥浆擦缝		
强化复合木地板低温热辐射采暖楼面（燃烧性能等级B1）	1	基层	素土夯实，压实系数0.93		
	2a	垫层	100厚C15混凝土		
	2b	垫层	150厚C15混凝土（适用于面积>60 m²的房间）		
	2c	垫层	100/150厚C15混凝土，内配φ6@200双向构造筋，随打随抹平（适用于重要的房间或地面使用荷载较大的房间）		
	3	界面处理	刷水泥浆一道（内掺建筑胶）		
	4	找平层	15厚1:3水泥砂浆找平	木地板与墙之间留5~8伸缩缝	
	5	防潮隔汽层	2厚聚合物水泥防水涂料		
	6	隔离层	10厚1:2.5水泥砂浆，找平		
	7	保温层	30厚挤塑聚苯乙烯泡沫保温板（密度≥20 kg/m³）		
	8	辐射层	0.2厚真空镀铝聚酯薄膜		
	9a	采暖层	60厚C15细石混凝土整浇找平（上下各配φ3@50钢丝网片，中间设乙烯散热管一层），提浆压光		
	9b		60厚C15细石混凝土整浇找平（上下各配φ3@50钢丝网片，中间设供暖电缆盘一层），提浆压光		
	10	垫层	3~5厚泡沫塑料衬垫		
	11	面层	8厚强化复合木地板，企口上下均匀刷胶，拼接粘铺		
防静电活动地面（燃烧性能等级A）	1	基层	素土夯实，压实系数0.93		
	2a	垫层	100厚C15混凝土		
	2b	垫层	150厚C15混凝土（适用于面积>60 m²的房间）		
	2c	垫层	100/150厚C15混凝土，内配φ6@200双向构造筋，随打随抹平（适用于重要的房间或地面使用荷载较大的房间）		
	3	界面处理	刷水泥浆一道（内掺建筑胶）		
	4	找平层	20厚1:3水泥砂浆找平		
	5	面层	150~250高成品架空防静电活动地板		
网络地板地面（燃烧性能等级B1）	1	基层	素土夯实，压实系数0.93		
	2a	垫层	100厚C15混凝土		
	2b	垫层	150厚C15混凝土（适用于面积>60 m²的房间）		
	2c	垫层	100/150厚C15混凝土，内配φ6@200双向构造筋，随打随抹平（适用于重要的房间或地面使用荷载较大的房间）		
	3	界面处理	刷水泥浆一道（内掺建筑胶）		
	4	找平层	20厚1:3水泥砂浆找平		
	5	面层	42厚600×600网络地板		
	6		表面粘贴配套地毯或PVC防静电地毯		

名称	序号	基本构造层次	构造做法	最小厚度	备注
细石混凝土密封固化剂耐磨地面（燃烧性能等级A）	1	基层	素土夯实，压实系数0.93	60	混凝土及以上各层做法需设分仓缝（上下对齐），最大6 000×6 000，仓缝宽20，用防水油膏嵌实面层；浇筑混凝土过程中，应使用专用机械设备打磨、压光、使之形成高强、致密的面层
	2a	垫层	100厚C15混凝土		
	2b	垫层	150厚C15混凝土（适用于面积>60 m²的房间）		
	2c	垫层	100/150厚C15混凝土，内配Φ6@200双向构造筋，随打随抹平（适用于重要的房间或地面使用荷载较大的房间）		
	3	面层	60厚C25细石混凝土整浇找平，内配双向Φ6@250钢筋网		
	4		2~3厚耐磨骨料层，机械抹光，表面施混凝土密封固化剂		
细石混凝土耐磨地面（燃烧性能等级A）	1	基层	素土夯实，压实系数0.93	70	硬化剂施工需要在基层混凝土初凝时进行，施工方法详见厂家说明；混凝土应分仓跳格浇筑，每仓最大6 000×6 000；楼面切割缝间距及缝深度和宽度根据具体情况定，详见厂家说明
	2a	垫层	100厚C15混凝土		
	2b	垫层	150厚C15混凝土（适用于面积>60 m²的房间）		
	2c	垫层	100/150厚C15混凝土，内配Φ6@200双向构造筋，随打随抹平（适用于重要的房间或地面使用荷载较大的房间）		
	3	面层	70厚C20细石混凝土，随打随抹平，内配双向Φ6@200钢筋网		
	4	面层处理	混凝土基层泌水处理		
	5		撒布第1遍硬化剂，撒布均匀		
	6		专用机械抹平		
	7		撒布第2遍硬化剂，撒布均匀		
	8		圆盘镘抹平，至少3遍纵横交错进行		
	9		专用切割机楼面切缝		
	10		楼面上保护蜡（有美观清洁要求时有此道工序，其他可不做）		
金刚砂耐磨地面（燃烧性能等级A）	1	基层	素土夯实，压实系数0.93	100	
	2a	垫层	100厚C15混凝土		
	2b	垫层	150厚C15混凝土（适用于面积>60 m²的房间）		
	2c	垫层	100/150厚C15混凝土，内配Φ6@200双向构造筋，随打随抹平（适用于重要的房间或地面使用荷载较大的房间）		
	3	界面处理	刷水泥浆一道（内掺建筑胶）		
	4	找平层	20厚1:3水泥砂浆找平		
	5	面层	80厚C20细石混凝土整浇找平，内配双向Φ6@250钢筋网		
	6		表面撒金刚砂并压痕（压痕间距50，深度5）		
石英砂铁屑砂浆防滑地面（燃烧性能等级A）	1	基层	素土夯实，压实系数0.93	50	
	2a	垫层	100厚C15混凝土		
	2b	垫层	150厚C15混凝土（适用于面积>60 m²的房间）		
	2c	垫层	100/150厚C15混凝土，内配Φ6@200双向构造筋，随打随抹平（适用于重要的房间或地面使用荷载较大的房间）		
	3	界面处理	刷水泥浆一道（内掺建筑胶）		
	4	找平层	20厚1:3水泥砂浆找平		
	5	面层	30厚石英砂铁屑砂浆，水泥:石英砂:铁屑=1:8:0.06（质量比），压10宽×2深@30防滑线		
橡胶地面（燃烧性能等级B1）	1	基层	素土夯实，压实系数0.93	50	
	2a	垫层	100厚C15混凝土		
	2b	垫层	150厚C15混凝土（适用于面积>60 m²的房间）		
	2c	垫层	100/150厚C15混凝土，内配Φ6@200双向构造筋，随打随抹平（适用于重要的房间或地面使用荷载较大的房间）		
	3	垫层	40厚C25细石混凝土，内配双向Φ6@250钢筋网，随打随抹光，强度达标后表面进行打磨或喷砂处理		
	4	找平层	6~8厚水泥基自流平		
	5	面层	4~5厚运动橡胶面层，专用胶粘剂粘贴		

左侧竖排：建筑统一技术措施与节点构造选编

名称	序号	基本构造层次	构造做法	最小厚度	备注
实木地板地面（燃烧性能等级 B1）	1	基层	素土夯实，压实系数 0.93		木板规格应满足至少一边尺寸大于 400；木地板与墙之间留 5~8 伸缩缝
	2a	垫层	100 厚 C15 混凝土		
	2b	垫层	150 厚 C15 混凝土（适用于面积>60 m² 的房间）		
	2c	垫层	100/150 厚 C15 混凝土，内配 Φ6@200 双向构造筋，随打随抹平（适用于重要的房间或地面使用荷载较大的房间）		
	3	界面处理	刷水泥浆一道（内掺建筑胶）		
	4	找平层	20 厚 1:3 水泥砂浆找平		
	5a	防潮层	2 厚聚氨酯防潮层，上翻至墙面踢脚板上沿		
	5b		1.2 厚改性沥青涂膜防水材料，上翻至踢脚板上沿		
	6	垫层	20 厚 80×80 橡胶垫块，双向中距 400		
	7	垫层	50 厚×80 宽木龙骨，中距 400，表面满刷防腐剂、防火涂料		
	8	垫层	22 厚松木毛底板，表面满刷防腐剂、防火涂料，45°斜铺		
	9	面层	24 厚长条硬木企口地板（背面满刷防腐剂、防火涂料）		
实木地板地面（燃烧性能等级 B1）	1	基层	素土夯实，压实系数 0.93		木板规格应满足至少一边尺寸大于 400；木地板与墙之间留 5~8 伸缩缝
	2a	垫层	100 厚 C15 混凝土		
	2b	垫层	150 厚 C15 混凝土（适用于面积>60 m² 的房间）		
	2c	垫层	100/150 厚 C15 混凝土，内配 Φ6@200 双向构造筋，随打随抹平（适用于重要的房间或地面使用荷载较大的房间）		
	3	界面处理	刷水泥浆一道（内掺建筑胶）		
	4	找平层	20 厚 1:3 水泥砂浆找平		
	5a	防潮层	2 厚聚氨酯防潮层，上翻至墙面踢脚板上沿		
	5b		1.2 厚改性沥青涂膜防水材料，上翻至踢脚板上沿		
	6	垫层	20 厚 80×80 橡胶垫块，双向中距 400		
	7	垫层	50 厚×50 宽木龙骨，中距 400，50 厚×50 宽横撑木龙骨，中距 800，表面满刷防腐剂、防火涂料，40 厚石油沥青混凝土填空隙，射钉固定		
	8	垫层	9 厚木工板满铺，表面满刷防腐剂、防火涂料，射钉固定		
	9	垫层	9 厚木工板满铺，表面满刷防腐剂、防火涂料，射钉固定		
	10	垫层	20 厚松木毛底板，表面满涂防腐剂、防火涂料，45°斜铺，射钉固定		
	11	垫层	防潮弹性垫一层		
	12	面层	20 厚 90×1 200 长条硬木企口地板（背面满刷防腐剂、防火涂料），板面烫硬蜡		

九 室外地面

一、垫层技术要点

垫层的种类由路面类型确定，垫层的材料及其厚度由上部荷载决定。

二、铺装面层技术要点

1. 透水路面砖

① 人行

结合层	30 厚 1：6 干硬性水泥砂浆
面层	60 厚透水路面砖，粗砂扫缝、洒水封缝

② 车行（≤8 t）

结合层	30 厚 1：6 干硬性水泥砂浆
面层	80 厚透水路面砖，粗砂扫缝、洒水封缝

③ 车行（8~13 t）

结合层	30 厚 1：6 干硬性水泥砂浆
面层	100 厚透水路面砖，粗砂扫缝、洒水封缝

2. 彩色透水整体路面

① 人行：适用于人行便道、小区甬路、休闲广场地面、学校、公园便道

面层	50 厚彩色透水整体路面底层，摊铺、收光
	30 厚彩色透水整体路面面层，摊铺、找平、收光

② 车行：适用于各种停车场、大型广场、景观大道、体育馆

面层	90 厚彩色透水整体路面底层，摊铺、收光
	30 厚彩色透水整体路面面层，摊铺、找平、收光

3. 透水混凝土路面

纵、横向缩缝间距不大于 6 m，可用分仓施工缝代替；横向每 4 格应设伸缩缝一道，路宽大于 8 m 时，在路面纵向中间设伸缩缝一道。

① 人行

面层	50 厚 C15 无沙大孔混凝土，面层分块捣制,随打随抹平,每块长度不大于 6 m,缝宽 20,沥青砂子或沥青处理,松木条嵌缝

② 车行（≤5 t）

面层 a	120 厚 C20 无沙大孔混凝土，面层分块捣制,随打随抹平,每块长度不大于 6 m,缝宽 20,沥青砂子或沥青处理,松木条嵌缝

③ 车行（5~8 t）

面层 b	180 厚 C20 无沙大孔混凝土，面层分块捣制，随打随抹平，每块长度不大于 6 m，缝宽 20，沥青砂子或沥青处理，松木条嵌缝

④ 车行（8~13 t）

面层 c	220 厚 C20 无沙大孔混凝土，面层分块捣制，随打随抹平，每块长度不大于 6 m，缝宽 20，沥青砂子或沥青处理，松木条嵌缝

4. 混凝土整体路面

纵、横向缩缝间距不大于 6 m，可用分仓施工缝代替；横向每 4 格应设伸缩缝一道，路宽大于 8 m 时，在路面纵向中间设伸缩缝一道。

① 人行

面层	60 厚 C25 混凝土，面层分块捣制，随打随抹平，每块长度不大于 6 m，缝宽 20，沥青砂子或沥青处理，松木条嵌缝

② 车行（≤5 t）

面层	120 厚 C25 混凝土，面层分块捣制，随打随抹平，每块长度不大于 6 m，缝宽 20，沥青砂子或沥青处理，松木条嵌缝

③ 车行（5~8 t）

面层	180 厚 C25 混凝土，面层分块捣制，随打随抹平，每块长度不大于 6 m，缝宽 20，沥青砂子或沥青处理，松木条嵌缝

④ 车行（8~13 t）

面层	220 厚 C25 混凝土，面层分块捣制，随打随抹平，每块长度不大于 6 m，缝宽 20，沥青砂子或沥青处理，松木条嵌缝

5. 广场砖路面

常用规格为边长 100~200 小块仿石的建筑陶瓷制品，宜用于装饰性。

① 人行：适用于绿地甬道、小型活动场地

面层	18 厚广场砖，缝宽 15，1∶1 水泥砂浆填缝

② 车行：适用于居住区内停车场地

面层	30~60 厚广场砖，缝宽 15，1∶1 水泥砂浆填缝

6. 花岗石路面

① 人行

面层	30 厚毛面花岗石，干石灰粗砂扫缝、洒水封缝

② 车行

面层	80 厚毛面花岗石，干石灰粗砂扫缝、洒水封缝

三、具体构造做法

名称	序号	基本构造层次	构造做法	最小厚度	备注
透水路面砖路面	1	基层处理	路基碾实，压实系数≥0.93	a:510 b:360	做法参《工程做法》12BJ1-1
	2a	垫层	300厚天然级配砂石碾实		
	3a		100厚C20无沙大孔混凝土基层(浇筑前先将级配砂石垫层用水湿润)		
	2b	垫层	100厚开级配碎石，压实系数0.93		
	3b		150厚开级配水泥稳定碎石，压实系数0.95		
	4	结合层	30厚1:6干硬性水泥砂浆		
	5	面层	80厚透水路面砖，粗砂扫缝、洒水封缝		
透水路面砖路面	1	基层处理	路基碾实，压实系数≥0.93	a:530 b:410	做法参《工程做法》12BJ1-1
	2a	垫层	300厚天然级配砂石碾实		
	3a		130厚C20无沙大孔混凝土基层(浇筑前先将级配砂石垫层用水湿润)		
	2b	垫层	100厚开级配碎石，压实系数0.93		
	3b		200厚开级配水泥稳定碎石，压实系数0.95		
	4	结合层	30厚1:6干硬性水泥砂浆		
	5	面层	80厚透水路面砖，粗砂扫缝、洒水封缝		
透水路面砖路面	1	基层处理	路基碾实，压实系数≥0.93	a:610 b:480	做法参《工程做法》12BJ1-1
	2a	垫层	300厚天然级配砂石碾实		
	3a		180厚C20无沙大孔混凝土基层(浇筑前先将级配砂石垫层用水湿润)		
	2b	垫层	100厚无级配碎石，压实系数0.93		
	3b		250厚无级配水泥稳定碎石，压实系数0.95		
	4	结合层	30厚1:6干硬性水泥砂浆		
	5	面层	100厚透水路面砖，粗砂扫缝、洒水封缝		
透水路面砖路面	1	基层处理	素土夯实	290	做法参《工程做法》12BJ1-1
	2	垫层	200厚无级配碎石碾实		
	3	结合层	30厚1:6干硬性水泥砂浆		
	4	面层	60厚透水路面砖，粗砂扫缝、洒水封缝		
彩色透水整体路面 (8cm)	1	基层处理	路基碾实，压实系数≥0.93	300	做法参《工程做法》12BJ1-1
	2	垫层	200厚级配碎石碾实		
	3	找平层	20厚粗砂找平、碾实		
	4	面层	50厚彩色透水整体路面底层，摊铺、收光		
	5		30厚彩色透水整体路面面层，摊铺、找平、收光		
	6	面层处理	涂刷靓固保护剂		

名称	序号	基本构造层次	构造做法	最小厚度	备注
彩色透水整体路面 (12cm)	1	基层处理	路基碾实,压实系数≥0.93	340	做法参《工程做法》12BJ1-1
	2	垫层	200厚级配碎石碾实		
	3	找平层	20厚粗砂找平、碾实		
	4	面层	90厚彩色透水整体路面底层,摊铺、收光		
	5		30厚彩色透水整体路面面层,摊铺、找平、收光		
	6	面层处理	涂刷靓固保护剂		
透水混凝土路面	1	基层处理	路基碾实,压实系数≥0.93	a:420 b:480 c:520	做法参《工程做法》12BJ1-1;纵、横向缩缝间距不大于6m,可用分仓施工缝代替;横向每4格应设伸缩缝一道,路宽大于8m时,在路面纵向中间设伸缩缝一道
	2	垫层	300厚天然级配砂石碾实		
	3a	面层	120厚C20无沙大孔混凝土,面层分块捣制,随打随抹平,每块长度不大于6m,缝宽20,沥青砂子或沥青处理,松木条嵌缝		
	3b	面层	180厚C20无沙大孔混凝土,面层分块捣制,随打随抹平,每块长度不大于6m,缝宽20,沥青砂子或沥青处理,松木条嵌缝		
	3c	面层	220厚C20无沙大孔混凝土,面层分块捣制,随打随抹平,每块长度不大于6m,缝宽20,沥青砂子或沥青处理,松木条嵌缝		
透水混凝土路面	1	基层处理	素土夯实	a:420 b:480 c:520	做法参《工程做法》12BJ1-1;纵、横向缩缝间距不大于6m,可用分仓施工缝代替;横向每4格应设伸缩缝一道
	2	垫层	100厚天然级配砂石碾实		
	3	面层	50厚C15无沙大孔混凝土,面层分块捣制,随打随抹平,每块长度不大于6m,缝宽20,沥青砂子或沥青处理,松木条嵌缝		
混凝土整体路面	1	基层处理	路基碾实,压实系数≥0.93	370 430 470 420 480 520	做法参《工程做法》12BJ1-1;纵、横向缩缝间距不大于6m,可用分仓施工缝代替;横向每4格应设伸缩缝一道,路宽大于8m时,在路面纵向中间设伸缩缝一道
	2a	垫层	250厚天然级配砂石碾实		
	2b		300厚3:7灰土,分两步夯实		
	3a	面层	120厚C25混凝土,面层分块捣制,随打随抹平,每块长度不大于6m,缝宽20,沥青砂子或沥青处理,松木条嵌缝		
	3b	面层	180厚C25混凝土,面层分块捣制,随打随抹平,每块长度不大于6m,缝宽20,沥青砂子或沥青处理,松木条嵌缝		
	3c	面层	220厚C25混凝土,面层分块捣制,随打随抹平,每块长度不大于6m,缝宽20,沥青砂子或沥青处理,松木条嵌缝		
混凝土整体路面	1	基层处理	素土夯实	210	做法参《工程做法》12BJ1-1;纵、横向缩缝间距不大于6m,可用分仓施工缝代替;横向每4格应设伸缩缝一道
	2	垫层	150厚3:7灰土		
	3	面层	60厚C25混凝土,面层分块捣制,随打随抹平,每块长度不大于6m,缝宽20,沥青砂子或沥青处理,松木条嵌缝		
广场砖路面	1	基层处理	路基碾实,压实系数≥0.93	460 ~ 490	做法参《工程做法》12BJ1-1
	2	垫层	300厚3:7灰土,分两步夯实		
	3	找平层	100厚C20混凝土随打随抹平		
	4	结合层	30厚1:6干硬性水泥砂浆		
	5	面层	30~60厚广场砖,缝宽15,1:1水泥砂浆填缝		

名称	序号	基本构造层次	构造做法	最小厚度	备注
广场砖路面	1	基层处理	素土夯实	193	做法参《工程做法》12BJ1-1
	2	垫层	150 厚 3：7 灰土		
	4	结合层	25 厚 1：6 干硬性水泥砂浆		
	5	面层	18 厚广场砖，缝宽 15，1：1 水泥砂浆填缝		
花岗石路面	1	基层处理	路基碾实，压实系数≥0.93	410	做法参《工程做法》12BJ1-1
	2	垫层	300 厚 3：7 灰土，分两步夯实		
	4	结合层	30 厚 1：6 干硬性水泥砂浆		
	5	面层	80 厚毛面花岗石，干石灰粗砂扫缝、洒水封缝		
花岗石路面	1	基层处理	素土夯实	210	做法参《工程做法》12BJ1-1
	2	垫层	150 厚 3：7 灰土		
	4	结合层	30 厚 1：6 干硬性水泥砂浆		
	5	面层	30 厚毛面花岗石，干石灰粗砂扫缝、洒水封缝		
沥青路面	1	基层处理	路基碾实，压实系数≥0.93	530	
	2	垫层	200 厚级配碎石碾实，压实系数≥0.97		
	3	垫层	220 厚 6%水泥稳定骨架密实型级配碎石基层，压实系数≥0.98		
	4	垫层	10 厚稀浆封层		
	5	面层	60 厚 AC-25II 型中粒式沥青混凝土		
	6	面层	沥青粘层		
	7	面层	40 厚 AC-13I 型 SBS 改性细粒式沥青混凝土		
中粒式沥青混凝土路面	1	基层处理	路基碾实，压实系数≥0.93	550	做法参《工程做法》12BJ1-1
	2	垫层	300 厚 3：7 灰土，分两步夯实		
	3	垫层	200 厚碎石垫层		
	4	面层	50 厚中粒式沥青混凝土路面		
嵌砌卵石路面	1	基层处理	素土夯实	210	做法参《工程做法》12BJ1-1
	2	垫层	150 厚 3：7 灰土		
	3	面层	60 厚 C20 细石混凝土嵌砌卵石，露出石面，卵石粒径 40~60		

建筑统一技术措施与节点构造选编

十 室外运动场

一、运动场技术要点

（1）所列各类运动场地做法均需满足：场地表面距地下水位应≥1 m。

（2）足球场地做法适用于学校等活动场地；人工草皮厚度可调整，由设计人员确定，并注明。

（3）胶跑道参数：塑胶面层厚度——13厚（主跑道、助跑道）；20厚（跳远、三级跳远、跳高起跳区、撑杆跳高区、标枪助跑区、100 m及110 m起跑区）；25厚（3 000 m障碍水池落地区）；9厚（外环沟上）。

二、具体构造做法

名称	序号	基本构造层次	构造做法	最小厚度	备注
人工草皮场地（足球场地）（沥青砂基层）	1	基层处理	土基压实，压实系数≥0.95	515~533	做法参《工程做法》12BJ1-1
	2	垫层	150厚3：7灰土		
	3	垫层	300厚碎石（或卵石）碾实		
	4	垫层	50厚沥青砂碾压，要求平整		
	5	面层	15~33厚人工草坪，专用胶粘剂粘铺		
人工草皮场地（足球场地）（混凝土基层）	1	基层处理	土基压实，压实系数≥0.95	615~633	做法参《工程做法》12BJ1-1
	2	垫层	150厚3：7灰土		
	3	垫层	300厚无机料稳定层(粉煤灰：石灰：级配砂石=10：5：85)		
	4	垫层	150厚C25混凝土，分块捣制，随打随抹平，每块横长度不大于6 m，缝宽20，沥青砂子或沥青处理，松木条嵌缝，要求平整		
	5	面层	15~33厚人工草坪，专用胶粘剂粘铺		
塑胶场地（篮球、排球、羽毛球场地）（沥青砂基层）	1	基层处理	土基压实，压实系数≥0.95	389 393	做法参《工程做法》12BJ1-1
	2	垫层	150厚3：7灰土		
	3	垫层	200厚碎石（或卵石）碾实		
	4	垫层	30厚沥青砂碾压，要求平整		
	5	面层	9(13)厚塑胶面层		
塑胶场地（篮球、排球、羽毛球场地）（混凝土基层）	1	基层处理	土基压实，压实系数≥0.95	409 413	做法参《工程做法》12BJ1-1
	2	垫层	300厚3：7灰土，分两步夯实		
	3	垫层	100厚C25混凝土，分块捣制，随打随抹平，每块纵横长度不大于6 m，缝宽20，沥青砂子或沥青处理，松木条嵌缝，要求平整		
	4	面层	9(13)厚塑胶面层		
跑道（沥青砂基层）	1	基层处理	土基压实，压实系数≥0.95	413 409 420 425	做法参《工程做法》12BJ1-1
	2	垫层	150厚3：7灰土		
	3	垫层	200厚碎石（或卵石）碾实		
	4	垫层	50厚沥青砂碾压，要求平整		
	5	面层	13(9、20、25)厚塑胶面层		
跑道（混凝土基层）	1	基层处理	土基压实，压实系数≥0.95	513 509 520 525	做法参《工程做法》12BJ1-1
	2	垫层	150厚3：7灰土		
	3	垫层	300厚无机料稳定层(粉煤灰：石灰：级配砂石=10：5：85)		
	4	垫层	150厚C25混凝土，分块捣制，随打随抹平，每块纵横长度不大于6 m，缝宽20，沥青砂子或沥青处理，松木条嵌缝，要求平整		
	5	面层	13(9、20、25)厚塑胶面层		

十一 油漆

名称	序号	构造做法	最小厚度	使用部位	备注	图例	适用范围
酚醛磁漆 醇酸磁漆 聚酯磁漆 聚氨酯磁漆	1	木质基面清理、打磨去毛刺		木材面油漆	做法参《工程做法》05J909		1.酚醛树脂漆、醇酸树脂漆用于普通、中级和高级装修做法，聚酯树脂漆、聚氨酯漆用于高级装修做法 2.遍数多的中、高级装修做法前道漆可采用可配套的低档漆 3.不同种类油漆各层材料应配套使用 4.设计人应在图纸中注明颜色
	2	局部腻子、磨平					
	3	满刮腻子、磨平					
	4	满刮第二遍腻子					
	5	刷底油一遍					
	6	涂饰磁漆、磨平					
	7	涂饰第二遍磁漆（聚酯磁漆可两遍成活）					
	8	（中级做法第三遍磁漆、高级做法第四遍磁漆）					
酚醛清漆 醇酸清漆	1	木质基面清理、打磨去毛刺		木材面油漆	做法参《工程做法》05J909		1.酚醛清漆、醇酸清漆属中档漆，醇酸清漆可用于高级做法，一般用于中级、高级装修做法 2.不同种类油漆的各层材料应配套使用 3.酚醛漆耐腐蚀优于醇酸漆，醇酸漆光泽、硬度、耐候性优于酚醛漆
	2	满刮腻子、磨平					
	3	润油色二遍（颜色由设计人选定）					
	4	满刮腻子、磨平					
	5	刷油色一遍、磨平（颜色由设计人选定）					
	6	涂饰清漆一遍、磨平					
	7	涂饰第二遍清漆、磨平					
	8	涂饰第三遍清漆					
	9	（高级装修有第四、第五遍清漆）					
聚氨酯清漆（单组分）	1	木质基面清理、打磨去毛刺		木材面油漆	做法参《工程做法》05J909		1.属于高档漆类 2.多遍做法用于高级木装修 3.遍数应满足使用厚度要求
	2	润油粉					
	3	满刮二遍色腻子、磨平（颜色由设计人选定）					
	4	二遍漆片、磨平、拼色					
	5	涂饰聚氨酯清漆三遍至多遍					
	6	打砂蜡、上光蜡					
聚氨酯清漆（双组分）	1	木质基面清理、打磨去毛刺		木材面油漆	做法参《工程做法》05J909		1.耐磨性、硬度优良、优先用于木地板 2.遍数应满足使用厚度要求
	2	润油粉					
	3	满刮二遍色腻子、磨平（颜色由设计人选定）					
	4	二遍漆片、磨平、拼色					
	5	涂饰双组分聚氨酯清漆二遍至多遍					
酚醛磁漆 醇酸磁漆	1	清理基层、除锈等级不低于Sa2或St2.5级		金属面油漆	做法参《工程做法》05J909		1.不同种类油漆各层材料应配套使用 2.设计人应在图纸中注明颜色
	2	刷防锈漆一至二遍					
	3	满刮腻子、磨平					
	4	涂饰磁漆二遍					
水性氟碳树脂漆	1	清理基层、除锈等级不低于Sa2.5或St3级		金属面油漆	做法参《工程做法》05J909		1.氟碳涂料有多种，设计人按样本要求选用 2.应由专业厂家进行施工 3.设计人应在图纸中注明颜色
	2	刷专用防锈漆					
	3	水性氟碳金属底漆					
	4	水性氟碳金属面漆					
溶剂型氟碳树脂漆	1	清理基层、除锈等级不低于Sa2.5或St3级		金属面油漆	做法参《工程做法》05J909		1.氟碳涂料有多种，设计人按样本要求选用 2.应由专业厂家进行施工 3.设计人应在图纸中注明颜色
	2	刷专用防锈漆					
	3	氟碳金属底漆					
	4	氟碳金属面漆					
薄涂型防火漆	1	清理基层、除锈等级不低于Sa2或St2.5级		金属面油漆	做法参《工程做法》05J909		1.防火涂料耐火极限应按规范计算或查表，决定涂料遍数 2.应由专业厂家进行施工
	2	刷环氧防锈漆					
	3	喷底层涂料2~3遍，每遍厚度≤2.5，最后一遍抹平					
	4	喷面层涂料1~2遍					
厚涂型防火漆	1	清理基层、除锈等级不低于Sa2或St2.5级		金属面油漆	做法参《工程做法》05J909		1.防火涂料耐火极限应按规范计算或查表，决定涂料遍数 2.应由专业厂家进行施工
	2	刷环氧防锈漆					
	3	喷涂厚涂料分遍完成，每遍厚度5~10					

第二部分
节点构造选编

使用说明

一、软件简介

本册节点构造选编需配合中建专版天正标准图库系统使用，在院公共盘安装"天正标准图库系统"软件后，图库软件在中建专版天正软件菜单显示如下：

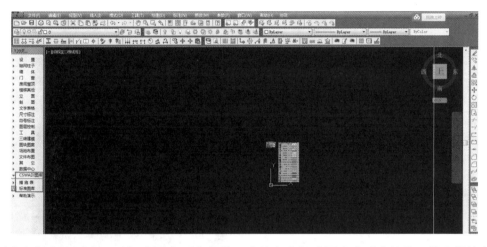

图库包括交流图库以及标准图库两大部分，建筑专业标准图库为《建筑统一技术措施与构造节点》课题组编选绘制，与本书选编内容一致，包含了屋面、外墙、地下室、雨棚、栏杆栏板、室外景观以及类型建筑特殊功能节点、幕墙类围护系统、参考范例、设计说明模板共十大类的内容，每个大类进一步细分，共计 46 小类，节点总数约 300 余个。其中，设计说明，是收录了院现有科研成果部分类型建筑特殊功能节点以及幕墙类维护系统为预留开放接口，待后期各专业中心补充完成。

交流图库为院内节点做法开放的交流平台，建筑专业人员均可进行上传分享。

二、软件操作

1. 图块的插块操作

选中图块，直接鼠标左键双击预览图进行插入图块。

或点击设置图标，弹出图块参数界面，对图块参数设置后进行块插入：

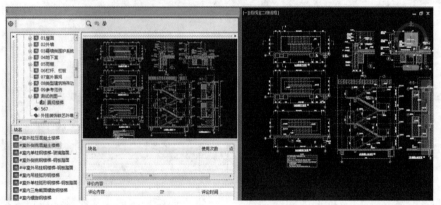

2. 软件中查找操作

① 点击查找图标 ，弹出查找图块界面，选择查询范围（全部、标准图库、交流图库），输入名称或者名称关键字即可查找到相关内容，并可以对图块进行定位，如下图：

② 在搜索栏直接输入搜索条件，点击放大镜图标进行查找：

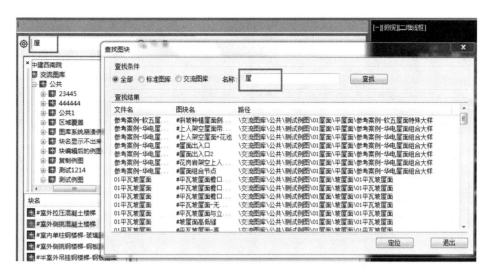

一

屋面

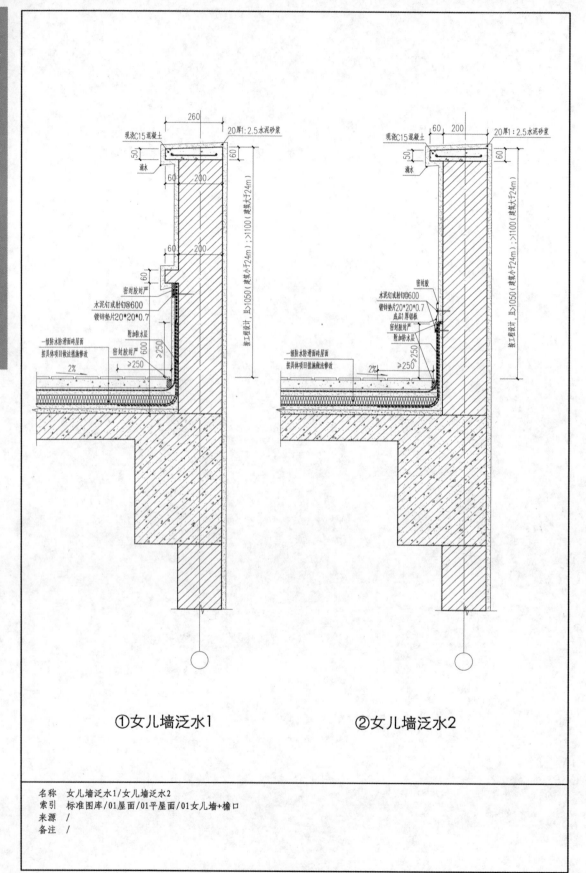

①女儿墙泛水1 ②女儿墙泛水2

名称	女儿墙泛水1/女儿墙泛水2
索引	标准图库/01屋面/01平屋面/01女儿墙+檐口
来源	/
备注	/

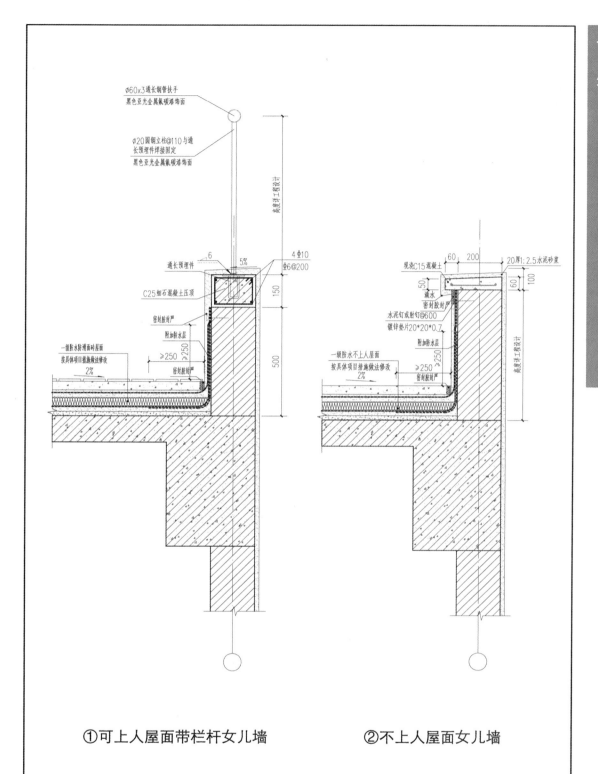

Ø60x3通长钢管扶手
黑色亚光金属氟碳漆饰面

Ø20圆钢立柱@110与通
长预埋件焊接固定
黑色亚光金属氟碳漆饰面

高度详工程设计

6 5% 4Φ10 Φ6@200

通长预埋件

C25细石混凝土压顶 150

密封胶封严 500

附加防水层

一级防水防滑面砖屋面 ≥250 ≥250
按具体项目措施做法修改 2%

密封胶封严

现浇C15混凝土 60 200 20厚1:2.5水泥砂浆
50 60 100
滴水
密封胶封严
水泥钉或射钉@600
镀锌垫片20*20*0.7
附加防水层

一级防水不上人屋面 ≥250 ≥250
按具体项目措施做法修改 2%
密封胶封严

高度详工程设计

①可上人屋面带栏杆女儿墙   ②不上人屋面女儿墙

	① 名称	可上人屋面带栏杆女儿墙		② 名称	不上人屋面女儿墙
	索引	标准图库/屋面/01平屋面/01女儿墙+檐口		索引	标准图库/01屋面/01平屋面/01女儿墙+檐口
	来源	/		来源	/
	备注	/		备注	/

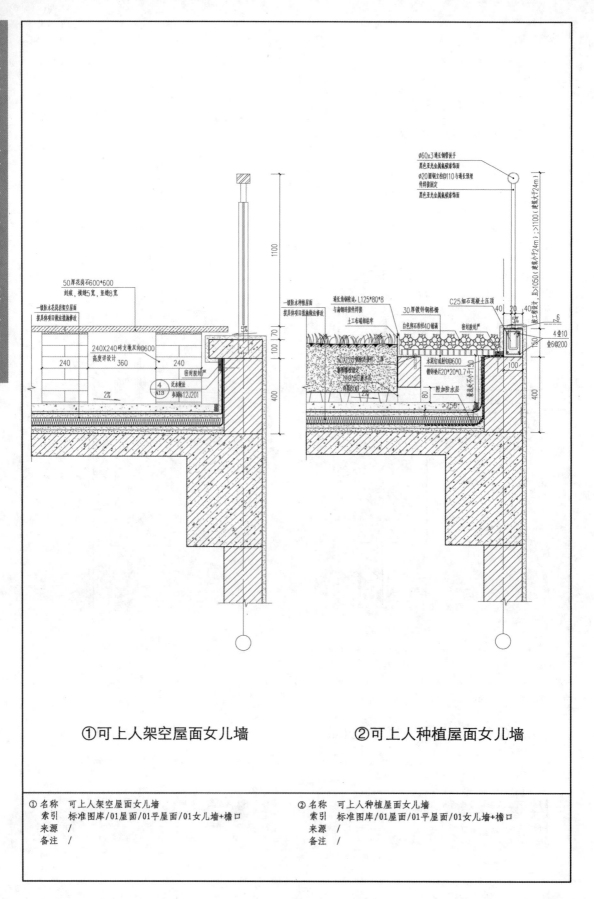

①可上人架空屋面女儿墙

②可上人种植屋面女儿墙

①	名称	可上人架空屋面女儿墙
	索引	标准图库/01屋面/01平屋面/01女儿墙+檐口
	来源	/
	备注	/

②	名称	可上人种植屋面女儿墙
	索引	标准图库/01屋面/01平屋面/01女儿墙+檐口
	来源	/
	备注	/

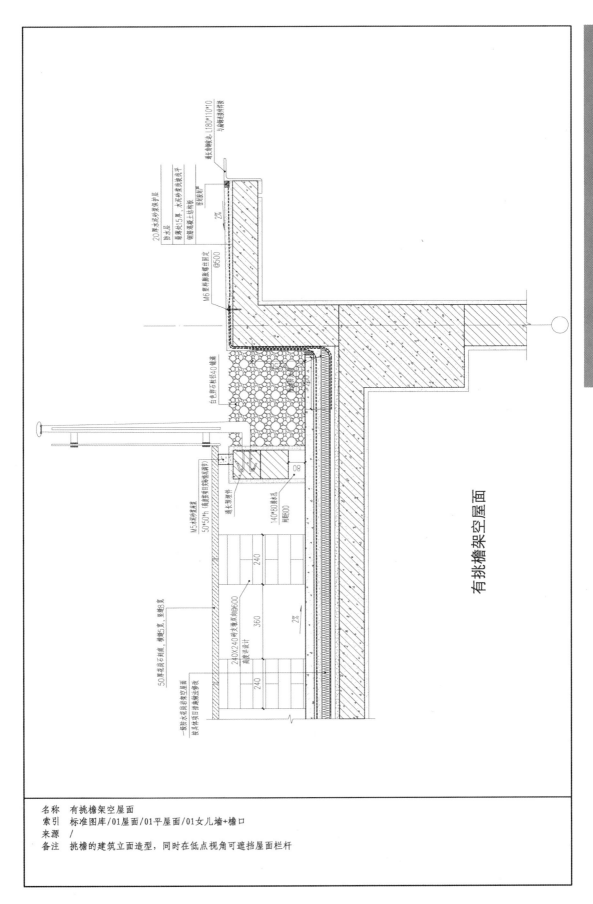

有挑檐架空屋面

名称	有挑檐架空屋面
索引	标准图库/01屋面/01平屋面/01女儿墙+檐口
来源	/
备注	挑檐的建筑立面造型，同时在低点视角可遮挡屋面栏杆

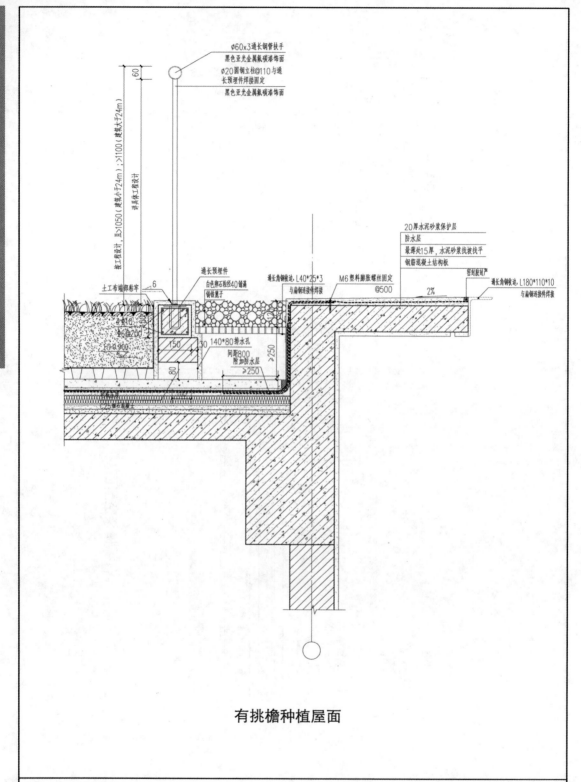

有挑檐种植屋面

名称	有挑檐种植屋面
索引	标准图库/01屋面/01平屋面/01女儿墙+檐口
来源	/
备注	挑檐的建筑立面造型，同时在低点视角可遮挡屋面栏杆

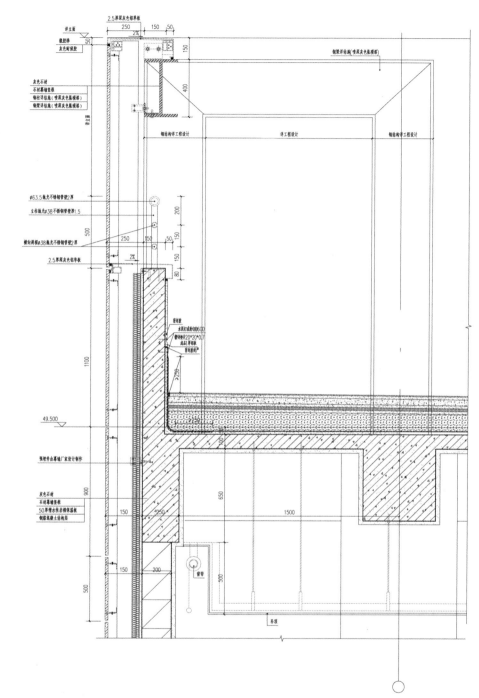

可上人屋面-带幕墙女儿墙（幕墙有加高）

名称	可上人屋面-带幕墙女儿墙（幕墙有加高）
索引	标准图库/01屋面/01平屋面/01女儿墙+檐口
来源	07036院第二办公区办公楼
备注	1. 石材幕墙有加高
	2. 原项目执行老规范，屋面防水为一层防水层+刚性防水层

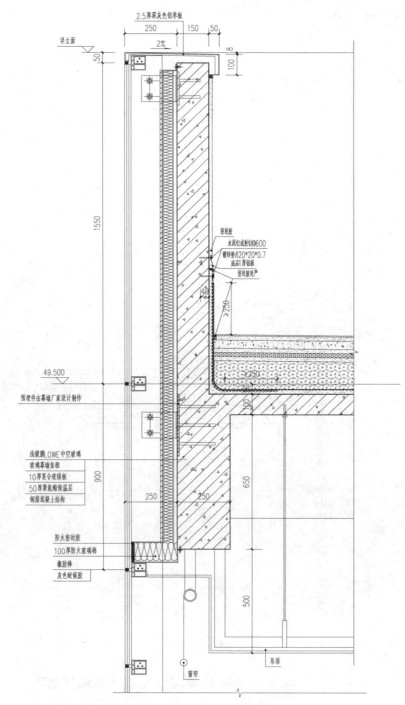

可上人屋面-带幕墙女儿墙（幕墙与女儿墙同高）

名称	可上人屋面-带幕墙女儿墙（幕墙与女儿墙同高）
索引	标准图库/01屋面/01平屋面/01女儿墙+檐口
来源	07036院第二办公区办公楼
备注	1. 玻璃幕墙与女儿墙同高
	2. 原项目执行老规范，屋面防水为一层防水层+刚性防水层

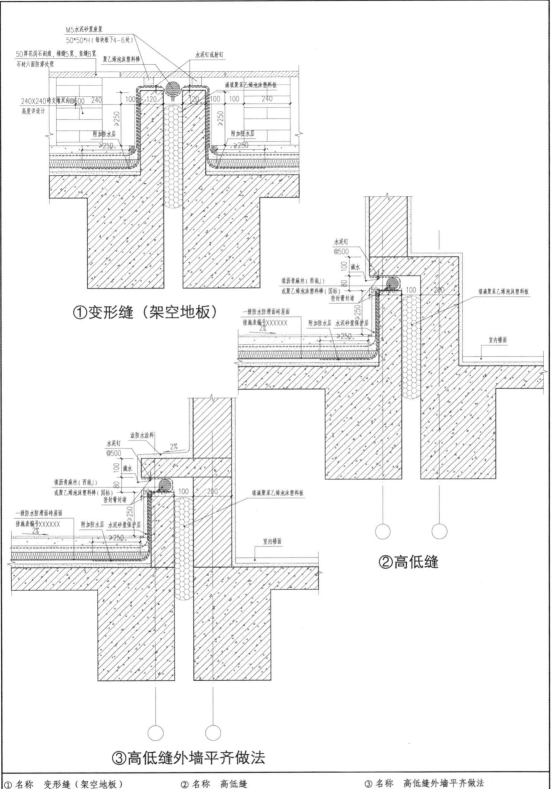

① 变形缝（架空地板）

② 高低缝

③ 高低缝外墙平齐做法

①	名称	变形缝（架空地板）	②	名称	高低缝	
	索引	标准图库/01屋面/01平屋面/02常规变形缝		索引	标准图库/01屋面/01平屋面/02常规变形缝	
	来源	/		来源	国标12J201-5/A16，西南11J201-1/31	
	备注	出于美观考量，利用架空花岗岩遮挡变形缝处的缝隙		备注	朴素做法	

③	名称	高低缝外墙平齐做法
	索引	标准图库/01屋面/01平屋面/02常规变形缝
	来源	国标12J201-5/A16，西南11J201-1/31
	备注	外墙平齐做法

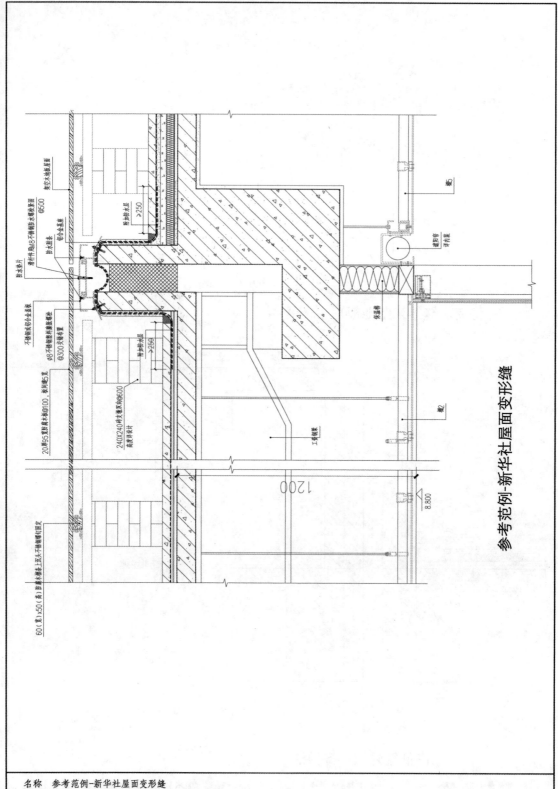

参考范例-新华社屋面变形缝

名称	参考范例-新华社屋面变形缝
索引	标准图库/01屋面/01平屋面/02常规变形缝
来源	08111-01核心区2号地块AB区办公楼（新华社）
备注	利用架空木地板遮挡变形缝，变形缝做法参14J936-AW1

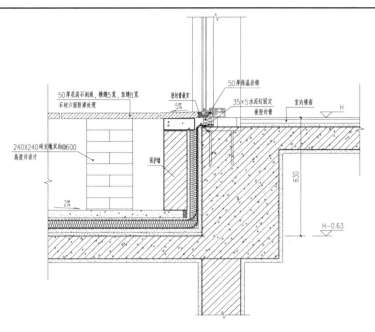

①屋顶花园出入口-架空屋面（降板）

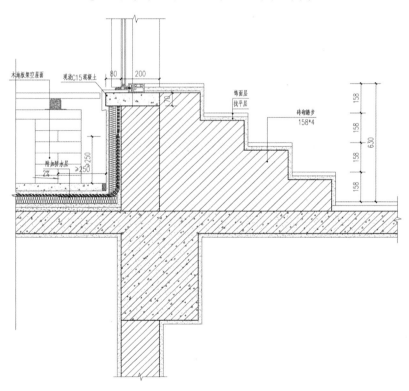

②屋顶花园出入口-架空屋面（不降板）

① 名称	屋顶花园出入口-架空屋面（降板）	② 名称	屋顶花园出入口-架空屋面（不降板）
索引	标准图库/01屋面/01平屋面/03屋面出入口	索引	标准图库/01屋面/01平屋面/03屋面出入口
来源	/	来源	/
备注	结构降板室内外完成版可平齐，空间效果好	备注	结构不降板，对空间有影响

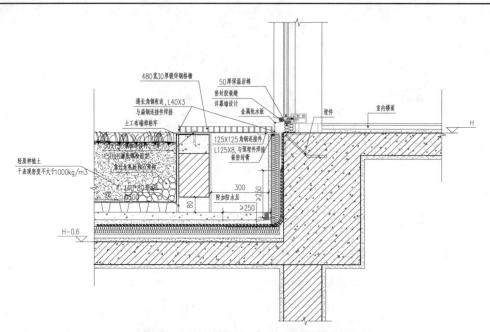

①屋顶花园出入口-种植屋面（降板）

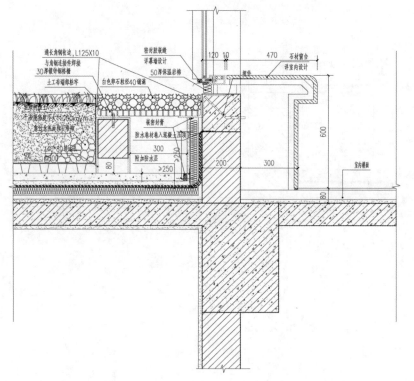

②屋顶花园出入口-种植屋面（不降板）

①	名称	屋顶花园出入口-种植屋面（降板）	②	名称	屋顶花园出入口-种植屋面（不降板）
	索引	标准图库/01屋面/01平屋面/03屋面出入口		索引	标准图库/01屋面/01平屋面/03屋面出入口
	来源	/		来源	10058四川省图书馆新馆
	备注	结构降板，种植屋面绿化高度与室内齐平，靠室内侧设排水沟		备注	结构不降板，利用室内外高差做室内坐凳方式处理空间关系

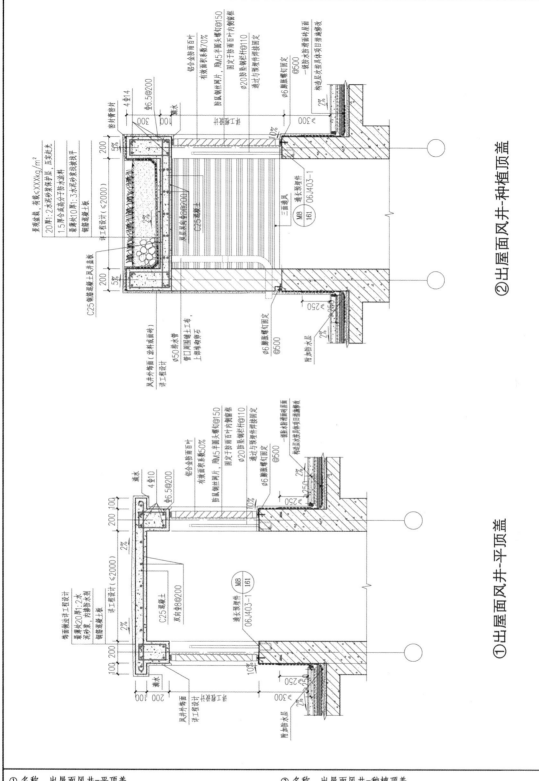

② 出屋面风井-种植顶盖

① 出屋面风井-平顶盖

	名称	出屋面风井-平顶盖		名称	出屋面风井-种植顶盖
①	索引	标准图库/01屋面/01平屋面/04出屋面风井	②	索引	标准图库/01屋面/01平屋面/04出屋面风井
	来源	/		来源	/
	备注	最普通的风井做法，美观性较差，盖板顶部为迎水面，饰面材料需考虑耐候性		备注	风井顶盖设计为花池

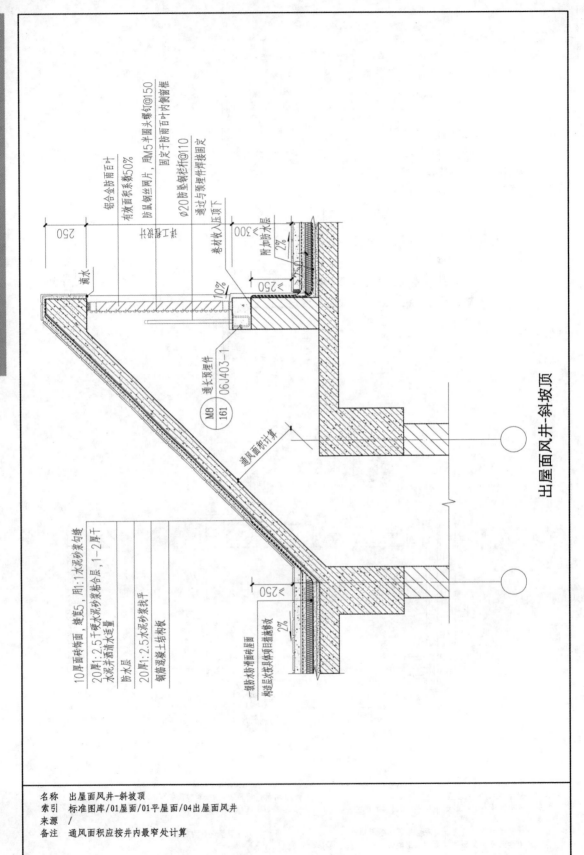

铝合金防雨百叶
有效通风系数≥50%
防鼠镀锌钢丝网片，用M5半圆头螺钉@150
Φ20防坠钢栏杆@110
固定于防雨百叶内侧墙框
通过与预埋件焊接固定

卷材收入压顶下

附加防水层

250
滴水

10%

≥300
2%

≥250

M8 06J403-1
161

通长预埋件

通风面积计算

10厚面砖饰面，缝宽5，用1:1水泥砂浆勾缝
20厚1:2.5干硬水泥砂浆粘结层，1-2厚干水泥并洒清水适量
防水层
20厚1:2.5水泥砂浆找平
钢筋混凝土结构板

一级防水粉涮两屋面
构造层次依具体项目进檐修改

≥250
2%

出屋面风井-斜坡顶

名称　出屋面风井-斜坡顶
索引　标准图库/01屋面/01平屋面/04出屋面风井
来源　/
备注　通风面积应按井内最窄处计算

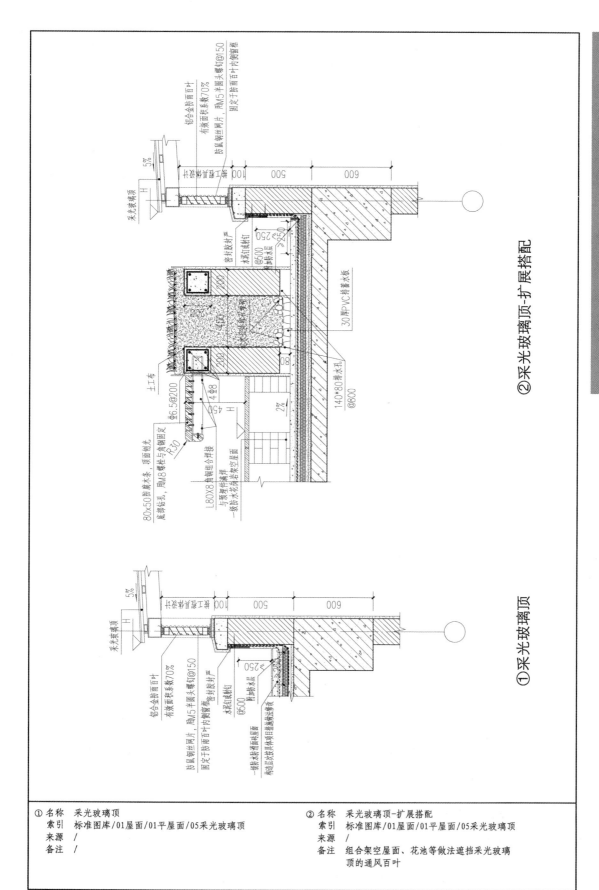

① 采光玻璃顶

② 采光玻璃顶-扩展搭配

①	名称	采光玻璃顶	②	名称	采光玻璃顶-扩展搭配

① 名称　采光玻璃顶
　索引　标准图库/01屋面/01平屋面/05采光玻璃顶
　来源　/
　备注　/

② 名称　采光玻璃顶-扩展搭配
　索引　标准图库/01屋面/01平屋面/05采光玻璃顶
　来源　/
　备注　组合架空屋面、花池等做法遮挡采光玻璃
　　　　顶的通风百叶

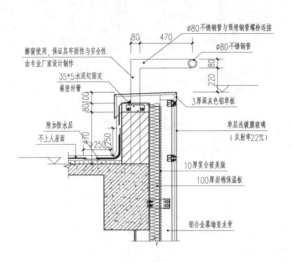

①预埋擦窗蜘蛛人支撑件

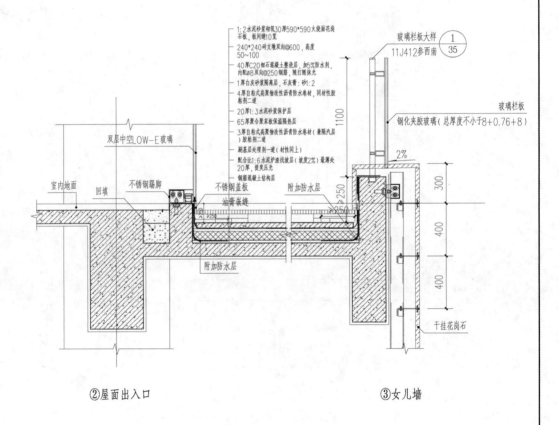

②屋面出入口

③女儿墙

参考案例-华电屋面组合大样

名称	①预埋擦窗蜘蛛人支撑件
	②屋面出入口
	③女儿墙
索引	标准图库/01屋面/01平屋面/参考案例-华电屋面组合大样
来源	07101四川华电办公大楼
备注	包含擦窗机轨道、架空屋面、屋面出入口、女儿墙

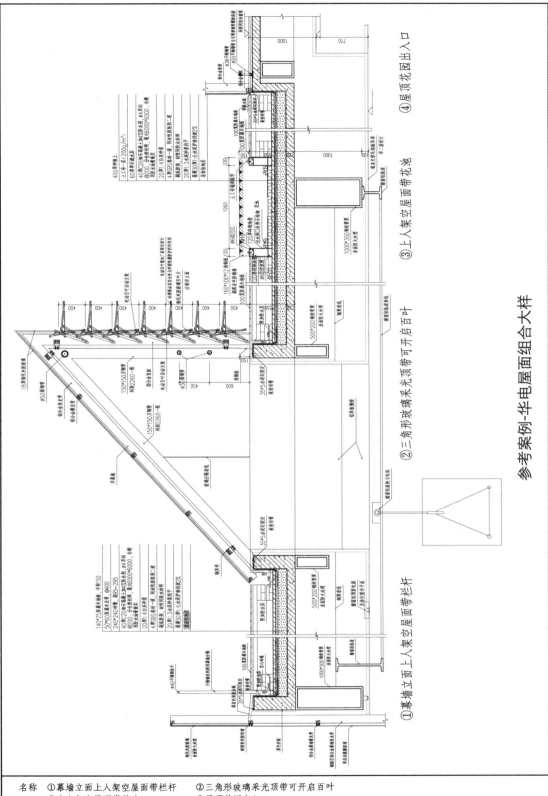

参考案例-华电屋面组合大样

①幕墙立面上人架空屋面带栏杆　②三角形玻璃采光顶带可开启百叶

③上人架空屋面带花池　④屋顶花园出入口

名称　①幕墙立面上人架空屋面带栏杆　②三角形玻璃采光顶带可开启百叶
　　　③上人架空屋面带花池　　　　　④屋顶花园出入口

索引　标准图库/01屋面/01平屋面/参考案例-华电屋面组合大样

来源　07101四川华电办公大楼

备注　包含女儿墙、可开启采光通风井、架空屋面、花池、屋面出入口

251

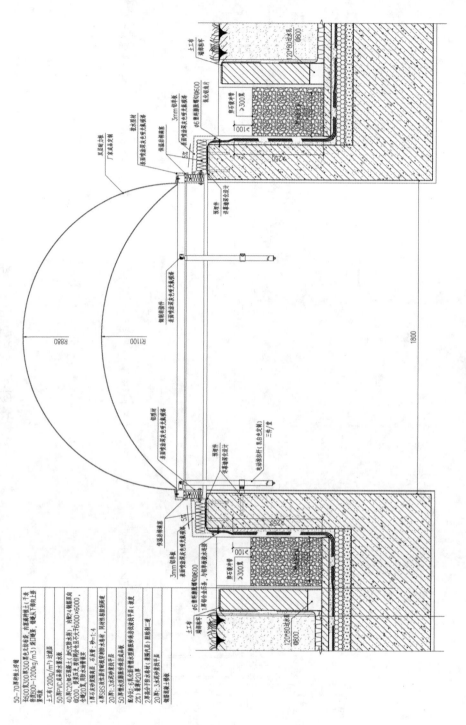

双层耐力板球形天窗

名称	双层耐力板球形天窗
索引	标准图库/01屋面/01平屋面/参考案例-软五
来源	12066天府软件园5期
备注	双层曲面耐力板营造室内散光效果，可加电动开启作为排烟道，并根据种植屋面新规范增加卵石缓冲带

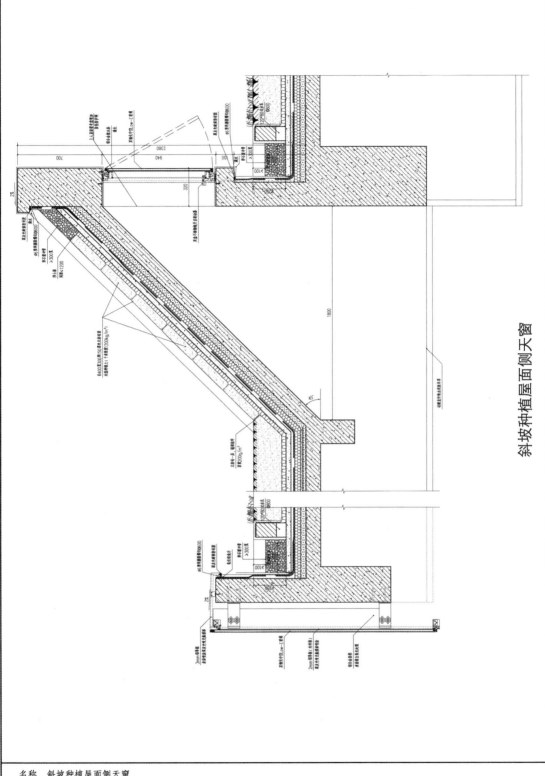

斜坡种植屋面侧天窗

名称　斜坡种植屋面侧天窗
索引　标准图库/01屋面/01平屋面/参考案例-软五
来源　12066天府软件园5期
备注　无纺布袋袋装种植土垒砌，可实现各种坡度、弧度的种植屋面；若开窗侧为上人屋面需考虑增加防坠防护网

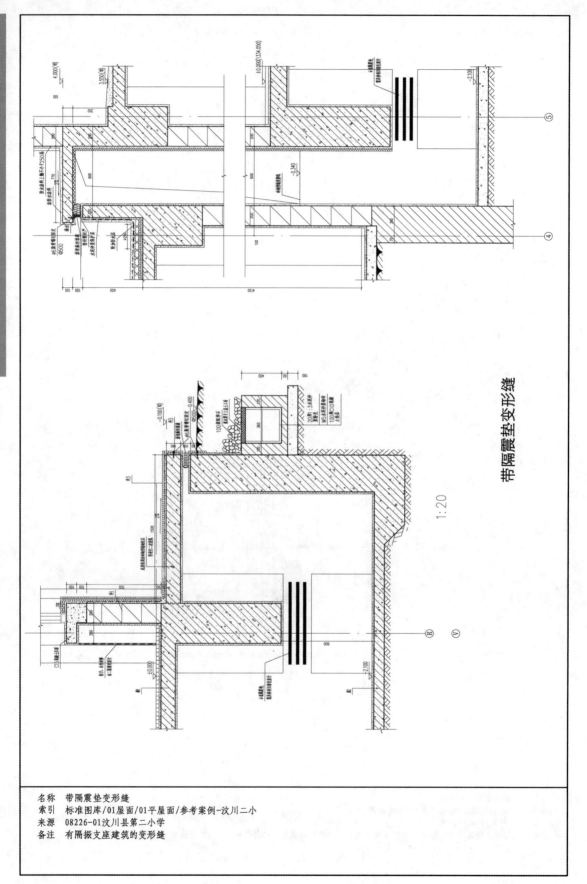

带隔震垫变形缝

1:20

名称	带隔震垫变形缝
索引	标准图库/01屋面/01平屋面/参考案例-汶川二小
来源	08226-01汶川县第二小学
备注	有隔振支座建筑的变形缝

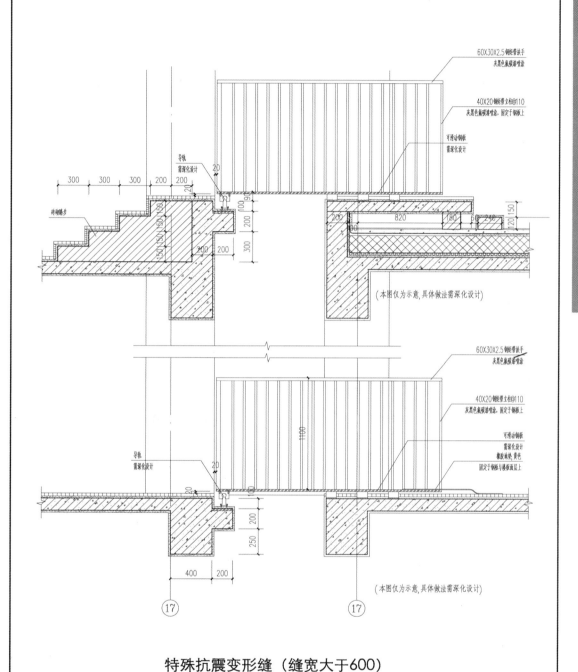

特殊抗震变形缝（缝宽大于600）

名称	特殊抗震变形缝（缝宽大于600）
索引	标准图库/01屋面/01平屋面/参考案例-汶川二小
来源	08226-01汶川县第二小学
备注	有隔振支座建筑的变形缝

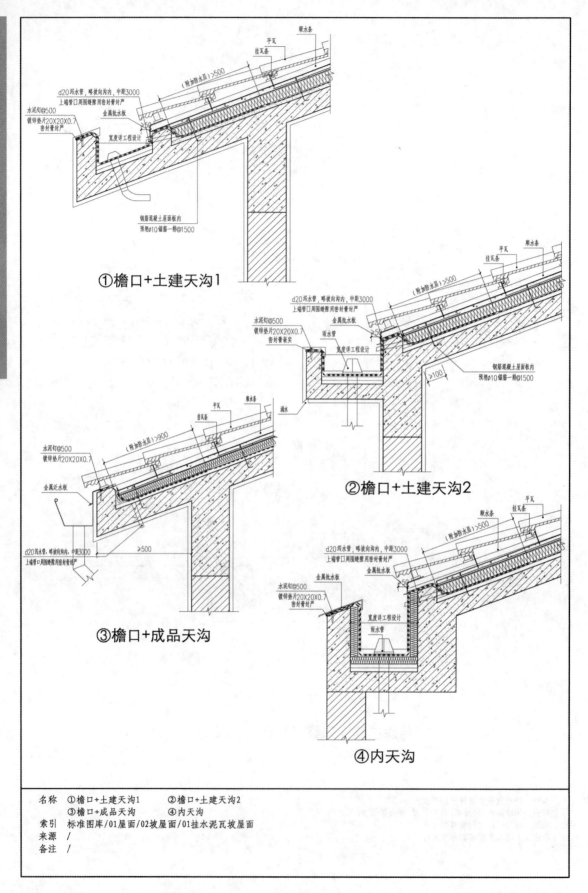

建筑统一技术措施与节点构造选编

①檐口+土建天沟1

②檐口+土建天沟2

③檐口+成品天沟

④内天沟

名称	①檐口+土建天沟1	②檐口+土建天沟2
	③檐口+成品天沟	④内天沟
索引	标准图库/01屋面/02坡屋面/01挂水泥瓦坡屋面	
来源	/	
备注	/	

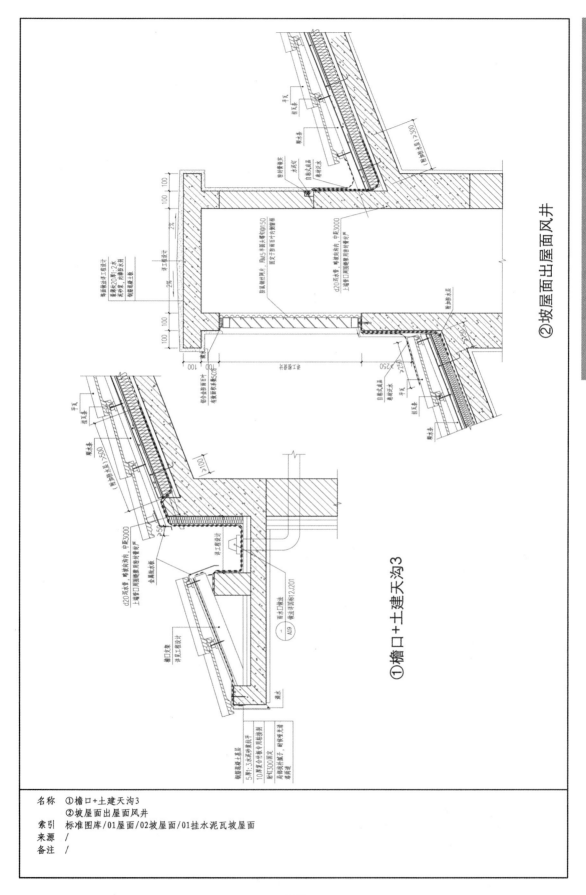

②坡屋面出屋面风井

①檐口+土建天沟3

名称　①檐口+土建天沟3
　　　②坡屋面出屋面风井
索引　标准图库/01屋面/02坡屋面/01挂水泥瓦坡屋面
来源　/
备注　/

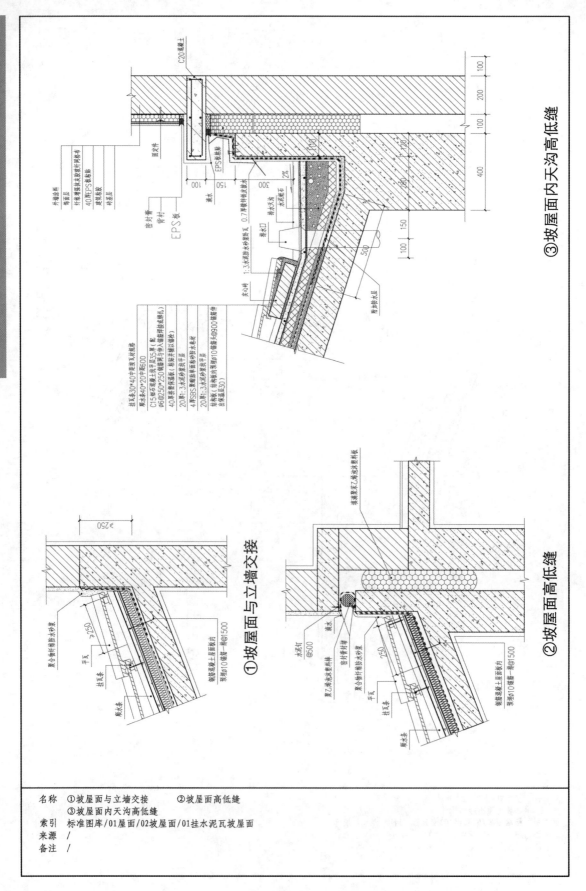

③坡屋面内天沟高低缝

①坡屋面与立墙交接

②坡屋面高低缝

名　称	①坡屋面与立墙交接　　②坡屋面高低缝
	③坡屋面内天沟高低缝
索　引	标准图库/01屋面/02坡屋面/01挂水泥瓦坡屋面
来　源	/
备　注	/

258

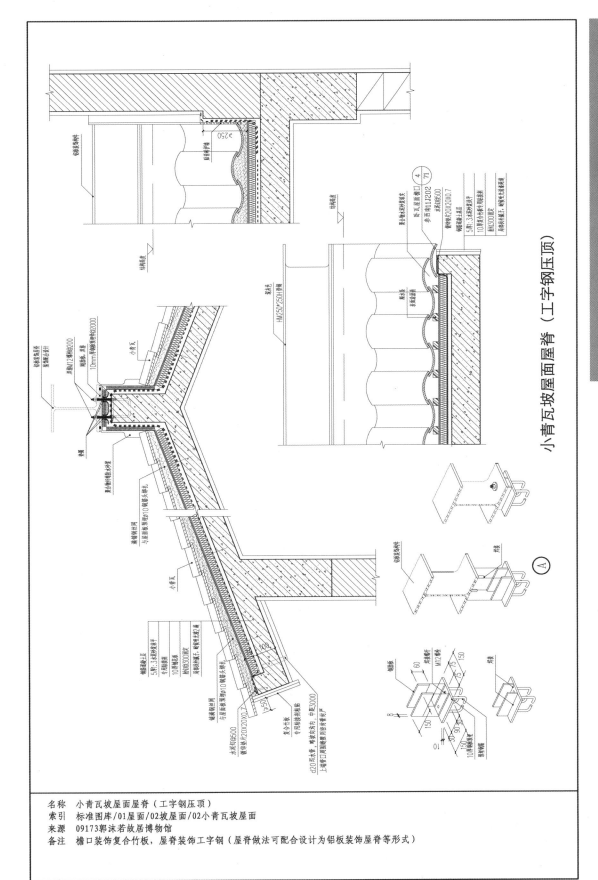

小青瓦坡屋面屋脊（工字钢压顶）

名称　小青瓦坡屋面屋脊（工字钢压顶）
索引　标准图库/01屋面/02坡屋面/02小青瓦坡屋面
来源　09173郭沫若故居博物馆
备注　檐口装饰复合竹板，屋脊装饰工字钢（屋脊做法可配合设计为铝板装饰屋脊等形式）

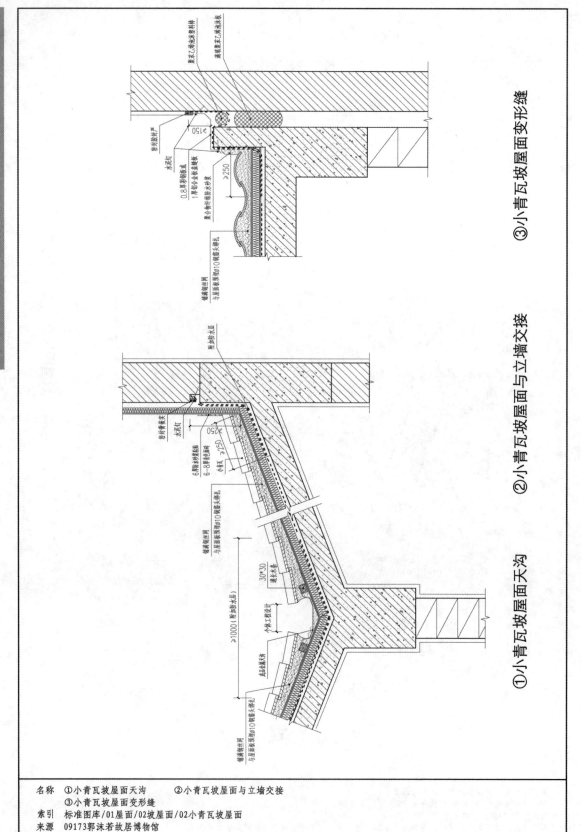

建筑统一技术措施与节点构造选编

③小青瓦坡屋面变形缝　②小青瓦坡屋面与立墙交接　①小青瓦坡屋面天沟

名称	①小青瓦坡屋面天沟　②小青瓦坡屋面与立墙交接
	③小青瓦坡屋面变形缝
索引	标准图库/01屋面/02坡屋面/02小青瓦坡屋面
来源	09173郭沫若故居博物馆
备注	/

260

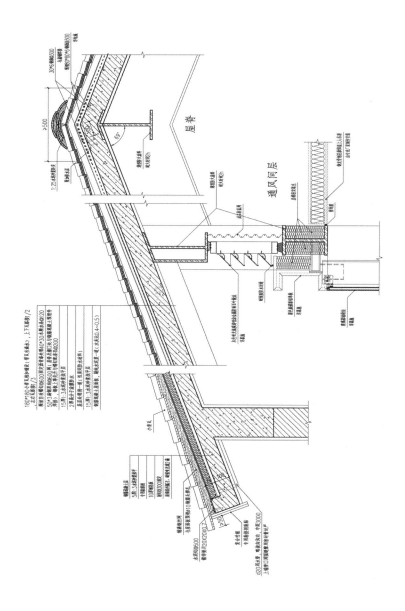

小青瓦屋面-有通风间层1

名 称	小青瓦屋面-有通风间层1
索 引	标准图库/01屋面/02坡屋面/参考案例-大熊猫疾控中心
来 源	10026-02大熊猫疾控中心
备 注	通风间层的做法借鉴于传统

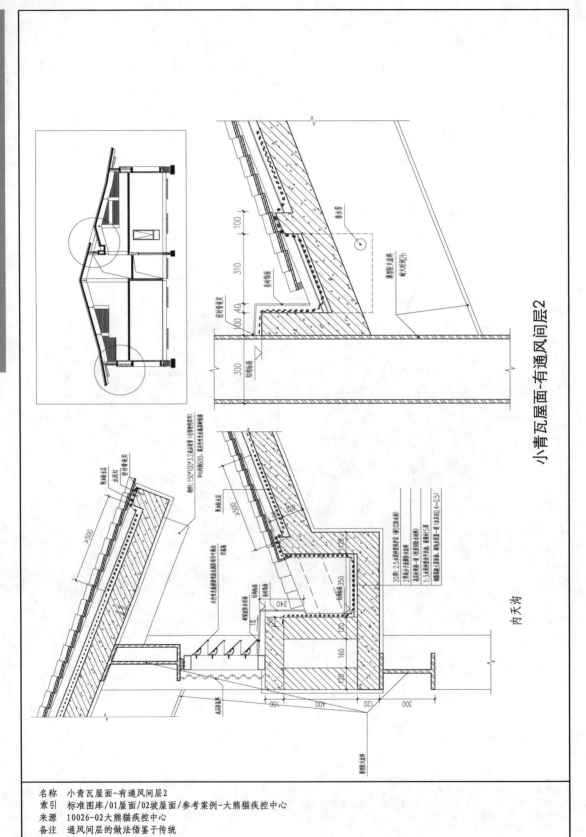

建筑统一技术措施与节点构造选编

小青瓦屋面-有通风间层2

内天沟

名称　小青瓦屋面-有通风间层2
索引　标准图库/01屋面/02坡屋面/参考案例-大熊猫疾控中心
来源　10026-02大熊猫疾控中心
备注　通风间层的做法借鉴于传统

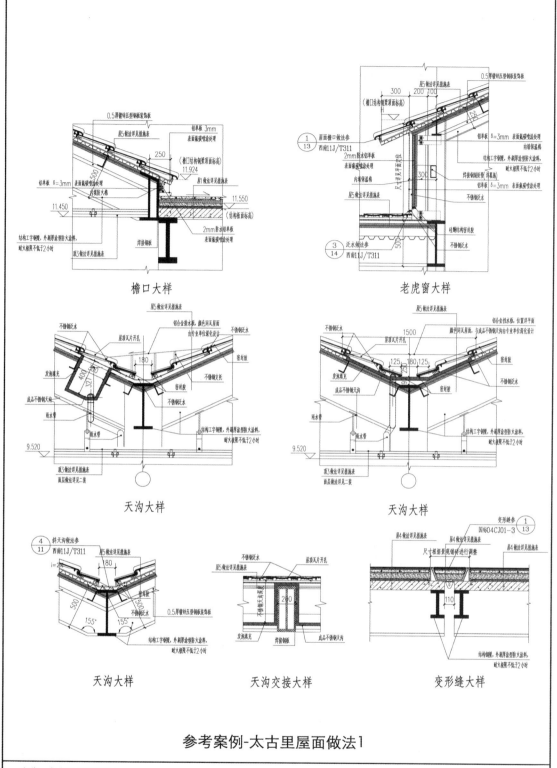

檐口大样

老虎窗大样

天沟大样

天沟大样

天沟大样

天沟交接大样

变形缝大样

参考案例-太古里屋面做法1

名称	太古里屋面做法1
索引	标准图库/01屋面/02坡屋面/参考案例-太古里
来源	11086成都大慈寺文化商业综合体
备注	/

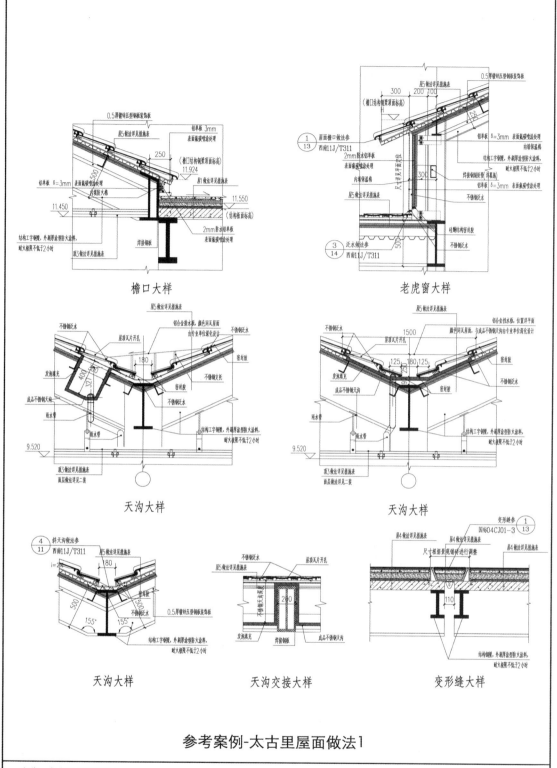

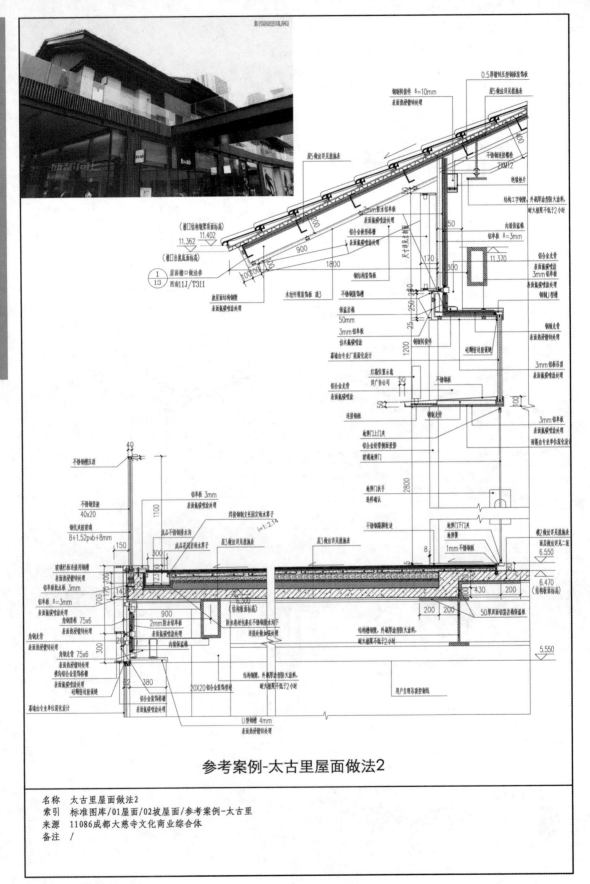

参考案例-太古里屋面做法2

名称	太古里屋面做法2
索引	标准图库/01屋面/02坡屋面/参考案例-太古里
来源	11086成都大慈寺文化商业综合体
备注	/

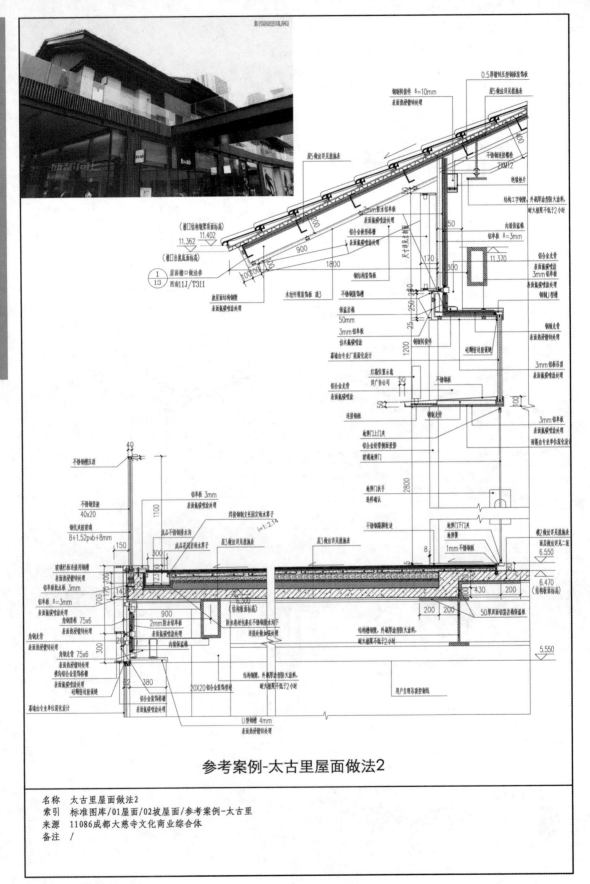

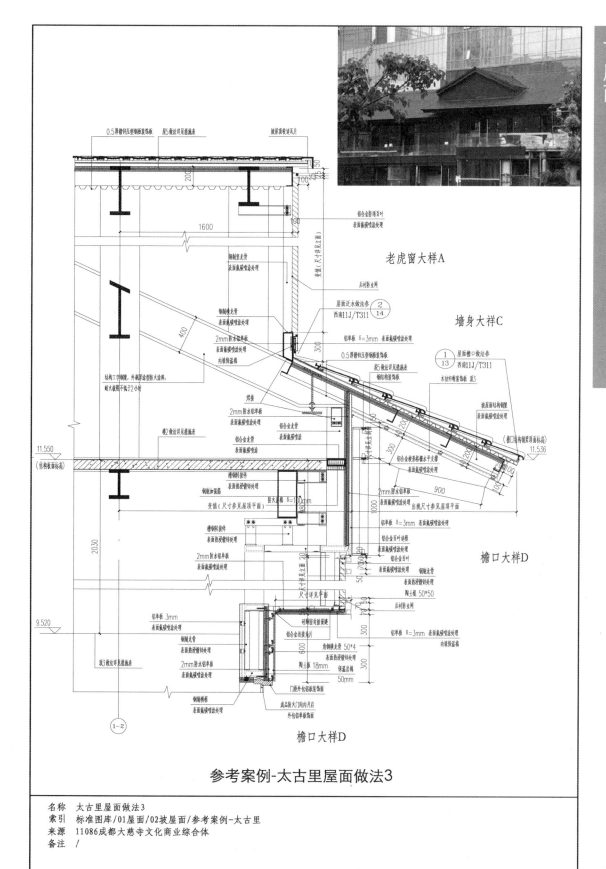

参考案例-太古里屋面做法3

名称	太古里屋面做法3
索引	标准图库/01屋面/02坡屋面/参考案例-太古里
来源	11086成都大慈寺文化商业综合体
备注	/

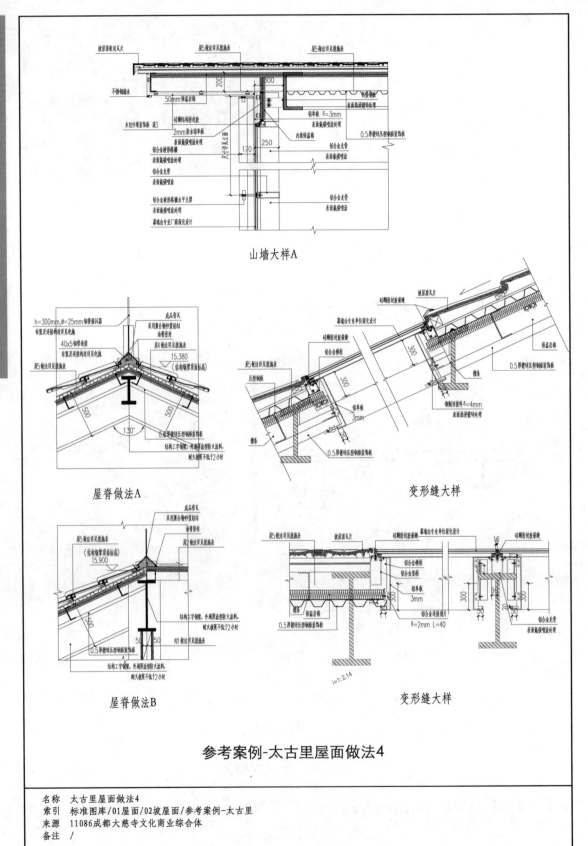

山墙大样A

屋脊做法A

变形缝大样

屋脊做法B

变形缝大样

参考案例-太古里屋面做法4

名称	太古里屋面做法4
索引	标准图库/01屋面/02坡屋面/参考案例-太古里
来源	11086成都大慈寺文化商业综合体
备注	/

二

外墙

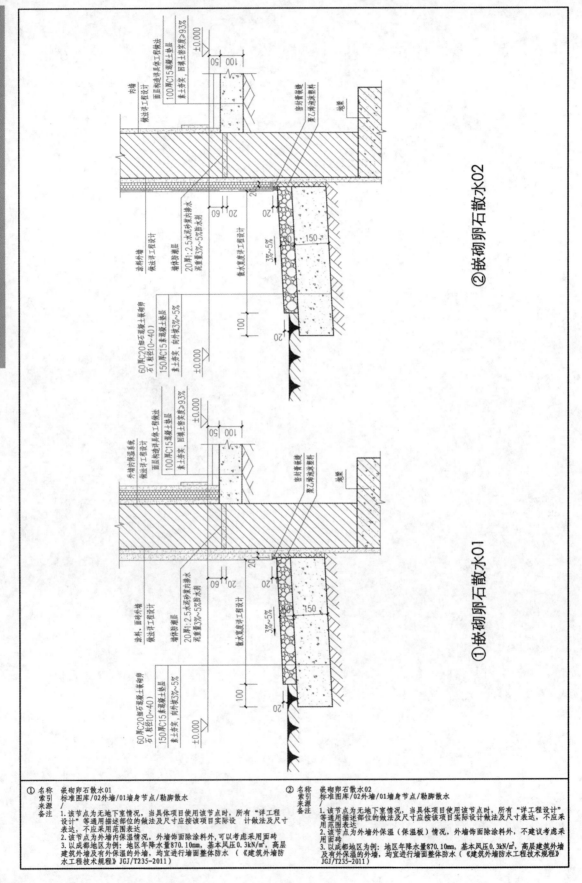

① 嵌砌卵石散水01

② 嵌砌卵石散水02

① 详图标注（01）：
内墙
做法详具体工程设计
面层纯混凝土楼（保护）层
100厚C15混凝土垫层
素土夯实，回填土密实度≥93%
±0.000

涂料外墙
做法详工程设计
墙体防潮层
20厚1:2.5水泥砂浆内掺水泥重量3%~5%防水剂
散水坡度详工程设计

60厚C20细石混凝土嵌砌卵石（粒径10~40）
150厚C15素混凝土垫层
素土夯实，向外找坡3%~5%
±0.000

密封膏嵌缝
聚乙烯泡沫塑料
地梁

100
150
3%~5%
60 20 20
20

② 详图标注（02）：
外墙外保温系统
做法详工程设计
面层和地坪保护工程做法
100厚C15混凝土垫层
素土夯实，回填土密实度≥93%
±0.000

涂料外墙
做法详工程设计
墙体防潮层
20厚1:2.5水泥砂浆内掺水泥重量3%~5%防水剂
散水坡度详工程设计

60厚C20细石混凝土嵌砌卵石（粒径10~40）
150厚C15素混凝土垫层
素土夯实，向外找坡3%~5%
±0.000

密封膏嵌缝
聚乙烯泡沫塑料
地梁

100
150
3%~5%
60 20 20
20

① 名称 嵌砌卵石散水01
索引 标准图库/02外墙/01墙身节点/勒脚散水
来源 /
备注
1. 该节点为无地下室情况，当具体项目使用该节点时，所有"详工程设计"等通用描述部位的做法及尺寸应按该项目实际设计 计做法及尺寸表达，不应采用范围表达。
2. 该节点为外墙内保温情况，外墙饰面除涂料外，可以考虑采用面砖。
3. 以成都地区为例：地区年降水量870.10mm，基本风压0.3kN/m²，高层建筑外墙及有外保温的外墙，均宜进行墙面整体防水。（《建筑外墙防水工程技术规程》JGJ/T235-2011）

② 名称 嵌砌卵石散水02
索引 标准图库/02外墙/01墙身节点/勒脚散水
来源 /
备注
1. 该节点为无地下室情况，当具体项目使用该节点时，所有"详工程设计"等通用描述部位的做法及尺寸应按该项目实际设计计做法及尺寸表达，不应采用范围表达。
2. 该节点为外墙外保温（保温板）情况，外墙饰面除涂料外，不建议考虑采用面砖。
3. 以成都地区为例：地区年降水量870.10mm，基本风压0.3kN/m²，高层建筑外墙及有外保温的外墙，均宜进行墙面整体防水。（《建筑外墙防水工程技术规程》JGJ/T235-2011）

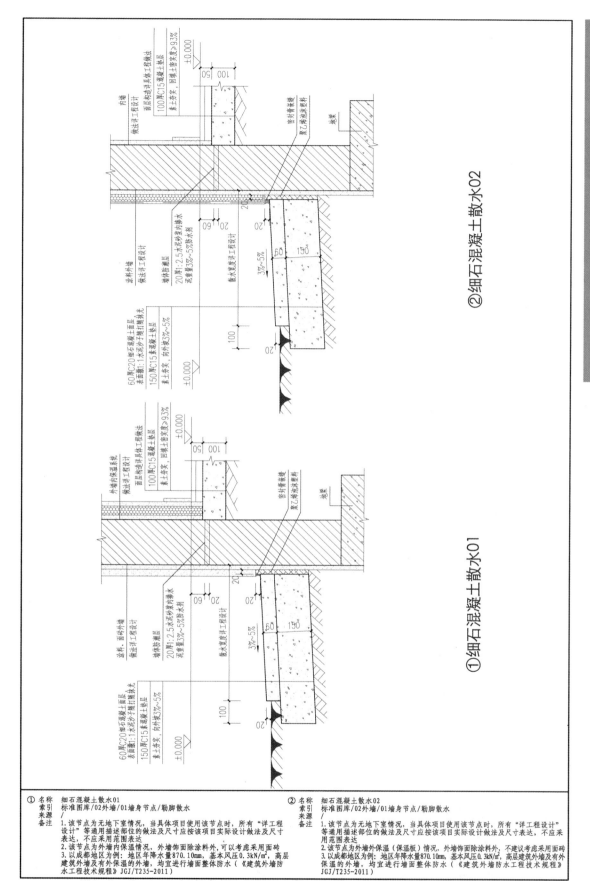

② 细石混凝土散水02

① 细石混凝土散水01

① 名称 细石混凝土散水01
索引
来源 标准图库/02外墙/01墙身节点/勒脚散水
备注 /
1.该节点为无地下室情况,当具体项目使用该节点时,所有"详工程
设计"等通用描述部位的做法及尺寸应按该项目实际设计做法及尺寸
表达,不应采用范围表达
2.该节点为外墙饰面除涂料外,可以考虑采用面砖
3.以成都地区为例:地区年降水量870.10mm,基本风压0.3kN/m²,高层
建筑外墙及有外保温的外墙,均宜进行墙面整体防水(《建筑外墙防
水工程技术规程》JGJ/T235-2011)

② 名称 细石混凝土散水02
索引
来源 标准图库/02外墙/01墙身节点/勒脚散水
备注 /
1.该节点为无地下室情况,当具体项目使用该节点时,所有"详工程设计"
等通用描述部位的做法及尺寸应按该项目实际设计做法及尺寸,不应采
用范围表达
2.该节点为外墙外保温(保温板)情况,外墙饰面除涂料外,不建议考虑采用面砖
3.以成都地区为例:地区年降水量870.10mm,基本风压0.3kN/m²,高层建筑外墙及有外
保温的外墙,均宜进行墙面整体防水(《建筑外墙防水工程技术规程》
JGJ/T235-2011)

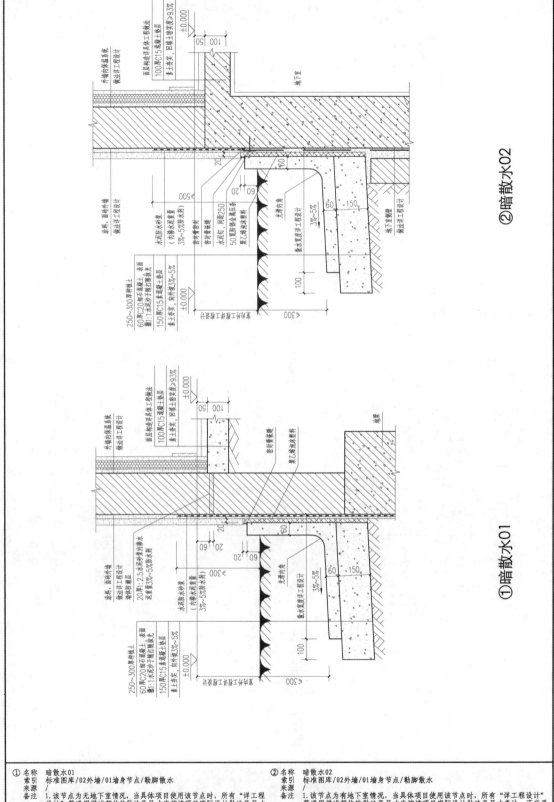

①暗散水01

②暗散水02

	① 名称	暗散水01		② 名称	暗散水02
	索引	标准图库/02外墙/01墙身节点/勒脚散水		索引	标准图库/02外墙/01墙身节点/勒脚散水
	来源	/		来源	/

①
备注
1.该节点为无地下室情况，当具体项目使用该节点时，所有"详工程设计"等通用描述部位的做法及尺寸应按照该项目实际设计做法及尺寸表达，不应采用范围表达
2.该节点为外墙内保温情况，外墙饰面除涂料外，可以考虑采用面砖
3.以成都地区为例：地区年降水量870.10mm，基本风压0.3kN/m²，高层建筑外墙及有外保温的外墙，均宜进行墙面整体防水（《建筑外墙防水工程技术规程》JGJ/T235-2011）

②
备注
1.该节点为有地下室情况，当具体项目使用该节点时，所有"详工程设计"等通用描述部位的做法及尺寸应按照该项目实际设计做法及尺寸表达，不应采用范围表达
2.该节点为外墙内保温情况，外墙饰面除涂料外，可以考虑采用面砖
3.以成都地区为例：地区年降水量870.10mm，基本风压0.3kN/m²，高层建筑外墙及有外保温的外墙，均宜进行墙面整体防水（《建筑外墙防水工程技术规程》JGJ/T235-2011）

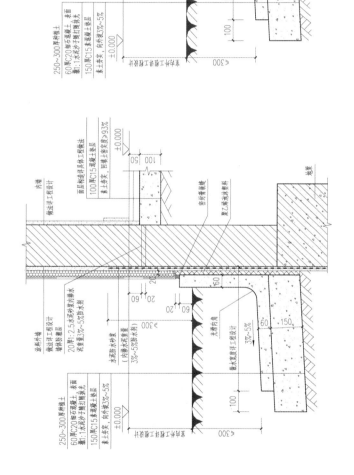

②暗散水04

①暗散水03

①	名称	暗散水03
	索引来源	标准图库/02外墙/01墙身节点/勒脚散水
	备注	1.该节点为无地下室情况，当具体项目使用该节点时，所有"详工程设计"等通用描述部位的做法及尺寸应按该项目实际设计做法及尺寸表达，不应采用范围表达。 2.该节点为外墙外保温（保温板）情况，外墙饰面除涂料外，不建议考虑采用面砖 3.以成都地区为例：地区年降水量870.10mm，基本风压0.3kN/m²，高层建筑外墙及有外保温的外墙，均宜进行墙面整体防水（《建筑外墙防水工程技术规程》JGJ/T235-2011）

②	名称	暗散水04
	索引来源	标准图库/02外墙/01墙身节点/勒脚散水
	备注	1.该节点为有地下室情况，当具体项目使用该节点时，所有"详工程设计"等通用描述部位的做法及尺寸应按该项目实际设计做法及尺寸表达，不应采用范围表达。 2.该节点为外墙外保温（保温板）情况，外墙饰面除涂料外，不建议考虑采用面砖 3.以成都地区为例：地区年降水量870.10mm，基本风压0.3kN/m²，高层建筑外墙及有外保温的外墙，均宜进行墙面整体防水（《建筑外墙防水工程技术规程》JGJ/T235-2011）

271

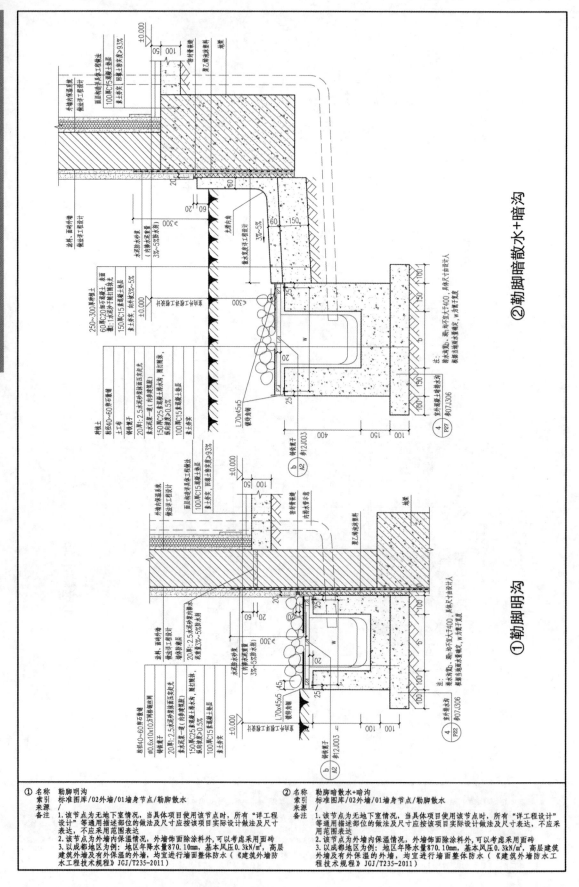

② 勒脚暗散水+暗沟

① 勒脚明沟

① 名称　勒脚明沟
　索引　标准图库/02外墙/01墙身节点/勒脚散水
　来源　/
　备注　1.该节点为无地下室情况，当具体项目使用该节点时，所有"详工程设计"等通用描述部位的做法及尺寸应按该项目实际设计做法及尺寸表达，不应采用范围表达。
　　　　2.该节点为外墙内保温情况，外墙饰面除涂料外，可以考虑采用面砖。
　　　　3.以成都地区为例：地区年降水量870.10mm，基本风压0.3kN/m²，高层建筑建筑外墙及有外保温的外墙，均宜进行墙面整体防水（《建筑外墙防水工程技术规程》JGJ/T235-2011）

② 名称　勒脚暗散水+暗沟
　索引　标准图库/02外墙/01墙身节点/勒脚散水
　来源　/
　备注　1.该节点为无地下室情况，当具体项目使用该节点时，所有"详工程设计"等通用描述部位的做法及尺寸应按该项目实际设计做法及尺寸表达，不应采用范围表达。
　　　　2.该节点为外墙内保温情况，外墙饰面除涂料外，可以考虑采用面砖。
　　　　3.以成都地区为例：地区年降水量870.10mm，基本风压0.3kN/m²，高层建筑外墙及有外保温的外墙，均宜进行墙面整体防水（《建筑外墙防水工程技术规程》JGJ/T235-2011）

272

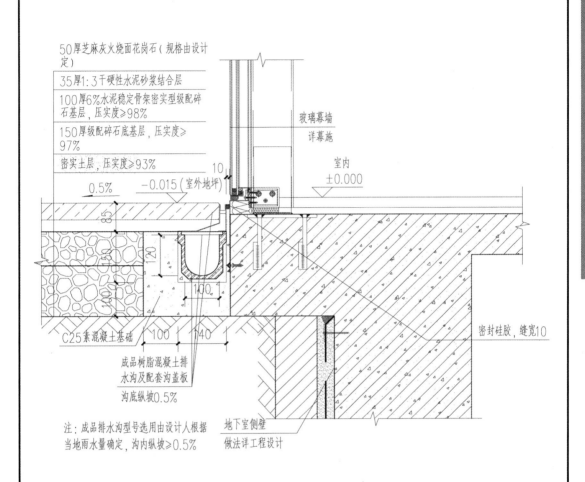

50厚芝麻灰火烧面花岗石（规格由设计定）

35厚1:3干硬性水泥砂浆结合层

100厚6%水泥稳定骨架密实型级配碎石基层，压实度≥98%

150厚级配碎石底基层，压实度≥97%

密实土层，压实度≥93%

0.5%　　　−0.015（室外地坪）

10

玻璃幕墙
详幕施

室内
±0.000

C25素混凝土基础

成品树脂混凝土排水沟及配套沟盖板
沟底纵坡0.5%

注：成品排水沟型号选用由设计人根据当地雨水量确定，沟内纵坡≥0.5%

密封硅胶，缝宽10

地下室侧壁
做法详工程设计

成品线性排水沟与幕墙交接节点

名称　成品线性排水沟与幕墙交接节点
索引　标准图库/02外墙/01墙身节点/勒脚散水
来源　部分厂家资料及实际经验
备注　1.该局部节点主要表达侧缝线性沟在贴临幕墙边缘时的画法示意，有关幕墙及其土建部分详图表达在实际工程中需补全
　　　2.该节点为有地下室情况，当具体项目使用该节点时，所有"详工程设计"等通用描述部位的做法及尺寸应按该项目实际设计做法及尺寸表达，不应采用范围表达

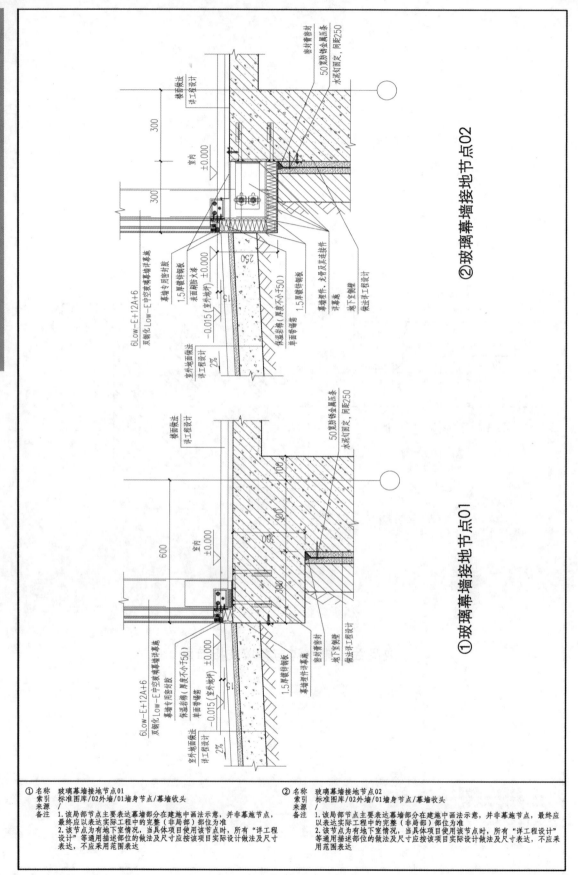

① 玻璃幕墙接地节点02

① 玻璃幕墙接地节点01

①	名称	玻璃幕墙接地节点01
	索引	标准图库/02外墙/01墙身节点/幕墙收头
	来源	/
	备注	1.该局部节点主要表达幕墙部分在建施中画法示意,并非幕墙节点,最终应以表达实际工程中的完整(非局部)部位为准
		2.该节点为有地下室情况,当具体项目使用该节点时,所有"详工程设计"等通用描述部位的做法及尺寸应按该项目实际设计做法及尺寸表达,不应采用范围表达

②	名称	玻璃幕墙接地节点02
	索引	标准图库/02外墙/01墙身节点/幕墙收头
	来源	/
	备注	1.该局部节点主要表达幕墙部分在建施中画法示意,并非幕墙节点,最终应以表达实际工程中的完整(非局部)部位为准
		2.该节点为有地下室情况,当具体项目使用该节点时,所有"详工程设计"等通用描述部位的做法及尺寸应按该项目实际设计做法及尺寸表达,不应采用范围表达

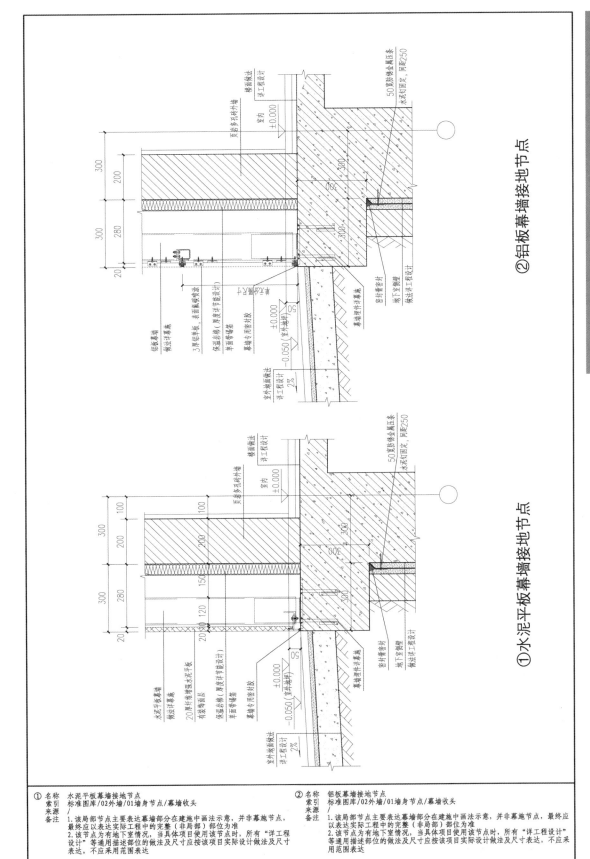

②铝板幕墙接地节点

①水泥平板幕墙接地节点

	①	名称	水泥平板幕墙接地节点	②	名称	铝板幕墙接地节点
		索引	标准图库/02外墙/01墙身节点/幕墙收头		索引	标准图库/02外墙/01墙身节点/幕墙收头
		来源	/		来源	/
		备注	1.该局部节点主要表达幕墙部分在建施中画法示意,并非幕施节点,最终应以表达实际工程中的完整(非局部)部位为准 2.该节点为有地下室情况,当具体项目使用该节点时,所有"详工程设计"等通用描述部位的做法及尺寸应按该项目实际设计做法及尺寸表达,不应采用范围表达		备注	1.该局部节点主要表达幕墙部分在建施中画法示意,并非幕施节点,最终应以表达实际工程中的完整(非局部)部位为准 2.该节点为有地下室情况,当具体项目使用该节点时,所有"详工程设计"等通用描述部位的做法及尺寸应按该项目实际设计做法及尺寸表达,不应采用范围表达

275

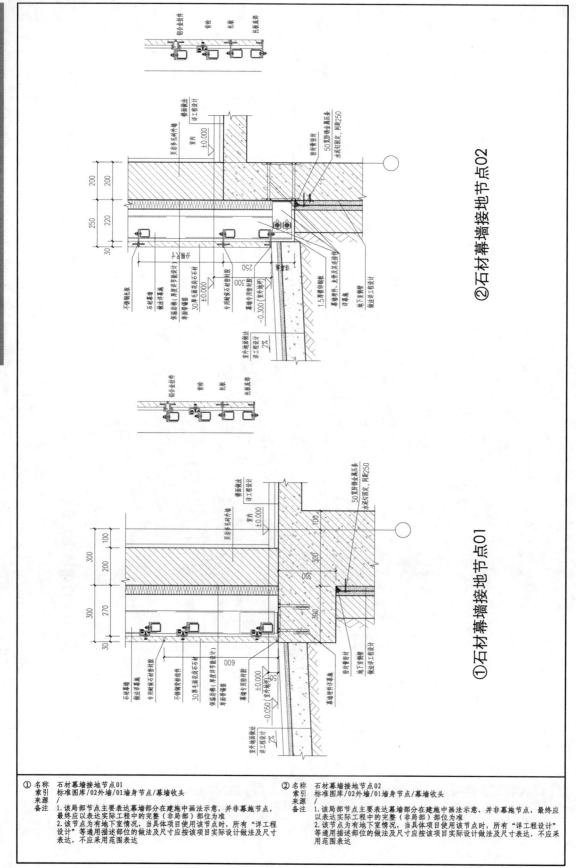

②石材幕墙接地节点02

①石材幕墙接地节点01

①	名称	石材幕墙接地节点01
	索引来源	标准图库/02外墙/01墙身节点/幕墙收头
	备注	1.该局部节点主要表达幕墙部分在建施中画法示意，并非幕施节点，最终应以表达实际工程中的完整（非局部）部位为准 2.该节点为有地下室情况，当具体项目使用该节点时，所有"详工程设计"等通用描述部位的做法及尺寸应按该项目实际设计做法及尺寸表达，不应采用范围表达

②	名称	石材幕墙接地节点02
	索引来源	标准图库/02外墙/01墙身节点/幕墙收头
	备注	1.该局部节点主要表达幕墙部分在建施中画法示意，并非幕施节点，最终应以表达实际工程中的完整（非局部）部位为准 2.该节点为有地下室情况，当具体项目使用该节点时，所有"详工程设计"等通用描述部位的做法及尺寸应按该项目实际设计做法及尺寸表达，不应采用范围表达

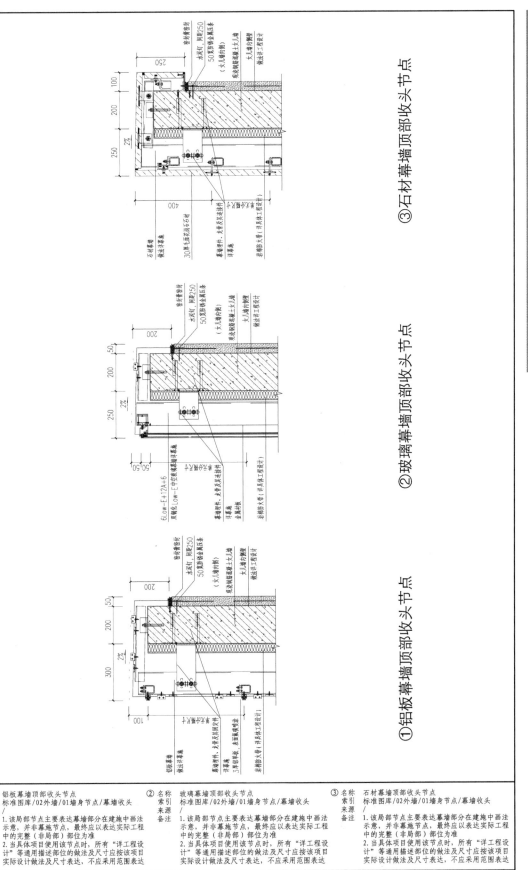

③石材幕墙顶部收头节点

②玻璃幕墙顶部收头节点

①铝板幕墙顶部收头节点

①	名称	铝板幕墙顶部收头节点
	索引来源	标准图库/02外墙/01墙身节点/幕墙收头
	备注	/

1. 该局部节点主要表达幕墙部分在建施中画法示意，并非幕施节点，最终应以表达实际工程中的完整（非局部）部位为准
2. 当具体项目使用该节点时，所有"详工程设计"等通用描述部位的做法及尺寸应按该项目实际设计做法及尺寸表达，不应采用范围表达

②	名称	玻璃幕墙顶部收头节点
	索引来源	标准图库/02外墙/01墙身节点/幕墙收头
	备注	/

1. 该局部节点主要表达幕墙部分在建施中画法示意，并非幕施节点，最终应以表达实际工程中的完整（非局部）部位为准
2. 当具体项目使用该节点时，所有"详工程设计"等通用描述部位的做法及尺寸应按该项目实际设计做法及尺寸表达，不应采用范围表达

③	名称	石材幕墙顶部收头节点
	索引来源	标准图库/02外墙/01墙身节点/幕墙收头
	备注	/

1. 该局部节点主要表达幕墙部分在建施中画法示意，并非幕施节点，最终应以表达实际工程中的完整（非局部）部位为准
2. 当具体项目使用该节点时，所有"详工程设计"等通用描述部位的做法及尺寸应按该项目实际设计做法及尺寸表达，不应采用范围表达

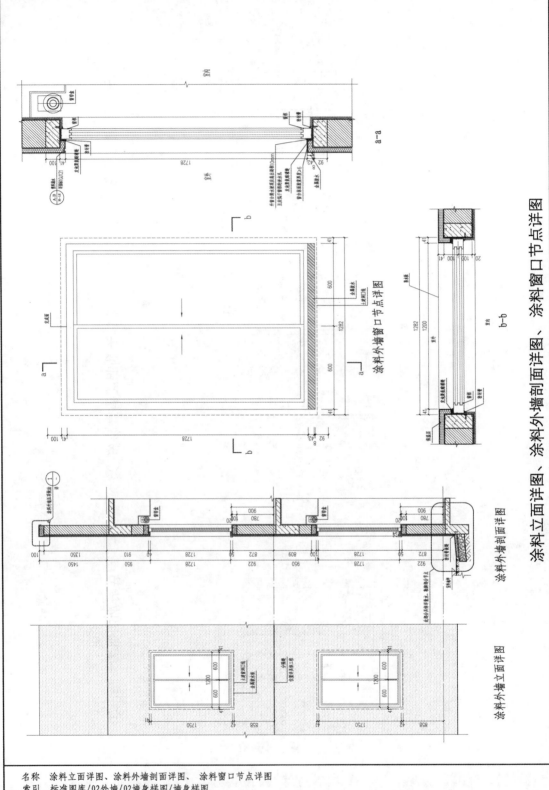

涂料立面详图、涂料外墙剖面详图、涂料窗口节点详图

名称	涂料立面详图、涂料外墙剖面详图、 涂料窗口节点详图
索引	标准图库/02外墙/02墙身样图/墙身样图
来源	参《外墙外保温建筑构造》10J121-A-6
备注	1. 外窗台排水坡顶应高出副框顶10MM,且应低于窗框的泄水孔
	2. 涂料外墙下窗口应做拔水板,以免水渍弄脏墙面

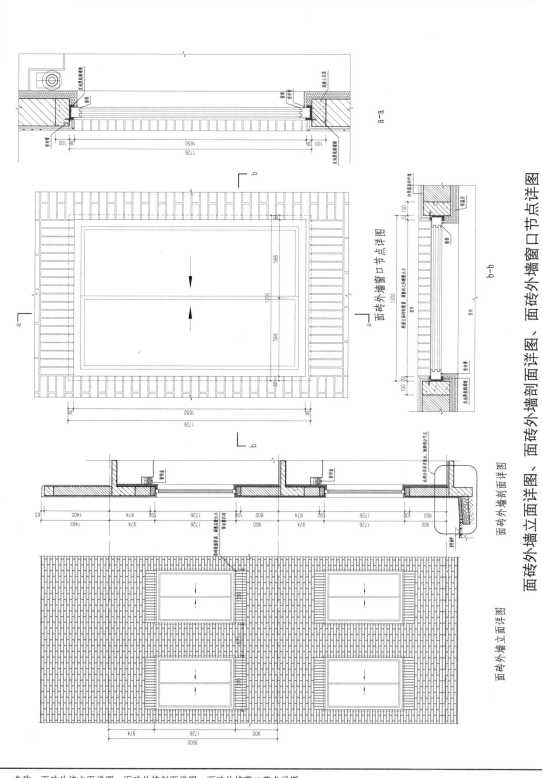

面砖外墙立面详图、面砖外墙剖面详图、面砖外墙窗口节点详图

名称　面砖外墙立面详图、面砖外墙剖面详图、面砖外墙窗口节点详图
索引　标准图库/02外墙/02墙身样图/墙身样图
来源　参《外墙外保温建筑构造》10J121-A-10
备注　1. 面砖外墙不宜采用外保温形式
　　　2. 外窗台排水坡顶应高出副框顶10MM,且应低于窗框的泄水孔
　　　3. 立面排砖形式根据具体工程定定,在排列中,若有不能按照正常模数排列时,利用调整灰缝的宽度调整

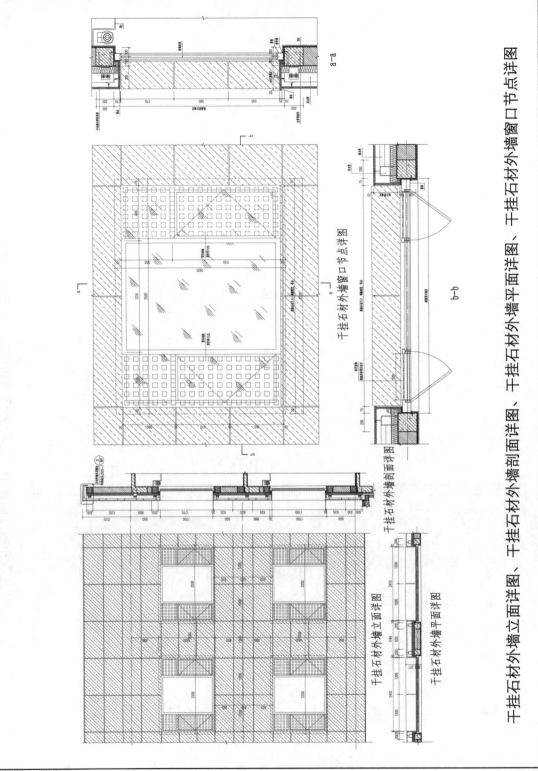

干挂石材外墙立面详图、干挂石材外墙剖面详图、干挂石材外墙平面详图、干挂石材外墙窗口节点详图

名称 干挂石材外墙立面详图、干挂石材外墙剖面详图、干挂石材外墙平面详图、干挂石材外墙窗口节点详图
索引 标准图库/02外墙/02墙身样图/墙身样图
来源 参《外装修一》06J505-1-Q15
备注 1. 石材干挂形式由幕墙提供
2. 石材尺寸、分缝大小，根据设计调整
3. 石材距离墙体距离由计算确定
4. 可开启窗扇外加装饰铁艺，能保证开启扇在各种情况下外立面的统一

建筑统一技术措施与节点构造选编

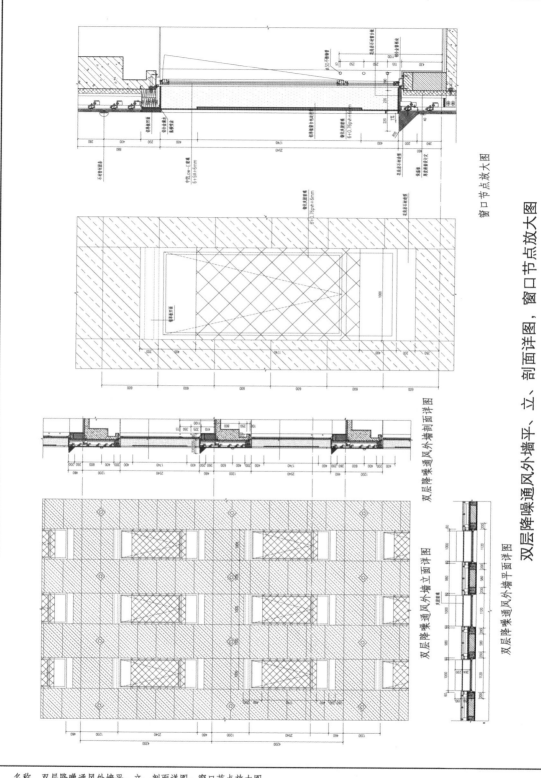

双层降噪通风外墙平、立、剖面详图，窗口节点放大图

窗口节点放大图

双层降噪通风外墙剖面详图

双层降噪通风外墙立面详图

双层降噪通风外墙平面详图

名称 双层降噪通风外墙平、立、剖面详图，窗口节点放大图
索引 标准图库/02外墙/02墙身样图/墙身样图
来源 成都电力生产调度基地A楼（08028）
备注 1. 花岗岩石材造型有反射噪声的作用
2. 钢化夹胶玻璃有阻挡噪声的作用，底部镂空配合外开的窗户，有通风的作用

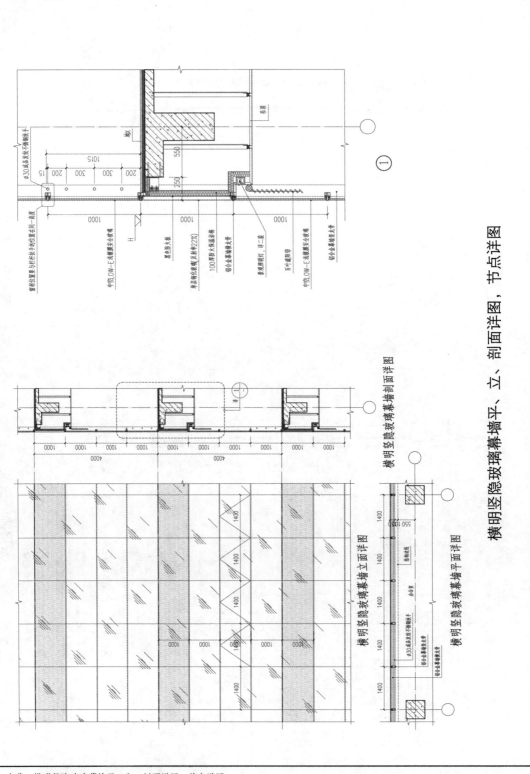

横明竖隐玻璃幕墙平、立、剖面详图，节点详图

横明竖隐玻璃幕墙剖面详图

横明竖隐玻璃幕墙立面详图

横明竖隐玻璃幕墙平面详图

名称　横明竖隐玻璃幕墙平、立、剖面详图，节点详图
索引　标准图库/02外墙/02墙身样图/墙身样图
来源　四川华电办公楼（07101-01）
备注　1. 横明竖隐式的幕墙，幕墙分缝均匀，幕墙开启方式为外开
　　　2. 注意幕墙层间防火

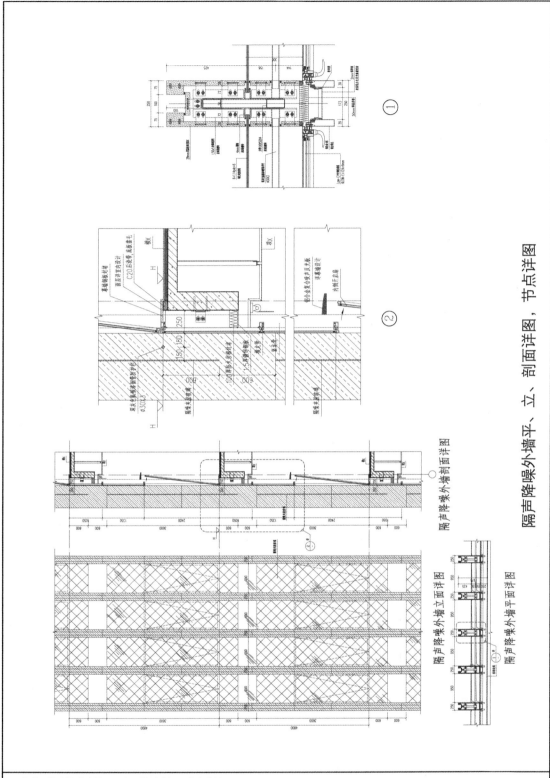

隔声降噪外墙平、立、剖面详图，节点详图

隔声降噪外墙剖面详图

隔声降噪外墙立面详图

隔声降噪外墙平面详图

名称　隔声降噪外墙平、立、剖面详图，节点详图
索引　标准图库/02外墙/02墙身样图/墙身样图
来源　四川省图书馆新馆（10058）
备注　此外墙采用两次降噪隔声的设计：最外层采用一层夹胶玻璃降噪隔声，在幕墙内倒开启扇顶部再装一层铝合金复合
　　　吸声反光板，起到再次降噪隔声的作用

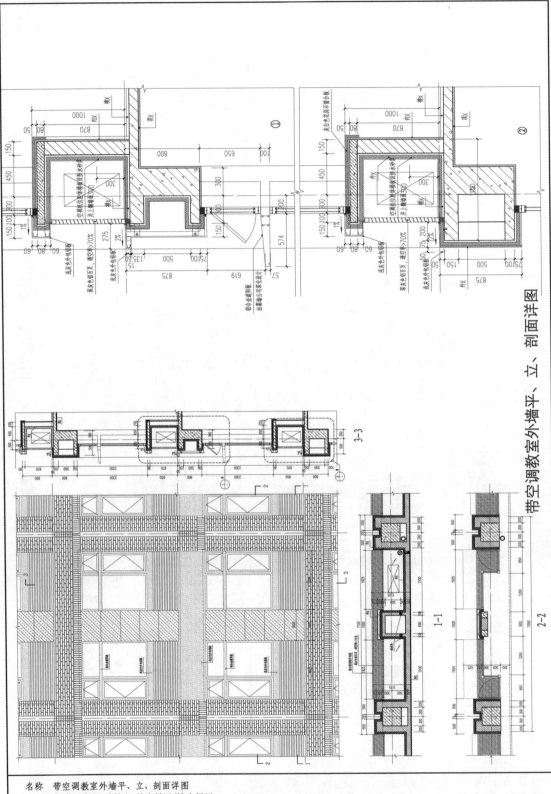

带空调教室外墙平、立、剖面详图

名称　带空调教室外墙平、立、剖面详图
索引　标准图库/02外墙/02墙身样图/墙身样图
来源　成都高新七中（09068）
备注　1. 预留外机位置，以适应社会发展的需求；若不需要外机，则原外机位置可以设计成储物柜
　　　2. 可开启窗户上方的窗户设计成内倒式开启窗户，便于铝合金百叶的清洁

外挂装饰铁艺外墙平、立、剖面详图节点详图

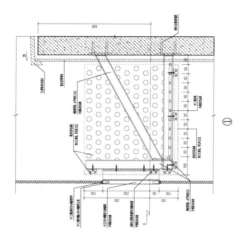

①

外挂装饰铁艺外墙剖面详图

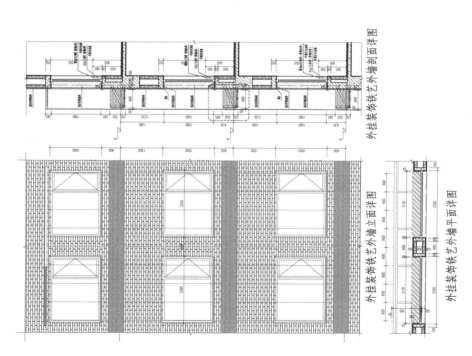

外挂装饰铁艺外墙立面详图

外挂装饰铁艺外墙平面详图

名称　外挂装饰铁艺外墙平、立、剖面详图,节点详图
索引　标准图库/02外墙/02墙身样图/墙身样图
来源　德阳市特殊教育学校（10237）
备注　外挂铁艺的装饰既可以放置空调外机,也可以放置花盆美观外墙

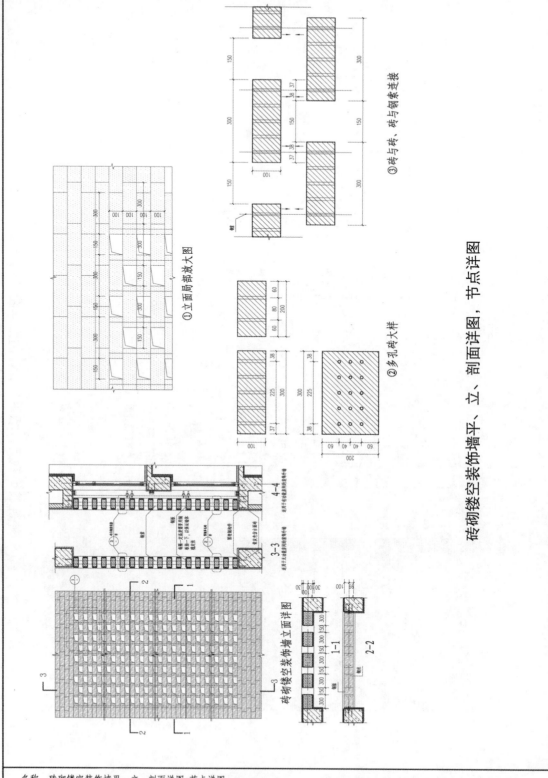

砖砌镂空装饰墙平、立、剖面详图，节点详图

①立面局部放大图

③砖与砖、砖与钢索连接

②多孔砖大样

砖砌镂空装饰墙立面详图

名称	砖砌镂空装饰墙平、立、剖面详图，节点详图
索引	标准图库/02外墙/02墙身样图/墙身样图
来源	成都裕丰汇锦城（12007）
备注	1. 镂空墙体部分每隔一定高度，需要用钢板抬一下，以保证墙体的稳定性 2. 连接各多孔砖的钢索也是为了保证墙体的稳定性

铁艺镂空装饰墙平、立、剖面详图，节点详图

单元放大图

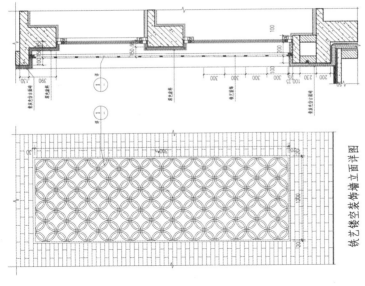

铁艺镂空装饰墙立面详图

铁艺镂空装饰墙剖面详图

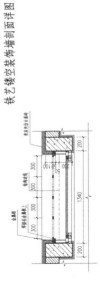

铁艺镂空装饰墙平面详图

名称　铁艺镂空装饰墙平、立、剖面详图，节点详图
索引　标准图库/02外墙/02墙身样图/墙身样图
来源　成都裕丰汇锦城（12007）
备注　1. 铁艺镂空装饰墙体适用在墙体高度比较高时；如果这种花样的装饰墙体比较矮，也可以直接用瓦片代替
　　　2. 单元之间采用焊接的方式连接

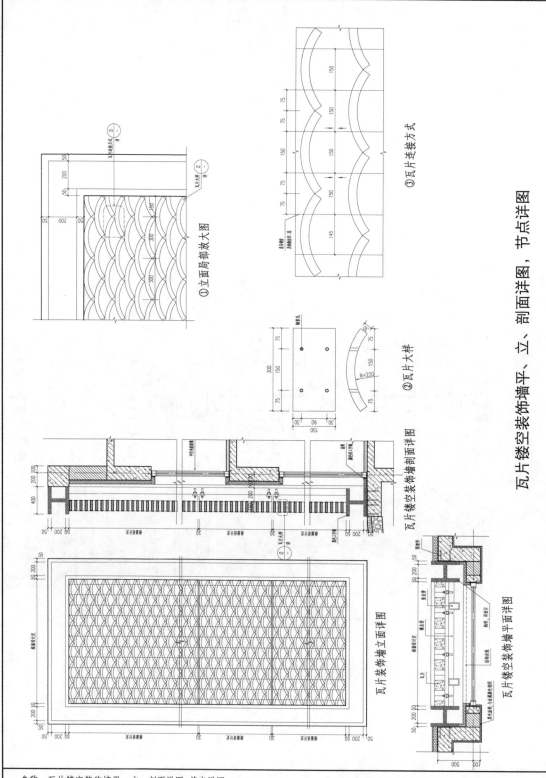

瓦片镂空装饰墙平、立、剖面详图，节点详图

① 立面局部放大图

③ 瓦片连接方式

② 瓦片大样

瓦片镂空装饰墙剖面详图

瓦片装饰墙立面详图

瓦片镂空装饰墙平面详图

名称	瓦片镂空装饰墙平、立、剖面详图，节点详图
索引	标准图库/02外墙/02墙身样图/墙身样图
来源	成都裕丰汇锦城（12007）
备注	当镂空墙较高时，使用钢板抬以及钢索两种方式固定

三　地下室

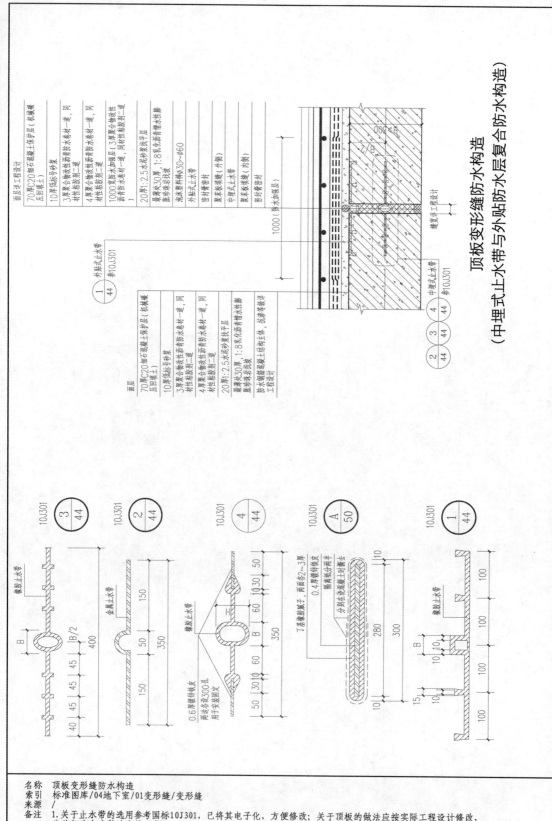

顶板变形缝防水构造
（中埋式止水带与外贴防水层复合防水构造）

面层详工程设计
70厚C20细石混凝土保护层（机械碾压回填土）
10厚隔离号砂浆
3厚聚合物改性沥青防水卷材一道，同
材性粘胶剂一道
4厚聚合物改性沥青防水卷材一道，同
材性粘胶剂一道
1000厚防水加强层：3厚聚合物改性
沥青防水卷材一道，同材性粘胶剂一道
20厚1:2.5水泥砂浆找平层
聚氨酯涂料30~60
外贴式止水带
密封膏嵌封
聚苯板填料（外侧）
中埋式止水带
聚苯板填料（内侧）
嵌封膏封
填缝详工程设计

覚详工程设计

外贴式止水带
参10J301

①
44

外贴式止水带

中埋式止水带
参10J301

②③④
44 44 44

面层
70厚C20细石混凝土保护层（机械碾压回填土）
10厚隔离号砂浆
3厚聚合物改性沥青防水卷材一道，同
材性粘胶剂一道
4厚聚合物改性沥青防水卷材一道，同
材性粘胶剂一道
20厚1:2.5水泥砂浆找平层
聚氨酯涂料
聚氨酯30厚，1:8细石沥青增水性膨胀
防水钢筋混凝土结构主体，坡度等详
工程设计

③ 44	② 44	④ 44	A 50	① 44

10J301 10J301 10J301 10J301 10J301

橡胶止水带

B
45 45 45
40   400

金属止水带

150
50 50
150 350

橡胶止水带

50 30 60 60 30 50
350
50 30 60

0.6厚镀锌铁皮
两边各冲300孔
用于夹装固定

丁基橡胶子，两面各2~3层
0.4厚镀锌铁皮
隔离纸分两半
分别在浇混凝土时撕去

110
280 300

橡胶止水带

B
10 10
15
100 100 100
10 10 10

名称 顶板变形缝防水构造
索引 标准图库/04地下室/01变形缝/变形缝
来源 /
备注 1.关于止水带的选用参考国标10J301，已将其电子化，方便修改；关于顶板的做法应按实际工程设计修改，
　　　此处仅为众多做法中的一种
　　　2.当具体项目使用该节点时，所有"详工程设计"等通用描述部位的做法及尺寸应按该项目实际设计做法及
　　　尺寸表达，不应采用范围表达

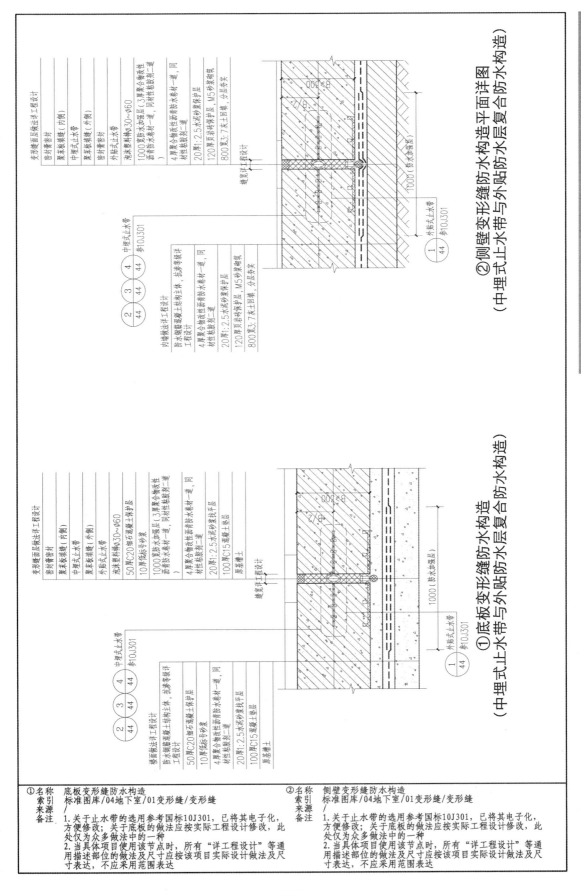

②侧壁变形缝防水构造平面详图
（中埋式止水带与外贴防水层层复合防水构造）

变形缝面层详法详工程设计

密封膏密封

聚苯板填缝（内侧）

中埋式止水带

聚苯板填缝（外侧）

密封膏密封

外贴式止水带

泡沫塑料棒¢30~¢60

1000宽防水加强层（3厚聚合物改性沥青防水卷材一道，同材性粘胶剂一道

4厚聚合物改性沥青防水卷材一道，同

20厚1:2.5水泥砂浆保护层

120厚页岩砖保护层，M5砂浆砌筑

800宽3:7灰土回填，分层夯实

缝宽详工程设计

外贴式止水带 参10J301

中埋式止水带 参10J301

内墙板法详工程设计

防水钢筋混凝土墙详主体构注，抗渗等级详工程设计

4厚聚合物改性沥青防水卷材一道，同材性粘胶剂一道

20厚1:2.5水泥砂浆保护层

120厚页岩砖保护层，M5砂浆砌筑

800宽3:7灰土回填，分层夯实

①底板变形缝防水构造
（中埋式止水带与外贴防水层层复合防水构造）

变形缝面层法详工程设计

密封膏密封

聚苯板填缝（内侧）

中埋式止水带

聚苯板填缝（外侧）

密封膏密封

外贴式止水带

泡沫塑料棒¢30~¢60

50厚C20细石混凝土保护层

10厚隔离号砂浆

1000宽防水加强层（3厚聚合物改性沥青防水卷材一道，同材性粘胶剂一道

4厚聚合物改性沥青防水卷材一道，同

材性粘胶剂一道

20厚1:2.5水泥砂浆找平层

100厚C15混凝土垫层

原基槽土

缝宽详工程设计

外贴式止水带 参10J301

中埋式止水带 参10J301

楼面板法详工程设计

防水钢筋混凝土墙详主体构注主体，抗渗等级详工程设计

50厚C20细石混凝土保护层

10厚隔离号砂浆

4厚聚合物改性沥青防水卷材一道

20厚1:2.5水泥砂浆找平层

100厚C15混凝土垫层

原基槽土

①	名称	底板变形缝防水构造
	索引	标准图库/04地下室/01变形缝/变形缝
	来源	/
	备注	1.关于止水带的选用参考国标10J301，已将其电子化，方便修改；关于底板的做法应按实际工程设计修改，此处仅为众多做法中的一种 2.当具体项目使用该节点时，所有"详工程设计"等通用描述部位的做法及尺寸应按该项目实际设计做法及尺寸表达，不应采用范围表达

②	名称	侧壁变形缝防水构造
	索引	标准图库/04地下室/01变形缝/变形缝
	来源	/
	备注	1.关于止水带的选用参考国标10J301，已将其电子化，方便修改；关于底板的做法应按实际工程设计修改，此处仅为众多做法中的一种 2.当具体项目使用该节点时，所有"详工程设计"等通用描述部位的做法及尺寸应按该项目实际设计做法及尺寸表达，不应采用范围表达

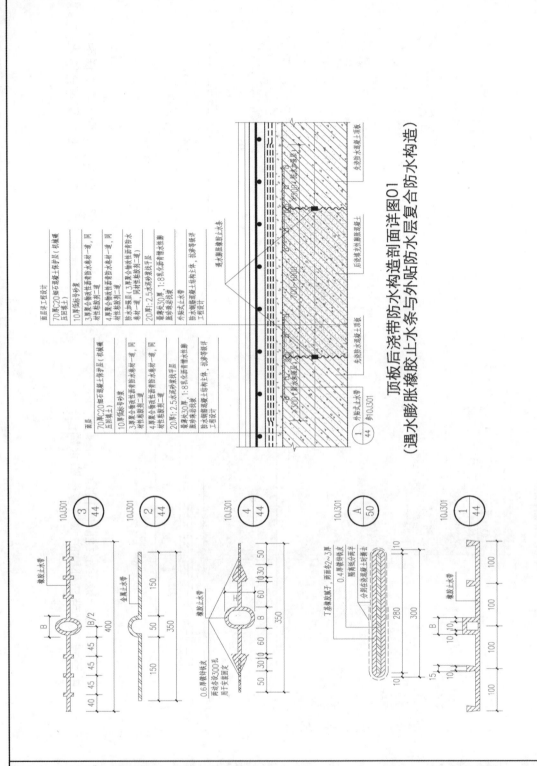

顶板后浇带防水构造剖面详图01
（遇水膨胀橡胶止水条与外贴防水层复合防水构造）

名称	顶板后浇带防水构造剖面详图01
索引	标准图库/04地下室/02后浇带/后浇带
来源	/
备注	1.关于止水带的选用参考国标10J301，已将其电子化，方便修改；关于底板的做法应按实际工程设计修改，此处仅为众多做法中的一种。
	2.当具体项目使用该节点时，所有"详工程设计"等通用描述部位的做法及尺寸应按该项目实际设计做法及尺寸表达，不应采用范围表达。

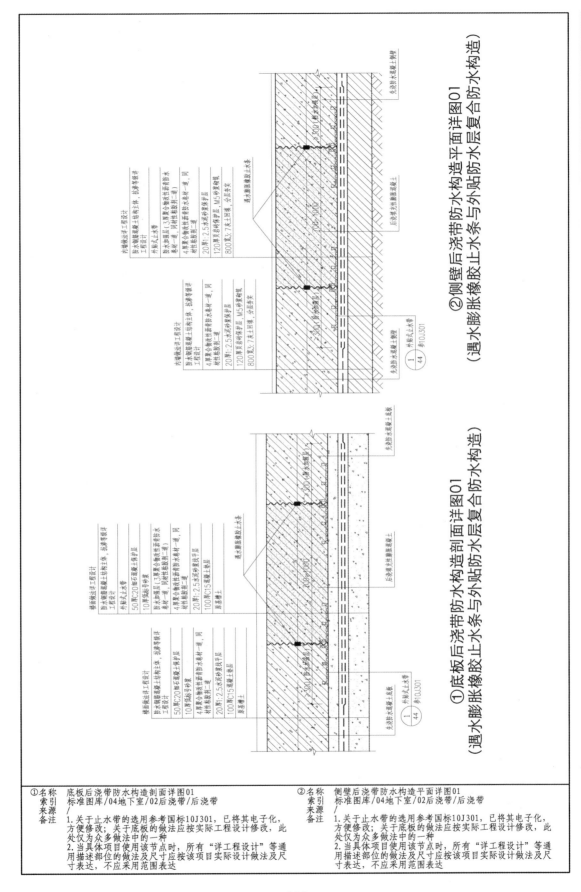

①底板后浇带防水构造剖面详图01
(遇水膨胀橡胶止水条与外贴防水层复合防水构造)

②侧壁后浇带防水构造平面详图01
(遇水膨胀橡胶止水条与外贴防水层复合防水构造)

①	名称	底板后浇带防水构造剖面详图01
	索引来源	标准图库/04地下室/02后浇带/后浇带
	备注	1.关于止水带的选用参考国标10J301,已将其电子化,方便修改;关于底板的做法应按实际工程设计修改,此处仅为众多做法中的一种 2.当具体项目使用该节点时,所有"详工程设计"等通用描述部位的做法及尺寸应按该项目实际设计做法及尺寸表达,不应采用范围表达

②	名称	侧壁后浇带防水构造平面详图01
	索引来源	标准图库/04地下室/02后浇带/后浇带
	备注	1.关于止水带的选用参考国标10J301,已将其电子化,方便修改;关于底板的做法应按实际工程设计修改,此处仅为众多做法中的一种 2.当具体项目使用该节点时,所有"详工程设计"等通用描述部位的做法及尺寸应按该项目实际设计做法及尺寸表达,不应采用范围表达

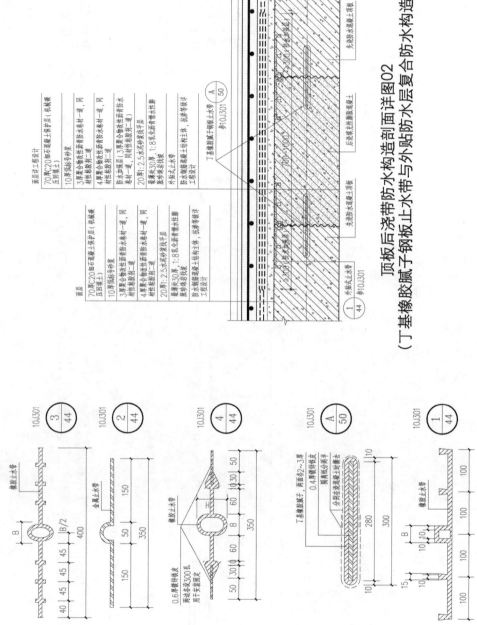

顶板后浇带防水构造剖面详图02
（丁基橡胶腻子钢板止水带与外贴防水层复合防水构造）

名称　顶板后浇带防水构造剖面详图02
索引　标准图库/04地下室/02后浇带/后浇带
来源　/
备注　1.关于止水带的选用参考国标10J301，已将其电子化，方便修改；关于底板的做法应按实际工程设计修改，此处仅为众多做法中的一种
　　　2.当具体项目使用该节点时，所有"详工程设计"等通用描述部位的做法及尺寸应按该项目实际设计做法及尺寸表达，不应采用范围表达

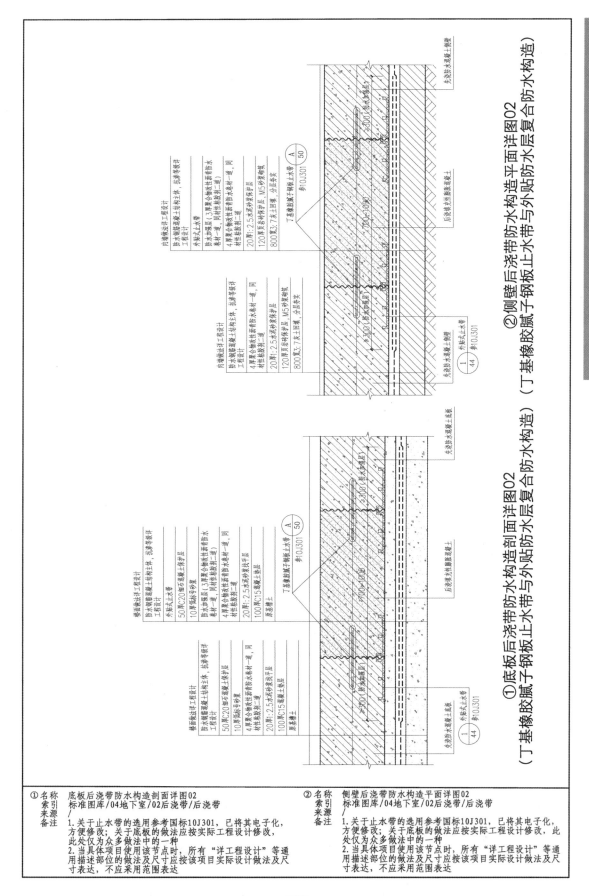

①底板后浇带防水构造剖面详图02
（丁基橡胶腻子钢板止水带与外贴防水层复合防水构造）

②侧壁后浇带防水构造平面详图02
（丁基橡胶腻子钢板止水带与外贴防水层复合防水构造）

①	名称	底板后浇带防水构造剖面详图02
	索引来源	标准图库/04地下室/02后浇带/后浇带
		/
	备注	1. 关于止水带的选用参考国标10J301，已将其电子化，方便修改；关于底板的做法应按实际工程设计修改，此处仅为众多做法中的一种
		2. 当具体项目使用该节点时，所有"详工程设计"等通用描述部位的做法及尺寸应按该项目实际设计做法及尺寸表达，不应采用范围表达

②	名称	侧壁后浇带防水构造平面详图02
	索引来源	标准图库/04地下室/02后浇带/后浇带
		/
	备注	1. 关于止水带的选用参考国标10J301，已将其电子化，方便修改；关于底板的做法应按实际工程设计修改，此处仅为众多做法中的一种
		2. 当具体项目使用该节点时，所有"详工程设计"等通用描述部位的做法及尺寸应按该项目实际设计做法及尺寸表达，不应采用范围表达

295

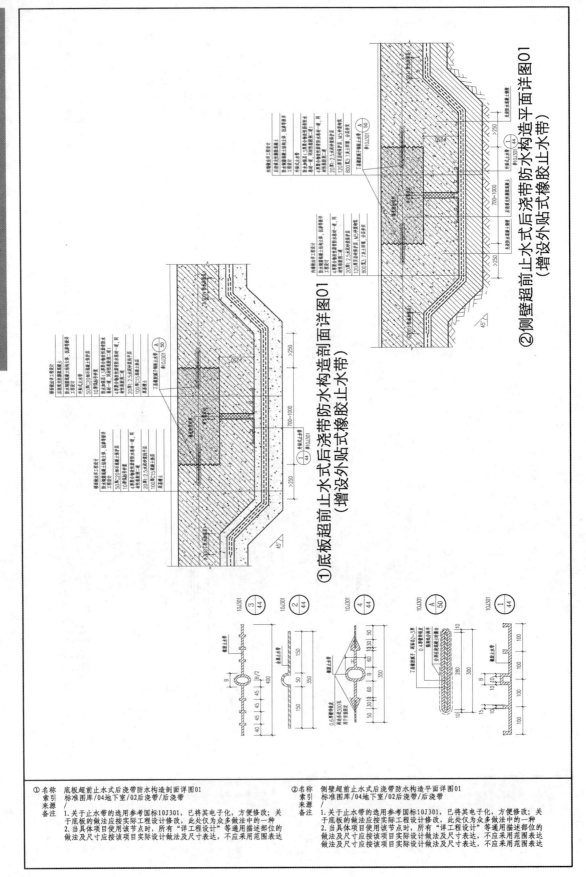

① 底板超前止水式后浇带防水构造剖面详图01
（增设外贴式橡胶止水带）

② 侧壁超前止水式后浇带防水构造平面详图01
（增设外贴式橡胶止水带）

① 名称	底板超前止水式后浇带防水构造剖面详图01
索引	
来源	标准图库/04地下室/02后浇带/后浇带
备注	1.关于止水带的选用参考国标10J301，已将其电子化，方便修改；关于底板的做法应按实际工程设计修改，此处仅为众多做法中的一种
	2.当具体项目使用该节点时，所有"详工程设计"等通用描述部位的做法及尺寸应按该项目实际设计做法及尺寸表达，不应采用范围表达

② 名称	侧壁超前止水式后浇带防水构造平面详图01
索引	
来源	标准图库/04地下室/02后浇带/后浇带
备注	1.关于止水带的选用参考国标10J301，已将其电子化，方便修改；关于底板的做法应按实际工程设计修改，此处仅为众多做法中的一种
	2.当具体项目使用该节点时，所有"详工程设计"等通用描述部位的做法及尺寸应按该项目实际设计做法及尺寸表达，不应采用范围表达
	做法及尺寸应按该项目实际设计做法及尺寸表达，不应采用范围表达

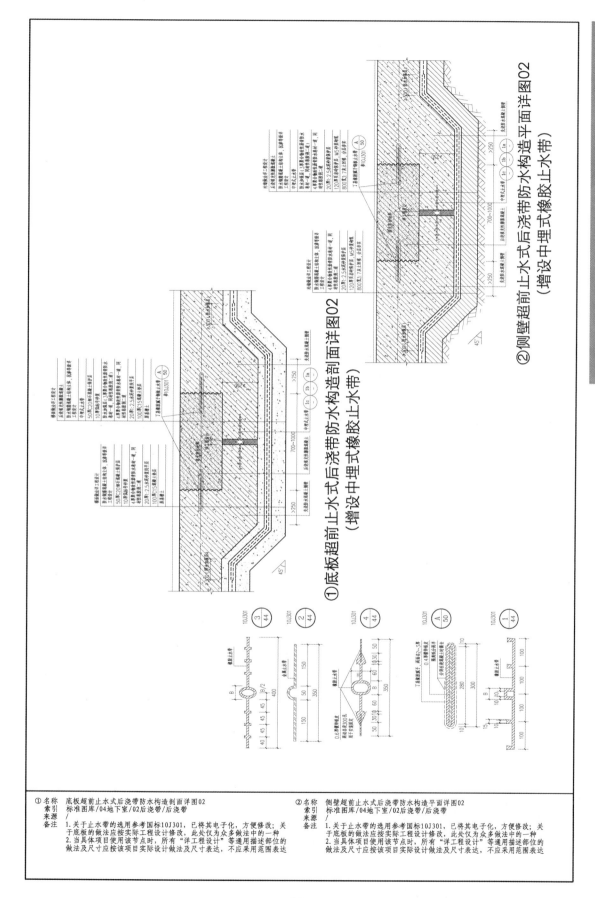

①底板超前止水式后浇带防水构造剖面详图02
（增设中埋式橡胶止水带）

②侧壁超前止水式后浇带防水构造平面详图02
（增设中埋式橡胶止水带）

①	名称	底板超前止水式后浇带防水构造剖面详图02
	索引	标准图库/04地下室/02后浇带/后浇带
	来源	/
	备注	1. 关于止水带的选用参考国标10J301，已将其电子化，方便修改；关于底板的做法应按实际工程设计修改，此处仅为众多做法中的一种
		2. 当具体项目使用该节点时，所有"详工程设计"等通用描述部位的做法及尺寸应按该项目实际设计做法及尺寸表达，不应采用范围表达

②	名称	侧壁超前止水式后浇带防水构造平面详图02
	索引	标准图库/04地下室/02后浇带/后浇带
	来源	/
	备注	1. 关于止水带的选用参考国标10J301，已将其电子化，方便修改；关于底板的做法应按实际工程设计修改，此处仅为众多做法中的一种
		2. 当具体项目使用该节点时，所有"详工程设计"等通用描述部位的做法及尺寸应按该项目实际设计做法及尺寸表达，不应采用范围表达

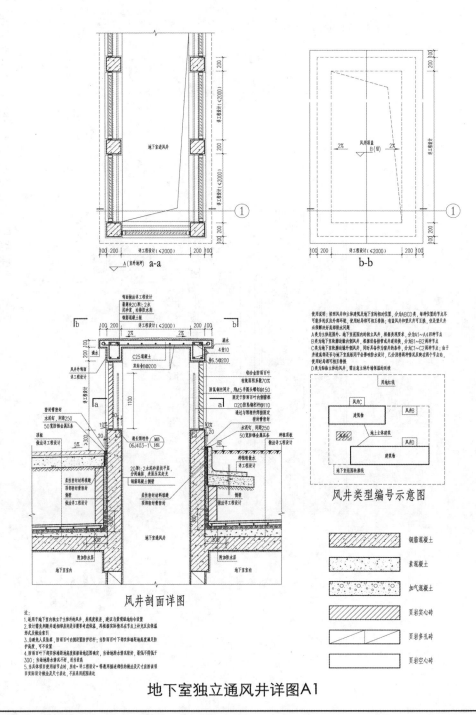

地下室独立通风井详图A1

名称	地下室独立通风井详图A1
索引	标准图库/04地下室/06孔口/风井
来源	/
备注	当具体项目使用该节点时，所有"详工程设计"等通用描述部位的做法及尺寸应按该项目实际设计做法及尺寸表达，不应采用范围表达；节点中颜色描述可根据项目情况修改

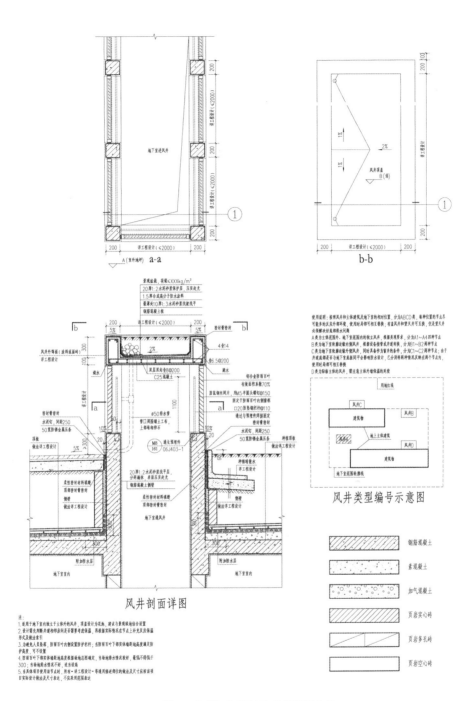

风井剖面详图

风井类型编号示意图

地下室独立通风井详图A2

名 称	地下室独立通风井详图A2
索 引	标准图库/04地下室/06孔口/风井
来 源	/
备 注	当具体项目使用该节点时，所有"详工程设计"等通用描述部位的做法及尺寸应按该项目实际设计做法及尺寸表达，不应采用范围表达；节点中颜色描述可根据项目情况修改

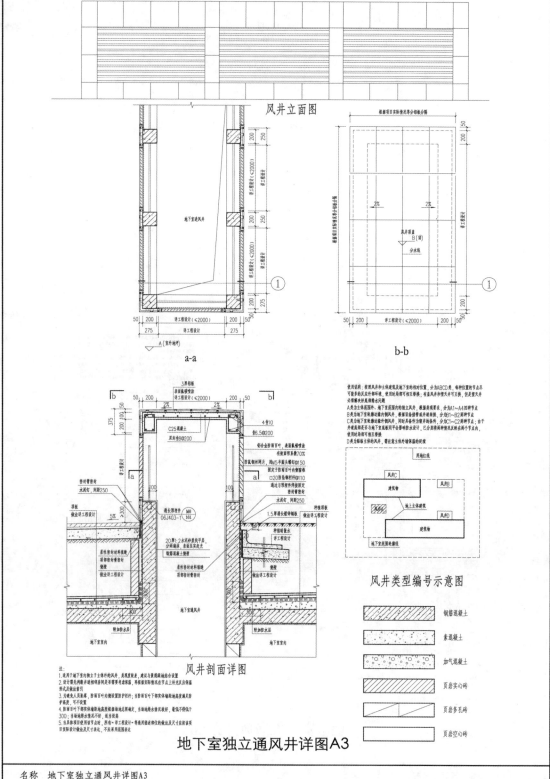

风井立面图

a-a

b-b

风井剖面详图

风井类型编号示意图

	钢筋混凝土
	素混凝土
	加气混凝土
	页岩实心砖
	页岩多孔砖
	页岩空心砖

注:
1.适用于地下室内独立于主体外的风井,其观感效果,建议与素混凝土地合设置。
2.设计需充判断外墙抹保护层是否需要考虑保温,再根据实际情况在节点上补充无压力外保温等风道做法。
3.为收免人员坠落,距井百叶内侧应置坠护栏杆;当距井百叶下部至外体墙距地高度及防护高度,可不设置。
4.距井百叶下部至体墙距地高度视根据场地实际确定,当场地排水情况较好时,顶面可相应低于300;当场地排水情况不同,适当提高。
5.凡具体项目使用该节点时,所有"详工程设计"等通用描述部位的做法及尺寸应按该项目实际设计做法及尺寸表达,不应采用范围表达。

地下室独立通风井详图A3

名称	地下室独立通风井详图A3
索引	标准图库/04地下室/06孔口/风井
来源	/
备注	当具体项目使用该节点时,所有"详工程设计"等通用描述部位的做法及尺寸应按该项目实际设计做法及尺寸表达,不应采用范围表达;节点中颜色描述可根据项目情况修改

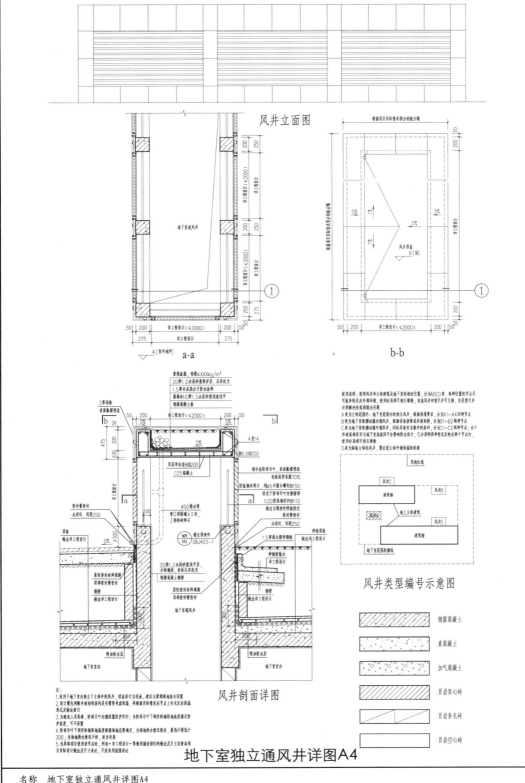

风井立面图

b-b

风井剖面详图

风井类型编号示意图

钢筋混凝土

素混凝土

加气混凝土

页岩实心砖

页岩多孔砖

页岩空心砖

地下室独立通风井详图A4

名称	地下室独立通风井详图A4
索引	标准图库/04地下室/06孔口/风井
来源	/
备注	当具体项目使用该节点时,所有"详工程设计"等通用描述部位的做法及尺寸应按该项目实际设计做法及尺寸表达,不应采用范围表达;节点中颜色描述可根据项目情况修改

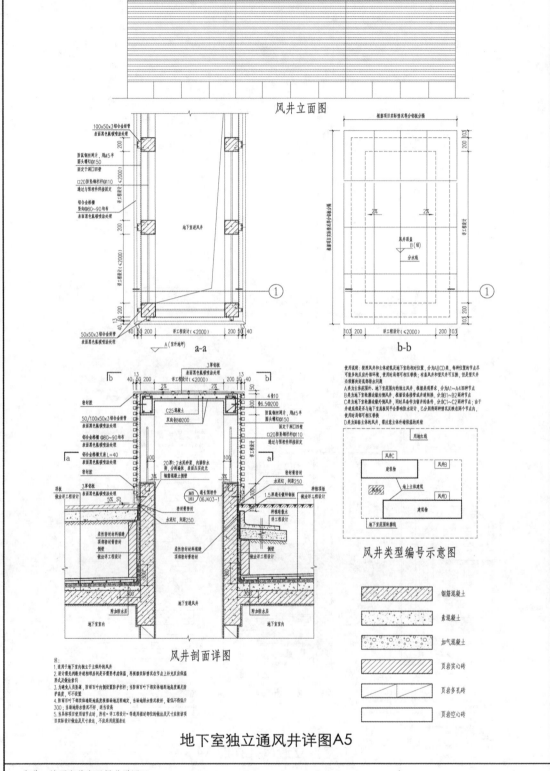

风井立面图

a-a

b-b

风井剖面详图

风井类型编号示意图

使用说明：按照风井和主体建筑及地下室的相对位置，分为ABCD类，各种位置的节点尽可能都解决好疏导部分雨水问题

A类为主体范围外、地下室范围内的独立风井，根据典观要求，分为从A1~A4四种节点

B类为地下室范围外的风井，根据设备接管要求而确定放置，分别A1~B2两种节点

C类为地下室范围外的风井，同时具备作为排出烟的作用，分别A1~C2两种节点；由于井建筑细部和与地下室混凝板同步参的防水设计，已分别各种情况以及在两个节点内，使用时请相互参照

D类为贴着主体的风井，需注意主体外墙面保温的处理

	钢筋混凝土
	素混凝土
	加气混凝土
	页岩实心砖
	页岩多孔砖
	页岩空心砖

注：
1.适用于地下室内的独立于主体外的风井
2.设计请处风井根部材料多列是否需要考虑保温，再根据实际情况在节点上补充层及防结露形式及做法意图
3.为避免人员坠落，防雨百叶的侧设置防护栏杆；当防雨百叶下的实体墙距地高度满足防护高度，可不设置
4.防雨百叶下部实体墙距地高度视根部结底高确定，当遇地防水情况下时，最低不得低于300；当地块排水满足，逃当放宽
5.当具体项目使用该图节点时，所有"详工程设计"等通用描述部位的做法及尺寸应按该项目实际设计做法及尺寸表达，不应采用范围表达

地下室独立通风井详图A5

名称　地下室独立通风井详图A5
索引　标准图库/04地下室/06孔口/风井
来源　/
备注　1.当具体项目使用该节点时，所有"详工程设计"等通用描述部位的做法及尺寸应按该项目实际设计做法及尺寸表达，不应采用范围表达；节点中颜色描述可根据项目情况修改
　　　2.该风井百叶因效果原因，非防雨百叶，固需考虑飘雨问题，风井内侧壁及底部应有防水排水措施

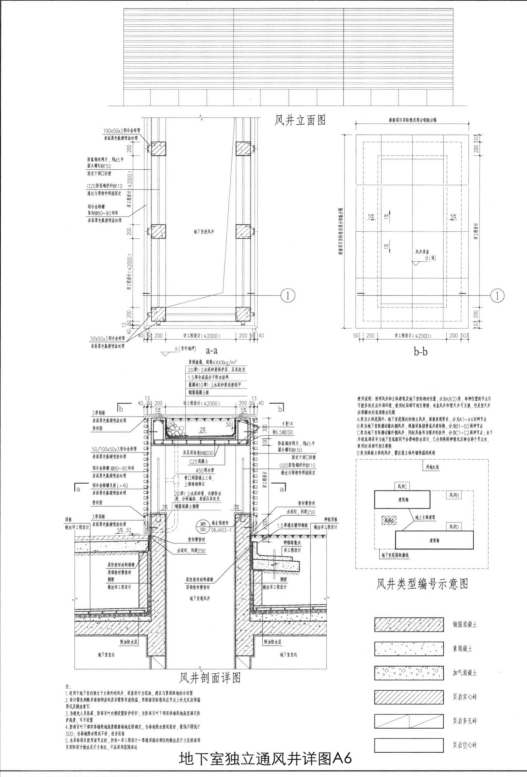

风井立面图

a-a

b-b

风井剖面详图

风井类型编号示意图

使用说明：按照风井和主体建筑及地下室的相对位置，分为ABCD四类，每种位置的节点尽可能多的应用在该环境，使用时根据相互环境，有直风井和弯风井的区别，有直接重大并必须整体改好应整体改好的应改好问题

A类为主体范围外的独立风井，根据需要，分为A1~A4四种节点
B类为地下室地范围的弯风井，根据安装管道环境，分为B1~B2两种节点
C类为地下室地范围的直风井，根据安装管道环境，分为C1~C2两种节点，由于井道底部需与地下室底板和平合整整整放放好好，C分两种情况区别放在两个不点，使用时应当可相互替换

D类为贴主体的风井，靠近主体地墙体温的风井

钢筋混凝土

素混凝土

加气混凝土

页岩实心砖

页岩多孔砖

页岩空心砖

地下室独立通风井详图A6

名称	地下室独立通风井详图A6
索引	标准图库/04地下室/06孔口/风井
来源	/
备注	1.当具体项目使用该节点时，所有"详工程设计"等通用描述部位的做法及尺寸应按该项目实际设计做法及尺寸表达，不应采用范围表达；节点中颜色描述可根据项目情况修改 2.该风井百叶效果原因，非防雨百叶，固需考虑飘雨问题，风井内侧壁及底部应有防水排水措施

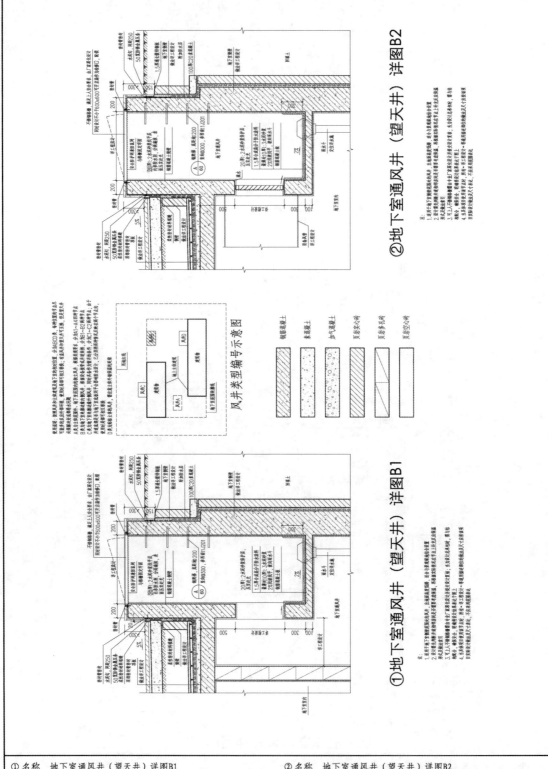

②地下室通风井（望天井）详图B2

①地下室通风井（望天井）详图B1

风井类型编号示意图

	①	名称	地下室通风井（望天井）详图B1
		索引	标准图库/04地下室/06孔口/风井
		来源	/
		备注	当具体项目使用该节点时，所有"详工程设计"等通用 描述部位的做法及尺寸应按该项目实际设计做法及尺寸 表达，不应采用范围表达；节点中颜色描述可根据项目 情况修改

	②	名称	地下室通风井（望天井）详图B2
		索引	标准图库/04地下室/06孔口/风井
		来源	/
		备注	当具体项目使用该节点时，所有"详工程设计"等通用 描述部位的做法及尺寸应按该项目实际设计做法及尺寸 表达，不应采用范围表达；节点中颜色描述可根据项目 情况修改

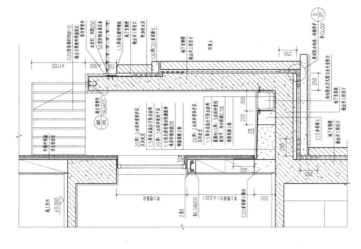

①地下室通风井（望天井）详图C1

②地下室窗井C2

风井类型编号示意图

①	名称	地下室通风井（望天井）详图C1
	索引	标准图库/04地下室/06孔口/风井
	来源	/
	备注	当具体项目使用该节点时，所有"详工程设计"等通用描述部位的做法及尺寸应按该项目实际设计做法及尺寸表达，不应采用范围表达；节点中颜色描述可根据项目情况修改

②	名称	地下室窗井C2
	索引	标准图库/04地下室/06孔口/风井
	来源	/
	备注	当具体项目使用该节点时，所有"详工程设计"等通用描述部位的做法及尺寸应按该项目实际设计做法及尺寸表达，不应采用范围表达；节点中颜色描述可根据项目情况修改

使用说明：按照风井和主体建筑及地下室的相对位置，分为ABCD类，每种位置的节点尽可能多的反应外部环境。使用时局部可相互替换；有盖风井和望天井可互换，但是望天井必须解决好底部排水问题

A类为主体范围外，地下室范围内的独立风井，根据其要求，分为A1～A4四种节点
B类为地下室轮廓墙内侧风井，根据设备接管及井道环境，分为B1～B2两种节点
C类为地下室轮廓墙边缘外侧风井，同时具备作为窗井的条件，分为C1～C2两种节点；由于井底局部与其与地下室底板封口平会影响防水设计，已分别将两种情况反映在两个节点内，使用时局部可相互替换
D类为贴临主体的风井，需注意主体外墙保温的延续

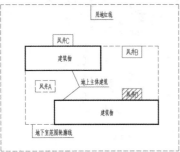

风井类型编号示意图

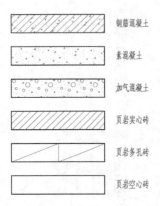

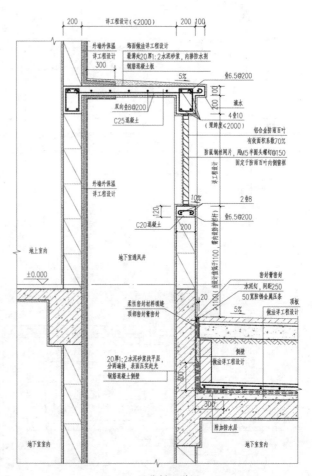

风井剖面详图

注：
1.适用于地下室通风井在地面以上贴临建筑主体的情况
2.设计需先判断井道相邻房间是否需要考虑保温，再根据实际情况在节点上补充反应保温形式及做法索引
3.为避免人员坠落，防雨百叶内侧设置修护栏杆；当防雨百叶下部实体墙距地高度满足防护高度，可不设置
4.防雨百叶下部实体墙距地高度根据场地总图确定，当场地地排水情况较好，最低不得低于300；当场地排水情况不好，适当设高
5.当具体项目使用该节点时，所有"详工程设计"等通用描述部位的做法及尺寸应按该项目实际设计做法及尺寸表达，不应采用范围表达

地下室通风井详图D1

名称	地下室通风井详图D1
索引	标准图库/04地下室/06孔口/风井
来源	/
备注	当具体项目使用该节点时，所有"详工程设计"等通用描述部位的做法及尺寸应按该项目实际设计做法及尺寸表达，不应采用范围表达；节点中颜色描述可根据项目情况修改

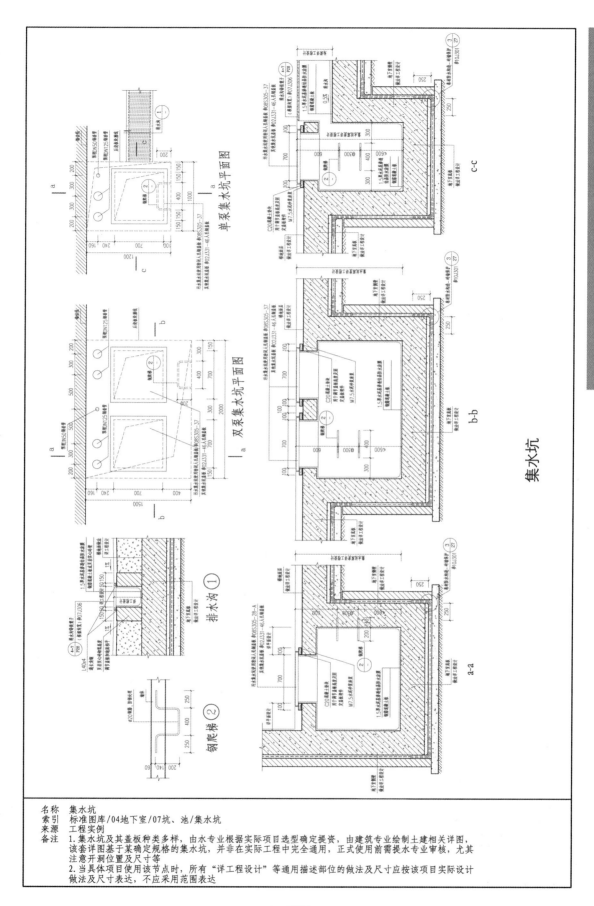

集水坑

名 称	集水坑
索 引	标准图库/04地下室/07坑、池/集水坑
来 源	工程实例
备 注	1. 集水坑及其盖板种类多样，由水专业根据实际项目选型确定提资，由建筑专业绘制土建相关详图，该套详图基于某确定规格的集水坑，并非在实际工程中完全通用，正式使用前需提水专业审核，尤其注意开洞位置及尺寸等 2. 当具体项目使用该节点时，所有"详工程设计"等通用描述部位的做法及尺寸应按该项目实际设计做法及尺寸表达，不应采用范围表达

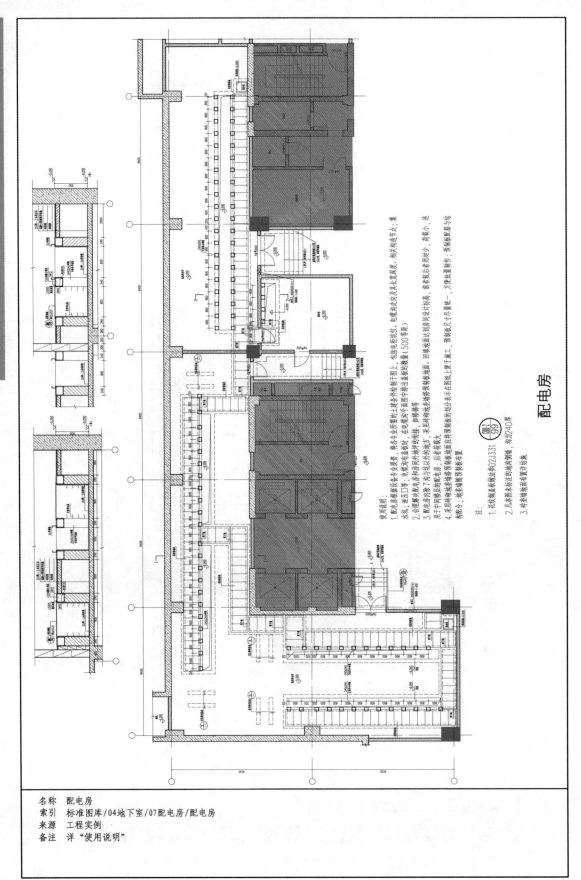

配电房

使用说明：
1. 配电房根据设备专业提条件、各专业所需的土建条件绘制于图上，包括电柜柜位、电柜轴向及其长宽高度、相关构造节点、集水坑、进压口等；电缆沟有盖板，在电缆平面图需画出套管的数量（500毫米）。
2. 合理解决配电房内外地坪的衔接，加斜坡等。
3. 配电房内需予与与坑的场的地方，采用有制造予墙需预制板墙盖。

4. 采用砌砖地坡制造的电房，后者有需状。
用于中间楼通的地坡需求……划分本本图纸上不差整量一，预制板尺寸量量作，方便配套制作与场。
构配合：地坡盖砌墙预制板布置

注：
1. 名钢主板钢注参02J331 淀02/99
2. 凡本图未标注的地砖为砖砌墙，均为240厚
3. 砖砌墙面的地砖面置详结算底。

名称　　配电房
索引　　标准图库/04地下室/07配电房/配电房
来源　　工程实例
备注　　详"使用说明"

308

四

栏杆
杆栏
栏板

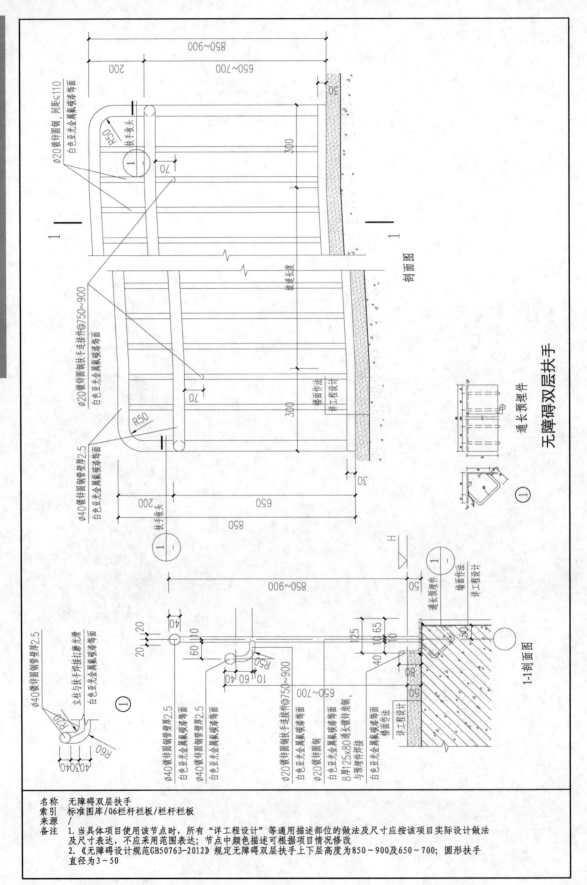

无障碍双层扶手

名称	无障碍双层扶手
索引	标准图库/06栏杆栏板/栏杆栏板
来源	/
备注	1.当具体项目使用该节点时，所有"详工程设计"等通用描述部位的做法及尺寸应按该项目实际设计做法及尺寸表达，不应采用范围表达；节点中颜色描述可根据项目情况修改 2.《无障碍设计规范GB50763-2012》规定无障碍双层扶手上下层高度为850~900及650~700；圆形扶手直径为3~50

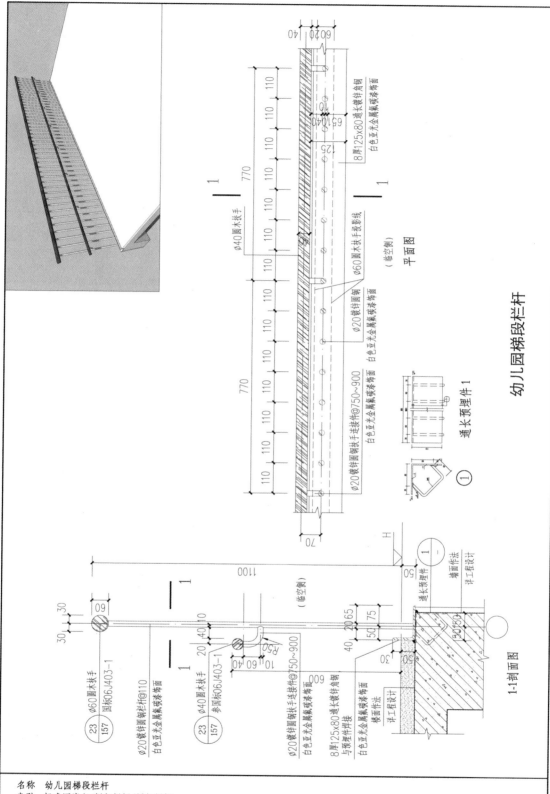

幼儿园梯段栏杆

平面图
（临空侧）

通长预埋件1

①

1-1剖面图

Φ60圆木扶手
国标06J403-1
Φ20镀锌圆钢栏杆@110
白色亚光全属氟碳漆饰面
Φ40圆木扶手
参国标06J403-1
Φ20镀锌圆钢扶手连接件@750~900
白色亚光全属氟碳漆饰面
8厚125x80通长镀锌角钢
与预埋件焊接
白色亚光全属氟碳漆饰面
楼面作法
详工程设计

通长预埋件
墙面作法
详工程设计

名称　幼儿园梯段栏杆
索引　标准图库/06栏杆栏板/栏杆栏板
来源　/
备注　1.当具体项目使用该节点时，所有"详工程设计"等通用描述部位的做法及尺寸应按该项目实际设计做法及
　　　尺寸表达，不应采用范围表达；节点中颜色描述可根据项目情况修改
　　　2.《托儿所、幼儿园建筑设计规范JGJ39-2016》规定应在梯段两侧设幼儿园扶手，高度宜为600；平台栏杆无此要求

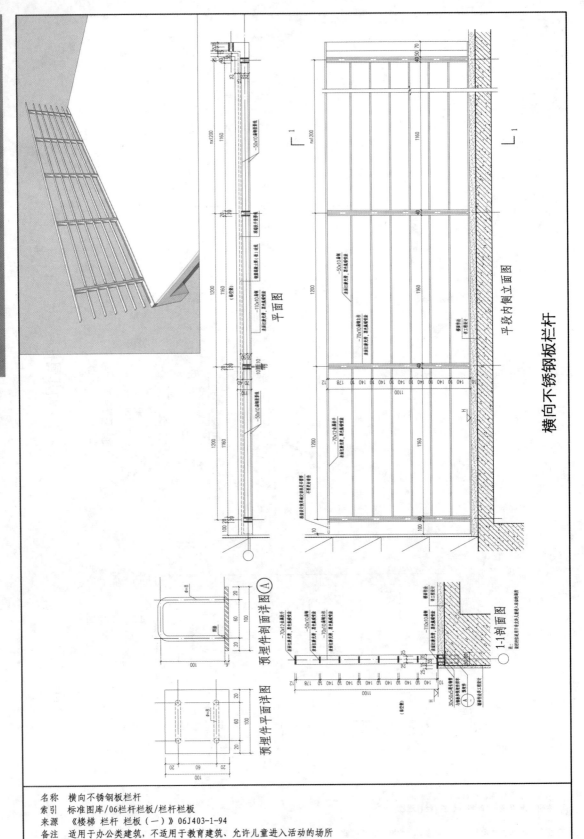

横向不锈钢板栏杆

平面图

平段内侧立面图

预埋件剖面详图 (A)

预埋件平面详图

1-1剖面图

名称	横向不锈钢板栏杆
索引	标准图库/06栏杆栏板/栏杆栏板
来源	《楼梯 栏杆 栏板（一）》06J403-1-94
备注	适用于办公类建筑，不适用于教育建筑、允许儿童进入活动的场所

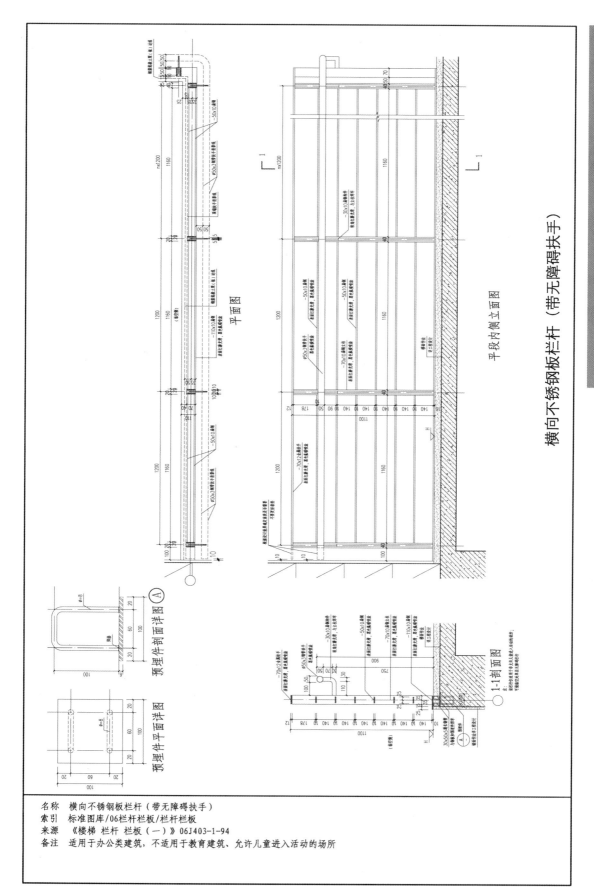

横向不锈钢板栏杆（带无障碍扶手）

名称　横向不锈钢板栏杆（带无障碍扶手）
索引　标准图库/06栏杆栏板/栏杆栏板
来源　《楼梯 栏杆 栏板（一）》06J403-1-94
备注　适用于办公类建筑，不适用于教育建筑、允许儿童进入活动的场所

313

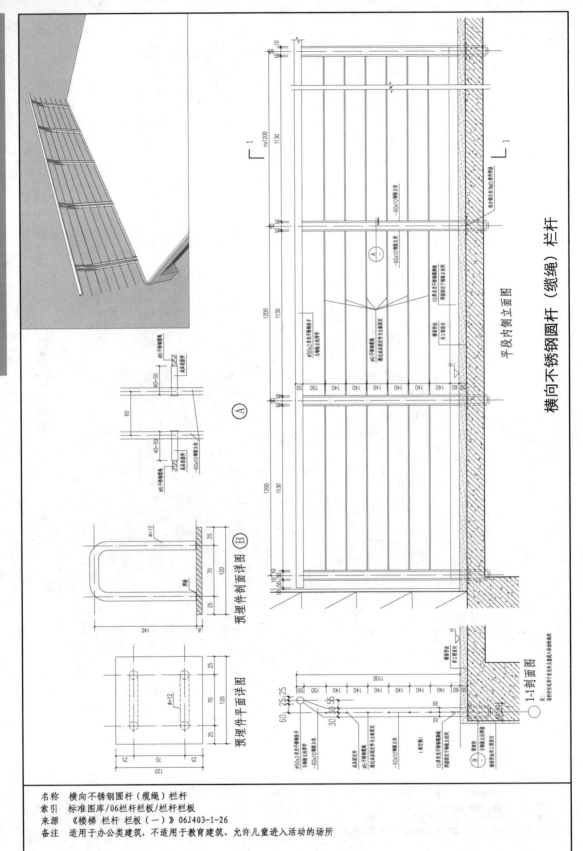

横向不锈钢圆杆（缆绳）栏杆

名称	横向不锈钢圆杆（缆绳）栏杆
索引	标准图库/06栏杆栏板/栏杆栏板
来源	《楼梯 栏杆 栏板（一）》06J403-1-26
备注	适用于办公类建筑，不适用于教育建筑、允许儿童进入活动的场所

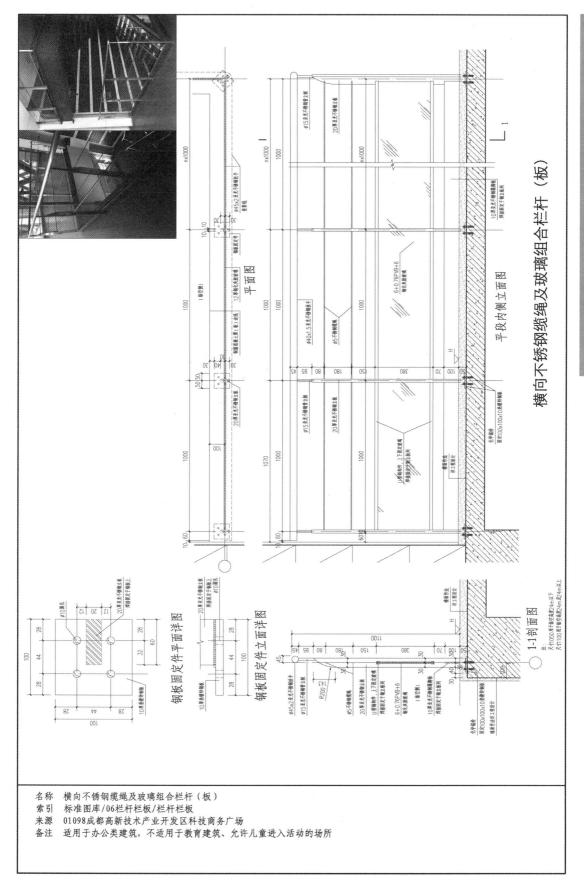

横向不锈钢缆绳及玻璃组合栏杆（板）

平面图

平段内侧立面图

钢板固定件平面详图

钢板固定件立面详图

1-1剖面图

名称　横向不锈钢缆绳及玻璃组合栏杆（板）
索引　标准图库/06栏杆栏板/栏杆栏板
来源　01098成都高新技术产业开发区科技商务广场
备注　适用于办公类建筑，不适用于教育建筑、允许儿童进入活动的场所

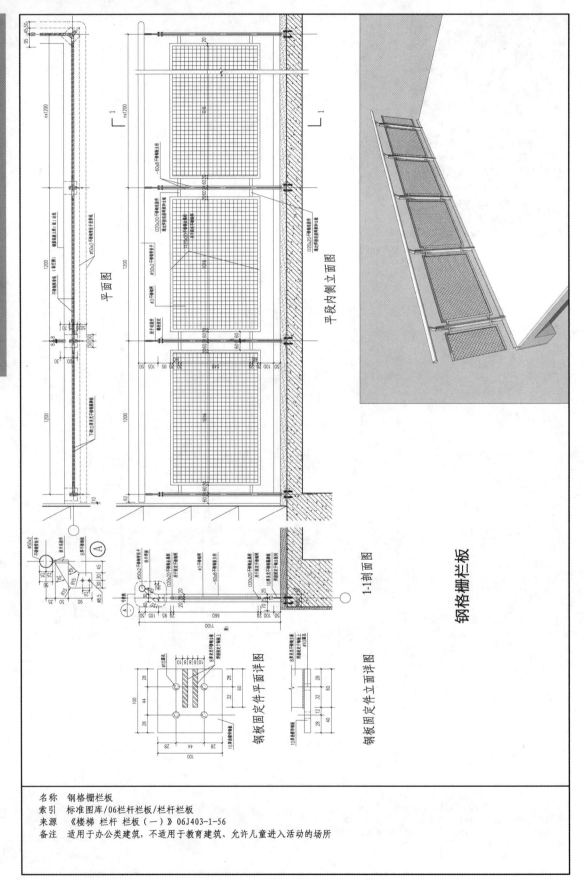

钢格栅栏板

名称	钢格栅栏板
索引	标准图库/06栏杆栏板/栏杆栏板
来源	《楼梯 栏杆 栏板（一）》06J403-1-56
备注	适用于办公类建筑，不适用于教育建筑、允许儿童进入活动的场所

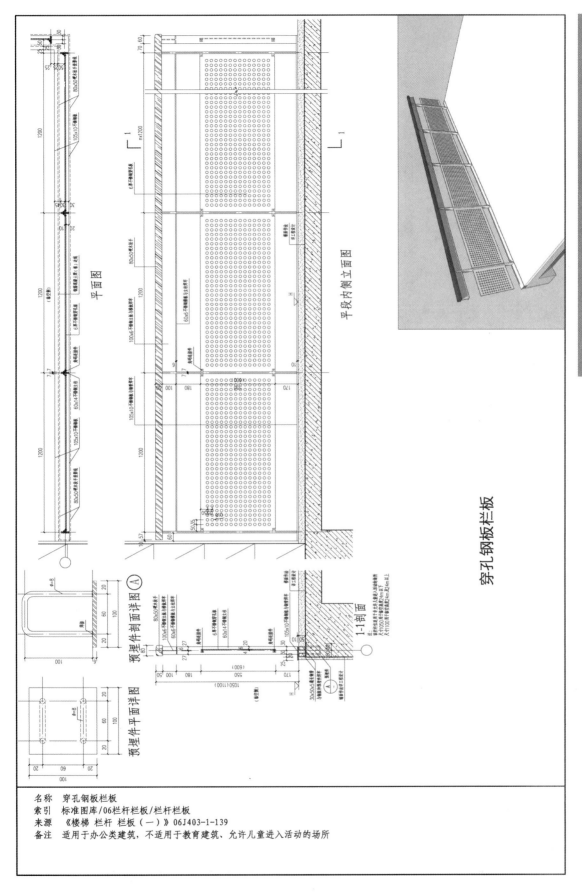

平面图

平段内侧立面图

预埋件剖面详图 Ⓐ

预埋件平面详图

1-1剖面

穿孔钢板栏板

名称	穿孔钢板栏板
索引	标准图库/06栏杆栏板/栏杆栏板
来源	《楼梯 栏杆 栏板（一）》06J403-1-139
备注	适用于办公类建筑，不适用于教育建筑、允许儿童进入活动的场所

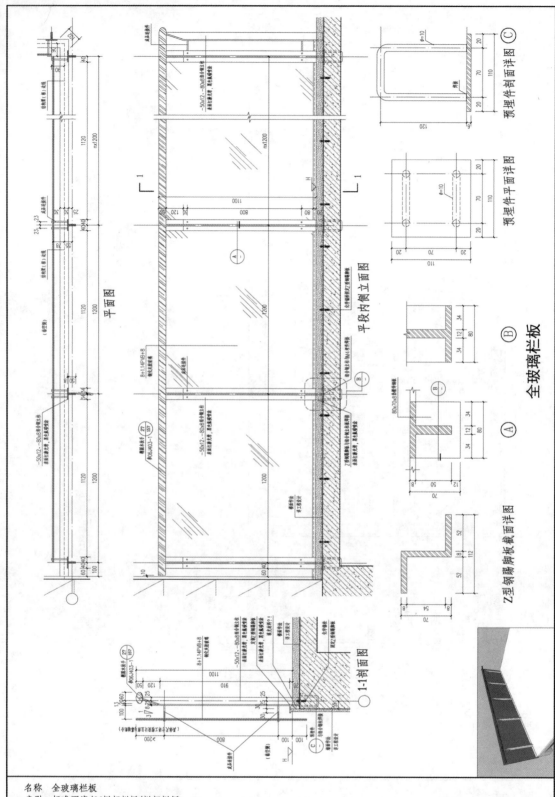

全玻璃栏板

平面图

平段内侧立面图

预埋件剖面详图 C

预埋件平面详图

Z型钢踢脚板截面详图 B

A

1-1剖面图

名称	全玻璃栏板
索引	标准图库/06栏杆栏板/栏杆栏板
来源	《楼梯 栏杆 栏板（一）》06J403-1-114
备注	根据国标优化，补充踢脚部分

318

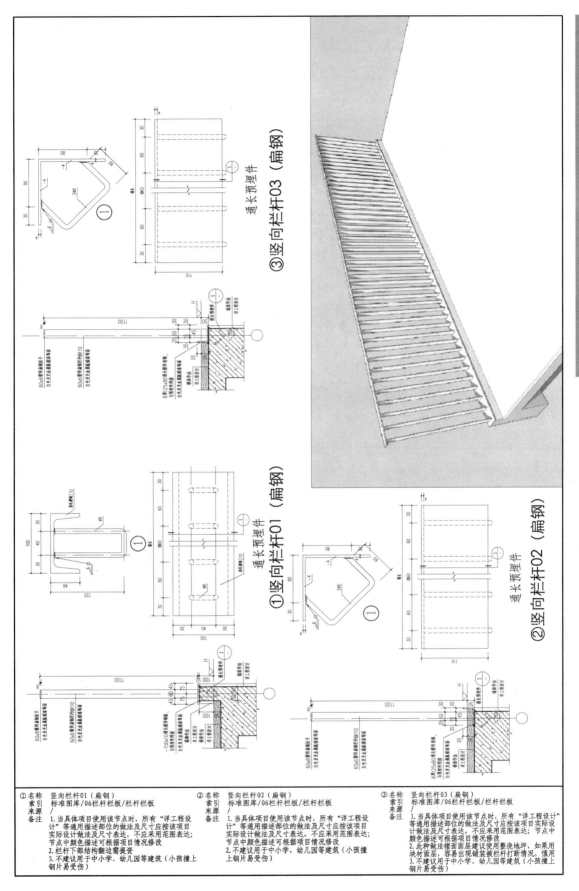

③竖向栏杆03（扁钢）

通长预埋件

①竖向栏杆01（扁钢）

通长预埋件

②竖向栏杆02（扁钢）

通长预埋件

①名称	竖向栏杆01（扁钢）
索引	/
来源	标准图库/06栏杆栏板/栏杆栏板
备注	1.当具体项目使用该节点时，所有"详工程设计"等通用描述部位的做法及尺寸应按该项目实际设计做法及尺寸表达，不应采用范围表达；节点中颜色描述可根据项目情况修改 2.栏杆下部结构翻边需资 3.不建议用于中小学、幼儿园等建筑（小孩撞上钢片易受伤）

②名称	竖向栏杆02（扁钢）
索引	/
来源	标准图库/06栏杆栏板/栏杆栏板
备注	1.当具体项目使用该节点时，所有"详工程设计"等通用描述部位的做法及尺寸应按该项目实际设计做法及尺寸表达，不应采用范围表达；节点中颜色描述可根据项目情况修改 2.不建议用于中小学、幼儿园等建筑（小孩撞上钢片易受伤）

③名称	竖向栏杆03（扁钢）
索引	/
来源	标准图库/06栏杆栏板/栏杆栏板
备注	1.当具体项目使用该节点时，所有"详工程设计"等通用描述部位的做法及尺寸应按该项目实际设计做法及尺寸表达，不应采用范围表达；节点中颜色描述可根据项目情况修改 2.此种做法楼面面层建议使用整浇地坪，如果用块材面层，容易出现铺装被栏杆打断情况，慎用 3.不建议用于中小学、幼儿园等建筑（小孩撞上钢片易受伤）

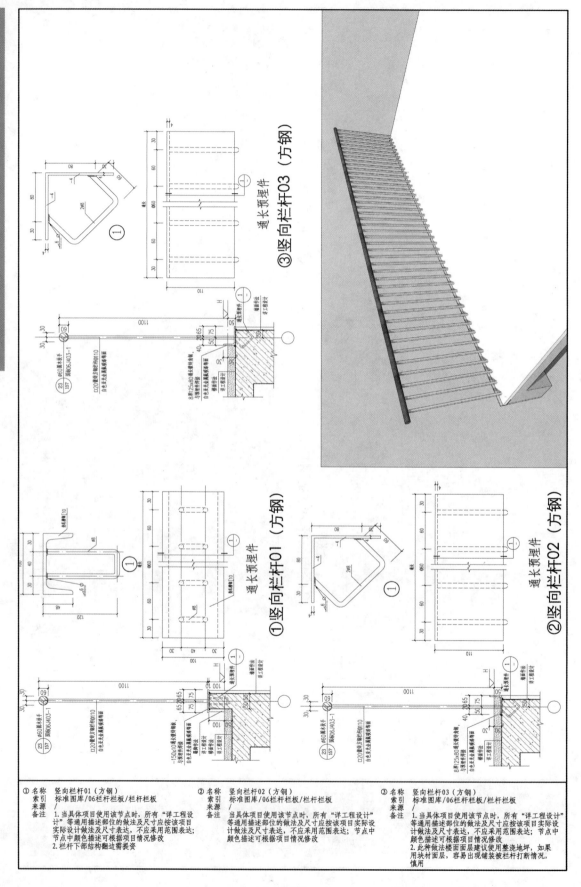

③竖向栏杆03（方钢）

通长预埋件

①竖向栏杆01（方钢）

通长预埋件

②竖向栏杆02（方钢）

通长预埋件

①	名称	竖向栏杆01（方钢）
	索引	/
	来源	标准图库/06栏杆栏板/栏杆栏板
	备注	1.当具体项目使用该节点时，所有"详工程设计"等通用描述部位的做法及尺寸应按该项目实际设计做法及尺寸表达，不应采用范围表达；节点中颜色描述可根据项目情况修改 2.栏杆下部结构翻边需投资

②	名称	竖向栏杆02（方钢）
	索引	/
	来源	标准图库/06栏杆栏板/栏杆栏板
	备注	当具体项目使用该节点时，所有"详工程设计"等通用描述部位的做法及尺寸应按该项目实际设计做法及尺寸表达，不应采用范围表达；节点中颜色描述可根据项目情况修改

③	名称	竖向栏杆03（方钢）
	索引	/
	来源	标准图库/06栏杆栏板/栏杆栏板
	备注	1.当具体项目使用该节点时，所有"详工程设计"等通用描述部位的做法及尺寸应按该项目实际设计做法及尺寸表达，不应采用范围表达；节点中颜色描述可根据项目情况修改 2.此种做法楼面面层建议使用整浇地坪，如果用块材面层，容易出现铺装被栏杆打断情况，慎用

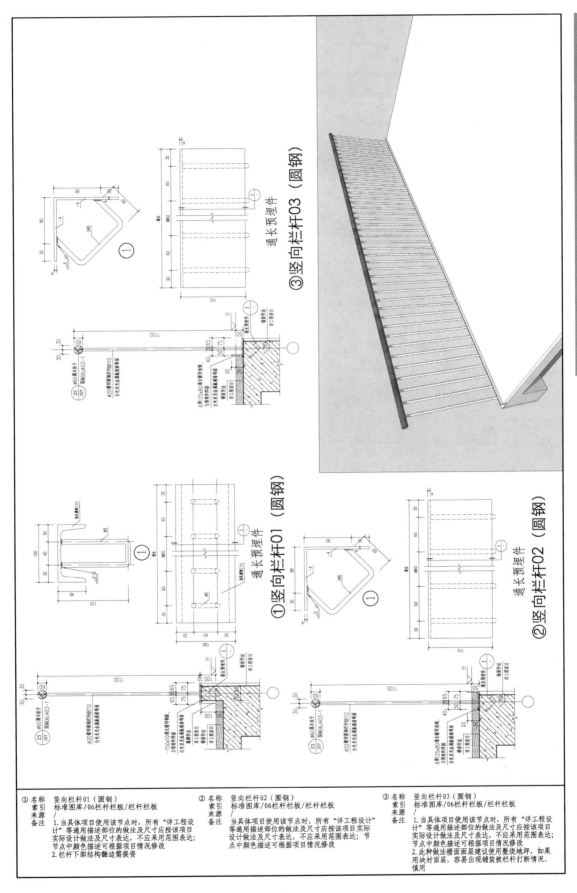

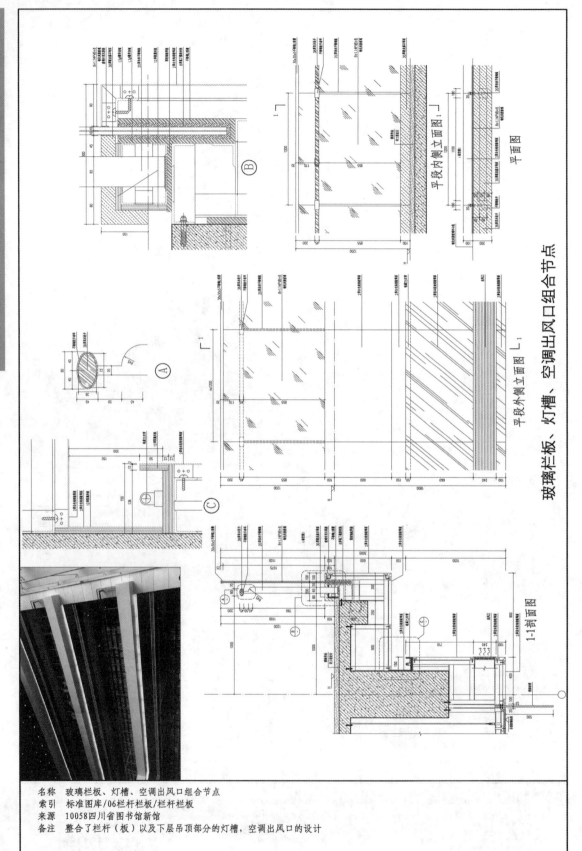

玻璃栏板、灯槽、空调出风口组合节点

名称　玻璃栏板、灯槽、空调出风口组合节点
索引　标准图库/06栏杆栏板/栏杆栏板
来源　10058四川省图书馆新馆
备注　整合了栏杆（板）以及下层吊顶部分的灯槽，空调出风口的设计

木纹铝板栏板、灯槽、空调出风口组合节点

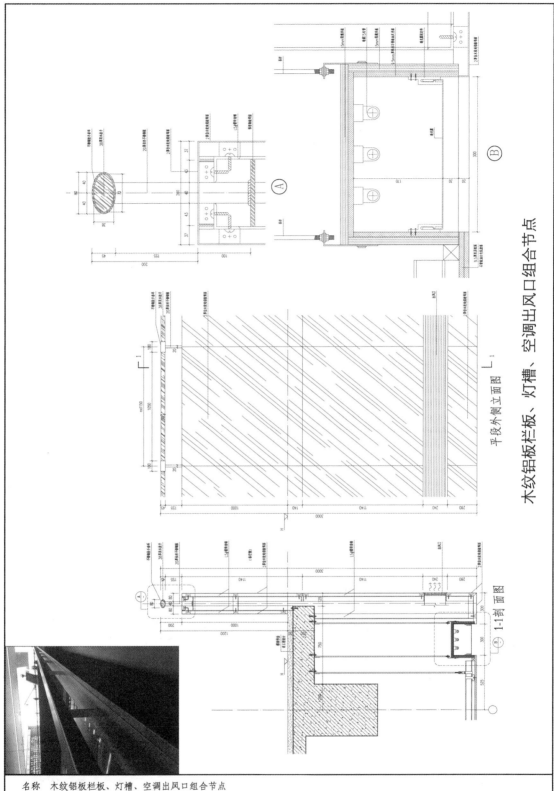

平段外侧立面图

1-1剖面图

名称　木纹铝板栏板、灯槽、空调出风口组合节点
索引　标准图库/06栏杆栏板/栏杆栏板
来源　10058四川省图书馆新馆
备注　整合了栏杆（板）以及下层吊顶部分的灯槽，空调出风口的设计

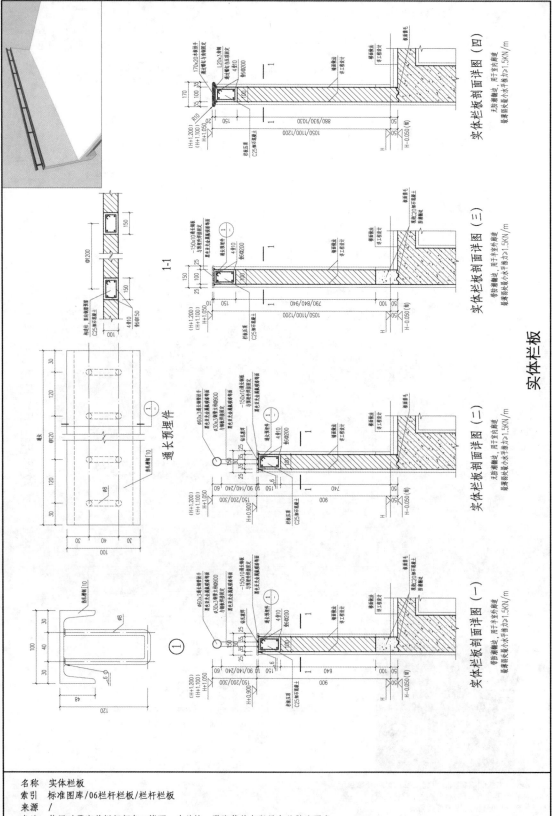

实体栏板

实体栏板剖面详图（四）
无防撞措施，用于室内廊道
最薄弱处最小水平推力≥1.5KN/m

实体栏板剖面详图（三）
带防撞措施，用于半室内廊道
最薄弱处最小水平推力≥1.5KN/m

实体栏板剖面详图（二）
无防撞措施，用于室内廊道
最薄弱处最小水平推力≥1.5KN/m

实体栏板剖面详图（一）
带防撞措施，用于室外廊道
最薄弱处最小水平推力≥1.5KN/m

1-1

通长预埋件

①

名称	实体栏板
索引	标准图库/06栏杆栏板/栏杆栏板
来源	/
备注	使用时需完善栏杆颜色、楼面、内外墙、踢脚等节点所见各处做法要求

五 室外景观

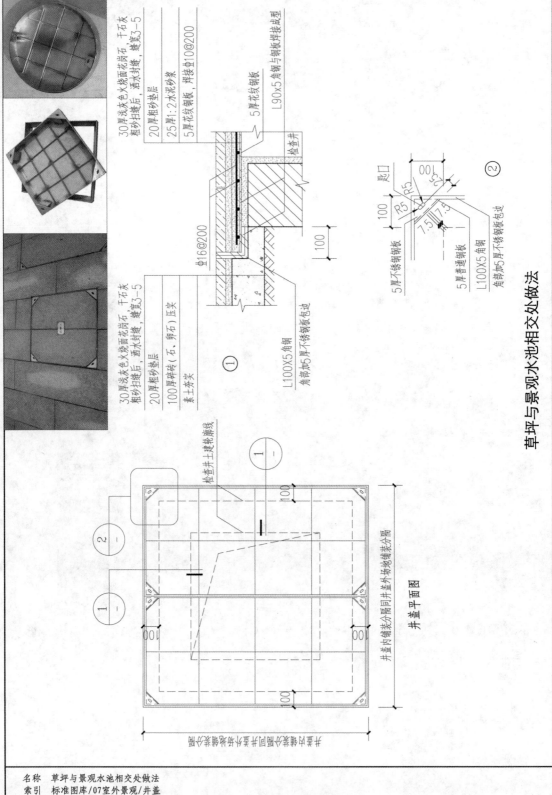

草坪与景观水池相交处做法

节点①

30厚浅灰色火烧面花岗石，干石灰粗砂扫缝后，洒水扫缝，缝宽3~5
20厚粗砂垫层
25厚1:2水泥砂浆
5厚花纹钢板
L90x5角钢与花纹钢板焊接成型
Φ16@200
L100X5角钢
角部加5厚不锈钢板包边
检查井
焊接Φ10@200
5厚花纹钢板与钢板焊接成型
100

30厚浅灰色火烧面花岗石，干石灰粗砂扫缝后，洒水扫缝，缝宽3~5
20厚粗砂垫层
100厚碎砖（石、卵石）压实
素土夯实

节点②

5厚不锈钢板
100
R5
缝口
7.5
5厚普通钢板
L100X5角钢
角部加5厚不锈钢板包边

井盖平面图

检查井土建轮廓线
检查井主接轮廓线
井盖内铺装分隔
井盖内储装分隔同井盖外场外物地铺装分隔
100

名称　草坪与景观水池相交处做法
索引　标准图库/07室外景观/井盖
来源　实样绘制
备注　检查井根据水电专业提供的井道尺寸设计，节点详①②，同时调整盖板
　　　内铺地划分，与周边铺地统一

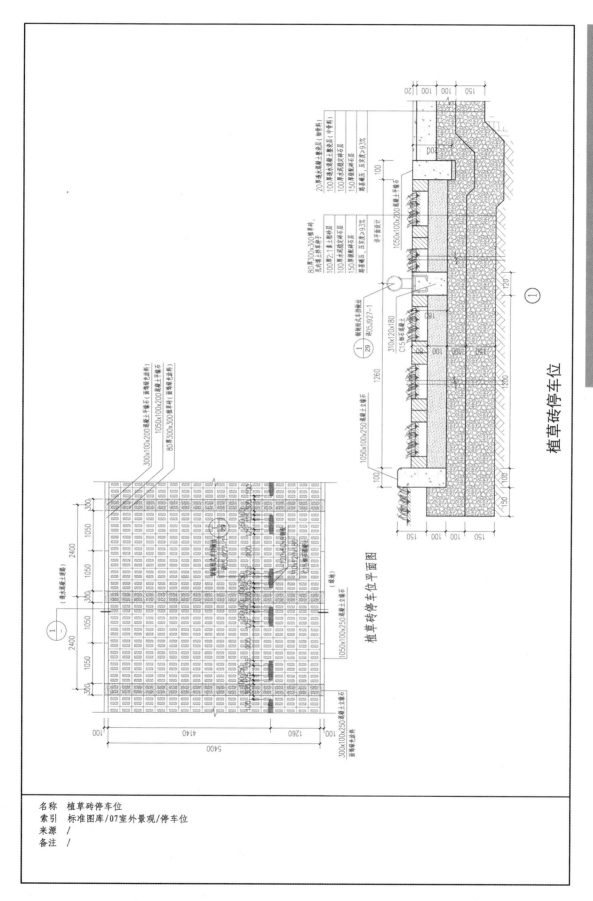

植草砖停车位

植草砖停车位平面图

名称 植草砖停车位
索引 标准图库/07室外景观/停车位
来源 /
备注 /

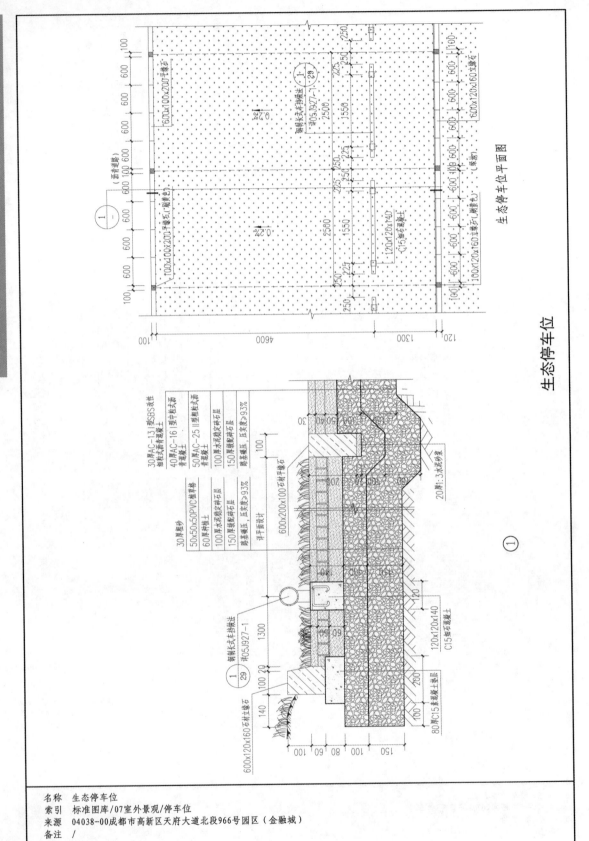

生态停车位平面图

生态停车位

①

名称　生态停车位
索引　标准图库/07室外景观/停车位
来源　04038-00成都市高新区天府大道北段966号园区（金融城）
备注　/

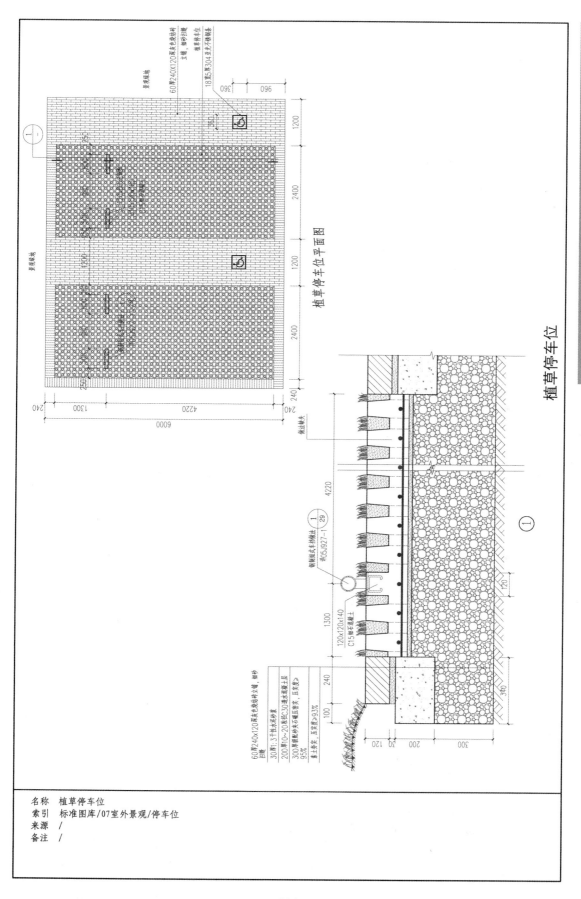

植草停车位平面图

植草停车位

植草停车位

名称	植草停车位
索引	标准图库/07室外景观/停车位
来源	/
备注	/

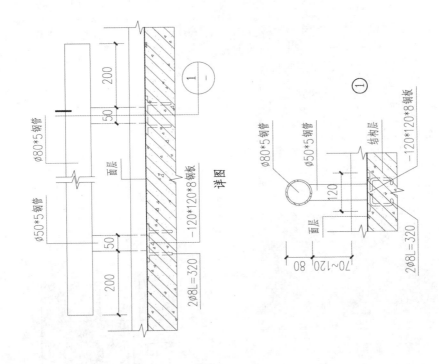

详图

长式钢制车档

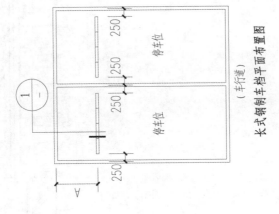

长式钢制车档平面布置图

名称　长式钢制车档
索引　标准图库/07室外景观/停车位
来源　《汽车库（坡道式）建筑构造》05J927-1-1/28
备注　1.当设计采用后退停车，车外廓尺寸（车长x车宽）为4800x1800时，A值为1300，其他停车方式及车型，A值由单体
　　　设计确定
　　　2.请注意比例（包含1:100、1:10），建议使用布局出图

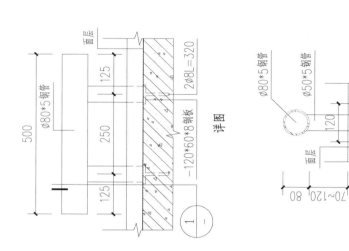

详图

短式钢制车档

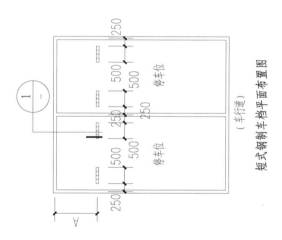

短式钢制车档平面布置图

名称	短式钢制车档
索引	标准图库/07室外景观/停车位
来源	《汽车库（坡道式）建筑构造》05J927-1-2/28
备注	当设计采用后退停车，车外廊尺寸（车长×车宽）为4800×1800时，A值为1300，其他停车方式及车型，A值由单体设计确定

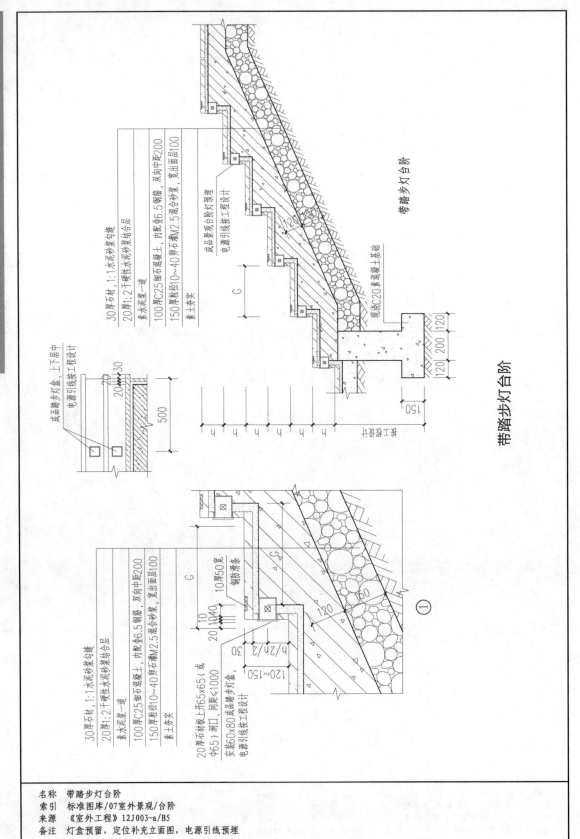

带踏步灯台阶

名称	带踏步灯台阶
索引	标准图库/07室外景观/台阶
来源	《室外工程》12J003-a/B5
备注	灯盒预留，定位补充立面图，电源引线预埋

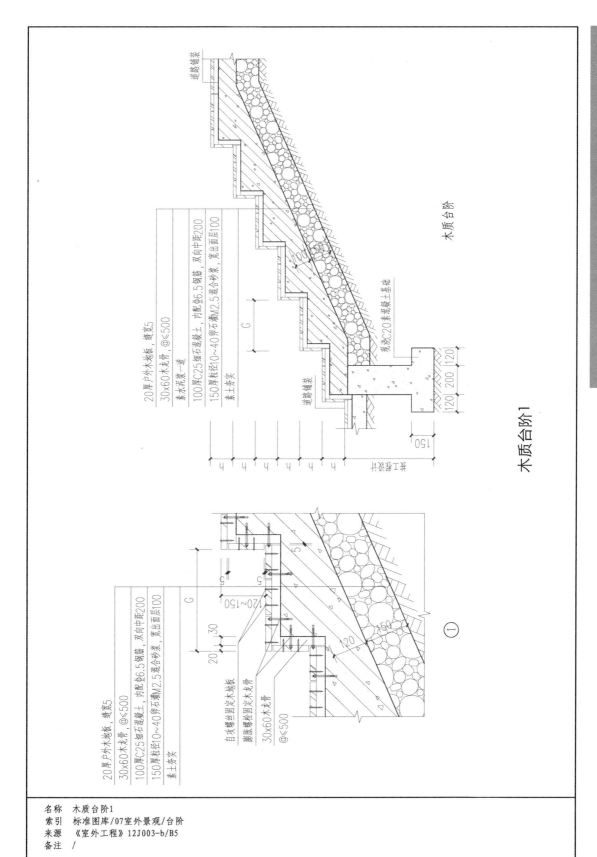

木质台阶

木质台阶1

名称　木质台阶1
索引　标准图库/07室外景观/台阶
来源　《室外工程》12J003-b/B5
备注　/

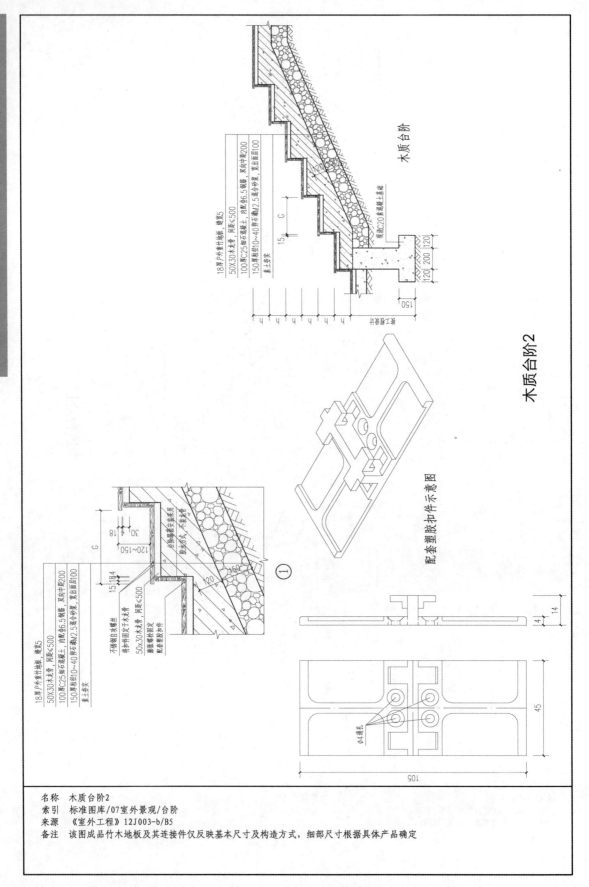

木质台阶

木质台阶2

配套塑胶扣件示意图

名称　木质台阶2
索引　标准图库/07室外景观/台阶
来源　《室外工程》12J003-b/B5
备注　该图成品竹木地板及其连接件仅反映基本尺寸及构造方式，细部尺寸根据具体产品确定

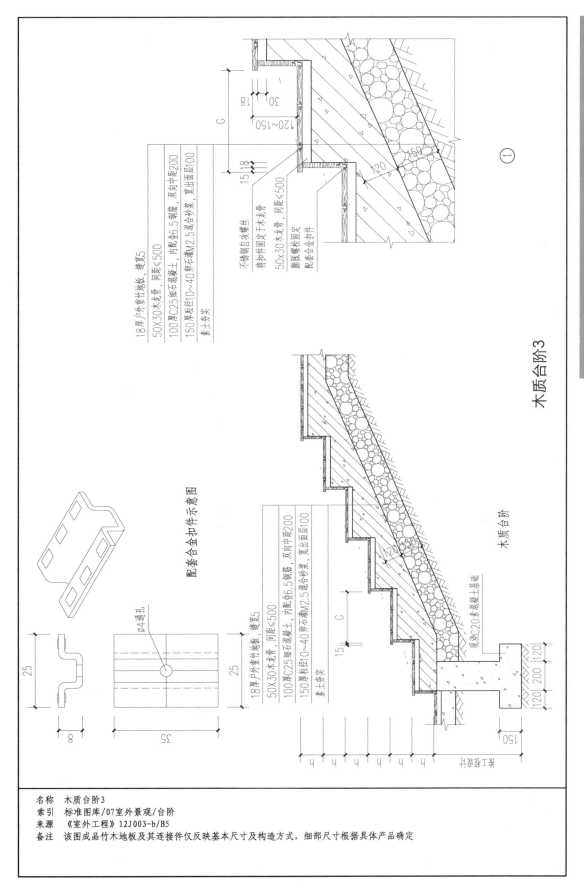

木质台阶3

①

配套合金扣件示意图

木质台阶

18厚户外重竹地板，缝宽5
50X30木龙骨，同距≤500
100厚C25细石混凝土，内配Φ6.5钢筋，双向中距200
150厚粒径10～40卵石灌M2.5混合砂浆，宽出面层100
素土夯实

不锈钢自攻螺丝
将扣件固定于木龙骨
50x30木龙骨，同距≤500
膨胀螺栓固定
配套合金扣件

18厚户外重竹地板，缝宽5
50X30木龙骨，同距≤500
100厚C25细石混凝土，内配Φ6.5钢筋，双向中距200
150厚粒径10～40卵石灌M2.5混合砂浆，宽出面层100
素土夯实

现浇C20素混凝土基础

名称	木质台阶3
索引	标准图库/07室外景观/台阶
来源	《室外工程》12J003-b/B5
备注	该图成品竹木地板及其连接件仅反映基本尺寸及构造方式，细部尺寸根据具体产品确定

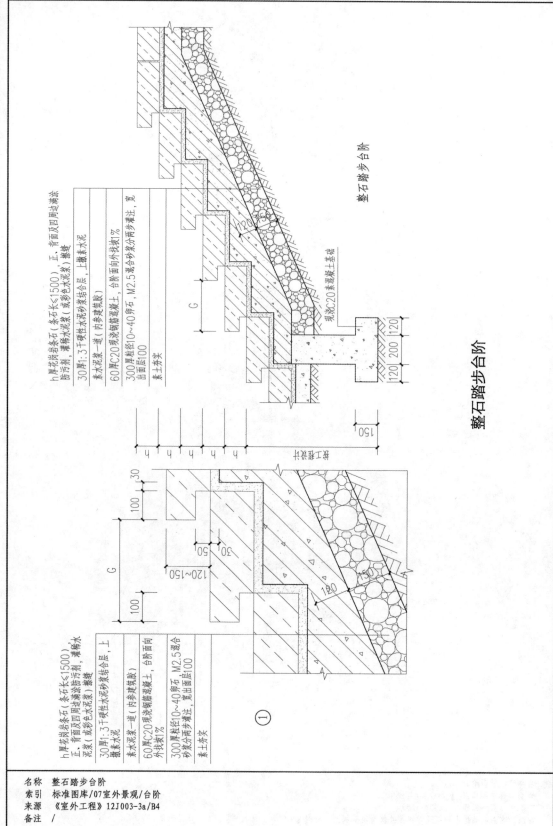

整石踏步台阶

h厚花岗岩条石（条石长≤1500），正、背面及四周边涂涂料防污剂，灌稀水泥浆（或彩色水泥浆）嵌缝
30厚1:3干硬性水泥砂浆结合层，上撒素水泥
素水泥浆一道（内参建筑胶）
60厚C20现浇钢筋混凝土，台阶面向外找坡1%
300厚粒径10~40卵石，M2.5混合砂浆分两步灌注，宽出面层100
素土夯实

现浇20素混凝土基础

整石踏步台阶

h厚花岗岩条石（条石长≤1500），正、背面及四周边涂涂料防污剂，灌稀水泥浆（或彩色水泥浆）嵌缝
30厚1:3干硬性水泥砂浆结合层，上撒素水泥
素水泥浆一道（内参建筑胶）
60厚C20现浇钢筋混凝土，台阶面向外找坡1%
300厚粒径10~40卵石，M2.5混合砂浆分两步灌注，宽出面层100
素土夯实

①

名称	整石踏步台阶
索引	标准图库/07室外景观/台阶
来源	《室外工程》12J003-3a/B4
备注	/

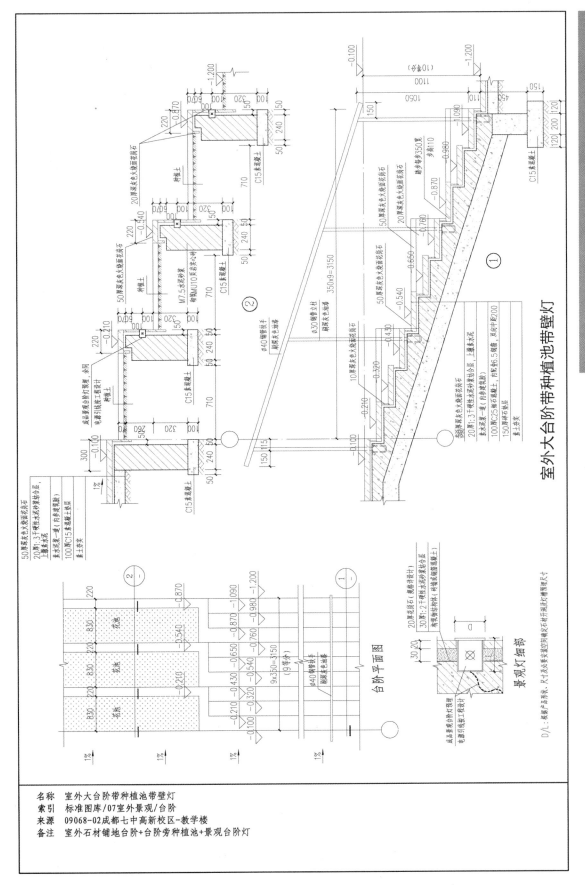

室外大台阶带种植池带壁灯

合阶平面图

景观灯细部

D/L:做装产形承,尺寸及安装空间或尺材开采及对槽培尺寸

名称	室外大台阶带种植池带壁灯
索引	标准图库/07室外景观/台阶
来源	09068-02成都七中高新校区-教学楼
备注	室外石材铺地台阶+台阶旁种植池+景观台阶灯

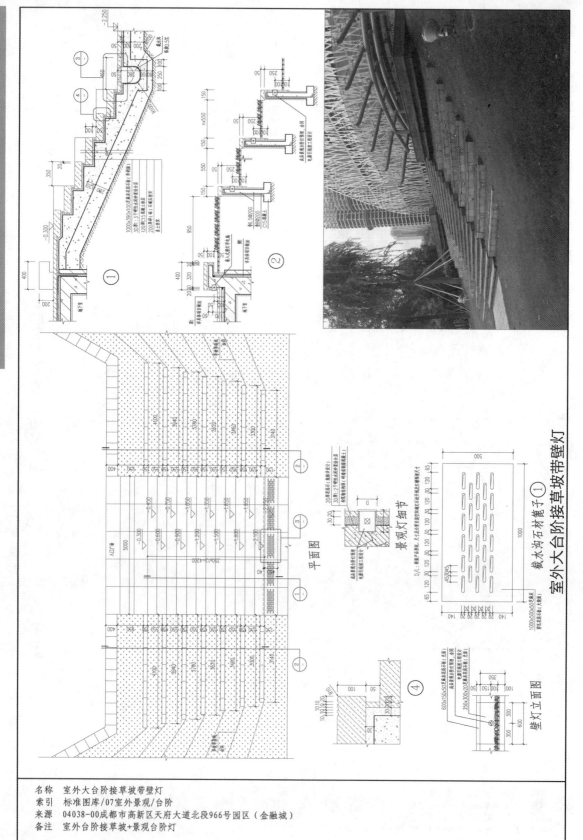

室外大台阶接草坡带壁灯

平面图

景观灯细节

截水沟石材接草坡带壁灯①

壁灯立面图

名称　室外大台阶接草坡带壁灯
索引　标准图库/07室外景观/台阶
来源　04038-00成都市高新区天府大道北段966号园区（金融城）
备注　室外台阶接草坡+景观台阶灯

338

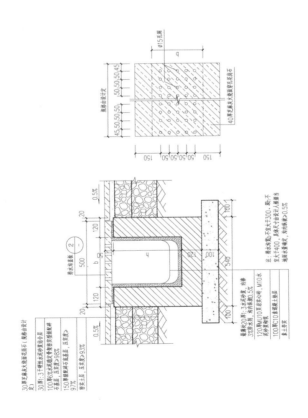

② 成品线性排水沟

① 石材铺地配套排水沟

①	名称	石材铺地配套排水沟		②	名称	成品线性排水沟
	索引	标准图库/07室外景观/排水沟			索引	标准图库/07室外景观/排水沟
	来源	/			来源	部分厂家资料及实际经验
	备注	/			备注	/

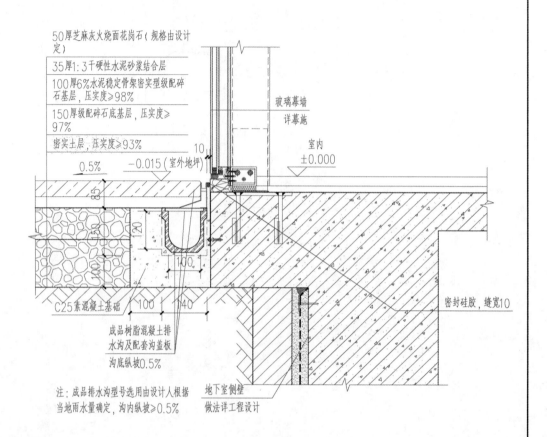

50厚芝麻灰火烧面花岗石(规格由设计定)

35厚1:3干硬性水泥砂浆结合层

100厚6%水泥稳定骨架密实型级配碎石基层,压实度≥98%

150厚级配碎石底基层,压实度≥97%

密实土层,压实度≥93%

0.5%

−0.015(室外地坪)

玻璃幕墙详幕施

室内 ±0.000

10

C25素混凝土基础

100 140

成品树脂混凝土排水沟及配套沟盖板

沟底纵坡0.5%

注:成品排水沟型号选用由设计人根据当地雨水量确定,沟内纵坡≥0.5%

地下室侧壁做法详工程设计

密封硅胶,缝宽10

成品线性排水沟与幕墙交接节点

名称　成品线性排水沟与幕墙交接节点
索引　标准图库/07室外景观/排水沟
来源　部分厂家资料及实际经验
备注　1.该局部节点主要表达侧缝线性沟在贴临幕墙边缘时的画法示意,有关幕墙及其土建部分详图表达在实际工程中需补全
　　　2.该节点为有地下室情况,当具体项目使用该节点时,所有"详工程设计"等通用描述部位的做法及尺寸应按该项目实际设计做法及尺寸表达,不应采用范围表达

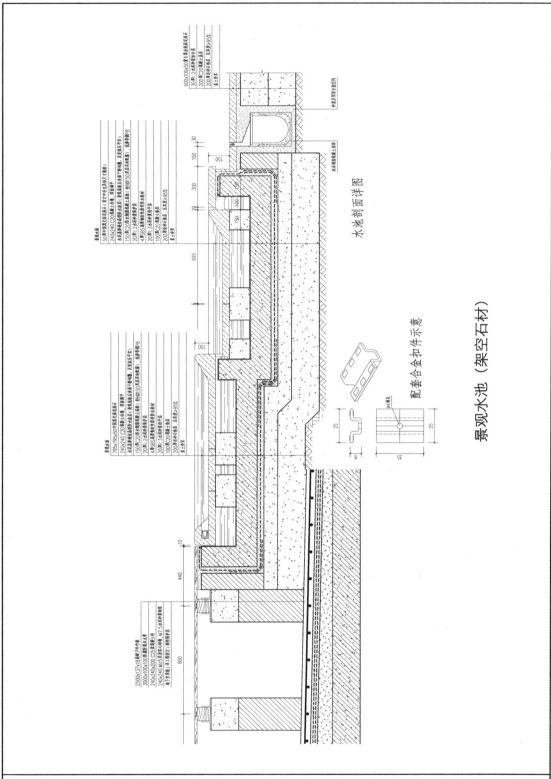

水池剖面详图

配套合金扣件示意

景观水池（架空石材）

名称	景观水池（架空石材）
索引	标准图库/07室外景观/景观水池
来源	/
备注	相较于水泥砂浆铺贴石材水池底，架空石材因更平整水面反射更接近于镜面，且避免水泥返碱在池底形成白色沉积物破坏深色石材效果

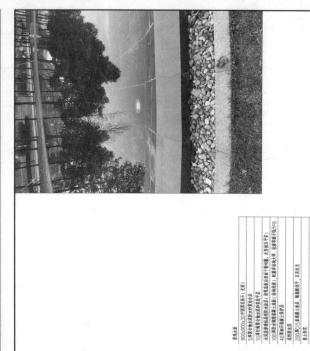

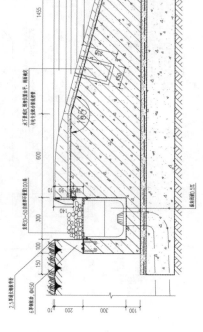

草坪与景观水池相交处做法

名称　草坪与景观水池相交处做法
索引　标准图库/07室外景观/景观水池
来源　04038-00成都市高新区天府大道北段966号园区（金融城）
备注　缺点：石材返碱，建议池底做架空石材

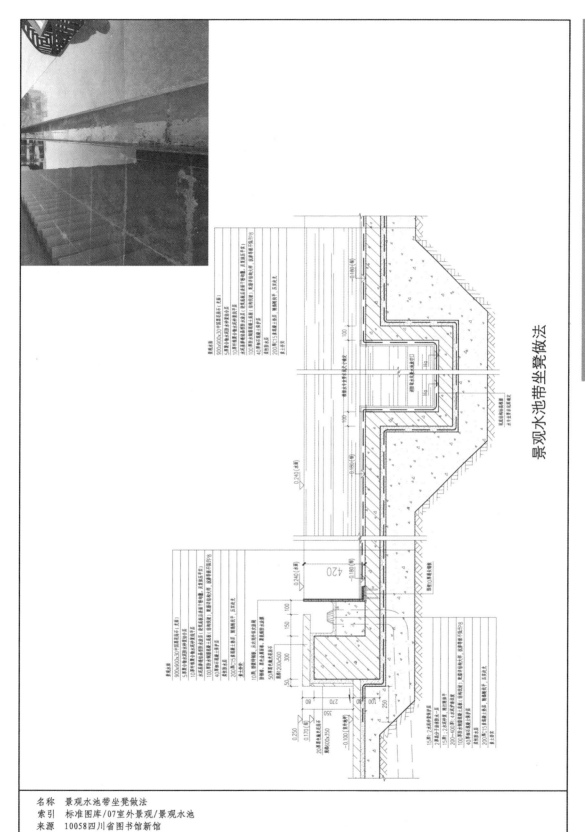

景观水池带坐凳做法

名称　景观水池带坐凳做法
索引　标准图库/07室外景观/景观水池
来源　10058四川省图书馆新馆
备注　缺点：石材返碱，建议池底做架空石材

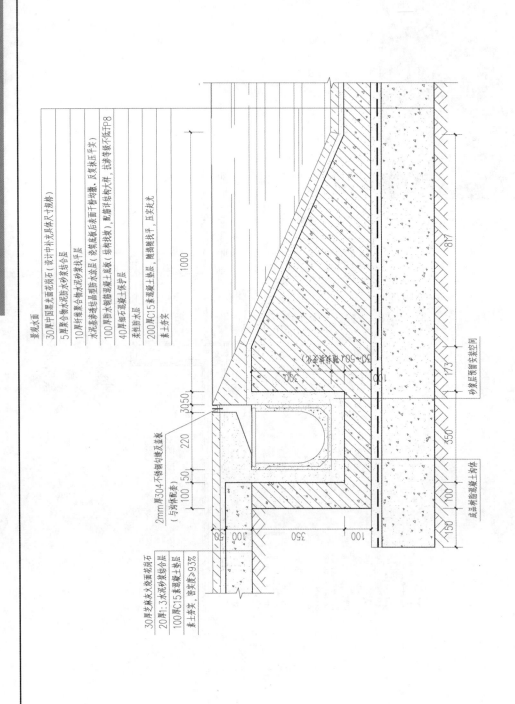

景观水面

30厚中国黑光面花岗岩（设计中补充具体尺寸规格）

5厚聚合物水泥浆防水砂浆结合层

10厚纤维聚合物水泥浆找平层

水泥基渗结晶型防水涂层（涂刷底板后表面干燥均匀，反复抹压平实）

100厚防水钢筋混凝土底板（结构找坡，配筋详结构大样，抗渗等级不低于P8）

40厚细石混凝土保护层

柔性防水层

200厚C15素混凝土垫层，随捣随找平，压实抹光

素土夯实

2mm厚304不锈钢勾缝及盖板（与沟体配套）

30厚芝麻灰火烧面花岗岩

20厚1:3水泥砂浆结合层

100厚C15素混凝土垫层

素土夯实，密实度≥93%

硬质铺地与景观水池交接线性沟做法

名称 硬质铺地与景观水池交接线性沟做法
索引 标准图库/07室外景观/景观水池
来源 厂家（上海景全）产品深化
备注 缺点：石材返碱，建议池底做架空石材

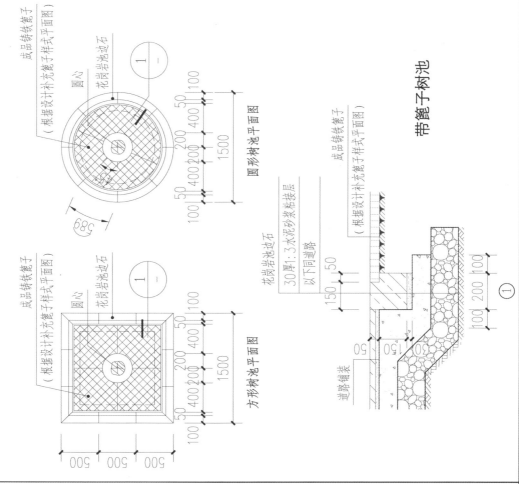

带篦子树池

名称　带篦子树池
索引　标准图库/07室外景观/花池树池
来源　《室外工程》12J003-1/D11
备注　根据设计补充篦子样式平面图

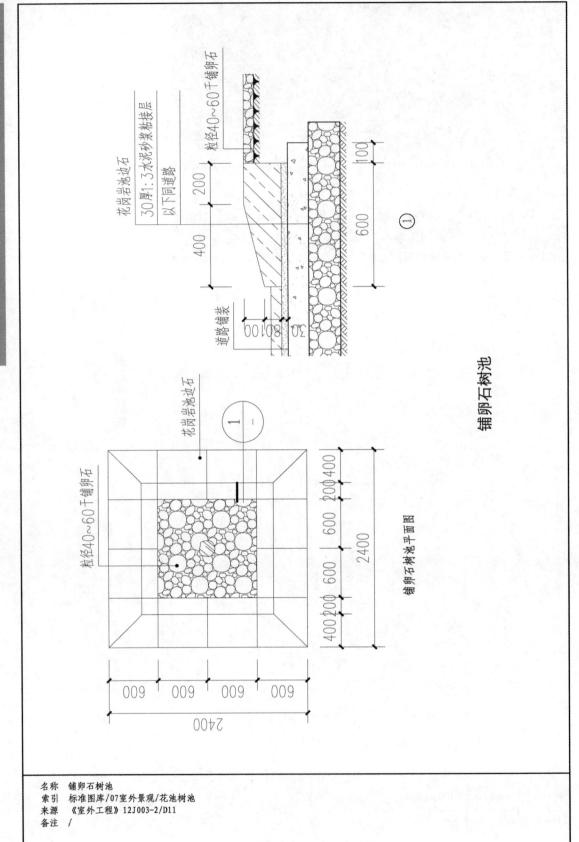

铺卵石树池

铺卵石树池平面图

铺卵石树池剖面图

粒径40~60干铺卵石

花岗岩树池边石

30厚1:3水泥砂浆粘接层

200

400

600

100

粒径40~60干铺卵石

道路铺装

以下同道路

①

2400

600 600 600 600

2400

400 200 600 600 200 400

粒径40~60干铺卵石

花岗岩树池边石

①

名称	铺卵石树池
索引	标准图库/07室外景观/花池树池
来源	《室外工程》12J003-2/D11
备注	/

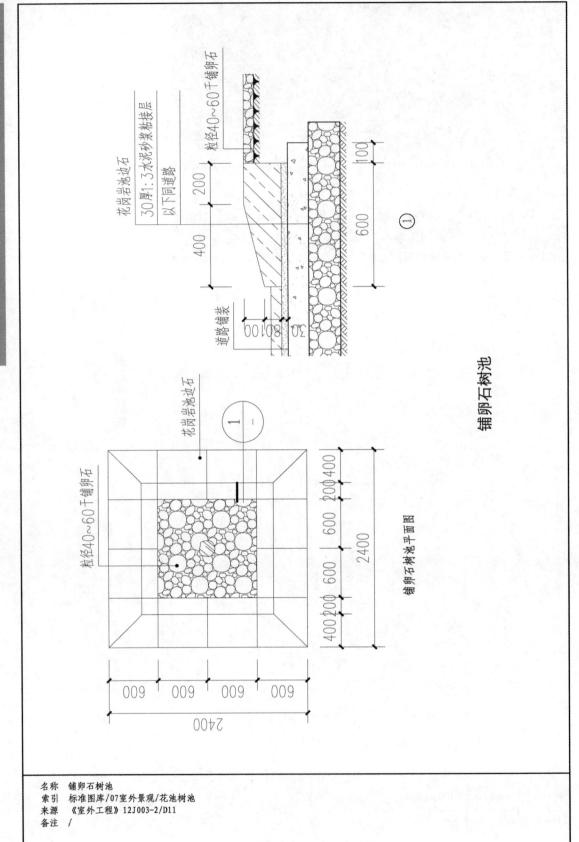

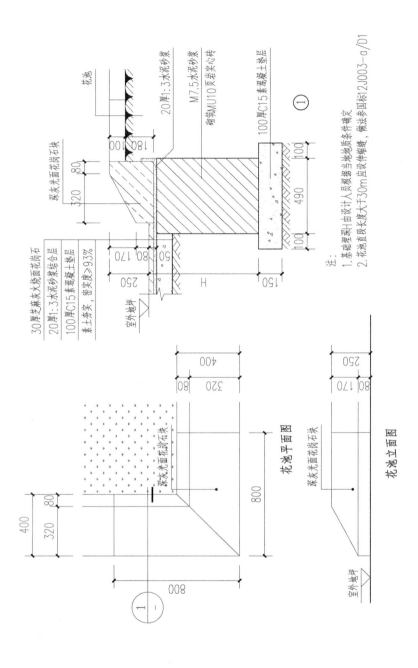

名 称 低矮花池
索 引 标准图库/07室外景观/花池树池
来 源 《室外工程》12J003-4/D3
备 注 1.基础埋深H由设计人员根据当地地质条件确定
2.花池直段长度大于30m应设伸缩缝,做法参国标12J003-a/D1

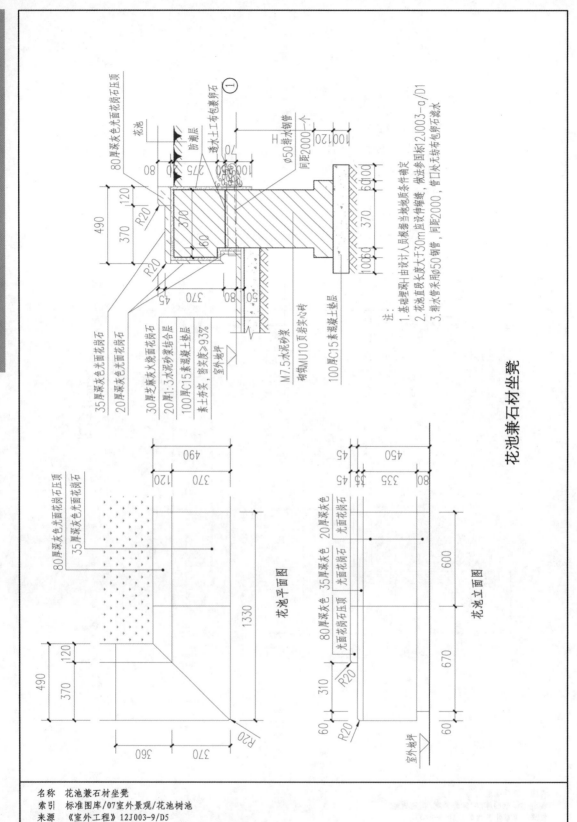

花池兼石材坐凳

花池平面图

花池立面图

名称	花池兼石材坐凳
索引	标准图库/07室外景观/花池树池
来源	《室外工程》12J003-9/D5
备注	1.基础埋深H由设计人员根据当地地质条件确定
	2.花池直段长度大于30m应设伸缩缝，做法参国标12J003-a/D1
	3.排水管采用φ50钢管，间距2000，管口处无纺布包卵石滤水

348

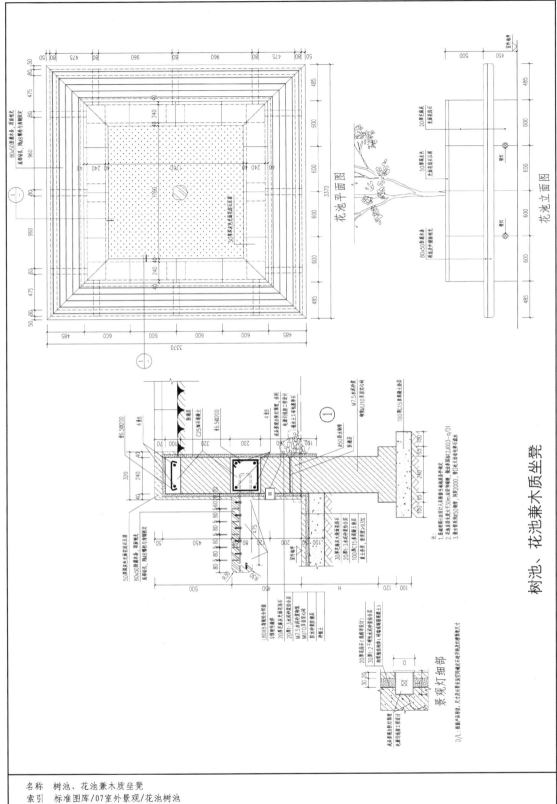

树池、花池兼木质坐凳

名称	树池、花池兼木质坐凳
索引	标准图库/07室外景观/花池树池
来源	07036院第二办公区办公楼
备注	1.基础埋深H由设计人员根据当地地质条件确定
	2.花池直段长度大于30m应设伸缩缝，做法参国标12J003-a/D1
	3.排水管采用φ50钢管，间距2000，管口处无纺布包卵石滤水

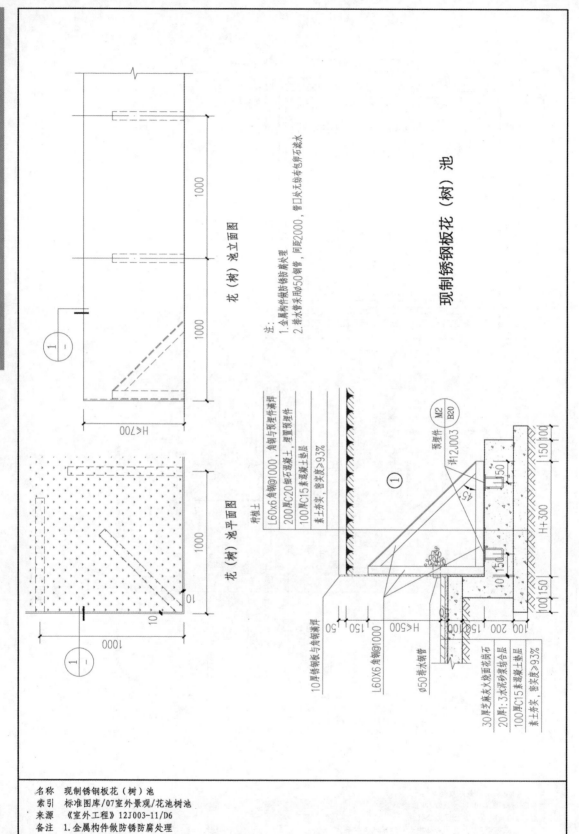

花（树）池立面图

现制锈钢板花（树）池

注：
1. 金属构件做防锈防腐处理
2. 排水管采用φ50钢管，同距2000，管口处无纺布包卵石滤水

花（树）池平面图

L60X6角钢@1000，角钢与预埋件满焊
200厚C20细石混凝土，埋置预埋件
100厚C15素混凝土垫层
素土夯实，密实度≥93%

种植土

预埋件 M2
B20
详12J003

10厚锈钢板与角钢满焊
L60X6角钢@1000

φ50排水管

30厚芝麻灰火烧面花岗石
20厚1:3水泥砂浆结合层
100厚C15素混凝土垫层
素土夯实，密实度≥93%

名称	现制锈钢板花（树）池
索引	标准图库/07室外景观/花池树池
来源	《室外工程》12J003-11/D6
备注	1. 金属构件做防锈防腐处理 2. 排水管采用φ50钢管，间距2000，管口处无纺布包卵石滤水

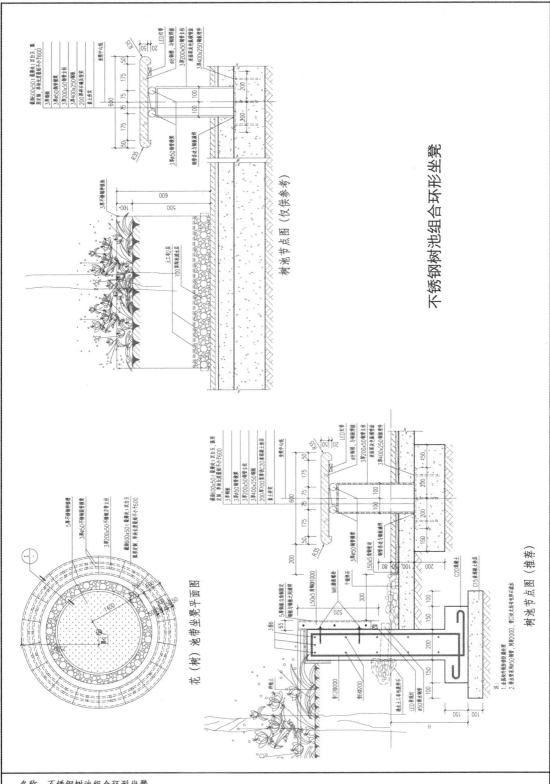

不锈钢树池组合环形坐凳

名称	不锈钢树池组合环形坐凳
索引	标准图库/07室外景观/花池树池
来源	13135-00郯县文化中心-总图及景观/《室外工程》12J003-12/D6
备注	1.金属构件做防锈防腐处理
	2.排水管采用φ50钢管,间距2000,管口处无纺布包卵石滤水

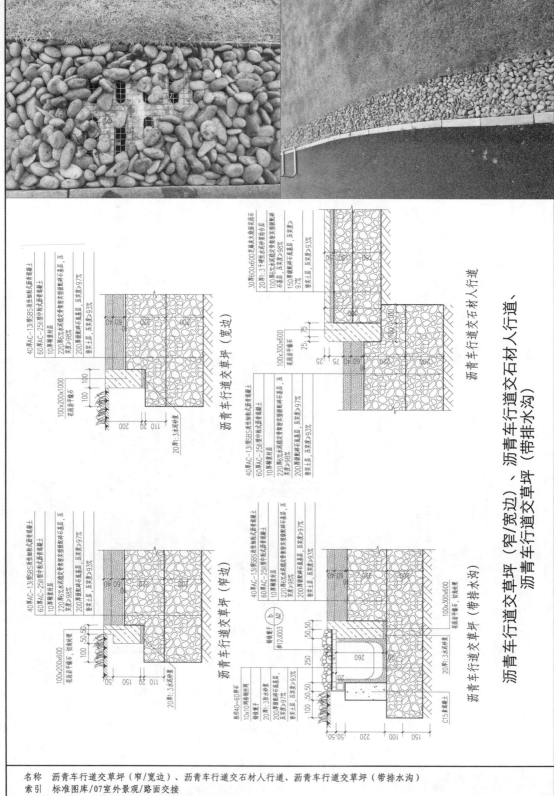

名称　沥青车行道交草坪（窄/宽边）、沥青车行道交石材人行道、沥青车行道交草坪（带排水沟）
索引　标准图库/07室外景观/路面交接
来源　10158-00成都阳光保险集团金融后台中心项目
备注　沥青道路、排水沟、草坪交接关系，细节细腻

六 类型建筑特殊功能节点

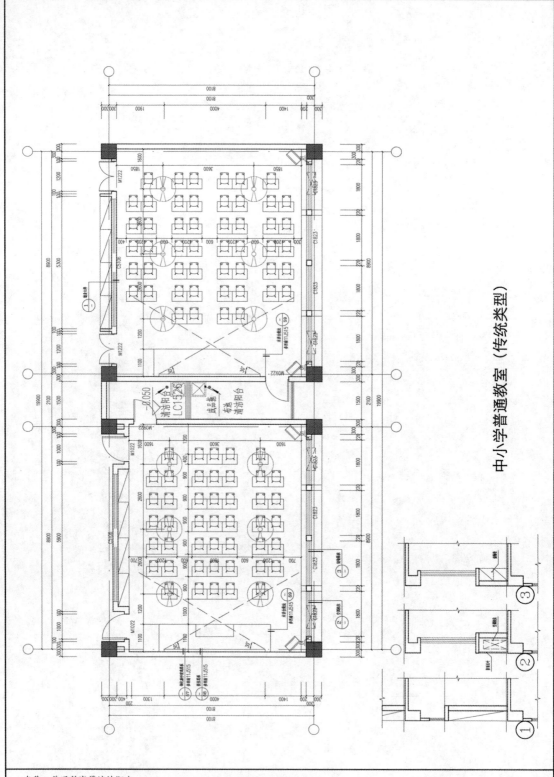

中小学普通教室（传统类型）

名称　普通教室带清洁阳台
索引　标准图库/08类型建筑特殊功能节点/01教育建筑/01中小学教室
来源　09068成都七中高新校区
备注　50座、带空调、储物柜、清洁阳台；传统类型，中小学目前的趋势是取消
　　　讲台

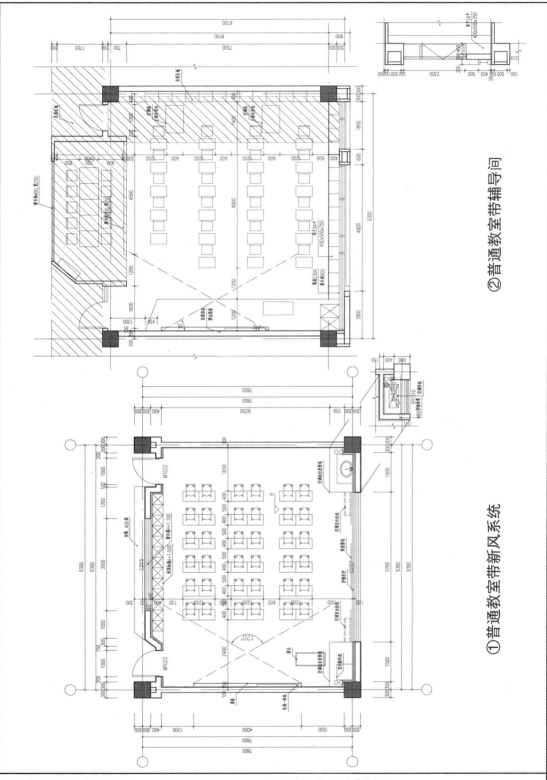

② 普通教室带辅导间

① 普通教室带新风系统

	名称	普通教室带新风系统	②	名称	普通教室带辅导间
	索引	标准图库/08类型建筑特殊功能节点/01教育建筑/01中小学教室		索引	标准图库/08类型建筑特殊功能节点/01教育建筑/01中小学教室
	来源	16331金苹果公学		来源	16331金苹果公学
	备注	结带新风系统		备注	每间教室单设辅导间，利于针对不同学生的差异化教学

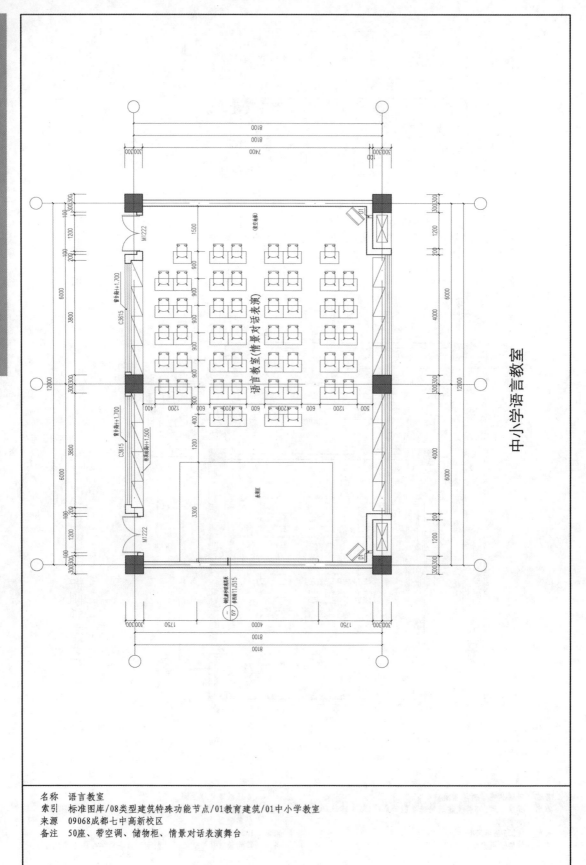

中小学语言教室

名称　语言教室
索引　标准图库/08类型建筑特殊功能节点/01教育建筑/01中小学教室
来源　09068成都七中高新校区
备注　50座、带空调、储物柜、情景对话表演舞台

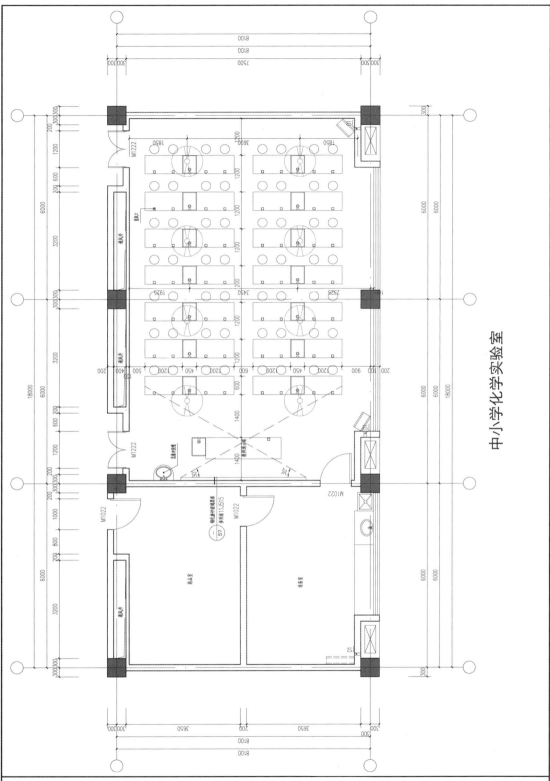

中小学化学实验室

名称　化学实验室
索引　标准图库/08类型建筑特殊功能节点/01教育建筑/01中小学教室
来源　08229汶川县第二中学
备注　56座、两人一桌，两桌共用一水池，设通风井、药品室、准备室

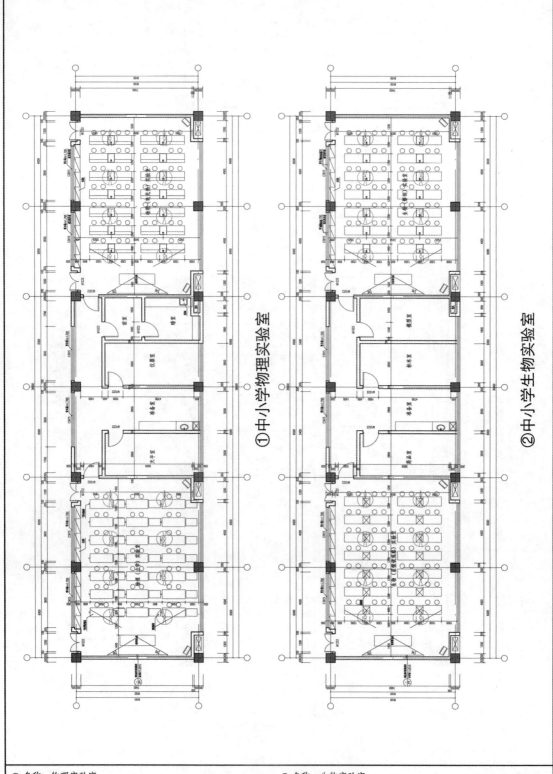

① 名称　物理实验室
　索引　标准图库/08类型建筑特殊功能节点/01教育建筑/C1中小
　　　　学教室
　来源　09068成都七中高新校区
　备注　分设力学实验室、电光热实验室，共用一间准备室、器
　　　　材室等

② 名称　生物实验室
　索引　标准图库/08类型建筑特殊功能节点/01教育建筑/01中小
　　　　学教室
　来源　09068成都七中高新校区
　备注　分设显微镜观察室、解剖实验室，共用一间准备室、器
　　　　材室等

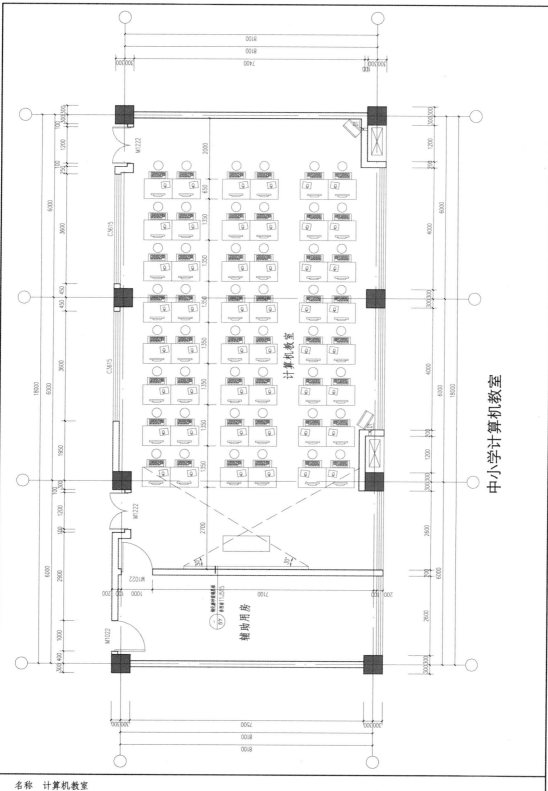

中小学计算机教室

计算机教室

辅助用房

名称　计算机教室
索引　标准图库/08类型建筑特殊功能节点/01教育建筑/01中小学教室
来源　/
备注　48座，一间计算机教室配一辅助用房

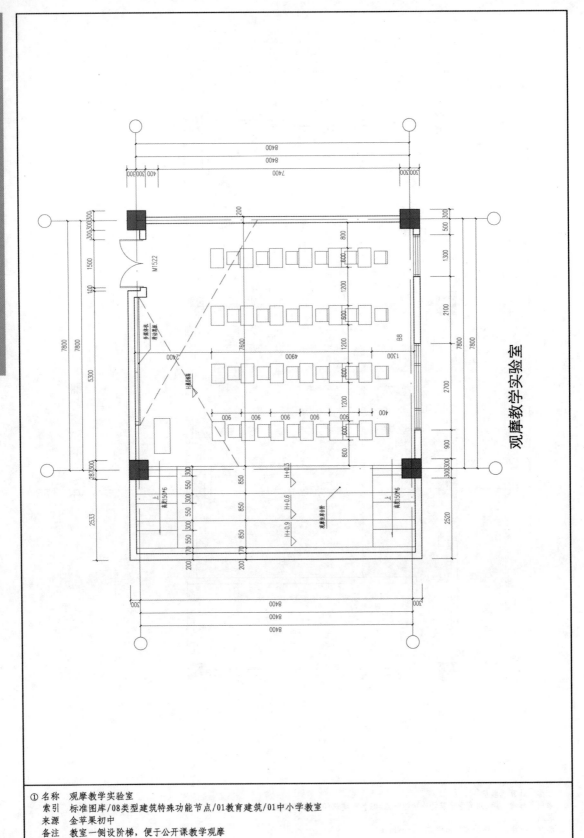

观摩教学实验室

① 名称　观摩教学实验室
　 索引　标准图库/08类型建筑特殊功能节点/01教育建筑/01中小学教室
　 来源　金苹果初中
　 备注　教室一侧设阶梯，便于公开课教学观摩

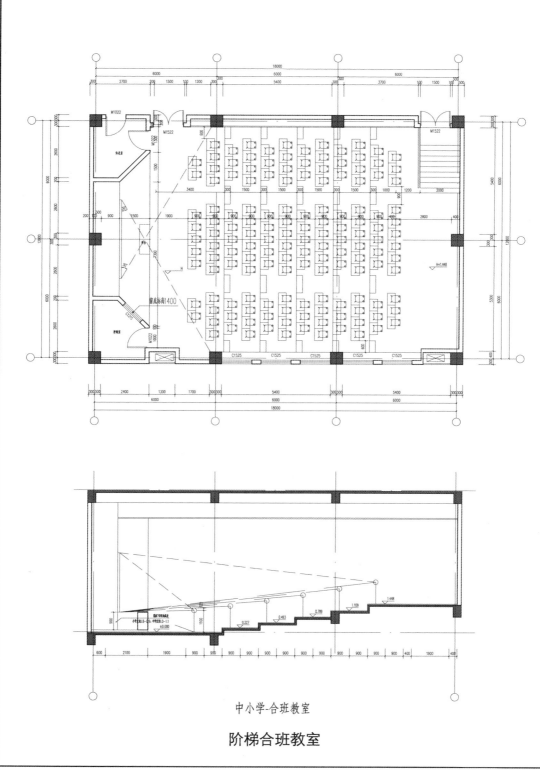

中小学-合班教室

阶梯合班教室

名称　阶梯合班教室
索引　标准图库/08类型建筑特殊功能节点/01教育建筑/01中小学教室
来源　13016成都市高新区蒙彼利埃小学
备注　146座，容纳约3个班级学生

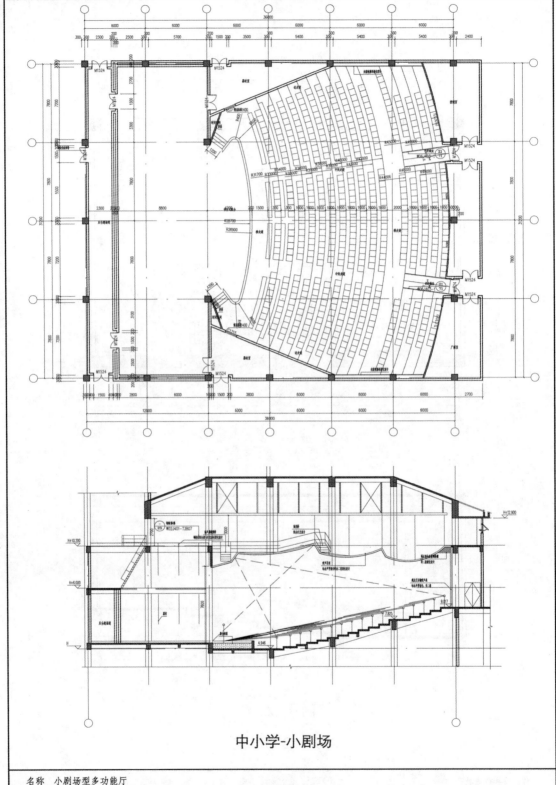

中小学-小剧场

名称	小剧场型多功能厅
索引	标准图库/08类型建筑特殊功能节点/01教育建筑/01中小学教室
来源	09068成都七中高新校区
备注	580座

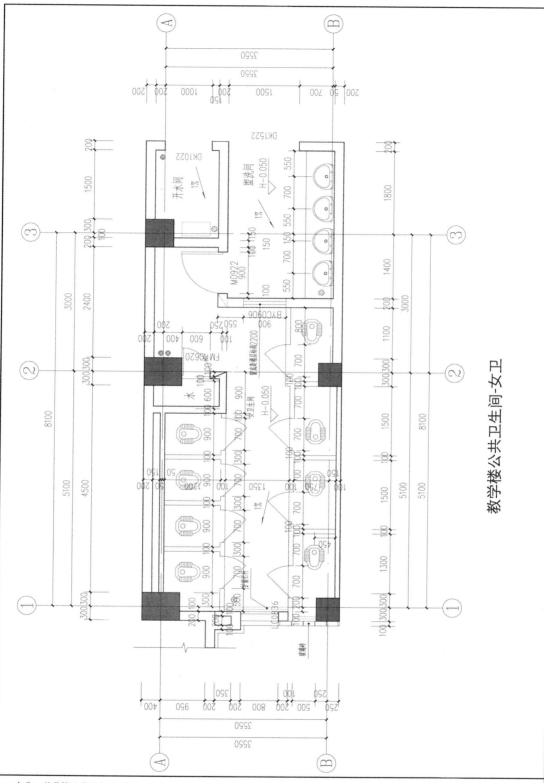

教学楼公共卫生间-女卫

名称　教学楼公共卫生间-女卫
索引　标准图库/08类型建筑特殊功能节点/01教育建筑/01中小学教室
来源　09068成都七中高新校区
备注　独立蹲坑

363

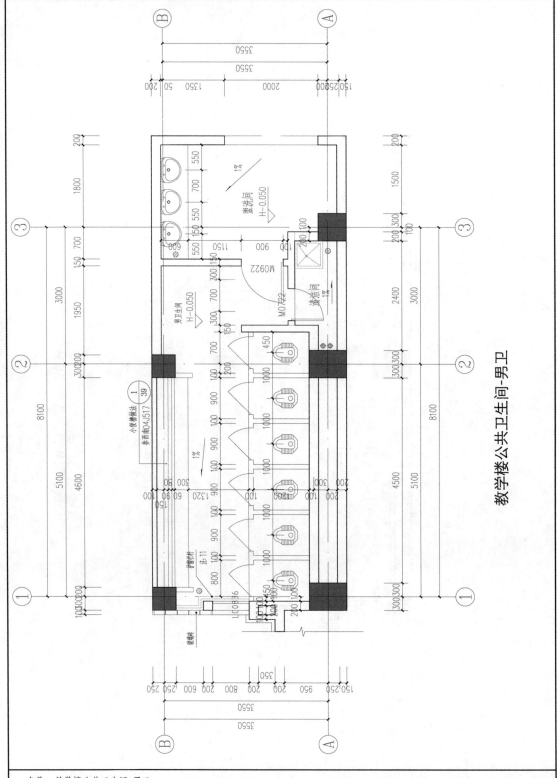

教学楼公共卫生间-男卫

名称　教学楼公共卫生间-男卫
索引　标准图库/08类型建筑特殊功能节点/01教育建筑/01中小学教室
来源　09068成都七中高新校区
备注　独立蹲坑

364

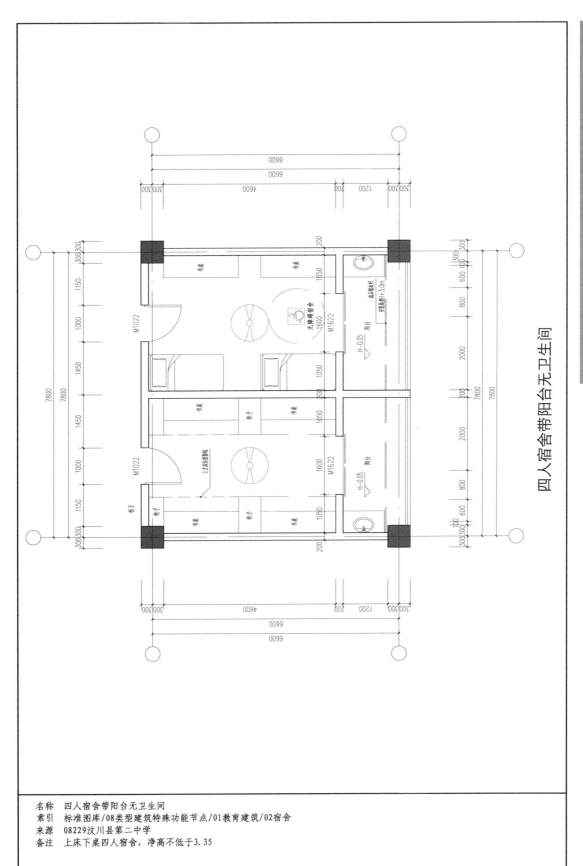

四人宿舍带阳台无卫生间

名称　四人宿舍带阳台无卫生间
索引　标准图库/08类型建筑特殊功能节点/01教育建筑/02宿舍
来源　08229汶川县第二中学
备注　上床下桌四人宿舍，净高不低于3.35

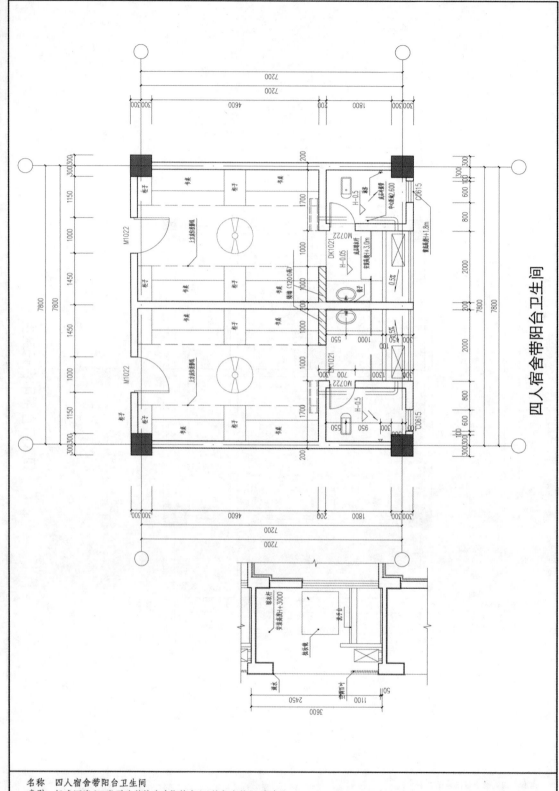

四人宿舍带阳台卫生间

名称　四人宿舍带阳台卫生间
索引　标准图库/08类型建筑特殊功能节点/01教育建筑/02宿舍
来源　09068成都七中高新校区
备注　上床下桌四人宿舍，净高不低于3.35

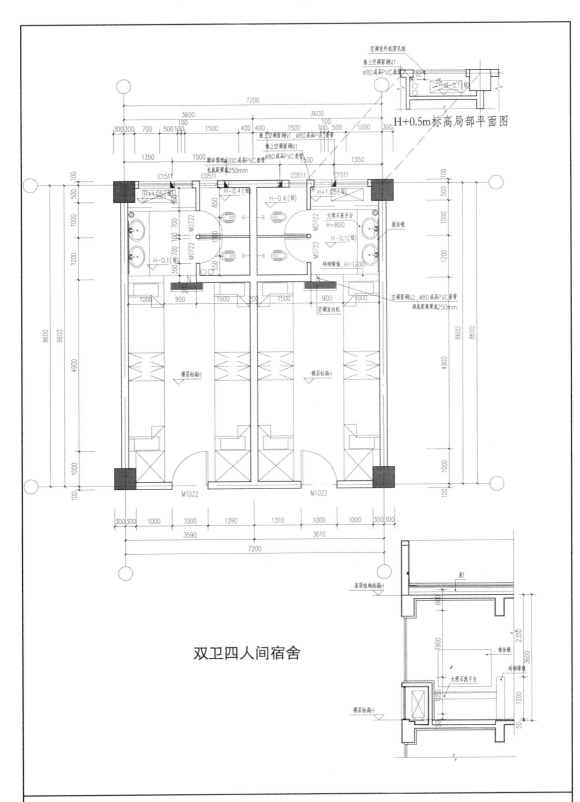

H+0.5m标高局部平面图

双卫四人间宿舍

名称　双卫四人间宿舍
索引　标准图库/08类型建筑特殊功能节点/01教育建筑/02宿舍
来源　16331金苹果公学
备注　双蹲坑，双淋浴

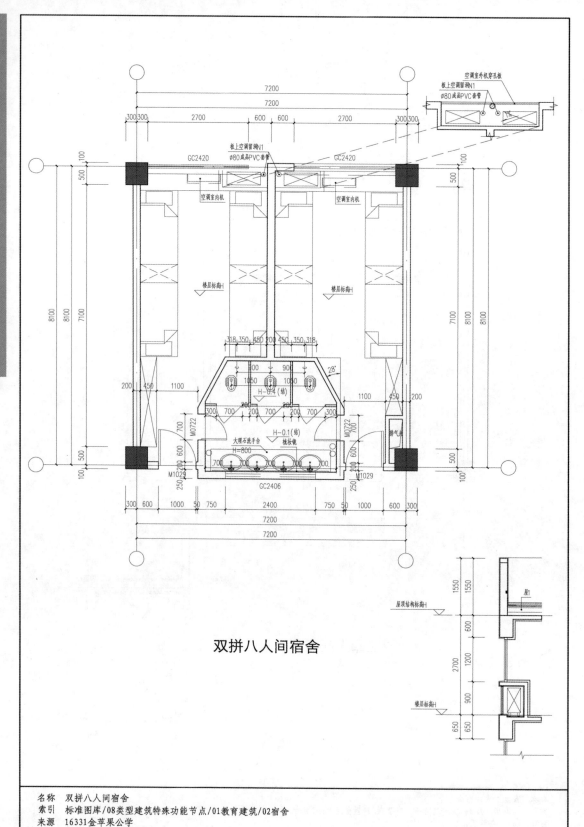

双拼八人间宿舍

名称　双拼八人间宿舍
索引　标准图库/08类型建筑特殊功能节点/01教育建筑/02宿舍
来源　16331金苹果公学
备注　四人一间，两间共用一卫生间

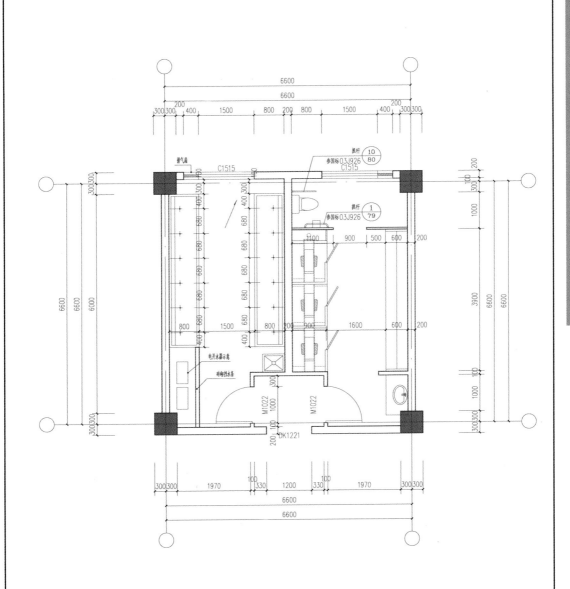

男生卫生间、洗漱间大样

名称　男生卫生间、洗漱间大样
索引　标准图库/08类型建筑特殊功能节点/01教育建筑/02宿舍
来源　08229汶川县第二中学
备注　适用于宿舍不带独立卫生间，需集中设置公共卫生间，洗漱间的情况

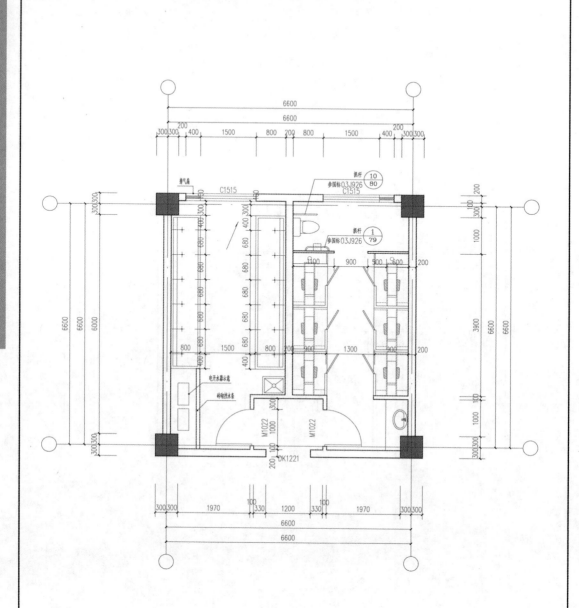

女生卫生间、洗漱间大样

名称　女生卫生间、洗漱间大样
索引　标准图库/08类型建筑特殊功能节点/01教育建筑/02宿舍
来源　08229汶川县第二中学
备注　适用于宿舍不带独立卫生间，需集中设置公共卫生间，洗漱间的情况

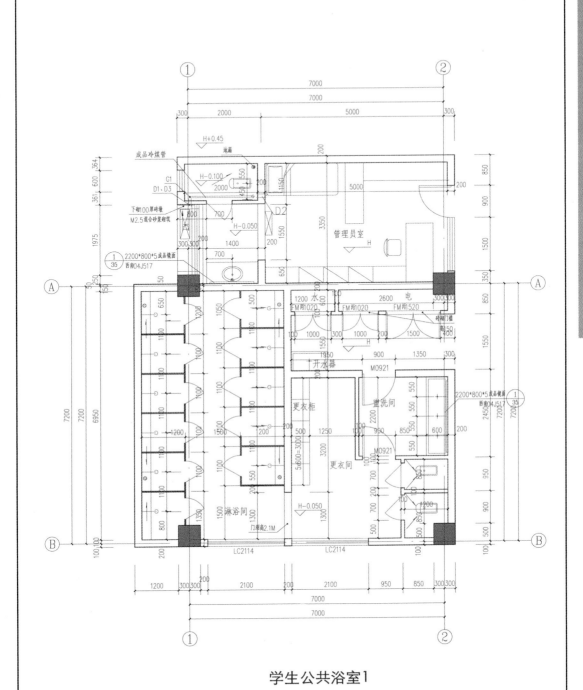

学生公共浴室1

名称　学生公共浴室1
索引　标准图库/08类型建筑特殊功能节点/01教育建筑/02宿舍
来源　09068成都七中高新校区
备注　/

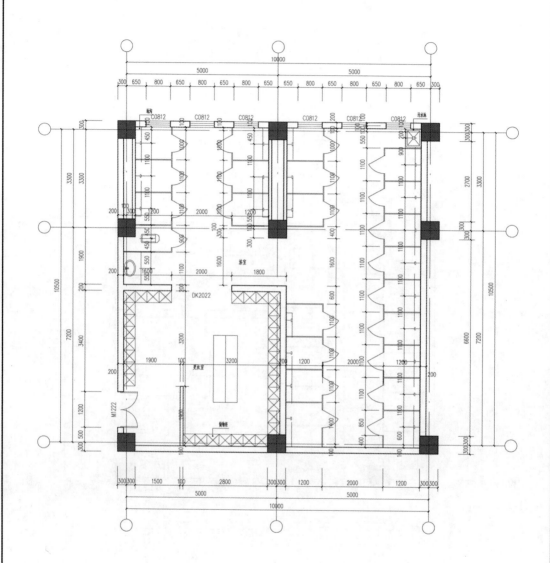

学生公共浴室2

名称　学生公共浴室2
索引　标准图库/08类型建筑特殊功能节点/01教育建筑/02宿舍
来源　08229汶川县第二中学
备注　/

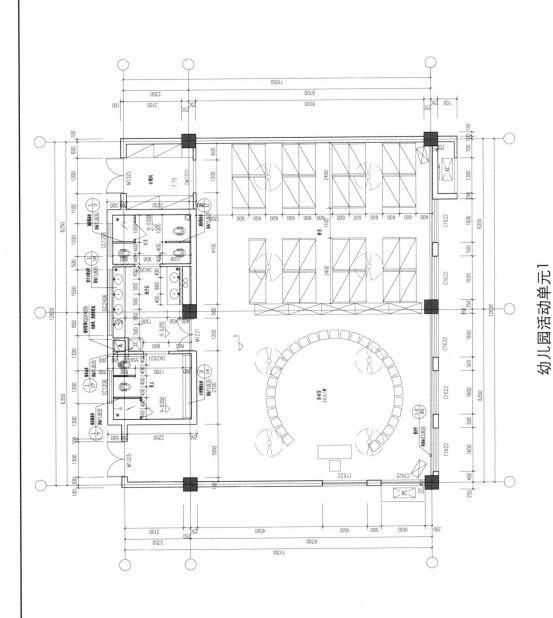

幼儿园活动单元1

名称　幼儿园活动单元1
索引　标准图库/08类型建筑特殊功能节点/01教育建筑/03幼儿园
来源　14355成都市公办幼儿园标准化建设提升工程（第一批次）项目
备注　大进深小面宽

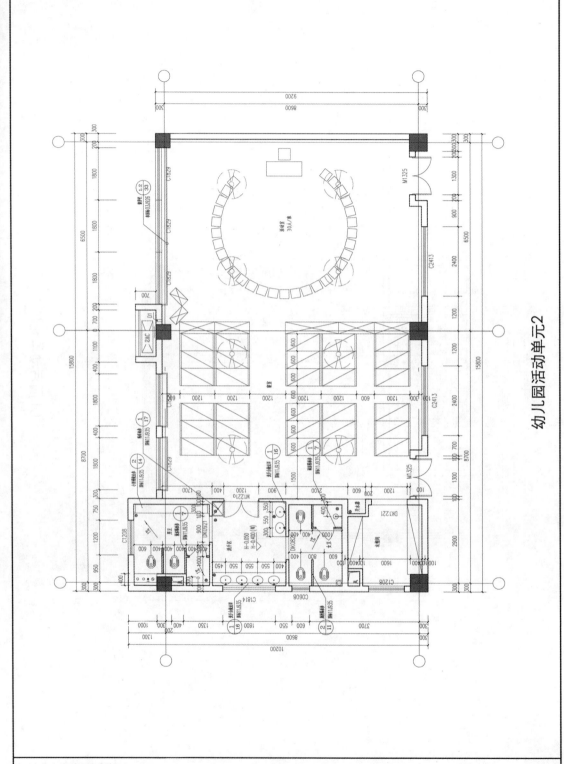

幼儿园活动单元2

名称　幼儿园活动单元2
索引　标准图库/08类型建筑特殊功能节点/01教育建筑/03幼儿园
来源　14355成都市公办幼儿园标准化建设提升工程（第一批次）项目
备注　浅进深大面宽

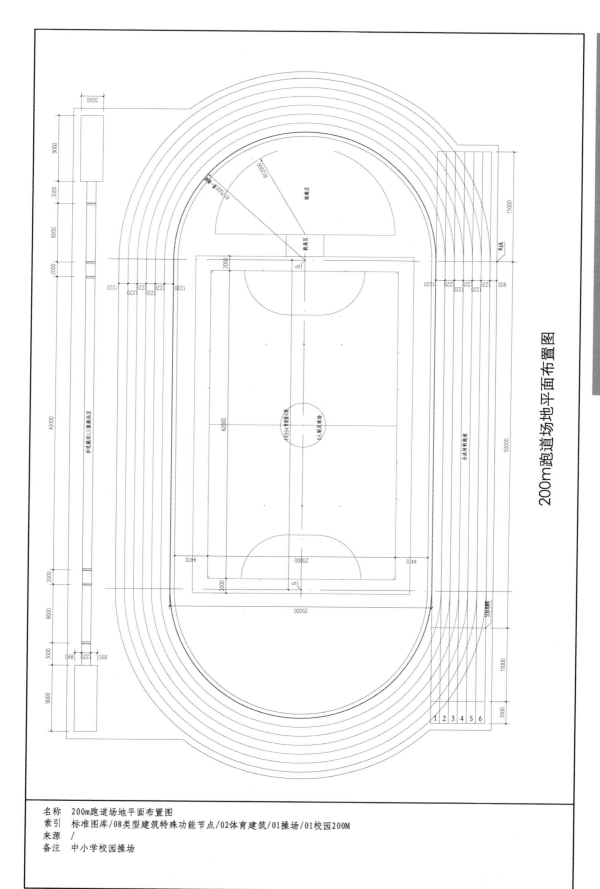

200m跑道场地平面布置图

名称 200m跑道场地平面布置图
索引 标准图库/08类型建筑特殊功能节点/02体育建筑/01操场/01校园200M
来源 /
备注 中小学校园操场

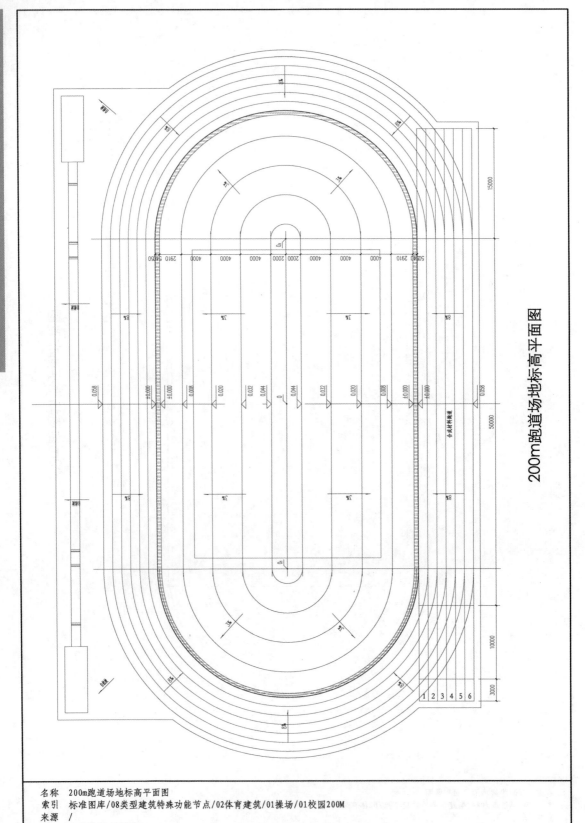

200m跑道场地标高平面图

名称　200m跑道场地标高平面图
索引　标准图库/08类型建筑特殊功能节点/02体育建筑/01操场/01校园200M
来源　/
备注　中小学校园操场

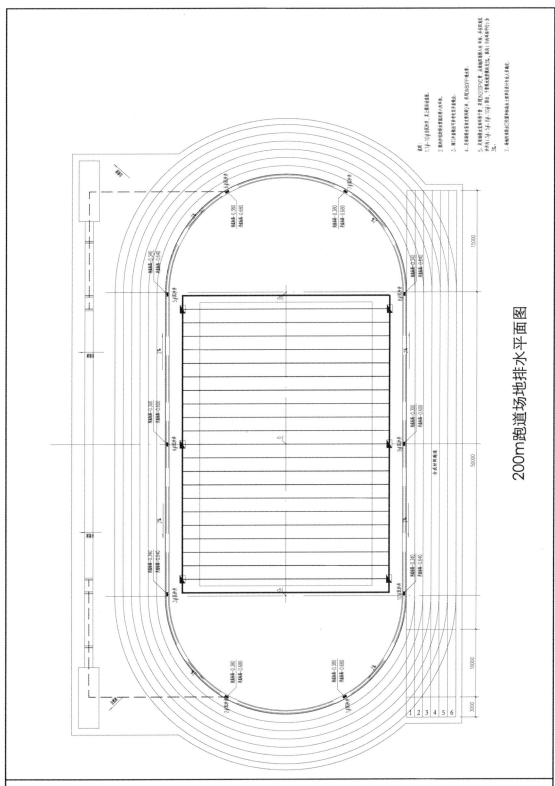

200m跑道场地排水平面图

名称　200m跑道场地排水平面图
索引　标准图库/08类型建筑特殊功能节点/02体育建筑/01操场/01校园200M
来源　/
备注　中小学校园操场

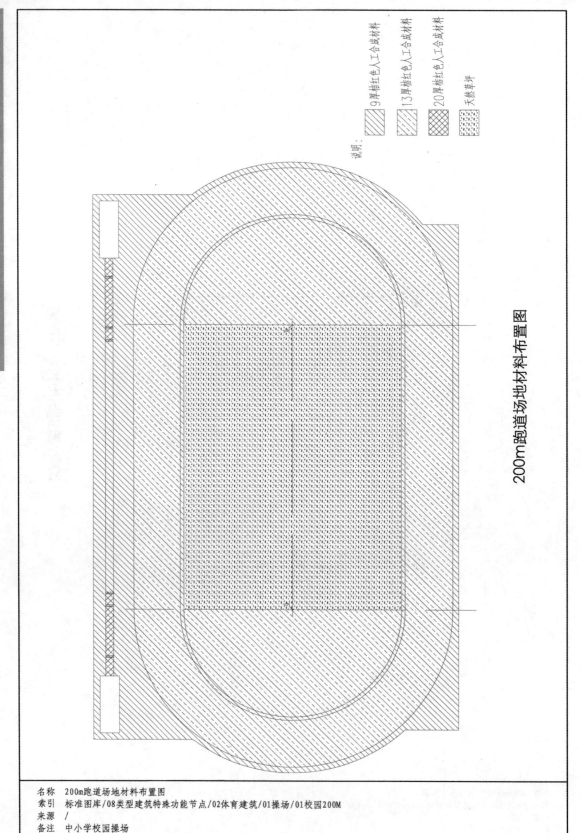

说明：

9厚褚红色人工合成材料

13厚褚红色人工合成材料

20厚褚红色人工合成材料

天然草坪

200m跑道场地材料布置图

名　称　200m跑道场地材料布置图
索　引　标准图库/08类型建筑特殊功能节点/02体育建筑/01操场/01校园200M
来　源　/
备　注　中小学校园操场

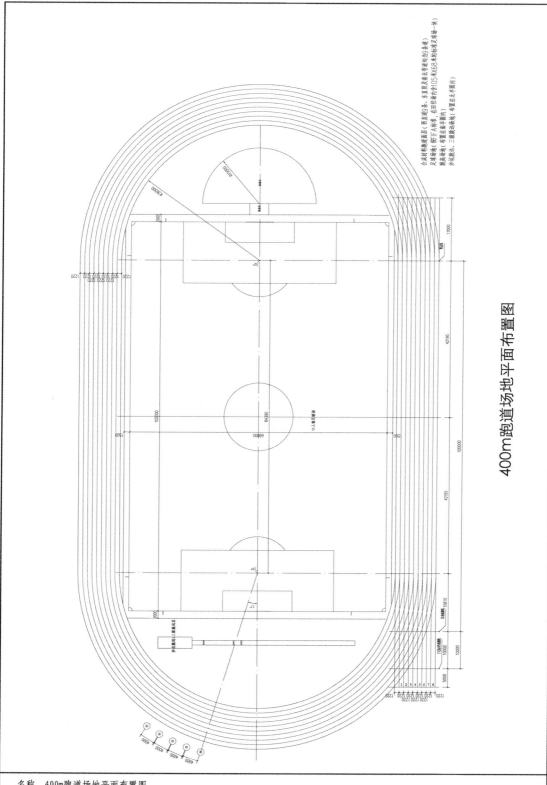

400m跑道场地平面布置图

名称　400m跑道场地平面布置图
索引　标准图库/08类型建筑特殊功能节点/02体育建筑/01操场/02校园400M
来源　/
备注　场地条件充分的校园操场

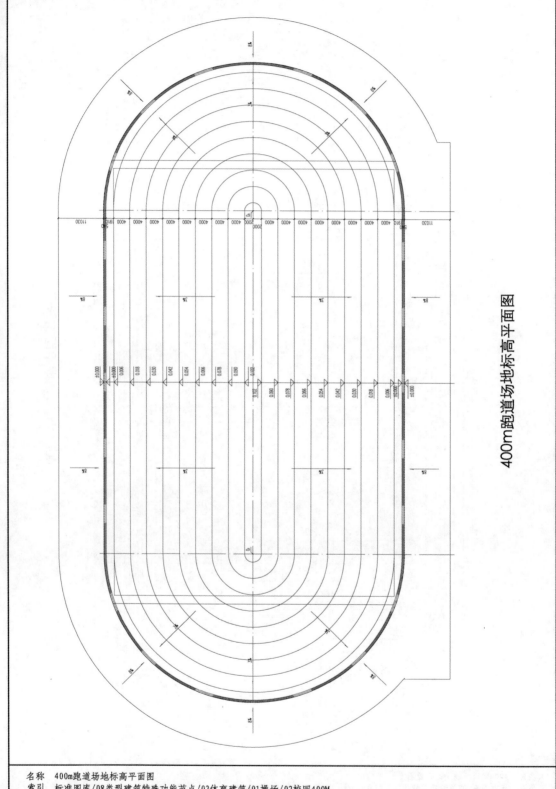

400m跑道场地标高平面图

名称　400m跑道场地标高平面图
索引　标准图库/08类型建筑特殊功能节点/02体育建筑/01操场/02校园400M
来源　/
备注　场地条件充分的校园操场

380

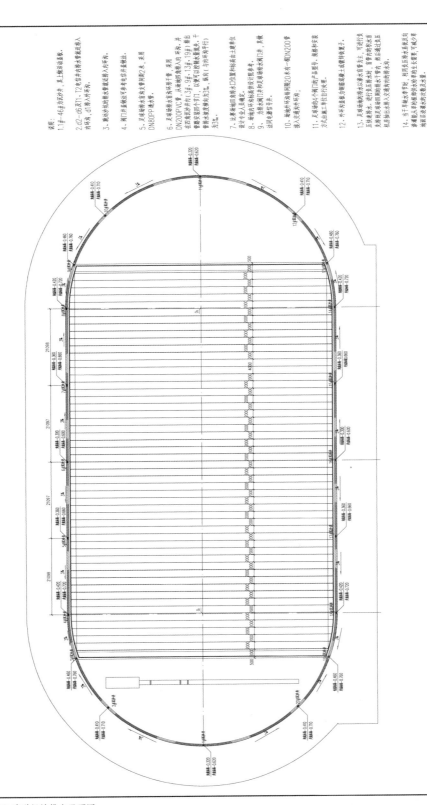

400m跑道场地排水平面图

名称　400m跑道场地排水平面图
索引　标准图库/08类型建筑特殊功能节点/02体育建筑/01操场/02校园400M
来源　/
备注　场地条件充分的校园操场

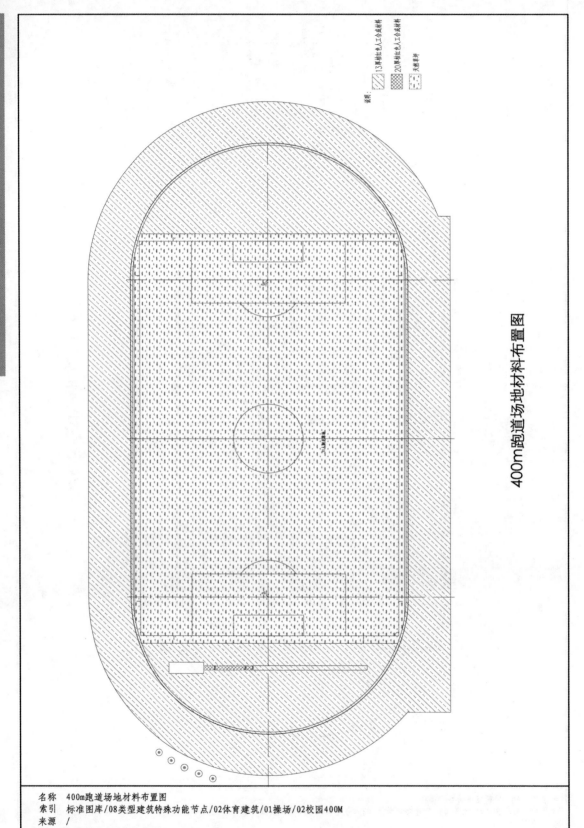

400m跑道场地材料布置图

名称　400m跑道场地材料布置图
索引　标准图库/08类型建筑特殊功能节点/02体育建筑/01操场/02校园400M
来源　/
备注　场地条件充分的校园操场

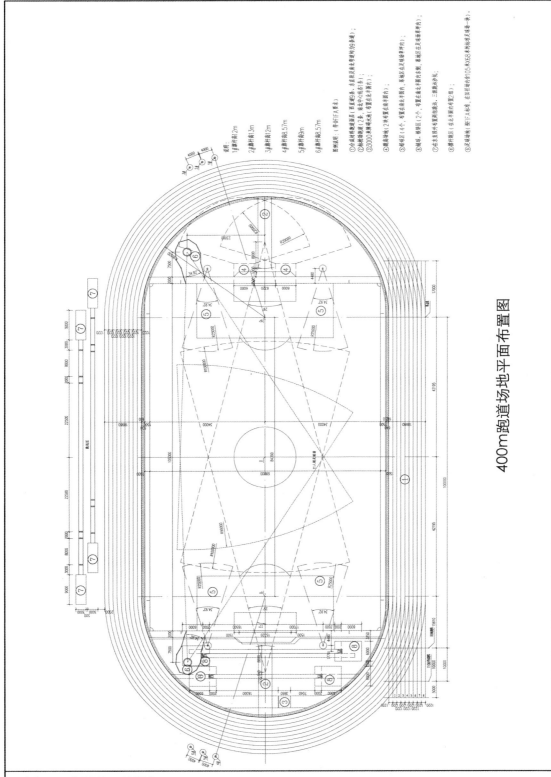

400m跑道场地平面布置图

名称　400m跑道场地平面布置图
索引　标准图库/08类型建筑特殊功能节点/02体育建筑/01操场/03竞技标准400M
来源　/
备注　竞技标准场地

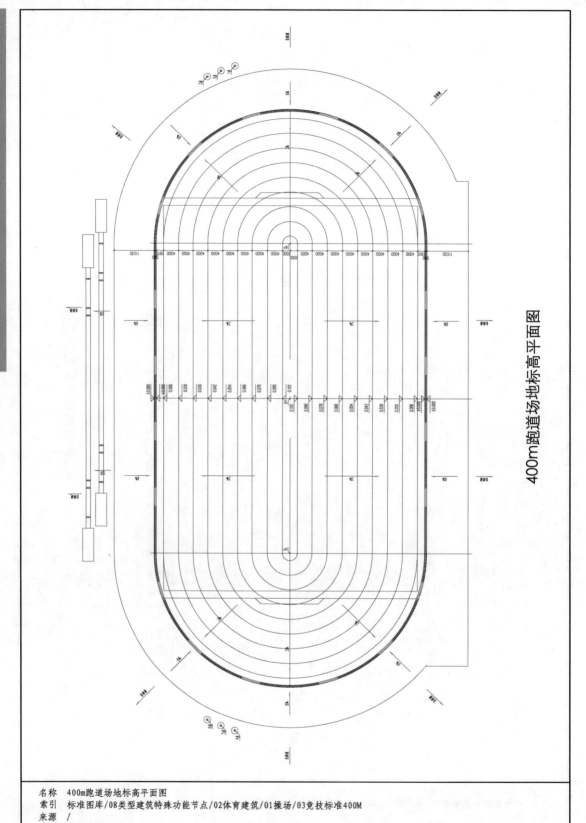

400m跑道场地标高平面图

名称　400m跑道场地标高平面图
索引　标准图库/08类型建筑特殊功能节点/02体育建筑/01操场/03竞技标准400M
来源　/
备注　竞技标准场地

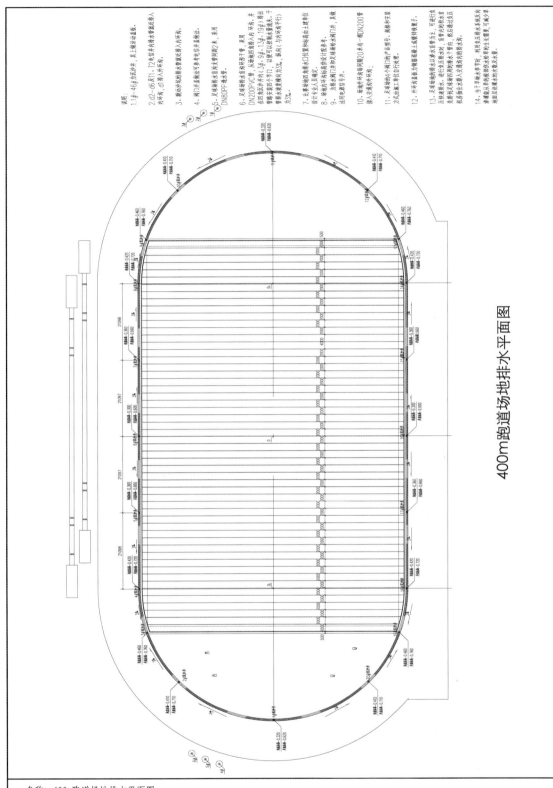

400m跑道场地排水平面图

名称 400m跑道场地排水平面图
索引 标准图库/08类型建筑特殊功能节点/02体育建筑/01操场/03竞技标准400M
来源 /
备注 竞技标准场地

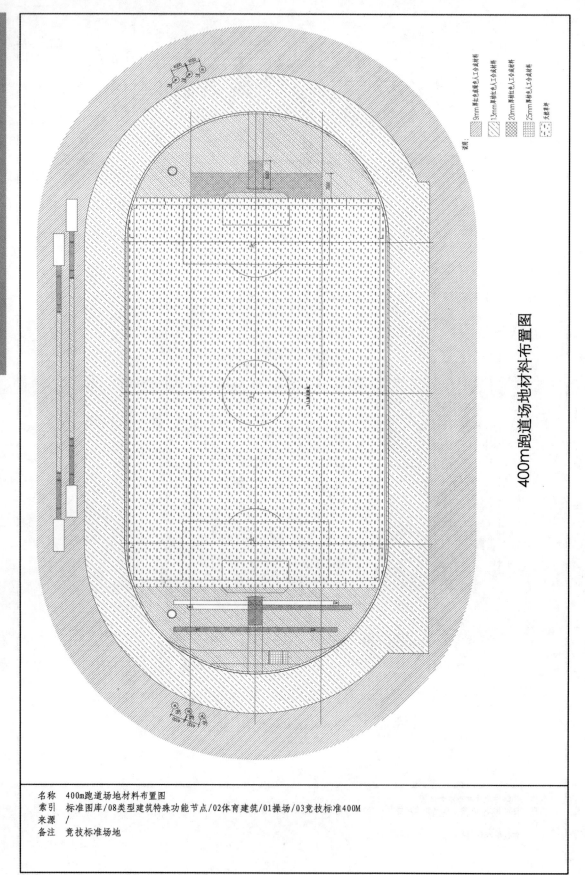

400m跑道场地材料布置图

名称　　400m跑道场地材料布置图
索引　　标准图库/08类型建筑特殊功能节点/02体育建筑/01操场/03竞技标准400M
来源　　/
备注　　竞技标准场地

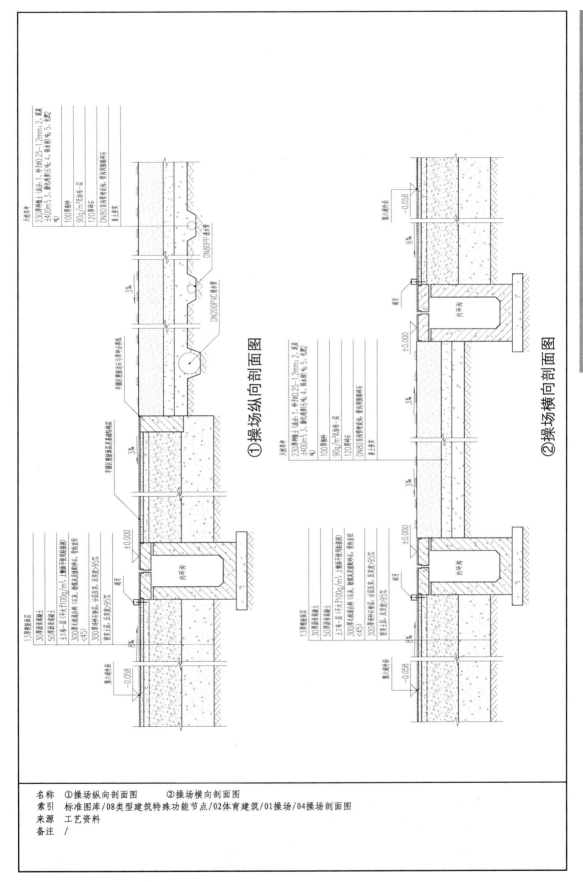

天然草坪
230厚种植土(成分: 1、砂子0.25~1.2mm; 2、泥炭土400m³; 3、腐殖素6吨; 4、保水剂6吨; 5、化肥2吨)
100厚粉砂
90g/m²无纺布一层
120厚碎石
DN80盲沟带波纹、带孔塑料硬管
素土夯实

①操场纵向剖面图

13厚聚苯面层
30厚细石混凝土
50厚粗混凝土
土工布一层(不大于100g/m²、石灰、棉纶丝满填塞缝结料、上顺面不横向伸缩缝)
300厚沥青砂混合料、分层压实、压实度95%<45
300厚碎石垫层、分层压实、压实度95%
素夯土层、压实度95%

②操场横向剖面图

天然草坪
230厚种植土(成分: 1、砂子0.25~1.2mm; 2、泥炭土400m³; 3、腐殖素6吨; 4、保水剂6吨; 5、化肥2吨)
100厚粉砂
90g/m²无纺布一层
120厚碎石
DN80盲沟带波纹、带孔塑料硬管
素土夯实

13厚聚苯面层
30厚细石混凝土
50厚粗混凝土
土工布一层(不大于100g/m²、石灰、棉纶丝满填塞缝结料、上顺面不横向伸缩缝)
300厚沥青砂混合料、分层压实、压实度95%<45
300厚碎石垫层、分层压实、压实度95%
素夯土层、压实度95%

名称　①操场纵向剖面图　　②操场横向剖面图
索引　标准图库/08类型建筑特殊功能节点/02体育建筑/01操场/04操场剖面图
来源　工艺资料
备注　/

387

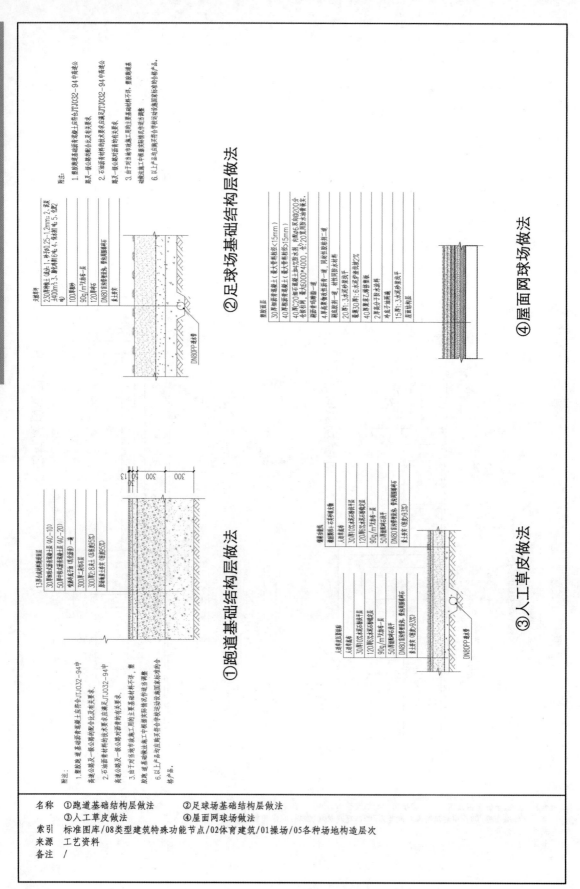

①跑道基础结构层做法

13厚合成材料跑道面层
30厚细粒式沥青混凝土面层 (AC-10)
50厚中粒式沥青混凝土层 (AC-20)
300厚碎石垫行道 (级配碎石)
300厚炉渣、石灰 (压实度95%)
路床填土夯实 (强度9.3%)

附注:
1. 聚氨跑道基础沥青混凝土应符合GTJ032-94中高速公路及一级公路要求的配合比及有关要求。
2. 石油沥青原材料的技术要求应满足GTJ032-94中高速公路及一级公路要求的有关要求。
3. 由于对当地于面层基础工期的主基础材料不同,置敷跑道基础结构中碎选实际情况作适当调整。
故跑道基础做法应采用不当购买运动设施通用国家标准制定的合格产品。
6. 以上产品均应采用聚杂符合学校运动设施通国家标准的合格产品。

②足球场基础结构层做法

天然草坪
230厚耕植土 (混合:1. 砂纯0.125-1.2mm;2. 泥炭:3. 腐叶土6毛.4、珍珠岩5、6配)
1400m3. 厚敷细土层
100厚碎石层
90g/m2无纺布一层
120厚砂层
DN80盲管聚乙烯、夯实颗粒碎石
路床实

附注:
1. 聚氨跑道基础沥青混凝土应符合此配有关要求。
高速公路及一级公路的配合比及有关要求。
2. 石油沥青原材料的技术要求应满足GTJ032-94中高速公
高速公路及一级公路有关有关要求。
3. 由于对当地于面层基础工期的主基础材料不同,置敷跑购基
础实际施工中碎选精列作适当调整。
6. 以上产品均应采用天标符合学校运动设施通国家的合格产品。

③人工草皮做法

人工草皮基础
人造草坪
30厚10%水泥石粉稳定平层
120厚5%水泥石灰稳定层
90g/m2无纺布一层
50厚黄砂或混凝土
DN80盲管聚乙烯、夯实颗粒碎石
路床填土夯实 (强度9.3%)

④屋面网球场做法

橡胶面层
30厚青青混凝土 (最大骨料粒径<15mm)
40厚细青混凝土 (最大骨料粒径≥15mm)
40厚C20密实混凝土加4%防水剂 内配φ6双向@200分
各长钢筋 最高5000*4000,总厚20厚防水聚青灌头.
聚青青砂胶胶浆一道
4厚聚聚性胶青一道 同网格胶胶柏一道
加胶胶浆一道. 材料层防水材料
20厚1:3水泥砂浆找平
聚集30厚:6水泥砂基技找2%
40厚聚乙烯聚青浆
2厚低分子油涂料
15厚1:3水泥砂浆找平
屋面结构层

名称	①跑道基础结构层做法	②足球场基础结构层做法
	③人工草皮做法	④屋面网球场做法
索引	标准图库/08类型建筑特殊功能节点/02体育建筑/01操场/05各种场地构造层次	
来源	工艺资料	
备注	/	

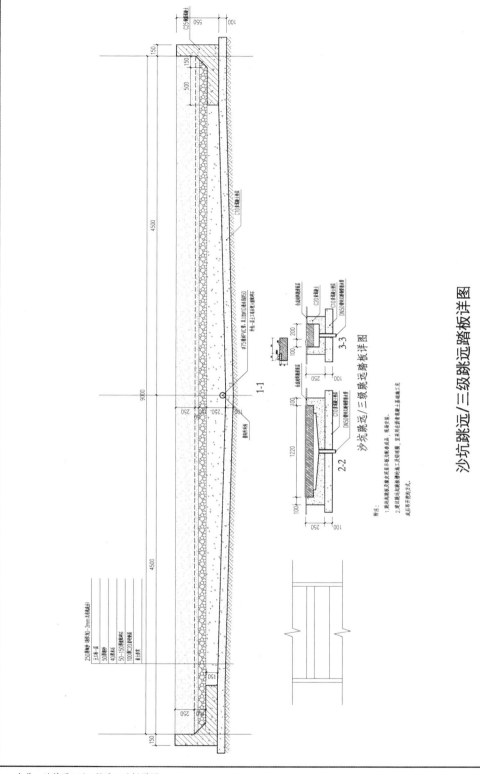

沙坑跳远/三级跳远踏板详图

名称	沙坑跳远/三级跳远踏板详图
索引	标准图库/08类型建筑特殊功能节点/02体育建筑/01操场/06操场各种设施做法
来源	10379玉树红旗小学
备注	/

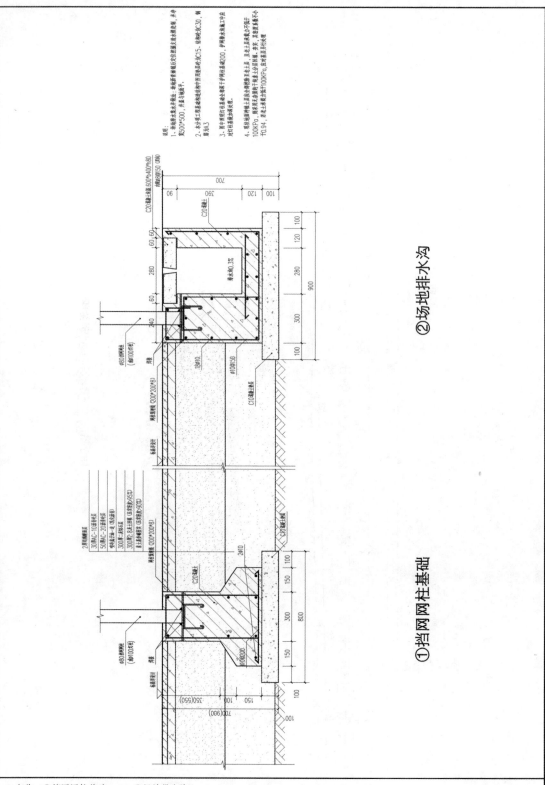

说明：
1. 本地排水布置应做法，本场排水管顶后定处设置暗主集水井座，并每变500*500，井盖与地面平。
2. 本分集水管道地管中内预理应混凝灌水C15，集水处水C30，钢筋配水3。
3. 图中预埋件应在在理位置中件网组合基面C200，护网基水实施平处对砖柱基础加固处理。
4. 考虑地面严格，预采用混凝理干地主土分场压，地主上层承载力不应于100KPa，其地处置力不应于100KPa，当承载承力不足于0.94，本主上载承力于100KPa，当地基底层以列处理。

① 挡网网柱基础

② 场地排水沟

名称	① 挡网网柱基础　② 场地排水沟
索引	标准图库/08类型建筑特殊功能节点/02体育建筑/01操场/06操场各种设施做法
来源	工艺资料
备注	室外羽毛球场、网球场、篮球场等场地常用节点

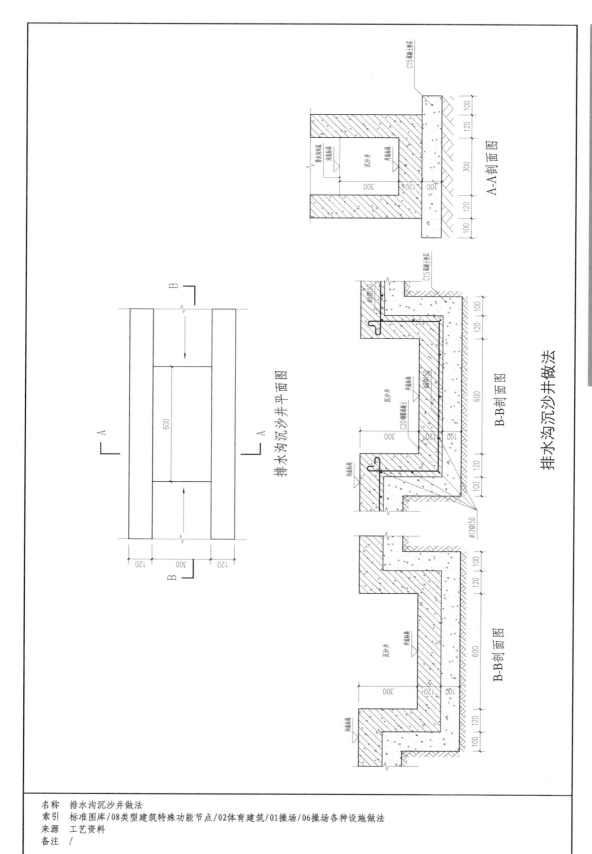

排水沟沉沙井平面图

A-A剖面图

B-B剖面图

B-B剖面图

排水沟沉沙井做法

名 称	排水沟沉沙井做法
索 引	标准图库/08类型建筑特殊功能节点/02体育建筑/01操场/06操场各种设施做法
来 源	工艺资料
备 注	/

建筑统一技术措施与节点构造选编

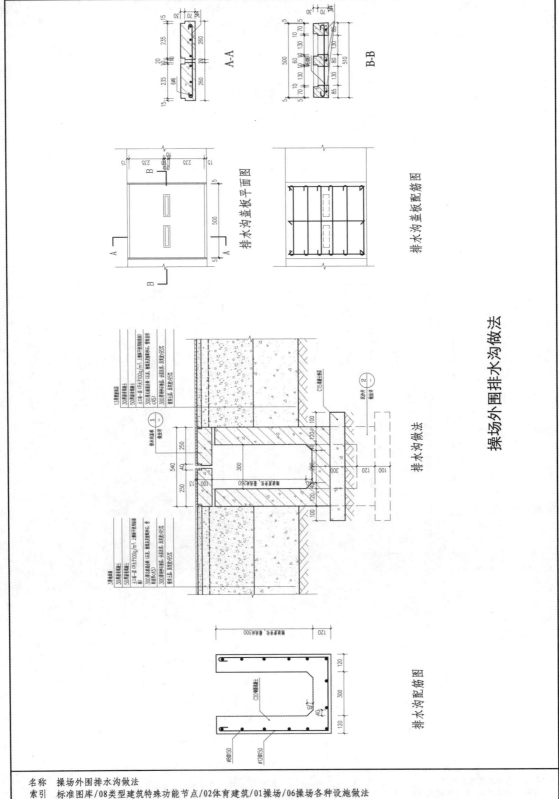

操场外围排水沟做法

A-A

B-B

排水沟盖板平面图

排水沟盖板配筋图

排水沟做法

排水沟配筋图

名称	操场外围排水沟做法
索引	标准图库/08类型建筑特殊功能节点/02体育建筑/01操场/06操场各种设施做法
来源	工艺资料
备注	/

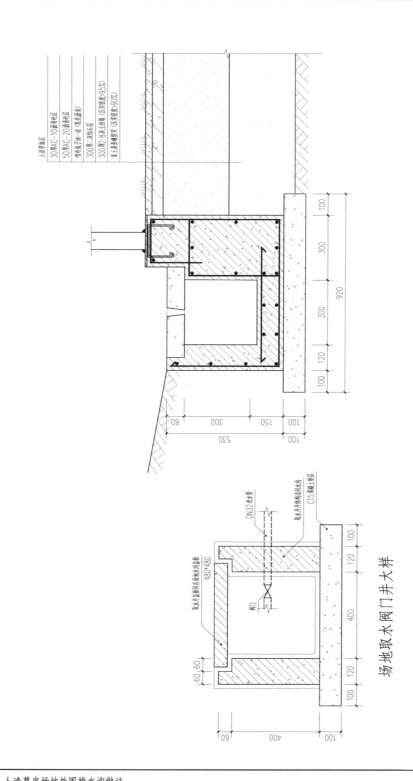

人造草皮场地外围排水沟做法

场地取水阀门井大样

名称　人造草皮场地外围排水沟做法
索引　标准图库/08类型建筑特殊功能节点/02体育建筑/01操场/06操场各种设施做法
来源　工艺资料
备注　室外门球场、人造草皮足球场等场地

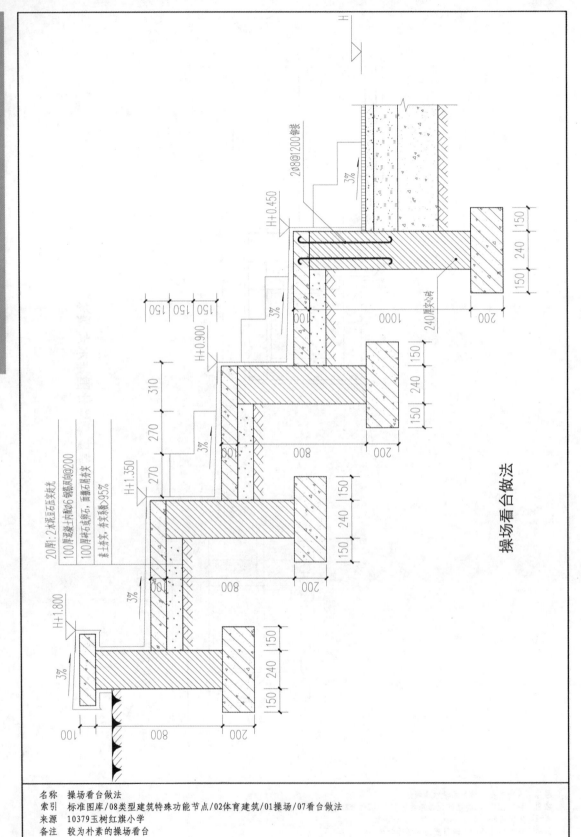

操场看台做法

名称　操场看台做法
索引　标准图库/08类型建筑特殊功能节点/02体育建筑/01操场/07看台做法
来源　10379玉树红旗小学
备注　较为朴素的操场看台

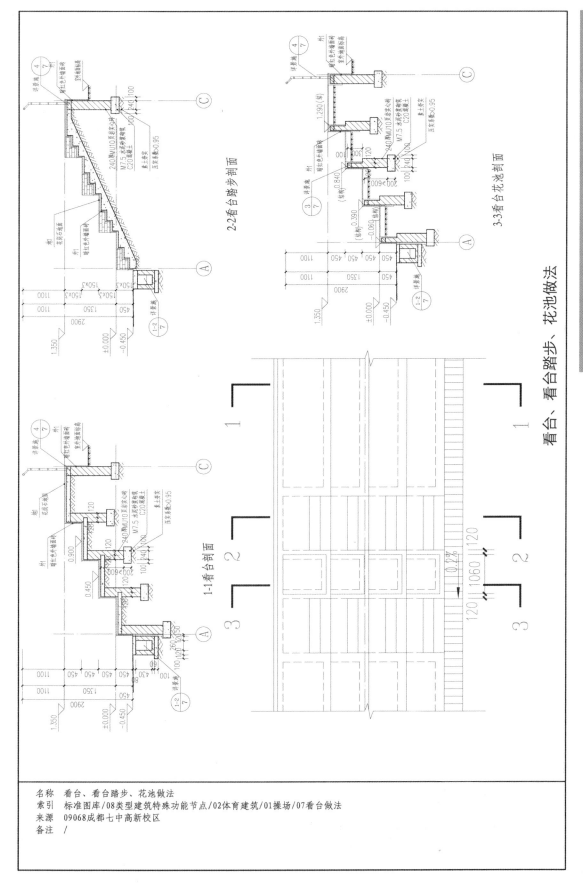

看台、看台踏步、花池做法

名　称	看台、看台踏步、花池做法
索　引	标准图库/08类型建筑特殊功能节点/02体育建筑/01操场/07看台做法
来　源	09068成都七中高新校区
备　注	/

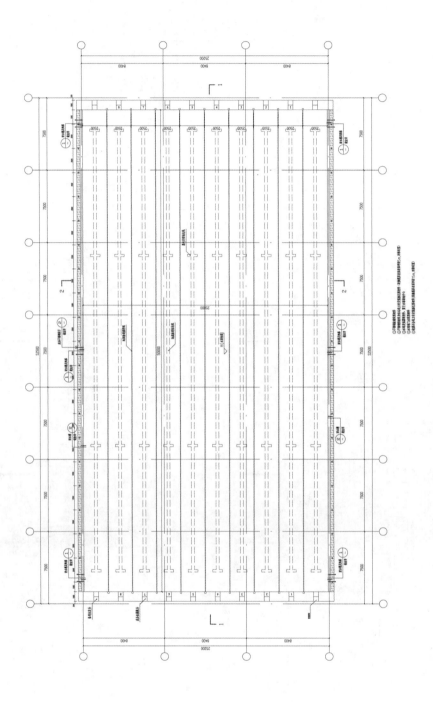

50m泳池10泳道带跳台-池面平面图

名称　50M泳池10泳道带跳台-池面平面图
索引　标准图库/08类型建筑特殊功能节点/02体育建筑/02游泳池/01-50M竞技标准泳池
来源　工艺资料
备注　不带电子触屏、水下摄像口、适用于低标准竞技泳池场地

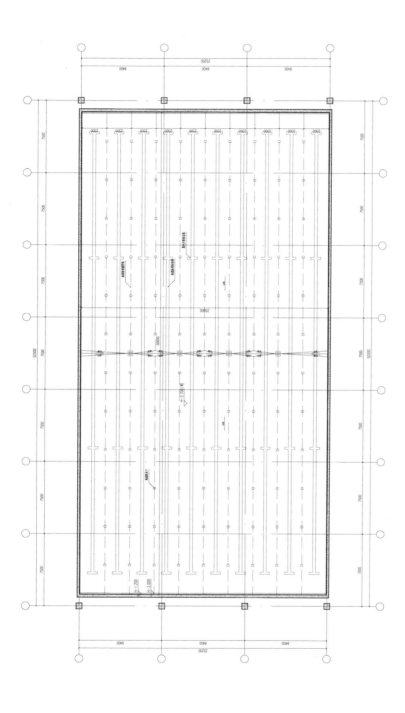

50m泳池10泳道带跳台-池底平面图

名称 50M泳池10泳道带跳台-池底平面图
索引 标准图库/08类型建筑特殊功能节点/02体育建筑/02游泳池/01-50M竞技标准泳池
来源 工艺资料
备注 不带电子触屏、水下摄像口、适用于低标准竞技泳池场地

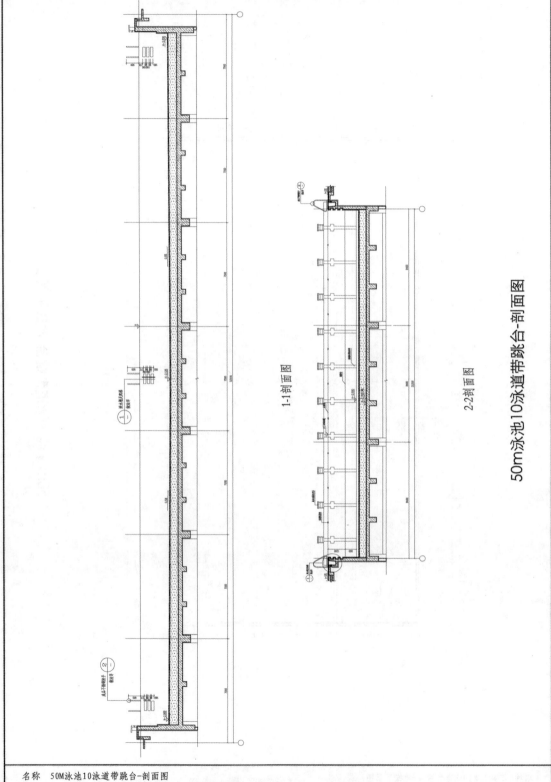

1-1剖面图

2-2剖面图

50m泳池10泳道带跳台-剖面图

名称　50M泳池10泳道带跳台-剖面图
索引　标准图库/08类型建筑特殊功能节点/02体育建筑/02游泳池/01-50M竞技标准泳池
来源　工艺资料
备注　不带电子触屏、水下摄像口、适用于低标准竞技泳池场地

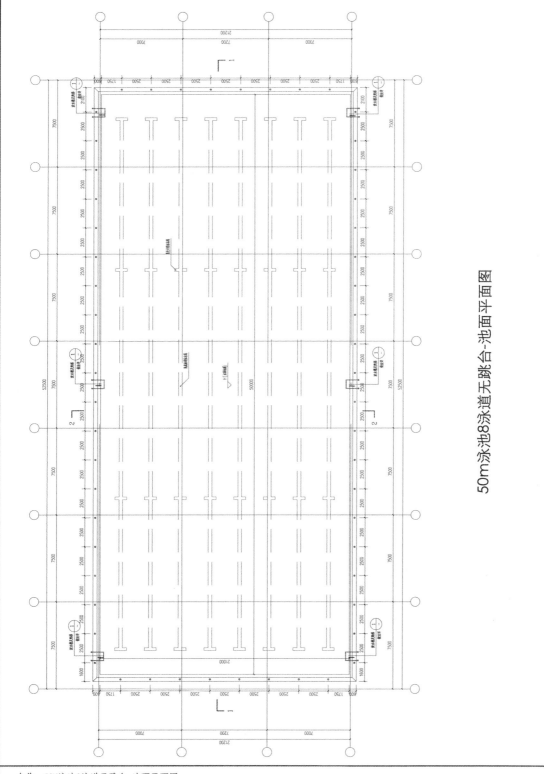

50m泳池8泳道无跳台-池面平面图

名称　50M泳池8泳道无跳台-池面平面图
索引　标准图库/08类型建筑特殊功能节点/02体育建筑/02游泳池/02-50M泳池8泳道无跳台
来源　工艺资料
备注　适用于校园、活动中心、健身设施等无竞技需求的泳池

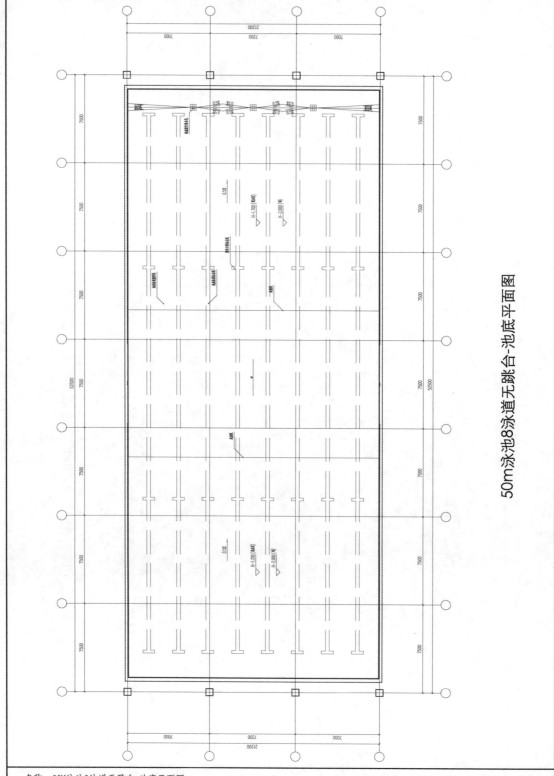

50m泳池8泳道无跳台-池底平面图

名称　50M泳池8泳道无跳台-池底平面图
索引　标准图库/08类型建筑特殊功能节点/02体育建筑/02游泳池/02-50M泳池8泳道无跳台
来源　工艺资料
备注　适用于校园、活动中心、健身设施等无竞技需求的泳池

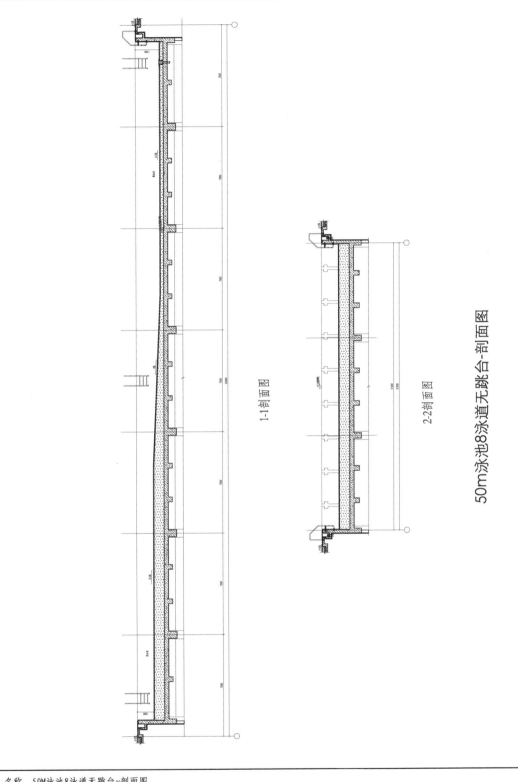

1-1剖面图

2-2剖面图

50m泳池8泳道无跳台-剖面图

名称　50M泳池8泳道无跳台-剖面图
索引　标准图库/08类型建筑特殊功能节点/02体育建筑/02游泳池/02-50M泳池8泳道无跳台
来源　工艺资料
备注　适用于校园、活动中心、健身设施等无竞技需求的泳池

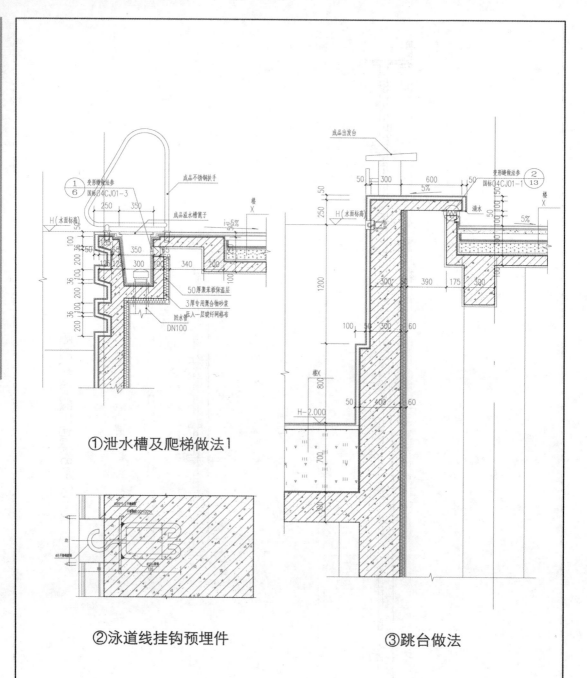

①泄水槽及爬梯做法1

②泳道线挂钩预埋件

③跳台做法

①	名称	泄水槽及爬梯做法1	②	名称	泳道线挂钩预埋件	③	名称	跳台做法
	索引	标准图库/08类型建筑特殊功能节点/02体育建筑/02游泳池/04-泄水槽及爬梯跳台做法		索引	标准图库/08类型建筑特殊功能节点/02体育建筑/02游泳池/04-泄水槽及爬梯跳台做法		索引	标准图库/08类型建筑特殊功能节点/02体育建筑/02游泳池/04-泄水槽及爬梯跳台做法
	来源	工艺资料		来源	工艺资料		来源	工艺资料
	备注	池壁土建爬梯,不影响最外侧泳道的宽度		备注	/		备注	不带电子触屏、水下摄像口,适用于低标准竞技泳池场地

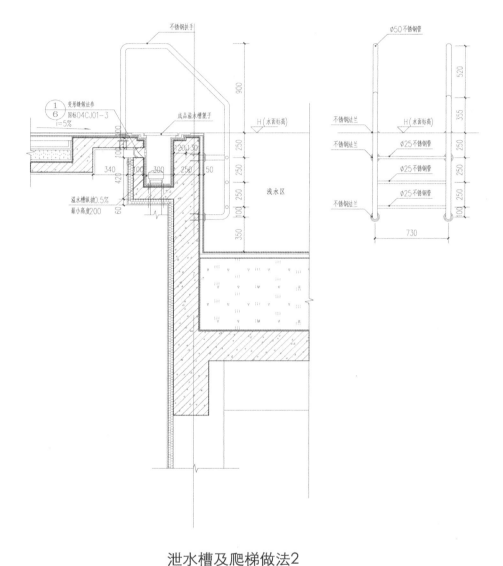

泄水槽及爬梯做法2

名称 泄水槽及爬梯做法2
索引 标准图库/08类型建筑特殊功能节点/02体育建筑/02游泳池/04-泄水槽及爬梯跳台做法
来源 工艺资料
备注 与不锈钢扶手一体的成品爬梯，对外侧泳道宽度有影响

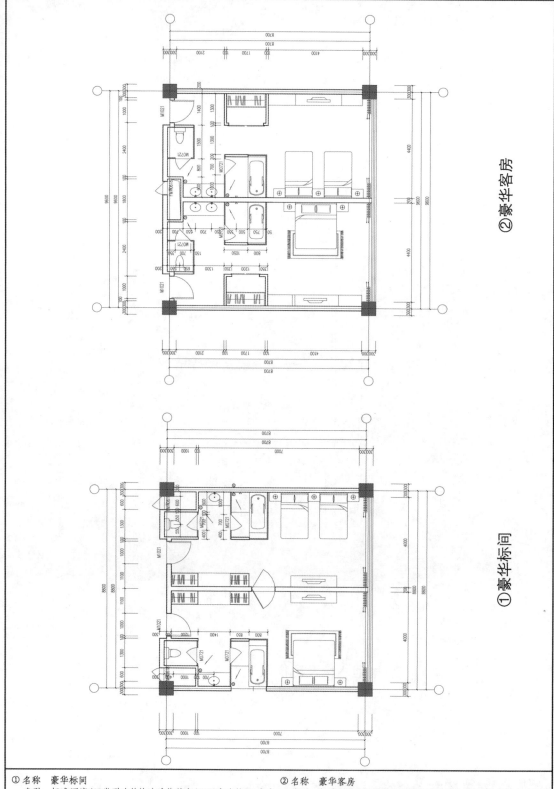

左侧竖排标题：建筑统一技术措施与节点构造选编

②豪华客房

①豪华标间

①	名 称	豪华标间
	索 引	标准图库/08类型建筑特殊功能节点/03酒店建筑/01客房
	来 源	/
	备 注	房间面积38.6㎡，卫生间面积9.01㎡

②	名 称	豪华客房
	索 引	标准图库/08类型建筑特殊功能节点/03酒店建筑/01客房
	来 源	凯悦酒店ONE CONSTITUTION AVENUE（伊斯兰堡）
	备 注	房间面积43.68㎡，卫生间面积21.12㎡

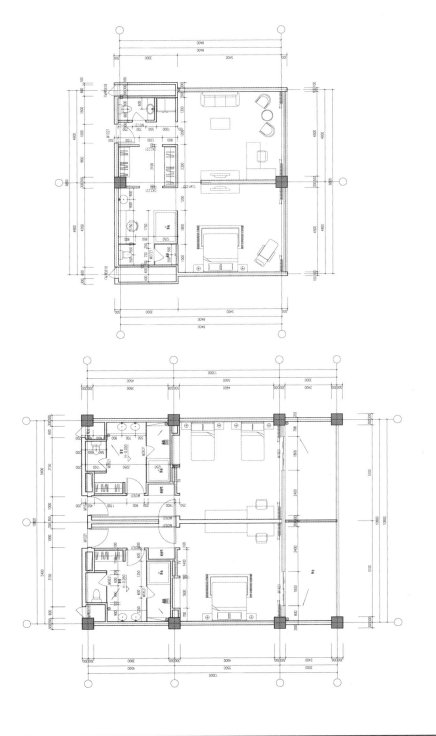

②两开间行政套房

①豪华客房带阳台

① 名　称　豪华客房带阳台
　　索引　标准图库/08类型建筑特殊功能节点/03酒店建筑/01客房
　　来源　10119九寨沟悦榕庄酒店
　　备注　房间面积63.27㎡，卫生间面积17.42㎡

② 名　称　两开间行政套房
　　索引　标准图库/08类型建筑特殊功能节点/03酒店建筑/01客房
　　来源　洲际集团皇冠酒店设计标准
　　备注　房间面积86.24㎡，卫生间面积30.38㎡

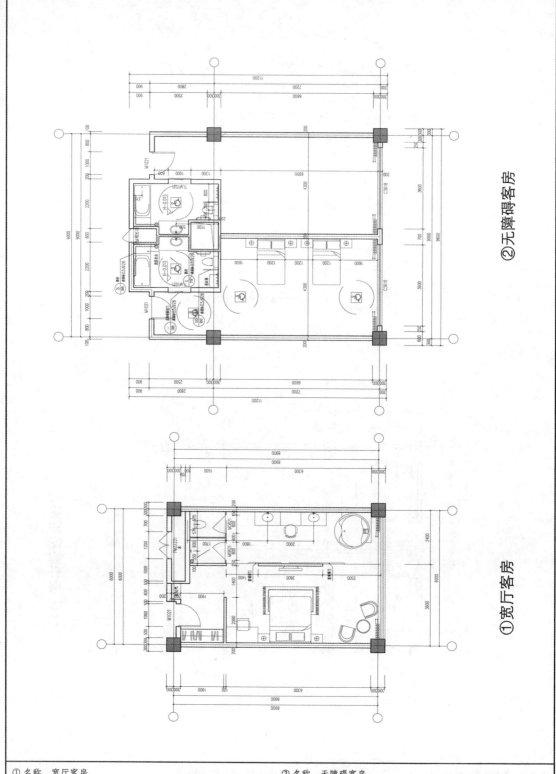

②无障碍客房

①宽厅客房

① 名称　宽厅客房
　　索引　标准图库/08类型建筑特殊功能节点/03酒店建筑/01客房
　　来源　11008成都银泰中心
　　备注　房间面积56.4㎡，卫生间面积20.4㎡

② 名称　无障碍客房
　　索引　标准图库/08类型建筑特殊功能节点/03酒店建筑/01客房
　　来源　06068锦江宾馆新馆
　　备注　房间面积45.46㎡，卫生间面积7.99㎡

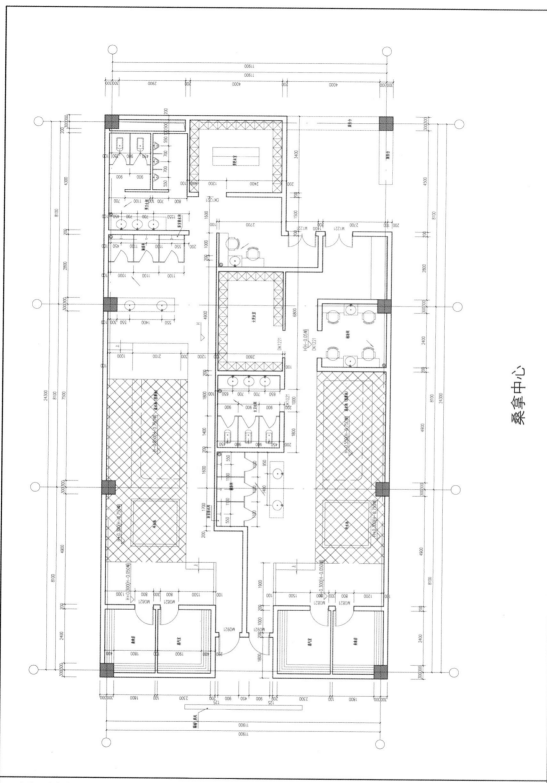

桑拿中心

名称　桑拿中心
索引　标准图库/08类型建筑特殊功能节点/03酒店建筑/02服务设施
来源　越洋国际广场酒店
备注　房间面积43.68㎡，卫生间面积21.12㎡

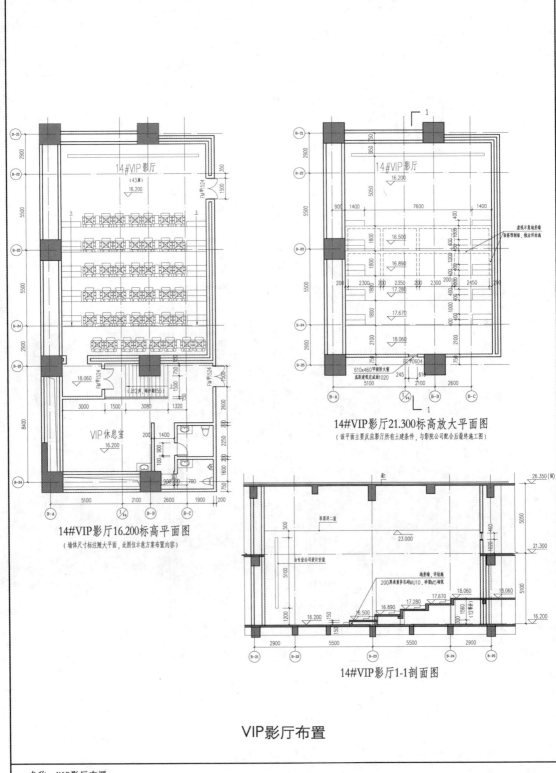

14#VIP影厅16.200标高平面图
（墙体尺寸标注随大平面，此图仅示意方案布置内容）

14#VIP影厅21.300标高放大平面图
（该平面主要反应影厅所有土建条件，与影院公司配合后最终施工图）

14#VIP影厅1-1剖面图

VIP影厅布置

名称	VIP影厅布置
索引	标准图库/08类型建筑特殊功能节点/04商业建筑/影院影厅
来源	09286-01成都金牛万达广场-商业综合体
备注	1.保证影厅布置满足《JGJ58-2008电影院建筑设计规范》对视线的相关规定的前提下与影院公司配合，并将相关土建要求反提结构 2.关于影厅楼层布置、人数设置、安全疏散要求等均应满足最新版《GB50016建筑设计防火规范》要求，该范例仅做参考

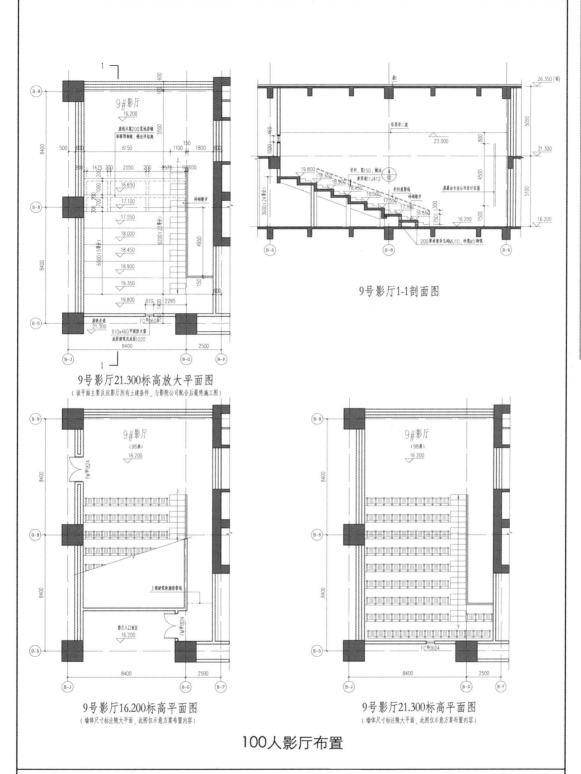

9号影厅21.300标高放大平面图
(该平面主要反应影厅所有土建条件，与影院公司配合后最终施工图)

9号影厅1-1剖面图

9号影厅16.200标高平面图
(墙体尺寸标注随大平面，此图仅示意方案布置内容)

9号影厅21.300标高平面图
(墙体尺寸标注随大平面，此图仅示意方案布置内容)

100人影厅布置

名称	100人影厅布置
索引	标准图库/08类型建筑特殊功能节点/04商业建筑/影院影厅
来源	09286-01成都金牛万达广场-商业综合体
备注	1.保证影厅布置满足《JGJ58-2008电影院建筑设计规范》对视线的相关规定的前提下与影院公司配合，并将相关土建要求反提结构
	2.关于影厅楼层布置、人数设置、安全疏散要求等均应满足最新版《GB50016建筑设计防火规范》要求，该范例仅做参考

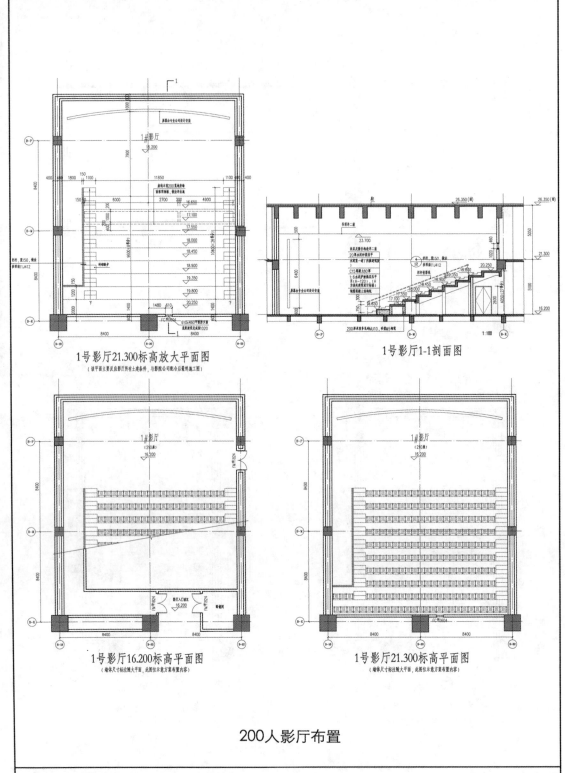

1号影厅21.300标高放大平面图
（该平面主要反应影厅所有土建条件，与影院公司配合后最终施工图）

1号影厅1-1剖面图

1号影厅16.200标高平面图
（墙体尺寸标注随大平面，此图仅示意方案布置内容）

1号影厅21.300标高平面图
（墙体尺寸标注随大平面，此图仅示意方案布置内容）

200人影厅布置

名称	200人影厅布置
索引	标准图库/08类型建筑特殊功能节点/04商业建筑/影院影厅
来源	09286-01成都金牛万达广场-商业综合体
备注	1.保证影厅布置满足《JGJ58-2008电影院建筑设计规范》对视线的相关规定的前提下与影院公司配合，并将相关土建要求反提结构
	2.关于影厅楼层布置、人数设置、安全疏散要求等均应满足最新版《GB50016建筑设计防火规范》要求，该范例仅做参考

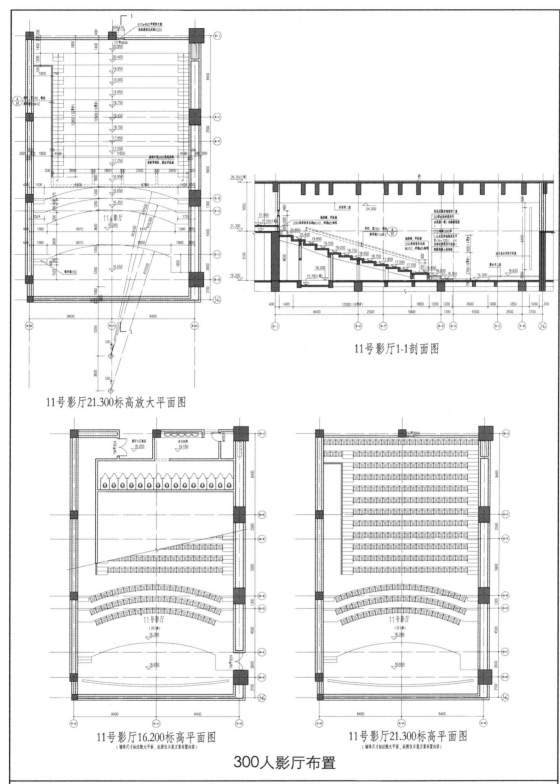

11号影厅21.300标高放大平面图

11号影厅1-1剖面图

11号影16.200标高平面图
（墙体尺寸标注详大平面，此图仅示意方案布置内容）

11号影厅21.300标高平面图
（墙体尺寸标注详大平面，此图仅示意方案布置内容）

300人影厅布置

名称	300人影厅布置
索引	标准图库/08类型建筑特殊功能节点/04商业建筑/影院影厅
来源	09286-01成都金牛万达广场-商业综合体
备注	1.保证影厅布置满足《JGJ58-2008电影院建筑设计规范》对视线的相关规定的前提下与影院公司配合，并将相关土建要求反提结构
	2.关于影厅楼层布置、人数设置、安全疏散要求等均应满足最新版《GB50016建筑设计防火规范》要求，该范例仅仅做参考

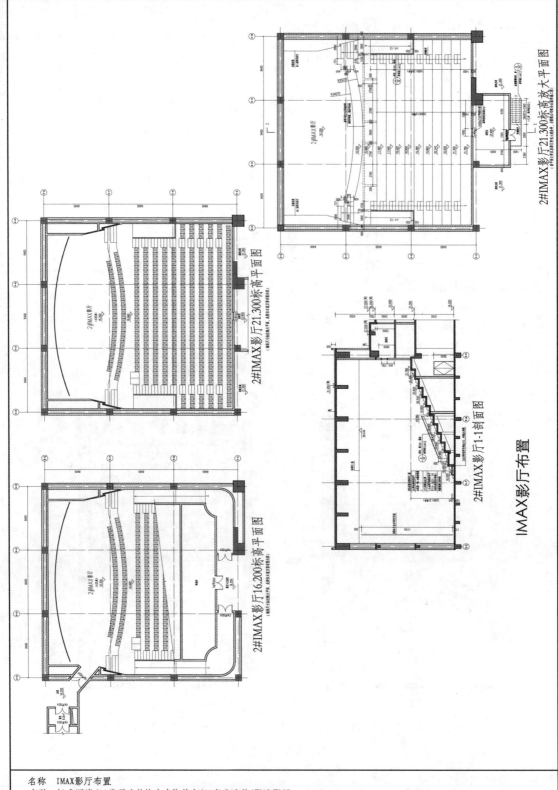

IMAX影厅布置

名称	IMAX影厅布置
索引	标准图库/08类型建筑特殊功能节点/04商业建筑/影院影厅
来源	09286-01成都金牛万达广场-商业综合体
备注	1.保证影厅布置满足《JGJ58-2008电影院建筑设计规范》对视线的相关规定的前提下与影院公司配合，并将相关土建要求反提结构
	2.关于影厅楼层布置、人数设置、安全疏散要求等均应满足最新版《GB50016建筑设计防火规范》要求，该范例仅做参考

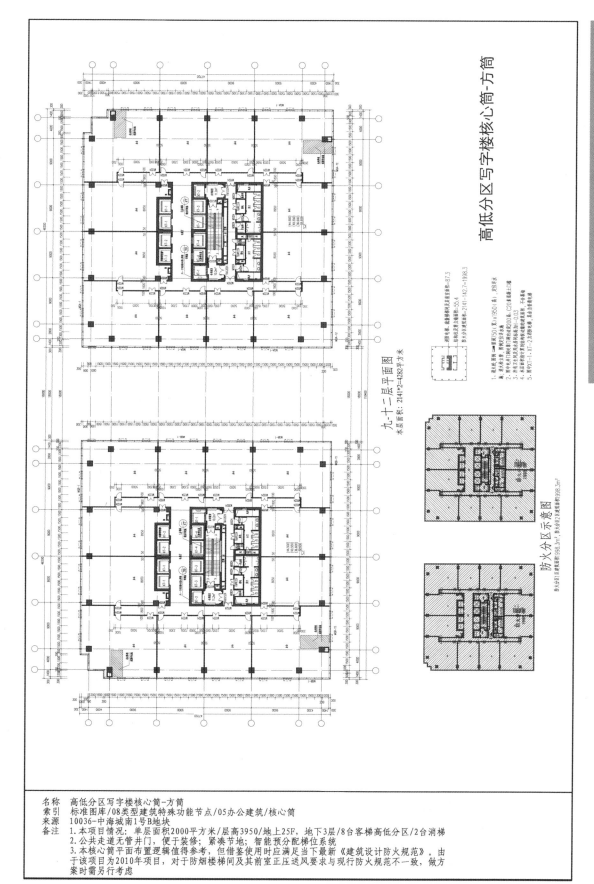

高低分区写字楼核心筒-方筒

九-十二层平面图

本层面积：2141*2=4282平方米

防火分区示意图

防火分区A区建筑面积998.3m²，防火分区B区建筑面积998.3m²

1.通过楼层面积一层面750（单人）x1950（台），次分段水
高。通过电梯运筹中分段间的建筑均设包括。
2.图中电井门解除管门对称设计200条，C20本基础出口层。
3.男女卫生间及防火墙核心筒标准尺寸I-003。
4.本案要相助行楼侧标被动静动机器度，不变基础
5.图中XT-1、XT-2力消防电梯，是办公性使受电梯

名称	高低分区写字楼核心筒-方筒
索引	标准图库/08类型建筑特殊功能节点/05办公建筑/核心筒
来源	10036-中海城南1号B地块
备注	1.本项目情况：单层面积2000平方米/层高3950/地上25F，地下3层/8台客梯高低分区/2台消梯
	2.公共走道无管井门，便于装修；紧凑节地；智能预分配梯位系统
	3.本核心筒平面布置逻辑得值得参考，但借鉴使用时应满足当下最新《建筑设计防火规范》。由于该项目为2010年项目，对于防烟楼梯间及其前室正压送风要求与现行防火规范不一致，做方案时需另行考虑

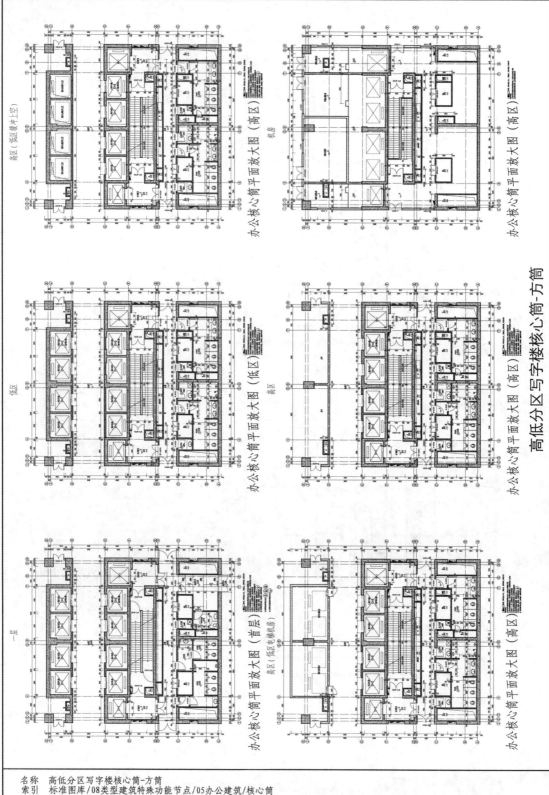

办公核心筒平面放大图（高区）

筒区（低区楼电梯井空）

办公核心筒平面放大图（高区）

机房

低区

办公核心筒平面放大图（低区）

高区

办公核心筒平面放大图（高区）

一层

办公核心筒平面放大图（首层）

高区（低区电梯机房）

办公核心筒平面放大图（高区）

高低分区写字楼核心筒-方筒

名称	高低分区写字楼核心筒-方筒
索引	标准图库/08类型建筑特殊功能节点/05办公建筑/核心筒
来源	10036-中海城南1号B地块
备注	1.本项目情况：单层面积2000平方米/层高3950/地上25F，地下3层/8台客梯高低分区/2台消梯
	2.公共走道无管井门，便于装修；紧凑节地；智能预分配梯位系统
	3.本核心筒平面布置逻辑值得参考，但借鉴使用时应满足当下最新《建筑设计防火规范》。由于该项目为2010年项目，对于防烟楼梯间及其前室正压送风要求与现行防火规范不一致，做方案时需另行考虑

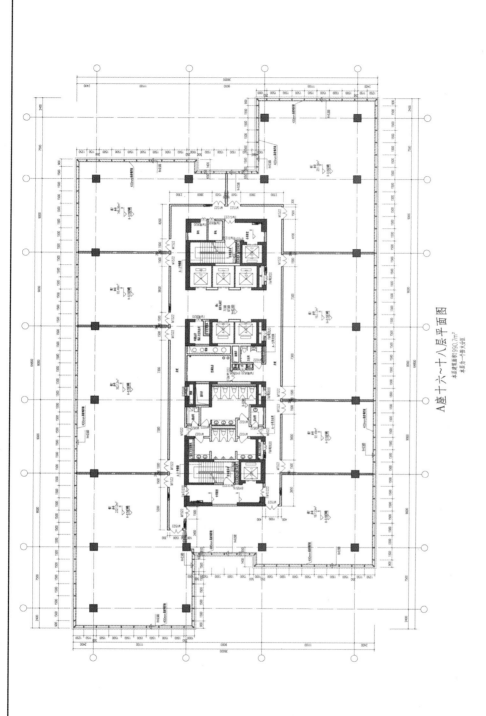

A座十六~十八层平面图
本层建筑面积1990.7m²
本层为一个大分区

高低分区写字楼核心筒-扁长筒

名称　高低分区写字楼核心筒-扁长筒
索引　标准图库/08类型建筑特殊功能节点/05办公建筑/核心筒
来源　11010-中航国际广场
备注　1.本项目情况：单层面积2000平方米/层高4000/地上24F，地下2层/10台客梯高低分区/2台消梯
　　　2.卫生间对穿进入，减少绕行
　　　3.本核心筒平面布置逻辑值得参考，但借鉴使用时应满足当下最新《建筑设计防火规范》

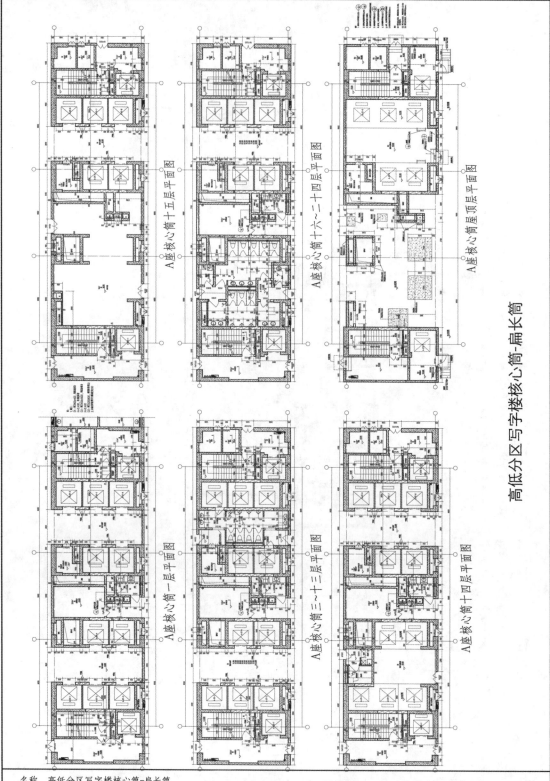

名称　高低分区写字楼核心筒-扁长筒
索引　标准图库/08类型建筑特殊功能节点/05办公建筑/核心筒
来源　11010-中航国际广场
备注　1.本项目情况：单层面积2000平方米/层高4000/地上24F，地下2层/10台客梯高低分区/2台消梯
　　　2.卫生间对穿进入，减少绕行
　　　3.本核心筒平面布置逻辑值得参考，但借鉴使用时应满足当下最新《建筑设计防火规范》

双塔单侧核心筒平面布局

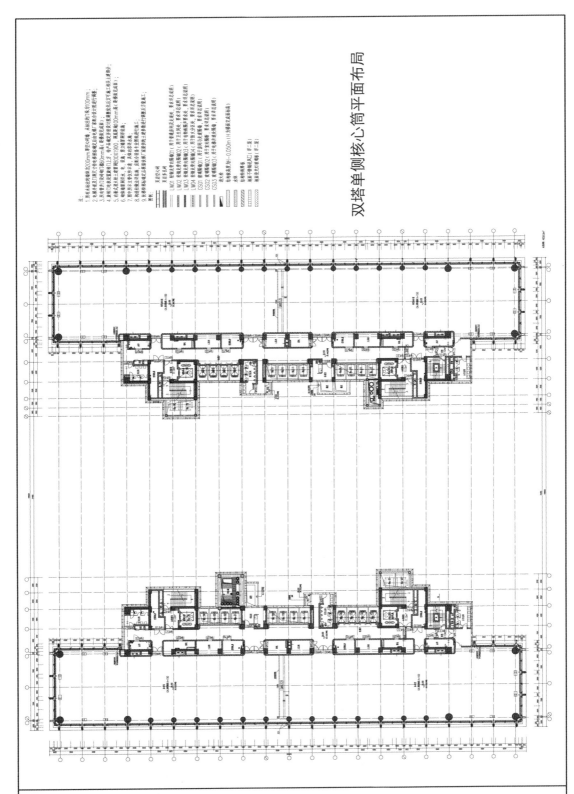

名称　双塔单侧核心筒平面布局
索引　标准图库/08类型建筑特殊功能节点/05办公建筑/核心筒
来源　11075-成都银行大厦
备注　1.本项目情况：单塔单层面积2400平方米/层高4200/地上22F，地下3层/12台客梯高中低分区/2台消梯
　　　2.核心筒偏心布置，办公室进深浅且中间百米无柱，空间通透光亮
　　　3.本核心筒平面布置逻辑值得参考，但借鉴使用时应满足当下最新《建筑设计防火规范》

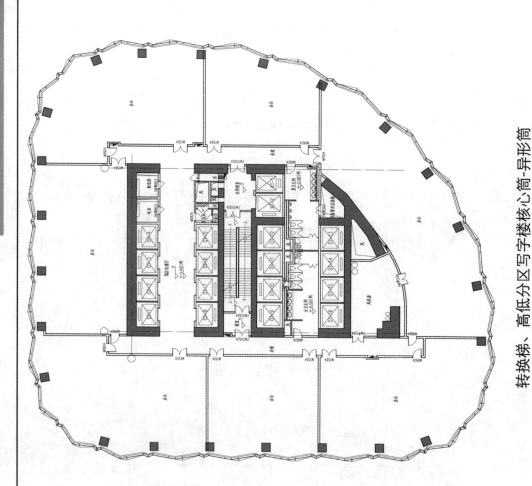

建筑统一技术措施与节点构造选编

转换梯、高低分区写字楼核心筒-异形筒

名称　转换梯、高低分区写字楼核心筒-异形筒
索引　标准图库/08类型建筑特殊功能节点/05办公建筑/核心筒
来源　110013-四川航空广场
备注　1.本项目情况：单层面积1900平方米/层高4200/地上45F地下6F/19台客梯，高低分区且设地下层至1层转换梯/2台消梯
　　　2.高低区客梯与防烟楼梯关系对称清晰，首层DT-17/DT-18转换梯设置
　　　3.本核心筒平面布置逻辑值得参考，但借鉴使用时应满足当下最新《建筑设计防火规范》。由于该项目为2011年项目，
　　　对于防烟楼梯间及其前室正压送风要求与现行防火规范不一致，做方案时需另行考虑

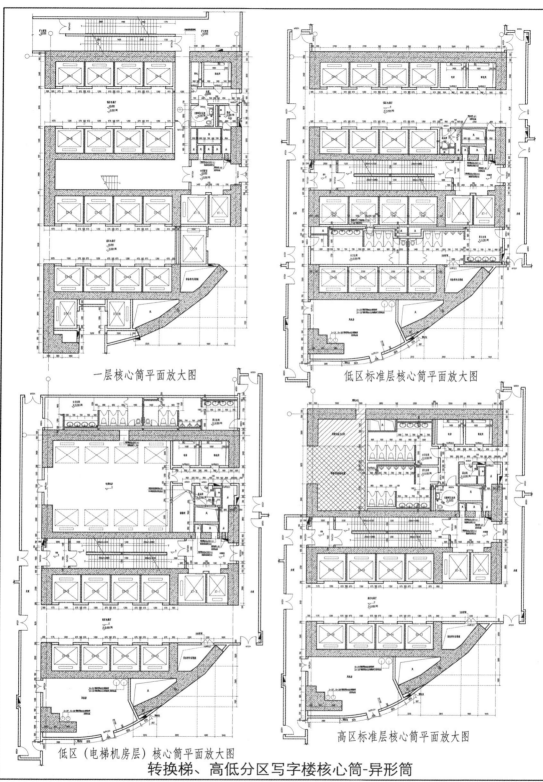

一层核心筒平面放大图

低区标准层核心筒平面放大图

低区（电梯机房层）核心筒平面放大图

高区标准层核心筒平面放大图

转换梯、高低分区写字楼核心筒-异形筒

名称　转换梯、高低分区写字楼核心筒-异形筒
索引　标准图库/08类型建筑特殊功能节点/05办公建筑/核心筒
来源　110013-四川航空广场
备注　1.本项目情况：单层面积1900平方米/层高4200/地上45F地下6F/19台客梯，高低分区且设地下层至1层转换梯/2台消梯
　　　2.高低区客梯与防烟楼梯关系对称清晰，首层DT-17/DT-18转换梯设置
　　　3.本核心筒平面布置逻辑值得参考，但借鉴使用时应满足当下最新《建筑设计防火规范》。由于该项目为2011年项目，
　　　对于防烟楼梯间及其前室正压送风要求与现行防火规范不一致，做方案时需另行考虑

七 参考范例

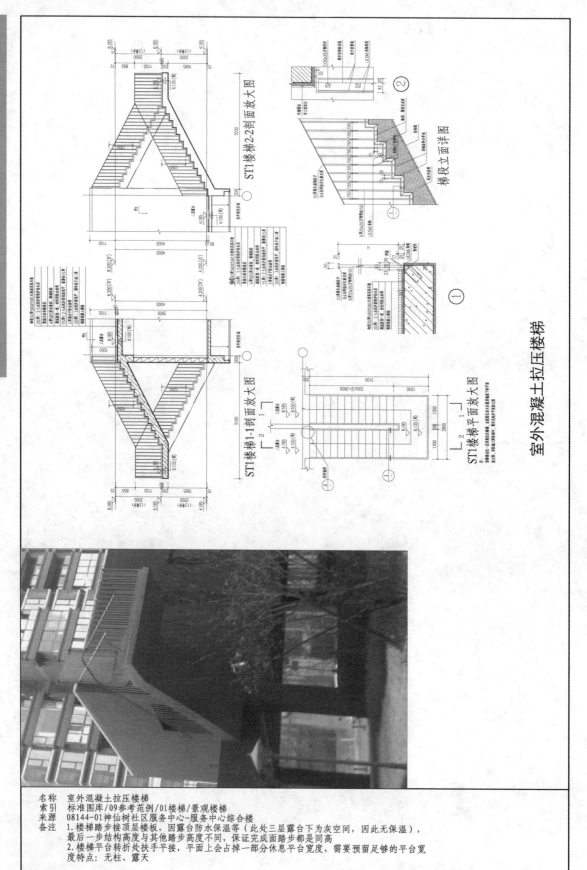

室外混凝土拉压楼梯

名称	室外混凝土拉压楼梯
索引	标准图库/09参考范例/01楼梯/景观楼梯
来源	08144-01神仙树社区服务中心-服务中心综合楼
备注	1.楼梯踏步接顶层楼板，因露台防水保温等（此处三层露台下为灰空间，因此无保温）， 最后一步结构高度与其他踏步高度不同，保证完成面踏步都是同高。 2.楼梯平台转折处扶手平接，平面上会占掉一部分休息平台宽度，需要预留足够的平台宽 度特点：无柱、露天

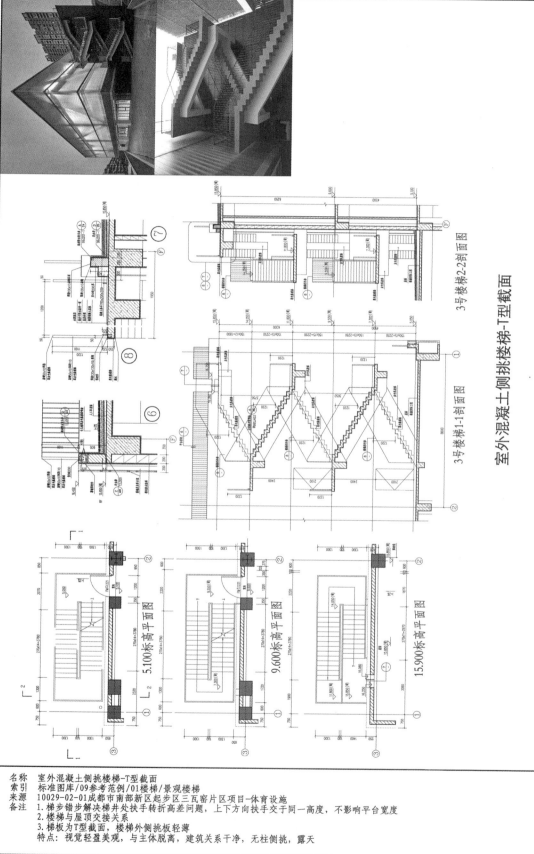

室外混凝土侧挑楼梯-T型截面

名称：室外混凝土侧挑楼梯-T型截面
索引：标准图库/09参考范例/01楼梯/景观楼梯
来源：10029-02-01成都市南部新区起步区三瓦窑片区项目-体育设施
备注：1.梯步错步解决梯井处扶手转折高差问题，上下方向扶手交于同一高度，不影响平台宽度
　　　2.楼梯与屋顶交接关系
　　　3.梯板为T型截面，楼梯外侧挑板轻薄
特点：视觉轻盈美观，与主体脱离，建筑关系干净，无柱侧挑，露天

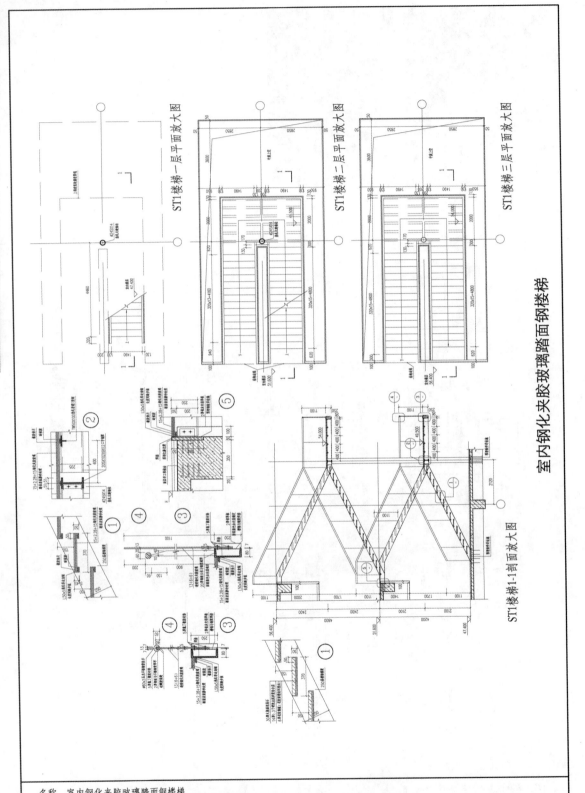

室内钢化夹胶玻璃踏面钢楼梯

ST1楼梯一层平面放大图

ST1楼梯二层平面放大图

ST1楼梯三层平面放大图

ST1楼梯1-1剖面放大图

名　称　室内钢化夹胶玻璃踏面钢楼梯
索　引　标准图库/09参考范例/01楼梯/景观楼梯
来　源　06101科技创业中心二期
备　注　适用于中庭通高空间，钢化夹胶玻璃踏面及单柱支撑休息平台，使视觉感受轻盈通透
注：《建筑玻璃应用技术规程》JGJ113-2009中7.2.5室内栏板用玻璃规定：当栏板玻璃最低
　　点离一侧楼地面高度大于5m时，不得使用承受水平荷载的栏板玻璃（应设有金属或木质
　　扶手的栏杆栏板，由扶手直接承受水平推力）

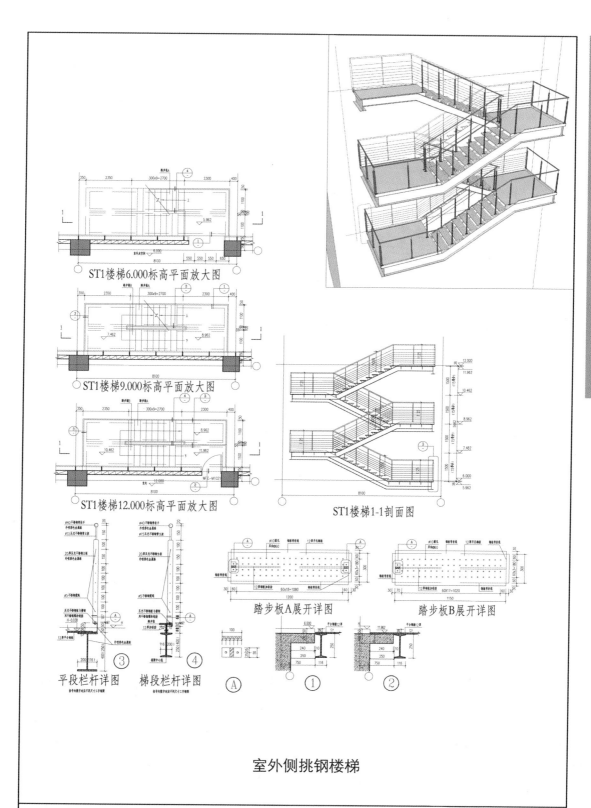

ST1楼梯6.000标高平面放大图

ST1楼梯9.000标高平面放大图

ST1楼梯12.000标高平面放大图

ST1楼梯1-1剖面图

踏步板A展开详图

踏步板B展开详图

③ 平段栏杆详图

④ 梯段栏杆详图

Ⓐ ① ②

室外侧挑钢楼梯

名称	室外侧挑钢楼梯
索引	标准图库/09参考范例/01楼梯/景观楼梯
来源	05098-01成都市文化宫新建工程-办公文体中心及电影城
备注	1. 外墙上临空悬挑疏散钢楼梯，注意楼梯挑梁与柱子的连接方式 2. 凡室外钢结构均需防锈处理

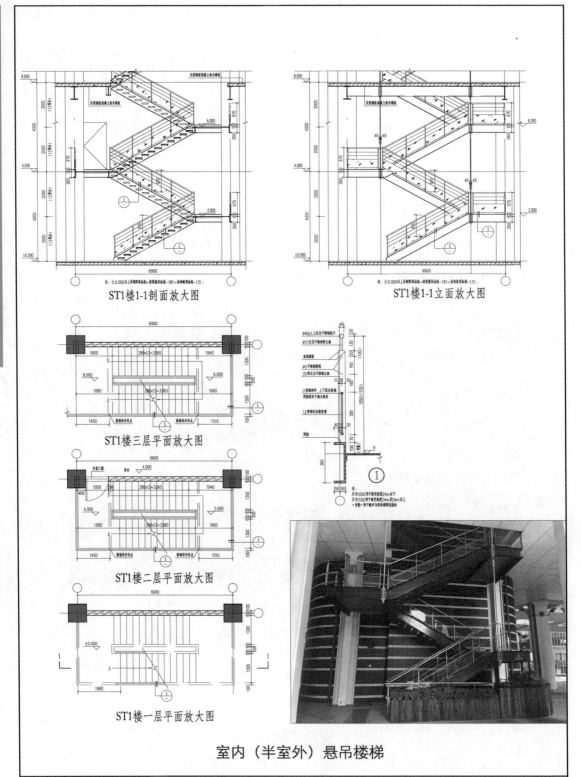

ST1楼1-1剖面放大图

ST1楼1-1立面放大图

ST1楼三层平面放大图

ST1楼二层平面放大图

ST1楼一层平面放大图

室内（半室外）悬吊楼梯

名称	室内（半室外）悬吊楼梯
索引	标准图库/09参考范例/01楼梯/景观楼梯
来源	01098成都高新技术产业开发区科技商务广场（高新管委会）
备注	悬挂钢楼梯美观轻盈，虽然钢楼梯结构由结构专业设计，但是建筑细节处理需建筑结构先 行讨论，建筑专业应控制好楼梯最后完成后效果，将结构反提的资料如实表达在楼梯详图上，而不是给结构提资后就不管了

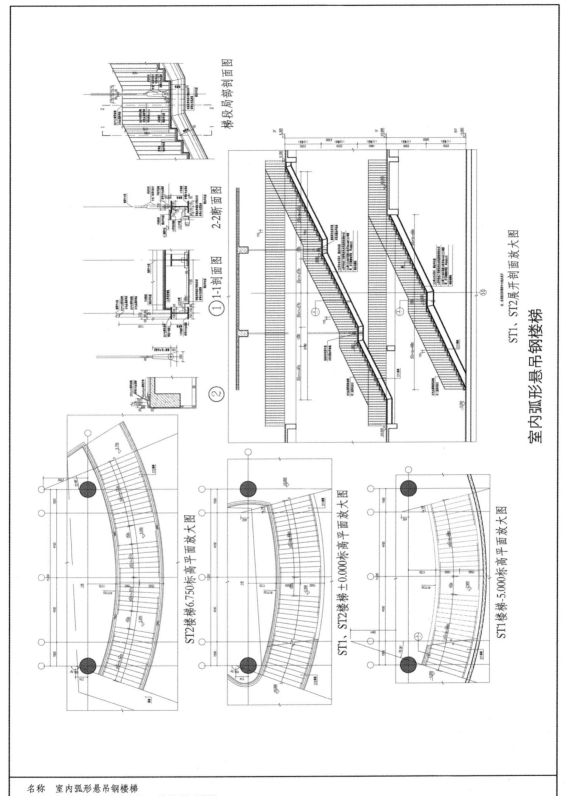

室内弧形悬吊钢楼梯

名称　室内弧形悬吊钢楼梯
索引　标准图库/09参考范例/01楼梯/景观楼梯
来源　13086-03天府新区省级文化中心项目-3号楼
备注　1.悬吊钢楼梯、石材路面、中庭边缘栏杆与楼梯栏杆交接
　　　2.中庭同一位置跨度不同的弧形楼梯，通过悬挂解决部分长跨度楼梯受力问题，控制梯梁
　　　高度；短跨段直接通过钢结构固定在梁端

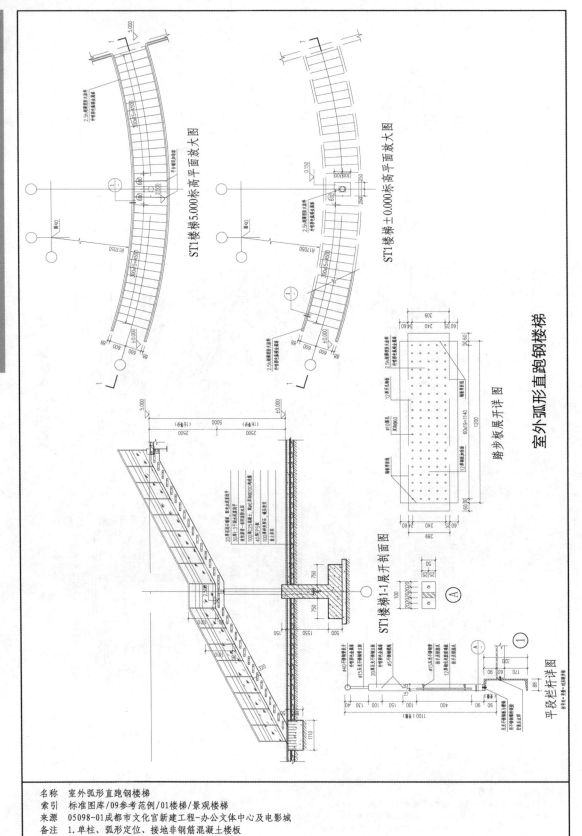

室外弧形直跑钢楼梯

ST1楼梯5.000标高平面放大图

ST1楼梯±0.000标高平面放大图

踏步板展开详图

ST1楼梯1-1展开剖面图

平段栏杆详图

名称	室外弧形直跑钢楼梯
索引	标准图库/09参考范例/01楼梯/景观楼梯
来源	05098-01成都市文化宫新建工程-办公文体中心及电影城
备注	1. 单柱、弧形定位、接地非钢筋混凝土楼板
	2. 注意楼梯与柱子的连接方式
	3. 凡室外钢结构均需防锈处理

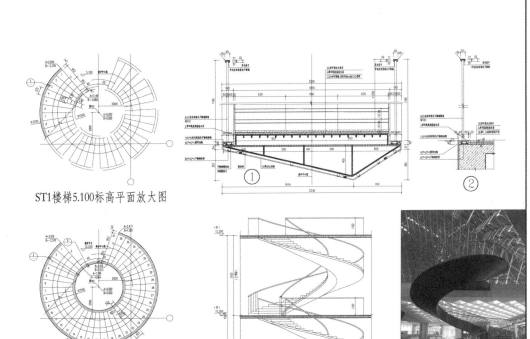

ST1楼梯5.100标高平面放大图

ST1楼梯立面放大图

ST1楼梯10.200标高平面放大图

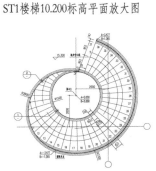

ST1楼梯15.300标高平面放大图

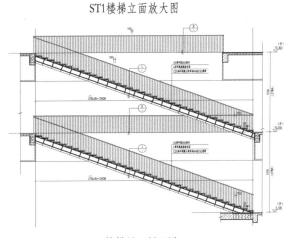

ST1楼梯展开剖面图

室内螺旋钢楼梯-△型截面

名称	室内螺旋钢楼梯-△型截面
索引	标准图库/09参考范例/01楼梯/景观楼梯
来源	13086-01天府新区省级文化中心项目-1号楼
备注	1.三角钢结构截面，无柱螺旋楼梯，石材踏面、中庭边缘栏杆与楼梯栏杆交接
	2.多半径弧线相接，采用相对坐标定位方式
	3.构件制作复杂，适用于造价高的项目

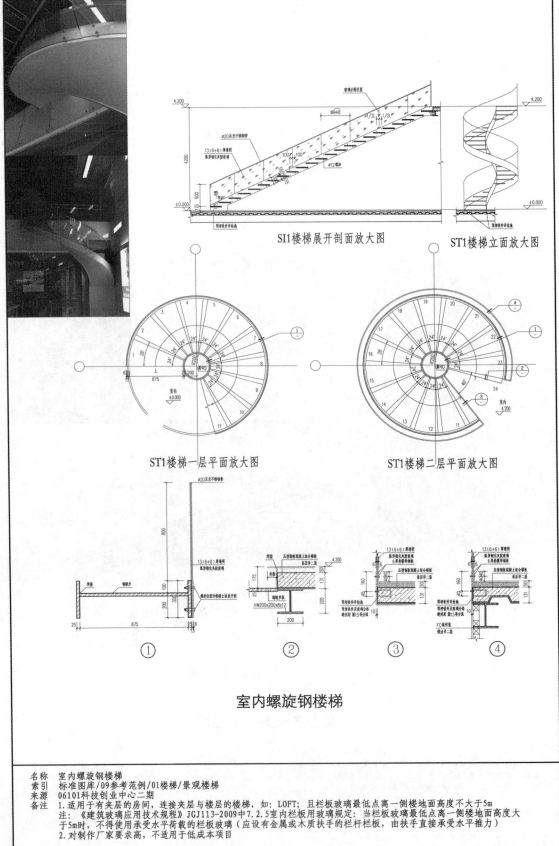

SI1楼梯展开剖面放大图

ST1楼梯立面放大图

ST1楼梯一层平面放大图

ST1楼梯二层平面放大图

① ② ③ ④

室内螺旋钢楼梯

名称 室内螺旋钢楼梯
索引 标准图库/09参考范例/01楼梯/景观楼梯
来源 06101科技创业中心二期
备注 1.适用于有夹层的房间，连接夹层与楼层的楼梯，如：LOFT；且栏板玻璃最低点离一侧楼地面高度不大于5m
　　　注：《建筑玻璃应用技术规程》JGJ113-2009中7.2.5室内栏板用玻璃规定：当栏板玻璃最低点离一侧楼地面高度大
　　　于5m时，不得使用承受水平荷载的栏板玻璃（应设有金属或木质扶手的栏杆栏板，由扶手直接承受水平推力）
　　　2.对制作厂家要求高，不适用于低成本项目

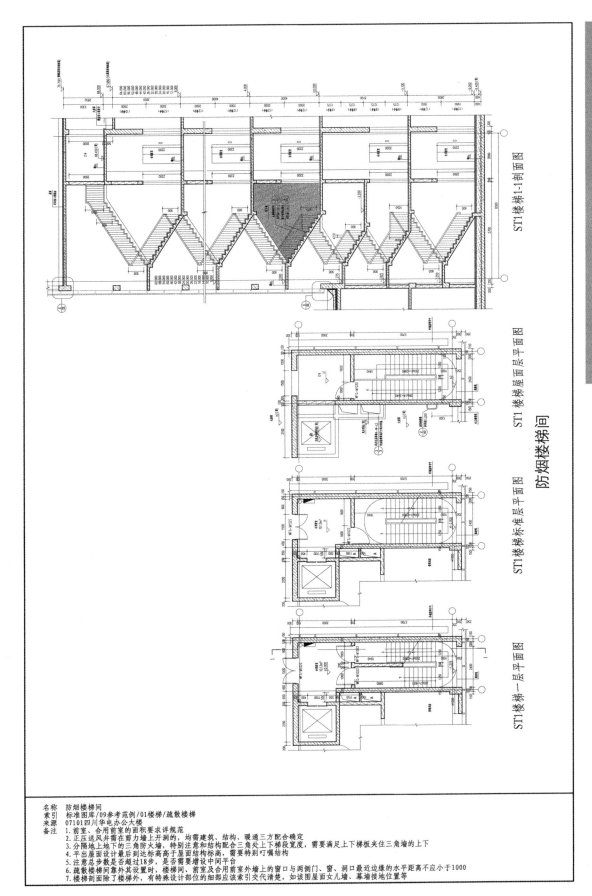

ST1楼梯1-1剖面图

ST1楼梯屋面层平面图

ST1楼梯标准层平面图

ST1楼梯一层平面图

防烟楼梯间

名称	防烟楼梯间
索引	标准图库/09参考范例/01楼梯/疏散楼梯
来源	07101四川华电办公大楼
备注	1.前室、合用前室的面积要求详规范
	2.正压送风井需在剪力墙上开洞的，均需建筑、结构、暖通三方配合确定
	3.分隔地上地下的三角防火墙，特别注意和结构配合三角处上下梯段宽度，需要满足上下梯板夹住三角墙的上下
	4.平出屋面设计最后到达标高高于屋面板结构标高，需要特别叮嘱结构
	5.注意总步数是否超过18步，是否需要增设中间平台
	6.疏散楼梯间靠外其设置时，楼梯间、前室及合用前室外墙上的窗口与两侧门、窗、洞口最近边缘的水平距离不应小于1000
	7.楼梯剖面除了楼梯外，有特殊设计部位的细部应该索引交代清楚，如该图屋面女儿墙、幕墙接地位置等

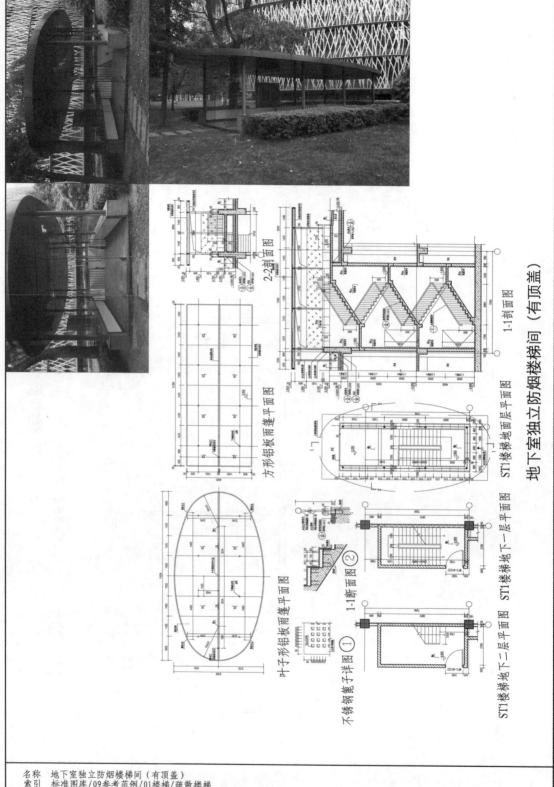

名称 地下室独立防烟楼梯间（有顶盖）
索引 标准图库/09参考范例/01楼梯/疏散楼梯
来源 04038成都市高新区天府大道北段966号园区（金融城）
备注 1.适用于较大地下室单独对室外场地疏散的楼梯,有雨篷
　　2.面向楼梯的地下室四周墙面建议采用多孔砖；外饰面按
　　外墙设计,注意保温；楼梯净宽计算需要扣除构造厚度
　　3.雨篷样式多样选择,雨篷由建筑设计并由幕墙深化

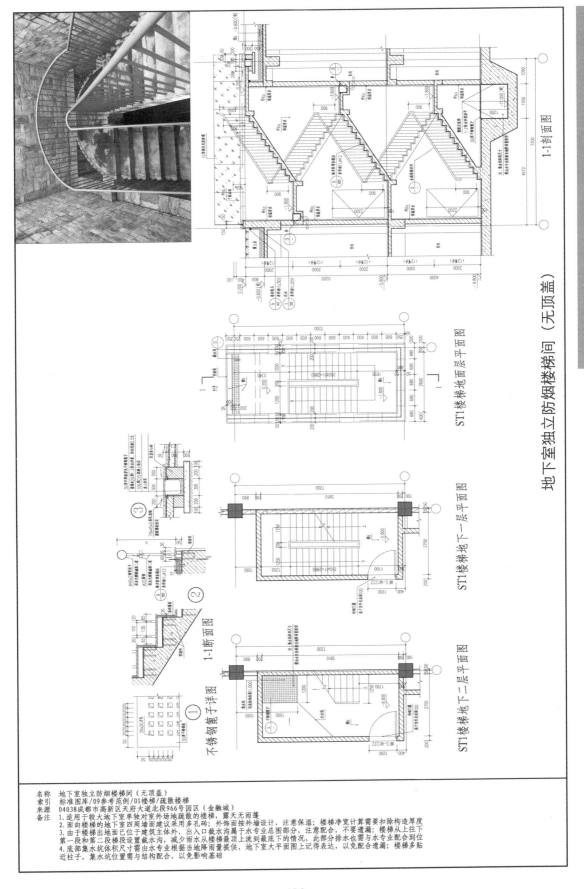

地下室独立防烟楼梯间（无顶盖）

1-1剖面图

ST1楼梯地面层平面图

③

② 1-1断面图

① 不锈钢篦子详图

ST1楼梯地下一层平面图

ST1楼梯地下二层平面图

名称	地下室独立防烟楼梯间（无顶盖）
索引	标准图库/09参考范例/01楼梯/疏散楼梯
来源	04038成都市高新区天府大道北段966号园区（金融城）
备注	1.适用于较大地下室单独对室外场地疏散的楼梯，露天无雨篷 2.面向楼梯的地下室四周墙面建议采用多孔砖；外饰面按外墙设计，注意保温；楼梯净宽计算需要扣除构造厚度 3.由于楼梯出地面已位于建筑主体外，出入口截水沟属于水专业总图部分，注意配合，不要遗漏；楼梯从上往下第一段和第二段梯段设置截水沟，减少雨水从楼梯最顶上流到最底下的情况，此部分排水也需与水专业配合到位 4.底部集水坑体积尺寸需由水专业根据当地降雨量提供，地下室大平面图上记得表达，以免配合遗漏；楼梯多贴近柱子，集水坑位置需与结构配合，以免影响基础

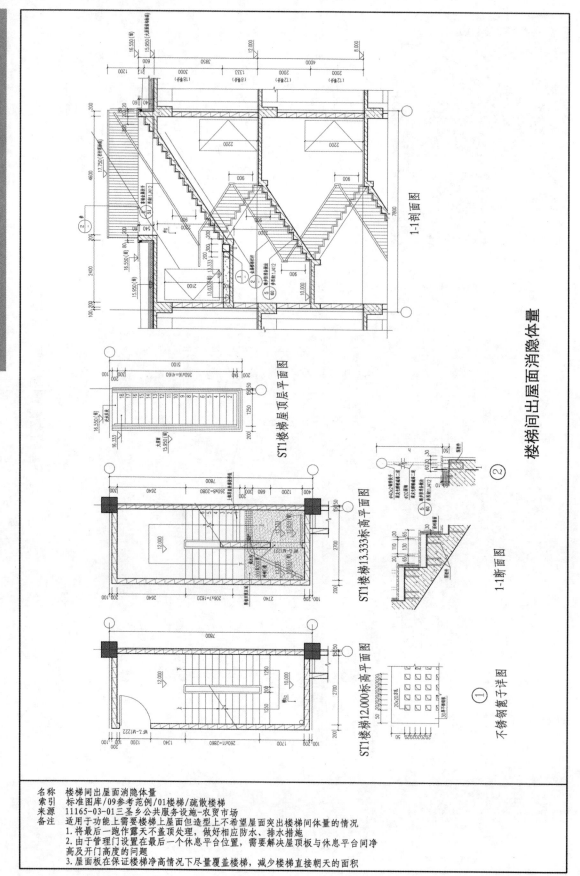

楼梯间出屋面消隐体量

名称　楼梯间出屋面消隐体量
索引　标准图库/09参考范例/01楼梯/疏散楼梯
来源　11165-03-01三圣乡公共服务设施-农贸市场
备注　适用于功能上需要楼梯上屋面但不希望屋面突出楼梯间体量的情况
　　　1.将最后一跑作露天不盖顶处理，做好相应防水、排水措施
　　　2.由于管理门设置在最后一个休息平台位置，需要解决屋顶板与休息平台间净
　　　　高及开门高度的问题
　　　3.屋面板在保证楼梯净高情况下尽量覆盖楼梯，减少楼梯直接朝天的面积

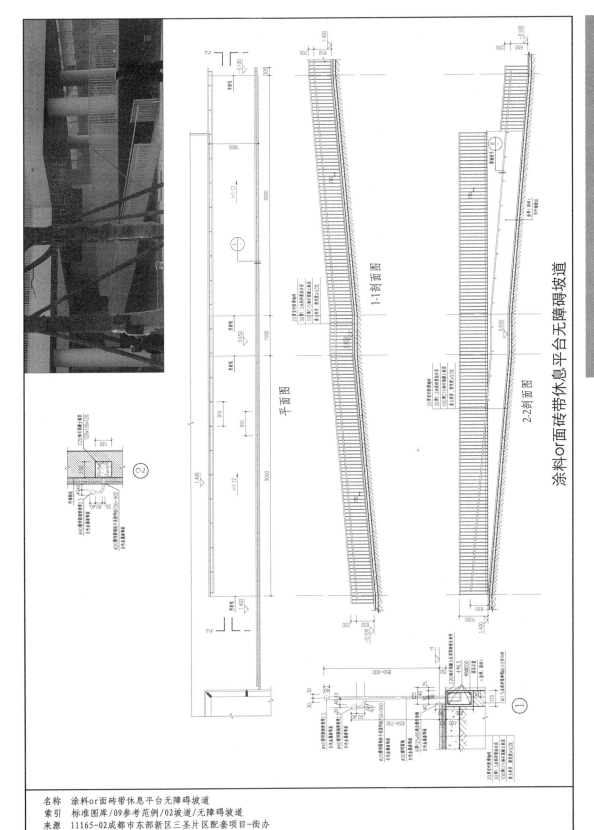

涂料or面砖带休息平台无障碍坡道

名称 涂料or面砖带休息平台无障碍坡道
索引 标准图库/09参考范例/02坡道/无障碍坡道
来源 11165-02成都市东部新区三圣片区配套项目-街办
备注 适用于室内外高差大，有充足条件做直跑坡道

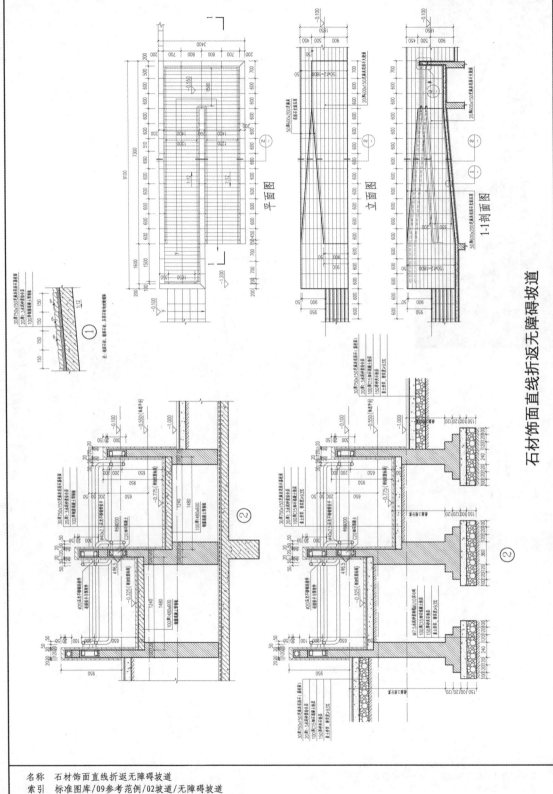

石材饰面直线折返无障碍坡道

名称 石材饰面直线折返无障碍坡道
索引 标准图库/09参考范例/02坡道/无障碍坡道
来源 04038成都市高新区天府大道北段966号园区（金融城）
备注 适用于建造项目投资较高，效果要求高的项目

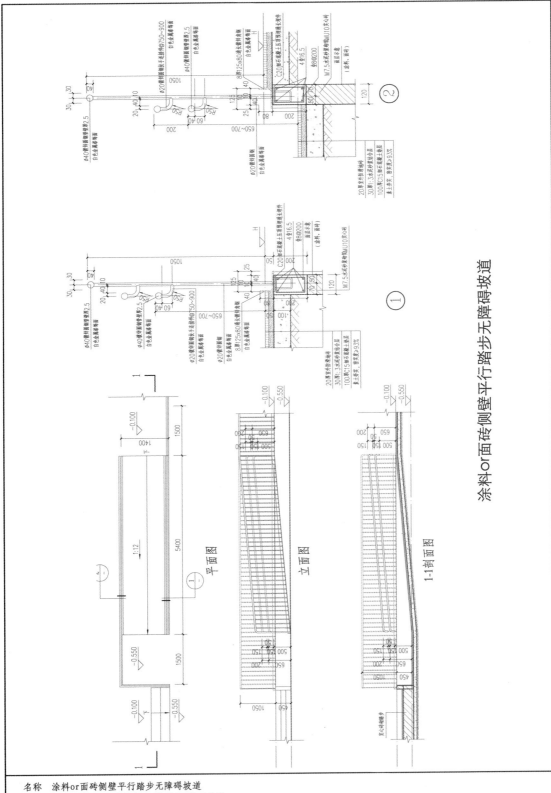

涂料or面砖侧壁平行踏步无障碍坡道

平面图

立面图

1-1剖面图

名称	涂料or面砖侧壁平行踏步无障碍坡道
索引	标准图库/09参考范例/02坡道/无障碍坡道
来源	/
备注	踏步与无障碍坡道收齐，边界整齐

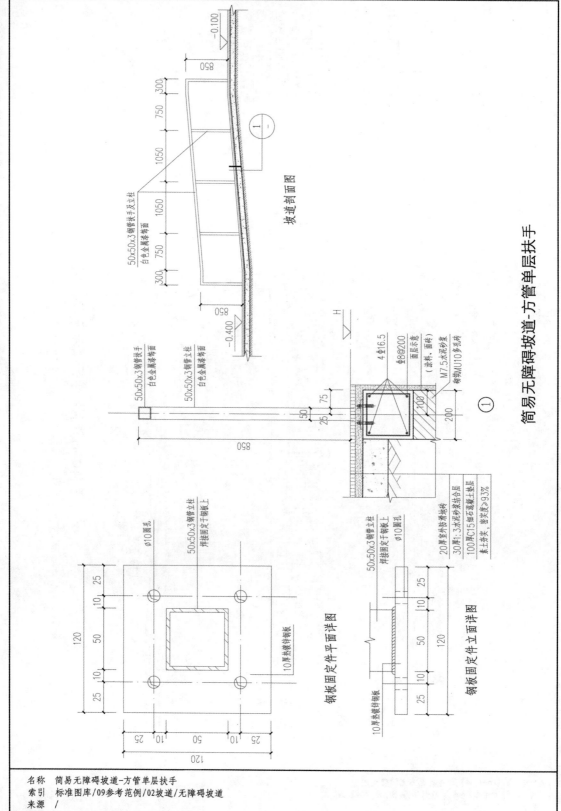

简易无障碍坡道-方管单层扶手

坡道剖面图

50x50x3钢管扶手及立柱
白色金属漆喷面

50x50x3钢管扶手
白色金属漆喷面

50x50x3钢管立柱
白色金属漆喷面

4Φ16.5
Φ8@200
面层示意
(涂料、面砖)
M7.5水泥砂浆
砖砌MU10多孔砖

①

20厚室外防滑地砖
30厚1:3水泥砂浆结合层
100厚C15细石混凝土垫层
素土夯实 密实度>93%

50x50x3钢管立柱
焊接固定于钢板上
Φ10圆孔

10厚热镀锌钢板

钢板固定件平面详图

50x50x3钢管立柱
焊接固定于钢板上
Φ10圆孔

10厚热镀锌钢板

钢板固定件立面详图

名称　简易无障碍坡道-方管单层扶手
索引　标准图库/09参考范例/02坡道/无障碍坡道
来源　/
备注　无特殊要求的通用型无障碍坡道节点

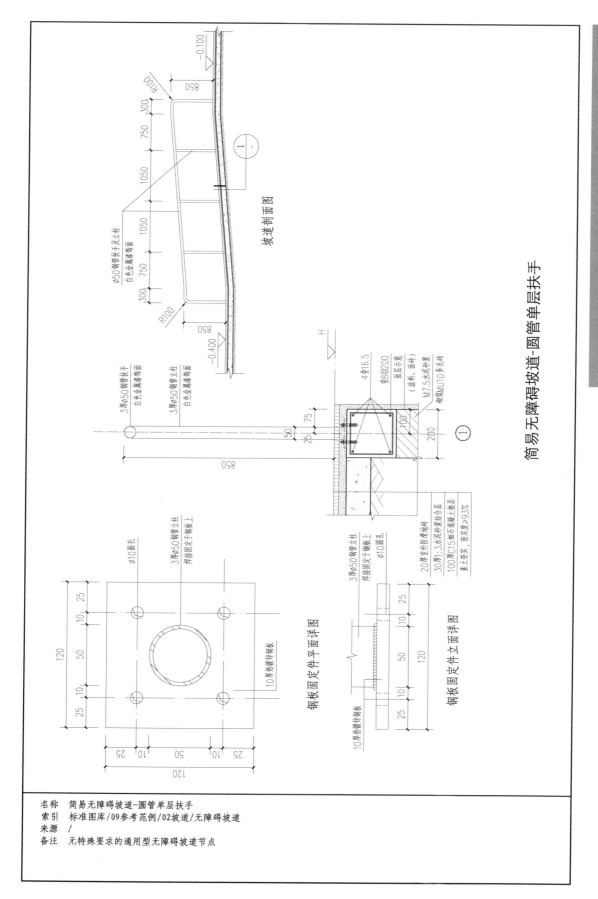

坡道剖面图

简易无障碍坡道-圆管单层扶手

钢板固定件平面详图

钢板固定件立面详图

名称　简易无障碍坡道-圆管单层扶手
索引　标准图库/09参考范例/02坡道/无障碍坡道
来源　/
备注　无特殊要求的通用型无障碍坡道节点

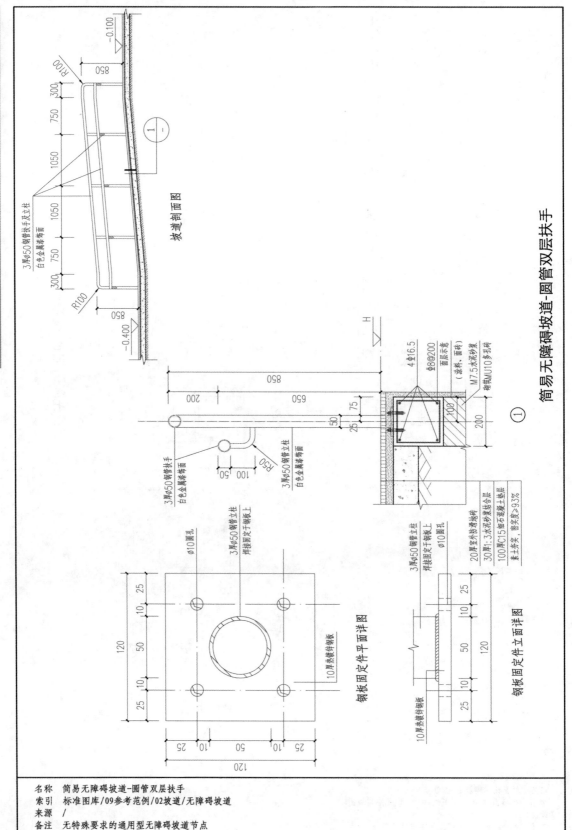

简易无障碍坡道-圆管双层扶手

名称	简易无障碍坡道-圆管双层扶手
索引	标准图库/09参考范例/02坡道/无障碍坡道
来源	/
备注	无特殊要求的通用型无障碍坡道节点

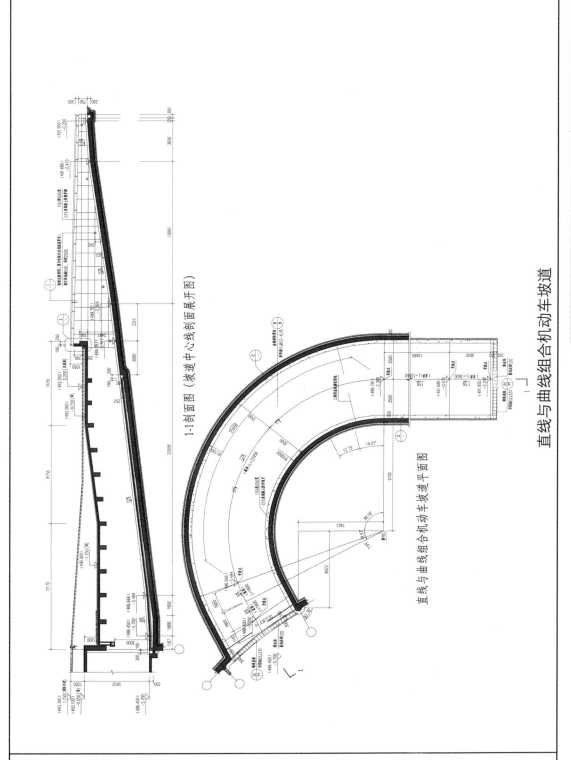

1-1剖面图（坡道中心线剖面展开图）

直线与曲线组合机动车坡道平面图

直线与曲线组合机动车坡道

名称 直线与曲线组合机动车坡道
索引 标准图库/09参考范例/02坡道/机动车非机动车坡道
来源 04038-00成都市高新区天府大道北段966号园区（金融城）
备注 1.室外道路做法详总图子项,图中仅示意
      2.车道底板尺寸详结施,图中仅示意
      3.排水沟内壁均抹15厚防水砂浆；排水沟底坡向接水口（地漏）,接水口位置详水施
      4.石材侧壁注意预留够石材构造厚度,不要影响坡道净宽要求

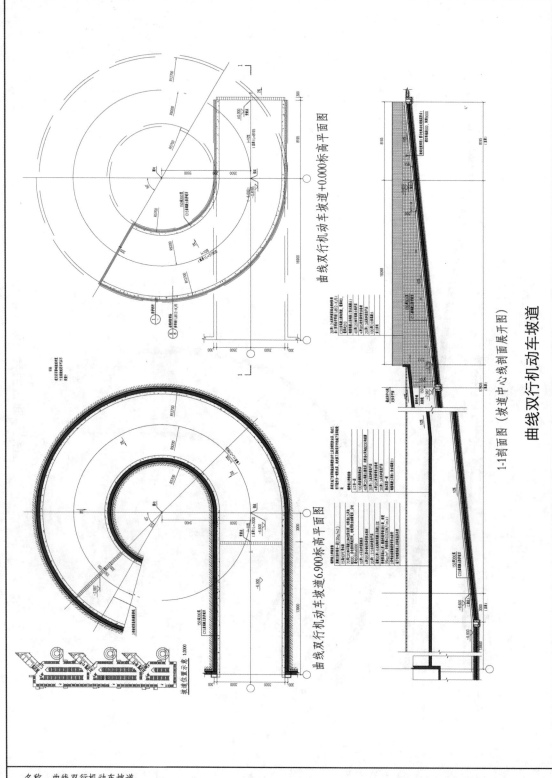

曲线双行机动车坡道

名称	曲线双行机动车坡道
索引	标准图库/09参考范例/02坡道/机动车非机动车坡道
来源	07008天府软件园二期
备注	1.适用于场地有相对完整、独立且面积足够的情况；内圈露天的螺旋坡道，露天部分做绿植，内圈侧壁仅设柱子，既增加总平的美感，也为车库的自然采光提供条件
	2.螺旋坡道交叉处高度核算，避免上层坡道板影响下部坡道净高
	3.坡道出入口过渡照明需满足《车库建筑设计规范》JGJ100-2015中7.4.5要求，灯具布置及照度与电专业配合确定
	4.为避免车辆转弯冲撞坡道侧壁，侧壁墙脚设置混凝土防撞措施

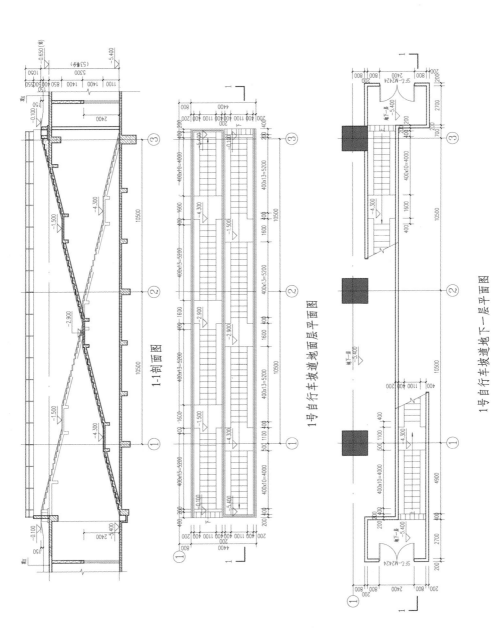

1-1剖面图

1号自行车坡道地面层平面图

1号自行车坡道地下一层平面图

非机动车坡道双向交叉布置

名称 非机动车坡道双向交叉布置
索引 标准图库/09参考范例/02坡道/机动车非机动车坡道
来源 /
备注 1.非机动车库停车数量超过500辆时应设两个或以上出入口，此方案可使出入口相对集中
2.考虑总平美观效果，交叉对齐，视觉上较为整体
3.《车库建筑设计规范》JGJ100-2015中规定：6.4.2非机动车库通往地下的坡道在地面出入口
处应设置不小于0.15m高的反坡

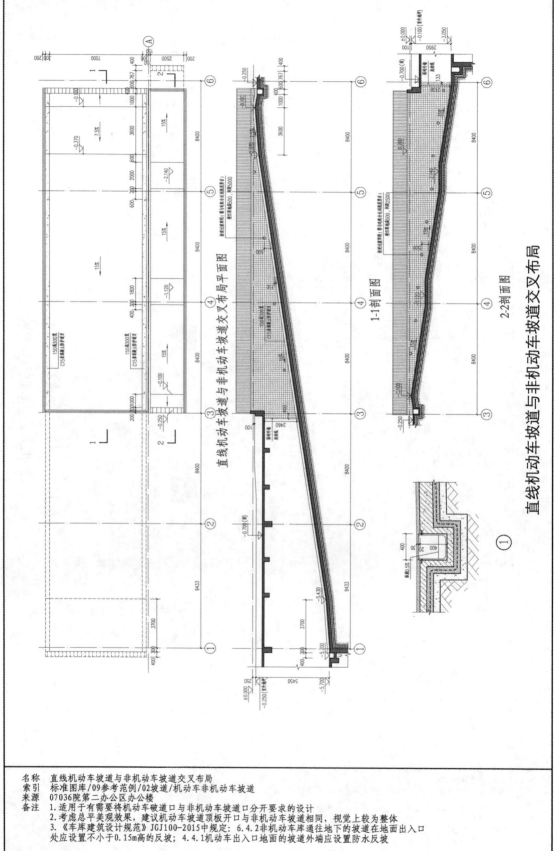

直线机动车坡道与非机动车坡道交叉布局

名称 直线机动车坡道与非机动车坡道交叉布局
索引 标准图库/09参考范例/02坡道/机动车非机动车坡道
来源 07036院第二办公区办公楼
备注 1.适用于有需要将机动车破道口与非机动车坡道口分开要求的设计
    2.考虑总平美观效果,建议机动车坡道顶板开口与非机动车坡道相同,视觉上较为整体
    3.《车库建筑设计规范》JGJ100-2015中规定:6.4.2非机动车库通往地下的坡道在地面出入口
    处应设置不小于0.15m高的反坡;4.4.1机动车出入口地面的坡道外端应设置防水反坡

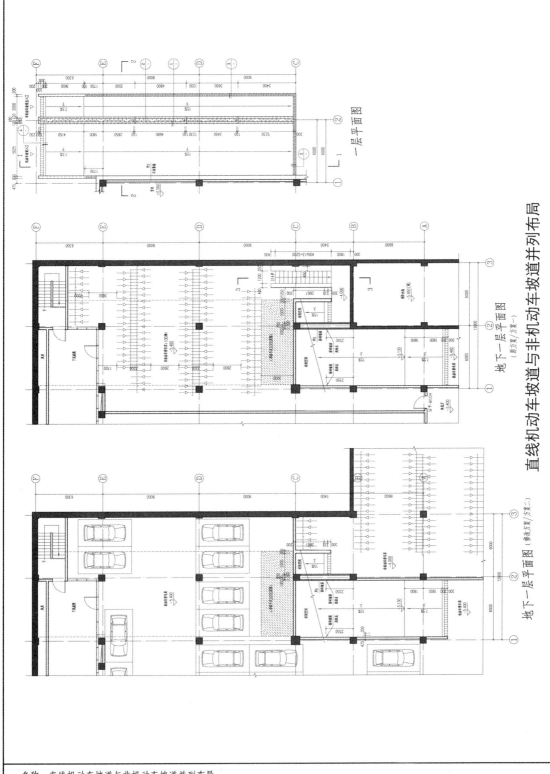

直线机动车坡道与非机动车坡道并列布局

一层平面图

地下一层平面图
（原方案/方案一）

地下一层平面图（修改方案/方案二）

名称　直线机动车坡道与非机动车坡道并列布局
索引　标准图库/09参考范例/02坡道/机动车非机动车坡道
来源　10058四川省图书馆新馆
备注　1. 非机动车坡道与机动车坡道并列设置，出入口坡度统一，中间以绿化分隔，美观整齐
　　　2.《车库建筑设计规范》JGJ100-2015中6.2.2强调了非机动车库出入口宜与机动车库出入口
　　　　分开设置等相关要求；并列设置的前提条件，设计时需注意！

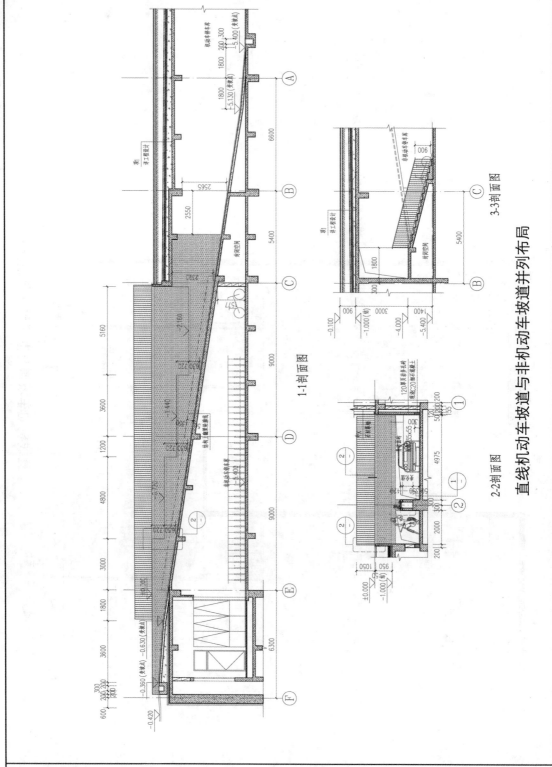

直线机动车坡道与非机动车坡道并列布局

名称	直线机动车坡道与非机动车坡道并列布局
索引	标准图库/09参考范例/02坡道/机动车非机动车坡道
来源	10058四川省图书馆新馆
备注	1.非机动车坡道与机动车坡道并列设置，出入口坡度统一，中间以绿化分隔，美观整齐 2.《车库建筑设计规范》JGJ100-2015中6.2.2强调了非机动车库出入口宜与机动车库出入口分开设置等相关要求；并列设置的前提条件，设计时需注意！

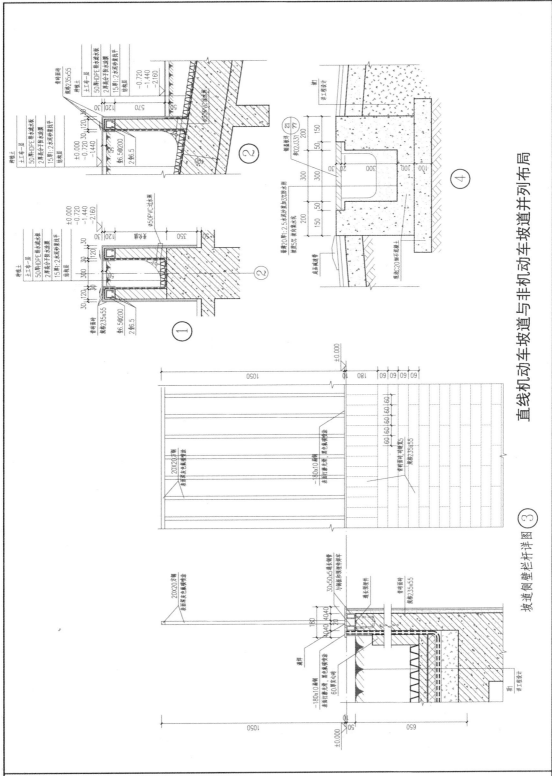

直线机动车坡道与非机动车坡道并列布局

坡道侧壁栏杆详图 ③

名称	直线机动车坡道与非机动车坡道并列布局
索引	标准图库/09参考范例/02坡道/机动车非机动车坡道
来源	10058四川省图书馆新馆
备注	1.非机动车坡道与机动车坡道并列设置，出入口坡度统一，中间以绿化分隔，美观整齐
	2.《车库建筑设计规范》JGJ100-2015中6.2.2强调了非机动车库出入口宜与机动车库出入口分开设置等相关要求；并列设置的前提条件，设计时需注意！

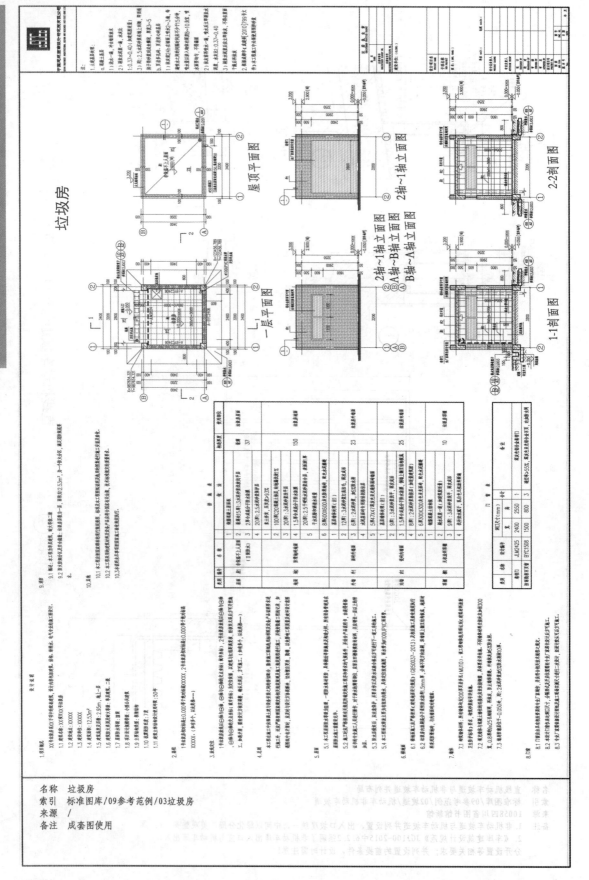

垃圾房

名称 垃圾房
索引 标准图库/09参考范例/03垃圾房
来源 /
备注 成套图使用

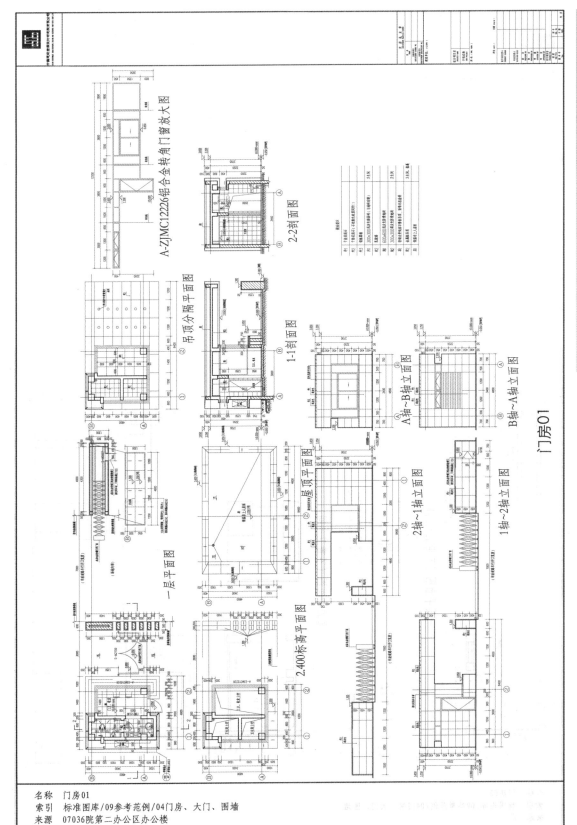

门房01

名称	门房01
索引	标准图库/09参考范例/04门房、大门、围墙
来源	07036院第二办公区办公楼
备注	成套图使用

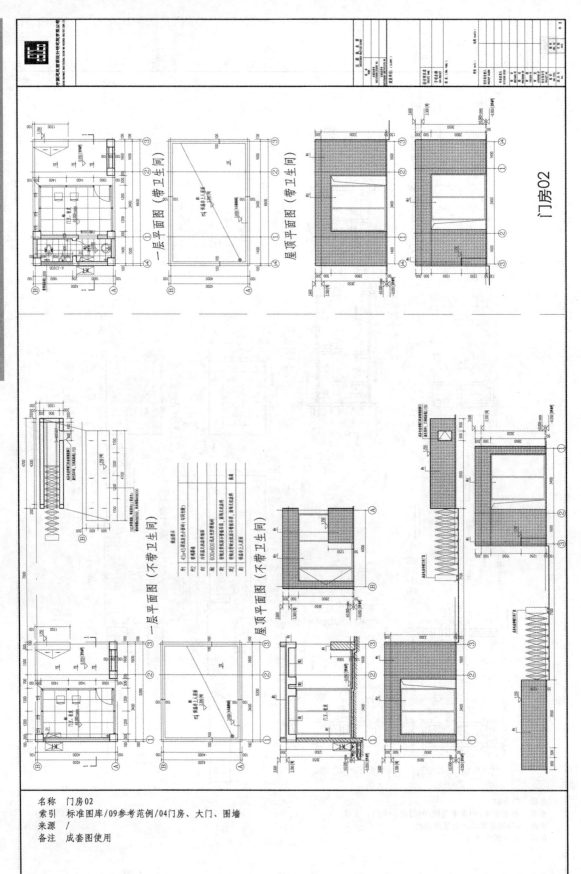

一层平面图（带卫生间）

屋顶平面图（带卫生间）

一层平面图（不带卫生间）

屋顶平面图（不带卫生间）

门房02

名称	门房02
索引	标准图库/09参考范例/04门房、大门、围墙
来源	/
备注	成套图使用

中国建筑西南设计研究院有限公司
CHINA SOUTHWEST ARCHITECTURAL DESIGN AND RESEARCH INSTITUTE CORP LTD

建设单位 CLIENT:

设计项目名 PROJECT NAME
子项名称 SUB PROJECT
图名: DWG. NAME:
单位 unit: 比例 scale:
设计总负责人 PROJECT LEADER
专业负责人 DIVISION CHIEF
设计 DESIGNED BY
校对 PROCESSED BY
审核 CHECKED BY
审定 APPROVED BY
设计项目号 PROJECT NO.
图别 DWG. TYPE
版本号 Ver.
图号 DWG. NO.
日期 DATE 年 月

图纸目录

序号	图纸名称	图号	版本号	出图时间	备注
1	图纸目录	A-W-CL001	0	XXXX.XX.XX	
2	设计说明	A-W-NT001	0	XXXX.XX.XX	
3	做法表	A-W-NT002	0	XXXX.XX.XX	
4	平面图	A-W-FP001	0	XXXX.XX.XX	
5	立面图、剖面图	A-W-EL001	0	XXXX.XX.XX	
6	节点详图	A-W-DT001	0	XXXX.XX.XX	

门房03-1

名称 门房03
索引 标准图库/09参考范例/04门房、大门、围墙
来源 09068成都七中高新校区
备注 成套图使用

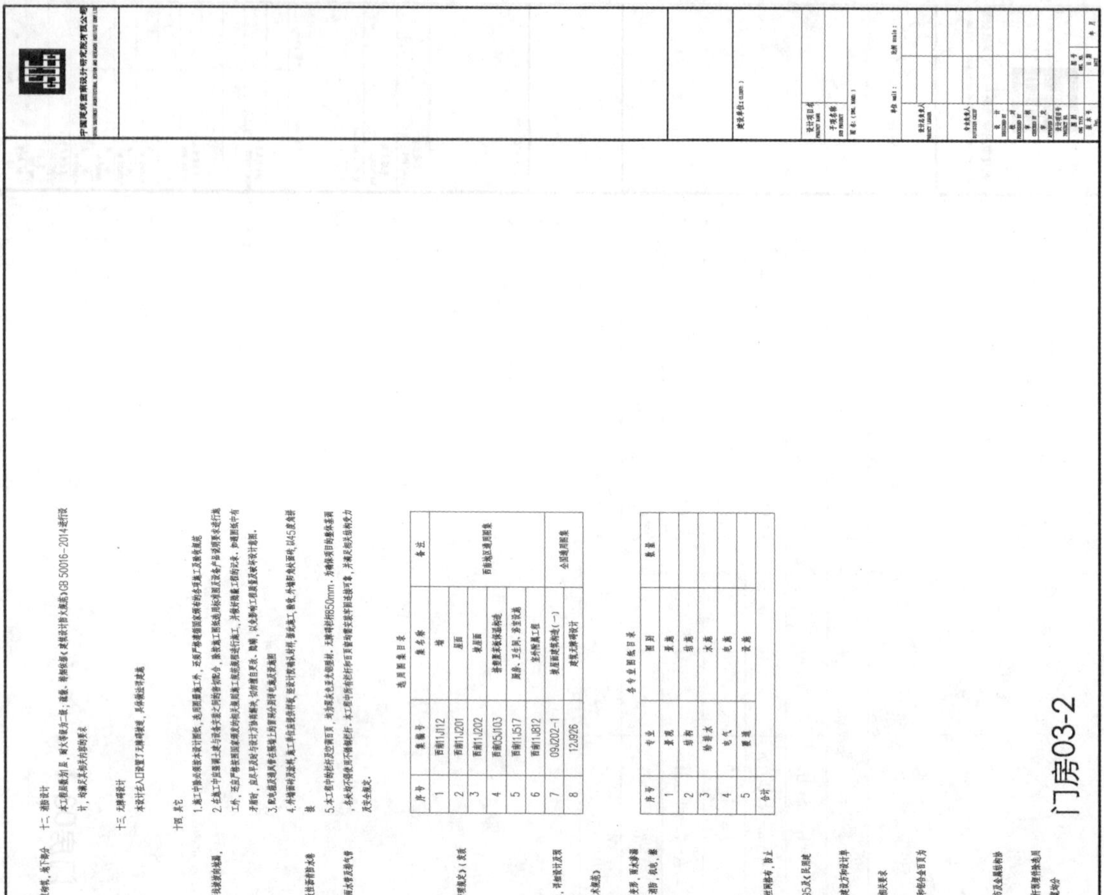

名称　门房03
索引　标准图库/09参考范例/04门房、大门、围墙
来源　09068成都七中高新校区
备注　成套图使用

门房03-2

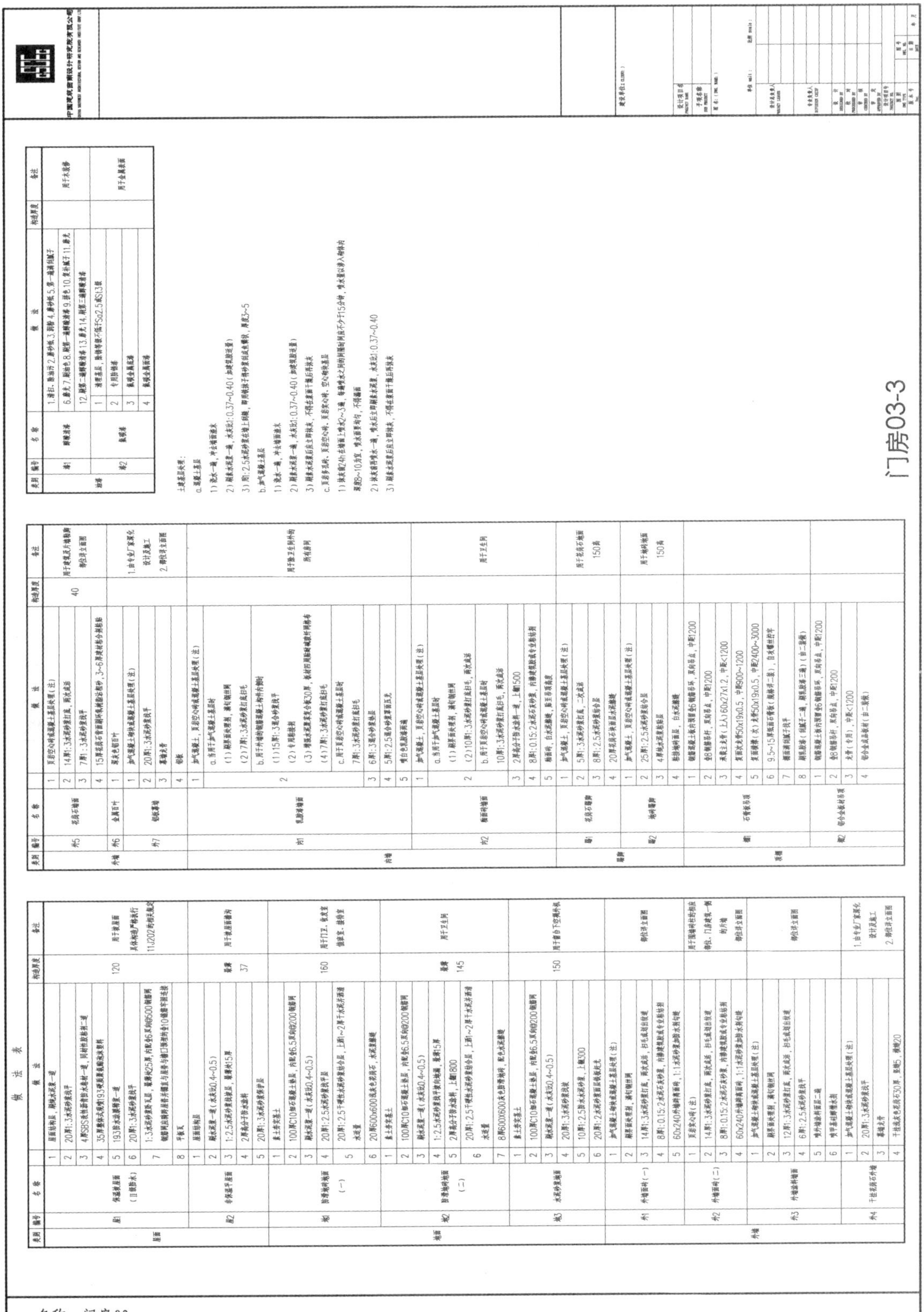

门房03-3

名称　门房03
索引　标准图库/09参考范例/04门房、大门、围墙
来源　09068成都七中高新校区
备注　成套图使用

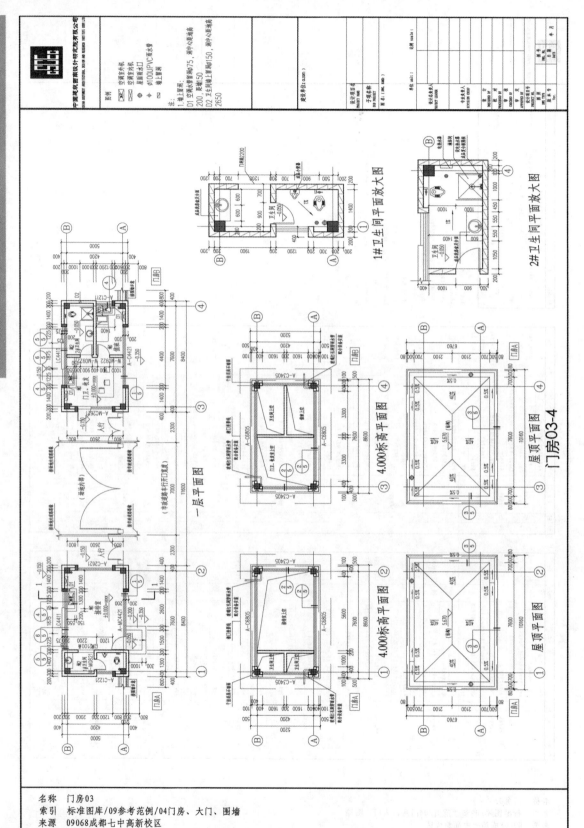

名称 门房03
索引 标准图库/09参考范例/04门房、大门、围墙
来源 09068成都七中高新校区
备注 成套图使用

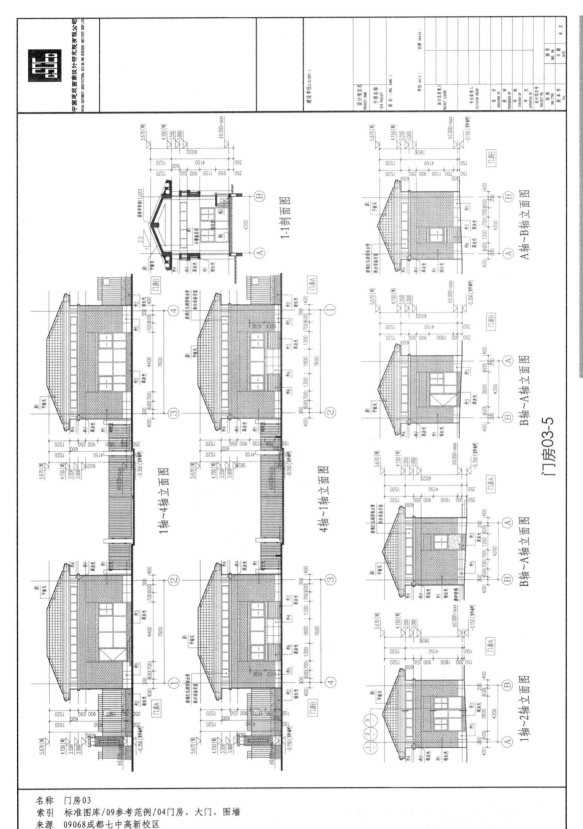

1-1剖面图

1轴~4轴立面图

4轴~1轴立面图

A轴~B轴立面图

B轴~A轴立面图

B轴~A轴立面图

1轴~2轴立面图

门房03-5

名称	门房03
索引	标准图库/09参考范例/04门房、大门、围墙
来源	09068成都七中高新校区
备注	成套图使用

中国建筑西南设计标准院技术有限公司
CHINA SOUTHWEST ARCHITECTURAL DESIGN AND RESEARCH INSTITUTE CORP. LTD.

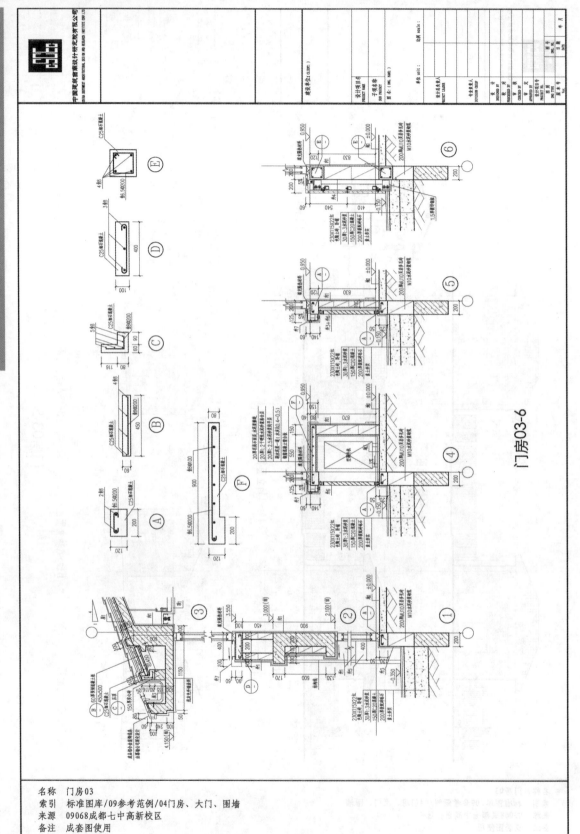

门房03-6

名称　门房03
索引　标准图库/09参考范例/04门房、大门、围墙
来源　09068成都七中高新校区
备注　成套图使用

建筑统一技术措施与节点构造选编

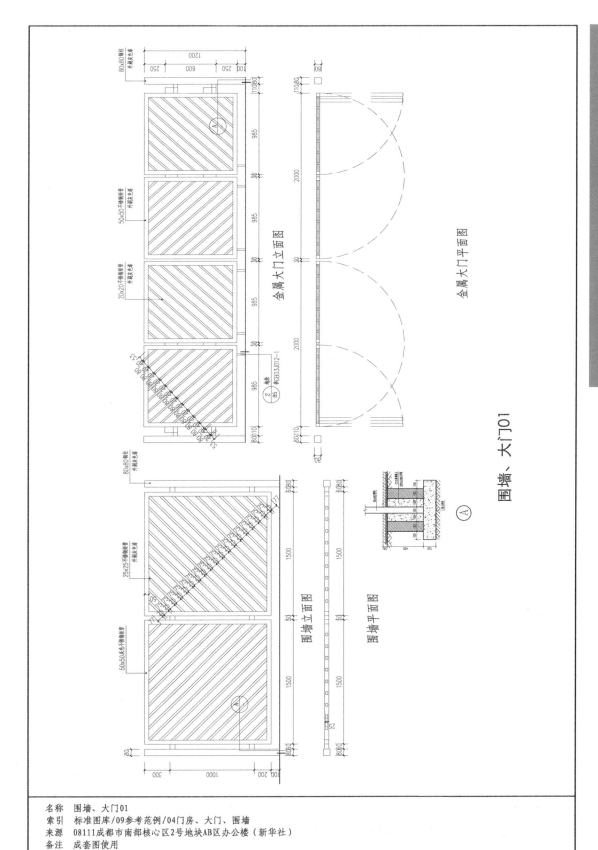

围墙、大门01

名称　围墙、大门01
索引　标准图库/09参考范例/04门房、大门、围墙
来源　08111成都市南部核心区2号地块AB区办公楼（新华社）
备注　成套图使用

七　参考范例—门房、大门、围墙

457

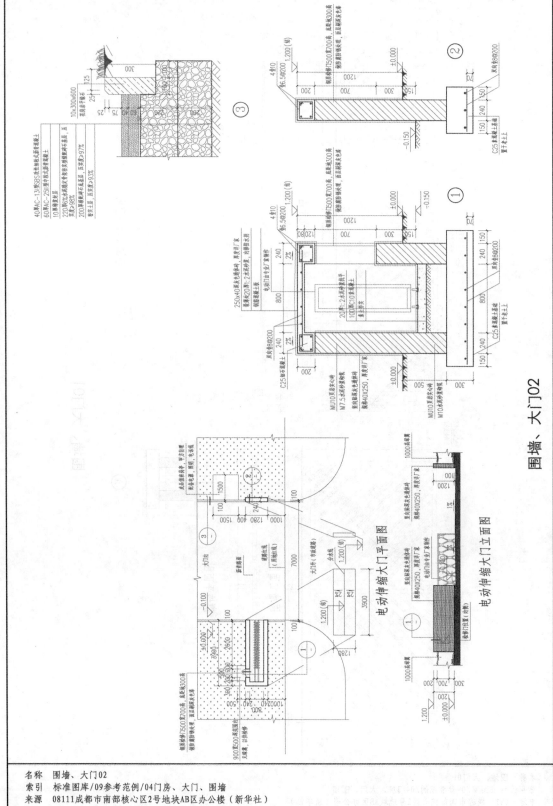

围墙、大门02

电动伸缩大门平面图

电动伸缩大门立面图

名称	围墙、大门02
索引	标准图库/09参考范例/04门房、大门、围墙
来源	08111成都市南部核心区2号地块AB区办公楼（新华社）
备注	成套图使用

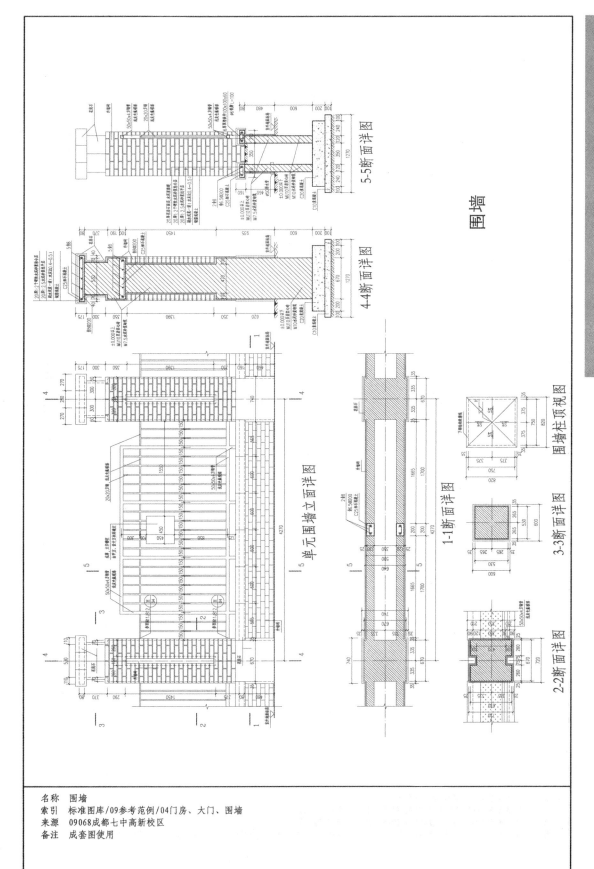

围墙

5-5断面详图

4-4断面详图

单元围墙立面详图

1-1断面详图

围墙柱顶视图

3-3断面详图

2-2断面详图

名称	围墙
索引	标准图库/09参考范例/04门房、大门、围墙
来源	09068成都七中高新校区
备注	成套图使用

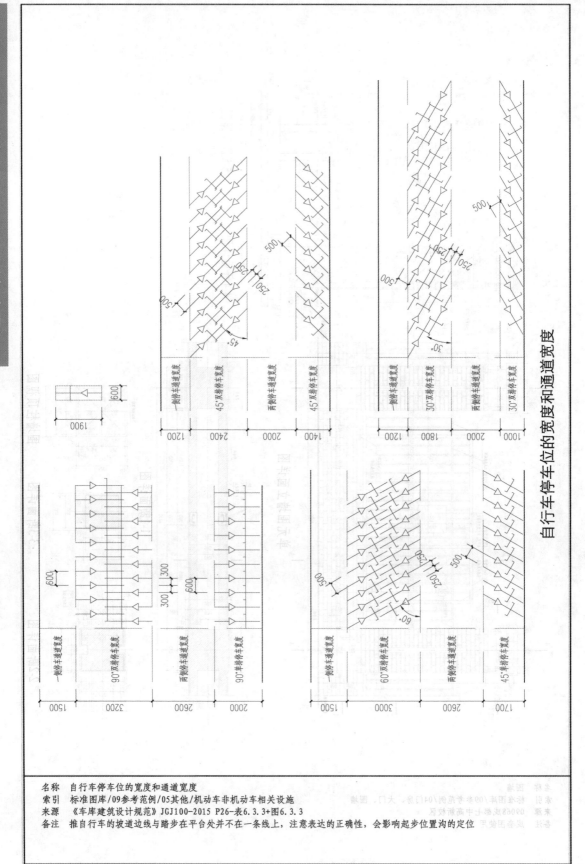

自行车停车位的宽度和通道宽度

名称　自行车停车位的宽度和通道宽度
索引　标准图库/09参考范例/05其他/机动车非机动车相关设施
来源　《车库建筑设计规范》JGJ100-2015 P26-表6.3.3+图6.3.3
备注　推自行车的坡道边线与踏步在平台处并不在一条线上，注意表达的正确性，会影响起步位置沟的定位

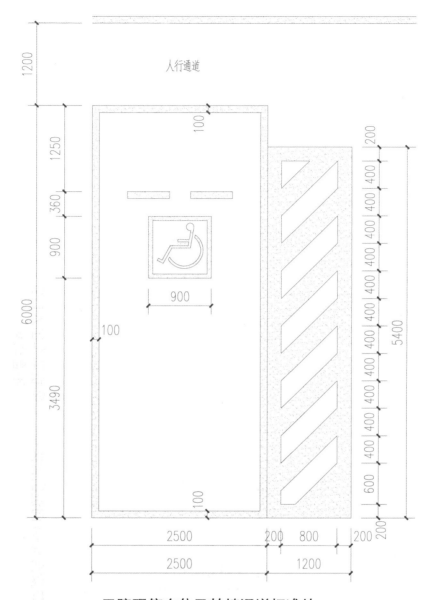

人行通道

900

2500

2500

1200

无障碍停车位及轮椅通道标准块

（图中填充处刷白色涂料）

名称　无障碍停车位及轮椅通道标准块
索引　标准图库/09参考范例/05其他/机动车非机动车相关设施
来源　《汽车库（坡道式）建筑构造图集》05J927-1-19
备注　/

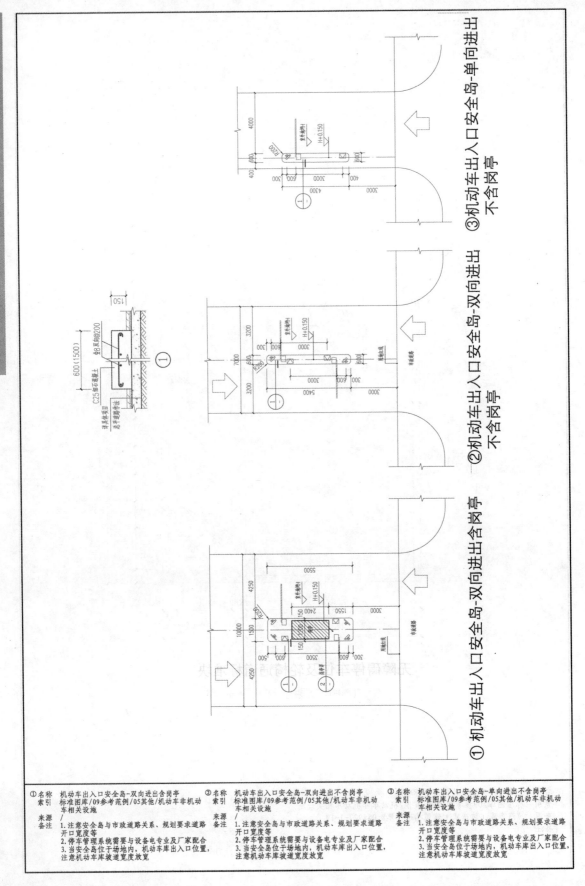

①机动车出入口安全岛-双向进出含岗亭

②机动车出入口安全岛-双向进出
不含岗亭

③机动车出入口安全岛-单向进出
不含岗亭

① 名称	机动车出入口安全岛-双向进出含岗亭	② 名称	机动车出入口安全岛-双向进出不含岗亭	③ 名称	机动车出入口安全岛-单向进出不含岗亭
索引	标准图库/09参考范例/05其他/机动车非机动车相关设施 /	索引	标准图库/09参考范例/05其他/机动车非机动车相关设施 /	索引	标准图库/09参考范例/05其他/机动车非机动车相关设施 /
来源 备注	1. 注意安全岛与市政道路关系、规划要求道路开口宽度等 2. 停车管理系统需要与设备电专业及厂家配合 3. 当安全岛位于场地内，机动车库出入口位置，注意机动车库坡道宽度放宽	来源 备注	1. 注意安全岛与市政道路关系、规划要求道路开口宽度等 2. 停车管理系统需要与设备电专业及厂家配合 3. 当安全岛位于场地内，机动车库出入口位置，注意机动车库坡道宽度放宽	来源 备注	1. 注意安全岛与市政道路关系、规划要求道路开口宽度等 2. 停车管理系统需要与设备电专业及厂家配合 3. 当安全岛位于场地内，机动车库出入口位置，注意机动车库坡道宽度放宽